执业资格考试丛书

注册公用设备工程师（给水排水）专业知识历年真题分析及模拟冲刺
（第五版）

唐玉霖　主编

中国建筑工业出版社

图书在版编目(CIP)数据

注册公用设备工程师(给水排水)专业知识历年真题分析及模拟冲刺/唐玉霖主编. —5版. —北京：中国建筑工业出版社，2020.3
（执业资格考试丛书）
ISBN 978-7-112-24851-3

Ⅰ.①注… Ⅱ.①唐… Ⅲ.①城市公用设施-给排水系统-资格考试-习题集 Ⅳ.①TU991-44

中国版本图书馆CIP数据核字(2020)第024291号

本书为注册公用设备工程师(给水排水)专业知识考试复习用书。通过对历年真题进行系统的整理、归类和分析，结合考试大纲及实际考试内容，以单项选择题、多项选择题及模拟冲刺题的形式编写而成，可帮助考生更好地掌握各知识点，做到融会贯通。

本书适合参加注册公用设备工程师(给水排水)专业知识考试的考生自学，也可供培训机构用作培训教材。

责任编辑：刘婷婷
责任校对：李美娜

执业资格考试丛书
注册公用设备工程师(给水排水)专业知识历年真题分析及模拟冲刺
（第五版）
唐玉霖 主编
*
中国建筑工业出版社出版、发行(北京海淀三里河路9号)
各地新华书店、建筑书店经销
北京红光制版公司制版
廊坊市海涛印刷有限公司印刷
*
开本：787×1092毫米 1/16 印张：28 字数：693千字
2020年4月第五版 2020年4月第六次印刷
定价：**76.00**元
ISBN 978-7-112-24851-3
(35404)

版权所有 翻印必究
如有印装质量问题，可寄本社退换
(邮政编码100037)

前　言

全国勘察设计注册公用设备工程师(给水排水)执业资格专业考试时间共两天，分为专业知识(第一天)与专业案例(第二天)，前者强调专业的知识面，后者侧重专业知识的应用。本书针对第一天的专业知识考试，将历年真题加以整理、归类和分析(见附录1)，结合考试大纲及实际考试内容，以单项选择题、多项选择题及模拟冲刺题的形式编写而成，帮助考生更好地掌握各知识点，做到融会贯通。推荐配套使用《注册公用设备工程师(给水排水)专业案例应试指南(第五版)》一书。

本书主要编写依据为：《全国勘察设计注册公用设备工程师(给水排水)执业资格专业考试大纲》(附录2)，现行规范、规程和设计手册(附录3)，以及《全国勘察设计注册公用设备工程师给水排水专业执业资格考试教材》，包括第1册《给水工程》、第2册《排水工程》、第3册《建筑给水排水工程》，由全国勘察设计注册公用设备管理委员会秘书处组织编写，本书中统一简称为"秘书处教材"，读者可自行参考对照。

本书可作为注册公用设备工程师给水排水科学与工程专业考试的复习资料，也可作为高等院校给排水科学与工程专业师生的教学参考书。

本书编写分工如下：第一篇由唐玉霖、林波、李述琰编写，第二篇由唐玉霖、魏巍、董林凡编写，第三篇由高少峰、张红玲、冯晓娟编写。本书在编写过程中，得到同济大学、中国建筑科学研究院建筑设计院、青岛市市政设计研究院、天津农学院、中国中建设计集团有限公司和中铁二院工程集团有限责任公司等的大力支持，在此表示感谢！

由于编者学识有限，时间仓促，难免有不妥之处，恳请广大读者提出宝贵意见，以便今后修改完善，我们义务为大家提供邮箱答疑：tylhy2001@126.com。

衷心祝愿各位考生顺利通过考试！

目 录

第一篇 给水工程历年真题分析及模拟题

第1章 给水系统 … 2
1.1 单项选择题 … 2
  1.1.1 概述 … 2
  1.1.2 组成 … 3
  1.1.3 流量 … 4
1.2 多项选择题 … 7
  1.2.1 概述 … 7
  1.2.2 组成 … 8
  1.2.3 流量 … 9

第2章 输水和配水工程 … 11
2.1 单项选择题 … 11
  2.1.1 系统、分区与布置形式 … 11
  2.1.2 水力计算 … 13
  2.1.3 管道与管材 … 18
2.2 多项选择题 … 20
  2.2.1 系统、分区与布置形式 … 20
  2.2.2 水力计算 … 25
  2.2.3 管道与管材 … 28

第3章 取水工程与泵站 … 30
3.1 单项选择题 … 30
  3.1.1 地表取水 … 30
  3.1.2 地下取水 … 33
  3.1.3 取水构筑物 … 36
  3.1.4 泵站 … 37
3.2 多项选择题 … 41
  3.2.1 地表取水 … 41
  3.2.2 地下取水 … 44
  3.2.3 取水构筑物 … 45

3.2.4　泵站 ·· 47

第4章　常规水处理 ·· 50

　4.1　单项选择题 ··· 50

　　　4.1.1　概述 ·· 50

　　　4.1.2　混凝 ·· 51

　　　4.1.3　沉淀与澄清 ·· 55

　　　4.1.4　过滤 ·· 59

　　　4.1.5　消毒 ·· 62

　4.2　多项选择题 ··· 63

　　　4.2.1　概述 ·· 63

　　　4.2.2　混凝 ·· 64

　　　4.2.3　沉淀与澄清 ·· 65

　　　4.2.4　过滤 ·· 68

　　　4.2.5　消毒 ·· 72

第5章　特殊水处理 ·· 74

　5.1　单项选择题 ··· 74

　　　5.1.1　软化 ·· 74

　　　5.1.2　除铁、除锰 ·· 75

　　　5.1.3　特殊水处理 ·· 77

　5.2　多项选择题 ··· 79

　　　5.2.1　软化 ·· 79

　　　5.2.2　除铁、除锰 ·· 80

　　　5.2.3　特殊水处理 ·· 82

第6章　循环冷却水 ·· 85

　6.1　单项选择题 ··· 85

　6.2　多项选择题 ··· 89

第7章　模拟题及参考答案（一） ·· 93

第8章　模拟题及参考答案（二） ·· 103

第9章　模拟题及参考答案（三） ·· 114

第二篇　排水工程历年真题分析及模拟题

第1章　排水系统 ·· 126

　1.1　单项选择题 ··· 126

1.1.1　概述 ··· 126
　　　1.1.2　排水体制 ··· 129
　　　1.1.3　排水系统组成与布置 ·· 130
　　　1.1.4　污水厂及物理处理 ·· 132
　1.2　多项选择题 ·· 137
　　　1.2.1　概述 ··· 137
　　　1.2.2　排水体制 ··· 141
　　　1.2.3　排水系统组成与布置 ·· 143
　　　1.2.4　污水厂及物理处理 ·· 143

第2章　管渠系统 ··· 147

　2.1　单项选择题 ·· 147
　　　2.1.1　污水管道 ··· 147
　　　2.1.2　雨水管道 ··· 150
　　　2.1.3　合流制管道 ·· 153
　　　2.1.4　管、沟及附属构筑物 ·· 155
　2.2　多项选择题 ·· 158
　　　2.2.1　污水管道 ··· 158
　　　2.2.2　雨水管道 ··· 159
　　　2.2.3　合流制管道 ·· 161
　　　2.2.4　管、沟及附属构筑物 ·· 163

第3章　传统活性污泥法 ·· 168

　3.1　单项选择题 ·· 168
　3.2　多项选择题 ·· 173

第4章　生物膜法与自然生物处理 ·· 177

　4.1　单项选择题 ·· 177
　4.2　多项选择题 ·· 180

第5章　厌氧生物处理 ··· 185

　5.1　单项选择题 ·· 185
　5.2　多项选择题 ·· 186

第6章　污水的深度处理与回用 ··· 188

　6.1　单项选择题 ·· 188
　6.2　多项选择题 ·· 190

第7章　污泥处理 ··· 193

7.1　单项选择题 ·· 193
7.2　多项选择题 ·· 198

第8章　工业水处理 ··· 204

8.1　单项选择题 ·· 204
8.2　多项选择题 ·· 208

第9章　模拟题及参考答案（一） ··· 214

第10章　模拟题及参考答案（二） ··· 222

第11章　模拟题及参考答案（三） ··· 232

第三篇　建筑给水排水工程历年真题分析及模拟题

第1章　建筑给水 ··· 242

1.1　单项选择题 ·· 242
1.1.1　给水管道 ·· 242
1.1.2　给水量 ·· 245
1.1.3　给水系统 ·· 246
1.1.4　建筑给水 ·· 251
1.2　多项选择题 ·· 254
1.2.1　给水管道 ·· 254
1.2.2　给水系统 ·· 255
1.2.3　建筑给水 ·· 261

第2章　建筑排水 ··· 266

2.1　单项选择题 ·· 266
2.1.1　排水管道 ·· 266
2.1.2　通气管 ·· 267
2.1.3　排水系统 ·· 269
2.1.4　建筑排水 ·· 271
2.2　多项选择题 ·· 275
2.2.1　排水管道 ·· 275
2.2.2　通气管 ·· 278
2.2.3　排水系统 ·· 279
2.2.4　建筑排水 ·· 283

第3章 建筑雨水 287
3.1 单项选择题 287
3.2 多项选择题 291

第4章 建筑热水 294
4.1 单项选择题 294
4.1.1 热水 294
4.1.2 饮水 305
4.2 多项选择题 308
4.2.1 热水 308
4.2.2 饮水 317

第5章 建筑中水 321
5.1 单项选择题 321
5.2 多项选择题 324

第6章 小区给水排水 327
6.1 单项选择题 327
6.1.1 小区给水 327
6.1.2 小区排水 329
6.1.3 游泳池 330
6.2 多项选择题 333
6.2.1 小区给水 333
6.2.2 小区排水 334
6.2.3 游泳池 334

第7章 消火栓灭火系统 338
7.1 单项选择题 338
7.2 多项选择题 343

第8章 其他灭火系统 349
8.1 单项选择题 349
8.1.1 喷水灭火 349
8.1.2 自动灭火 352
8.1.3 气体灭火 354
8.1.4 灭火器 355
8.1.5 消防 357
8.2 多项选择题 361

8.2.1　喷水灭火 ··· 361
　　8.2.2　自动灭火 ··· 364
　　8.2.3　气体灭火 ··· 366
　　8.2.4　灭火器 ·· 368
　　8.2.5　消防 ··· 370

第9章　模拟题及参考答案（一） ··· 375

第10章　模拟题及参考答案（二） ·· 391

第11章　模拟题及参考答案（三） ·· 407

附录1 2010～2019年专业知识真题知识点分析 ··· 422

附录2 注册公用设备工程师（给水排水）执业资格考试专业考试大纲 ········· 430

附录3 现行规范、规程及设计手册 ·· 434

第一篇 给水工程历年真题分析及模拟题

第1章 给 水 系 统

1.1 单项选择题

1.1.1 概述

1.【11-上-5】❶ 下述一般情况下，地下水与地表水相比所具有的特点中，哪一项是错误的？
（A）矿化度比地表水高
（B）水温比地表水低
（C）水量季节性变化比地表水小
（D）净水工艺较地表水简单

【解析】选 B。详见秘书处教材《给水工程》P66，地表水温度变幅大。地表水温度某段时间高于地下水，某段时间低于地下水。

2.【11-下-1】某城镇给水系统有两座水厂，水源分别取自一条河流和一个水库，两座水厂设不同的压力流出水送入同一个管网，该城镇给水系统属于何种系统？
（A）多水源分质给水系统
（B）多水源分压给水系统
（C）多水源统一给水系统
（D）多水源混合给水系统

【解析】选 C。该城镇采用同一管网，多个水源。

3.【11-上-1】水源情况是一个城市给水系统布置的主要影响因素之一，下列关于这种影响的叙述中，哪项错误？
（A）水源种类和水质条件将直接影响水处理工艺流程
（B）水源地平面位置将直接影响输水管渠的工程量
（C）水源地的地形将直接影响取水工程的布置
（D）水源地的高程将直接影响水处理工艺选择

【解析】选 D。参见秘书处教材《给水工程》P7 相关内容。

4.【12-上-3】某工业园区拟采用分质供水，下列对其工业用水给水系统的水压、水质和水温要求的叙述中，哪项正确？
（A）只要与生活用水相同，就可满足工业生产的要求

---

❶ 表示 2011 年真题，上午试卷，第 5 题。本书其余真题序号依此类推。

(B) 满足工业生产的要求
(C) 总是低于生活用水
(D) 总是高于生活用水

【解析】选 B。参见秘书处教材《给水工程》P9，工业生产用水水质标准并不一定总是比生活用水水质低。

5.【18-上-1】 下列工业用水系统中，属于循环给水系统的是哪项？
(A) 使用过的水直接被另一种用途的用水设备再度使用
(B) 上游车间使用过的水排入河道自然冷却，下游车间取用
(C) 使用过的水经适当处理后，再度被原用水设备重复使用
(D) 使用过的水经适当处理后，被另一种用途的用水设备再度使用

【解析】选 C。循环给水指水经过简单处理被原用途使用；循序（复用）给水指水经过简单处理被其他用途使用。故选 C。

6.【18-下-1】 下列哪一项不属于给水系统的组成范畴？
(A) 取水泵房吸水井　　　　　(B) 水厂传达室
(C) 水厂排泥池　　　　　　　(D) 住宅的入户水表

【解析】选 B。参见秘书处教材《给水工程》"1.1.1 给水系统分类"（P1）。

7.【19-下-1】 在计算水厂设计规模时，以下哪种情况可适当增加管网漏损水量百分数？
(A) 供水设计规模较大时　　　(B) 供水设计规模较小时
(C) 管网供水压力较高时　　　(D) 单位管道长度的供水量较大时

【解析】选 C。详见秘书处教材《给水工程》P14"（4）管网漏损水量"。

1.1.2 组成

1.【11-上-2】 某小城镇现有地表水给水系统由取水工程、原水输水管、水厂和配水管网组成。其中水厂净水构筑物 16h 运行，二级泵站 24h 运行。当其供水规模增加 40% 时，必须扩建的是下列何项？
(A) 取水工程　　　　　　　　(B) 原水输水管
(C) 水厂净水构筑物　　　　　(D) 二级泵站和配水管管网

【解析】选 D。参见秘书处教材《给水工程》P21，不设水塔时，二级泵站、二级泵站到管网的输水管及管网设计水量应按最高日最高时流量计算。

2.【13-上-1】 下列哪项不属于给水系统或给水系统的组成部分？
(A) 泉水　　　　　　　　　　(B) 泉水泵房
(C) 泉室　　　　　　　　　　(D) 南水北调工程

【解析】选 A。泉水泵房属于水泵站的组成部分；泉室属于取水工程的组成部分；南水北调工程属于输配水工程。选项 A 的泉水属于水源。

3.【13-下-3】 以地表水为水源的城镇供水系统流程为：水源→一泵房→水厂处理构筑

物→清水池→二泵房→管网，指出上述流程中输配水管道设计流量最小的为下列哪项？

(A) 一泵房→水厂处理构筑物输配水管道设计流量

(B) 水厂处理构筑物→清水池输配水管道设计流量

(C) 清水池→二泵房输配水管道设计流量

(D) 二泵房→管网输配水管道设计流量

【解析】选 C。参见秘书处教材《给水工程》P21。选项 A 为最高日平均时＋水厂自用水率＋原水输水管漏损，选项 B 为最高日平均时＋水厂自用水率，选项 C 为最高日平均时，选项 D 为最高日最高时。

4.【18-上-2】下列关于水厂清水池有效容积大小的描述中，哪项错误？

(A) 与滤池的滤速大小无关　　(B) 与加氯消毒接触时间无关

(C) 与二级泵站的送水曲线有关　(D) 与净水构筑物的产水曲线有关

【解析】选 B。调节（调蓄）构筑物中，主要任务为调节水处理构筑物的出水流量和二泵站供水流量的差额，储存供水区域的消防用水，提供水处理工艺所需的一部分水厂自用水量。故选 B。

5.【19-下-8】下列哪一项不属于给水系统必须承担的功能？

(A) 设备和设施要进行必要的维护保养

(B) 从水源地取得符合一定要求的水量

(C) 按照用水要求进行必要的水质处理

(D) 将水输送到用水区域并向用户供水

【解析】选 A。选项 A 详见秘书处教材《给水工程》P2～3"给水系统的组成"；选项 B、C、D 为给水系统必须完成的功能。

1.1.3　流量

1.【11-上-2】下列关于用水定额、用水量及水厂设计规模的叙述中，哪项错误？

(A) 当采用污水再生水作为冲厕用水时，综合生活用水定额取值可适当减少

(B) 管网漏损水量与给水系统供水量大小无关

(C) 在按面积计算城市浇洒道路和绿地用水量时不应计入企业内的道路和绿地面积

(D) 自来水厂设计规模小于或等于城市所有各项用水量之和

【解析】选 B。选项 A 说法正确，见《室外给水设计规范》第 4.0.3 条注 4：当采用海水或污水再生水等作为冲厕用水时，用水定额相应减少。

选项 B 理解为错误，注意题目说的是"量"而不是"率"，参见秘书处教材 P14。

选项 C 理解正确，因为按规范 2.0.6 条、2.0.7 条的解释，"城镇道路"和"市政绿地"不应包括企业内的道路和绿地面积，在实际中也难以有可操作性。

选项 D 正确，见秘书处教材《给水工程》P12，城市用水量由以下两部分组成：第一部分为城市规划期限内的城市给水系统供给的居民生活用水、工业企业用水、公共设施等用水量的总和。第二部分为上述以外的所有用水量总和，包括：工业和公共设施自备水源供给的用水，城市环境用水和水上运动用水，农业灌溉和养殖及畜牧业用水，农村分散居民和乡镇企业自行取用水。在大多数情况下，城市给水系统只能供给部分用水量。

第1章 给水系统 5

2.【11-下-2】 下列哪个城镇选用的生活用水定额不在现行规范推荐范围内？
（A）位于青海省的某城镇，规划人口 20 万人，最高日居民生活用水定额取 110L/（人·d）
（B）位于广东省的某城镇，规划人口 30 万人，最高日居民生活用水定额取 130L/（人·d）
（C）位于吉林省的某城镇，规划人口 40 万人，最高日综合生活用水定额取 230L/（人·d）
（D）位于江苏省的某城镇，规划人口 40 万人，最高日综合生活用水定额取 300L/（人·d）

【解析】 选 B。根据《室外给水设计规范》4.0.3 条及其注释，B 项为Ⅰ区中小城市，最高日居民生活用水定额为 140～230L/（人·d）。

3.【13-上-2】 下列关于城市用水量变化曲线的说法中，哪项正确？
（A）每一天都有一条用水量变化曲线
（B）用水量变化曲线的变化幅度与当地气候无关
（C）城市越大，用水量变化曲线的变化幅度越大
（D）水厂清水池调节容积应根据二级泵站供水曲线与用水量变化曲线确定

【解析】 选 A。参见秘书处教材《给水工程》P19。

4.【11-上-1】 下列关于给水系统各构筑物流量关系叙述中，错误的是哪项？
（A）给水系统中所有构筑物以最高日用水量为基础计算
（B）地表水取水构筑物按最高日平均时流量进行设计
（C）配水管网内不设调节构筑物时，水厂二级泵站按最高日最高时流量设计
（D）管网中无论是否设置调节构筑物，配水管网都应按最高日最高时流量设计

【解析】 选 B。参见秘书处教材《给水工程》P20，"取用地表水作为给水水源时，取水构筑物、一级泵站及一级泵站到净水厂的输水管及净水厂的设计流量，按最高日平均时流量加水厂自用水量设计计算。"故答案为 B。

5.【11-下-2】 在地形平坦的大中城市的给水管网中设置调节构筑物的作用是下列哪项？
（A）可减少取水泵站的设计流量
（B）可减少水厂的设计规模
（C）可减少配水管网的设计流量
（D）可减少水厂二级泵站设计流量

【解析】 选 D。参见秘书处教材《给水工程》P22，清水池的主要作用在于调节一泵站二泵站之间的流量差；水塔主要作用在于调节二泵站与用户之间的流量差。

6.【11-下-1】 某 24h 连续运行的以湖泊为水源的城镇给水系统的流程为：原水→水厂→供水输水管→网前高地水池→配水总管→管网，上述组成中设计流量最大的是下列哪项？
（A）原水输水管　　　　　　　　　　（B）水厂二级泵房

(C) 清水输水管 (D) 配水总管

【解析】选 D。相关内容见秘书处教材《给水工程》P20。原水输水管一般以最高日平均时流量与水厂自用水量确定；二级泵房及清水输水管按二级泵站分级供水之最大一级供水流量确定，此设计流量因有水塔的调节作用而低于最高日最高时设计流量；配水总管按最高日最高时流量确定。

7. 【12-上-4】某小镇设有一座自来水、一套给水管网和一座网后水塔。下列对其二级泵房设计流量的叙述中，哪项正确？
(A) 应大于给水系统最高日最大时设计流量
(B) 应等于给水系统最高日最大时设计流量
(C) 小于给水系统最高日最大时设计流量
(D) 应等于给水系统最高日平均时设计流量

【解析】选 C。参见秘书处教材《给水工程》P21，由于水塔可以调节二级泵站供水和用户用水之间的流量差，因此二级泵站每小时的供水量可以不等于用户每小时用水量。

8. 【17-上-2】某城市为单水源统一给水系统，由一座水厂 24 小时供水，城市管网中无调节构筑物。在该城市给水系统中的以下管道，哪一项应以最高日最高时供水量为计算依据确定管径？
(A) 城市原水输水干管 (B) 送水泵站至管网的清水输水管
(C) 水厂消毒剂投加管 (D) 水厂滤池进水总管

【解析】选 B。由于管网中没有调节，因此清水输水管的设计流量必须保证管网任何时候有水用，也即要保证高峰用水时（高日高时）流量要求。

9. 【18-下-5】城市管网中水塔的调节容积，应根据以下哪项条件确定？
(A) 水厂产水量曲线与二级泵站的送水量曲线
(B) 一级泵站的送水量曲线与二级泵站的送水量曲线
(C) 二级泵站的送水量曲线与用户用水量曲线
(D) 水厂产水量曲线与用户用水量曲线

【解析】选 C。参见秘书处教材《给水工程》P22 关于公式 (1-5) 中 W_1 的说明。

10. 【19-上-2】若城市为单水源统一给水系统，设有网前水塔，二级泵房水泵扬程的计算与下列哪项无关？
(A) 自来水厂清水池的最高水位
(B) 网前水塔的水柜内有效水深
(C) 控制点要求的最小服务水头
(D) 设置网前水塔处的地面标高

【解析】选 A。详见秘书处教材《给水工程》P24，公式 (1-9)。

11. 【19-下-12】下列关于影响城市供水量变化大小和规律的说法中，哪项正确？
(A) 时变化系数的大小与当地气候条件无关
(B) 日变化系数的大小与当地城市性质无关
(C) 时变化系数的大小与当地人口密度无关

(D) 日变化系数的大小与当地管网材质无关

【解析】选 D。详见秘书处教材《给水工程》P17~18 的"1.2.3 供水量变化"。

1.2 多项选择题

1.2.1 概述

1.【13-上-41】工厂给水系统设计时，应尽可能优先采用下列哪几项给水系统？
(A) 直流给水系统　　　　　　(B) 循环给水系统
(C) 复用给水系统　　　　　　(D) 加压给水系统

【解析】选 BC。参见秘书处教材《给水工程》P8，按照水的重复利用方式，可将生产用水重复利用的给水系统分成循环给水系统和复用给水系统两种，选项 B 和选项 C 正确。教材 P2：直流给水系统供水使用以后废弃排放，或随产品带走或蒸发散失，从节约水资源角度考虑，不是优先考虑的系统，选项 A 错误。为了节约能量，应尽量使用城市管网已有的水压，选项 D 错误。

2.【13-下-41】下列有关给水工程的说法中，哪几项不正确？
(A) 给水系统的水质必须符合国家现行生活饮用水卫生标准的要求
(B) 当水塔向管网供水时，其作用相当于一个供水水源
(C) 给水工程应按远期规划、近远期结合、以远期为主的原则进行设计
(D) 因设施和管理工作增加，在相同事故条件下，多水源供水系统的供水安全性比单一水源供水系统要差

【解析】选 ACD。按《室外给水设计规范》3.0.8 条，少了"生活用水的给水系统"这个定语，选项 A 错误。按规范 1.0.6 条，近期为主，选项 C 错误，参见秘书处教材给水 P10。参见教材 P45，可知选项 B 正确。参见教材 P7，可知选项 D 错误。

3.【13-下-43】下列哪几项水质指标不代表具体成分，但能反映水质的某方面的特征？
(A) 溶解氧　　　　　　　　　(B) COD_{Mn}
(C) 氯化物　　　　　　　　　(D) 碱度

【解析】选 BD。溶解氧代表水中氧气，成分具体；COD_{Mn}——化学需氧量，间接反映有机物浓度；氯化物——含氯离子物质，成分具体；碱度——使 pH 值提高的物质（不限于 OH^-）。

4.【17-下-41】有关给水工程的下述说法不正确的是哪几项？
(A) 城市管网中的调蓄泵站相当于水塔的作用
(B) 水质良好的深井地下水可不经消毒处理，直接作为生活饮用水
(C) 给水工程应按远期规划、近远期结合、以近期为主的原则进行设计
(D)《室外给水设计规范》GB 50013—2006 适用于新建的城镇及工业区临时性给水工程设计

【解析】选 BD。生活饮用水必须消毒，故 B 错误。根据《室外给水设计规范》1.0.2 条，D 选项应为"永久性给水工程"，故错误。

5.【18-上-41】 下列哪几项是影响给水系统选择的因素？
(A) 水厂供电条件 (B) 水厂排水条件
(C) 水厂维修条件 (D) 水厂扩建条件

【解析】 选 ABD。参见秘书处教材《给水工程》第1.1.3节"给水系统的选择及影响因素：(2) 影响给水系统选择的因素；(4) 其他因素"。

6.【18-上-47】 下列关于水的自然循环和社会循环概念叙述中，正确的是哪些项？
(A) 水的自然循环是指水体以液态、固态、气态相互转换的过程
(B) 水从陆地上蒸发到大气层中又变成雨水降落在陆地上的小循环仅发生水量循环
(C) 在水的社会循环中，水量、水质是可以控制的，人类社会活动对水的自然循环有一定影响
(D) 维持水的自净能力、保持水环境生态平衡是实现水体良性循环的举措

【解析】 选 AD。参见秘书处教材《给水工程》第5.1节"水的自然循环和社会循环"。

7.【18-下-41】 下列哪项不会受城市水资源充沛程度的影响？
(A) 居民生活用水定额 (B) 企业生产用水量
(C) 综合生活用水定额 (D) 消防用水量标准

【解析】 选 BD。根据《室外给水设计规范》表4.0.3-1和表4.0.3-2可知，居民生活用水定额和综合生活用水定额与所在区域的缺水程度相关。

8.【19-上-45】 给水系统选择的合理与否，将对下列哪几项产生重大影响？
(A) 工程施工难易程度 (B) 系统运行维护费用
(C) 居民缴费便利程度 (D) 供水安全可靠程度

【解析】 选 ABD。详见秘书处教材《给水工程》P6～7的"(2) 影响给水系统选择的因素"。

1.2.2 组成

1.【12-上-42】 某城镇由一座地表水水厂和一座地下水水厂联合通过一套给水管网供水，管网中设有水塔。下列哪几项说法正确？
(A) 由地表水水厂、地下水水厂和水塔以及给水管网组成的统一给水系统
(B) 由地表水水厂和给水管网，地下水水厂和给水管网构成的分质给水系统
(C) 由地表水水厂、地下水水厂和水塔以及给水管网组成的多水源给水系统
(D) 由地表水水厂、水塔及给水管网组成的分压给水系统

【解析】 选 AC。统一给水系统，指的是采用同一给水系统，以相同的水质和水压供给用水区域内所有用户的各种用水，包括生活用水、生产用水和消防用水等。题目中给出只有一套给水管网，属于统一给水系统，A正确。

分质给水系统指的是按照供水区域内不同用户各自的水质要求或同一个用户有不同的用水水质要求，实行不同供水水质分别供水的系统，B错误。

分压给水系统指的是根据地形高差或用户对管网水压要求不同，实行不同供水压力分别供水的系统，D错误。

该系统是由一座地表水水厂和一座地下水水厂两个水源，一套给水管网，一个水塔组

成的,所以是多水源给水系统,C 正确。

2.【18-下-43】 在以下哪项条件下,水源到水厂可设置一条原水输水管?
(A) 供水系统单一水源统一供水
(B) 在水源与水厂之间,距离水厂 1000m 处设置一座调节水池
(C) 供水系统设置两个以上水源,每个水源都可以保证城市 70% 的供水量
(D) 在管网中设置安全储水池

【解析】选 CD。参见《室外给水设计规范》第 7.1.3 条条文说明。

1.2.3 流量

1.【11-上-41】 下列关于全日制运行的给水系统各构筑物设计流量大小的叙述中,哪几项正确?
(A) 水厂所有构筑物中,二级泵站的设计流量总是最大
(B) 地表水取水构筑物的设计流量总比水厂内水处理构筑物的设计流量大
(C) 地表水给水系统中原水输水管道的设计流量总比清水输水管道的设计流量小
(D) 采用管井取水给水系统中,原水总输水管道的设计流量比各个管井的设计取水量之和小

【解析】选 BD。A 项净水厂设计流量按最高日供水量加自用水量,二级泵站的设计流量按管网有无调节构筑物决定;B 项要考虑输水管的漏损;C 项清水输水管道的设计流量同二泵站;D 项要考虑有备用井。

2.【11-下-41】 某地形高差较大城市采用高低两区供水,且每区均设网后高位水池,高区供水泵从低区高位水池中取水,计算低区高位水池调节容积时,必须掌握以下哪些资料?
(A) 最高日低区用水量变化曲线
(B) 最高日高区用水量变化曲线
(C) 最高日水厂二级泵站供水曲线
(D) 最高日高区供水泵站供水曲线

【解析】选 ACD。调节容积的核心是两个方面:进水与出水情况。进水与二级泵站及低区用水情况有关,出水与高区供水泵站有关。

3.【14-上-41】 下列关于给水系统设计用水量、供水量等的表述中,哪几项错误?
(A) 企业用水是指企业的生产用水,不包括企业员工工作时的生活用水
(B) 同一城市的居民生活用水量小于综合生活用水定额
(C) 城市给水系统设计供水量包括居民生活用水、企业用水、浇洒和绿化用水、管网漏损、未预见水量、公共建筑和设施用水、消防用水量之和
(D) 城市给水系统设计供水量即为城市净水厂的设计规模

【解析】选 ABC。根据秘书处教材《给水工程》P14,工业企业的用水量包括企业内的生产用水量和工作人员的生活用水量,故 A 项错误。生活用水量与综合生活用水定额无可比性,故 B 项错误。根据教材 P12,城市给水系统的设计供水量不包括消防用水量,故 C 项错误。根据城市给水系统的设计供水量为城市给水系统的设计规模和水厂的设计规

模,故 D 项正确。

4.【19-下-41】下列设施设计流量相同的是哪几项?
(A) 净水厂滤池　　　　　　　　(B) 一级水泵站
(C) 原水输水管　　　　　　　　(D) 取水构筑物

【解析】选 BCD。详见秘书处教材《给水工程》P20 的"1.3.1 给水系统各构筑物的流量关系"。

第 2 章　输水和配水工程

2.1　单项选择题

2.1.1　系统、分区与布置形式

1.【10-下-3】 下列关于原水输水管道设计的要求中，错误的是哪一项？
(A) 必须采用双管或多管输水
(B) 尽量沿现有或规划道路敷设
(C) 埋设在测压管水头线以下
(D) 长距离输水应检测流量
【解析】选 A。参见秘书处教材《给水工程》P29，原水输水管不宜少于两条。

2.【11-下-3】 两条同管径、平等敷设的输水管，中间等距离设置连通管，当某段管道发生事故时，其事故水量保证率与下列哪项因素有关？
(A) 输水管管径　　　　　　　(B) 输水管线总长度
(C) 输水管工作压力　　　　　(D) 连通管根数
【解析】选 D。

3.【12-上-1】 在正常情况下，为保证城市生活给水管网供给用户所需水量，布置管网时，下列哪项正确？
(A) 必须按压分区供水
(B) 供水水质必须符合生活饮用水卫生标准
(C) 必须布置成枝状管网
(D) 必须保证管网有足够的水压
【解析】选 D。管网一定前提下，水压越大，流速越大，而流速越大，流量越大，水量和水压正相关，所以必须有相应水压才能达到一定流量，故选项 D 正确。选项 A 错误，不一定必须分区供水，可以采用统一供水系统。选项 B 本身含义正确（参见《室外给水设计规范》3.0.8 条），但与题干"保证水量"无相关性，故错误。选项 C 错误，可以布置成环状。

4.【12-下-1】 下列有关输水干管设计的叙述中，哪项正确？
(A) 输水干管必须设计两根及两根以上
(B) 输水干管发生事故时，该干管必须满足设计水量的 70%
(C) 两条输水干管连通管越多，事故时供水保证率越高
(D) 重力输水的输水管穿越河道必须采用从河底穿越方式
【解析】选 C。参见《室外给水设计规范》第 7.1.3 条，输水干管不宜少于两条，当

有安全贮水池或其他安全供水措施时，也可修建一条，故 A 错误。根据规范，对于城镇供水，事故保证率为 70%，但对于工业用水，事故保证率应根据工业企业的性质决定，故 B 错误。规范 7.3.8 条，穿越河道还可采用管桥方法，故 D 错误。

5.【13-下-4】 埋地给水管与下列哪项管道的允许最小水平净距值最小？
(A) 低压燃气管 (B) 雨水管
(C) 污水管 (D) 热水管

【解析】 选 A。参见《室外给水设计规范》附录 A，低压燃气管与给水管的允许最小水平净距为 0.5m，雨水管和污水管为 1.0m（给水管管径小于等于 200mm 时）或 1.5m，热力管为 1.5m。A 正确。

6.【14-上-1】 下列多水源供水方案中，哪项供水方案最可能保障城市用水量和水质安全？
(A) 从同一个河流不同位置取水的双水厂供水方案
(B) 从同一河流同一位置取水的双水厂供水方案
(C) 从不同河流（水质差异小）取水的双水厂供水方案
(D) 从不同河流（水质差异较大）取水的双水厂供水方案

【解析】 选 C。从不同河流取水的方案要优于从同一河流中取水，故排除选项 AB。水质差异越小，处理工艺就越类似，安全性越高，故选择 C。

7.【14-下-1】 在给水系统中，下列哪项不属于调节构筑物？
(A) 清水池 (B) 二级泵站吸水井
(C) 网前水塔 (D) 与管网连接的高位水池

【解析】 选 B。根据秘书处教材《给水工程》P4，二级泵站吸水井不具备调节功能。

8.【17-上-3】 为了保证输水管道在各种设计工况下运行时，管道不出现负压，下列哪项措施正确？
(A) 应提高输水管道的输水压力 (B) 应增大输水管道的管径
(C) 应缩短输水管道的长度 (D) 输水管道埋设在水力坡度线以上

【解析】 选 A。选项 B 中，重力供水时若可用水头恒定，增大管径时将导致流量增大，若考虑增大管径来降低水头损失，可能导致管道流速过小；选项 C 中，输水起、终点确定后，最小管道长度确定；选项 D 中，输水管埋设在水力坡度线之上的话，则任意点均存在其管道标高大于水压标高，即 $Z > Z + P$，这样必然导致负压。故 B、C、D 错误。

9.【19-上-1】 当城镇地形高差大时，同一水源的配水管网采用分压给水系统能节约能量的主要理由是下列哪项？
(A) 减少了水泵房的管路损失 (B) 降低了控制点的服务水头
(C) 降低了用水点的富余水头 (D) 降低了配水管网水头损失

【解析】 选 C。参见秘书处教材《给水工程》P56，由于地形高差大，部分供水点可能水压过剩，于是减少未利用能量 E_3 值，能节约供水能量。

10.【19-下-2】 下列关于供水分区的说法中，正确的是哪项？
(A) 长距离单一管径输水管在恒流量输水时，采取串联增压供水方式能降低能量

费用

(B) 采用串联分区方式不能提高分区点上游的供水能量利用率

(C) 管网采用分区给水的唯一优点是能有效减少能量消耗

(D) 在同一供水区采用串联分区或并联分区的分区数不用时，节省的供水能量不同

【解析】选 D。选项 A 参见秘书处教材《给水工程》P57；选项 B 参见教材 P57 式（2-48）；选项 C 参见教材 P53 "分区给水系统"；选项 D 参见教材 P57 式（2-48）、式（2-49）。

11.【19-下-3】 下列关于输配水管网附件和附属构筑物的说法中，正确的是哪项？

(A) 管道的弯管、三通、尽端盖板等处均需设置支墩

(B) 泵房内设置微阻或缓冲止回阀，可减轻水锤危害

(C) 管道泄水阀口径大小与放空期间的管内水压无关

(D) 室外管网中设置的消火栓均应设在消防车可驶近的地面上

【解析】选 B。选项 A 参见秘书处教材《给水工程》P62，当管径小于 300mm 或转弯角度小于 10°，且水压不超过 980kPa 时，因接口本身足以承受拉力，可不设支墩；选项 B 参见教材 P61 的 "2) 止回阀"；选项 C 参见教材 P61 的 "3) 排气阀和泄水阀"；选项 D 参见教材 P62 的 "4) 消火栓"。

2.1.2 水力计算

1.【13-下-44】 下述哪项情况不能通过建立 "虚环" 的形式进行管网的平差计算？

(A) 有一个水厂和一个前置水塔的管网的最大时

(B) 有两个水厂和一个前置水塔的管网的最大时

(C) 有一个水厂和一个对置水塔的管网的最大时

(D) 有一个水厂和一个对置水塔的管网的最大转输时

【解析】选 A。参见秘书处教材《给水工程》P47，"虚环" 条件：两个或以上水源点。选项 BCD 满足要求，而选项 A 水厂和水塔其实属于串联关系，属于一个水源。

2.【11-上-3】 给水管道的总水头损失为沿程水头损失与局部水头损失之和，但在工程设计中有时不计局部水头损失的是哪一项？

(A) 配水管网水力平差计算

(B) 重力流输水管道

(C) 压力流输水管道

(D) 沿程管径不变的输水管道

【解析】选 A。配水管网水力平差计算中，一般不考虑局部水头损失，主要考虑沿程水头损失。故答案为 A。

3.【11-下-4】 在设计远距离、沿途无出流的压力输水系统时，常对是否采用水泵加压方式做定性分析，下述其优、缺点表述错误的是哪一项？

(A) 减少了起端输水压力，因而能减少运行能耗

(B) 降低了系统工作压力，因而能减少漏损水量

(C) 增加了中途增压泵房，因而会增加管理费用
(D) 增加了中途增压泵房，因而会增加运行能耗

【解析】选 A。沿程无出流的输水管，分区后非但不能节能，基建与设备等项费用反而会增加。D 项主要是考虑到了泵站内部的水头损失，中途增压泵站越多，内部损耗越大。

4.【13-上-4】 远距离重力输水管从 A 点经 B 点向 C 点输水且无集中出流，现需在 B 点设一开敞减压水池，则下列哪项表述不准确？
(A) B 点设开敞水池后可降低爆管概率
(B) B 点池底的自由水压即为水池的水深
(C) A 点水压标高大于其下游管段上任意一点的水压标高
(D) A-B 管段管径不得小于 B-C 管段管径

【解析】选 D。重力输水，管径和坡度有关系，若 A-B 坡度大，管径可以小。

5.【14-上-2】 某城镇给水管网采用网前水塔作为调节构筑物，水塔水柜有效水深为 3m，由于年久失修，拟废弃该水塔并采用无水塔供水方式，若保证管网用水量不变时。二级泵站吸水管水头损失和二级泵站至原水塔处输水管的水头损失分别增加 1m 和 2m。则废弃该水塔后对二级泵站水泵扬程的影响，下列哪项正确（不计水塔进水管管口出流流速水头）？
(A) 扬程增加   (B) 扬程不变
(C) 扬程减小   (D) 不能确定

【解析】选 B。有网前水塔时，H_P＝地形高差＋吸水管及输水管水头损失＋水塔高度＋水柜有效水深。去掉网前水塔时，H_P＝地形高差＋吸水管及输水管水头损失＋3＋水塔高度－水柜有效水深。故扬程不变，B 正确。注意：理解不同情况下扬程计算方法。

6.【14-下-3】 某输水管道在输水流量 Q 和 $0.7Q$ 的条件下，相应沿程水头损失总和与局部水头损失总和之比分别为 a_0 和 a_1，则下列哪项正确？
(A) $a_0 > a_1$ (B) $a_0 < a_1$
(C) $a_0 = a_1$ (D) 需经数值计算确定

【解析】选 C。$a_0 = \dfrac{sq^2}{\sum \xi \dfrac{v^2}{2g}} = \dfrac{\pi^2 D^4 g}{8 \sum \xi}$，与流量无关，则在 Q 与 $0.7Q$ 条件下 a_0 和 a_1 是相等的。

7.【11-上-3】 以下关于配水干管比流量计算的叙述中，哪项错误？
(A) 大用户集中流量越大，比流量越小
(B) 居住人口密度越高，比流量越大
(C) 广场、公园等无建筑区域大小与比流量无关
(D) 住宅区按相关设计规范确定的卫生器具设置标准越高，比流量越大

【解析】选 C。选项 A 说法正确，比流量计算中是要将大用户先剔除在外的。B 项正确，因为居住人口密度越高，如容积率很大的区域，管道铺设在道路平面上，长度即使有所增加也有限，所以比流量越大。C 项错误，因为计算比流量时干管总长度不包括穿越广

场、公园等无建筑物地区的管线，因此这些区域面积越大，范围越多，则比流量越大（前提是管线总长度没有过大的变化）。

8.【12-上-2】 下列有关输水管设计流量的叙述中，哪项正确？

(A) 从净水厂至城市管网的清水输水管设计流量等于最高日最大时供水量和输水干管漏损水量之和

(B) 从水源至净水厂的原水输水管设计流量等于水处理构筑物设计水量和原水输水管漏损水量之和

(C) 从净水厂至城市管网中高位水池的清水输水管设计流量等于向高位水池输水流量和高位水池向管网供水量之和

(D) 从水厂滤池至清水池的输水管设计流量等于最高日最大时供水量和水厂自用水量之和

【解析】选 B。参见秘书处教材《给水工程》P20、P21。选项 A 错误，不应计入输水干管漏损水量。选项 C 错误，管网内设水塔（高位水池），清水输水管流量按水塔设置位置不同，设计流量不同，但皆与 C 项表达不同。选项 D 错误，应为最高日（平均时）供水量和水厂自用水量之和。选项 B 即是 P21 公式（1-2）的文字表达形式，正确。

9.【13-上-3】 城镇配水管网计算中，通常将沿线流量通过折算系数折算成节点流量。请根据折算系数的定义，比较右图中管段 2-6 精确折算系数 A_{2-6} 和管段 2-3 的精确折算系数 A_{2-3} 大小？

(A) $A_{2-6} > A_{2-3}$ (B) $A_{2-6} = A_{2-3}$

(C) $A_{2-6} < A_{2-3}$ (D) 不能确定

【解析】选 A。参见秘书处教材《给水工程》P32 公式（2-4），转输流量小，A 值大，2-6 无转输流量，2-3 转输流量为 2.4L/s。

10.【14-上-3】 下列关于给水管网节点流量的表述，哪项不正确？

(A) 节点流量是根据节点相接管段通过沿线流量折算得来的，同时包括集中流量

(B) 在节点流量计算中，管段流量按 1/2 的比例纳入两端节点

(C) 节点流量是为满足简化管网计算而得出的流量值

(D) 节点流量数值及其分布将影响管网计算结果的合理性

【解析】选 B。因管段流量包括沿线流量和转输流量，且转输流量不折算，故 B 错误。

11.【16-上-1】 下列关于管道的经济流速的表述，哪项正确？

(A) 一定的设计年限内使管道的造价最低

(B) 一定的设计年限内使管道的运行费用最低

(C) 一定的设计年限内使管道的造价和运行费用都最低

(D) 一定的设计年限内使管道的年折算费用为最低

【解析】选 C。经济流速定义为：一定年限（投资偿还期）内管网造价和管理费用最小的流速。

12.【16-上-2】关于沿线流量转换成节点流量的表述，下列哪项错误？
(A) 将管段的沿线流量转换成该管段两端点出流的节点流量
(B) 将管段内沿线变化的流量转换成沿线不变的假定流量
(C) 沿线流量转换成节点流量时假定转换前后管线的水头损失相等
(D) 沿线流量转换成节点流量不适用于环状管网

【解析】选 D。管网管段沿线流量是指供给该管段两侧用户所需流量，不管是支状管网还是环状管网，沿线流量都需要转换，故 D 错误。

13.【16-下-1】关于节点 i 的流量平衡条件为 $q_i + \sum q_{ij}$，下列表述哪项正确？
(A) q_i 为管网总供水量，q_{ij} 为管网各管段流量
(B) q_i 为节点 i 的节点流量，q_{ij} 为管网各管段流量
(C) 表示流入节点 i 的流量等于从节点 i 流出的流量
(D) 表示所有节点流量之和与所有管段流量之和相等

【解析】选 C。根据秘书处教材《给水工程》P33，q_i 为节点 i 的节点流量，q_{ij} 为从节点 i 到节点 j 的管段流量。流量平衡方程，是指流入某节点的流量与流出该节点的流量相等。故 C 正确。

14.【16-下-2】下列关于给水管网控制点的描述，哪项说法正确？
(A) 控制点是距离泵站最远的点
(B) 水压标高最低的点
(C) 服务水头最低的点
(D) 若该点服务水头满足最低要求，同时所有点服务水头均满足要求

【解析】选 D。根据秘书处教材《给水工程》P39，控制点的选择是保证该点水压达到最小服务水头时，整个管网不会出现水压不足的地区。故 D 正确。

15.【17-上-1】管网漏损率与下列哪项无关？
(A) 供水规模　　(B) 供水压力　　(C) 供水管材　　(D) 供水管径

【解析】选 A。参见秘书处教材《给水工程》P14 中原文。

16.【17-上-4】供水管网进行平差的目的是下列哪项？
(A) 保证管网节点流量的平衡
(B) 保证管网中各管段的水头损失相同
(C) 为了确定管段直径，水头损失以及水泵扬程等
(D) 消除管网中管段高程的闭合差

【解析】选 C。管网平差就是求得各管段满足质量守恒和能量守恒的计算流量，参见秘书处教材《给水工程》P43 倒数第一段。D 项应该是消除管段水头损失的闭合差，故错误。

17.【17-下-1】以下关于用水点的服务水头的描述，哪项正确？
(A) 从供水区域内统一的基准水平面算起，量测该用水点的测压管水柱所达到的高度
(B) 从该用水点接管处的管中心算起，量测该用水点的测压管水柱所达到的高度

（C）从该用水点接管处的地面上算起，量测该用水点的测压管水柱所达到的高度
（D）从该用水点接管处的管内顶算起，量测该用水点的测压管水柱所达到的高度
【解析】选 C。参见秘书处教材《给水工程》P23。

18.【17-下-2】供水管网中，管段的设计计算流量为下列哪项？
（A）管段的沿线流量和转输流量
（B）管段的转输流量
（C）管段的沿线流量
（D）管段的转输流量和 50% 的沿线流量
【解析】选 D。参见秘书处教材《给水工程》P32 图 2-4 和公式（2-3），以及结合 α 的统一采用数值。

19.【17-下-3】城镇供水的两条平行输水管线之前的连通管的根数以及输水干管的管径，应按照输水干管任何一段发生故障时，仍能通过设计水量的一定比例计算确定，下列哪项比例（%）正确？
（A）50　　　　（B）60　　　　（C）70　　　　（D）80
【解析】选 C。参见秘书处教材《给水工程》P49。

20.【17-下-4】在进行枝状网计算时，当控制点合理选定以后，枝状网支线的管径确定方法是下列哪项？
（A）按经济流速，由支线的流量确定
（B）根据支线起点与终点的水压标高之差，结合支线的流量计算确定
（C）根据能量方程计算确定
（D）根据连续性方程计算确定
【解析】选 B。参见秘书处教材《给水工程》P39 第二段所述的支线计算原理。

21.【18-上-3】枝状管网的水力计算与环状管网的水力平差计算的主要区别是哪一项？
（A）沿线流量和节点流量计算方法不同
（B）支线管的水头损失计算方法不同
（C）管段流量的确定方法不同
（D）管段水头损失的计算方法不同
【解析】选 C。关于管段计算流量：支状网的管段计算流量仅满足连续性方程，环状网的管段计算流量满足连续性方程和能量方程。故选 C。

22.【18-下-3】按最高日最高时供水量设计供水管网时，平差、校核计算的目的是确定以下哪项内容？
（A）供水管网各节点流量
（B）供水管网各管段沿线流量
（C）各管段直径、水头损失以及水泵扬程等
（D）供水管网各管段流量折算系数
【解析】选 C。根据秘书处教材《给水工程》"2.2.1 节管网水力计算的目的和方法"，城市给水管网按最高日最高时供水量计算，据此求出所有管段直径、水头损失，水泵扬程

和水塔高度（当设有水塔或高位水池时）。

23. 【18-下-4】在供水管网水力平差计算中，下述关于局部水头损失的表述，正确的是哪项？
    （A）一般不考虑局部水头损失
    （B）局部水头损失按沿程水头损失 5%～10%考虑
    （C）通过管网平差确定局部水头损失
    （D）通过现场实测确定局部水头损失
    【解析】选 A。参见秘书处教材《给水工程》P49"输水管渠计算"。

24. 【19-上-4】关于给水管网水头损失计算的说法中，正确的是哪项？
    （A）在同一管道中，管道的沿程阻力系数、比阻和摩阻取值大小与管道的输水流量和压力有关
    （B）环状网水力计算中，管段计算流量的分配应包括干管之间的连接管
    （C）环状网水力计算中，应当另计入管道的局部水头损失
    （D）同一输水管的局部水头损失大小与管道的输水水量无关
    【解析】选 B。选项 A 详见秘书处教材《给水工程》P36，管道的输水流量和压力与管道的沿程阻力系数、比阻和摩阻取值大小有关；选项 B 见教材 P44 例题 2-3；选项 C 见《室外给水设计规范》第 7.2.3 条的条文说明；选项 D 见教材 P35 公式（2-13）。

25. 【19-上-5】关于环状给水管网水力计算的说法中，正确的是哪项？
    （A）环方程平差计算中，能量方程为线性方程
    （B）环状管网的管段数等于节点和环数的总和
    （C）在平差计算中，闭合差和校正流量的正负取向有可能相同
    （D）采用节点方程计算时，管段的水头损失和管段流量均应在求解节点水压的基础上计算得出
    【解析】选 D。选项 A 详见秘书处教材《给水工程》P42"能量方程表示管网每一环中各管段的水头损失总和等于零的关系"，以及教材 P37 公式（2-19）；选项 B 详见教材 P42 公式（2-20）；选项 C 详见教材 P43 公式（2-22）；选项 D 详见教材 P35 公式（2-13）。

26. 【19-上-9】关于给水管网比流量和节点流量的说法中，正确的是下列哪项？
    （A）同一管网中，在不同工况运行条件下，管网的管段比流量不变
    （B）管网中管道比流量计算中，干管总长度就是管线实际距离之和
    （C）管网节点流量由比流量和管段计算长度确定
    （D）管网设计计算时，管网节点流量不包含消防流量
    【解析】选 D。选项 A、B 详见秘书处教材《给水工程》P30 公式（2-1）；选项 C 见教材 P31 公式（2-5）；选项 D 见教材 P12"1.2.1 供水量的组成"，设计计算按照高日高时工况设计。

2.1.3 管道与管材

1. 【11-上-4】下列给水管道部位中，哪项可不设置支墩？

(A) DN500 橡胶圈接口的钢筋混凝土管道尽端
(B) DN300 以上承插式管道的垂直转弯处
(C) 长距离整体连接钢管的水平转弯处
(D) DN600×400 承插式三通分叉处

【解析】选 C。参见《室外给水设计规范》7.4.4 条："非整体连接管道在垂直和水平方向转弯处、分叉处、管道端部堵头处，以及管径截面变化处支墩的设置，应根据管径、转弯角度、管道设计内水压力和接口摩擦力，以及管道埋设处的地基和周围土质的物理力学指标等因素计算确定。"

参见秘书处教材《给水工程》P63："当管内水流通过承插式接口的弯管、三通、水管尽端的盖板上以及缩管处，都会产生拉力，接口可能因此松动脱节而使管道漏水。因此在这些部位需要设置支墩，以防止接口松动脱节等事故产生。当管径小于 300mm 或转弯角度小于 10°，且水压不超过 980kPa 时，因接口本身足以承受拉力，可不设支墩。"

2.【14-下-2】下列有关配水管的描述中，哪项正确？
(A) 包括输水管以及供水区域内各用户的管道
(B) 除管道以外，还包括增压泵站和调节设施
(C) 是指将清水配送至供水区域内各用户的管道
(D) 由向供水区域内各用户供水的支管构成

【解析】选 C。配水管是从清水输水管输水分配到供水区域内各用户的管道。

3.【14-上-4】有两根管径大小不同的输水管，若其长度和布置方式完全相同，管材均采用水泥砂浆内衬的钢管，粗糙系数 n 均取 0.013，下列有关其输水特性比较的判断中，哪项不正确？
(A) 若管道流速相同，两根管道水力坡降之比仅与管径有关
(B) 若水力坡降相同，大口径管道输水量大于小口径管道
(C) 若水力坡降相同，两根管道的局部水头损失总值相等
(D) 大口径管道的比阻值小于小口径管道的比阻值

【解析】选 C。局部水头损失与流速相关，坡降相同，流速不同时，其局部水头损失不同。故 C 错误。

4.【14-下-4】在长距离原水输水管上设置排气阀时，就其作用而言，下列哪项表述不正确？
(A) 用于在管道系统启动运行前注水时的排气
(B) 消除水锤对管道的危害
(C) 及时排出管道运行时夹带的空气
(D) 向管道内引入空气，防止管内负压的产生

【解析】选 B。根据秘书处教材《给水工程》P62，减轻水锤危害的作用，并不能消除。故 B 错误。

5.【11-下-4】在进行管道经济比较时常用到"年折算费用"的概念，以下关于"年折算费用"的概念论述中，哪项错误？

(A) "年折算费用"综合考虑了管道造价和管理费用的因素
(B) "年折算费用"不能用作不同管材之间的经济比较
(C) "年折算费用"最小的管道流速即为经济流速
(D) "年折算费用"的大小与投资偿还期有关

【解析】选 B。参见秘书处教材《给水工程》P35。本题 C、D 项较为明显;A 项其实是"总费用"的实质,而"总费用"与"年折算费用"的本质是相同的,只是后者是平均到了每年;B 项错误,年折算费用和管网造价有关,而管网造价与管材有关,管材不同,年折算费用不同。

6.【18-上-4】 某长距离输水工程,输水管沿途的管径和流量相同,且沿途没有流量分出,分区输水比不分区输水可节省的能量是哪一项?
(A) 最大节省 1/4 的能量 (B) 最大节省 1/2 的能量
(C) 最大节省 1/3 的能量 (D) 不节省能量

【解析】选 D。当一条输水管管径不变,流量不变,即沿线无流量分出时,分区后非但不能降低能量费用,反而会增加基建和设备等项费用,且管理更趋复杂。故选 D。

7.【19-上-3】 关于输水管设计的说法中,正确的是哪项?
(A) 某地区的管道经济流速取值为一恒定值
(B) 输水管沿线设置的排气阀,只用于排除管内积气
(C) 输水距离小于等于 10km 的压力输水管,应进行水锤分析计算
(D) 原水输水管在事故中按 70%设计流量复核时,无需另计入输水管线漏损失量

【解析】选 D。选项 A 详见秘书处教材《给水工程》P35 表 2-1。选项 B 详见教材 P62,排气阀安装在管线的隆起补位,为了排除管线投产时或检修后通水时管线内的空气。平时用以排除水中释出的气体,以免空气积在管中。选项 C 详见《室外排水设计规范》第 7.1.12 条;选项 D 详见教材 P21 公式(1-2a)。

2.2 多项选择题

2.2.1 系统、分区与布置形式

1.【11-上-41】 对枝状网与环状网供水相比较具有的特点叙述中,哪几项是错误的?
(A) 供水可靠性较好 (B) 受水锤作用危害较大
(C) 供水水质较好   (D) 管网造价较低

【解析】选 AC。参见秘书处教材《给水工程》P27。

2.【11-上-42】 某城市源水输水管线路中途有一高地,其高程正好与最大输水流量时的水力坡降线标高相同,为保证在各种工况下管道不出现负压,可采取以下哪几种措施?
(A) 开凿隧洞通过高地,降低管道埋设标高
(B) 减少输送流量,降低水头损失
(C) 管线绕道通过高地,总水头损失不增加
(D) 加大高地至净水厂管道管径

【解析】选 ABC。当某一点的管线铺设超过水力坡线,及测压管水头线位于管道中心线以下时,管线中此点即产生负压。改变的措施为考虑减少水力坡度,如减小管线的比阻,增大管径以减小水头损失,增大等水头损失下的管长等,A 项正确。

B 项理论上也是可以实现的,比如调节出口端的阀门。

C 项绕过高地,在总水损不变的情况下,当然也可以避免出现负压。

至于 D 项,由于只是加大了高地以后的管径,之前的管径没有变化,如果出口不考虑阀门等调节作用,则出现的结果是:由于整体来看系统的阻力减小,流量会增大;但由于高地之前的管径没有变化,此段范围内的水头损失反而会增加,则在高地位置这一点上会出现更大负压。但到输水管线的最起端与最末端整体来看,相比没有做出改变之前,末端水压会有所升高。即做了 D 项的改变后,水力坡降线先呈更陡下降,随后也呈更陡上升,最后末端水压大于原水压。

3.【11-上-43】 以下关于分区供水的叙述中,哪几项正确?
(A) 山区城市的供水方向地形上升显著,宜采用串联供水
(B) 由同一泵站供水的分区供水为并联供水
(C) 采用分区供水一定可以降低给水系统造价
(D) 对于重力流供水的城市,不能采用分区供水

【解析】选 AB。参见秘书处教材《给水工程》P58。

4.【12-上-44】 下列有关城镇生活、消防用水合并的管网的布置要求叙述中,哪几项正确?
(A) 必须布置成环状管网
(B) 应布置成枝状管网
(C) 消防给水管道直径不应小于 100mm
(D) 室外消火栓间距不应小于 120m

【解析】选 C。生活和消防用水合并的管网,应为环状网,不是必须,故 AB 项错误。同时注意与《建筑设计防火规范》GB 50016 第 8.2.7 条第 1 款的联系和区别,题干描述的是市政管网,在绝大多数情况下消防用水量都大于 15L/s(城市不可能那么小吧),所以采用枝状管网的可能性非常小,这里用"必须"是合理的。同时依据该条文第 4 款,室外消防给水管道的直径不应小于 DN100,所以 C 项正确。根据《建筑设计防火规范》GB 50016 第 8.2.8 条第 3 款:室外消火栓间距不应大于 120m,所以 D 项错误。

5.【12-下-43】 为保证城市自来水管网水质,布置管网时采取以下技术措施,哪几项不正确?
(A) 不宜与非生活饮用水管网连接
(B) 不宜与自备水源供水系统直接连接
(C) 尽量避免穿越毒物污染地区
(D) 尽量避免穿越管道腐蚀地区

【解析】选 AB。参照《室外给水设计规范》7.3.5 条,生活饮用水管道应避免穿过毒物污染及腐蚀地带,故 CD 项正确。7.1.9 条,城镇生活饮用水管网,严禁与非生活饮用水管网连接,故 AB 项不正确。

6. 【13-下-2】下列有关城市给水管网的表述中，哪项不正确？
（A）当输水干管采用两条时，也应进行事故时管网供水量的核算
（B）管网布置成环状网时，干管间距可采用 500～800m
（C）与枝状网相比，管网布置成环状网时，供水安全性提高主要是其抗水锤能力强
（D）对同一城市，与枝状网相比，管网布置成环状网时投资要高

【解析】选 C。根据《室外给水设计规范》7.1.3 条，无论输水干管采用一根或两根，都应进行事故期供水量的核算，A 项正确。干管间距可根据街区情况，采用 500～800m，B 项正确；环状管网从投资考虑明显高于枝状网，D 项正确。环状管网抗水锤能力强不是主要原因，C 项错误。

7. 【13-下-42】某新规划建设的县级市，市政给水管网服务区内未设置水量调节构筑物。则下列哪几项有关该县级市给水管网设计的表述不准确？
（A）因城市较小，管网宜设计成枝状网
（B）为节约投资，生活用水和消防用水共用同一管网
（C）该市管网设计成环状时，应按消防时、最大转输时和最不利管段事故时三种工况进行校核
（D）由于连接管网控制点的管网末梢管段流量较小，为提高流速，保证水质，该处管道管径从 100mm 改为更小的管径

【解析】选 ACD。根据《室外给水设计规范》7.1.8 条，宜环状，故选项 A 错误；根据规范 7.1.13 条，B 项正确；根据 7.1.10 条，该给水系统没有设置水量调节构筑物，故不存在最大转输工况，不需要进行最大转输校核，C 项错误；选项 D 不一定可以实行，因为若生活、消防合用，最小管径不能小于 DN100，故不准确。

8. 【14-上-42】下列关于分区给水系统的能量分析，哪几项正确？
（A）在集中供水系统中，供水水泵需要按全部流量和满足控制点所需水压供水，存在部分能量未被利用的情况
（B）扩大管道口径，可减少管网中的过剩水压和提高能量利用率
（C）对于长距离原水输水，设置中途管道增压泵站一定有利于输水系统的安全和节能运行
（D）在同一管网中，采用并联或串联分区供水所节省的能量在理论上是相同的

【解析】选 AD。因扩大管道口径，管网中水头损失变小，过剩水压增大，降低了能量利用率。故 B 项错误。根据秘书处教材《给水工程》P57，当一条输水管的管径不变、流量相同时，不能降低能量费用，故 C 项错误。

9. 【16-上-41】关于城市给水系统中的调蓄泵站，下列叙述哪几项正确？
（A）布置在水厂内，将水厂生产的清水送入给水管网
（B）水池容积相当于在此处设置一座水塔的容积
（C）功能相当于一个供水水源
（D）主要任务是调节水处理构筑物的出水流量和二级泵房供水流量的差额

【解析】选 BC。依据秘书处教材《给水工程》P3。调蓄泵站又称为水库泵站，是在配水系统中设有调节水量的水池、提升水泵机组和附属设施的泵站。泵站的功能相当于一个

水源供水。故 C 正确。调蓄泵站有别于增压泵站，前者的主要功能是调节水量，后者是增压。因此，调蓄泵站内的水池起水量调节作用，其容积计算与该处设置一座水塔的容积相同。故 B 正确。

10.【16-上-43】 为解决某城镇的生活给水管网供水量有时不能满足城镇用水量的要求，采取下列哪几项措施是可行的？
（A）从邻近有足够富余供水量的城镇生活给水管网接管引水
（B）新建或扩建水厂
（C）从本城镇有自备水源的某工厂的内部供水管网接管引水
（D）要求本城的用水企业通过技术改造节约用水，减少用水量

【解析】选 ABD。依据《室外给水设计规范》7.1.9 条，城镇生活饮用水管网，严禁与非生活饮用水管网连接；城镇生活饮用水管网，严禁与自备水源供水系统直接连接。故 C 错误。

11.【16-下-41】 不能在给水管网中起到水量调节作用的是以下哪几项？
（A）增压泵站　　（B）高位水池　　（C）水厂清水池　　（D）调蓄泵站

【解析】选 AC。增压泵站只有调节水压的作用，没有调节水量的作用。高位水池、水塔和水厂清水池都是为了调节水量。但清水池设置在水厂内，仅起水厂产水量与二级泵站供水量的调节作用，并不调节给水管网中的水量。故选 AC。

12.【16-下-42】 有关给水输水管的表述，哪几项正确？
（A）从水源输水到水厂、从水厂输水到配水管网和从配水管网通过枝状管送水到用户的管道称为输水管
（B）从水厂到管网的输水管应保证用户所需的水量和水压，并保证不间断供水
（C）对设置有前置大型高位贮水池的管网，其从水厂到管网的输水管应按两根设置
（D）对于长度小于 1km 且竖向布置平缓的输水管，其间可不设透气设施

【解析】选 BD。依据《室外给水设计规范》2.0.29 条，输水管（渠）是指从水源地到水厂（原水输水），或当水厂距供水区较远时从水厂到配水管网（净水输水）的管（渠）。输水管只有输送水的功能，没有配水的功能，从水源输水到水厂和从水厂输水到配水管网的管道为输水管。但是从配水管网通过枝状管送水到用户的管道，其沿线也可能有用户用水，即起到配水的作用，故不属于输水管。A 错误。

依据《室外给水设计规范》7.1.3 条，输水干管不宜少于 2 条，当有安全贮水池或其他安全供水措施时，也可修建 1 条。输水干管和连通管的管径及连通管根数，应按输水干管任何一段发生故障时仍能通过事故用水量计算确定，城镇的事故水量为设计水量的 70%。故 C 错误。

13.【16-下-43】 下列有关分区供水的表述，哪几项正确？
（A）串联分区和并联分区可节省的供水能量相同，且不大于未分区时供水总能量的一半（忽略供水区最小服务水头）
（B）地形高差显著的区域或地势较平坦，但相对于供水方向来说非常狭长的区域宜考虑并联分区供水

(C) 日用水量变化很不均匀的区域宜采用分区供水
(D) 对同一服务区，串联分区泵站的费用要大于并联分区泵站的费用

【解析】选 AD。根据秘书处教材《给水工程》P59，对于相对于供水方向来说非常狭长的区域，若采用并联分区，则会大大增加输水管的长度，故适宜采用串联分区。B 错误。而采用分区给水是为了减少能量消耗及避免给水管网水压超出其所能承受的范围，但管网分区后，将增加管网系统的造价。分区与否与用水量变化无关，故 C 错误。

14.【17-上-41】在城市给水系统设计流量的确定和计算时，关于管网漏损水量计入与否，下述说法正确的是哪几项？
(A) 二级泵站的设计流量，应另外计入管网漏损水量
(B) 一级泵站的设计流量，应另外计入原水输水管（渠）的漏损水量
(C) 从二级泵站向管网输水的管道的设计流量，应另外计入管网漏损水量
(D) 从一级泵站向净水厂输水的原水输水管（渠）的设计流量，应另外计入原水输水管（渠）的漏损水量

【解析】选 BD。参见秘书处教材《给水工程》P21。

15.【17-上-42】输水干管不宜少于两条，并应加设连通管，不过，有时可修建一条输水管，下列哪几项正确？
(A) 当设有安全贮水池时，安全贮水池之前，可修建一条输水管
(B) 当输水管道距离较长，建两条输水管道投资较大时，也可修建一条输水管
(C) 当设有安全贮水池时，安全贮水池的前、后均可修建一条输水管
(D) 当采用多水源供水时，可修建一条输水管

【解析】选 AD。参见《室外给水设计规范》7.1.3 条及其条文解释。

16.【18-上-42】计算供水管道沿程水头损失时，涉及供水管道的摩阻系数，摩阻系数与下列哪些因素有关？
(A) 管道内壁的光滑程度及水的黏滞系数
(B) 管道的流速
(C) 管道的长度
(D) 管道的埋深

【解析】选 AB。根据《室外给水设计规范》第 7.2.2 条条文说明，摩阻系数与水流雷诺数 Re 和管道的相对粗糙度有关。即管道的摩阻系数与管道流速、管道直径、内壁光滑程度及水的黏滞度有关。

17.【18-下-42】城镇生活饮用水管网，可以与以下哪类管道系统直接连接？
(A) 小区内生活和消防合用供水系统　　(B) 非生活饮用水管网
(C) 水厂备用水源供水系统　　(D) 小区内枝状生活供水管网系统

【解析】选 AD。参见《室外给水设计规范》第 7.1.9 条。

18.【19-上-42】下列关于给水管网布置及定线的说法中，错误的是哪几项？
(A) 给水管网定线时，确定走向和位置的管道均应视作干管
(B) 对于允许间断供水的区域，可采用枝状管网

（C）无转输流量管道的管径应由分布在该管道上的沿线用水量确定
（D）生活用水、消防用水和生产用水的供水管网均应布置为环状

【解析】选 ACD。选项 A、B、D 详见秘书处教材《给水工程》P27 的"（3）管网定线与布置"。选项 C 见教材 P33 的公式（2-7）。

19.【19-下-43】关于给水管道敷设的说法中，错误的是哪几项？
（A）在未扰动的天然地基上，即可直接埋设给水管
（B）当管道敷设地基承载力达不到设计要求时，可采用桩基础
（C）夯实管顶覆土是为了供水管道强度以免受到荷载的作用影响
（D）金属管道的管顶覆土深度取 0.7m

【解析】选 CD。参见秘书处教材《给水工程》P61 的"（1）管道敷设"，而选项 C、D 还需注意冰冻地区的埋深。

2.2.2 水力计算

1.【11-上-42】工程设计中，为便于管网计算，通常采用折算系数 $\alpha=0.5$ 将管段沿线流量折算为管段两端节点流量，但实际上该折算系数是一个近似值，下列叙述正确的是哪几项？
（A）靠近水厂出水管道的管段的折算系数大于 0.5
（B）靠近管网末端的管段的折算系数大于 0.5
（C）越靠近水厂出水管的管段的折算系数越接近于 0.5
（D）越靠近管网末端的管段的折算系数越接近于 0.5

【解析】选 BC。参见秘书处教材《给水工程》P32，该系数的实质可简记为"最起端 0.5，最末端 0.56"。

2.【11-下-42】进行环状管网水力计算一般是在初步的管段流量分配、选定管径及其水头损失计算后再进行水力平差。其水力平差计算的原因包括下述哪几项？
（A）因初步计算结果尚不能满足能量方程
（B）因初步计算结果尚不能满足连续性方程
（C）因初步计算结果尚不符合经济管径要求
（D）因初步计算结果尚不能满足各环闭合差规定要求

【解析】选 AD。C 项不是平差计算的核心，是为了优化。B 项的说法是不正确的，因为在分配流量过程中，从初分流量开始到以后各环节，节点流量都是平衡的。也可参阅秘书处教材《给水工程》P43。

3.【14-下-41】下列有关环状网平差计算的说法中，哪几项正确？
（A）可使管网总水头损失控制在供水起始标高与控制点水压标高的差值范围内
（B）环内闭合差与相关校正流量的正负，应根据具体情况取用
（C）闭合差精度的大小与调整环内管段流量反复计算的次数有关
（D）两环公共管段校正后的流量，应同时考虑本环和临环的校正流量

【解析】选 CD。根据秘书处教材《给水工程》P44，按每次调整的流量反复计算，直

到每环的闭合差满足要求为止，计算次数越多，精度越高，故 C 项正确。根据教材 P44 公式(2-22)，公共管段校正后的流量，同时考虑了本环和临环的校正流量，故 D 项正确。

4.【12-上-45】 下列关于枝状给水管网水力计算的叙述中，哪几项正确？
(A) 计算节点水压标高的条件是：节点流量及节点与管段的相关关系、管段长度、管径和要求的节点最小服务水压
(B) 根据管段两端的水压标高差和管长，可求得该管段的水力坡度
(C) 管网各节点服务水压随水流方向递减
(D) 管网供水水压标高应等于最不利节点水压标高与流向节点沿途输水总损失之和

【解析】选 BD。水压标高＝地面标高＋最小服务水头，不知道地面标高，则无法求出节点水压标高，所以 A 项错误。管段两端流量不变（管网水力计算都把沿线流量化为节点流量，以方便计算），水力坡度＝水压标高差/管长，所以 B 项正确。沿水流方向水头损失增加，但节点服务水压还与地面标高相关，所以若沿线标高降低，则服务水压也可能增加，C 项错误。选项 D 中，管网供水水压标高＝水泵（水塔）地面标高＋水泵扬程（或水塔高度），最不利节点水压标高＝地面标高＋最小服务水头，选项 D 含义为：水泵（水塔）地面标高＋水泵扬程（或水塔）＝地面标高＋最小服务水头＋水头损失，移项得：水泵扬程（或水塔）＝（最不利节点水压标高地面标高－水泵地面标高）＋最小服务水头＋水头损失，D 项正确。

5.【13-上-42】 某城市给水输水管线中，水流从 A 点经 B 点流向 C 点，管段 A-B 和管段 B-C 的长度分别为 20km 和 14km，A、B、C 点处的管内水压和地面标高见下表。管段 B-C 的管材、管件及其接口的耐压等级为≤0.6MPa，其管段的沿程水头损失为 0.0005m/m，局部水头损失忽略不计。则下列关于 B、C 两点处的水压设计分析结论中，哪几项正确？

节点	A	B	C
节点水压标高	90.0	—	—
节点管中心标高	80.0	18.0	75.0

(A) B 点处压力满足要求
(B) C 点处压力满足要求
(C) B 点处压力不满足要求
(D) C 点处压力不满足要求

【解析】选 CD。管段 AB 水头损失＝20×0.0005×1000＝10m，管内水压＝90－18－10＝62m＞0.6MPa，超压；
管段 BC 水头损失＝14×0.0005×1000＝7m，压标高＝62＋18－75－7＝－2m，负压。

6.【11-下-42】 在计算城市配水管网的比流量时，应扣除的因素是哪几项？
(A) 穿越无建筑物区的长度
(B) 穿越无居民居住的管线长度
(C) 无集中流量流出的管线长度
(D) 大用户的集中用水量

【解析】选 AD。参见秘书处教材《给水工程》P30。B 项仅提到居民居住，不全面，注意区别于"无建筑区"。

7.【12-下-44】 在供水量不变的条件下，下列关于给水管网中各种流量的叙述中，哪

几项正确？
(A) 集中流量较大的管网，沿线流量较小
(B) 沿线流量较小的管网，节点流量一定较小
(C) 节点流量包括集中流量和管段流量
(D) 在枝状管网中，前一管段的计算流量等于其下游节点流量之和

【解析】选 AD。由于供水量可以分为集中流量和沿线流量两部分，则当供水量不变时，集中流量越大，沿线流量就越小，A 项正确。节点流量等于沿线流量折算的节点流量加上集中流量，因此所有节点的节点流量之和等于总用水量，B 项错误。节点流量包括集中流量和沿线流量折算的节点流量，C 项错误。在枝状管网中，前一管段承担着所有下游的节点流量，因此前一管段的计算流量等于其下游节点流量之和，D 项正确。

8.【16-上-42】 当管网中无集中用水量时，节点流量和沿线流量的关系可以表述为下列哪几项？
(A) 某管段起点和终点节点流量之和等于该管段的沿线流量
(B) 某点的节点流量的数值等于与该点相连所有管段沿线流量的总和
(C) 管网内所有节点流量的总和与所有沿线流量的总和相等
(D) 某点的节点流量的数值等于与该点相连所有管段沿线流量总和的一半

【解析】选 CD。依据秘书处教材《给水工程》P32，由沿线流量折算成节点流量时，任一节点的节点流量 q_i 等于与该节点相连接各管段的沿线流量 q_l 总和的一半。故 B 错误。某管段起点和终点节点流量之和还包含有与起终点节点相连的其他管段的沿线流量，故 A 错误。

9.【19-上-43】 关于给水管道节点流量和管段流量的说法中，正确的是哪几项？
(A) 在环状管网计算中，管段计算流量一般不等于平差后的管道流量
(B) 在环状管网计算中，不存在转输流量为零的管段
(C) 在环状管网计算中，从某节点引出的枝状管网，其管段计算流量与平差校正流量无关
(D) 假定流向节点的管段流量为正，则流出该节点的所有管段流量均为正

【解析】选 BC。详见秘书处教材《给水工程》P33 及 P42~43。选项 A，环状管网计算完成后，管段计算流量即为平差后的管道流量。选项 D，列节点连续性方程时，流向节点的管段流量均设为负，则流出该节点的所有管段流量均为正。

10.【19-下-42】 关于环状给水管网设计计算的说法中，错误的是哪几项？
(A) 管网平差计算完成后，管网中每一环的闭合差均应满足既定的精度要求
(B) 在环状管网设计计算中，网中节点总流量的大小与供水水源数量的多少有关
(C) 管网设计中，控制点的服务水头是由节点地形标高和供水水源至该节点的水头损失决定的
(D) 管网设计中，当控制点满足既定服务水头要求时，管网中不会出现不满足服务水头的节点

【解析】选 BC。选项 A 见秘书处教材《给水工程》P44：按照校正后流量再进行计算……计算机平差时，闭合差的大小可以达到任何要求的精度，一般取用 0.01~0.05m。选

项 B 详见教材 P32 的公式（2-5）。选项 C 详见教材 P23：给水系统中必须保证一定的水压……也称为用水点的服务水头。选项 D 参见教材 P43。

11.【19-下-49】 下列关于输水管计算的说法中，错误的是哪几项？
(A) 两条不同口径和长度的输水管，若输水水头损失相同，则水力坡降相同
(B) 某输水单管分为不同管径和不同长度的多段，则整条输水管的摩阻为各分段管道的摩阻之和
(C) 在满管流和过水端面积相同的条件下，若混凝土管（渠）水力坡降和粗糙系数相同，则方形渠输水量大于圆形管
(D) 在输水水力坡降和粗糙系数相同的条件下，若输水管局部损失计算总系数相同，则大口径管道的局部水头损失大于小口径管道

【解析】选 ABC。选项 A 详见秘书处教材《给水工程》P36，长度不同，水力坡度不同。选项 B 错在未考虑局部水头损失。选项 C 详见教材 P37 公式（2-14）。选项 D 详见教材 P36 公式（2-12）。

2.2.3 管道与管材

1.【11-下-41】 计算城镇供水量时，管网漏损水率取值应考虑的因素为下列哪几项？
(A) 管网供水量大小　　　　　　(B) 管网平均水压大小
(C) 管道材质及接口形式　　　　(D) 单位管长供水量大小

【解析】选 BCD。参见秘书处教材《给水工程》P12。

2.【12-上-46】 关于埋地钢管防腐设计中采用牺牲阳极的保护方式的叙述中，哪几项正确？
(A) 采用牺牲阳极的保护方法时，仍需对钢管采取良好的外防腐涂层
(B) 采用牺牲阳极的保护方法时，应对保护系统施加外部电流
(C) 采用牺牲阳极的保护方法时，适用于土壤电阻率高的地区
(D) 采用牺牲阳极的保护方法时，需使用消耗性的阳极材料

【解析】选 AD。牺牲阳极的保护方式，适用于土壤电阻率低和水管保护涂层良好的情况，所以 A 项正确，C 项错误。该方法不需要施加外部电流，B 项错误。需要使用消耗性阳极材料，D 项正确。

3.【13-下-1】 在下列哪种情况下，城镇配水管网设计可考虑增大管网漏损率？
(A) 供水规模较大时　　　　　　(B) 供水压力较低时
(C) 管材材质较好时　　　　　　(D) 单位管长供水量较小时

【解析】选 D。根据《室外给水设计规范》4.0.7 条，城镇配水管网的漏损水量宜按规范第 4.0.1 条第 1~3 款水量之和的 10%~12% 计算，当单位管长供水量小或供水压力高时，可适当增加，故 B 项错误，D 项正确。管材材质越好，水的漏损量越小，C 项错误。管网漏损率与供水规模无关，A 项错误。

4.【17-下-42】 供水管道沿程水头损失的计算，管道不同，采用的计算公式也不同，一般而言，下述说法哪几项正确？

（A）钢管、铸铁管沿程水头损失的计算不宜使用海曾—威廉公式
（B）混凝土管（渠）及水泥砂浆内衬的金属管道，沿程水头损失宜采用舍齐公式计算
（C）塑料管道的沿程水头损失计算宜采用维斯巴赫—达西公式计算
（D）配水管网水力平差的水头损失计算宜使用海曾—威廉公式

【解析】选 BCD。依据秘书处教材《给水工程》P38 表 2-3 可知 A 错误。依据《室外给水规范》7.2.2 条的条文解释，可知 B、C、D 均正确。

5.【17-下-43】 以下几类城市给水管道中，哪几项不需要做内衬水泥砂浆防腐处理？
（A）无缝钢管　　　　　　　　　　（B）球墨铸铁管
（C）自应力钢筋混凝土管　　　　　（D）预应力钢筋混凝土管

【解析】选 BCD。根据秘书处教材《给水工程》P61，钢管需要内衬处理；根据教材 P59，球墨铸铁管"抗腐蚀性能远高于钢管"。也就是说，球墨铸铁管抗腐蚀性能、耐久性能好，故不需要内衬防腐。

第3章 取水工程与泵站

3.1 单项选择题

3.1.1 地表取水

1.【11-下-7】 以下关于地表水取水构筑物类型的叙述中，错误的是哪一项？
（A）河岸较陡，水流深槽近岸，宜建岸边式取水构筑物
（B）河流冰凌较多时，可建斗槽式取水构筑物
（C）推移质较多的山区浅水河流，可建低坝取水构筑物
（D）水位变幅较大，要求施工周期短，可建移动式取水构筑物
【解析】 选 C。低坝取水构筑物适用于推移质不多的山区浅水河流。

2.【11-上-5】 某城镇自来水厂在流经城区的一条流向单一的较宽通航河道上已建有河床式取水构筑物。现因城镇发展需要，拟在河道上新建桥梁、码头。在征询水厂对新建构筑物位置的意见时，水厂提出的下列意见和要求中，哪项是不合适的？
（A）桥梁可建在距现有取水构筑物上游 1000m 及以远处
（B）桥梁可建在距现有取水构筑物下游 500m 及以远处
（C）码头可建在现有取水构筑物附近同岸上游
（D）码头可建在现有取水构筑物对岸
【解析】 选 C。参见秘书处教材《给水工程》P90 相关部分。码头建在取水构筑物附近同岸上游，则意味着取水构筑物建在码头同岸下游，码头与丁坝类似，这是不适宜的。A 项、B 项虽然说法上与教材内容有点颠倒，但本质上无错。

3.【12-上-5】 地表水取水构筑物的合理设计使用年限宜为下列哪项？
（A）5～10 年　　　　　　　　　（B）10～20 年
（C）50 年　　　　　　　　　　（D）100 年
【解析】 选 C。参见《室外给水设计规范》GB 50013 第 1.0.7 条，给水工程中构筑物合理设计使用年限宜为 50 年。

4.【13-上-6】 某沿海城市的"避咸蓄淡"水库，当河道中原水含盐度较低时，及时将淡水提升入库蓄积起来，以备枯水期原水含盐度不符合要求时使用。这种"避咸蓄淡"水库一般属于下列哪项类型？
（A）利用咸潮河段现有河道容积设闸筑坝蓄淡类型
（B）利用咸潮影响范围以外的上游河段现有河道容积设闸筑坝蓄淡类型
（C）利用咸潮河段沿河滩地筑堤修库蓄淡类型
（D）利用咸潮影响范围以外的上游河段沿河滩地筑堤修库蓄淡类型

【解析】选 C。参见《室外给水设计规范》第 5.3.2 条条文解释，在咸潮影响范围内，不存在"避咸"的问题，选项 BD 错误。其次，题干说了"修建水库"，"淡水"不是修建在现有河道中，故选 C。

5.【14-上-6】 下列有关低坝式取水的描述，哪项正确？
（A）橡胶坝属低坝中的一种固定坝
（B）取水口宜分布在坝前河床凹岸处
（C）低坝位置应选择在支流入口下游
（D）宜用于水中含有卵石、砾石和粗砂较多的山区浅水河流

【解析】选 B。参见秘书处教材《给水工程》P111，橡胶坝属于活动式，故 A 项错误。根据《室外给水设计规范》5.3.26 条，取水口宜设置在坝前河床凹岸处，故 B 项正确。根据 5.2.26 条的条文解释："…在支流入口上游，以免泥沙影响，"故 C 项错误。根据教材 P110，低坝式取水用于推移质泥沙不多时，故 D 项错误。

6.【14-下-5】 对于设置于河流宽度不大且有航运要求的河流的河床式取水构筑物，不宜采用下列哪项取水方式？
（A）桥墩式取水　　　　　　（B）自流式取水
（C）虹吸式取水　　　　　　（D）水泵直接取水

【解析】选 A。参见秘书处教材《给水工程》P98，桥墩式取水缩小了河道过水断面，适用于河流宽度很大，取水量大的地方。

7.【16-上-4】 在合理开发和利用水源所采取的主要措施方面，下列哪项表述不正确？
（A）当某地区同时可取用地表和地下水源时，地下水源应优先考虑用于生活饮用水源
（B）承压地下水其上覆盖有不透水层，可防渗透污染，水质稳定且卫生条件较好，应首先确定用于给水水源
（C）在工业用水中，应尽量采用循环给水系统，以提高水的重复利用率
（D）采用人工回灌技术，利用地表水补充地下水，可保持地下水源开采和补给水量的平衡

【解析】选 B。依据秘书处教材《给水工程》P67，当同时具有地表水源、地下水源时，工业用水宜采用地表水源，饮用水宜采用地下水源。选择地下水源时，通常按泉水、承压水（或层间水）、潜水的顺序选用。故 B 错误。

8.【16-上-6】 关于山区河流取水构筑物的表述，下列哪项不正确？
（A）对于推移质不多的山区浅水河宜采用低坝式取水构筑物
（B）对于大颗粒推移质较多的山区河流宜采用底栏栅式取水构筑物
（C）比较固定式和活动式低坝取水，后者无坝前淤积泥沙问题
（D）固定式低坝与底栏栅式取水构筑物不同之处在于前者需要设置溢流坝

【解析】选 D。依据秘书处教材《给水工程》P113，底栏栅取水构筑物主要利用设在坝顶进水口的栏栅减少砂石等杂物进入引水廊道的取水构筑物，底栏栅式比低坝多了坝顶进口栏栅，但都要设置成溢流坝，故 D 错误。

9.【16-下-5】有关河流泥沙运动对取水构筑物设计的影响,下列哪项表述正确?
(A) 泥沙起动流速计算,有助于取水构筑物周围河床淤积深度的判定
(B) 河道的泥沙起动流速大于泥沙止动流速
(C) 在重力取水管设计中,不淤流速应为相应泥沙颗粒的起动流速
(D) 含沙量分布规律一般为河床底部高于上部,河道两侧高于中心

【解析】选 B。依据秘书处教材《给水工程》P88,当河水流速逐渐减小到泥沙的起动流速时,河床上运动着的泥沙并不静止下来。当流速继续减到某个数值时,泥沙才停止运动,称为泥沙的止动流速。故 B 正确。

10.【17-上-7】下述有关江河水为水源的地表水取水构筑物的描述,哪项不正确的?
(A) 自流管取水时,设计流速不应低于水中泥沙的起动流速的 71%
(B) 取水构筑物设计最高水位按不低于百年一遇的频率确定即可
(C) 设计枯水位的保证率应采用 90%~99%
(D) 采用自流管取水且河流水深较浅河床稳定时,取水构筑物最低侧面进水孔下缘距河床最小高度与最上面侧面进水孔上缘距最低设计水位的最小距离相同

【解析】选 B。参见秘书处教材《给水工程》P87。对于 B 选项中的取水构筑物设计最高水位,还应"不低于城市防洪标准"。

11.【18-上-7】有关山区浅水河流底栏栅取水构筑物底栏栅构造、沉砂池等设置的说法中,哪一项正确?
(A) 进水栏栅的栅面应向下游倾斜设置　　(B) 进水栏栅应为整块形式
(C) 沉砂池应设在引水廊道前　　　　　　(D) 冲砂闸底高程应与河床相同

【解析】选 A。
选项 A:根据《室外给水设计规范》第 5.3.29 条条文说明,栅条一般做成钢制梯形断面,顺水流方向布置,栅面向下游倾斜,底坡为 0.1~0.2。正确。
选项 B:根据《室外给水设计规范》第 5.3.29 条条文说明,栅条做成活动分块形式,便于检修和清理,便于更换。错误。
选项 C:根据秘书处教材《给水工程》第 3.3.6 节图 3-63,沉砂室在引水廊道下游。错误。
选项 D:根据《室外给水设计规范》第 5.3.29 条条文说明,冲砂闸一般设于河床主流,其闸底应高出河床 0.5~1.5m,防止闸板被淤。错误。

12.【18-下-6】下列有关地表水取水构筑物设置的叙述中,正确的是哪一项?
(A) 建设在江河堤坝背水侧的取水泵房,其进口地坪设计标高和河流水位标高无关
(B) 在寒冷地区河道上设置的取水构筑物应设在不结冰的河段
(C) 在通航河道上取水时,应首先选用浮船式取水构筑物,可随时避开航行船只
(D) 为保持江河河床稳定,在岸边设置取水构筑物时,不得开挖河床,不得穿越堤坝

【解析】选 D。A 项参见《室外给水设计规范》第 5.3.9 条条文说明,B 项见第 5.3.8 条条文说明,C 项见 5.3.20 条条文说明,D 项参见秘书处教材给水 P91。

13.【19-上-6】某地震灾区灾后重建时,区域内有地下水及地表水源各一处均满足作

为饮用水源的水质及水量要求,试就该区域饮用水水源的选择,选出最恰当的表述。
(A) 宜用地表水源　　　　　　　(B) 宜用地下水源
(C) 优先采用地下水源　　　　　(D) 需经进一步技术经济比较后确定

【解析】选 D。详见秘书处教材《给水工程》P66,故需进行技术经济比较后综合考虑确定。

14.【19-下-5】 下述有关某企业工业冷却水用水大型江河取水构筑物位置选择的表述,不准确的是哪项?
(A) 应靠近主流,有足够的水深
(B) 设计前进行的水工模型实验为确保其建成后不影响该水文条件复杂河道河床的稳定性
(C) 避免设在桥前 0.5km 至桥后 1.0km 之间的区段
(D) 一定选择在城市上游的清洁河段

【解析】选 D。详见秘书处教材《给水工程》P88~89,为避免污染,取得较好水质的水,取水构筑物位置宜位于城镇和工业企业上游的清洁河段,并非一定。

15.【19-下-6】 下列有关湖泊及水库取水构筑物的描述,不正确的是哪项?
(A) 湖泊取水构筑物可分为合建式岸边式和分建式岸边式
(B) 水库取水构筑物的防洪设计及校核标准相同,其与水库大坝防洪标准一致
(C) 湖泊水库取水构筑物采用分层取水的主要原因是防止暴雨泥沙及藻类对水质的影响
(D) 湖泊水库取水口位置选取和夏季主风向有关

【解析】选 B。选项 A 详见秘书处教材《给水工程》P91 "安装进水间与泵房的合建与分建……可分为合建式与分建式两种基本形式";选项 B 项详见《室外给水设计规范》第 5.3.6 条;选项 C 见秘书处教材《给水工程》P109 的 "2) 分层取水的取水构筑物";选项 D 详见教材 P109 的 "3) 湖泊取水口应避免设在夏季主风向的向风面的凹岸处……"。

3.1.2 地下取水

1.【10-上-6】 以下有关管井设计的叙述中,错误的是哪项?
(A) 过滤器未贯穿整个含水层的为非完整井
(B) 在结构稳定的岩溶裂隙含水层中取水时,可不设过滤器
(C) 在静水位相差大的多层含水层取水时,采用不同管井分别取水
(D) 在渗透系数大的含水层中取水不会发生井群互阻影响

【解析】选 D。选项 A 为不完全定义;选项 B 参见秘书处教材 P75;选项 C 参见秘书处教材 P75。所以答案为 D,渗透系数大的含水层中取水也会发生井群互阻影响。

2.【10-下-6】 以下关于地下水类型的叙述中,错误的是哪一项?
(A) 隔水层上具有自由水面的地下水为潜水
(B) 能从地面自然涌出的地下水为泉水
(C) 通过管井从承压水层中喷出地面的地下水为自流水

(D) 在岩溶裂隙中所含的地下水为岩溶裂隙水

【解析】选 A。参见秘书处教材给水 P71，地下水类型。潜水除了选项 A 中所述外，还应包括"靠近地面的第一个"这个具体特点。

3.【11-上-7】 地下水水文地质勘察条件见下表，其地下水取水构筑物宜选用下列哪种？

	地面标高	26.0m
含水层	顶板下缘标高	20.0m
	静水位	15.0m
	抽水试验达到设计流量时的水位	14.5m
	底板表面标高	12.0m

(A) 大口井 (B) 管井
(C) 复合井 (D) 辐射井

【解析】选 D。参见秘书处教材给水 P81 相关部分，相似题目参看本节第 5 题。含水层厚度为静水位与底板表面标高之差。此处含水层厚度均小于大口井及管井的设置要求，但能满足辐射井的要求。辐射井适用于大口井不能开采的、厚度较薄的含水层以及不能用渗渠开采的厚度薄、埋深大的含水层。

4.【11-下-6】 某地经水文地质勘察表明，地表面以下 4~16m 为结构稳定的石灰岩层，裂隙丰富，含承压水，静水位低于地表约 2m，该地最适宜采用的地下水取水构筑物为哪项？

(A) 非完整式大口井 (B) 完整式大口井
(C) 不设过滤器的管井 (D) 辐射井

【解析】选 C。根据秘书处教材给水 P71：当抽取结构稳定的岩溶裂隙水时，管井也可不装井壁管和过滤器。教材 P81：辐射井适用于大口井不能开采的、厚度较薄的含水层以及不能用渗渠开采的厚度薄、埋深大的含水层。其他可以参看规范 5.2.2 条："地下水取水构筑物形式的选择，应根据水文地质条件，通过技术经济比较确定。各种取水构筑物形式一般适用于下列地层条件：(1) 管井适用于含水层厚度大于 4m，底板埋藏深度大于 8m；(2) 大口井适用于含水层厚度在 5m 左右，底板埋藏深度小于 15m。"

5.【12-下-2】 下列关于生活饮用水地下水源的卫生防护措施中，哪项不恰当？
(A) 在取水井的影响半径范围内，不得使用生活污水灌溉
(B) 在取水井的影响半径范围内，不得使用有剧毒的农药
(C) 在取水井的影响半径范围内，不得修建厕所和铺设污水管道
(D) 在取水井的影响半径范围内，不得堆放垃圾、粪便和废渣

【解析】选 C。参照《生活饮用水集中式供水单位卫生规范》第 2 章第 11 条。规范中规定不得堆放废渣，因此也不得堆放垃圾和粪便，所以选项 D 正确。规范中规定不得修建渗水厕所，因此可以修建不渗水的厕所，所以选项 C 错误，选 C。

6.【12-下-7】 下列管井结构部分的作用及主要设计要求的叙述中，哪项不正确？

(A) 井室是用于安装水泵等设备、保护井口免受污染和维护管理的场所，其地面应低于井口 0.3～0.5m

(B) 井壁管是用于加固、隔离水质不良的或水头较低的含水层，应有足够的强度，内壁应平滑、圆整

(C) 过滤器是用于集水和保持填砾与含水层稳定，在任何条件下是管井最重要的、不可缺少的组成部分，其透水性应良好

(D) 沉淀管是用于沉淀进入井内的砂粒和水中析出的沉淀物，其长度与井深和含水层出砂情况有关

【解析】选 C。参见秘书处教材给水 P72～75，如果在稳定的裂隙和岩溶基岩地层中取水，可以不设过滤器，所以选项 C 错误。选项 ABD 均符合相关描述，正确。

7.【13-下-6】 平行于河流铺设在河滩下的完整式渗渠取水构筑物，当设计出水流量一定时，对于集水管长度与埋置深度以及管底坡度的关系，下列哪项表述正确？

(A) 集水管的长度与埋置深度成正比关系

(B) 集水管的长度与埋置深度成反比关系

(C) 集水管的长度与埋置深度没有关系

(D) 集水管的埋置深度越深，管底坡度越小

【解析】选 C。参见秘书处教材给水公式（3-10），Q 一定，长度和河水位距含水层底板的高度 H_1 和岸边地下水水位距含水层底板的高度 H_2 有关，与埋置深度无关（因为是完整式，下面触底），选 C。

8.【16-上-5】 关于大口井的构造和设计，下列哪项表述不正确？

(A) 完整式大口井采用井壁取水方式

(B) 大口井井口应高于地面 0.5m 以上

(C) 非完整式大口井仅在井底设置反滤层

(D) 大口井除取用地下水外，可兼有水量调节作用

【解析】选 C。依据秘书处教材给水 P80，非完整式大口井井筒未贯穿整个含水层，井壁、井底同时进水，进水范围大，集水效果好，应用较多。故 C 错误。

9.【16-下-4】 对于无压含水层非完整式大口井，在计算其井壁进水的相应出水量时，下列哪项不正确？

(A) 其出水量和与之相适应的井内水位降落值有关

(B) 其出水量与渗透系数成正比

(C) 其出水量与含水层厚度有关

(D) 其出水量与影响半径有关

【解析】选 C。依据秘书处教材给水 P81，对于无压含水层非完整大口井，出水量等于无压含水层井壁进水的大口井和承压含水层井底进水的大口井出水量之和。

$$Q = \pi K S_0 \left[\frac{(2h - S_0)}{2.3 \cdot \lg \dfrac{R}{r_0}} + \frac{2r}{\dfrac{\pi}{2} + \dfrac{r}{T}\left(1 + 1.185 \cdot \lg \dfrac{R}{4T}\right)} \right]$$

式中，Q 为单井出水量（m³/d）；S_0 为与 Q 相适应的井内水位降落值（m）；K 为渗透

系数 (m/d);R 为影响半径 (m);h 为井底与地下水水位的距离 (m);T 为含水层地板到井底距离 (m);r 为大口径半径 (m)。由式可知 C 错误。

10.【17-上-6】 下列有关完整式大口井的描述,哪项不准确?
(A) 为减少施工时井壁下沉时阻力,可采用阶梯圆形井筒
(B) 可采用井底进水方式
(C) 出水量可采用同条件下的管井出水量计算公式
(D) 适用于含水层厚度 5m 左右
【解析】选 B。是完整井则不可能井底进水。

11.【18-上-6】 井底井壁同时进水的大口井,以下反滤层设计表述中哪项正确?
(A) 井壁进水孔反滤层滤料和井底滤料一般都铺设两层不同粒径的滤料
(B) 井壁进水孔滤料和井底滤料,一般越向井内水流方向的滤料粒径越小
(C) 井壁上 45°倾斜安装的进水孔,顺水流方向从井外往井内向下倾斜
(D) 井壁进水孔反滤层滤料粒径的计算与井底相同
【解析】选 D。根据给水教材第 3.2.3 节 (P79),大口井、辐射井和复合井,进水部分:井底反滤层 3~4 层,井壁反滤层 2 层。即选项 A 错误,D 正确。根据教材图 3-17 和图 3-19 (b),可知选项 B、C 错误。

3.1.3 取水构筑物

1.【11-上-8】 在湖泊、水库边修建取水构筑物时,下列说法中错误的是哪项?
(A) 浅水湖的夏季主风向的向风面的凹岸处水质较差
(B) 水深较大的水库内设置分层取水可取得水质较好的水
(C) 湖泊中浮游生物湖中心比近岸处少,深水处比浅水处多
(D) 河床式水库具有河流水文特征,泥砂运动接近天然河流
【解析】选 C。参见秘书处教材给水 P109,P110。选项 C 错在浮游生物湖中心比近岸处多,浅水处比深水处多。

2.【12-下-4】 下列关于山区浅水河流取水构筑物位置设置和设计要求的叙述中,哪项错误?
(A) 低坝式取水构筑物的低坝高度应能满足取水深度要求
(B) 低坝式取水构筑物的低坝泄水宽度应能满足泄洪要求
(C) 底栏栅式取水构筑物宜用于大颗粒推移质较多的山区浅水河流
(D) 底栏栅式取水构筑物应设置在山溪河流出山口以下的平坦河段
【解析】选 D。参见《室外给水设计规范》5.3.27 条,可知选项 AB 正确;根据规范 5.3.25 条,可知 C 项正确;根据规范 5.3.28 条,底栏栅位置应选择在河床稳定、纵坡大,而 D 项设置在平坦河段,错误。

3.【13-上-7】 以下对于山区浅水河流底栏栅取水构筑物的叙述,哪一项错误?
(A) 栏栅的间隙宽度应根据河流泥沙粒径和数量、廊道排砂能力等因素确定
(B) 栏栅的长度应根据坝顶的宽度确定
(C) 冲砂闸可用于泄洪

(D) 冲砂闸的底部应高出河床 0.5～1.5m

【解析】 选 B。参照《室外给水设计规范》5.3.29 条，底栏栅间隙宽度应根据河流泥沙粒径和数量、廊道排砂能力、取水水质要求等因素确定；栏栅长度应按进水要求确定。故 A 项正确，B 项错误。根据 5.3.29 条条文说明，冲砂闸在汛期用来泄洪排砂，其闸底应高出河床 0.5～1.5m。

4.【13-下-5】下列哪项是江河中河床式取水构筑物取水头部设计标高的决定因素？
(A) 取水点平均流速　　　　　(B) 取水点设计高水位
(C) 取水点设计枯水位　　　　(D) 取水点防洪标准

【解析】 选 C。参见《室外给水设计规范》5.3.12 条，取水构筑物淹没进水孔上缘在设计最低水位下的深度。

5.【17-下-6】有关活动式取水低坝相对于固定式取水低坝的优点，下述哪项不能算？
(A) 操作灵活、维护管理复杂　　(B) 减少洪水期坝上游的淹没面积
(C) 便于减少坝前淤积　　　　　(D) 适用种类较多

【解析】 选 A。维护管理复杂显然不能算"优点"。

6.【19-上-7】下列有关城市水厂在江河水库地表水源取水构筑物的表述，哪项不正确？
(A) 任何情况下，设计最高水位应该不低于百年一遇的频率确定
(B) 其处于城市河段时的防洪标准不应低于城市防洪标准
(C) 设计枯水位的保证率一般按 90%～99%
(D) 向工业企业供水时，设计枯水流量保证率应按相关规定执行，可采用 90%～97%

【解析】 选 A。选项 A 见秘书处教材《给水工程》P86，取水构筑物设计最高水位应该不低于百年一遇的频率确定，并不低于城市防洪标准，而不是绝对性地"任何"；选项 B、C 由《室外给水设计规范》第 5.3.6 条可知为正确选项；选项 D 详见《室外给水设计规范》第 5.1.4 条。

7.【19-下-7】下列有关取水构筑物的水位标高的描述，不正确的是哪项？
(A) 采用单层进水口时，当水深较浅水质较清时，江河取水构筑物侧面进水口下缘距河床的高度及其上缘距最低设计水位的距离均不小于 0.3m
(B) 对单层同一进水孔，江河取水构筑物其进水口下缘距河床的高度均不小于其上缘距最低设计水位的距离
(C) 水库取水时，进水口下缘距水体底部最小距离的规定与江河取水时相同
(D) 有风浪时，应考虑适当加大有关进水口上缘距最低设计水位的距离

【解析】 选 C。选项 A、B 详见《室外给水设计规范》第 5.3.12 条；选项 C 详见规范第 5.3.10 条、第 5.3.11 条；选项 D 详见规范第 5.3.12 条。

3.1.4 泵站

1.【10-下-5】给水供水泵站水泵选择及相关要求中，哪一项是正确的？

(A) 供水量变化较大且台数较少时，应考虑大、小泵搭配，并各设备用泵。
(B) 给水系统最高日最高时供水量时，水泵应处于最高效率
(C) 采用自灌充水的大型水泵，启动时间不宜超过 5min
(D) 供水量和水压变化较大时，可改变水泵特性使水泵在高效区运行

【解析】选 D。参见《室外给水设计规范》：
"6.1.1　工作水泵的型号及台数应根据逐时、逐日和逐季水量变化、水压要求、水质情况、调节水池大小、机组的效率和功率因素等，综合考虑确定。当供水量变化大且水泵台数较少时，应考虑大小规格搭配，但型号不宜过多，电机的电压宜一致。

6.1.2　水泵的选择应符合节能要求。当供水水量和水压变化较大时，经过技术经济比较，可采用机组调速、更换叶轮、调节叶片角度等措施。条文说明：规定选用水泵应符合节能要求。泵房设计一般按最高日最高时的工况选泵，当水泵运行工况改变时，水泵的效率往往会降低，故当供水水量和水压变化较大时，宜采用改变水泵运行特性的方法，使水泵机组运行在高效范围。目前国内采用的办法有：机组调速、更换水泵叶轮或调节水泵叶片角度等，要根据技术经济比较的结论选择采用。

6.1.3　泵房一般宜设 1～2 台备用水泵。备用水泵型号宜与工作水泵中的大泵一致。

6.1.5　要求启动快的大型水泵，宜采用自灌充水。非自灌充水水泵的引水时间，不宜超过 5min。"

2.【11-下-5】 以下关于各类水泵的特性及设计要求的说明中，哪项正确？
(A) 潜水泵配套电机电压宜为低压
(B) 轴流泵主要适用于大流量、高扬程
(C) 离心泵必须采用自灌充水
(D) 当水泵转速一定时，比转数越大，扬程越高

【解析】选 A。参见秘书处教材《给水工程》P118，潜水泵常年在水下，出于绝缘保护的原因，配套电机电压宜为低压。B 项参见教材 P117，轴流泵适用于大流量、低扬程、输送清水的工况，在城市排水工程中和取水工程中应用较多；可供农业排灌、热电站循环水输送、船坞升降水位之用。C 项明显错误。D 项中，可以回避那些不好理解的词汇，简单理解为：比转数小，则叶轮薄长；比转数大，则叶轮厚短；以此推断流量、扬程等内容。

3.【12-上-6】 某台离心水泵通过调速，转速下降了 25%。假设在原转速条件下，扬程为 H，轴功率为 N。则调速后的水泵扬程 H_1、轴功率 N_1 应为下列哪项？
(A) $H_1=0.30H$，$N_1=0.30N$
(B) $H_1=0.42H$，$N_1=0.27N$
(C) $H_1=0.56H$，$N_1=0.42N$
(D) $H_1=0.72H$，$N_1=0.61N$

【解析】选 C。采用秘书处教材《给水工程》公式（4-6）和公式（4-8），$0.75\times0.75=0.56$，$0.75\times0.75\times0.75=0.42$。

4.【12-下-3】 某小镇地形平坦，给水系统设置水塔，水塔或设在网中，或设在网后，若设在网中或网后的水塔高度、容积和水深均相同，在转输最大转输流量时，对于水厂二级泵站的实际扬程，以下哪种说法正确？
(A) 网中水塔与网后水塔相同

(B) 网中水塔小于网后水塔

(C) 网中水塔大于网后水塔

(D) 当最大转输时供水流量小于最高日最大时供水量时，总比最大时的实际扬程低

【解析】选 B。题干中"小镇地形平坦"，则对置水塔应设在距离水厂最远处，且距离水塔最近的节点应为最不利节点。当设在网中或网后的水塔高度、容积和水深均相同时，网后水塔比网中水塔的传输流量需要流行更远的距离，因此水头损失比网中水塔更大。选 B。

当最大传输时供水流量小于最高日最大时供水量时，虽然二级泵站的总供水量减少了，但是部分水需要流到更远处的水塔，流行距离更远，因此实际扬程有可能大于最大时的实际扬程，故 D 错误。

5. 【12-下-5】当给水管网中无水量调节设施时，水厂二级泵房供水泵宜按下列哪项选型？

(A) 根据水泵效率曲线选择最高效率点

(B) 选择最高效率点一侧效率曲线上升区段间的点，并位于高效区

(C) 选择最高效率点一侧效率曲线下降区段间的点，并位于高效区

(D) 处于高效区即可

【解析】选 C。参见《室外给水设计规范》6.1.8 条，可知必须位于高效区。但由于题干中无管网水量调节设施，所以必须采用调速泵组供水，参见《建筑给水排水设计规范》GB 50015 第 3.8.4 条，可知工作点应位于高效区的末端，故 C 正确。

6. 【13-上-5】离心泵的最大安装高度与下列哪项因素有关？

(A) 泵的效率   (B) 泵的扬程

(C) 泵的轴功率   (D) 抽送液体的温度

【解析】选 D。参见秘书处教材《给水工程》P121 公式（4-9），饱和蒸汽压力 H_z 与水温有关。

7. 【14-上-5】下列有关水泵特性的表述，哪项不正确？

(A) 水泵叶轮必须位于吸水室最低水位以下或泵壳内充满水的条件下方能启动和运行

(B) 各类水泵均需在出水管上安装阀门，在水泵开启后开启

(C) 轴流泵类比转数范围中的数值总体高于离心泵和混流泵类

(D) 离心泵的安装标高可位于吸水最低水位以上

【解析】选 B。根据秘书处教材《给水工程》P117，轴流泵不在出水闸阀关闭时启动，而是在闸阀全开启情况下开启。故 B 项错误。

8. 【16-上-3】下列关于给水泵站吸水管道的设计，哪项正确？

(A) 每台水泵必须设置单独的吸水管道直接从吸水井吸水

(B) 吸水管应有向水泵方向不断下降的坡度，一般不小于 0.005

(C) 水泵吸入口断面应大于吸水管断面

(D) 当水泵吸水管管底始终位于最高检修水位上时，吸水管可不装阀门

【解析】选 D。根据秘书处教材《给水工程》P138，每台水泵宜设置单独的吸水管直

接从吸水井或清水池吸水。如几台水泵采用联合吸水管道时，同时吸水管数目不得少于2条，在连通管上应装设阀门。水泵可合用吸水管。故A错误。

9.【16-下-3】下列关于水泵特性的表述，哪项说法错误？
(A) 离心泵一般适宜输送清水
(B) 轴流泵适用于大流量、低扬程的工况
(C) 混流泵适用于大流量、中低扬程的给水工程
(D) 潜水泵可以设置于清水池中向管网送水

【解析】选D。依据秘书处教材《给水工程》P118，为确保饮水安全，防止污染，潜水泵不宜直接设置于过滤后的清水中。故D错误。

10.【17-上-5】某地形平坦城市给水管网中设置一座地下水库（水库底距地面6m）和加压泵房作为城市供水的调节，见图示。用水低谷时，DN1000市政输水管直接供水至本地区管网，同时向水库充水。用水高峰时，关闭a、b阀门，启动1号泵加压后供水至地区管网，同时启动2号泵一并加压供水。四台泵的出口压力要求一致。比较泵房中1号泵和2号泵的扬程，以下哪一项说法正确？

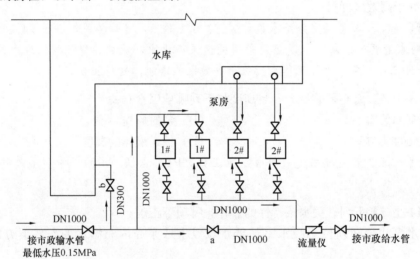

(A) 1号泵＝2号泵 (B) 1号泵＞2号泵
(C) 1号泵＜2号泵 (D) 不一定

【解析】选C。1号泵和2号泵的出口压力或水压标高相等，要比较两者的扬程，需比较进口或初始水压标高。设地面的相对标高为0，对于前者，初始的水压标高为"管道中心点标高＋15m"；对于后者，初始水压标高以距底部最不利设计工况计，也即"－6m"；显然管道中心要为－21m时二者的初始水压标高才相等。因此，1号泵的初始水压标高更大，则1号泵的设计扬程更小。

11.【17-下-5】某泵房采用四台同型号立式混流泵。单台水泵机组重量数据如下：水泵重42t，电机重32t，泵最大起吊件重25t，泵最大可抽部件重17t。试问泵房的起重能力按以下哪一项考虑？
(A) 74t (B) 42t (C) 32t (D) 25t

【解析】选 C。参见秘书处教材《给水工程》P133。

12.【18-上-5】 某地表水源情况如下：水位变化幅度 12～15m，水位涨落速度为 3 m/h，且洪水期泥砂含量较大。下列何种取水泵房是合适的取水构筑物形式？

（A）圆形断面竖井式泵房　　　　　（B）缆车式泵房
（C）浮船式泵房　　　　　　　　　（D）潜没式泵房

【解析】选 A。取水泵房水源水位变化幅度在 10m 以上，水位涨落速度大于 2m/h，水流速度较大时，宜采用竖井式泵房。故选 A。

13.【18-下-2】 若城市为单水源统一给水系统，24h 供水，管网中无调节构筑物，不考虑居住区屋顶水箱的作用，下列哪项应按最高日平均时供水量为计算依据进行设计？

（A）一级泵站　　　　　　　　　　（B）二级泵站
（C）配水管网　　　　　　　　　　（D）二级泵房到配水管网的输水管

【解析】选 A。参见秘书处教材《给水工程》P21，一级泵站应按最高日平均时供水量为计算依据进行设计。

14.【19-下-4】 两台离心泵 A 和 B 的进口直径都是 300mm，转速相同，额定流量都是 800m³/h。A 泵比转数为 60，B 泵比转数是 180。以下说法哪项正确？

（A）A 泵扬程小于 B 泵　　　　　　（B）A 泵扬程等于 B 泵
（C）A 泵扬程大于 B 泵　　　　　　（D）已知条件无法判定 A、B 泵扬程大小

【解析】选 C。详见秘书处教材《给水工程》P119 式（4-5）和式（4-7）。

3.2　多项选择题

3.2.1　地表取水

1.【10-上-43】 选择湖泊取水构筑物位置时，应尽量避开以下哪些地段？

（A）支流汇入口附近　　　　　　　（B）夏季主导方向的上风向
（C）湖底平缓浅滩地段　　　　　　（D）水质易受污染区域

【解析】选 ACD。参见秘书处教材《给水工程》P90，当湖岸为浅滩且湖底平缓时，可将取水头部伸入到湖中远离岸边以取得较好水质。

2.【10-下-43】 水库水深较深时，应采用分层取水，其目的是以下哪几项？

（A）可多层取水，增加取水量
（B）夏季可取得藻类较少的水
（C）减少洪水期库底泥砂进入
（D）有利水库泄洪、排砂时取水

【解析】选 BCD。参见秘书处教材《给水工程》P88。D 项应为常识。

3.【10-下-44】 在设计地表水取水构筑物时，常需对河床的历史演变进行分析，其主要目的是：

（A）合理选择取水构筑物位置
（B）确定自流管最小流速，避免管内淤积
（C）采取工程措施，保护取水河床稳定

(D) 使取水构筑物结构适应河床变化

【解析】选 ACD。参考相关书籍的"泥沙运动"与"河床演变"。B 项侧重于研究泥沙运动；A 项明显正确；C 项正确，如采取丁坝之类的措施；D 项正确，比如固定式还是移动式，是岸边式还是河床式，是浮船式还是缆车式。

4.【11-上-44】 下列关于生活饮用水地表水源卫生防护的叙述中，哪几项正确？
(A) 一级保护区的水质适用国家《地面水环境质量标准》Ⅱ类标准
(B) 二级保护区的水质适用国家《地面水环境质量标准》Ⅲ类标准
(C) 取水点上游 1000m 至下游 100m 水域内严格控制污染物排放量
(D) 取水点周围半径 100m 水域内，严禁从事可能污染水源的任何活动

【解析】选 ABD。参见秘书处教材《给水工程》P70。选项 C 应为不得排入，而不是严格控制。

5.【12-下-42】 下列关于取水构（建）筑物的设计要求中，哪几项正确？
(A) 建在防洪堤内的取水泵房进口地平设计标高为设计最高水位加 0.5m
(B) 位于湖泊边的最底层进水孔下缘距湖底的高度不宜小于 1.0m
(C) 位于水库中的侧面进水孔上缘在设计最低水位下的最小深度为 0.3m
(D) 位于江河上的最底层顶面进水孔下缘河床的最小高度为 1.0m

【解析】选 BD。参见《室外给水设计规范》5.3.9 条及条文说明，可知该条内容仅适用于防洪堤外，不适用堤内，A 项错误。根据 5.3.11 条条文说明，可知 B 项正确。根据 5.3.10 条第 2 款，可知 D 项正确。根据 5.3.12 条第 2 款，湖泊、水库、海边或大江河边的取水构筑物，还应考虑风浪的影响，C 项错误。

6.【12-上-43】 下列关于斗槽式取水构筑物位置设置和使用条件的叙述中，哪几项正确？
(A) 斗槽式取水构筑物应设置在河流凹岸靠近主流的岸边处
(B) 顺流式斗槽取水构筑物适宜在含砂量大，冰凌情况不严重的河流取水
(C) 逆流式斗槽取水构筑物适用于含沙量大，冰凌情况严重的河流取水
(D) 双流式斗槽适用于在含砂量大，冰凌情况严重的河流取水

【解析】选 ABD。参见秘书处教材《给水工程》P102。

7.【13-下-45】 下列关于河床演变的叙述中，哪几项错误？
(A) 河床纵向变形和横向变形在一般情况下是各自独立进行的
(B) 凸岸淤积、凹岸冲刷，是由于河床的纵向变形造成的
(C) 河床在枯水期也会发生变化
(D) 影响河床演变最重要的是悬移质泥沙

【解析】选 ABD。参见秘书处教材《给水工程》P88，河床纵向变形和横向变形是交织在一起进行的，故 A 项错误；凸岸淤积，凹岸冲刷，是由于河床的横向变形造成的，B 项错误；选项 C 正确，如枯水期由于拦河坝造成的纵向变形等；参见秘书处教材 P86："推移质……但对河床演变却起着重要作用"，D 项错误。

8.【14-上-44】 下列哪几项的河段位置不宜设置取水构筑物？

(A) 河道出海口区域
(B) 紧贴轮渡码头边缘
(C) 弯曲河道凸岸的中间点
(D) 丁坝对岸且有护岸设施的区域

【解析】选 ABC。根据秘书处教材《给水工程》P89，应该考虑咸潮影响，避免取入咸水，故 A 项正确。根据教材 P91，应避开码头一定距离，故 B 项正确。根据教材 P89，在凸岸的起点，主流尚未偏离时，可以设置取水构筑物，故 C 项正确。

9. 【17-上-44】指出下述各项中，哪几项符合以地表水为水源的生活饮用水集中式供水单位的相关卫生防护规定？
   (A) 地表水取水点半径 100m 的水域内，严禁游泳
   (B) 设立警示牌，告知在地表水取水点上游 1000m 及下游 100m 的沿岸防护范围内不得使用难降解的农药及含氮化肥
   (C) 考虑取水泵站离厂区较远，为方便职工休息，在距泵站 25m 处修建一处职工宿舍
   (D) 以地表水为水源的生活饮用水水源一级保护区，水质按《地表水环境质量标准》二类标准执行

【解析】选 AD。参见秘书处教材《给水工程》P70。

10. 【18-上-44】某山区浅水河流取水工程采用固定式低坝取水。有关其溢流坝的设计考虑，以下哪几项错误？
    (A) 溢流坝的主要作用是满足泄洪要求
    (B) 溢流坝可以设置泄水闸门
    (C) 溢流坝设计不需考虑其上游壅水影响
    (D) 溢流坝位置应选择在支流入口的下游

【解析】选 ACD。根据《室外给水设计规范》第 5.3.27 条条文说明：溢流坝主要作用为抬高水位满足取水要求，同时应满足泄洪要求。因此，坝顶应有足够的溢流长度。如其长度受到限制或上游不允许壅水过高时，可采用带有闸门的溢流坝或拦河闸，以增大泄水能力，降低上游壅水位。根据规范第 5.3.26 条条文说明：选择低坝位置时，尚应注意河道宽窄要适宜，并在支流入口上游，以免泥砂影响。

11. 【18-下-45】关于河床演变的说法，以下哪几项错误？
    (A) 研究河床演变的目的是为了保证取水构筑物在水质良好的主流中取水
    (B) 河流发生河床演变的根本原因是输水量的不平衡
    (C) 河床影响水流状态，水流促使河床变化，河床不会因河流上兴建的工程干扰而发生演变
    (D) 河床淤高使相应河段断面减小，流速增大

【解析】选 ABC。参见秘书处教材《建筑给水排水工程》P88~90。

12. 【19-上-44】下列有关地表水取水构筑物设置影响因素的表述中，正确的是哪几项？

(A) 水位和流速的变化影响地表水取水构筑物的设计
(B) 位于江河的取水头部的堵塞主要是由于泥沙运动导致的
(C) 河流产生的流冰可对河床取水头部产生不利影响
(D) 向工业企业供水时，设计枯水流量保证率应按相关规定执行，可采用 90%～97%

【解析】选 ACD。选项 A 见秘书处教材《给水工程》P86；选项 B、C 见教材 P99 的"b. 取水头部的设计"；选项 D 见《室外给水设计规范》第 5.1.4 条。

13.【19-上-49】下列有关江河取水构筑物位置选择的表述中，正确的是哪几项？
(A) 可设在污水排放口上游 100m 处
(B) 可设在河流的凹岸处
(C) 避免设在支流出口处下游 50m 及上游 150m 之间的区段
(D) 可设在流速较大且水深 3.0m 处的顺直河段上

【解析】选 BD。选项 A 见秘书处教材《给水工程》P89 的"(1) 位于水质良好的地带"；选项 B、D 见教材 P89 的"(2) 靠近主流，有足够的水深……"；选项 C 见教材 P90 的图 3-31。

14.【19-下-44】下列城镇和工业区给水水源表述中，正确的是哪几项？
(A) 适用于《地表水环境质量标准》GB 3838—2002 规定的Ⅳ类水体
(B) 优先选用地下水源
(C) 设计枯水位的保证率一般可采用 90%～97%
(D) 需符合已有的水体功能区划规定

【解析】选 BD。选项 A 详见秘书处教材《给水工程》P70、P153，Ⅳ类水体主要适用于一般工业用水区及人体非直接接触的娱乐用水区。选项 C 详见教材 P87，设计枯水位的保证率一般采用 90%～99%。

15.【19-下-45】某山区浅水河流枯水时水深较浅，推移质不多，河床含水层较厚且水量丰富，则适用的小流量的取水方式是下列哪几项？
(A) 活动低坝   (B) 大口井
(C) 底栏栅取水构筑物   (D) 浮船

【解析】选 AB。选项 A、B 详见秘书处教材《给水工程》P111；选项 C 详见教材 P113；选项 D 详见教材 P103。

3.2.2 地下取水

1.【11-上-44】以下哪些因素不影响地下水取水构筑物形式的选择？
(A) 地下水矿化度大小   (B) 地下水埋藏深度
(C) 含水层岩性   (D) 距主要用水区距离

【解析】选 AD。参见秘书处教材《给水工程》P70。

2.【11-上-45】以下关于在某河床中设置渗渠的叙述中，哪几项正确？
(A) 渗渠由集水管、检查井、集水井、泵房及反滤层组成

(B) 检查井采用钢筋混凝土结构，井底应设流槽，使水源通畅
(C) 钢筋混凝土集水管内径 800mm，管道坡度 0.003，坡向集水井
(D) 集水管进水孔径为 20mm，外设 3 层反滤层，滤料粒径外层 80mm，最内层 18mm

【解析】选 AC。A 项参见秘书处教材《给水工程》P83、P84。B 项参见《室外给水设计规范》第 5.2.21 条：井底应设宜设 0.5～1.0m 深的沉砂坑。C 项参见《室外给水设计规范》第 5.2.15 条，内径不小于 600mm，坡度大于等于 0.2％。D 项参见《室外给水设计规范》第 5.2.17 条，反滤层层数为 3～4 层，外层粒径小于内层。

3.【13-上-45】下列有关地下水的叙述中，哪几项错误？
(A) 两个隔水层之间的层间水，都是承压水
(B) 潜水层水位随着开采量的增加和补水量的减少而下降
(C) 潜水有自由水面，而层间水没有自由水面
(D) 在地层构造上，层间水位于潜水的上层

【解析】选 ACD。A 项错误，参见秘书处教材《给水工程》P71，有自由水面为无压含水层；B 项正确，水量平衡，当开采量增加和补水量减少时，水位自然下降；C 项错误，层间水中无压含水层有自由水面；D 项错误，层间水位于潜水的下层。

4.【14-下-43】下列有关地下水取水构筑物的表述中，哪几项正确？
(A) 管井有完整式和非完整式之分
(B) 大口井有完整式和非完整式之分
(C) 渗渠没有完整式和非完整式之分
(D) 复合井是大口井和管井组合而成

【解析】选 ABD。根据秘书处教材《给水工程》P73，构造上有完整井和非完整井，故 A 项正确。根据教材 P79，大口井也有完整井和非完整井之分，故 B 项正确。根据教材 P82，渗渠也有完整式和非完整式之分，故 C 项错误；复合井是大口井和管井的组合，故 D 项正确。

5.【16-上-44】经勘查，某地区地下水含水层厚度 4.80m，底板埋藏深度 12m，含水层透水性良好，适宜采用下列哪几项地下水取水构筑物？
(A) 管井　　　　　　　　　　(B) 完整式大口井
(C) 非完整式大口井　　　　　(D) 集水井井底封闭的辐射井

【解析】选 ABD。依据秘书处教材《给水工程》P72，含水层厚度大于 10m 时应建成非完整井。非完整井由井壁和井底同时进水，不宜堵塞，应尽可能采用。故 C 不正确。

3.2.3　取水构筑物

1.【11-下-43】在既有地下水源又有地表水源的条件下选择城镇给水水源时，下述观点不正确的是哪几项？
(A) 选用在区域水体功能区划中所规划的取水水源
(B) 确定水源前，必须先进行水资源的勘察
(C) 地表水的设计枯水流量的年保证率必须大于 90％

(D) 地下水的允许开采量大于供水量时应选用地下水

【解析】选CD。《室外给水设计规范》5.1.2-1条：水源的选用应通过技术经济比较后综合考虑确定，并应符合："水体功能区划所规定的取水地段"。规范5.1.1条："水源选择前，必须进行水资源的勘察"。规范5.1.4条的注："城镇的设计枯水流量保证率，可根据具体情况适当降低。"规范5.1.3条："采用地下水作为供水水源时，应有确切的水文地质资料，取水量必须小于允许开采量，严禁盲目开采。"

2.【11-下-44】在一条通航的河道中建取水构筑物时，下述观点中不正确的是哪几项？
(A) 在河道的弯曲段，取水构筑物应建在凸岸
(B) 为不影响船舶航行，应采用岸边式取水构筑物
(C) 应按航运部门的要求，在取水构筑物附近设置标志
(D) 在码头附近的取水构筑物，应设置防船舶撞击的设施

【解析】选AB。A项，应建在凹岸。C、D项参见《室外给水设计规范》5.3.8条："取水构筑物应根据水源情况，采取相应保护措施，防止下列情况发生：
(1) 漂浮物、泥砂、冰凌、冰絮和水生物的阻塞；
(2) 洪水冲刷、淤积、冰盖层挤压和雷击的破坏；
(3) 冰凌、木筏和船只的撞击。
在通航河道上，取水构筑物应根据航运部门的要求设置标志。"
采用排除法，所以选择AB。
关于B项的说明，《室外给水设计规范》5.3.20条提到："修建固定式取水构筑物往往需要进行耗资巨大的河道整治工程……。"另外，秘书处教材P91提到岸边式取水构筑物适用于江河岸边较陡、主流近岸的情况。按此理解，也容易影响航运。

3.【16-上-45】在下列有关影响地表水取水构筑物设计主要因素的表述中，哪几项正确？
(A) 取用江河水的构筑物，应以设计洪水重现期100年确定防洪标准
(B) 用地表水作为工业企业供水水源时，其设计枯水流量保证率应低于城市供水
(C) 江河取水设计枯水位保证率的上限高于设计枯水流量保证率上限的理由，主要是前者安全性要求更高
(D) 固定式地表水取水构筑物取水头部及泵组安装标高的决定因素是设计枯水位

【解析】选CD。依据《室外给水设计规范》5.3.6条，江河取水构筑物的防洪标准不应低于城市防洪标准，其设计洪水重现期不得低于100年。故A错误。
依据《室外给水设计规范》5.1.4条，用地表水作为城市供水水源时，其设计枯水流量的年保证率应根据城市规模和工业大用户的重要性选定，宜采用90%～97%（注：镇的设计枯水流量保证率，可根据具体情况适当降低）。故B错误。

4.【16-下-44】下列关于在河流取水构筑物的表述，哪几项正确？
(A) 取水构筑物处的水深一般要求不小于2.5m
(B) 取水构筑物应设置在桥梁前或桥梁后1km以外的地方
(C) 取水构筑物淹没进水孔上缘距设计最低水位深度最小取0.5m
(D) 取水构筑物顶面进水孔下缘距河床的高度不得小于1.0m

【解析】选 AD。依据秘书处教材《给水工程》P90，取水构筑物应避开桥前水流滞缓段和桥后冲刷、落淤段。取水构筑物一般设在桥前 0.5~1.0km 或桥后 1.0km 以外的地方。依据《室外给水设计规范》5.3.12 条，取水构筑物淹没进水孔上缘在设计最低水位下的深度，应根据河流的水文、冰情和漂浮物等因素通过水力计算确定，当①顶面进水时，不得小于 0.5m；②侧面进水时，不得小于 0.3m；③虹吸进水时，不宜小于 1.0m，当水体封冻时，可减至 0.5m。故 B、C 错误。

5.【16-下-45】 有关湖泊与水库取水构筑物的表述，下列哪几项不正确？
（A）水库取水构筑物的防洪标准应与城市防洪标准相同，并应采用设计和校核两级标准
（B）取用湖泊水的取水构筑物，其吸水管应设置加氯设施
（C）对于水深较大的湖泊和水库，应采取分层取水，主要原因在于可使取得的水的温度保持相对稳定
（D）取水口应远离湖泊支流汇入处、并靠近水流出口

【解析】选 AC。依据秘书处教材《给水工程》P91，取水构筑物必须充分考虑城市防洪要求，江河取水构筑物的防洪标准不应低于城市防洪标准，其设计洪水重现期不得低于 100 年。水库取水构筑物的防洪标准应与水库大坝等主要（构）建筑物的防洪标准相同，并应采用设计和校核两级标准。故 A 错误。

当湖泊和水库水深较大时，应采取分层取水的取水构筑物。因暴雨过后大量泥沙进入湖泊和水库，越接近湖底泥沙含量越大。而到了夏季，生长的藻类数量通常近岸比湖心多、浅水区比深水区多，因此需在取水深度范围内设置几层进水孔，这样可根据季节不同、水质不同，取得不同深度处较好水质的水。目的是为了所取水水质较好，而不是水温温度，故 C 错误。

6.【17-下-45】 若城镇水厂取水构筑物采用虹吸管输水，试选出描述正确的几项。
（A）虹吸管设计流速不宜小于 0.6m/s
（B）当一条原水输水管停止工作时，其余管道的通过流量应不小于最高日平均时用水量与输水管漏损水量和水厂自用水量三项总和的 70%
（C）河面封冻时，取水头部进水孔上缘距冰层下缘不宜小于 0.5m
（D）虹吸管必须采用钢管

【解析】选 ABC。参见秘书处教材《给水工程》P100~101。

7.【19-上-41】 河床式取水构筑物通常包括下列哪些构筑物？
（A）设在河中心的取水头部　　（B）接至进水间的自流管道
（C）岸边取水泵房和集水井　　（D）原水输水管阀门切换井

【解析】选 ABC。详见秘书处教材《给水工程》P96 的"（2）河床式取水构筑物"。

3.2.4 泵站

1.【12-下-45】 关于叶片式水泵的比转数，下列说法中，哪几项正确？
（A）是不同叶片式水泵转速之比的数值

(B) 反映叶片式水泵共性，作为水泵规格化的综合特征的数值
(C) 当水泵转速一定时，同样流量的水泵比转数越大，扬程越大
(D) 当水泵转速一定时，同样扬程的水泵比转数越大，流量越大

【解析】选 BD。参见秘书处教材《给水工程》P120，由公式（4-5）计算，可知 AC 项错误，BD 项正确。

2.【13-上-43】 对设置网中水塔的配水管网，下列关于其二泵站至配水管网间的输水管设计流量（Q）的叙述中哪几项正确？
(A) Q 按二泵站分级供水的最大一级供水流量确定
(B) Q 按二泵站分级供水的最大一级供水流量＋管网消防流量确定
(C) Q＝最高日最大时流量＋管道漏损水量－水塔此时输入管网的流量
(D) Q＝最高日最大时流量－水塔此时输入管网的流量

【解析】选 AD。设置网中水塔的配水管网时，二泵站至配水管网间的输水管应按照二级泵站分级供水的最大一级供水流量确定；管网的消防流量仅在消防校核时使用。故 A 正确，B 错误。

在最高日最大时，二级泵站分级供水的最大一级供水流量供水，其二级泵站供水量＋水塔供水量＝最高日最大时流量；管道的漏损水量已经计算在最高日最大时流量内。故 D 正确，C 错误。

3.【13-上-44】 对于单台离心泵装置，当其吸水井液面标高恒定且吸水管不变时，采取下列哪几项措施可改变水泵出水流量？
(A) 调节出水管闸阀开启度
(B) 进行水泵叶轮切削
(C) 在水泵额定转速内调整配套电机转速
(D) 在水泵额定转速以上调整配套电机转速

【解析】选 ABC。水泵出水管闸阀开启度越大，其水泵出水流量越大，A 正确；切削叶轮可以改变水泵的出水流量，B 正确；改变水泵转速可以调整水泵的出水流量，但是叶轮转速应在额定转速以内调整，否则水泵容易被损坏，C 正确，D 错误。

4.【14-上-43】 下列计算离心泵水泵安装高度的表述中，哪几项不正确？
(A) 当水泵定型后，其允许的吸上真空高度为一固定值
(B) 水泵安装高度可等于水泵最大吸上真空高度
(C) 在水泵吸水管流速水头 $v^2/(2g)$ 中，v 指水泵吸入口流速
(D) 水泵容许最大吸上真空高度修正所涉及的因素是当地的海拔高度和水温

【解析】选 AB。根据秘书处教材《给水工程》P121 公式（4-9），水泵允许吸上真空高度与海拔和温度有关，故 A 错误。根据教材 P122 公式（4-10），水泵安装高度小于水泵最大吸上真空高度，故 B 错误。

5.【17-上-43】 以下哪几项因素与水泵标准状况不一致时，须对水泵的允许吸上真空高度进行修正？
(A) 水中的泥沙含量增大　　　　(B) 水的饱和蒸汽压力增大

（C）安装地的海拔高度增大 　　　　（D）水的硬度增大

【解析】选 ABC。参见《室外给水设计规范》6.2.5 条的条文解释。

6.【17-下-44】 试验水池和排水泵房剖面见图示。试验结束后用水泵将池内海水抽往海中，并将水抽至水池池底。对于泵房中水池排水水泵的选择，以下哪几种泵型合适？（水泵不考虑虹吸出水）

（A）立式轴流泵 　　　　　　　　　（B）立式导叶式混流泵
（C）卧式离心泵 　　　　　　　　　（D）卧式轴流泵

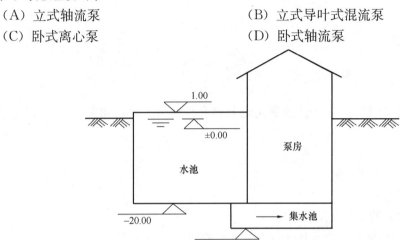

【解析】选 AB。当水泵放置在泵房地面上，是比"水池"最低水位更高的，则有一定的吸水高度（非自灌），故 C 错误。若选用卧式轴流泵，由于轴流泵必须在正水头下工作，叶轮淹没在吸水室（可视为图中集水池/坑之下，参见秘书处教材《给水工程》P116)，因此轴流泵就必须放置在集水池/坑中，由于轴流泵泵轴所接电机与泵在同一水平线上，因此在图示情况下，电机无处安放，故 D 错误。

7.【18-上-43】 下述有关潜水泵的表述，哪些项是准确的？
（A）潜水泵是水泵、电机一并潜入水中的扬水设备
（B）潜水泵可用于干式泵房
（C）潜水泵可用于湿式泵房
（D）潜水泵均为立式安装

【解析】选 ABC。参见秘书处教材《给水工程》第 4.1.2 节"水泵特性"。潜水泵在给水工程中常采用立式安装。

8.【18-下-44】 下述有关泵站设计的描述，哪些是正确的？
（A）流经阀门、止回阀的流速一般与流经管道的流速相同
（B）吸水管可采用同心大小头与水泵轴向水平连接
（C）同一吸水井中吸水管直径小于其喇叭口之间的净距离
（D）安装缓闭止回阀有助于消除停泵水锤

【解析】选 ACD。A 项参见秘书处教材《建筑给水排水工程》P137，B 项见教材 P138 图 4-22，C 项见教材 P139，D 项见教材 P139。

第 4 章 常规水处理

4.1 单项选择题

4.1.1 概述

1.【14-上-12】 自来水厂中为达到氧化难分解有机物目的而投加臭氧,其投加点宜在下列哪点?
(A) 取水口
(B) 混凝沉淀(澄清)前
(C) 过滤之前
(D) 清水池之后的二级泵站集水井中

【解析】选 A。根据秘书处教材《给水工程》P251,故 A 正确。

2.【14-下-7】 下列《生活饮用水卫生标准》有关内容的叙述中,哪项正确?
(A)《生活饮用水卫生标准》规定自来水中不得含有有毒有害物质
(B) 为预防疾病流行,《生活饮用水卫生标准》规定自来水中不得含有细菌、大肠杆菌和病毒
(C) 感官性状指标要求不仅使人感觉良好,而且要求流行病学上安全
(D) 化学指标中所列化学物质有时会影响感官指标

【解析】选 D。参见秘书处教材《给水工程》P147,一般化学指标往往与感官性状有关,例如铁含量过高引起水有颜色等。故 D 项正确。

3.【14-下-8】 下列关于水的 pH 值、碱度变化及其对水质影响的叙述中,哪项正确?
(A) 在通常情况下,水温降低后,水的 pH 值相应降低
(B)《生活饮用水卫生标准》规定水的 pH 值不小于 6.5 且不大于 8.5,以此要求自来水水温不能过高或过低而影响水的 pH 值
(C) 在水处理过程中,水中的碱度指的是 OH 碱度
(D) 所有能够中和 H^+ 的物质,构成了水的碱度

【解析】选 B。参见秘书处教材《给水工程》P171,水温降低,水的 pH 值相应降低,故 A 项错误。根据教材 P147,可知 B 项正确。

4.【12-上-11】 下列关于水厂构筑物平面与高程布置要求的叙述中,哪项不准确?
(A) 生产构筑物宜和生产管理建筑物集中布置
(B) 生产构筑物在满足施工要求的前提下,应紧凑布置
(C) 生产构筑物的布置应充分利用原有地形
(D) 生产构筑物间连接管道的布置应尽量避免迂回

【解析】选 A。根据《室外给水设计规范》GB 50013 第 8.0.3 条，可知选项 BCD 正确；GB 50013 第 8.0.4 条：生产构筑物和生产管理建筑物应分开布置。

5.【17-上-8】下述有关水源水中污染来源和特性叙述中，正确的是哪项？
（A）水源水中污染物主要是水的自然循环中排入的有机物和无机物
（B）排入水体的有机物和无机物，无论直接毒害作用还是间接毒害作用，都称为污染物
（C）排入水体的腐殖质主要成分是蛋白质及其衍生物，容易生物降解
（D）含有氧化物、有机物的水体发生生物氧化反应，净化水体

【解析】选 B。依据秘书处教材《给水工程》P142，对比自然循环和社会循环，显然污染物考虑是后者造成的，故 A 错。依据教材 P145 第一段可知 B 正确。依据教材 P144 倒数第二段可知，腐殖质的化学成分是"酸"而非"蛋白质"，故 C 错。D 选项中的氧化反应，会消耗溶解氧，能导致水质恶化，故 D 错。

6.【18-下-10】下列关于水中所含杂质特点叙述中，正确的是哪一项？
（A）水体中混入大量泥沙颗粒给微生物提供了营养物质，有利于发挥生物氧化作用
（B）水中溶入大量 CO_2 气体，可以增加水的碱度含量，有利于提高混凝效果
（C）天然水中所含金属阳离子，大多来源于工业污水污染的结果
（D）水中含有无机物杂质，也会引起水的色、嗅、味感官性状指标变化

【解析】选 C。根据秘书处教材《给水工程》P154 可知 A 项错误，根据教材 P144 和 P122 可知 B 项错误，C 项参见教材 P144，正确；根据教材 P144 和 P147 可知 D 项错误。

7.【19-上-11】以地表水为水源的引用水处理工艺流程中，以下哪一个工艺流程不合理？
（A）水源水→混合絮凝→砂滤→活性炭池→消毒
（B）水源水→混合絮凝→沉淀→上向流活性炭池→超滤→消毒
（C）水源水→化学预氧化→沉淀→砂滤→臭氧→活性炭池→消毒
（D）水源水→化学预氧化→混合絮凝→超滤→消毒

【解析】选 C。详见秘书处教材《给水工程》P272，对地表水为水源进行水处理，应在沉淀及过滤前进行混凝处理。

4.1.2 混凝

1.【10-上-8】与机械混合相比较，以下关于水力混合的主要特点的论述中，错误为何项？
（A）无机械设备故不消耗能量
（B）水量变化对混合效果影响大
（C）维护管理较简单
（D）管式混合可不设混合池

【解析】选 A。混合方式基本分两大类：水力和机械。前者简单，但不适应流量的变化；后者可进行调节，能适应各种流量的变化，但需有一定的机械维修量。

2.【10-下-8】 原水中投加铝盐混凝剂形成大量氢氧化铝沉淀物,沉淀物直接吸附水中细小胶体颗粒,从而形成大的絮体,这种混凝的主要机理为下列何项?
（A）压缩双电层   （B）吸附电中和
（C）吸附架桥   （D）沉淀物网捕
【解析】选 D。参见秘书处教材《给水工程》P164。

3.【11-上-9】 在絮凝池设计中,一般要求絮凝过程中速度梯度由大到小,其主要原因是下列哪项?
（A）增加絮凝体相互碰撞机会
（B）减少流体搅拌功率
（C）增加流体剪切力
（D）减少絮凝体相互碰撞时的破碎
【解析】选 D。

4.【11-下-7】 天然胶体中,胶体颗粒能长期处于聚集稳定状态,其主要原因是颗粒间下述哪种力的作用?
（A）范德华引力   （B）静电斥力
（C）重力   （D）浮力
【解析】选 B。参见秘书处教材《给水工程》P161。天然水体中胶体颗粒虽处于运动状态,但大多不能自然碰撞聚集巨大的颗粒。除因含有胶体颗粒的水体黏滞性增加,影响颗粒的运动和相互碰撞接触外,其主要原因还是带有相同性质的电荷所致。

5.【11-下-8】 以下关于混凝剂及其使用的说明中,哪些错误?
（A）铝盐混凝剂去除 pH 值较低的水的色度效果明显
（B）聚丙烯酰胺的毒性来源于未聚合的丙烯酰胺单体
（C）聚合氯化铝在投入源水后能产生水解螯合
（D）硫酸亚铁作混凝剂时宜将 Fe^{2+} 氧化为 Fe^{3+}
【解析】选 C。参见秘书处教材《给水工程》P162,聚（合）氯化铝溶于水后,即形成聚合阳离子,对水中胶粒发挥电性中和及吸附架桥作用,其效能优于硫酸铝。聚（合）氯化铝在投入水中前的制备阶段发生水解聚合,投入水中后也可能发生新的变化,但聚合物成分基本确定。A 项参见教材 P171,水的 pH 值对混凝效果的影响程度,视混凝剂品种而异。对硫酸铝而言,水的 pH 值直接影响 Al^{3+} 的水解聚合反应,亦即是影响铝盐水解产物的存在形态。用以去除浊度时,最佳 pH 值在 6.5~7.5 之间,絮凝作用主要是氢氧化铝聚合物的吸附架桥和羟基配合物的电性中和作用;用以去除水的色度时,pH 值宜在 4.5~5.5 之间。有试验数据显示,在相同除色效果下,原水 pH=7.0 时的硫酸铝投加量,约比 pH=5.5 时的投加量增加一倍。

B 项参见教材 P169,聚丙烯酰胺和阴离子型水解聚合物的毒性主要在于单体丙烯酰胺。

D 项参见教材 P168,二价铁离子水解产物只是单核配合物,不具有三价铁离子的优良混凝效果。同时,二价铁离子会使处理后的水带色,特别是当二价铁离子与水中有色胶体作用后,将生成颜色更深的溶解物。所以,采用硫酸亚铁作混凝剂时,应将二价铁离子氧化成三价铁离子。

6.【12-上-7】下列哪项不能被认为是混凝作用机理?
（A）电解质水解 （B）电性中和
（C）吸附架桥 （D）网捕卷扫
【解析】选 A。参见秘书处教材《给水工程》P162～163。

7.【12-下-9】下列混凝剂哪种是无机高分子混凝剂?
（A）硫酸铝 （B）三氯化铁
（C）聚丙烯酰胺 （D）聚合氯化铝
【解析】选 D。参见秘书处教材《给水工程》P168,硫酸铝、三氯化铁不属于高分子混凝剂,故 AB 项错误,D 项正确。参见教材 P170,聚丙烯酰胺属于有机高分子而非无机,故 C 项错误。

8.【13-上-8】为提高混凝效果,常根据不同的水源水质采取在投加混凝剂的同时投加高分子助凝剂,下列哪项特征的原水不属于具有前述针对性的适应范围?
（A）低温度原水 （B）低碱度原水
（C）低浊度原水 （D）高浊度原水
【解析】选 B。参见《室外给水设计规范》9.3.2 条的条文说明,对低温低浊度水以及高浊度水的处理,助凝剂更具明显作用。而低碱度原水不属于投加助凝剂针对性的应用。

9.【13-下-7】某水源取水泵站距离水厂絮凝构筑物约 200m,其输水管内设计流速约 1.2m/s。不宜采用下列哪种混合方式?
（A）管式混合 （B）机械混合
（C）水泵混合 （D）水力混合
【解析】选 C。参见秘书处教材《给水工程》P175,水泵混合时取水泵站距离水厂絮凝构筑物不宜大于 120m。

10.【14-上-7】下列有关异向絮凝、同向絮凝理论的叙述中,哪项正确?
（A）异向絮凝是分子运动和细小颗粒运动引起的絮凝,絮凝速度与温度无关
（B）同向絮凝是外界扰动水体促使细小颗粒碰撞引起的絮凝,絮凝速度与絮凝体粒径有关
（C）水流速度梯度 G 值仅反映相邻水层的速度差,在絮凝池中 G 值的大小与搅拌功率大小无关
（D）异向絮凝速度增加到一定程度,就变为了同向絮凝
【解析】选 B。根据秘书处教材《给水工程》P164、P165 式（6-1）、式（6-2）可知,絮凝速度与温度、粒径有关,故 A 项错误,B 项正确。根据教材式（6-4）可知 C 项错误。根据异向絮凝与同向絮凝概念,可判断异向絮凝速度远小于同向絮凝,故 D 项错误。

11.【14-上-8】下列关于平流沉淀池中雷诺数（Re）、弗劳德数（Fr）的大小对沉淀效果影响的叙述中,哪项正确?
（A）雷诺数 Re 较大的水流可以促使絮凝体颗粒相互碰撞聚结,故认为沉淀池中水流的雷诺数 Re 越大越好

(B) 弗劳德数 Fr 较小的水流流速较慢，沉淀时间增长，杂质去除率提高，故认为沉淀池中水流的弗劳德数 Fr 越小越好

(C) 增大过水断面积湿周，可同时增大雷诺数、减小弗劳德数，提高杂质沉淀效果

(D) 增大水平流速有助于减小水体水温差、密度差异重流的影响

【解析】选 D。增加水平流速使 Fr 变大，水流稳定性加强，减小了短流影响，而水温差、密度差异重流正是导致短流的原因。故 D 项正确。

12.【16-下-6】天然水体中胶体颗粒的稳定性分为"动力学稳定"和"聚集稳定"两类，对于胶体而言，"聚集稳定"性的大小主要决定于下列哪项？

(A) 细小颗粒的布朗运动作用

(B) 颗粒表面的水化膜作用

(C) 颗粒表面同性电荷电斥力作用

(D) 水溶液的 pH 值高低

【解析】选 C。根据秘书处教材《给水工程》P160，胶体颗粒聚集稳定性除因含有胶体颗粒的水体黏滞性增加，影响颗粒的运动和相互碰撞接触外，主要还是带有相同性质的电荷所致。故 C 正确。

13.【17-上-9】下列有关混凝设备和混凝构筑物特点叙述中，正确的是哪项？

(A) 混凝剂投加在取水泵前进行的混合，不消耗能量

(B) 内部安装固定扰流叶片的静态混合器的混合属于机械混合，需要消耗能量

(C) 在隔板絮凝池中，不计隔板所占体积，隔板间距大小决定了絮凝水力停留时间和水头损失值大小

(D) 机械搅拌絮凝池中，搅拌桨板前后压力差的大小决定了絮凝池中水力速度梯度的大小

【解析】选 C。任何混合都需要消耗能量，水泵耗能，故 A 错。静态混合器的混合不属于机械混合，故 B 错。机械絮凝池的水力速度梯度取决于桨板旋转时耗散的功率，而此功率则由电动机功率提供，因此电动机提供的功率才是决定其梯度大小的因素，故 D 错。

14.【17-下-7】下面有关常用混凝剂的混凝作用叙述中，正确的是哪项？

(A) 硫酸铝混凝剂水解后生成的阳离子水解产物，以发挥吸附架桥作用为主

(B) 聚合氯化铝混凝剂溶于水生成的聚合阳离子水解产物，既能发挥电中和作用又能发挥吸附架桥作用

(C) 聚合氯化铝混凝剂凝聚作用和絮凝作用的效果好坏，取决于氧化铝（Al_2O_3）的含量

(D) 聚丙烯酰胺混凝剂水解后生成的水解产物，既能发挥电中和作用又能发挥吸附架桥作用

【解析】选 B。依据秘书处教材《给水工程》P164 可知 A 错误。前面说"聚合氯化铝"，与"三氧化二铝"无关，故 C 错误；依据秘书处教材给水 P170，其水解产物是带负电的，"水解度过高，负电性过强，会絮凝产生阻碍作用"，故 D 错误。

15.【18-上-9】下列关于絮凝池构造特点叙述中，正确的是哪一项？

(A) 水平流往复式隔板絮凝池中廊道流速通常分为多档，如果按照各档流速的水流停留时间相同设计，则流速最大的廊道最长，占絮凝池容积最大

(B) 水平流往复式隔板絮凝池中的廊道水面坡度和池底坡度相同时，可以认为是明渠均匀流

(C) 同波折板絮凝池折板间的水流多次转弯曲折流动，既改变水流方向，又改变流速大小，故有较好的絮凝效果

(D) 异波折板波峰流速一定时，波谷流速大小与折板夹角大小无关

【解析】选 B。根据秘书处教材《给水工程》第 6.6 节（P175）"混凝设备与构筑物：4）水力混合"，可知选项 B 正确。

16.【18-下-11】 下列有关混凝剂基本特性的叙述中，正确的是何项？

(A) 非离子型有机高分子混凝剂聚丙烯酰胺在碱性条件下部分水解，生成阳离子型水解聚合物，发挥电中和吸附架桥作用

(B) 当水的 pH<7 时，$Al_2(SO)_3$ 混凝剂溶于水后以 $[Al(H_2O)_6]^{3+}$ 形态存在，不发生水解

(C) 无机高分子混凝剂聚合氯化铝和调节 pH 的石灰反应容易生成带负电荷的 $Al(OH)_4^-$ 恶化水质

(D) 复合型混凝剂是几种混凝剂经复合反应而成的混凝剂，具有混凝作用和特性互补的功能

【解析】选 D。根据秘书处教材《给水工程》P170 可知 A 项错误；根据教材 P163 可知 B 项错误；根据教材 P72 可知 C 项错误；D 项参见教材 P169，正确。

4.1.3 沉淀与澄清

1.【11-上-7】 悬浮颗粒在静水中自由沉淀的速度，表达式有斯托克斯（Stockes）公式和阿兰（Allen）公式，这两个公式的区别是哪项？

(A) 适用的沉淀池水深不同　　(B) 适用的悬浮颗粒浓度不同
(C) 适用的颗粒沉淀阻力系数不同　　(D) 适用的沉淀池水面大小不同

【解析】选 C。参见秘书处教材《给水工程》P184，雷诺数不同的情况下，阻力系数也不同。

2.【11-上-10】 某水厂原有澄清池及普通快滤池各一座，其中滤池过滤能力明显富余，为此计划增设折板絮凝平流沉淀池一座，则合理的沉淀池设计标高应按下列何项确定？

(A) 沉淀池和澄清池进水水位标高相同
(B) 沉淀池和澄清池池内水位标高相同
(C) 沉淀池和澄清池出水渠水位标高相同
(D) 沉淀池和澄清池底座标高相同

【解析】选 C。澄清池为把混凝与沉淀两过程集中在同一处理构筑物内。

3.【11-下-9】 平流式理想沉淀池长、宽、深分别为 L、B、H，以下有关其沉淀效果的分析，正确的是哪一项？

(A) 容积和深度不变，长宽比 L/B 增大后可以提高沉淀去除率

(B) 容积和宽度不变，长深比 L/H 增大后可以提高沉淀去除率
(C) 平面面积不变，长宽比 L/B 增大后可以提高沉淀去除率
(D) 平面面积不变，长深比 L/H 增大后可以提高沉淀去除率

【解析】选 B。面积不变则沉淀去除率不变；面积提高则去除率提高；面积减小则去除率降低。

4.【11-上-10】按理论分析下述斜板沉淀中斜板构造对沉淀效果产生影响的叙述中，哪项正确？
(A) 斜板长度越长，沉淀面积越大，沉淀去除率越高
(B) 斜板倾角越大，截留沉速越小，沉淀去除率越高
(C) 斜板间距越大，沉淀面积越大，沉淀去除率越高
(D) 斜板间轴向流速越大，截留速度越小，沉淀去除率越高

【解析】选 A。参见秘书处教材《给水工程》P199、P200 相关部分。B、C 项明显错，D 项则是轴向流速越大，截留速度越大，沉淀去除率越低。A 项正确，注意斜板长度是近似 Z 方向，斜板宽与水池宽是一致的。

5.【11-下-9】为防止平流式沉淀池出水带出悬浮颗粒，应采用下述哪种措施？
(A) 增设纵向导流墙　　　　　　(B) 增加溢流堰长度
(C) 增大进水穿孔墙孔口流速　　(D) 增大沉淀池水深

【解析】选 B。参见秘书处教材《给水工程》P196，为防止集水堰口流速过大产生抽吸作用带出沉淀杂质，堰口溢流率以不大于 $300\text{m}^3/(\text{m}\cdot\text{d})$ 为宜。而降低堰口溢流率的有效手段是增加溢流堰长度。

6.【12-上-8】某理想沉淀池的截留沉速 $u_0=4.0\text{cm/min}$，有一混合均匀的水流含有沉速分别为 $u_1=2.0\text{cm/min}$ 和 $u_2=4.5\text{cm/min}$ 的两种颗粒，进入该池后按理想沉淀池条件进行固液分离，若这两种颗粒的重量各占总重量的一半，则颗粒的总去除率应为下列哪项？
(A) 25%　　　　　　　　　　　(B) 50%
(C) 75%　　　　　　　　　　　(D) 90%

【解析】选 C。参见秘书处教材《给水工程》P190，公式（7-17），即 $P=(1-0.5)+0.5\times(2.0/4.0)=0.75$。

7.【12-下-10】下述有关上向流斜管沉淀池的描述中，哪项不正确？
(A) 底部配水区高度不宜大于 1.5m
(B) 斜管的放置倾角为 60°
(C) 清水区保护高度不宜小于 1.0m
(D) 斜管管径为 35mm

【解析】选 A。参见《室外给水设计规范》9.4.20 条、9.4.21 条，可知 BCD 项正确，而 A 项应为不宜小于 1.5m。

8.【13-上-9】下列关于平流式沉淀池的雷诺数的叙述中，哪项不正确？
(A) 雷诺数是反映平流式沉淀池水流状态的重要指标

(B) 在平流式沉淀池设计中，须对雷诺数进行校核，并满足层流要求
(C) 平流式沉淀池的雷诺数与池长无关
(D) 在同样运行条件下，平流式沉淀池的雷诺数与弗劳德数存在对应关系
【解析】选 B。参见秘书处教材《给水工程》P193，大多属于紊流状态。

9.【13-下-8】 下列影响平流沉淀池沉淀效果的因素分析中，哪项判断错误？
(A) 水体的异重流会导致池内短流
(B) 沿池深方向流速不均匀，对沉淀效果影响相对较小
(C) 沿池宽方向流速不均匀，对沉淀效果影响相对较大
(D) 池内水平流速存在速度梯度及脉动分速，不影响沉淀效果
【解析】选 D。参考秘书处教材《给水工程》P190 可知 ABC 项正确，参考教材 P189，D 项错误。

10.【14-下-6】 下列关于斜板斜管沉淀池构造特点的叙述中，哪项正确？
(A) 斜管（板）与水平面的夹角越小，在水平面上的投影面积越大，沉淀效果越好。但为了施工方便而不设计成很小夹角
(B) 斜管（板）与水平面的夹角越大，斜管（板）沉淀池无效面积越小，沉淀效果越好。但为了排泥方便而不设计成很大夹角
(C) 斜管内切圆直径越小，在平面上的投影面积越大，沉淀效果越好。但为了不降低斜管刚度，避免斜管弯曲变形而不设计成很小的内径
(D) 斜管（板）长度越长，在平面上的投影面积越大，沉淀效果越好，但为了避免出现为提高沉淀效率导致斜管（板）沉淀池深度过大而不设计成很长的斜管（板）
【解析】选 D。A 项，为了施工方便，错误；B 项，为了排泥方便而不设计成很大夹角，错误；C 项，不设计成很小的内径是为了防止堵塞。

11.【16-上-7】 下列关于平流沉淀池中雷诺数 Re、弗劳德数 Fr 的大小对沉淀影响的叙述中，哪项正确？
(A) 雷诺数 Re 较大的水流可以促使絮凝体颗粒相互碰撞凝结，故认为沉淀池中水流的雷诺数 Re 越大越好
(B) 弗劳德数 Fr 较小的水流流速较慢，沉淀时间增长，杂质去除率高，故认为沉淀池中水流的弗劳德数 Fr 越小越好
(C) 增大过水断面湿周，可同时增大雷诺数，减小弗劳德数，有利于提高杂质沉淀去除效果
(D) 增大水平流速有助于减小水温差、密度差异重流的影响
【解析】选 D。依据秘书处教材《给水工程》，当 $Re<500$，水流处于层流；$Re>2000$，水流处于紊流；平流式沉淀池一般为 $Re=4000\sim20000$，为紊流，Re 越小越好。水流稳定性以弗劳德数 Fr 判别，表示水流惯性力与重力的比值，计算式为：$Fr=\dfrac{v^2}{Rg}$，可见 Fr 越小，v 越小。故减小雷诺数、增大弗劳德数的有效措施是减小水力半径 R 值。C 错误。

12.【16-上-8】 下列有关澄清池特点的叙述中，哪项正确？

(A) 悬浮澄清池主要依靠悬浮泥渣层的吸附、拦截作用把悬浮颗粒分离出来
(B) 悬浮澄清池中的悬浮泥渣层浓度越大，去除水中悬浮颗粒的作用越好
(C) 泥渣循环澄清池主要依靠絮凝的大颗粒吸附、捕捉细小颗粒后在导流室底部分离出来
(D) 在澄清池分离室加设斜管，主要目的是将紊流变为层流，出水均匀

【解析】选 A。依据秘书处教材《给水工程》P204，悬浮型澄清池泥渣层处于悬浮状态，原水通过泥渣层时，水中杂质因接触絮凝作用即吸附、拦截作用而分离。

13.【16-下-7】下列有关斜管沉淀池构造特点和设计要求的叙述中，哪项正确？
(A) 斜管沉淀池中斜管有很大的投影面积，进水水质可不受限制
(B) 上向流斜管沉淀池斜管中水流稳定，设计长宽比例尺寸可不受限制
(C) 斜管沉淀池中多边形斜管内径大小和沉淀效果无关
(D) 斜管沉淀池清水采用集水槽（渠）集水，出水是否均匀和沉淀池底部配水区高度有关

【解析】选 B。依据秘书处教材《给水工程》P199，沉淀池宽度 B 与处理水量有关，即 $B = \dfrac{Q}{H_v}$。宽度 B 越小，池壁的边界条件影响就越大，水流稳定性越好。一般设计 $B=3 \sim 8m$，最大不超过 15m，当宽度较大时可中间设置导流墙。设计要求长宽比（L/B）大于 4。对于单个的斜管，其长宽比肯定大于 4，且斜管的侧壁可起到导流墙的作用，故整个沉淀池的长宽比可不再受限制。B 正确。

14.【17-下-8】下列关于平流式沉淀池的构造和设计说明中，正确的是哪项？
(A) 平流式沉淀池长宽比大于 4，表示纵向水平流速和横向水平流速之比大于 4
(B) 平流式沉淀池的宽度大时，可在中间加设隔墙，主要是改变水平流速大小，增加水体稳定性
(C) 采用水平堰出流指形集水槽集水时，堰口溢流率 300m^3/(m·d)，表示集水槽两侧同时进水总流量 300m^3/(m·d)
(D) 为防止扰动池底积泥，沉淀池进水花墙应在池底积泥泥面上 0.30m 以上开孔

【解析】选 D。平流沉淀池，水体主流上根本不考虑其横向流动，故 A 错误。当增加了隔墙，则水平流速不变，若计隔墙厚度，水平流速仅有少量增加，增加隔墙之后水力半径减小，弗劳德数增大，故 B 错误。堰口溢流率是指单位堰长的负荷，显然双侧进水时，仍然是两侧各算各的，若非要将两侧的 1m 合并在一起，则实际过流长度就是 2m，负荷则为 600m^3/d，故 C 错误。

15.【18-上-10】下列关于沉淀颗粒从水中分离出来的作用力叙述中，正确的是哪一项？
(A) 在沉淀池中，悬浮颗粒沉淀分离出来是受到重力作用，与水的浮力作用无关
(B) 在气浮池中悬浮颗粒黏附气泡浮出水面分离出来，是受到水的浮力作用，与重力作用无关
(C) 上向流澄清池水中细水颗粒被拦截在悬浮泥渣层内的原因是大粒径絮体和细小絮体的黏附力作用，与颗粒间引力有关

(D) 过滤时水中细小絮体沉积到滤料表面是由于滤料和细小絮体的黏附力作用，与滤料本身吸附性能无关

【解析】选 C。参见秘书处教材《给水工程》第 7.1 节"沉淀原理"。
选项 A：根据教材 P183，同时受到重力、浮力和水流阻力。错误。
选项 B：根据教材 P205，同时受到重力、浮力和水流阻力。错误。
选项 C：根据教材 P203 和 P210，正确。
选项 D：根据教材 P210，错误。

16.【19-上-8】下列有关影响平流式沉淀池沉淀效果及克服措施的论述中，正确的是哪项？
(A) 为防止水流带出悬浮颗粒，应减少水平流速到 10mm/s 以下
(B) 为防止集水槽、溢流堰水流抽吸，应增加集水槽、溢流堰长度
(C) 为防止温度变化引起异重流，应对沉淀池加热、保温
(D) 为防止桁架式刮泥机扰动积泥，应采用管式排泥斗排泥

【解析】选 B。选项 A 详见《室外给水设计规范》第 9.4.16 条；选项 B、C 详见秘书处教材《给水工程》P191 的"1）短流影响"；选项 D 详见教材 P195"④存泥区和排泥方法"，平流式沉淀池普遍使用机械排泥装置，池底为平底，一般不再设置排泥斗、泥槽和排泥管。

17.【19-下-9】水厂清水池的有效容积计算时，一般应包括下列哪项？
(A) 城市消防储备用水量　　　　(B) 网前水塔的调节容积
(C) 虹吸滤池反冲洗水量　　　　(D) 重力式无阀滤池反冲洗水量

【解析】选 A。详见秘书处教材《给水工程》P21"（1）清水池"。

4.1.4　过滤

1.【10-上-9】煤、砂双层滤料滤池和单层细砂滤料滤池相比较的叙述中，何项是正确的？
(A) 为不使煤、砂混杂，单水冲洗时，双层滤料滤池选用较小的冲洗强度
(B) 煤、砂双层滤料滤池一般采用单水冲洗或者气水同时冲洗
(C) 煤、砂双层滤料滤池具有较大的含污能力和含污量
(D) 为不使截留在滤料底部的杂质穿透滤层，双层滤料滤池选用较小的滤速

【解析】选 C。根据秘书处教材《给水工程》P211，C 项正确，D 项错误。A 项单水反冲洗强度并不小，且反冲洗后因为煤、砂相对密度的原因滤料分层不会混杂。B 项一般采用水-气反冲洗或者单水反冲洗。

2.【10-下-10】按照单格滤池面积和冲洗水头设计的高位冲洗水池冲洗滤池时，冲洗强度是否稳定与下列哪一项有关？
(A) 与水池的容积有关
(B) 与水池的水深有关
(C) 与提升水泵的扬程、流量有关
(D) 与滤池洗砂排水槽口高低有关

【解析】选 B。冲洗水头随水池水位下降而变小，故水池过深会导致冲洗水头变化较大。

3.【11-上-6】 下列关于提高滤池大阻力配水系统布水均匀性的方法叙述中，哪项正确？
(A) 增大配水干管流速　　　　　　(B) 增大配水系统开孔比
(C) 增大配水支管上孔口阻力　　　(D) 增大配水支管流速
【解析】选 C。参见秘书处教材《给水工程》P224。

4.【11-上-11】 单水冲洗截留杂质的砂滤层时，滤层孔隙率和水头损失变化的下述观念中，哪项正确？
(A) 滤层在流态化前，增大冲洗强度，则滤层孔隙率增大，水头损失不变
(B) 滤层在流态化时，增大冲洗强度，则滤层孔隙率不变，水头损失不变
(C) 滤层完全膨胀后，增大冲洗强度，则滤层孔隙率不变，水头损失增大
(D) 滤层完全膨胀后，增大冲洗强度，则滤层孔隙率增大，水头损失不变
【解析】选 D。参见秘书处教材《给水工程》P219 滤池冲洗相关部分，滤料膨胀前后水头损失线交叉点对应的反冲洗流速是滤料层刚刚处于流态化的冲洗速度临界值，称为最小流态化冲洗速度。当反冲洗流速大于最小流态化流速，滤层将开始膨胀起来，再增加反冲洗强度，托起悬浮滤料层的水头损失基本不变，而增加的能量表现为冲高滤层，增加滤层的膨胀高度和空隙率。

5.【11-下-10】 一座虹吸滤池分为多格，下述对其运行工艺特点的叙述中，哪项正确？
(A) 正常运行时，各格滤池的滤速不同
(B) 正常运行时，各格滤池的进水流量不同
(C) 正常运行时，各格滤池的水头损失不同
(D) 一格冲洗时，其他几格滤池的滤速变化不同
【解析】选 C。参见秘书处教材《给水工程》P239，虹吸滤池的总进水量自动均衡地分配至各格，当总进水量不变时，各格均为变水头等速过滤。当任何一格滤池冲洗或者检修、翻砂时，其他几格都增加相同的水量。

6.【12-上-9】 相比单层滤料，采用双层滤料的主要目的是下列哪项？
(A) 降低造价　　　　　　(B) 降低运行费用
(C) 提高截污能力　　　　(D) 防止反冲洗跑砂
【解析】选 C。参考秘书处教材《给水工程》P211，对于滤料来说是"含污"，对于污水来说就是"截污"，本质一样。滤层越多，反冲洗控制的要求越高（越容易跑砂），所以 ABD 项错误。

7.【13-上-10】 下列有关砂滤料滤池过滤去除水中杂质的原理的叙述中，哪项正确？
(A) 水中所有杂质的去除原理都是滤料的机械筛滤作用
(B) 水中有机物的去除原理主要是滤料带有电荷进行的电化学氧化作用
(C) 水中粒径尺寸小于滤料缝隙的杂质的去除原理是滤料层的氧化作用
(D) 水中粒径尺寸小于滤料缝隙的杂质的去除原理是滤料的黏附作用

【解析】选 D。参见秘书处教材《给水工程》P230。快滤池不是简单的机械筛滤作用，而主要是悬浮颗粒与滤料之间的黏附作用，D 项正确，A 项错误。快滤池没有氧化作用，BC 项错误。

8.【13-下-9】 下列关于砂滤料滤池单水反冲洗特点的叙述中，哪项正确？
(A) 冲洗过程中，上层细滤料完全膨胀，下层粗滤料处于流态化状态
(B) 滤料层膨胀率大于 50% 后滤料相互摩擦作用逐渐明显
(C) 等水头过滤时的水头损失和单水冲洗时的水头损失相等
(D) 变水头过滤时的水头损失和单水冲洗时的水头损失相等

【解析】选 A。参见秘书处教材《给水工程》P222："上层细滤料截污量大，允许有较大的膨胀率，而下层粗滤料只要达到最小流态化状态，即有很好的冲洗效果"，A 项正确。P218："时间证明，单层细沙级配滤料在水反冲洗时，膨胀率为 45% 左右，具有较好的冲洗效果"，B 项错误。反冲洗的水头损失与过滤时的水头损失没有关系，CD 项错误。

9.【14-上-9】 下列关于过滤过程中水头损失变化及过滤滤速变化的叙述中，哪项正确？
(A) 等水头过滤时，单格滤池滤速变化的主要原因是滤层过滤阻力发生了变化
(B) 变水头过滤时，滤层水头损失变化的主要原因是截留污泥后过滤滤速发生了变化
(C) 当过滤出水阀门不作调解时，变速过滤池的滤速总是从小到大变化
(D) 非均匀滤料滤池中粒径为 d_i 的滤料过滤时水头损失值占整个滤层水头损失的比例和

【解析】选 C。根据《室外给水设计规范》9.6.3 条条文说明及 9.6.4 条，可知 C 正确。

10.【16-下-8】 下列有关翻板阀滤池工艺特点的叙述中，哪项正确？
(A) 调节翻板阀门开启度大小有助于调节冲洗强度，节约冲洗水量
(B) 翻板阀滤池冲洗时，根据滤料性质可先打开阀门 50% 开启度，或先打开阀门 100% 开启度
(C) 延时开启翻板阀门排水，增加滤池冲洗时间，能把滤层冲洗更加干净
(D) 变化翻板阀门开启度，有助于避免滤料流失

【解析】选 D。依据秘书处教材《给水工程》P245，滤池冲洗时，根据膨胀的滤料复原过程变化阀板开启度，及时排出冲洗废水。对于多层滤料或轻质滤料滤池采用不同的反冲洗强度时具有较好的控制作用。轻质滤料反冲洗时容易发生滤料流失，采用翻板阀有助于避免，故 D 正确。

11.【17-上-10】 下列关于滤池等速过滤过程中水头损失变化和砂面上水位变化的主要原因的叙述中，不正确的是哪项？
(A) 滤池截留杂质后滤层孔隙率 m 变小，水头损失增加
(B) 滤池截留杂质后滤层流速变大，水头损失增加
(C) 滤池截留杂质后，滤层厚度变大，水头损失增加

(D) 滤池截留杂质后，滤层出水流量稍小进水流量，砂面水位升高

【解析】选 C。滤池截留杂质，只是导致滤层内的孔隙率减小，故 C 错。

12. 【17-下-9】下来关于石英砂滤料滤池大阻力配水系统均匀性叙述中，正确的是哪项？
(A) 大阻力配水系统中孔口总面积 f 越大，配水越均匀
(B) 大阻力配水系统中孔口流量系数 μ 值越大，配水越均匀
(C) 大阻力配水系统中配水干管、支管过水断面积值越大，配水越均匀
(D) 冲洗流量越大，大阻力配水系统配水越均匀

【解析】选 C。利用公式：

$$\frac{Q_a}{Q_c} = \sqrt{\frac{\left(\frac{1}{\mu f}\right)^2}{\left(\frac{1}{\mu f}\right)^2 + \left(\frac{1}{w_g}\right)^2 + \left(\frac{1}{n\,w_z}\right)^2}}$$

将 A、B、C 各选项中参数变化代入分析，可知 C 正确。对于 D 选项，冲洗强度（或冲洗流量）不影响配水均匀性，故错误。

13. 【18-上-11】下列有关滤料特性和对滤池设计、运行影响的叙述中，不正确的是哪一项？
(A) 滤料的机械强度大小直接影响到滤池冲洗方式的选择
(B) 滤料的粒径大小直接影响到滤料层设计厚度大小
(C) 滤料的堆密度、真密度的比值大小直接影响到滤料层孔隙率的大小
(D) 滤料的球形度大小直接影响到滤池冲洗时完全膨胀滤层的水头损失大小

【解析】选 D。参见秘书处教材《给水工程》第 8.2 节"滤池滤料"（P216）。选项 A 参见教材 P219；选项 B 参见教材表 8-2；选项 C 参见教材 P217 公式（8-7）；选项 D 参见公式（8-1）和公式（8-3），可知 D 正确。

4.1.5 消毒

1. 【12-下-8】城市自来水厂采用液氯消毒时，最常见的氯投加点为下列哪项？
(A) 水厂取水口　　　　　　　　(B) 絮凝池前
(C) 清水池前　　　　　　　　　(D) 出厂水的输水泵站吸水井

【解析】选 C。参见秘书处教材《给水工程》P250，清水池前的投加是消毒剂的主要投加点。

2. 【17-下-10】当采用常规处理工艺处理受污染地表水时，为减少氯化消毒副产物三卤甲烷等的产物，不建议采用的是以下哪一项？
(A) 加强常规处理工艺的措施　　　　(B) 先加氯后加氨的氯胺消毒法
(C) 氯和氨同时加注的氯胺消毒法　　(D) 二氧化氯消毒法

【解析】选 B。先氯后氨的氯胺消毒，本质上是"折点加氯消毒"，只不过在后期二泵吸水井处将余氯转化为化合氯。显然水源受污染时，折点加氯不会减少三卤甲烷等消毒副产物，故 B 不采用。依据秘书处教材给水 P256、P253、P259 可知，选项 A、C、D 可

采用。

3.【18-下-7】影响氯消毒效果的主要因素不包括下列哪项？
（A）消毒剂的浓度　　　　　　　　（B）水的温度
（C）微生物的包裹形式　　　　　　（D）水中硝酸盐的浓度
【解析】选 A。参见秘书处教材《给水工程》P250~251。

4.2 多项选择题

4.2.1 概述

1.【12-上-47】采用常规混凝、沉淀、过滤和液氯消毒工艺时，城市生活给水水处理可实现的主要目的是以下哪几项？
（A）去除水中溶解性有机物杂质
（B）去除水中致病微生物
（C）改变水的某些物化性质以满足生活用水水质要求
（D）去除水的硬度
【解析】选 BC。混凝的作用，是使处于悬浮状态的胶体和细小悬浮物聚结成容易沉淀分离的颗粒，且能够部分地去除色度，故 C 正确。水中悬浮颗粒在重力作用下，从水中分离出来的过程称为沉淀；水中悬浮颗粒经过具有孔隙的介质或滤网被截留分离出来的过程称为过滤；消毒只是消除水中致病微生物，故 B 正确。
混凝、沉淀和过滤都主要去除水中的悬浮颗粒物和悬浮状态的胶体，无法去除水中溶解性有机物杂质和水的硬度，AD 项错误。

2.【12-下-41】某小镇给水系统水源采用地下水，经检测，该地下水水质指标符合《生活饮用卫生标准》GB 5749—2006 的要求，哪几项水处理工艺可不设置？
（A）混凝　　　　　　　　　　　　（B）沉淀
（C）过滤　　　　　　　　　　　　（D）消毒
【解析】选 ABC。由于该地下水水质指标已经符合《生活饮用水卫生标准》的要求，则不再需要混凝、沉淀和过滤工艺。根据《室外给水设计规范》9.8.1 条生活饮用水必须消毒，故消毒工艺必须设置。

3.【16-上-46】下列有关水源水中杂质来源及其性质叙述中，哪几项正确？
（A）水中 O_2、N_2、CO_2 主要是空气溶解 O_2、N_2、CO_2 的结果
（B）水中含有的有机物可使水的色、臭、味增加
（C）水中含有的有机物不会使水的色、臭、味增加
（D）水中杂质的粒径在 1nm（10^{-9}m）以下，水的外观浊度很低
【解析】选 BD。依据秘书处教材《给水工程》P144，天然水中的溶解气体主要是氧、氮和二氧化碳，有时也含有少量硫化氢。水中的有机物，如腐殖质及藻类等，往往会造成水的色、臭、味增加。且水中杂质的粒径在 1 nm（10^{-9}m）以下时，水的外观为透明，故不影响浊度。故 B、D 正确。

4.【19-上-46】下列关于水的自然循环和社会循环特点表述中，不正确的是哪几项？

(A) 自然循环有助于促进水资源的更新和交换

(B) 从海洋上蒸发到大气层中又变成雨水降落在海洋上的小循环不会发生水质循环

(C) 工厂企业生产废水经处理后循环使用，不排放污水属于工厂内部良性循环，与水体良性循环无关

(D) 深层地下水中的铁、锰、钙、镁等矿化物质是水体自然循环过程中受到污染的结果

【解析】选 BD。选项 A、B 详见秘书处教材《给水工程》P141 的"（1）水的自然循环"。选项 C 见教材 P142 的"（2）水的社会循环"。选项 D 见教材 P143 的离子部分内容。

5.【19-下-48】采用地表水作为饮用水水源，以下哪些处理工艺可以有效去除水中的溶解性有机物？

(A) 常规饮用水处理工艺

(B) 常规饮用水处理工艺＋超滤

(C) 常规饮用水处理工艺＋臭氧/活性炭工艺

(D) 常规饮用水处理工艺＋超滤＋纳滤

【解析】选 CD。选项 C 详见秘书处教材《给水工程》P289、P293。选项 D 详见教材 P290。

4.2.2 混凝

1.【10-上-46】机械搅拌澄清池是集混合、絮凝、泥水分离于一体的构筑物，由Ⅰ、Ⅱ絮凝室，导流室和分离室组成，下列各室主要作用的叙述中错误的是哪几项？

(A) 第Ⅰ絮凝室发挥混凝剂、原水、回流泥渣混合和接触絮凝作用

(B) 第Ⅱ絮凝室发挥接触絮凝作用

(C) 导流室用以清除提升叶轮引起的水流旋转作用

(D) 分离室发挥离心分离作用

【解析】选 CD。C 项错误的原因是，清除提升叶轮引起的水流旋转作用的是设在第Ⅱ絮凝室的导流板，而不是导流室。D 项中，分离室与离心无关，是类似静水沉淀的泥水分离。

2.【10-下-45】以下关于给水处理中絮凝过程的论述，错误的是哪几项？

(A) 絮凝过程颗粒逐步增大，为达到有效碰撞，搅拌强度应逐步增大

(B) 完善的絮凝不仅与搅拌强度有关，还与絮凝时间有关

(C) 由于水体流动促使颗粒相互碰撞絮凝称为"异向絮凝"

(D) 用于衡量异向絮凝强度的指标为速度梯度

【解析】选 ACD。参见秘书处教材《给水工程》P165。异向絮凝一般对应布朗运动。

3.【11-上-48】以下关于混合设施的叙述中，哪几项错误？

(A) 混合设施应使药剂与水充分混合，一般采用长时间急剧搅动

(B) 当处理水量变化大时宜采用管式静态混合器混合

(C) 当水厂远离取水泵站时宜采用水泵混合

(D) 机械搅拌混合适用于不同规模的水厂

【解析】选 ABC。A、B、C 项参见秘书处教材《给水工程》P175，混凝剂投加到水中后，水解速度很快，迅速分散混凝剂，从混合时间上考虑，一般取 10～30s，最多不超过 2min；管式静态混合器在流量小时效果差；经水泵混合后的水流不宜长距离输送，以免形成的絮凝体在管道中破碎或沉淀。D 项是正确的，机械搅拌不受水流变化的影响。

4.【14-下-48】下列有关混凝过程和设计要求的叙述中，哪几项正确？
(A) 混合过程是分散混凝剂阶段，搅拌时间越长，混凝效果越好
(B) 絮凝是分散的颗粒相互聚结的过程，聚结后的颗粒粒径大小与水流速度 G 值大小有关
(C) 为防止絮凝颗粒破碎，絮凝池出口速度梯度 G 值取 $20s^{-1}$ 左右为宜
(D) 混合、絮凝两个阶段可相互替代

【解析】选 BC。参见秘书处教材《给水工程》P167，混合要快速剧烈，故 A 项错误。混合、絮凝两者不可替代，混合作用是分散絮凝剂，使胶体脱稳；絮凝使胶体聚结，故 D 项错误。

5.【18-下-47】水中杂质颗粒絮凝速度及其有关影响因素的叙述中，不正确的是哪几项？
(A) 异向絮凝的速度和絮凝颗粒粒径大小有关
(B) 异向絮凝的速度和絮凝池构造形式无关
(C) 引入杂质体保浓度 φ 值计算的同向絮凝速度，与絮凝颗粒粒径、浓度大小有关
(D) 同向絮凝的速度大小和水的温度高低无关

【解析】选 CD。参见秘书处教材《给水工程》P165～166。

4.2.3 沉淀与澄清

1.【10-上-45】在理想沉淀池中，沉速为 u_0 的颗粒去除率与下列哪几项因素有关？
(A) 与沉淀颗粒的密度有关
(B) 与沉速为 u_0 的颗粒占所有颗粒的重量比有关
(C) 与该颗粒沉速 u_0 大小有关
(D) 与沉淀池表面负荷有关

【解析】选 CD。理想沉淀池中主要研究沉速不同的颗粒。密度、形状等最后还是影响沉速。指定沉速的颗粒的去除率作为一个比例与沉速有关。

2.【10-下-46】下述上向流斜管沉淀池底部配水区不宜小于 1.5 m 的原因中，哪几项是正确的？
(A) 进入的水流流速减少，可减少对斜管下滑沉泥的干扰影响
(B) 有利于减少斜管内的轴向流速，增大斜管内沉淀时间，提高悬浮物去除率
(C) 进入的水流流速减小，配水区末端恢复水头减少，压力平衡，使上升水流均匀
(D) 不易受外界风吹、温度变化影响，不使悬浮颗粒带出池外

【解析】选 AC。

3.【11-下-45】 设计沉淀面积为 A 的平流式沉淀池改变尺寸比例后，发生如下影响，根据理论分析，下述观点正确的是哪几项？
(A) 长宽比增大后水平流速变大，有利于提高水流稳定性
(B) 长宽比减小后水平流速变小，有利于减小水流紊动性
(C) 深度增大后，沉淀时间变长，有利于减小短流影响
(D) 深度减小后，沉淀高度减小，临界沉速变小，有利于提高沉淀去除效率

【解析】选 ABC。参阅秘书处教材《给水工程》P192、P193。弗汝德数 Fr 表征水流的稳定性，雷诺数表征水流的紊动性。弗汝德数表达了惯性力与重力的比较，雷诺数表达了惯性力与黏滞力的比较。

A 项正确，长宽比增大后过流断面减小，流速增加，提高了弗汝德数。

B 项正确，长宽比减小后过流断面增大，流速减小，提高了雷诺数。

C 项正确，深度增大后，HRT 自然加大。另外也减小了水平流速，有利于减小短流影响。

D 项错误，理论上临界沉速只与 Q/A 有关。

4.【12-下-46】 下列关于自来水厂预沉措施的说法中，哪几项正确？
(A) 当原水含沙量高时，必须采用预沉措施
(B) 当有地形利用采取蓄水池时，可不设预沉池
(C) 预沉方式可采用沉砂或絮凝沉淀
(D) 预沉池一般按沙峰持续时间内原水日平均含沙量设计

【解析】选 BD。参考《室外给水设计规范》9.2.2 条～9.2.5 条，可知 A 项错误，不是"必须"，而是"宜"；BD 项为规范原文，正确；而对于 C 项，混凝包括凝聚和絮凝，絮凝和凝聚是不同的概念，选项 C 中是絮凝，而规范是凝聚。

5.【12-下-47】 理想沉淀池必须符合下列哪几项规定？
(A) 水流沿水平方向等速流动
(B) 颗粒间存在絮凝
(C) 颗粒沉到池底后不再返回水中
(D) 颗粒处于自由沉淀

【解析】选 ACD。

6.【13-上-46】 关于平流式沉淀池穿孔墙的设计，下列哪几项正确？
(A) 穿孔墙孔流速选择应考虑穿孔墙布水的均匀性
(B) 穿孔墙孔流速选择应考虑对絮凝体破碎的影响
(C) 穿孔墙孔应在池水面以下和池底板 0.10m 以上区域进行均匀和等孔布置
(D) 穿孔墙最上排孔宜在池内水位以下

【解析】选 ABD。参见秘书处教材《给水工程》P194，平流沉淀池进水区主要功能是使水流分布均匀，减少紊流区域，减少絮体破碎。且池底积泥面上 0.3m 至池底范围内不设进水孔，故 AB 项正确，C 项错误。计算的穿孔墙过水面积应是能使水流通过的面积，故孔应全部设置在水面一下，D 项正确。

7.【13-下-48】对采用常规处理工艺的自来水厂的排泥水处理系统,下列有关其排水池和排泥池的设计表述中,哪几项正确?
（A）排泥池和排水池分别接纳、调节沉淀池排泥水和滤池反冲洗废水
（B）无论在厂内、外处理,当废水回收且处理规模较大时,排水池和排泥池均宜分建
（C）综合排泥池均质和均量的主要对象为沉淀池的排泥水
（D）排水池和排泥池的个数或分格数均不宜少于可单独运行的 2 个

【解析】选 ABD。参见秘书处教材《给水工程》图 12-10 可知 A 项正确；根据《室外给水设计规范》10.1.6 条,D 正确；由《室外给水设计规范》10.3.2 条,宜分建,厂外处理且满足要求可合建,故 B 项正确；按《室外给水设计规范》10.3.14 条,可知对象还有滤池反冲洗废水,故 C 项错误。

8.【11-上-47】下列关于澄清池澄清原理的叙述中,哪几项正确?
（A）泥渣循环型澄清池主要依靠泥渣循环过程中离心作用使悬浮颗粒从水中分离出来
（B）泥渣悬浮型澄清池主要依靠悬浮泥渣层吸附、拦截进水中的悬浮颗粒从水中分离出来
（C）泥渣循环型澄清池分离室下部的悬浮泥渣层浓度、厚度和澄清池回流泥量有关
（D）泥渣悬浮型澄清池中悬浮泥渣层浓度、厚度和上升水流的速度有关

【解析】选 BD。参见秘书处教材《给水工程》P203。

9.【16-下-46】下列关于提高悬浮颗粒在理想沉淀池中去除效率方法的叙述中,哪几项不正确?
（A）促使颗粒相互聚结增大颗粒粒径,有助于提高去除率
（B）增大沉淀面积减少表面负荷,有助于提高去除率
（C）增大沉淀池长宽比,增大水平流速,有助于提高去除率
（D）增大沉淀池水深,增加沉淀时间,有助于提高去除效率

【解析】选 ACD。根据秘书处教材《给水工程》P191 式（7-19）：

$$E_i = \frac{u_i}{u_0} = \frac{u_i}{Q/A}$$

式中,E_i 为沉速为 u_i（m/s）的颗粒在颗粒截留速度为 u_0（m/s）的沉淀池中的去除率；Q 为流量（m³/s）；A 为沉淀池的表面积（m²）；Q/A 为表面负荷（m/s）。当增大沉淀面积时,可减少表面负荷,提高去除率,故 B 正确。

10.【17-上-45】下列关于水中胶体颗粒稳定性叙述中,正确的是哪几项?
（A）水分子及其他杂质分子、离子的布朗运动是胶体颗粒动力学稳定性因素又是引起胶体颗粒聚结的不稳定性因素
（B）胶体表面扩散层中反离子化合价越低,两颗粒间的斥力作用越小,越容易相互聚结
（C）胶体颗粒之间的电斥力作用是憎水胶体颗粒聚集稳定性的主要原因
（D）胶体颗粒之间的水化膜作用是亲水胶体聚集稳定性的原因之一

【解析】选 ACD。依据秘书处教材《给水工程》P161 第二段,从化学的角度来看,离

子、分子这些基本粒子，均应存在布朗运动，故 A 正确。依据秘书处教材给水 P161 第二段，可知反离子化合价越低，导致胶团的扩散层厚度越大，越不易聚结，故 B 错误。依据秘书处教材给水 P161、P162 可知 C、D 正确。

11.【17-下-46】 下列关于球形颗粒在静水中自由沉淀受力分析中，正确的是哪几项？
(A) 单颗粒在静水中自由沉淀时，在水中的重力大小不变
(B) 单颗粒在静水中自由沉淀等速下沉时，受到的绕流阻力大小不变
(C) 球形颗粒在水中静止时，该颗粒在水中的重力等于沉淀绕流阻力
(D) 球形颗粒在水中等速上浮时，该颗粒在水中的重力小于沉淀绕流阻力

【解析】选 AB。在水中的重力就等于颗粒自身重力减去浮力，由于是单颗粒的自由沉淀，不考虑絮凝作用，因此其水中的重力不变，故 A 正确。由于是等速下沉，因此其受力平衡，既然其在水中向下的重力不变，那么其向上的扰流阻力也不变，故 B 正确。

12.【18-上-48】 下列关于影响平流式沉淀池沉淀效果因素及克服措施的叙述，正确的是哪几项？
(A) 水流紊动具有促使悬浮颗粒絮凝聚结和干扰沉淀作用
(B) 在正常运行的沉淀池中，降低水流雷诺数，不一定会降低弗劳德数
(C) 为了克服水流紊动影响，水平流速降低一半，减小雷诺数，使之处于层流状态
(D) 短流是部分水流流程过短现象，为避免短流影响，可尽量减小沉淀池长度

【解析】选 AB。参见秘书处教材《给水工程》第 7.2 节"平流沉淀池"。其中，A 项参见该节下"絮凝作用影响"相关内容；B 项参见公式（7-22）和公式（7-23），减小水力半径，雷诺数减小，弗劳德数增大；C 项参见"水流状态影响"相关内容；D 项参见"平流沉淀池结构与设计计算，②沉淀区相关内容。"

4.2.4 过滤

1.【11-下-47】 下列关于单层细砂滤料滤池单水冲洗使滤料处于流化态后，再增加冲洗强度的分析中，哪几项是正确的？
(A) 冲洗水头损失增加，滤层膨胀率增大
(B) 冲洗水头损失不变，滤层膨胀率增大
(C) 冲洗水头损失增加，滤料摩擦作用增大
(D) 冲洗水头损失不变，滤料摩擦作用减弱

【解析】选 BD。D 项中，空隙率增大，摩擦作用变弱。

2.【11-上-46】 一座滤池分为多格，采用等水头变速过滤，以下有关变速过滤工艺特点的叙述中，哪几项正确？
(A) 过滤时的滤速指的是水流经过滤料缝隙中的滤速
(B) 多格滤池过滤时，每格进水流量相同
(C) 多格滤池过滤时，每格水头损失相同
(D) 一格冲洗时，其他几格滤池水头损失增加相同

【解析】选 CD。A 项参见《室外给水设计规范》第 2.0.27 条，指的是滤池表面积。其他项参见秘书处教材《给水工程》P214。等水头，很容易理解 C 项与 D 项。等水头情

况下，由于各格滤池反冲的次序不同，同一时刻滤料清洁程度不同，每格的产水量也不相同，当然进水量也不同，故 B 项错误。

3.【11-下-46】 下列对过滤时截留水中悬浮颗粒原理的叙述中，哪几项正确？
(A) 石英砂滤料表层形成泥膜后具有筛滤、拦截作用
(B) 石英砂滤料深层中的泥膜对细小颗粒具有筛滤、拦截作用
(C) 石英砂滤料层中的泥膜对细小颗粒具有黏附作用
(D) 不经混凝的胶体颗粒不具有相互黏附性能，不能用任何过滤方法去除

【解析】 选 AB。参见秘书处教材《给水工程》P210，"随着过滤时间增加、滤层中孔隙尺寸逐渐减小，在滤料表层就会形成泥膜，这时，滤料层的筛滤拦截将起很大作用。"

由于以上说法提到了"滤层中孔隙尺寸逐渐减小"，以及根据实际运行的情况分析，上段话的"滤料表层"不是指"表面"，而是指无论是上面还是下面的滤料，其外表均有筛滤、拦截作用。C 项与 A、B 项是相关联项，选择了 AB 则 C 可排除。D 项中的"不能用任何过滤方法去除"错误。

4.【11-下-47】 在冲洗水量满足要求的前提下，下述哪些因素影响滤池反冲洗过程水量的均匀性？
(A) 采用水泵冲洗时，吸水井设置的高低
(B) 采用水泵冲洗时，吸水井水位变化幅度大小
(C) 采用高位水箱冲洗时，冲洗水箱容积的大小
(D) 采用高位水箱冲洗时，冲洗水箱水深的大小

【解析】 选 BD。吸水井水位变化会影响水泵的出水压力，冲洗水箱水深的变化也是同样原因。

5.【12-上-41】 采用粒状滤料以接触过滤方式截留杂质，对粒径远小于滤料空隙的杂质而言，其被截留的主要作用是以下哪几项？
(A) 黏附   (B) 机械拦截（筛滤）
(C) 惯性作用   (D) 扩散作用

【解析】 选 ABCD。小颗粒被过滤一般是因为深层过滤，深层过滤一般涉及两个过程：迁移和黏附，所以 A 项正确。而引起迁移的主要原因可参见秘书处教材《给水工程》P210 图 8-1，注意不同原因拦截的颗粒特性不同。其中惯性作用对应水流弯曲大时工况，当小颗粒弯曲次数多时（由于滤料厚度远大于滤料颗粒半径，所以弯曲次数多是必然的），惯性作用可以拦截粒径小的杂质（尤其粒径小但密度大颗粒），故 C 项正确。扩散作用可以拦截细小颗粒，D 项正确。以接触过滤方式过滤时，对粒径远小于滤料孔隙的杂质会发生絮凝作用，形成大的絮凝体，在滤料表面产生拦截，B 项正确。

6.【12-下-48】 虹吸滤池具有下列哪几项特点？
(A) 采用小阻力配水系统   (B) 采用大阻力配水系统
(C) 等速过滤方式运行   (D) 减速过滤方式运行

【解析】 选 AC。根据虹吸滤池的工艺特点，虹吸滤池的总进水量自动均匀地分配至各格，当总进水量不变时，各格均为变水头等速过滤，故 C 项正确，D 项错误。虹吸滤池采

用小阻力配水系统，A项正确，B项错误。

7.【13-上-47】 下列有关虹吸滤池和无阀滤池共同特点的叙述中，哪几项正确？
（A）在正常情况下，都是变水头过滤运行
（B）都设有反冲洗一格滤池的冲洗水箱
（C）均采用中阻力或小阻力的配水系统
（D）均采用真空系统或继电控制虹吸进水和虹吸排水、实现无阀操作、自动化控制

【解析】 选ACD。虹吸滤池各格均为变水头等速过滤，采用真空系统，不必设置专门的冲洗水泵或冲洗水箱，B项错误；采用小阻力配水系统，C项正确；无阀滤池是一种不用设阀门、水力控制运行的等速过滤滤池。

8.【13-下-46】 下列有关滤池滤料性能的叙述中，哪几项正确？
（A）单层石英砂滤料层中，总是粒径尺寸小的滤砂分布在上层，截流的杂质较多
（B）多层滤料滤池的滤料层中，总是石英砂滤料分布在最下层，截流杂质较少
（C）在过滤过程中，滤料层中的杂质穿透深度越大，滤料层含污量越大
（D）滤料层反冲洗时较大的冲洗强度可把大粒径滤料冲到表面，发挥反粒度过滤效应

【解析】 选AC。参见秘书处教材《给水工程》P211，滤料由细到粗排列，上部截留量大，A项正确。参见教材图8-3，下层石英砂含污量少，但是三层滤料最下层是密度更大、粒径更小的重质滤料，而非石英砂，故B错误。选项C符合教材P211的描述，故正确。参见教材P220，在流化态后，增加的反洗能量表现为冲高滤层，故不会出现把大粒径滤料冲到表层的情况（反洗强度过大，不利颗粒间摩擦，故不是越大越好），也可进一步参见教材P221公式（8-14），粒径越大，需要的反洗强度越大（达到流化态的反洗强度），也说明不会出现把大粒径滤料冲到表层的情况，选项D错误。

9.【14-上-47】 下列关于砂滤料滤池截留水中杂质原理的叙述中，哪几项正确？
（A）水中大颗粒杂质截留在滤料层表面的原理主要是滤料的机械筛滤作用
（B）清洁砂层截留细小颗粒杂质的原理主要是滤料的黏附作用
（C）无论何种滤料经净水反冲洗后，滤料表层粒径最小、空隙尺寸最大
（D）水流夹带细小颗粒杂质在滤料层中的流速越大，杂质的惯性作用也越大，越容易脱离流线到达滤料表面，过滤效果越好

【解析】 选AB。根据秘书处教材《给水工程》P210，滤料表层粒径最小，空隙尺寸最小，故C项错误。根据教材P220，孔隙流速越大，水头损失越大，容易出现负水头，故D项错误。

10.【14-下-44】 下列有关过滤时杂质在滤层中分布和滤料选择的叙述中，哪几项正确？
（A）在设计滤速范围内，较大粒径滤料层中污泥容易分布到下层
（B）双层滤料之间的密度差越大，越不容易混杂，冲洗效果越好
（C）双层滤料之间的粒径度差越大，越不容易混杂，冲洗效果越好

(D) 附着污泥的滤料层再截留的杂质容易分布在上层

【解析】选 AB。根据秘书处教材《给水工程》P210，粒径越大，杂质在滤层中穿透深度越大，故 A 项正确。根据教材 P216，滤料交易面上，粒径差越大，越容易混杂，故 B 项正确 C 项错误。根据教材 P209，孔隙流速增加，容易迁移到下层，故 D 项错误。

11.【16-上-48】 下列有关虹吸滤池工艺特点的叙述中，哪几项是正确的？
(A) 虹吸滤池过滤时，从进水渠分配到各格滤池的水量相同
(B) 一组虹吸滤池中，一格滤池冲洗时，该格滤池进水虹吸管中断进水
(C) 根据计算确定分为 n 格的虹吸滤池，建造时少于或多于 n 格，都不能正常工作
(D) 降低虹吸滤池排水渠向外排水的堰口标高，可以增大滤池的冲洗水头

【解析】选 AB。依据秘书处教材《给水工程》P239，虹吸滤池的总进水量自动均衡地分配至各格，当总进水量不变时，各格均为变水头等速过滤，故 A 正确。在反冲洗过程中无进水，故 B 正确。

12.【17-上-46】 下列关于石英砂滤料滤池冲洗原理叙述中，正确的是哪几项？
(A) 高速水流冲洗时，上升水流把滤层托起，使滤料相互摩擦、滤料表层污泥脱落随水流排出池外
(B) 气、水冲洗时，上升的水流和空气一并作用把滤层托起，呈流态化状态，使之相互摩擦、滤料表层污泥脱落随水流排出池外
(C) 气、水同时冲洗时滤层摩擦效果比单水冲洗滤层膨胀摩擦效果好
(D) 滤池冲洗时滤层膨胀率越大，摩擦作用越大，滤料表层污泥越容易脱落

【解析】选 AC。参见秘书处教材《给水工程》P222 第 1）条可知，气水反冲洗时滤层结构不变或稍有松动而非流态化，故 B 错误；滤层膨胀之后，再继续增大冲洗强度而导致增大的膨胀率，但水流的水头损失基本保持不变，颗粒受到水流的扰流阻力不变，故 D 错误。

13.【18-下-48】 下列关于滤料形状特性对过滤水头损失影响的叙述中，正确的是哪几项？
(A) 滤料的密度越大，过滤时水头损失越大
(B) 滤料越接近圆球形，过滤水头损失越小
(C) 滤料粒径越大，过滤水头损失变化越小
(D) 滤料层厚度 L 和滤料粒径 d_0 的比值相同的两座滤池，水流通过清洁砂层的水头损失一定相同

【解析】选 BC。选项 A、B、C 参见秘书处教材《给水工程》P212 公式（8-1），选项 D 参见《室外给水设计规范》第 9.5.5 条。

14.【19-下-46】 纳滤膜用于饮用水处理时，以下说法正确的是哪几项？
(A) 纳滤能去除水中所有矿物离子
(B) 纳滤可去除水中大部分溶解性有机物
(C) 纳滤工艺用于饮用水处理属于强化常规处理工艺
(D) 纳滤工艺用于饮用水处理属于深度处理工艺

【解析】选 BD。选项 A 详见秘书处教材《给水工程》P338，纳滤对一价离子去除率

低。选项 B、D 详见教材 290。

4.2.5 消毒

1.【11-上-47】 自来水厂用氯胺消毒时，加氯间、加氨间及其存放仓库设有强制排风设施。下列排风口、进风口位置设计正确的是哪几项？
(A) 加氯间和液氯存放间通风系统设置高位新鲜空气进口、低位室内空气排至室外高处的排放口
(B) 加氯间和液氯存放间通风系统设置低位新鲜空气进口、高位室内空气排至室外的排放口
(C) 加氨间和液氨存放间通风系统设置低位新鲜空气进口、高位室内空气排至室外的排放口
(D) 加氨间和液氨存放间通风系统设置高位新鲜空气进口、低位室内空气排至室外的排放口

【解析】选 AC。氯气比空气重，氨气比空气轻。参见《室外给水设计规范》9.8.18 条。

2.【13-下-47】 下列关于氯和二氧化氯性能的叙述中，哪几项正确？
(A) 氯和二氧化氯都是含氯的消毒剂，都是通过 HOCl 和 OCl⁻ 的氧化作用杀菌消毒
(B) 根据理论计算，二氧化氯的氧化能力约为氯氧化能力的 2.6 倍
(C) 二氧化氯和氯的性质相近似，所有制备二氧化氯的方法中都同时产生氯
(D) 纯二氧化氯消毒时不会和有机物反应，生成三氯甲烷一类的有害人体健康的消毒副产物

【解析】选 BD。参见秘书处教材《给水工程》P259，二氧化氯是靠自身氧化性进行杀毒的，而不是通过 HOCl 和 OCl⁻ 的氧化作用，故 A 项错误；二氧化氯中的有效氯（得到电子的个数乘以含氯量）是单质氯的 2.63 倍，得到电子数量×含氯量也即别的物质失去电子的总数量（被氧化的量），故 B 项正确；次氯酸钠＋盐酸不产生氯气，故 C 项错误；二氧化氯不发生氯代反应，故 D 项正确。

3.【14-下-45】 下列有关自来水厂投加液氯消毒的表述中，哪几项不正确？
(A) 相对来说，水的浊度越低，消毒的效果越好
(B) 水的 pH 值越高，消毒能力越强
(C) 相同 pH 值条件下，水的温度越低，HOCl/OCl⁻ 比值越高
(D) CT 值中的 C 是消毒剂浓度（mg/L），指的是液氯投加量和处理水量的比值

【解析】选 BD。根据秘书处教材《给水工程》P251，需充分降低浊度后再消毒，故 A 项正确。pH 值越低则消毒能力越强，故 B 项错误。根据教材表 9-1 及公式（9-5）可知 C 项正确。根据教材 P250，消毒剂浓度以剩余消毒剂浓度表示，可知 D 项错误。

4.【16-下-48】 自由性氯消毒时，低 pH 消毒效果好，主要原因是下列哪几项？
(A) 自由氯在水中以 OCl⁻ 存在的比例高
(B) 自由氯在水中以 HOCl 存在的比例高

(C) 自由氯在水中以 Cl_2 存在的比例高

(D) pH 高时，自由氯在水中以 OCl^- 存在的比例高，而以 HOCl 存在的比例低

【解析】选 BD。依据秘书处教材《给水工程》P252 水中的 Cl_2、HOCl 和 OCl^- 被称为自由性氯或游离氯。由于氯很容易溶解在水中，所以自由性氯主要是 HOCl 与 OCl^-。HOCl 与 OCl^- 的相对比例取决于水的温度和 pH 值。在低 pH 时，HOCl 存在的比例高。故 A、C 错误。

5.【17-上-48】 水厂在对受污染含有 COD、NH_3-N 的地表水源水进行氯消毒处理时，以下表述哪些是不准确的？

(A) 经过一定接触时间后水中余氯为有效自由性氯

(B) 采用 ClO_2 消毒，不与 NH_3-N 反应，杀灭细菌病毒等效果好于液氯

(C) 采用化合氯消毒，与水接触 2 小时后出厂水中自由氯总量应不低于 0.5mg/L

(D) 在折点加氯消毒法中，发生在折点以前的水中余氯均为化合性氯

【解析】选 AC。依据秘书处教材《给水工程》P256，如采用折点加氯法且不考虑足够长的接触时间，则余氯中可能含有部分化合氯，故 A 错误。对于 C 选项，依据教材 P148 表 5-3，可知应为"总氯不低于 0.5mg/L"，故错误。

第5章 特殊水处理

5.1 单项选择题

5.1.1 软化

1.【11-上-11】 当水中钙硬度大于碳酸盐硬度时,下列有关投加石灰软化的叙述中,哪一项是正确的?
   (A) 石灰软化只能去除碳酸盐硬度中的 $Ca(HCO_3)_2$,不能去除其他碳酸盐硬度
   (B) 石灰和重碳酸盐 $Ca(HCO_3)_2$ 反应时生成的 CO_2 由除 CO_2 器脱除
   (C) 石灰软化不能去除水中的铁与硅化物
   (D) 石灰和镁的非碳酸盐反应时,投加 $Ca(OH)_2$ 沉淀析出 $Mg(OH)_2$,含盐量有所增加

【解析】选 A。题目中说明了钙硬度大于碳酸盐硬度,所以没有 $Mg(HCO_3)_2$ 等。而此时的碳酸盐硬度包括 $Ca(HCO_3)_2$、$CaCO_3$,其中 $Ca(OH)_2$ 和 $CaCO_3$ 是不反应的。另外,$Mg(OH)_2$ 溶度积比 $Ca(OH)_2$ 要小很多。还有,即使是 $Fe(OH)_2$ 的溶度积也比 $Ca(OH)_2$ 小很多(数量级分别为 10^{-6}、10^{-16})。而石灰和重碳酸盐反应时生成的 CO_2 由 $Ca(OH)_2$ 本身去除,不需要除 CO_2 器。石灰和镁的非碳酸盐反应时,相当于一个钙离子置换一个镁离子,含盐量不会增加。

2.【11-下-11】 水的除盐与软化是去除水中离子的深度处理工艺,下列除盐、软化基本方法和要求的叙述中,正确的是哪一项?
   (A) 经除盐处理的水,仍需软化处理,方能满足中、高压锅炉进水水质要求
   (B) 离子交换除盐工艺流程是:阴离子交换—脱二氧化碳—阳离子交换
   (C) 电渗析除盐时,电渗析两侧阳极板上产生氢气,阴极板上产生氧气
   (D) 为了制备高纯水,可采用反渗透后再进行离子交换处理

【解析】选 D。参见秘书处教材《给水工程》P303。A 项中,注意软化和除盐是适用对象的范畴不全相同。B 项参见教材 P340,应为先阳后阴。C 项,阴极产生氢气,阳极产生氧气。

3.【12-下-11】 在 H-Na 串联离子交换系统中,除 CO_2 器的设置位置应为下列哪项?
   (A) Na 离子交换器之后,H 离子交换器之前
   (B) H 和 Na 离子交换器之后
   (C) H 离子交换器之后,Na 离子交换器之前
   (D) H 和 Na 离子交换器之前

【解析】选 C。参见秘书处教材《给水工程》P318 图 13-8。

4. 【13-下-11】下列有关强酸性 H 离子交换器软化出水水质变化的叙述中，哪项不正确？
   (A) 开始交换的一段时间内，出水呈酸性与 [SO_4^{2+} + Cl^-] 浓度相当
   (B) 当出水中从树脂上置换下来的 Na 当量含量等于原水中 [SO_4^{2+} + Cl^-] 当量含量时，出水酸度等于零
   (C) 以漏硬为失效点比以漏钠为失效点增加的产水量与进水中 Na 离子含量多少有关
   (D) 以漏硬为失效点比以漏钠为失效点增加的产水量与进水中的 Ca^{2+}、Mg^{2+} 硬度大小有关，与 Na 离子含量多少无关

【解析】本题选 D。以漏硬为失效点增加的产水量不仅与原水中的钠离子浓度有关，也与进水中的 Ca^{2+}、Mg^{2+} 硬度大小有关；与漏钠之后进水中的 Na 离子含量多少无关，但是与漏钠之前进水中的 Na 离子含量多少有关。

5. 【18-下-9】对于软化与除盐有关概念表述中，下列哪项是正确的？
   (A) 软化的目标是减少天然原水中 $CaCO_3$、$Mg(OH)_2$ 的总量
   (B) 水的电导率与水温和含盐量有关
   (C) 对离子截留性没有选择性的纳滤膜可用于对水的软化
   (D) 工业超纯水的制备中，一般采用反渗透对离子交换设备出水进行深度除盐

【解析】选 B。根据秘书处教材《给水工程》P303 可知 A 项错误；B 项参见教材 P306，正确；根据教材 P338 可知 C 项错误；根据教材 P337 可知 D 项错误。

6. 【19-下-11】采用石灰-苏打法进行水的软化时，以下哪种说法是正确的？
   (A) 当水中存在镁的非碳酸盐硬度时，石灰的投加量应考虑镁的非碳酸盐硬度需要的石灰量
   (B) 当水中存在钙的非碳酸盐硬度时，石灰的投加量应考虑钙的非碳酸盐硬度需要的石灰量
   (C) 当水中存在镁的非碳酸盐硬度时，苏打的投加量不需要考虑镁的非碳酸盐硬度需要的苏打量
   (D) 当水中存在钙的非碳酸盐硬度时，苏打的投加量不需要考虑钙的非碳酸盐硬度需要的苏打量

【解析】选 A。详见秘书处教材《给水工程》P310 的"（2）石灰-苏打软化"。

5.1.2 除铁、除锰

1. 【12-上-10】 某农村地下水质含铁 7.0mg/L、含锰 2.0mg/L，无试验条件验证除铁除锰工艺，此时采用下列哪项除铁除锰工艺比较可靠？
   (A) 一级自然氧化过滤　　　　　　(B) 一级催化氧化过滤
   (C) 两级曝气一级过滤　　　　　　(D) 一级曝气两级过滤

【解析】选 D。参见《室外给水设计规范》第 9.6.4 条第 2 款。

2. 【13-下-10】 在地下水喷淋曝气充氧除铁、除锰工艺设计中，下列有关其淋水密度大小的叙述中，哪项不正确？
   (A) 喷淋在接触氧化池上的淋水密度大小与水中的铁锰含量有关，与氧化池大小无关

(B) 喷淋在滤池上的淋水密度大小与滤池冲洗强度有关，与滤速大小无关
(C) 喷淋在接触氧化池上的淋水密度大小与喷淋高度及充氧效果有关
(D) 多级过滤除铁系统中，一级过滤前喷淋曝气充氧量与水中的硅酸盐含量有关

【解析】选 B。本题从理解入手：喷淋密度越大，则单位时间内喷到滤池表面的水越多，喷水和过滤显然是一个平衡关系，也即喷淋水＝滤池设计过滤水量，故 B 项错误。且其与反洗强度无关（反洗与膨胀率有关，与过滤水量无关）。

3. 【16-上-9】某地下水源含铁量为 4.2mg/L，含锰量为 1.1mg/L，选择以下哪项工艺进行除铁除锰比较合理？
(A) 原水曝气→单级过滤
(B) 原水曝气→一级过滤→二级过滤
(C) 反渗透工艺
(D) 原水曝气→一级过滤→曝气→二级过滤

【解析】选 A。依据《室外给水设计规范》9.6.4 条。地下水同时含铁、锰时，其工艺流程应根据下列条件确定：当原水含铁量低于 6.0mg/L、含锰量低于 1.5mg/L 时，可采用"原水曝气→单级过滤"。故 A 正确。

4. 【17-上-11】针对地下水除锰处理工艺，以下哪项表述是不正确的？
(A) 生物除锰过程中是以 Mn^{2+} 氧化菌为主的生物氧化过程
(B) 在地下水 pH 中性条件下，若水中同时存在 Fe^{2+} 和 Mn^{2+}，除锰也采用自然氧化法
(C) 在地下水需同时进行除铁除锰时，水中 Fe^{2+} 氧化速率比 Mn^{2+} 快
(D) 当地下水含铁、锰较高时，在采用的两级曝气两级过滤工艺中，应先除铁后除锰

【解析】选 B。依据秘书处教材《给水工程》P265，中性 pH 条件下，亚锰离子几乎不能被溶解氧氧化。故 B 错误。

5. 【17-下-11】针对地下水除铁工艺，以下哪项表述是不正确的？
(A) 若水中含有铁锰离子，在大多数情况下，含铁量要高于含锰量
(B) 若有稳定的 Fe^{2+} 存在，说明地下水中溶解氧存留时间短，来不及和 Fe^{2+} 反应
(C) Fe^{2+} 氧化速度的大小与水的 pH 值强相关
(D) 实现 Fe^{2+} 自然氧化所采取的曝气，除具有向水中充氧作用外，还期望有散除部分 CO_2 的作用

【解析】选 B。参见秘书处教材《给水工程》P264、P265。

6. 【18-上-8】针对地下水除铁除锰工艺特点，以下哪项表述是不正确的？
(A) 对于硅酸盐含量较高的地下水，一次性充分曝气可导致滤后水铁偏高
(B) 缺乏溶解氧的地下水存在溶解性铁超标的可能
(C) 在除铁工艺中，对 Fe^{2+} 的氧化，曝气法没有药剂法彻底
(D) 对于偏酸性的地下水，应优先采用空气氧化法除铁

【解析】选 D。根据秘书处教材《给水工程》P265，选项 A、C 正确。根据教材 P262，选项 B 正确。根据教材 P264，选项 D 错误，错在既充氧又要求脱二氧化碳。

7. 【18-下-8】根据不同的水质条件选择除铁除锰处理工艺时，以下哪项表述是正确的？
(A) 对于 pH 值中性的铁锰超标地下水，生产上可推荐采用空气自然氧化法同时去除铁和锰
(B) 采用一次过滤除铁除锰时，滤料上层和下层均可同时发挥除铁除锰功能
(C) 高锰酸钾可用于对天然地下水的除铁和除锰
(D) 处理含铁 6mg/L 且含锰的地下水，宜采用滤层加厚的一级过滤方式

【解析】选 D。根据秘书处教材《给水工程》P267 可知 A 项错误；根据教材 P268 可知 B 项错误；根据教材 P266 和 P269 可知 C 项错误；D 项参见教材 P268，正确。

8. 【19-上-10】当水中含有铁、锰，同时硅酸盐浓度为 50mg/L 时，最适合应用以下哪种除铁工艺？
(A) 接触氧化
(B) 自然氧化
(C) 氯氧化
(D) 高锰酸钾氧化料

【解析】选 A。详见《室外给水设计规范》第 9.6.3 条的条文说明。

5.1.3 特殊水处理

1. 【14-下-9】 某地下水水质：$Fe^{2+}=4.5mg/L$，$Mn^{2+}=0mg/L$，溶解性硅酸为 55mg/L，CO_2 浓度较低，pH 值 7.0。为达到《生活饮用水卫生标准》要求，应选择下列哪项水处理工艺？
(A) 原水→一级快滤池
(B) 原水→曝气→氧化反应池→一级快滤池
(C) 原水→曝气→单级接触催化氧化滤池
(D) 原水→曝气→氧化反应池→单级接触催化氧化滤池

【解析】选 C。根据《室外给水设计规范》9.6.3 条的条文说明及 9.6.4 条，可知 C 项正确。

2. 【11-下-11】 处理受污染水源水时，拟采用化学氧化＋活性炭吸附工艺，其最常用的工艺组合是下列哪项？
(A) Cl_2＋活性炭工艺
(B) ClO_2＋活性炭工艺
(C) $KMnO_4$＋活性炭工艺
(D) O_3＋活性炭工艺

【解析】选 D。参见秘书处教材《给水工程》P289："颗粒活性炭过滤工艺常和臭氧氧化工艺紧密结合。在活性炭滤池前先对处理的水流臭氧氧化，把大分子有机物氧化为活性炭容易吸附的小分子有机物，并向水中充氧，最大限度增强活性炭的生物活性。于是，臭氧—生物活性炭工艺具有更强的降解有机物功能。大多数受污染水源的水厂采用这一工艺，降低可生物降解的有机碳 50％以上。"

3. 【13-上-11】 下列关于超滤（UF）在水处理中的应用特点的叙述中，哪项不正确？
(A) 可以截留细菌、大分子有机物杂质
(B) 被截留杂质的渗透压力较低，超滤所需的工作压力比反渗透低
(C) 超滤代替常规处理中的过滤工艺时，进入超滤前的水必须经过混凝沉淀处理

(D) 超滤膜过滤前投加粉末活性炭，可在超滤膜表面形成滤饼，其具有高效生物粉末活性炭反应器效应

【解析】选 C。参见秘书处教材《给水工程》P339。超滤膜可截留水中的微粒、胶体、细菌、大分子有机物和部分病毒；超滤所需的工作压力比反渗透低，而被截留的大分子溶质渗透压很低，故 AB 项正确，可知 C 项错误，D 项正确。

4.【14-下-10】 某食品工业给水处理的水源为自来水，采用膜分离法进一步处理，要求膜截留粒径大于 $0.04\mu m$ 的黏土、胶体、细菌、病毒、高分子有机物等有害物质，保留对人体有益的小分子物质，按此要求，下列哪项膜分离方法合适？

(A) 反渗透   (B) 纳滤
(C) 微滤   (D) 超滤

【解析】选 D。A、B 项可以去除高分子和金属；C 项无法去除病毒。

5.【16-上-10】 电渗析脱盐系统在运行过程中，会产生极化现象，电渗析的极化通常发生在下列哪项？

(A) 阳膜浓水室一侧   (B) 阳膜淡水室一侧
(C) 阴膜浓水室一侧   (D) 阴膜淡水室一侧

【解析】选 B。依据秘书处教材《给水工程》P341，在阳膜淡室一侧，膜内阳离子迁移数大于溶液中阳离子迁移数，迫使水电离后 H^+ 穿过阳膜传递电流，而产生极化现象。

6.【16-上-12】 自来水厂中为达到氧化难分解有机物目的而投加臭氧，其投加点宜设在下列哪点？

(A) 取水口   (B) 混凝沉淀（澄清）前
(C) 过滤之前   (D) 清水池之后的二级泵站集水井中

【解析】选 C。依据《室外给水设计规范》9.9.2 条，臭氧投加位置与净水工艺确定：①以去除溶解性铁和锰、色度、藻类，改善臭味以及混凝条件，减少三氯甲烷前驱物为目的的预臭氧，宜设置在混凝沉淀（澄清）之前；②以氧化难分解有机物、灭活病毒和消毒或与其后续生物氧化处理设施相结合为目的的后臭氧，宜设置在过滤之前或过滤之后。

7.【16-下-9】 在 H-Na 串联离子交换系统中，除 CO_2 器的设置位置应为下列哪项？

(A) Na 离子交换器之后 H 离子交换器之前
(B) H 和 Na 离子交换器之后
(C) H 离子交换器之后 Na 离子交换器之前
(D) H 和 Na 离子交换器之前

【解析】选 C。依据秘书处教材《给水工程》P318，原水一部分（Q_H）流经 H 离子交换器，出水与另一部分原水混合后，进入除二氧化碳器脱气，然后流入中间水箱，再由水泵送入 Na 离子交换器进一步软化。

8.【16-下-10】 近年来，膜技术在饮用水处理中得到越来越多的应用，超滤膜（或微滤膜）在饮用水处理工艺中，处理的主要目标污染物是下列哪项？

(A) 原水中的溶解性有机物   (B) 原水中的矿物质
(C) 原水中的悬浮物、细菌等   (D) 原水中的臭味

【解析】选 C。依据秘书处教材《给水工程》P339。

9.【19-下-10】以下关于活性炭吸附的说法中，哪种说法不正确？
（A）对芳香族化合物的吸附一般高于非芳香族
（B）吸附质的非极性越强，越容易被吸附
（C）活性炭的吸附容量主要与活性炭、吸附质的种类有关，与吸附质的浓度无关
（D）颗粒活性炭池的作用通常包括活性炭吸附和微生物分解等多重功能

【解析】选 C。详见秘书处教材《给水工程》P287～289 的"3）影响活性炭吸附的主要因素"。

5.2 多项选择题

5.2.1 软化

1.【14-上-49】某需要软化的工业生产用水原水水质分析结果如下：

项目	$K^+ + Na^+$	Ca^{2+}	Mg^{2+}	Fe^{2+}	SO_4^{2-}	HCO_3^-	Cl^-	pH
含量（mmol/L）	1.50	2.90	3.10	0.10	2.20	2.50	2.90	6.9

下列关于该原水水质概念的表述中，哪几项不正确？
（A）非碳酸盐硬度为 5.10mmol/L
（B）重碳酸镁含量 0mmol/L
（C）总硬度为 2.50mmol/L
（D）总碱度为 2.50mmol/L

【解析】选 AC。
根据秘书处教材《给水工程》P302，中水中阴阳粒子组合顺序，绘制如下表格（单位：mmol/L）：

$Fe^{2+}=0.10$		$Ca^{2+}=2.90$		$Mg^{2+}=3.10$		$K^++Na^+=1.50$	
$HCO_3^-=2.50$			$SO_4^{2-}=2.20$			$Cl^-=2.90$	
Fe$(HCO_3)_2$=0.1	Ca$(HCO_3)_2$=2.4	CaSO$_4$=0.5	MgSO$_4$=1.7		MgCl$_2$=1.4	KCl+NaCl=1.50	

说明：根据电中性原理可知题干给的粒子浓度就是当量粒子的浓度。
由上可知非碳酸盐硬度为 3.60mmol/L，重碳酸镁含量 0mmol/L，总硬度为 6.00mmol/L、总碱度为 2.50mmol/L（HCO_3^- 计，OH^-，不用考虑）；故本题选 AC。

2.【18-上-46】采用药剂法软化水时，下列哪些表述不正确？
（A）水中存在游离 CO_2 时，消石灰投加后首先与碳酸盐硬度反应
（B）钙硬度大于碳酸盐硬度时，水中存在非碳酸盐硬度
（C）熟石灰无法去除非碳酸盐硬度，只能去除碳酸盐硬度
（D）苏打既可去除费碳酸盐硬度，也可去除碳酸盐硬度

【解析】选 ACD。参见秘书处教材《给水工程》第 13.2 节"水的药剂软化"。

选项 A：参见教材公式（13-3）。
选项 B：存在钙的碳酸盐硬度、钙的非碳酸盐硬度、镁的非碳酸盐硬度。
选项 C：参见教材公式（13-7）和公式（13-8）。
选项 D：苏打除去非碳酸盐硬度，石灰除去碳酸盐硬度。参见教材公式（13-10）～式（13-12）。

3.【18-下-46】 关于离子交换软化除盐及其系统应用，下列哪些表述是不正确的？
（A）采用磺化煤交换剂软化水时，可同时脱除 OH^- 碱度
（B）强酸性 H 离子交换树脂去除水中暂时性硬度过程中，不产生酸性水
（C）弱碱性树脂在酸性溶液中有较高的交换能力
（D）根据离子交换为可逆和等当量的化学平衡关系分析，生产上采用很高浓度的再生剂一定有利于提高树脂再生效果

【解析】选 AD。A 项参见秘书处教材《给水工程》P311 和 P318，B 项见教材 P318，C 项见教材 P313，D 项见教材 P321。

4.【19-上-48】 采用离子交换固定床进行软化时，关于离子交换树脂工作交换容量影响因素的叙述中，以下哪几项是正确的？
（A）固定床的进水流速增加，离子交换树脂的工作交换容量增大
（B）原水硬度增大，离子交换树脂的工作交换容量减小
（C）固定床进行配水均匀性越好，离子交换树脂的工作交换容量越大
（D）离子交换树脂的工作交换容量只与树脂的全交换容量有关，与固定床的运行参数和原水水质无关

【解析】选 AC。选项 B 见秘书处教材《给水工程》P325 的公式（13-37）；选项 D 见教材 P326 的公式（13-38），对比公式可知 BD 错误。

5.【19-下-47】 以下关于逆流再生离子交换软化固定床具有的某些特点的叙述中，哪几项是正确的？
（A）逆流再生的再生剂用量少，主要原因是固定床的进水端没有再生充分
（B）由于固定床的出水端再生充分，所以，出水水质好
（C）不需要把再生液浓度提高很大，就可以在固定床的底部和顶部顺利进行再生，从而节省了再生剂
（D）由于上部失效的树脂得到充分再生，从而节省了再生剂

【解析】选 BC。详见秘书处教材《给水工程》P326、P329。选项 A 错在"不是因为透水端没充分再生而节省再生剂"；选项 D 错在"上部充分再生，不会节省再生剂"。

5.2.2 除铁、除锰

1.【11-下-48】 地下水除铁除锰的原理和方法叙述如下，其中正确的是哪几项？
（A）地下水除铁是把 Fe^{2+} 氧化为溶解度很低的 Fe^{3+} 沉淀析出
（B）地下水除锰是把 Mn^{2+} 氧化为溶解度很低的 Mn^{4+} 沉淀析出
（C）利用空气中的氧氧化除铁，会在滤层中形成具有催化作用的铁质氧化膜
（D）利用空气中的氧氧化除锰，只有在锰质氧化膜催化作用下才有可能

【解析】选 ABC。D 项说法不全面，采用材质中含有二氧化锰的天然锰砂作为滤料来达到自催化的目的是可行的。如果采用普通石英砂滤料，则需要 100 天以后才能形成二氧化锰覆盖物。

2.【12-上-48】 在地下水自然氧化除铁除锰工艺中，曝气的作用为下列哪几项？
(A) 供给氧化铁锰时所需的氧气
(B) 提高水中的 pH
(C) 降低水中的 pH
(D) 散除水中 CO_2

【解析】选 ABD。含铁的地下水，经曝气向水中充氧后，空气中的氧气将二价铁离子氧化，与水中的氢氧根作用形成 $Fe(OH)_3$ 沉淀物析出而被去除。因此曝气可以供给氧化铁锰是所需的氧气，A 项正确。二价铁离子的氧化速度与氢氧根离子浓度的平方成正比。由于水的 pH 值是氢离子浓度的负对数，因此，水的 pH 值每升高 1 个单位，二价铁的反应速度将增大 100 倍。对于含有较多二氧化碳而 pH 较低的水，曝气除了提供氧气以外，还可以起到吹脱散除水中二氧化碳气体、提高水的 pH 值、加速氧化反应的作用，BD 项正确，C 项错误。

3.【14-上-46】 对于自来水厂中高锰酸钾的投加，下列说法哪几项正确？
(A) 可用于生物氧化之前的预氧化
(B) 宜在水厂取水口处投加
(C) 当原水含铁、锰时，可考虑投加去除
(D) 水厂中一般投加在混凝剂投加点之后

【解析】选 BC。根据《室外给水设计规范》9.2.13 条，高锰酸钾宜在水厂取水口加入，故 B 项正确。根据秘书处教材《给水工程》P292，含有溶解性铁锰或少量藻类的水源水，预加高锰酸钾氧化具有较好效果，故 C 项正确。

4.【14-上-48】 当地下水中铁、锰含量超标时采用接触催化氧化法处理。在工艺设计中，下列哪几项的概念正确？
(A) 锰质活性滤膜能吸附水中的 Mn^{2+}，并将其催化氧化成 Mn^{4+}
(B) 普通除锰滤池在长久运行后也会产生除锰菌
(C) 除铁、除锰各自独立进行，铁的存在对锰的去除没有影响
(D) 曝气装置的选定依据仅按充氧程度的要求确定即可

【解析】选 AB。根据秘书处教材《给水工程》P266，可以理解 C 项的"各自独立"及"没有影响"均不对，故 C 项错误。根据《室外给水设计规范》9.6.5 条，曝气装置应根据原水水质、是否需要去除二氧化碳以及充氧程度的要求选定，故 D 项错误。

5.【16-上-47】 当水的 pH 值大于 5.5 时，自然氧化法除铁，pH 值对二价铁氧化速度的影响，以下哪几项说法正确？
(A) 水的 pH 值降低，二价铁的氧化速度加快
(B) 水的 pH 值在碱性范围内比在酸性范围内，二价铁的氧化速度快
(C) 水的 pH 值每提高 1 个单位，二价铁的氧化速度增大 100 倍
(D) 脱除水中二氧化碳，可以提高二价铁的氧化速度

【解析】选 BCD。依据秘书处教材《给水工程》P264，水的 pH 值每升高 1 个单位，

二价铁的反应速度将增大 100 倍。故 A 错误。

6.【17-上-47】 下列有关采用接触催化氧化除铁法处理地下水的认识中，哪些是正确的？

(A) 进行原水曝气的直接作用是使水中 Fe^{2+} 氧化为 Fe^{3+}
(B) 曝气之后的原水可直接进入含有活性滤膜滤料的滤池
(C) 天然锰砂滤料中的锰质化合物同时具有对 Fe^{2+} 的吸附和催化氧化作用
(D) 锰砂滤料的活性滤膜成熟期较石英砂滤料短

【解析】 选 BD。依据秘书处教材《给水工程》P265，原水曝气的直接作用是为水中充氧，以便水流到了催化氧化滤池之后进行催化反应，故 A 错误；依据教材 P265，"锰砂中的锰质化合物不起催化作用"，故 C 错误。

7.【18-上-45】 针对地下水水质特点选择除铁除锰工艺的表述中，以下哪几项是不正确的？

(A) 对硅酸盐含量较高的地下水进行除铁时，可采用两级曝气两级过滤工艺
(B) 在采用两级曝气两级过滤工艺处理含铁锰较多的地下水时，一、二级滤池均可同时发挥除铁除锰功能
(C) pH 值中性地下水除铁除锰时，由于 Mn^{2+} 几乎不能被溶解氧氧化，一般不采用空气曝气
(D) 在铁、锰共存的地下水中，锰比铁的氧化速率慢

【解析】 选 BC。

选项 A：根据《室外给水设计规范》第 9.6.4.3 条，当除铁受硅酸盐影响时，应通过试验确定，必要时可采用：原水曝气→一级过滤→曝气→二级过滤。

选项 B，根据《室外给水设计规范》第 9.6.4 条条文说明，当原水含铁量低于 6mg，含锰量低于 1.5mg/L 时，采用曝气、一级过滤，可在除铁同时将锰去掉。当原水含铁量、含锰量超过上述数值时，应通过试验研究，必要时，可采用曝气、两级滤池过滤工艺，以达到铁、锰深度净化的目的，先除铁而后除锰。

选项 C：采用催化氧化法除锰工艺。

选项 D：解析同选项 B。

8.【19-上-47】 以下关于地下水除铁除锰工艺的叙述中，正确的是哪几项？

(A) 对含铁地下水曝气时，空气中的二氧化碳溶解到水中，导致 pH 值下降
(B) 地下水中亚铁浓度为 0.4mg/L 时，可不用设置专门的除铁工艺
(C) pH 值等于 6.5 时，可采用氯、次氯酸钠等化学氧化法除铁除锰
(D) 地下水除锰中，高 pH 值时，锰较易氧化

【解析】 选 CD。选项 A 见秘书处教材《给水工程》P263；选项 B 见《室外给水设计规范》第 9.6.1 条，生活饮用水含铁量不超过 0.3mg/L；选项 C 见教材 P265、P278；选项 D 见教材 P266。

5.2.3 特殊水处理

1.【13-上-48】 下列关于反渗透和纳滤在水处理中的应用特点的叙述中，哪几项正确？

(A) 反渗透和纳滤去除水中杂质的原理和石英砂滤池过滤完全相同
(B) 反渗透可无选择性地去除水中大部分离子，但不能制取高纯水
(C) 反渗透膜截留大分子杂质时水渗透压力低，截留小分子杂质时水渗透压压力高，所以反渗透用于自来水脱盐时采用中等的工作压力（1.4～4.2MPa）
(D) 纳滤对二价和三价离子的去除率较高，对一价离子去除率较低

【解析】选 BD。反渗透和纳滤透过渗透现象去除水中杂质，A 项错误；反渗透膜对离子的截留没有选择性。B 项正确；自来水除盐采用超低压反渗透，C 项错误；纳滤膜的特点是对二价离子有很高的去除率，可用于水的软化，而对一价离子的去除率较低，D 项正确。

2.【14-上-45】 下列关于气浮池气浮分离原理的叙述中，哪几项正确？
(A) 溶气式气浮分离工艺是空气溶解在水中，然后升压释放出微气泡，黏附在细小絮凝微粒上浮到水面
(B) 黏附在细小絮凝微粒上的气泡越多，絮凝微粒上升速度越大
(C) 在气浮过程中，向水中鼓入空气的过程也是向水中充氧的过程
(D) 黏附气泡的微粒在水中上浮速度与所受的浮力有关，与重力无关

【解析】选 BC。根据秘书处教材《给水工程》P205，黏附一定量微气泡，上浮速度远远大于下沉速度，黏附气泡越多，上浮速度越大，故 B 项正确。气浮工艺在分离水中杂质时，还伴着对水的曝气、充氧，故 C 项正确。

3.【14-下-46】 下列给水处理中用于处理微污染水源的生物氧化技术，哪几项错误？
(A) 生物接触池的设计，只需以原水的 BOD_5 含量为依据
(B) 生物接触氧化池设在絮凝沉淀池之前，曝气生物滤池设在沉淀池之后
(C) 也能氧化处理原水中的至嗅物质
(D) 对原水氨氮的去除率低于 80%

【解析】选 ABD。根据秘书处教材《给水工程》P277 的注意事项，可知 A 项错误。根据教材图 12-4，生物预处理都在沉淀之前，故 B 项错误。根据教材 P274，生物氧化技术，能够有效去除氨氮 90% 以上，故 D 项错误。

4.【14-下-47】 下列关于反渗透膜的叙述中，哪几项不正确？
(A) 实际运行时的工作压力大于理论计算值
(B) 经过了两级反渗透膜过滤的出水可满足高纯水的要求
(C) 水分子之所以通过半透膜向咸水一侧自然渗透，是因为纯水的化学位低于咸水
(D) 海水淡化和自来水除盐采用的操作压力是不同的

【解析】选 BC。根据秘书处教材《给水工程》P335，经一级或两级串联反渗透出水一般电导率在 $1\mu s/cm$ 以上，不能满足工业纯水、高纯水的要求，故 B 项错误。根据教材 P315，纯水的化学位高于咸水的化学位，所以水分子向化学位低的一侧渗透，C 项错误。

5.【16-上-49】 针对微污染水源，越来越多的自来水厂采用臭氧—活性炭深度处理工艺，关于臭氧—活性炭深度处理工艺，下列哪几项说法正确？
(A) 当原水溴化物含量高时，臭氧—活性炭工艺出水中的溴酸盐浓度有超标风险

（B）臭氧—活性炭工艺可以提高出厂水的生物安全性
（C）臭氧—活性炭工艺不能去除水中的臭味
（D）臭氧—活性炭工艺出水的耗氧量较常规处理工艺低

【解析】选 AD。依据秘书处教材《给水工程》P262。当水中含有溴化物时，经臭氧氧化后，将会产生有潜在致癌作用的溴酸盐，故 A 正确。

臭氧—活性炭工艺在颗粒活性炭表面滋生的微生物容易脱落，从而导致生物泄漏，故其生物安全性低，故 B 错误。

臭氧可以去除某些有机物或无机污染物，例如：除臭味、除色、脱氮、除有机物、吸附去除重金属汞、铬等、吸附去除病毒和放射性物质，故 C 错误。

依据教材 P289，在活性炭滤池前先对处理池的水流臭氧氧化，把大分子有机物氧化为活性炭容易吸附的小分子有机物，并向水中充氧，最大限度增强活性炭的生物活性。由于臭氧可以氧化部分物质形成小分子，小分子有机物能被活性炭吸附去除，使出水耗氧量降低，故 D 正确。

6.【16-下-47】 电渗析脱盐系统在运行过程中，会有结垢现象，电渗析结垢通常发生在下列哪些部位？

（A）阴膜浓水室一侧　　　　　　（B）阴膜淡水室一侧
（C）阳膜浓水室一侧　　　　　　（D）阴极区

【解析】选 AD。依据秘书处教材《给水工程》P341，水电离后生成的 OH^- 迁移穿过阴膜进入浓室，使浓水的 pH 值上升，出现 $CaCO_3$ 和 $Mg(OH)_2$ 的沉淀现象。在阴极不断排出氢气，阴极室溶液呈碱性，当水中有 Ca^{2+}、Mg^{2+}、HCO_3^- 等离子时，会生成 $CaCO_3$ 和 $Mg(OH)_2$ 水垢，沉积在阴极上。故 A、D 正确。

7.【16-下-49】 膜分离法脱盐通常采用反渗透膜、纳滤膜和离子交换膜，这三种膜的驱动力有所不同，下列的各种说法，哪几项正确？

（A）离子交换膜脱盐的驱动力是浓度差
（B）纳滤膜脱盐的驱动力是压力差
（C）反渗透膜脱盐的驱动力是压力差
（D）离子交换膜脱盐的驱动力是的电位差

【解析】选 BCD。离子交换膜脱盐的驱动力是电场。

8.【17-下-47】 采用活性炭深度处理饮用水时，有关影响活性炭吸附的下列表述中，哪些项是不正确的？

（A）对水中具有较强极性的吸附质，活性炭对其吸附性能较强
（B）在依靠生物作用降解有机物的生物活性炭处理阶段，活性炭不再具有吸附性能
（C）易被活性炭吸附的水中吸附质，其分子量有一定的适宜范围
（D）活性炭对三氯甲烷具有吸附作用

【解析】选 AB。参见秘书处教材《给水工程》P287。

第6章 循环冷却水

6.1 单项选择题

1.【10-上-12】 以下关于机械通风冷却塔及其部件、填料叙述中，不正确的是哪一项？
(A) 循环水质差，悬浮物含量高时，宜采用槽式配水系统
(B) 小型逆流式冷却塔宜采用旋转管式配水系统
(C) 循环水水质硬度高容易产生结垢时，应采用鼓风式冷却塔
(D) 淋水填料是机械通风冷却塔的关键部位

【解析】选 C。参见秘书处教材《给水工程》P350。旋转管式配水系统适用于小型逆流式冷却塔；槽式配水系统主要用于大型塔、水质较差或供水余压较低的系统。水的冷却主要在淋水填料中进行，它是冷却塔的关键部位。冷却水有较强的腐蚀性时，应采用鼓风式。

2.【10-下-12】 下列有关水的冷却理论叙述中，不正确的是何项？
(A) 水与空气交界面附近，周围环境空气的蒸汽分压小于对应水温的饱和蒸汽气压时会产生蒸发传热
(B) 在湿式冷却中，当空气温度高于循环水温时，循环水仍可得到冷却
(C) 水面温度与远离水面的空气温度之间的温度差是产生接触传热的推动力
(D) 水温接近湿球温度时，蒸发散热效果最好

【解析】选 D。D 项如水体自身的温度接近湿球温度时，蒸发散热效果最好，故错误。

3.【11-上-12】 机械通风冷却塔主要由配水系统、淋水填料、通风筒、集水池等组成，以下关于机械通风冷却塔各组成部件的作用和设计要求叙述中，哪项正确？
(A) 配水系统的作用是把热水均匀分布到整个淋水面积上
(B) 淋水填料的作用是分散气流，提高空气和水的良好传热传质交换作用
(C) 通风筒的作用是导流进塔空气，消除进风口处涡流区
(D) 池（盘）式配水系统由进水管、消能箱、溅水喷嘴组成

【解析】选 A。参见秘书处教材《给水工程》14.2 节相关部分。淋水填料的作用是分散水流，不是气流。通风筒（一般位于顶部）的作用是减少气流出口动能损失，防止或减少从冷却塔排出的湿热空气回流到冷却塔进风口。池（盘）式配水系统由进水管、消能箱、配水池组成。配水池通过配水管嘴或配水孔布水。

4.【11-下-12】 下列有关空气湿球温度 τ，干球温度 θ 对水冷却的影响叙述中，哪项错误？
(A) 干球温度 θ 代表水表面上空气的温度
(B) 湿球温度 τ 代表水面上空气中水蒸气的温度
(C) 当水的温度等于干球温度 θ 时，只能发生蒸发传热冷却

（D）当水的温度等于湿球温度 τ 时，水不再冷却

【解析】选 B。湿球温度不代表水面上空气中水蒸气的温度，是用来表达蒸发传热的。而蒸发传热本质是气液界面附近的蒸气分压与空气中的蒸气分压有差别形成的，也就是"压力差"为关键词。如果湿球温度代表水面上空气中水蒸气的温度，则偏向于接触传热的实质了。

5.【12-上-12】 下列关于冷却塔降温所能达到的冷却极限水温的描述中，哪项正确？
（A）喷流式冷却塔的冷却极限水温为空气的干球温度
（B）自然通风喷水式冷却塔的冷却极限水温为空气的干球温度
（C）混流通风点滴式冷却塔的冷却极限水温为空气的干球温度
（D）不设淋水装置的干式冷却塔的冷却极限水温为空气的干球温度

【解析】选 D。参见秘书处教材《给水工程》P364，选项 ABC 均是水冷却方式。不设淋水装置的干式冷却塔，没有水的蒸发散热，冷却极限为空气的干球温度，与湿球温度无关，冷却效率低。

6.【12-下-6】 以下关于湿式冷却塔类型及其构造的叙述中，哪项正确？
（A）自然通风湿式冷却塔构造中均设有淋水填料
（B）旋转管式配水系统适合于大、中型湿式冷却塔
（C）当循环水中悬浮物含量大于 50mg/L 时，宜采用薄膜式淋水填料
（D）与机械通风冷却塔相比，喷流式冷却塔在节能和管理方面没有明显优势

【解析】选 D。与机械通风冷却塔相比，喷流式冷却塔在节能和管理方面没有明显优势，故 D 项正确。自然通风中喷水式不设填料（参见秘书处教材《给水工程》图 14~3），A 项错误。旋转管式适用于小型冷却塔，B 项错误。当悬浮物含量小于 20mg/L 时，宜采用薄膜式淋水填料，C 项错误。

7.【12-下-12】 对于机械通风逆流式冷却塔，水的冷却是以下列哪项作为冷却介质？
（A）填料　　　　　　　　　　（B）空气
（C）补充水　　　　　　　　　（D）循环冷却水

【解析】选 B。参见秘书处教材《给水工程》P350，在冷却塔中，水的冷却是以空气为冷却介质的。

8.【13-上-12】 对于冷却塔设计热力计算中的"气水比"，指的是单位时间进入冷却塔的干空气与循环水下列哪项的比值？
（A）体积比　　　　　　　　　（B）重量比
（C）流量比　　　　　　　　　（D）流速比

【解析】选 B。参见秘书处教材《给水工程》P364。

9.【13-下-12】 在高温、高湿地区选用成品湿式冷却塔，当空气湿球温度>28℃且要求冷却塔出水温度与湿球温度之差<4℃时，则应根据相关资料，复核所选冷却塔下列哪项参数？
（A）风速　　　　　　　　　　（B）空气阻力
（C）气水比　　　　　　　　　（D）配水系统

【解析】选 C。参见秘书处教材《给水工程》P371。

10.【14-上-10】 某企业循环冷却水水源悬浮物含量 45～60mg/L，且具有较强的腐蚀性。下列哪项适用于该冷却水源冷却塔的工艺构造？
(A) 断面为三角形的板条淋水填料及机械抽风
(B) 断面为弧形的板条淋水填料及机械鼓风
(C) 斜交错断面淋水填料及机械抽风
(D) 梯形斜薄膜淋水填料及机械鼓风

【解析】选 B。因有较强腐蚀性，应用鼓风，故 AC 项错误。又因悬浮物含量高，则采用点滴式或点滴薄膜式，故 B 项正确。

11.【14-上-11】 某厂（在非多风地区）选用多个同规格的双侧进风逆流式机械通风冷却塔，其每格进风口高 1.5m，由于地形限制，采用长轴不在同一直线的三排平面布置。下列表述错误的是哪项？
(A) 塔的进风面宜平行于夏季主导风向
(B) 不同排冷却塔进风口之间的距离不小于 6m
(C) 进风口宜设百叶窗式导风装置
(D) 冷却塔填料底部至集水池之间宜设挡风隔板

【解析】选 C。根据《工业循环水冷却设计规范》2.2.6 条，可知 A 项正确；根据 2.2.8 条，B 项正确。根据 2.2.18 条，C 项错误；根据 2.2.17 条，D 项正确。

12.【14-下-11】 下列有关水与空气接触所发生的冷却过程的叙述中，哪项不正确？
(A) 蒸发传热时，热水表面水分子从热水中吸收热量进入空气中，故水面温度必须高于水面上空气温度
(B) 当水面温度等于空气湿球温度时，水温停止下降，接触传热仍在进行
(C) 当水面温度等于空气干球温度时，接触传热的传热量为零，但水温仍可下降
(D) 对同一冷却塔，当鼓入干球温度相同但湿度更小的空气时，有利于该冷却塔的散热

【解析】选 A。根据秘书处教材《给水工程》P357，蒸发传热量总是由水传向空气，与水面温度是否高于水面上空气无关，故 A 项错误。

13.【14-下-12】 某循环冷却水系统在生产工艺改造后，其循环冷却水量减小 10%，若系统浓缩倍数和冷却系统进出水温度不变，则该系统的补充水量应按下列哪项调整？
(A) 减小 10%　　　　　　　(B) 减小 5%
(C) 不变　　　　　　　　　(D) 无法确定

【解析】选 A。根据秘书处教材《给水工程》式（15-13）及式（15-11）可判断，$Q_m' = 0.9Q_m$，故 A 项正确。

14.【16-上-11】 在湿式冷却塔内的任一部位，空气与水之间热量交换的推动力为下列哪项？
(A) 水与气的温差值
(B) 饱和空气焓与空气焓差值

(C) 水的饱和蒸汽与空气的水蒸气的压差值

(D) 饱和空气与空气的压差值

【解析】选 B。依据秘书处教材《给水工程》P359，冷却塔内任一部位的饱和空气焓与该点空气焓的差值就是冷却的推动力。

15.【16-下-11】 某钢筋混凝土机械通风冷却塔设计冷却水量为 $3000m^3/h$，其配水系统设计流量的适应范围应为以下哪项？

(A) $3000m^3/h$　　　　　　　　　(B) $2100\sim3150m^3/h$

(C) $2400\sim3300m^3/h$　　　　　(D) $2700\sim3450m^3/h$

【解析】选 C。依据秘书处教材《给水工程》P351，冷却塔配水系统设计流量适应范围为冷却水量的 80%～110%。

16.【16-下-12】 某大型工业循环冷却水的菌藻处理采用以加液氯为主，则辅助投加的杀菌灭藻剂宜采用以下哪种？

(A) 臭氧　　　　　　　　　　　　(B) 硫酸铜

(C) 次氯酸钠　　　　　　　　　　(D) 二氧化氯

【解析】选 B。依据《工业循环冷却水处理设计规范》GB 50050—2007 第 3.5.1 条，循环冷却水微生物控制宜以氧化型杀生剂为主，非氧化型杀生剂为辅。硫酸铜为非氧化型杀生剂，故 B 正确。

17.【17-上-12】 下列关于冷却构筑物特点叙述中，正确的是哪项？

(A) 冷却循环水的水库和建造的冷却喷水池都属于水面冷却构筑物

(B) 自然通风冷却利用自然进入的冷空气带出热量，属于敞开式冷却构筑物

(C) 机械通风冷却塔因机械强制抽风鼓风，需要建造一定高度的风筒，属于闭式冷却构筑物

(D) 利用江河、湖泊、水库冷却循环热水时，应将热水和冷水水体相互混合，尽快降温

【解析】选 D。依据秘书处教材《给水工程》P346、P347，喷水冷却池并未被归类到水面冷却池，故 A 错误。依据教材 P348 倒数第三段，自然通风冷却塔，完全可以做成闭式，故 B 错误。而机械通风冷却塔，完全可以是开式的，故 C 错误。

18.【17-下-12】 下列关于冷却塔热交换推动力定义的叙述中，正确的是哪项？

(A) 进出冷却塔空气的焓差值，即为冷却塔热交换推动力

(B) 进出冷却塔冷却水的焓差值，即为冷却塔热交换推动力

(C) 进入冷却塔冷却水和进入冷却塔空气的焓差值，即为冷却塔热交换推动力

(D) 冷却塔内冷却水表面饱和空气焓和该点空气焓的差值，即为冷却塔热交换推动力

【解析】选 D。参见秘书处教材《给水工程》P360。

19.【18-上-12】 下列关于湿空气焓和温度关系及冷却推动力表述中，正确的是哪一项？

(A) 湿空气焓包括湿空气含热量和水气汽化热两部分，该两部分值大小都与温度有关

(B) 湿空气饱和焓值的大小与大气压力大小及进山冷却塔水温度高低有关
(C) 在逆流冷却塔中，进水温度下饱和空气焓与排出塔的饱和空气焓的差值，是冷却开始时的冷却推动力
(D) 在逆流冷却塔中，出水温度下饱和空气焓与进塔的饱和空气焓的差值，是冷却结束时的冷却推动力

【解析】选 C。根据秘书处教材《给水工程》第 14.3.2 节"湿空气焓"（P359），可知 C 正确。

20.【18-下-12】 循环水泵从冷却水热水集水池中抽水送入屋顶喷流式冷却塔，冷却后的水直接流入动力机组冷却水系统，然后再流入热水集水池，以上冷却循环水系统属于何类系统？
(A) 直冷开式系统　　　　　　(B) 直冷闭式系统
(C) 间冷开式系统　　　　　　(D) 间冷闭式系统

【解析】选 C。参见秘书处教材《给水工程》P349～350 及《室外给水设计规范》第 2.1.5 条。

21.【19-上-12】 下列关于冷却构筑物特点叙述中，正确的是哪项？
(A) 所有冷却构筑物中冷却水冷却极限温度都是湿球温度
(B) 自然通风横流冷却塔中，冷却水横向流动，进入冷却塔的空气在风筒抽吸力作用下竖向流动
(C) 机械通风冷却塔内冷却水和进入冷却塔的空气直接接触热交换散热，属于直接冷却系统
(D) 喷水冷却池冷却水喷入空气之中，属于自然通风冷却方式

【解析】选 D。选项 A 详见秘书处教材《给水工程》P357、358，湿式冷却构筑物的冷却极限是湿球温度，干式冷却构筑物的冷却极限为干球温度；选项 B 详见教材 P347，横流冷却塔中空气横向流动，热水竖向落下；选项 C 详见教材 P349，冷却水和进入冷却塔的空气直接接触热换散热属于敞开式系统；选项 D 详见教材 P348，喷水冷却池冷却水喷入空气之中为自然通风冷却方式。

6.2　多项选择题

1.【10-上-48】 以下关于冷却构筑物类型的叙述中，不正确的是哪几项？
(A) 冷却构筑物可分为敞开式，密闭式和混合式三类
(B) 水面冷却物可分为水面面积有限的水体和水面面积很大的水体两类
(C) 混合通风横流式冷却塔可分为点滴式，薄膜式和点滴薄膜式三类
(D) 喷水冷却池与喷流式冷却塔都属于自然通风的冷却构筑物

【解析】选 AC。A 项是对冷却塔的分类，实际上这个说法有点机械。C 项是对淋水填料的分类。

2.【10-上-49】 某开式循环冷却水系统，冷却塔设在屋面上（底盘标高为＋10m），而设置的供水设施及用水设备均在地下一层（地坪标高为－5m）。用水设备的冷却水进口水压要求不低于 0.25MPa，管道水头损失忽略不计。下列各系统流程中设置不当或不宜采

用的有哪几项？

（A）冷却塔—集水池—循环水泵—用水设备—冷却塔
（B）冷却塔—循环水泵—用水设备—冷却塔
（C）冷却塔—用水设备—集水池—循环水泵—冷却塔
（D）冷却塔—用水设备—循环水泵—冷却塔

【解析】选 BCD。参见秘书处教材《给水工程》P366。

3.【10-下-49】以下关于湿式冷却塔类型及构造的叙述中，不正确的是哪几项？
（A）湿式冷却塔构造中淋水填料是必不可少的
（B）湿式冷却塔中只有喷流式冷却塔是无风孔的
（C）湿式混合通风冷却塔按气水接触方向可分为逆流式和横流式两类
（D）喷雾式冷却塔的主要缺点是对水质、水压要求高

【解析】选 ABC。参见秘书处教材《给水工程》P349 的图表。A 项不正确，如一般的喷射式冷却塔为湿式，但无填料。另外，无风孔与无电力风机完全不同。C 项中，湿式混合通风冷却塔应只有逆流式。D 项正确，喷雾式冷却塔是喷射式冷却塔的一种。

4.【11-上-49】在冷却水循环过程中，系统补充水和循环水含盐量比例确定后，蒸发、风吹、排污损失水量之间存在如下关系，哪几项正确？
（A）蒸发散失水量越多，需要排放污水水量越多
（B）蒸发散失水量越多，需要排放污水水量越少
（C）风吹散失水量越多，需要排放污水水量越多
（D）风吹散失水量越多，需要排放污水水量减少

【解析】选 AD。参见秘书处教材《给水工程》式（15-14）。也可自行理解：蒸发散失水量越多（蒸发的水不含盐），则系统中的水越容易沉积盐分，需要较多地排放污水才能正常运行。风吹散失水量越多，相当于从源头上减少了污水量，需要排放污水水量减少。

5.【11-下-48】当进入冷却构筑物的冷却水水温等于水面空气温度时，下列关于各类冷却构筑物冷却途径的叙述中，哪几项正确？
（A）浅水冷却池进行水面接触传热冷却
（B）深水冷却池主要进行蒸发对流传热冷却
（C）不设喷淋水装置的干式冷却塔主要进行接触传热冷却
（D）湿式冷却塔主要进行蒸发散热冷却

【解析】选 BD。待冷却水的温度等于干球温度，此时只能发生蒸发传热。

6.【11-下-49】以下关于敞开式循环冷却水系统的水质处理方法的叙述中，哪几项正确？
（A）冷却水散除 CO_2 后，$CaCO_3$ 沉淀结垢，可采用投加强酸控制结垢
（B）对容易产生 $CaCO_3$ 沉淀结垢的水质，可在循环管路中投加石灰、烧碱，促使形成污垢，排污时排除
（C）为防止细菌、藻类繁殖产生代谢物形成黏性污垢，可投加氯气等氧化剂消毒杀菌
（D）防止循环冷却水腐蚀的有效方法之一是输水管、换热器等采用非金属材质

【解析】选 AC。参见秘书处教材《给水工程》P377。A 项正确；B 项没有此说法，投加石灰、烧碱只能加重结垢；C 项属于微生物控制的杀生剂；D 项输水管、换热器等采用非金属材质一般难以实现。

7.【12-上-49】下列关于工业循环冷却水处理设计的叙述中，哪几项错误？
（A）流量较小的循环冷却水可作直流水使用
（B）循环冷却水系统均应设置旁流水处理设施
（C）再生水作为补充水时，循环冷却水的浓缩倍数不应低于 2.5
（D）补充水水质应以逐年水质分析数据的平均值作为设计和校核设备能力的依据

【解析】选 ABD。根据《工业循环冷却水处理设计规范》第 3.2.7 条，循环冷却水不应作直流水使用，A 项错误。参该规范第 4.0.1 条，循环冷却水不一定需设旁流水处理，B 项错误。参该规范第 3.1.5 条，应以最不利水质校核，D 项错误。参该规范第 6.1.5 条，C 项正确。

8.【12-下-49】下列关于湿式逆流冷却塔的性能的描述中，哪几项正确？
（A）冷幅宽越小，说明其散热量越小
（B）冷幅高越小，说明其冷却效果越差
（C）特性数越小，说明其冷却能力越差
（D）气水比越小，说明其冷却推动力越小

【解析】选 ACD。

9.【13-上-49】下列关于循环冷却水水质处理的叙述中，哪几项正确？
（A）旁滤过滤器安装在循环水总管道上，对循环冷却水量进行全流量过滤
（B）旁滤去除的主要是循环冷却水中的悬浮物含量
（C）腐蚀、结垢和微生物控制，是循环冷却水处理的全部内容
（D）通过酸化处理，将水中碳酸氢钙、碳酸氢镁转化为非碳酸钙、镁

【解析】选 BD。参见秘书处教材《给水工程》P378，一般旁滤处理的水量占循环水量的 1‰～5‰，故 A 项错误，B 项正确。C 项错误，还有其他物质的控制，如旁滤水去除悬浮物。D 项正确。

10.【13-下-49】在湿式冷却塔理论计算的各项参数中，下列对湿球温度的理解，哪几项错误？
（A）如果冷却塔进水温度不变，湿球温度越低，进、出水温度差越小
（B）当水温与空气的湿球温度相同且低于空气湿度时，水温停止下降
（C）冷却塔出水温度只能在理论上接近湿球温度
（D）冷却塔设计所采用的湿球温度值，应选取 t 年中整个夏季 3 个月的平均值

【解析】选 AD。选项 A 错误，同样的进水温度，夏天湿球温度高，冬天湿球温度低，显然冬天出水温度低，那么冬天的进、出水温差就大，故 A 项错误；由秘书处教材《给水工程》P358 可知 B 项正确；参见教材 P364，冷幅高是极限值和逼近值，故 C 项正确。根据教材 P365 可知 D 项错误。

11.【14-下-49】下列关于冷却塔特性数的表达中，哪几项正确？

（A）是个无量纲数

（B）与冷却水量有关，与通入空气量无关

（C）与淋水填料有关，与冷却塔构造有关

（D）对同一冷却塔，当其淋水填料和冷却水量增、减相同的比例时，其冷却塔特性数不变

【解析】选 AC。

12.【17-上-49】下列关于冷却塔工艺构造设计说明中，正确的是哪几项？

（A）机械通风冷却塔设有配水系统和通风空气分配系统，而自然通风冷却塔不设通风空气分配系统

（B）当冷却水中悬浮物含量大于 50mg/L 且含有泥沙，应首先考虑选用槽式配水系统

（C）无论何种冷却塔，都是进风口越大，冷却效果越好

（D）冷却塔除水器通常安装在填料区之下集水池之上的进风口处

【解析】选 BC。依据秘书处教材《给水工程》P356，"通风空气分配系统"指风机、风筒、进风口，显然自然通风也是需要进风口和风筒的，故 A 错误；依据教材 P350 图 14-5，可知除水器是在填料之上，故 D 错误。

13.【17-下-49】下列关于冷却塔内空气焓的概念叙述中，不正确的是哪几项？

（A）温度为 0℃ 的空气的焓等于湿空气含热量和所含水汽的汽化热量之和

（B）温度为 0℃ 的空气的焓等于干空气含热量和所含水汽的汽化热量之和

（C）排出冷却塔饱和空气的焓等于饱和的湿空气含热量和所含水汽的汽化热量之和

（D）排出冷却塔饱和空气的焓等于干空气含热量和冷却水的含热量之和

【解析】选 BD。依据秘书处教材《给水工程》P359，湿空气焓的表达式为：$i = C_{sh}\theta + \gamma_0 x$，可知 B、D 错误。

14.【18-上-49】下列关于冷却介质的说明中，不正确的是哪几项？

（A）在工业生产过程中，用水冷却设备或产品，带走热量，水是冷却介质

（B）在冷却塔中，空气和热水之间传热，空气冷却热水，带走热量，空气是冷却介质

（C）在冷却塔中，水的冷却过程主要是在淋水填料之中进行的，淋水填料是冷却介质

（D）在冷却水循环系统中，投加的混凝剂、阻垢剂均可视作冷却介质

【解析】选 CD。参见秘书处教材《给水工程》第 14.3 节。

15.【18-下-49】下列关于冷却塔冷却效率和有关技术指标的表述中，不正确的是何项？

（A）冷却塔冷却效率和冷却水冷却前后温度差（冷幅宽）有关

（B）冷却塔出水水温高低和空气湿球温度 τ 的高低有关

（C）蒸发水量传热流量系数 k 值越大，冷却塔冷却效率越高

（D）冷却塔内气、水比增大，冷却推动力减少

【解析】选 BD。A 项参见秘书处教材《给水工程》P365，B 项见教材 P365，C 项见教材 P361，D 项见教材 P364。

第7章 模拟题及参考答案（一）

一、单项选择题（共 24 题，每题 1 分。每题的备选项中只有一个符合题意）

1. 在一定条件下组成城镇生活用水给水系统时，下列何项工程设施可不设置？
   (A) 管网　　　　　　　　　　　　(B) 泵站
   (C) 取水构筑物　　　　　　　　　(D) 水处理设施

2. 采用合理的分区供水可减少能量消耗，其主要原因是下列何项？
   (A) 降低了多余的服务水头　　　　(B) 减少了管网的沿线水头损失
   (C) 均衡了供水流量　　　　　　　(D) 降低了管道压力

3. 在配水管网中设置水量调节构筑物可达到以下哪项目的？
   (A) 减小管网最小服务水头　　　　(B) 降低用水的时变化系数
   (C) 减小净水构筑物设计流量　　　(D) 减小二级泵房设计流量

4. 管网设计中，任一节点的节点设计流量应为下列何项？
   (A) 与该节点相连的所有管段沿线流量之和
   (B) 与该节点相连的下游管段沿线流量之和
   (C) 与该节点相连的所有管段沿线流量之和的一半
   (D) 与该节点相连的下游管段沿线流量之和的一半

5. 在环状管网平差时，当相邻二环的闭合差方向一致时，其公共管段的校正流量应为下列何项？
   (A) 相邻二环校正流量绝对值之和
   (B) 相邻二环校正流量绝对值之差
   (C) 相邻二环校正流量绝对值之和的一半
   (D) 相邻二环校正流量绝对值之差的一半

6. 在设计岸边式取水构筑物时，何项需按保证率 90%～99% 的设计枯水位确定？
   (A) 取水泵房进口地坪的设计标高
   (B) 最底层淹没进水孔下缘标高
   (C) 最底层淹没进水孔上缘标高
   (D) 最上层进水孔下缘标高

7. 经水文地质勘察结果表明，某地区地下 3m 以上为黏土，3m 以下有一层 8m 厚的砂层和砾石层，为无压含水层，静水位在地面以下 6m，下列哪一项取水构筑物类型都是可以选用的？
   (A) 渗渠、管井和大口井　　　　　(B) 管井和大口井
   (C) 渗渠和大口井　　　　　　　　(D) 渗渠和管井

8. 设计山区浅水河流取水构筑物时，下列观点中错误的是何项？

(A) 推移质不多的山区河流可采用低坝取水

(B) 固定式低坝取水构筑物主要有拦河低坝、冲砂闸、进水闸组成

(C) 大颗粒推移质不多的山区河流宜采用底栏栅取水

(D) 底栏栅取水构筑物应避开山洪影响较大的区域

9. 下列关于建在堤内的江河取水泵房进口地坪设计标高的叙述，何项是正确的？

(A) 按江河设计最高水位加 0.5m 设计

(B) 按江河设计最高水位加浪高再加 0.5m 设计，必要时增设防浪爬高措施

(C) 按江河设计最高水位加浪高再加 0.5m 设计，并设防止浪爬高措施

(D) 可不按江河设计最高水位设计

10. 下列关于二级泵房水泵扬程的叙述，何项是错误的？

(A) 二级泵房扬程必须满足直接供水范围内管网中最不利点的最小服务水头

(B) 二级泵房扬程一定大于管网中最不利点的最小服务水头

(C) 发生消防时，二级泵房扬程必须满足消防时的管网水压要求

(D) 管段事故时，二级泵房扬程必须满足直接供水范围内管网中最不利点的最小服务水头

11. 某城市供水水量季节变化幅度很大，取水泵房临近水厂，河道水位变幅很小，为提高水泵的工作效率，取水水泵的合理配置应采用下列何项？

(A) 变频调速水泵　　　　　　　(B) 大、小规格水泵搭配

(C) 定期更换水泵叶轮　　　　　(D) 液力偶合器调速

12. 在混凝过程中，影响水中憎水胶体颗粒相互聚结的主要因素是下列哪一项？

(A) 胶体表面水化膜的阻碍作用　(B) 胶体表面电荷的排斥作用

(C) 胶体表面细菌菌落的阻碍作用　(D) 水中溶解杂质的布朗作用

13. 胶体颗粒表面的 ξ 电位在胶体的稳定与凝聚中起着重要作用，下面关于 ξ 电位值的叙述何项是正确的？

(A) 胶体表面的 ξ 电位在数值上等于胶核表面的总电位

(B) 胶体表面的 ξ 电位在数值上等于吸附层中电荷离子所带电荷总和

(C) 胶体表面的 ξ 电位在数值上等于胶团扩散层中电荷离子所带电荷总和

(D) 胶体表面的 ξ 电位在数值上等于吸附层、扩散层中电荷离子所带电荷总和

14. 在混凝过程中，扰动水体产生的水流速度梯度 G 值常常作为絮凝池控制参数，以下关于 G 值的说法哪一项是正确的？

(A) 在混凝过程中，G 值大小与水质无关

(B) 在絮凝过程中，G 值应逐步由大到小

(C) 改变水力搅拌絮凝池 G 值大小的工程措施是改变混凝剂投加量

(D) 调整机械搅拌絮凝池 G 值大小的工程措施是改变水流水头损失大小

15. 为防止絮凝体破碎，从絮凝池通过穿孔花墙进入沉淀池的流速一般不大于絮凝池末端流速，该流速大小与下列何项因素有关？

(A) 穿孔花墙过水孔淹没高度　　(B) 穿孔花墙过水孔开孔形状

(C) 穿孔花墙过水孔开孔个数　　(D) 穿孔花墙过水孔面积大小

16. 密度比水大的颗粒在静水中的沉淀速度通常根据颗粒表面绕流雷诺数大小分别计

算，其主要原因是下列何项？

(A) 颗粒在水中的重力大小不同　　(B) 颗粒受到的阻力大小不同

(C) 颗粒受到水的浮力大小不同　　(D) 颗粒沉淀时速度方向不同

17. 平流式沉淀池效率与深度无关，但深度又不能设计过浅，其主要原因是下列哪一项？

(A) 较小的水深作用水头较小，排泥不畅

(B) 沉淀颗粒过早沉淀到池底，会重新浮起

(C) 在深度方向水流分布不均匀

(D) 易受风浪等外界因素扰动影响

18. 有一座竖流式沉淀池，其上升流速为 v，经加设斜板后为斜板沉淀池，如果斜板投影面积按竖流沉淀池面积的 4 倍计算，则改造后斜板沉淀池的临界沉速和去除效率与原有竖流式沉淀池相比，下列观点何项是正确的？

(A) 斜板沉淀池可全部去除的最小颗粒沉速是 $u_0 = v/4$

(B) 斜板沉淀池可全部去除的最小颗粒沉速是 $u_0 = v/5$

(C) 斜板沉淀池去除是竖流沉淀池的 4 倍

(D) 斜板沉淀池去除是竖流沉淀池的 5 倍

19. 单层细砂滤料滤池用水反冲洗时处于流态化状态后，若再增加反冲洗强度，以下有关滤层膨胀率变化的说法何项正确？

(A) 冲起悬浮滤料层的水流水头损失不变，因而滤层膨胀率不变

(B) 冲起悬浮滤料层的水流水头损失增大，因而滤层膨胀率变大

(C) 冲起悬浮滤料层的水流能量不变，因而滤层膨胀率不变

(D) 冲起悬浮滤料层的水流能量增加，因而滤层膨胀率变大

20. 在消毒过程中，消毒剂灭活细菌的速率和细菌个数一次方成正比。当水中含有一定浓度的消毒剂时，单位体积水样中细菌个数浓度 N_0 减少到 $N_0/2$ 需要 10s，则从 $N_0/2$ 减少到 $N_0/4$ 的时间是多少？

(A) 5s　　(B) 10s

(C) 20s　　(D) 40s

21. 对于一般含盐量的原水，采用电渗析法除盐，在极室产生的结果为下列何项？

(A) 阳极产生 H_2，溶液呈酸性；阴极产生 O_2 或 Cl_2，溶液呈碱性

(B) 阳极产生 O_2 或 Cl_2，溶液呈碱性；阴极产生 H_2，溶液呈酸性

(C) 阳极产生 O_2 或 Cl_2，溶液呈酸性；阴极产生 H_2，溶液呈碱性

(D) 阳极产生 H_2，溶液呈碱性；阴极产生 O_2 或 Cl_2，溶液呈酸性

22. 冷却塔的冷却效果主要与下列何项有关？

(A) 冷幅高（$\Delta t'$）　　(B) 冷幅宽（Δt）

(C) 热负荷（H）　　(D) 水负荷

23. 机械通风冷却塔的进风口面积与淋水面积之比一般采用以下哪项数据？

(A) 宜为 0.35~0.4　　(B) 不宜小于 0.5

(C) 不宜小于 0.3　　(D) 不宜小于 0.2

24. 在敞开式循环冷却水系统中，水的浓缩是由下述哪项原因引起的？

(A) 蒸发 　　　　　　　　　　(B) 风吹
(C) 渗漏 　　　　　　　　　　(D) 排污

二、多项选择题（共 18 题，每题 2 分。每题的备选项中有两个或两个以上符合题意，错选、少选、多选、不选均不得分）

1. 关于水源的选择对城市给水系统布置的影响，下列叙述中哪几项是错误的？
(A) 水源地的位置将影响到城市给水系统的供水方式
(B) 水源的类型将决定城市给水系统的供水水质目标
(C) 水源地的位置将影响到城市给水系统的设计规模
(D) 水源的类型将影响到城市给水系统的净水工艺

2. 当存在下列哪些因素时，按干管长度的比流量确定沿线流量会产生较大误差？
(A) 沿线存在较多广场、公园等无建筑物地区
(B) 沿线不同管段建筑密度差异很大
(C) 沿线存在较多大用户集中用水
(D) 沿线单位管长用水人数有很大区别

3. 进行环状管网平差的基本原理是下列哪几项？
(A) 确定节点流量 　　　　　　(B) 确定管段管径
(C) 满足节点连续方程 　　　　(D) 满足环网的连续方程

4. 在选择管道经济管径时，以下说法哪些是错误的？
(A) 电费越贵，经济管径越小
(B) 管道造价越贵，经济管径越小
(C) 投资偿还期越长，经济管径越小
(D) 管道大修费率越高，经济管径越小

5. 水库取水构筑物和江河取水构筑物的主要设计差别是下列哪几项？
(A) 两者淹没进水孔上缘在最低水位下的最小深度不同
(B) 两者最低层进水孔下缘距水体底部的最小高度不同
(C) 两者设计枯水位的保证率不同
(D) 两者设计防洪标准不同

6. 下列地下水取水构筑物适用条件的叙述中，哪几项是错误的？
(A) 渗渠只适用于取河床渗透水
(B) 管井既适用于取承压或无压含水层的水，也适用于取潜水
(C) 大口井只适用于取潜水和无压含水层的水
(D) 大口井既适用于取潜水，也适用于取承压或无压水层的水

7. 下列关于各种形式地下水取水构筑物进水部分的描述中，哪些是正确的？
(A) 完整式和非完整式管井都只通过过滤器进水
(B) 非完整式管井的进水部分包括其过滤器和井底的反滤层
(C) 完整式大口井的进水部分包括井壁进水孔和井底反滤层
(D) 渗渠的进水部分可以是穿孔管，也可以是带缝隙的暗渠

8. 向设置网后水塔的配水管网供水的二级泵房，具有下列哪几项特点？

(A) 供水量最高时，二级泵房扬程较高
(B) 晚间低峰（转输）时，二级泵房扬程较高
(C) 供水量最高时，二级泵房扬程较低
(D) 晚间低峰（转输）时，二级泵房扬程较低

9. 在配水管网中设置调节水池泵站时，其水池有效容积的确定应考虑哪些因素？
(A) 该泵站供水范围的逐时用水量变化
(B) 水厂至该泵站输水管道的供水能力
(C) 满足消毒接触时间的要求
(D) 必要的消防储备水量

10. 下面有关饮用水处理中混凝作用和要求的叙述哪些是错误的？
(A) 混凝的作用是投加混凝剂使胶体颗粒脱稳相互聚集成大粒径悬浮物沉淀到混凝池中
(B) 混凝过程指的是凝聚和絮凝两个过程
(C) 在凝聚阶段，主要是机械或水力扰动水体发生同向絮凝
(D) 在絮凝阶段，相互凝结的悬浮颗粒随水流速度梯度的减小而增大

11. 一座平流式沉淀池沉淀面积为 A，水深为 H，如果在 $H/2$ 处再加设一道平板，从沉淀理论上分析得出的如下判断中，哪几项是正确的？
(A) 当进水流量不变时，沉淀池表面负荷一定是原来的 1/2
(B) 当进水流量不变时，对悬浮物的总去除率一定是原来的 2 倍
(C) 当对悬浮物的总去除率不变时，进水流量可增加一倍
(D) 当进水流量和对悬浮物的总去除率不变时，沉淀池的长度或宽度可减少一半

12. 当斜板沉淀池液面负荷一定时，斜板的设计尺寸与去除悬浮物的效率密切相关。在下列叙述中哪几项是正确的？
(A) 斜板的间距越大，板间流速越小，去除悬浮物的效率越高
(B) 斜板的宽度越大，斜板投影面积越大，去除悬浮物的效率越高
(C) 斜板的长度越大，斜板投影面积越大，去除悬浮物的效率越高
(D) 斜板倾斜角度越小，斜板投影面积越大，去除悬浮物的效率越高

13. 密度比水大的颗粒在静水中的自由沉淀，其沉速大小主要与下列哪些因素有关？
(A) 颗粒表面电荷的高低   (B) 颗粒在水中的重量
(C) 颗粒的形状与粒径大小   (D) 颗粒在水中的体积浓度

14. 理想平流式沉淀池的水深为 H，表面负荷为 u_0，对不同沉淀速度的颗粒具有不同的去除效果，下面论述哪些是正确的？
(A) 沉淀速度等于 u_0 的颗粒，从任何深度进入沉淀池时，都可以全部去除
(B) 沉淀速度等于 $1.2u_0$ 的颗粒，从最不利点以下进入沉淀池时，去除的重量占该沉速颗粒重量的 120%
(C) 沉淀速度等于 $0.8u_0$ 的颗粒，从最不利点以下进入沉淀池时，去除的重量占该沉速颗粒重量的 80%
(D) 沉淀速度等于 $0.8u_0$ 的颗粒，从水面以下 $0.2H$ 进入沉淀池时，可全部去除

15. 冷却塔冷却数 N 与下列哪几项因素有关？

(A) 水冷却前后的水温　　　　　　(B) 冷却水量与风量
　　(C) 填料特性　　　　　　　　　　(D) 气象条件
16. 下列关于冷却塔热力计算的规定和表述中，正确的有哪几项？
　　(A) 冷却塔热力计算的设计任务就是冷却塔面积计算
　　(B) 冷却塔的热力计算宜采用焓差法或经验方法
　　(C) 计算冷却塔的最高冷却水温的气象资料，应采用近期连续不少于 5 年，每年最热时期 3 个月的月平均值。
　　(D) 计算冷却塔的各月的月平均冷却水温时，应采用近期连续不少于 5 年的相应各月的月平均气象条件
17. 下列关于过滤的描述中，哪几项是正确的？（　　）
　　(A) 过滤开始时杂质颗粒首先黏附在表层滤料上
　　(B) 当水流剪力大于颗粒附着力时，颗粒脱落被水流带入更深的滤层
　　(C) 过滤时间越长，表层滤料的孔隙率越小，水流剪力越小
　　(D) 过滤时间越长，表层滤料的孔隙率越小，水流剪力越大
18. 关于采用电子水处理器、静电水处理器和内磁水处理器对循环冷却水进行处理的叙述中，正确的是下列哪几项？
　　(A) 电子、静电、内磁水处理器分别利用高压、低压静电场及磁场进行水处理
　　(B) 均具有除垢、杀菌及灭藻功用，但处理效果不如化学药剂法明显、稳定
　　(C) 均适合在小水量、水质以结垢型为主、浓缩倍数小的条件下采用
　　(D) 主要适用于结垢成分是硅酸盐型水，结垢成分是碳酸盐时不宜使用

参考答案

一、单项选择题

　　1. B。完全靠重力取水与供水时，泵站可不设置。另外，生活饮用水消毒是必需的，则水处理设施的理解就较为模糊。也可参见秘书处教材《给水工程》P7，"如果水源处于适当的高程，能借重力输水，则可省去一级泵站或二级泵站，或同时省去一、二级泵站"。
　　2. A。水头损失本质上取决于管道中的流速，而与整体处在高压力还是低压力无关。A 项正确。
　　3. D。配水管网中的水量调节构筑物是调节二级泵房与用水对象之间的水量对时间分布不同所引发的差别。设置了网内调节构筑物后，最大用水时由二级泵站与调节构筑物一块向管网供水，所以可以降低二级泵房设计流量。
　　4. C
　　5. B。可查阅相关的环状网计算内容。此时公共管段的两个校正流量是"不协调"的。
　　6. C。因为要保证最底层淹没进水孔之上缘在设定的概率范围内取到水。也可参见秘书处教材《给水工程》P94，"下层进水孔的上缘至少应在设计最低水位以下 0.3m（有冰

盖时，从冰盖下缘算起，不小于 0.2m)。"

7. B。顶板 3m，底板 11m，静水位 6m，含水层厚度 5m，结合《室外给水设计规范》5.2.2 条，选用管井和大口井是合适的。

8. C。参见秘书处教材《给水工程》P113。底栏栅取水构筑物一般适用于大颗粒推移质较多的山区河流。

9. D。根据《室外给水设计规范》5.3.9 条的条文解释。泵房建于堤内，由于受河道堤岸的防护，取水泵房不受江河、湖泊高水位的影响，进口地坪高程可不按高水位设计。这里所说的"堤内"是指不临水的一侧。

10. B。选择 B 错在没有指出是在"直接供水范围内"。

11. B。水量季节性变化大，扬程变化小，则采用大、小规格水泵搭配是最合理的。《室外给水设计规范》6.1.1 条也提到："当供水量变化大且水泵台数较少时，应考虑大小规格水泵搭配，但型号不宜过多，电机的电压宜一致"。

12. B。参见秘书处教材《给水工程》P161。水中胶体一般分为亲水胶体、憎水胶体。由于水中的憎水胶体颗粒含量很高，引起水的浑浊度变化，有时出现色度增加，且容易附着其他有机物和微生物，是水处理的主要对象。天然水体中胶体颗粒虽处于运动状态，但大多不能自然碰撞聚集成大的颗粒。除因含有胶体颗粒的水体黏滞性增加，影响颗粒的运动和相互碰撞接触外，还与带有相同性质的电荷所致有关。对于有机胶体或高分子物质组成的亲水胶体来说，水化作用是聚集稳定性的主要原因。亲水胶体颗粒周围包裹了一层较厚的水化膜，无法相互靠近，因而范德华引力不能发挥作用。

13. C。参见秘书处教材《给水工程》P162，理解双电层模型。

14. B。在絮凝过程中，为了使不断长大的絮体不被打碎，G 值应逐步由大到小。

15. D。

16. B。参见秘书处教材《给水工程》P184。

17. B。参见秘书处教材《给水工程》P189。

18. B。斜板投影面积÷原来的底面积，是原来底面积的 5 倍，所以 $u_0 = v/5$。

注意竖流沉淀池的一些特点：

由于在中心进水管中水的流速较大，如采用混凝沉淀工艺，混凝中已形成的絮体将被管中较高速度的水流冲碎，因此竖流式沉淀池不适用于给水的混凝沉淀工艺，而主要用于小型污水处理。

竖流式沉淀池的基本关系仍是 u_0-q_0，这里 q_0 的物理含义是水的上升流速，u_0-q_0 的颗粒悬浮不动，$u > q_0$ 的颗粒下沉被去除，沉速 $u < q_0$ 的颗粒上升随出水流失。

19. D。参见秘书处教材《给水工程》P210。

20. B。相当于物理学放射性元素的半衰期。

21. C。参见秘书处教材《给水工程》P340。

22. A。参见秘书处教材《给水工程》P364。冷幅高表示冷却后水温与当地湿球温度之差（表达了距离冷却极限的程度）。冷却塔的冷幅高越小，说明它的冷却效果越好。

23. B。在逆流塔中，空气分配装置包括进风口和导风装置；在横流塔中仅指进风口，须确定其形式、尺寸和进风方式。逆流塔的进风口指填料以下到集水池水面以上的空间。如进风口面积较大，则进口空气的流速小，不仅塔内空气分布均匀，而且气流阻力也小，但增加了塔体高度，提高了造价。反之，如进风口面积较小，则风速分布不均，进风口涡流区大，影响冷却效果。抽风逆流塔的进风口面积与淋水面积之比不小于0.5，当小于0.5时宜设导风装置以减少进口涡流。

另外，《机械通风冷却塔工艺设计规范》6.3.2条：进风口的高度宜根据进风口面积与填料区面积比确定。进风口面积与填料区面积比按以下条件选取：单面进风时宜取0.35～0.45；二面进风时宜取0.4～0.5；三面进风时宜取0.45～0.55；四面进风时宜取0.5～0.6。

24．A。参见秘书处教材《给水工程》P383。

二、多项选择题

1．BC。

2．BD。沿线流量基本的前提是假定用水量均匀分布在全部干管上。所以，如果影响不均匀的因素较大，则误差也较大。A项不选择的理由是因为在计算比流量时这一部分管线的长度已经扣除。C项不选择的理由是两种理解，一是已经扣除，二是如果"较多"达到一定程度，且分布较均匀的话，其实对于比流量计算的实质没有太大影响。

3．CD。管网计算的原理是基于质量守恒和能量守恒，由此得出连续性方程和能量方程。

4．AC。A项错误，电费越贵则需要管径越大，以降低流速，减小能量损失。此电费当理解为"电价"，与相关教材介绍的"电费M1"不是一个概念。B项正确，也好理解，略过。C项错误，简单理解为投资偿还期越长，则直接费用的年折算越小，经济压力趋缓，管径可以越大。D项正确，大修费以管网造价的百分数计，意味着整体管径越大，则费用越高。如果大修本身的费率提高，则希望整体管径趋小，降低大修费。

5．BD。参见《室外给水设计规范》5.3.6条、5.3.10条。

6．AC。A项错误，渗渠可用于集取浅层地下水，也可铺设在河流、水库等地表水体之下或旁边，集取河床地下水或地表渗透水，不过最适宜于开采河床渗透水（参见秘书处教材《给水工程》P83、P72）。B项正确。C项错误，大口井也可以开采承压水（参见秘书处教材《给水工程》P80）。

7．AD。A项正确，因为管井较细，且底部有沉淀管，所以管井都只通过过滤器进水，则B、C错。D项正确，参见秘书处教材《给水工程》P84，集水管一般为钢筋混凝土穿孔管；水量较小时，可用混凝土穿孔管、陶土管、铸铁管；也可以用带缝隙的干砌块石或装配式钢筋混凝土暗渠。

8．BC。将最大转输时与最大供水时的二级泵房扬程进行比较。由于是网后水塔，最大转输时水流的行程更长（且水塔的最低水位要高于最小服务水头），所以此时扬程较高。最大用水时的二级泵房供水范围只到网中某界限处，相对而言扬程较低。

9．ABD。从该水池的进水端与出水端分析，可知AB项正确；另加必要的消防储备水量，D项正确。

10．AC。BD项明显正确。A项不是沉淀到絮凝池中。C项错误，正确的说法是："在凝聚阶段，需要快速搅拌，不过，快速搅拌的目的是使水解反应迅速进行，并使反应产物与胶体颗粒充分接触而已；此阶段发生的颗粒间的碰撞仍然以异向碰撞为主"。

同向絮凝与异向絮凝：推动水中颗粒相互碰撞的动力来自两方面——颗粒在水中的布朗运动；在水力或机械搅拌下所造成的水体运动。由布朗运动所引起的颗粒碰撞聚集称为"异向絮凝"；由水体运动所引起的颗粒碰撞聚集称为"同向絮凝"。

凝聚与絮凝，在水处理工艺中，凝聚主要指加入混凝剂后的化学反应过程（胶体的脱稳）和初步的絮凝过程。在凝聚过程中，向水中加入的混凝剂发生了水解和聚合反应，产生带正电的水解与高价聚合离子和带正电的氢氧化铝或氢氧化铁胶体，它们会对水中的胶体产生压缩双电层、吸附电中和的作用，使水中黏土胶体的电动电位下降，胶体脱稳，并开始生成细小的絮体（通常<5μm）。凝聚过程要求对水进行快速搅拌，以使水解反应迅速进行，并使反应产物与胶体颗粒充分接触。此时因生成的絮体颗粒尺度很小，颗粒间的碰撞主要为异向碰撞。凝聚过程需要的时间较短，一般在2min以内就可完成。

絮凝是指细小絮体逐渐长大的物理过程。在絮凝过程中，通过吸附电中和、吸附架桥、沉淀物的网捕等作用，细小的絮体相互碰撞凝聚逐渐长大，最后可以长大到0.6~1mm，这些大絮体颗粒具有明显的沉速，在后续的沉淀池中被有效去除。因在絮凝过程中颗粒的尺度较大，颗粒间的碰撞主要为同向絮凝。絮凝过程要求对水体的搅拌强度适当，并随着絮体颗粒的长大搅拌强度从强到弱，如搅拌强度过大，则絮体会因水的剪力而破碎。絮凝过程需要的时间较长，一般为10~30min。

11. ACD。A项在数值上，改造前后的"表面负荷"均各自等于"截留沉速"。则A项正确。B项不正确，因为悬浮物的总去除率与其构成有关，而不仅仅是u_0的变化。C项正确，当对悬浮物的总去除率不变时，截留沉速要回到原来的数值上去，则进水流量可增加一倍。D项正确，相当于沉淀池又回到改造前。

12. CD。A项明显错误。B项不正确是因为斜板的宽度对应池宽方向，此宽度越大，则池本身的长度会变小，相当于减小了板的数量，理论上投影面积不变。CD项均正确。其中斜板的长度方向指竖直方向。

13. BC。参见秘书处教材《给水工程》P184。颗粒在静水中的自由沉淀，其沉速是重力与阻力的相互作用，其中阻力与颗粒的形状、粒径大小、表面粗糙程度、水流雷诺数有关。至于D项，在基本前提是"静水中的自由沉淀"情况下，不予选择。

14. ACD。A项正确，因为如果在最高处可去，则其他深度均可去。B项不正确，某一特定的颗粒，最多去除100%。C项正确，也是沉速小于u_0的颗粒按比例去除的基本含义。D项正确，$0.8u_0$的颗粒，高度在$0.8H$处以下进入，刚好全部去除。

15. ABD。参见秘书处教材《给水工程》P363。表示对冷却任务的要求称为冷却数（或交换数），与外部气象条件有关，而与冷却塔的构造和形式无关。冷却数是一个无量纲数。

16. BD。A项，见秘书处教材《给水工程》P364，热力计算包括计算出水温度、求冷却塔面积或填料体积两大类。

B项正确，冷却塔的热力计算方法可分为两类：一类是根据冷却塔内水和空气之间的热交换和物质交换过程，按蒸发冷却理论推导出来的理论公式计算法；另一类是按经验公式或图表的计算法。

C项，参见教材《给水工程》P363，含义是"日平均值"。

D项正确，不少于5年的资料是必需的，另外资料要与要求计算的时间段统一起来。

可参见《机械通风冷却塔工艺设计规范》相关内容。

17. ABD。参见秘书处教材《给水工程》P204。过滤开始时杂质颗粒首先黏附在表层滤料上，随着过滤时间延长，表层滤料被堵，孔隙率变小，孔隙中水流速度变大，水流剪力变大。当水流剪力大于颗粒附着力时，颗粒脱落被水流带入更深的滤层。由于滤层深处孔隙率大，水流剪力小，因而颗粒可以黏附在滤料上被去除。

18. BC。电子、静电和内磁水处理器均采用物理法进行水处理。其中静电水处理器利用高压静电场进行水处理；电子水处理器利用低压静电场进行水处理；内磁水处理器利用磁场进行水处理。上述几种水处理器具有除垢、杀菌灭藻功能，具有易于安装、便于管理、运行费用较低等特点。与化学药剂法比较，存在缓蚀、阻垢效果不明显，处理效果不够稳定，一次投资较大的弱点。因此，该法可在小水量、水质以结垢型为主、浓缩倍数小的条件下采用，并应严格控制它的适用条件。

上述三种水处理器用于除垢时，主要适用于结垢成分是碳酸盐型水；当水中含有磷酸盐时要慎用；水中主要结垢成分是磷酸盐、硅酸盐时则不宜使用。

第 8 章　模拟题及参考答案（二）

一、单项选择题（共 24 题，每题 1 分。每题的备选项中只有一个符合题意）

1. 某工厂将设备冷却排水不经处理直接用作工艺用水。该系统为何种给水系统？
 （A）直流给水系统　　　　　　（B）复用给水系统
 （C）分质给水系统　　　　　　（D）循环给水系统

2. 下列关于给水系统组成的提法中，何项是不正确的？
 （A）当地下水的原水浊度满足要求时，都可省去消毒的水处理设施
 （B）当管网中设有水量调节构筑物时，水厂清水池调节容量可以减少
 （C）当配水管网采用重力配水时，水厂不必设置二级泵房
 （D）任何给水系统都必须设置取水构筑物

3. 对于设有调节水池的配水管网，下列提法中何项是错误的？
 （A）二级泵房至管网的最大流量为最高日最高时用户用水量
 （B）夜间转输时二级泵至管网的流量大于用户用水量
 （C）配水管网节点流量与调节水池容积无关
 （D）非转输时二级泵房供水范围分界线与调节水池容积有关

4. 在正常情况下采用环状配水管网较枝状管网供水具有哪项优点？
 （A）降低漏渗率　　　　　　　（B）降低水锤破坏影响
 （C）降低二级泵房扬程　　　　（D）增加供水范围

5. 对于进、出水水位固定的两条并行敷设、直径和材质完全相同的输水管线，影响其事故水量保证率的因素除了连通管的根数外，主要还与下列何项因素有关？
 （A）输水管线长度　　　　　　（B）连通管设置位置
 （C）输水管直径　　　　　　　（D）输水管线水力坡降

6. 以下关于给水管材及接口形式选择的叙述中错误的是何项？
 （A）球墨铸铁管的机械性能优于灰铁管
 （B）预应力钢筋混凝土管（PCCP）可采用承插式接口
 （C）管道采用刚性接口有利于提高抗震性能
 （D）钢管的耐腐蚀性较球墨铸铁管差

7. 在管径选择中，进行经济管径计算的目的是下列何项？
 （A）使一次投资的管道造价最低
 （B）使年折算费用最低
 （C）使投资偿还期内电费最低
 （D）使管道造价与年管理费用之和最低

8. 在管网进行优化设计时，下列何项因素不影响优化的比较？

(A) 管网的敷设费用　　　　　　(B) 节点的流量分配
(C) 管网中调节水池容积　　　　(D) 事故时水量保证率

9. 下列有关山区浅水河流取水构筑物的形式和设计要求中，正确的是何项？
(A) 取水构筑物的形式可以有低坝式、底栏栅式、大口井和渗渠
(B) 底栏栅式取水构筑物宜建在河流出口以下冲积扇河段上
(C) 底栏栅式取水构筑物的栏栅间隙宽度取决于河道比降、洪水流量等因素
(D) 低坝式取水构筑物的坝高应满足设计对枯水流量的要求

10. 设计位于水库边的岸边式取水泵房时，不正确的做法为下列哪一项？
(A) 设计枯水位的保证率采用 90%～99%。
(B) 防洪标准取水库大坝等主要建筑物的防洪标准，并采用设计与校核两级标准
(C) 进口地坪的标高应为设计最高水位加浪高再加 0.5m，并设防止浪爬的措施
(D) 最底层淹没进水孔的上边缘在设计最低水位下的深度不得小于 0.5m

11. 某地下水文地质勘察结果见下表。下列关于取该含水层地下水的取水构筑物设计说明，错误的是何项？

	地面标高（m）	16.0
含水层	顶板下缘标高（m）	10.0
	静水位标高（m）	7.0
	抽水流量达设计流量时的动水位标高（m）	5.5
	底板面标高（m）	2.0

(A) 实际含水层厚度仅为 3.5m，因此不能采用管井和大口井取水
(B) 含水层厚度大于 4m，底板埋藏深度大于 8m，可以采用管井取水
(C) 含水层厚度 5m，底板埋藏深度 14m，可以采用大口井取水
(D) 静水位深达 9.0m，不能采用渗渠取水

12. 在设计取水构筑物时，当最低水位确定后，何项不受江河水位变化影响？
(A) 岸边式取水构筑物进水孔的设置层数
(B) 河床式取水构筑物自流管的敷设高程
(C) 浮船式取水构筑物联络管的形式
(D) 取水构筑物的形式

13. 江河取水构筑物中自流管的最小设计流速取决于下列何项？
(A) 取水河流的最小流量
(B) 取水河流的平均水位
(C) 取水河流河底推移质最小颗粒的起动流速
(D) 取水河流中悬移质特定颗粒的止动流速

14. 下列关于胶体颗粒表面 ζ 电位的叙述何项是正确的？
(A) 同一类胶体颗粒在不同的水中表现出的 ζ 电位一定相同
(B) 不同的胶体颗粒在同一个水体中表现出的 ζ 电位一定相同

(C) 胶体颗粒的总电位越高，ζ电位也一定越高

(D) 胶体表面的ζ电位越高，颗粒之间越不容易聚结

15. 根据"理想沉淀池"基本假定条件，分析平流式沉淀池的实际沉淀过程得出的如下判断中，不正确的是哪一项？

(A) 随着实际沉淀池深度增加，颗粒不易沉到池底，总去除率低于"理想沉淀池"去除率

(B) 在水平方向的流速不相等，出现短流，部分颗粒带出池外，总去除率低于"理想沉淀池"去除率

(C) 由于出口水流扰动，部分颗粒带出池外，总去除率低于"理想沉淀池"去除率

(D) 沉到池底的颗粒因扰动会返回水中随水流带出池外，总去除率低于"理想沉淀池"去除率

16. 下列有关斜管、斜板沉淀池的特点叙述中，正确的是何项？

(A) 上向流斜管沉淀池中，水流向上流动，沉泥沿斜管壁面向下运动

(B) 上向流斜板沉淀池中，水流水平流动，沉泥沿斜板壁面向下运动

(C) 同向流斜板沉淀池中，水流水平流动，沉泥沿斜板壁面向下运动

(D) 侧向流斜板沉淀池中，水流向上流动，沉泥向下运动

17. 某水厂先后建造了处理水量、平面面积相同的两座平流式沉淀池，分别处理水库水源水和江河水源水。则关于这两座沉淀池特性的叙述，哪项是正确的？

(A) 两座沉淀池的表面负荷或截留沉速一定相同

(B) 两座沉淀池去除水中悬浮颗粒的总去除率一定相同

(C) 两座沉淀池的雷诺数一定相同

(D) 两座沉淀池的长宽比一定相同

18. 经过混凝沉淀后的水流进入滤池正向过滤时，滤层中水头损失变化速率（单位时间增加的水头损失值）与下列何项因素无关？

(A) 滤池进水浊度　　　　　　(B) 滤料的密度

(C) 滤料的粒径　　　　　　　(D) 过滤速度

19. 设计加氯间及氯库时所采取的安全措施中不正确的是哪一项？

(A) 氯库贮存氯量大于1t时，应设置漏氯吸收装置

(B) 加氯间、氯库应建设在水厂下风向处

(C) 加氯间、氯库的窗户上方安装排气风扇，每小时换气10次

(D) 加氯管道采用铜管，以防腐蚀

20. 在工业给水软化处理中，常使用石灰软化法。以下有关石灰软化特点的叙述中，何项是不正确的？

(A) 石灰软化处理费用较低，货源充沛

(B) 石灰软化后，水中的阴、阳离子和总含盐量均会有所降低

(C) 石灰软化只能使$CaCO_3$和$MgCO_3$生成的$Mg(OH)_2$沉淀，即只能去除$CaCO_3$、$MgCO_3$构成的硬度

(D) 因石灰软化后的沉析物不能全部去除，由此构成的剩余硬度较离子交换法高

21. 地下水除铁除锰时，通常采用化学氧化、锰砂滤料滤池过滤工艺，下列锰砂滤料

主要作用和除铁除锰顺序的叙述中，不正确的是何项？
  (A) 锰砂滤料中的二氧化锰作为载体吸附水中铁离子，形成铁质活性滤膜，对低价铁离子的催化氧化发挥主要作用
  (B) 锰砂滤料中的二氧化锰对低价铁离子的催化氧化发挥主要作用
  (C) 锰砂滤料中沉淀的金属化合物，以及滤料中锰质化合物形成的活性滤膜，对低价锰离子的催化氧化发挥主要作用
  (D) 同时含有较高铁、锰的地下水，一般采用先除铁后除锰

22. 臭氧氧化—活性炭吸附工艺是常用的深度处理工艺，下面有关臭氧氧化、活性炭吸附作用和运行的叙述中，不正确的是何项？
  (A) 在混凝工艺之前投加臭氧的主要目的是去除水中溶解的铁、锰、色度、藻类以及发挥助凝作用
  (B) 在滤池之后投加臭氧的主要目的是氧化有机污染物，同时避免后续处理中活性炭表面孳生生物菌落
  (C) 活性炭的主要作用是利用其物理吸附、化学吸附特性，吸附水中部分有机污染物以及重金属离子
  (D) 利用活性炭表面孳生的生物菌落，发挥有机物生物降解作用和对氨氮的硝化作用

23. 下述冷却水量、冷幅宽和冷幅高都相同的单座逆流式冷却塔与横流式冷却塔的差别中，不正确的是何项？
  (A) 逆流式冷却塔的风阻大
  (B) 逆流式冷却塔热交换效率高
  (C) 逆流式冷却塔填料容积少
  (D) 逆流式冷却塔风机排气回流较大

24. 判断循环冷却水系统中循环水水质稳定性的指标是下列何项？
  (A) 饱和指数   (B) 污垢热
  (C) 缓蚀率   (D) 浊度

二、多项选择题（共18题，每题2分。每题的备选项中有两个或两个以上符合题意，错选、少选、多选、不选均不得分）

1. 在确定城镇给水系统时，以下叙述中哪几项是错误的？
  (A) 当水源地与供水区域有地形高差可利用时，必须采用重力输配水系统
  (B) 多水源供水的给水系统，无论何时都应保持各水源的给水系统相互独立运行
  (C) 当供水水质不能满足生活饮用水卫生标准时，可对饮水部分采用直饮水分质供水系统
  (D) 城镇统一供水管网不得与自备水源供水系统直接连接

2. 当水源取水泵房、净水设施及二级泵房能力有富余而清水池调节容量不足，水厂又无空地扩建清水池时，为满足用水需要可采用下列哪几项措施？
  (A) 一级泵房水泵改为变频调速泵
  (B) 在管网中增建调节构筑物
  (C) 加大出厂配水管道能力

（D）用水高峰时段增加取水泵房和净水设施流量

3. 在配水管网中设置高位水池具有以下哪几项优点？

（A）有利于供水区域扩大和管网延伸

（B）可减少水厂清水池调节容积

（C）可适应最小服务水头要求的改变

（D）可减小水厂二级泵房设计流量

4. 以下关于输配水管线布置原则的叙述中哪几项是错误的？

（A）为确保安全，当水源地有安全贮水池时，输水管可采用一根

（B）生活饮用水管道严禁在毒物污染及腐蚀性地段穿越

（C）原水输送必须采用管道或暗渠（隧洞），不得采用明渠

（D）允许间断供水的配水管网可采用枝状，但应考虑今后连成环状的可能

5. 以下关于分区给水能达到节能效果的论述中哪几项是错误的？

（A）降低了控制点的最小服务水头

（B）降低了管道的水力坡降

（C）降低了管网的平均水压

（D）降低了水厂送水泵房扬程

6. 环状管网水力计算的结果应符合下列哪几项？

（A）每一环中各管段的水头损失总和趋近于零

（B）各管段两端节点的水压差等于管段水头损失

（C）水厂的出水压力等于控制点最小服务水头加水厂至控制点管段水头损失

（D）流向任意节点的流量必须等于从该节点流出的流量

7. 在湖泊、水库内设计取水构筑物，下列叙述中哪些是正确的？

（A）由于水体是静止的，因此可不考虑泥砂影响的问题

（B）在湖泊中取水口不要设置在夏季主风向向风面的凹岸处

（C）由于水位变化幅度都较小，而风浪较大，因此不能采用移动式取水构筑物

（D）在深水湖泊、水库中，宜考虑分层取水

8. 下列选择地表水取水口位置的要求中，哪几项可避免泥砂淤积的影响？

（A）取水口应在污水排放口上游 100～150m 以上处

（B）取水口应离开支流出口处上下游有足够的距离

（C）取水口一般设在桥前 500～1000mm 以外的地方

（D）取水口设在突出河岸的码头附近时，应离开码头一定距离

9. 下列关于大口井设计要求的叙述中，哪几项是正确的？

（A）大口井的深度不宜超过 10m，直径不宜大于 15m

（B）大口井都要采用井底进水方式

（C）井口周围应设宽度 1.5m 不透水的散水坡

（D）井底进水宜铺设锅底形反滤层，反滤层滤料的粒径自下而上逐渐增大

10. 在混凝过程中，为了提高混凝效果，有时需要投加助凝剂，下面有关助凝剂作用的叙述中，哪些是正确的？

（A）聚丙烯酰胺助凝剂既有助凝作用又有混凝作用

(B) 石灰、氢氧化钠主要促进混凝剂水解聚合，没有混凝作用
(C) 投加氯气破坏有机物干扰，既有助凝作用又有混凝作用
(D) 投加黏土提高颗粒碰撞速率，增加混凝剂水解产物凝结中心，既有助凝作用又有混凝作用

11. 不同的混凝剂（电解质）投加到水中发生混凝作用时，会出现哪些现象？
(A) 分子量不同的两种电解质同时投入到水中，分子量大的先被吸附在胶体颗粒表面
(B) 吸附在胶体颗粒表面分子量小的电解质会被分子量大的电解质置换出来
(C) 吸附在胶体颗粒表面分子量大的电解质会被多个分子量小的电解质置换出来
(D) 投加较多的电解质时，胶体颗粒表面的 ζ 电位可能反逆

12. 混凝剂投入水中后须迅速混合，不同的混合方法具有不同的特点，下列混合特点的叙述中，哪些是正确的？
(A) 水泵混合迅速均匀，不必另行增加能源
(B) 管式静态混合是管道阻流部件扰动水体发生湍流的混合，不耗用能量
(C) 机械搅拌混合迅速均匀，需要另行增加设备，耗用能量
(D) 水力混合池利用水流跌落或改变水流速度、方向产生湍流混合，不耗用能量

13. 机械搅拌澄清池设计水力停留时间 $1.2\sim1.5h$，清水区上升流速 $0.8\sim1.0mm/s$，当叶轮提升流量是进水流量的 $3\sim5$ 倍时，具有较好的澄清处理效果。下列叙述中哪几项是正确的？
(A) 该澄清池充分利用了回流泥渣的絮凝作用，集混凝、泥水分离于一体
(B) 设计的回流泥渣流量是进水流量的 $3\sim5$ 倍
(C) 随水流进入澄清池的泥渣停留时间是 $1.2\sim1.5h$
(D) 清水区去除的最小颗粒沉速 $\geqslant 0.8\sim1.0mm/s$

14. 经过混凝、沉淀后进入滤池正向过滤时，水中悬浮物颗粒穿透滤层深度和下列哪些因素有关？
(A) 滤料的粒径大小   (B) 过滤时的滤速大小
(C) 水的 pH 值高低   (D) 滤料层的厚度

15. 为保证普通快滤池反冲洗过程中配水均匀，在设计冲洗系统时正确的措施是下列哪几项？
(A) 采用水塔供水反冲洗时，应尽量降低冲洗水塔的设计高度
(B) 采用高位水箱供水反冲洗时，应尽量降低冲洗水箱的设计水深
(C) 采用大流量水泵直接反冲洗时，应尽量减小吸水池水位变化
(D) 采用水泵直接反冲洗时，应尽量降低冲洗水泵安装高度

16. 下列哪几种湿式冷却塔，能采用池式配水系统？
(A) 风筒式逆流冷却塔   (B) 机械通风横流式冷却塔
(C) 自然通风点滴式横流冷却塔 (D) 机械通风薄膜式逆流冷却塔

17. 在循环冷却水系统改造工程中，仅对机械通风逆流式冷却塔填料进行更换，若更换前后的填料类型不同，下列哪几项冷却工艺参数会发生变化？
(A) 淋水密度   (B) 汽水比

(C) 冷却塔特性数 N' (D) 冷却数 N
18. 组成一个敞开式循环冷却水系统必不可少的设备有哪些？
(A) 水泵   (B) 冷却构筑物
(C) 冷却水用水设备   (D) 水质稳定处理设备

参考答案

一、单项选择题

1. B。参见秘书处教材《给水工程》P2，复用水系统是指按照各用水点对水质的要求不同，将水顺序重复使用。本题中为将一种工艺的用后水直接用作另一种工艺，归为复用给水系统。

2. A。根据《生活饮用水卫生标准》GB 5749—2006 可知，生活饮用水常规指标主要为微生物指标、毒理指标、感官性状和一般化学指标、放射性等。原水浊度满足要求，加上消毒，并不能保证所有指标能达到饮用水标准。

3. A。网中或网后设水塔（或高位水池），二级泵站到管网的输水管设计流量应按最高日最高时流量减去水塔（或高位水池）输入管网的流量计算。

4. B。漏渗率与供水量有关；二级泵房的扬程应满足最不利点水压的要求；供水范围由城市规划决定。只有 B 选项，当水锤发生时，可以通过环状网进行分流而降低水锤的作用。

5. B。根据题意可知两条输水管线的位置水头相同，参考秘书处教材《给水工程》P50 式（2-25）、式（2-26）和式（2-27），可知在位置水头相同的前提下，计算事故量保证率（即事故水量与正常水量的比值）时，正常状态和事故状态的水头损失计算中管道的摩阻 s 可以同时约掉，而 s 与输水管线长度、直径有直接关系，故事故水量保证率与输水管线长度及直径无关。同时可以看出连通管的位置变化会导致事故状态时水头损失的变化，从而影响事故水量的保证率。

6. C。参见秘书处教材《给水工程》P59 第 2.5 节的相关内容。

7. B。参见秘书处教材《给水工程》P35："给水管网技术经济计算主要是在考虑各种设计目标的前提下，求出一定年限内，管网建造费用和管理费之和为最小时的管段直径和水头损失，也就是经济管径或经济水头损失。"一定年限指的是投资偿还期。

8. B。管网的优化计算，应该考虑到四方面因素，即保证供水所需的水量和水压、水质安全、可靠性（保证事故时水量）和经济性。管网的技术经济计算就是以经济性为目标函数，而将其余的因素作为约束条件，据此建立目标函数和约束条件的表达式，以求出最优的管径或水头损失。由于水质安全性不容易定量地进行评价，正常时和损坏时用水量会发生变化、二级泵站的运行和流量分配等有不同方案，所有这些因素都难以用数学式表达，因此管网技术经济计算主要是在考虑各种设计目标的前提下，求出一定年限内，管网建造费用和管理费用之和为最小时的管段直径和水头损失，也就是求出经济管径或经济水头损失。影响管网技术经济指标的因素很多。例如管网布置、调节水池容积、泵站运行情况等。

9. A。参见秘书处教材《给水工程》P111,"山区浅水河流的取水构筑物可采用低坝式(活动坝和固定坝)或底栏栅式。当河床为透水性较好的砂砾层,含水层较厚、水量丰富时,亦可采用大口井或渗渠取用地下渗流水。"

10. D。规范5.3.12条:取水构筑物淹没进水孔上缘在设计最低水位下的深度,应根据河流的水文、冰情和漂浮物等因素通过水力计算确定,并应分别遵守下列规定:

(1) 顶面进水时,不得小于0.5m;

(2) 侧面进水时,不得小于0.3m;

(3) 虹吸进水时,不宜小于1.0m;当水体封冻时,可减至0.5m。

所以,具体情况要视进水孔是顶部进水、侧面进水还是虹吸进水而定。

11. A。题目中含水层底板埋藏深度为$16-2=14m$,含水层厚为$7-2=5m$。根据《室外给水设计规范》5.2.2条:"管径适用于含水层厚度大于4m,底板埋藏深度大于8m"和"大口井适用于含水层厚度在5m左右,底板埋藏深度小于15m",得出本地下含水层可采用大口井和管井取水。

12. B。自流管只要满足进出水要求和保证管道不被冲刷即可。

《室外给水设计规范》5.3.17条:进水自流管或虹吸管的数量及其管径,应根据最低水位,通过水力计算确定。其数量不宜少于两条。当一条管道停止工作时,其余管道的通过流量应满足事故用水要求。

《室外给水设计规范》5.3.18条:进水自流管和虹吸管的设计流速,不宜小于0.6m/s。必要时,应有清除淤积物的措施。虹吸管宜采用钢管。

13. D。参见秘书处教材《给水工程》P88:在用自流管或虹吸管取水时,为避免水中的泥砂在管中沉积,设计流速应不低于不淤流速。不同颗粒的不淤流速可以参照其相应颗粒的止动流速。

14. D。参见秘书处教材《给水工程》P161。

15. A。根据秘书处教材《给水工程》P187式(7-12)、式(7-13),得知颗粒截留速度$u_0=H/t=Q/A$,与沉淀池的深度无关,故选项A说法错误。

16. A。参见秘书处教材《给水工程》P199、P200。斜板沉淀池中,按水流与沉泥相对运动方向可分为上向流、同向流、侧向流三种形式。而斜管沉淀池只有上向流、同向流两种形式。水流自下而上流出,沉泥沿斜板、斜管壁面自动滑下,称为上向流沉淀池。故选项A正确。

17. A。根据$u_0=Q/A$,得表面负荷和截留沉速一定相等。

18. B。根据秘书处教材《给水工程》P212公式(8-1),可知水头损失与滤料的密度无关。

19. C。《室外给水设计规范》9.8.18条:"加氯间及其仓库应设有每小时换气8~12次的通风系统。氯库的通风系统应设置高位新鲜空气进口和低位室内空气排至室外高处的排放口"。

20. C。参见秘书处教材《给水工程》P308,石灰软化是氧化钙先转化为氢氧化钙,再与水中的碳酸氢钙、碳酸氢镁反应,生成碳酸钙、氢氧化镁沉淀物。

21. B。根据秘书处教材《给水工程》P265,"含铁地下水经天然锰砂滤料或石英砂滤料滤池过滤多日后，滤料表面层会覆盖一层具有很强氧化除铁能力的铁质活性滤膜，以此来进行地下水除铁的方法称为接触催化氧化除铁"。可知在除铁过程中，锰砂滤料仅作为铁质活性滤膜的载体，实际上自己是不参与催化反应的。

22. B。在滤池之后投加臭氧的主要目的是氧化有机污染物，但臭氧虽易分解，过量时会对生物活性炭的作用具有不良影响。活性炭表面的生物菌落是有益的，生物活性炭（BAC）是活性炭吸附和生物降解协同作用，能更有效地降低水中有机物含量。相关内容参见秘书处教材 P284。

23. D。参见秘书处教材《给水工程》表 14-2。

24. A。参见秘书处教材《给水工程》P376。

二、多项选择题

1. ABC。选项 A 应该是经过技术经济比较后确定是否采用重力输配水系统。另外地形有高差，但高差到底是多少未说明。选项 B 多水源供水的给水系统，只要给水水质能满足要求可以采用统一管网。选项 C 当水质不能满足饮用水卫生标准时，就不能作为生活用水提供。要注意生活饮用水的定义是："供人生活的饮水和生活用水"，不只是"饮水"。具体见《生活饮用水卫生标准》GB 5749—2006 术语和定义。选项 D 明显正确。

2. BD。因为取水泵房、净水设施、二级泵房能力富余，而且水池调节容量不足，就是说水源取水泵房和用户用水曲线之间（中间跳过了二级泵站供水曲线，从两头分析）的总体调节容积不足，故 B 项明显正确。另外，清水池调节有限，则在高峰用水时段增加进水量是明显有效的办法，所以 D 项也正确。

A 项不正确的原因是：采用变频调速泵，导致二级泵站供水曲线更趋向于用户曲线，意味着更偏离一级泵站的供水线，所以会更显得清水池调节容积不足。

C 项明显不正确，因为与清水池调节容积不足没有因果关系。

3. BD。秘书处教材《给水工程》P4：设置了水塔（高位水池）的管网扩建不便，因为管网扩建以后通常要提高水厂的供水压力，有可能造成管网中已建的水塔溢水。所以一般水塔或高位水池只用于发展有限的小型管网，例如小城镇和一些工矿企业的管网系统。

4. ABC。A 项见《室外给水设计规范》7.1.3 条及条文说明。输水干管不宜少于两条，当有安全贮水池或其他安全供水措施时，也可修建一条。而采用一条输水干管也仅是在安全贮水池前；在安全贮水池后，仍应敷设两条管道，互为备用。B 项见《室外给水设计规范》7.3.5 条：生活饮用水管道应避免穿过毒物污染及腐蚀性地段，无法避开时，应采取保护措施。C 项见规范 7.1.5 条：原水输送宜选用管道或暗渠（隧洞）；当采用明渠输送原水时，必须有可靠的防止水质污染和水量流失的安全措施。清水输送应选用管道。D 项见规范 7.1.8 条：城镇配水管网宜设计成环状，当允许间断供水时，可设计为枝状，但应考虑将来连成环状管网的可能。

5. AB。参见秘书处教材《给水工程》P58。

6. AD。参见秘书处教材《给水工程》P43，环状管网水力计算的主要原理就是基于质量守恒和能量守恒，由此得出连续性方程和能量方程。

7. BD。参见秘书处教材《给水工程》P109、P110。

8. BCD。A 项就内容而言是正确的，取水点上游 1000m 至下游 100m 的水域不得排入工业废水和生活污水,但与"泥砂淤积的影响"不构成因果关系。其他选项参看秘书处教材《给水工程》P70、P89 的相关内容。

9. CD。A 项参见《室外给水设计规范》5.2.8 条:"大口井的深度不宜大于 15m。其直径应根据设计水量、抽水设备布置和便于施工等因素确定,但不宜超过 10m。"B 项明显不正确,大口井也有完整与非完整式之分。C 项见规范 5.2.13 条第 2 款:"大口井应设置下列防止污染水质的措施:井口周围应设不透水的散水坡,其宽度一般为 1.5m;在渗透土壤中散水坡下面还应填厚度不小于 1.5m 的黏土层,或采用其他等效的防渗措施"。D 项明显正确,所谓"反滤层"就是与自然的情况相反。

10. AB。常用的助凝剂多是高分子物质。其作用往往是为了改善絮凝体结构,促使细小而松散的颗粒聚结成粗大密实的絮凝体。助凝剂的作用机理是高分子物质的吸附架桥作用。从广义上而言,凡能提高混凝效果或改善混凝剂作用的化学药剂都可称为助凝剂。例如,当原水碱度不足、铝盐混凝剂水解困难时,可投加碱性物质(通常用石灰或氢氧化钠)以促进混凝剂水解反应;当原水受有机物污染时,可用氧化剂(通常用氯气)破坏有机物干扰;当采用硫酸亚铁时,可用氯气将亚铁离子氧化成高铁离子等。这类药剂本身不起混凝作用,只能起辅助混凝作用,与高分子助凝剂的作用机理是不相同的。有机高分子聚丙烯酰胺既能发挥助凝作用,又能发挥混凝作用。至于 D 项,参见秘书处教材给水 P171,"混凝剂对水中胶体粒子的混凝作用有三种:电性中和、吸附架桥和卷扫作用"的理解,按黏土有助凝作用、没有混凝作用对待。

11. ABD。参见秘书处教材《给水工程》P162。

12. AC。"不耗用能量"不符合物理学的一般常识。管式静态混合会产生局部阻力,即耗用能量。水力混合池同样会有水头损失,也是耗用能量。

13. AD。相关内容见秘书处教材《给水工程》P204。A 项正确。B 项不正确,因为叶轮提升流量包括进水流量与回流泥渣流量。C 项不正确,因为题目中的 1.2~1.5h 是指总停留时间。也可参阅《室外给水设计规范》9.4.24 条。随水流进入澄清池的泥渣停留时间当以第一、第二絮凝室计算。以进水流量计,澄清池总停留时间 1.2~1.5h,第一、二絮凝室停留时间 20~30min。D 项正确,清水区也是泥水分离区。

14. ABD。参见秘书处教材《给水工程》P209。截留的悬浮颗粒在滤层中的分布状况与滤料粒径有关,同时,还与滤料形状、过滤速度、水温、过滤水质有关。一般说来,滤料粒径越大、越接近于球状、过滤速度由快到慢、进水水质浊度越低,杂质在滤层中的穿透深度越大,下层滤料越能发挥作用,整个滤层含污能力相对较大。

15. BC。吸水井水位变化会影响水泵的出水压力,冲洗水箱水深的变化也是同样原因。参阅秘书处教材《给水工程》P228。

16. BC。相关内容见秘书处教材《给水工程》P354,池式配水系统适用于横流式冷却塔。配水系统分为管式、槽式和池(盘)式三种,其中:

(1) 管式配水系统分为固定式和旋转式两种。固定管式配水系统施工安装方便,主要用于大、中型冷却塔。旋转管式配水系统由给水管、旋转体和配水管组成旋转布水器布水,在淋水填料表面间歇、均匀布水;该系统适合于小型的玻璃钢逆流冷却塔使用。

(2) 槽式配水系统由主配水槽、配水槽、溅水喷嘴组成。热水经主配水槽、配水槽、溅水喷嘴溅射分散成水滴均匀分布在填料上。该系统维护管理方便,主要用于大型塔、水质较差或供水余压较低的系统。但槽断面大，通风阻力大，槽内易沉积污物，施工复杂。

（3）池（盘）式配水系统主要由进水管、消能箱和配水池组成。热水经带有流量控制阀的进水管进入到配水池，再通过配水池底配水孔或管嘴分布在填料上。该系统配水均匀，供水压力低，维护方便，但易受太阳辐射，孳生藻类，适用于横流式冷却塔。

17. BC。淋水密度是水量与冷却塔计算截面面积的比值，与冷却塔更换填料无关。冷却数是冷却任务的要求，与外部气象条件有关，而与冷却塔的构造与形式无关。冷却填料更换后，阻力小了，气量大了，水量不变，所以气水比会变。冷却塔特性数是表达冷却塔自身冷却能力的综合数字，它与淋水填料的特性、构造、几何尺寸、散热性能以及气、水流量有关。

18. ABCD。参见秘书处教材《给水工程》P368。循环冷却水系统通常按照循环水是否与空气直接接触而分为密闭式系统和敞开式系统。敞开式循环冷却水系统一般由用水设备（制冷机、空压机、注塑机）、冷却塔、集水设施（集水池等）、循环水泵、循环水处理装置（加药、过滤、消毒装置）、循环水管、补充水管、放空及温度显示和控制装置组成。

第9章 模拟题及参考答案（三）

一、单项选择题（共24题，每题1分。每题的备选项中只有一个符合题意）

1. 给水系统按照水的使用方式可分为：（　　）。
   (A) 直流给水系统、循环给水系统、分质给水系统
   (B) 直流给水系统、分质给水系统、复用给水系统
   (C) 直流给水系统、循环给水系统、复用给水系统
   (D) 统一给水系统、直流给水系统、分质给水系统

2. 某小城镇现有地表水给水系统由取水工程、原水输水工程、水厂和配水管网组成。其中水厂净水构筑物16h运行，二级泵站24h运行。当其供水规模增加40%时，必须扩建的是下列何项？（　　）
   (A) 取水工程　　　　　　　　　(B) 原水输水管
   (C) 水厂净水构筑物　　　　　　(D) 二级泵站和配水管管网

3. 管道设计中可采用平均经济流速来确定管径，一般大管径可取较大的平均经济流速，如$DN \geq 400mm$时，平均经济流速可采用：（　　）。
   (A) 0.9～1.2m/s　　　　　　　(B) 0.9～1.4m/s
   (C) 1.0～1.2m/s　　　　　　　(D) 1.2～1.4m/s

4. 在给水区面积很大、地形高差显著或远离输水时，可考虑分区供水。分区供水可分为并联分区和串联分区两种基本形式，下列说法哪项是正确的？（　　）
   (A) 并联分区供水安全、可靠，且水泵集中，管理方便
   (B) 并联分区供水安全、可靠，且管网造价较低
   (C) 串联分区供水安全、可靠，且管网造价较低
   (D) 串联分区供水安全、可靠，且水泵集中，管理方便

5. 下列关于大口井设计的叙述中，哪项是正确的？（　　）
   (A) 大口井井底反滤层宜做成凸弧形
   (B) 大口井井底反滤层可设3～4层，每层厚度宜为200～300mm
   (C) 大口井井口周围应设不透水的散水坡，其宽度一般为1.0m
   (D) 大口井人孔应采用密封的盖板，盖板顶高出地面不得小于0.3m

6. 下列关于地表水源卫生防护要求的说法中，何项是错误的？（　　）
   (A) 取水点周围半径150m的水域内严禁捕捞
   (B) 取水点上游1000m至下游100m水域沿岸防护区内不得用生活污水灌溉
   (C) 受潮汐影响的河流，其生活饮用水取水点上下游及其沿岸的水源保护区范围应相应扩大
   (D) 取水点上游1000m以外的一定范围河段可划为水源保护区

7. 下列有关斜管、斜板沉淀池的特点叙述中，错误的是何项？（   ）
   (A) 斜管沉淀池水流可从下向上或从上向下流动
   (B) 斜板沉淀池水流可从下向上、从上向下或水平方向流动
   (C) 由于斜板沉淀池水力半径大大减小，从而使雷诺数 Re 大为提高，而弗劳德数 Fr 则大为降低
   (D) 斜板斜管沉淀池均可满足水流的稳定性和层流的要求

8. 以下关于滤池类型及其特点的叙述中，错误的是哪一项？（   ）
   (A) 虹吸滤池和无阀滤池属于变速过滤滤池
   (B) 移动罩滤池每个滤格均在相同的变水头条件下，以阶梯式进行降速过滤
   (C) V型滤池是一种重力式快滤型滤池，通常采用气水反冲洗方式
   (D) 虹吸滤池过滤时，滤后水水位始终高于滤层，不会出现负水头现象

9. 下列有关臭氧氧化、活性炭吸附作用的叙述中，不正确的是何项？（   ）
   (A) 臭氧氧化后，水中能转化为细胞质量的有机碳上升，可能会造成水中细菌再度繁殖
   (B) 臭氧氧化时受pH值、水温及水中含氨量影响较小
   (C) 活性炭是一种极性吸附剂，对水中极性、弱极性有机物有很好的吸附能力
   (D) 活性炭的吸附效果主要决定于吸附剂和吸附质两者的物理化学性质

10. 在天然水的离子浓度和温度条件下，对于强碱性阴树脂，与水中阴离子交换的选择性次序应为下列哪项？（   ）
    (A) $SO_4^{2-}>NO_3^->Cl^->HCO_3^->OH^-$
    (B) $NO_3^->Cl^->HCO_3^->OH^->HSiO_3^->SO_4^{2-}$
    (C) $SO_4^{2-}>NO_3^->Cl^->HCO_3^->HSiO_3^->OH^-$
    (D) $SO_4^{2-}>NO_3^->Cl^->HCO_3^->OH^->HSiO_3^-$

11. 某加氯消毒试验，当到达折点时加氯量为5mg/L，余氯量为1mg/L，问当加氯量为5.5mg/L时，关于自由性余氯、化合性余氯和需氯量应为以下何值？（   ）
    (A) 1mg/L，1mg/L，4mg/L   (B) 1.5mg/L，1mg/L，3mg/L
    (C) 0.5mg/L，1mg/L，4mg/L   (D) 1mg/L，1mg/L，3mg/L

12. 下述冷却水量、冷幅宽和冷幅高都相同的单座逆流式冷却塔与横流式冷却塔的差别中，不正确的是何项？（   ）
    (A) 逆流式冷却塔的风阻大   (B) 逆流式冷却塔热交换效率高
    (C) 逆流式冷却塔填料容积少   (D) 逆流式冷却塔风机排气回流较大

13. 某城镇给水系统有2座水厂，水源分别取自一条河流和一个水库，2座水厂设不同的压力流出水送入同一个管网，该城镇给水系统属于何种系统？（   ）
    (A) 多水源分质给水系统   (B) 多水源统一给水系统
    (C) 多水源区域给水系统   (D) 多水源混合给水系统

14. 城镇水厂的自用水量应根据原水水质和所采用的处理方法以及构筑物类型等因素通过计算确定，一般可采用的设计水量为下列何值？（   ）
    (A) 1%～5%   (B) 3%～8%
    (C) 5%～10%   (D) 8%～15%

15. 采用牺牲阳极法保护钢管免受腐蚀性土壤侵蚀，其基本方法是下列哪项？（   ）

(A) 钢管设涂层，使钢管成为中性
(B) 每隔一定间距，连接一段非金属管道
(C) 连接消耗性阳性材料，使钢管成为阴极
(D) 连接消耗性阴性材料，使钢管成为阳极

16. 管径大于或等于 600mm 的管道进行水压试验时，试验管段端部的第一个接口应采用柔性接口或采用特制的：（ ）。
(A) 柔性接口 (B) 刚性接口
(C) 柔性接口堵板 (D) 半柔性接口

17. 在有支流汇入的河段上取水，为防止所取的水泥沙含量过高或泥沙淤积，取水构筑物取水口位置宜设置在：（ ）。
(A) 靠近支流河道出口处的支流河道上
(B) 有支流河道出口的干流河道上
(C) 与支流河道出口处上下游有足够距离的干流河道上
(D) 支流河道和干流河道汇合处夹角最小的地方

18. 下列关于大口井构造的叙述中，哪项是正确的？（ ）
(A) 完整井和非完整井
(B) 井室、井壁管、过滤器和沉淀管
(C) 井口、井筒、井壁和井底进水部分
(D) 集水管、集水井、检查井和泵站

19. 根据"理想沉淀池"基本假设条件，分析平流式沉淀池的实际沉淀过程得出的如下判断中，不正确的是哪一项？（ ）
(A) 随着实际沉淀深度增加，颗粒不易沉到池底，总去除率低于"理想沉淀池"去除率
(B) 在水平方向的流速不相等，出现短流，部分颗粒带出池外，总去除率低于"理想沉淀池"去除率
(C) 由于出口水流扰动，部分颗粒带出池外，总去除率低于"理想沉淀池"去除率
(D) 沉到池底的颗粒因扰动会返回水中随水流带出池外，总去除率低于"理想沉淀池"去除率

20. 滤池应按正常情况下的滤速设计，并以检修情况下的以下哪个参数校核？（ ）
(A) 滤池膨胀率 (B) 强制滤速
(C) 反冲洗强度 (D) 过滤水量

21. 以下关于各种消毒方法的叙述中，错误的是哪一项？（ ）
(A) 紫外线消毒对隐孢子虫卵囊和贾第虫包囊消毒效率高
(B) 二氧化氯杀菌效果好，不会产生三卤甲烷等卤代副产物
(C) 采用氯胺消毒时，5min 内可杀灭细菌 99% 以上
(D) 臭氧消毒在某些特定条件下可能产生有毒有害副产物

22. 当水中铁含量超过 6.0mg/L，锰含量超过 1.5mg/L 时，应通过试验确定工艺流程，必要时可采用下列哪种工艺？（ ）
(A) 曝气→一级过滤→曝气→二级过滤

(B) 曝气单级接触氧化

(C) 曝气→一级过滤→二级过滤

(D) 曝气氧化过滤

23. 水的除盐与软化是去除水中离子的深度处理工艺，下列除盐、软化基本方法和要求的叙述中，错误的是哪一项？（　　）

(A) 离子交换除盐工艺流程是：阴离子交换→脱二氧化碳→阳离子交换系统

(B) 中、高压锅炉要求进行水的软化与脱盐处理

(C) 为了制备高纯水，可采用反渗透后再进行离子交换处理

(D) 电渗析除盐时，电渗析两侧阳极板上产生氧气，阴极板上产生氢气

24. 下列关于机械通风冷却塔的相关叙述中，不正确的是哪项？（　　）

(A) 循环水水质差、悬浮物浓度高时，宜采用槽式配水系统

(B) 小型玻璃钢逆流冷却塔宜采用旋转管式配水系统

(C) 循环水水质差硬度高易产生结垢时，应采用鼓风式冷却塔

(D) 淋水填料是机械通风冷却塔的关键部位

二、多项选择题（共 18 题，每题 2 分。每题的备选项中有两个或两个以上符合题意，错选、少选、多选、不选均不得分）

1. 四川省某城市在设计年限内计划人口数为 60 万人，自来水普及率将达到 97%，则该城市居民最高日生活用水量设计值可为下列何项？（　　）

(A) $40000m^3/d$　　　　　　　　(B) $60000m^3/d$

(C) $80000m^3/d$　　　　　　　　(D) $100000m^3/d$

2. 下列关于环状网计算原理和计算方法的叙述中，哪几项是正确的？（　　）

(A) 树状管网计算时，若控制点选择不当而出现某些地区水压不足时，应重新选定控制点进行计算

(B) 解环方程最常用的解法是哈代-克罗斯法

(C) 环状管网计算实质上是联立求解连续性方程和能量方程

(D) 环状管网计算的原理是基于质量守恒和能量守恒

3. 在选择管道经济管径时，下列说法哪些是错误的？（　　）

(A) 电费越贵，经济管径越大

(B) 管道造价越贵，经济管径越小

(C) 投资偿还期越长，经济管径越小

(D) 管道大修费率越高，经济管径越大

4. 岸边的取水泵房要受到河水的浮力作用，在设计时必须考虑抗浮，下列采取的抗浮措施哪些是正确的？（　　）

(A) 依靠泵房本身的重量

(B) 在泵房顶部增加重物

(C) 在泵房底部打入锚桩与基岩锚固

(D) 将泵房底板嵌固于岩石基地内

5. 以下关于在某河床中设置渗渠的叙述中，哪几项是正确的？（　　）

(A) 渗渠由集水管、检查井、集水井、泵房及反滤层组成
(B) 检查井采用钢筋混凝土结构，井底应设流槽，使水流通畅
(C) 钢筋混凝土集水管内径 800mm，管道坡度 0.003，坡向集水井
(D) 集水管进水孔孔径为 20mm，外设 3 层反滤层，滤料粒径外层 80mm，最内层 18mm

6. 设计机械絮凝池时，宜符合以下哪几项要求？（   ）
(A) 絮凝时间为 15～20min
(B) 池内设 3～4 档搅拌机
(C) 搅拌机桨板边缘处的线速度宜自第一档的 0.5m/s 逐渐减至末档的 0.2m/s
(D) 池内宜设防止水流短路的设施

7. 下列关于水厂中移动罩滤池的描述，正确的是哪几项？（   ）
(A) 许多滤格组成一个滤池，各格轮流反冲洗
(B) 采用小阻力配水系统，用滤后水进行反冲洗
(C) 每格为恒水头变速过滤
(D) 冲洗水头约为 6～8m

8. 经过串联的氢型弱酸性阳离子交换树脂和钠型强酸性阳离子交换树脂（$R_{弱}$H-RNa）处理的水，其出水特点以下哪几项是正确的？（   ）
(A) 碱度不变，硬度降低
(B) HCO_3^- 降低，Ca^{2+} 和 Mg^{2+} 均降低
(C) 碱度降低，硬度降低
(D) 碱度降低，硬度中只有碳酸盐硬度降低

9. 某开放式循环冷却水系统，冷却塔设在屋面上（底盘标高＋10m），需设置的供水设施及用水设备均在地下一层（地坪标高－5m），用水设备的冷却水进口水压要求不低于 0.25MPa，管道水头损失忽略不计，下列各系统流程中设置不当或不宜采用的有哪几项？（   ）
(A) 冷却塔→集水池→循环水泵→用水设备→冷却塔
(B) 冷却塔→循环水泵→用水设备→冷却塔
(C) 冷却塔→用水设备→集水池→循环水泵→冷却塔
(D) 冷却塔→用水设备→循环水泵→冷却塔

10. 下列关于影响城市给水系统布置形式的因素有哪些？（   ）
(A) 用户对水质的要求   (B) 城市地形起伏
(C) 气候条件   (D) 供水水源条件

11. 给水工程设计应从全局出发，考虑下列哪些因素，正确处理各种用水的关系，符合建设节水型城镇的要求？（   ）
(A) 节约用地   (B) 节约水资源
(C) 节约投资   (D) 水生态环境保护和水资源的可持续利用

12. 关于给水管网的流速，下列叙述正确的是哪几项？（   ）
(A) 流速上限为 2.0～2.5m/s
(B) 流速下限为 0.6m/s

(C) 可根据平均经济流速确定管径
(D) 设计流速的大小对管网的经济性有影响

13. 以河水为水源的分区给水系统，在选择分区形式时应考虑以下哪些因素？（   ）
(A) 若城市沿河岸发展而垂直等高线方向宽度较小，宜采用串联分区
(B) 若城市垂直于等高线方向延伸，宜采用串联分区
(C) 若城市高区靠近取水点，宜采用并联分区
(D) 若城市高区远离取水点，宜采用串联分区

14. 在湖泊、水库内设计取水构筑物，下列叙述中哪些是错误的？（   ）
(A) 在湖泊中取水时，在吸水管中应定期加氯，以消除水中生物的危害
(B) 湖泊取水口不要设在夏季主风向的向风面的凸岸处
(C) 湖泊取水口处应有 1.5～2.5m 以上的水深
(D) 当湖泊和水库水深较大时，应采取分层取水的取水构筑物

15. 水处理中混凝是影响处理效果最为关键的因素，通过混凝工艺可以去除以下哪些物质？（   ）
(A) 胶体   (B) 悬浮物
(C) 放射性物质   (D) 藻类

16. 下列关于澄清池的描述中，哪几项是正确的？（   ）
(A) 将混合和絮凝两个过程集中在同一个处理构筑物中进行
(B) 池内进行接触絮凝
(C) 池中保持了大量矾花
(D) 出水浊度达到 1NTU

17. 处理铁锰共存的水，下列描述正确的有哪几项？（   ）
(A) 采用一个滤池（下向流）时，上层除锰下层除铁
(B) 采用一个滤池（下向流）时，上层除铁下层除锰
(C) 在滤池的任何部位，既除铁也除锰
(D) 采用两个滤池时，第一个滤池主要除铁，第二个滤池主要除锰

18. 以下哪些选项是控制循环水结垢的方法？（   ）
(A) 软化、除盐   (B) 投加阻垢剂
(C) 投加表面活性剂   (D) 向补充水中投加酸

参考答案

一、单项选择题

1. C。参见秘书处教材《给水工程》P2。按照水的供水方式，可以把给水系统分为直流给水系统、循环给水系统和复用给水系统（或循序供水系统）。

2. D。不设水塔时，二级泵站、二级泵站到管网的输水管及管网设计水量应按最高日最高时流量计算，故必须扩建的是二级泵站和配水管管网。

3. B。参见秘书处教材《给水工程》P36。管道设计中可采用平均经济流速来确定管径，一般大管径可取较大的平均经济流速，小管径则取较小的平均经济流速。平均经济流速值：中小管径 $DN=100\sim400mm$ 时为 $0.6\sim0.9m/s$；大管径 $DN\geqslant400mm$ 为 $0.9\sim1.4m/s$。

4. A。参见秘书处教材《给水工程》P54。并联分区供水安全、可靠，且水泵集中，管理方便，但管网造价高，需用高压输水管；串联分区管网造价较低，但供水安全可靠性较差，水泵站分散，管理不方便。

5. B。根据《室外给水规范》GB 50013—2006 第 5.2.10 条，大口井井底反滤层宜做成凹弧形，故选项 A 错误；反滤层可设 3～4 层，每层厚度宜为 200～300mm，故选项 B 正确。根据《室外给水规范》第 5.2.13 条，大口井井口周围应设不透水的散水坡，其宽度一般为 1.5m，故选项 C 错误；大口井人孔应采用密封的盖板，盖板顶高出地面不得小于 0.5m，故选项 D 错误。

6. A。参见秘书处教材《给水工程》P69。取水点周围半径 100m 的水域内严禁捕捞、网箱养殖、停靠船只、游泳和从事其他可能污染水源的任何活动，故选项 A 错误。

7. C。由于斜板沉淀池水力半径大大减小，从而使雷诺数 Re 大为降低，而弗劳德数 Fr 则大为提高，故选项 C 错误。

8. A。参见秘书处教材《给水工程》P207，当滤池过滤速度保持不变，亦即单格滤池进水量不变的过滤称为"等速过滤"；虹吸滤池和无阀滤池属于等速过滤滤池，故选项 A 错误。选项 B 参见教材 P240。选项 C 参见教材 P228。选项 D 参见教材 P232。

9. C。选项 A 参见秘书处教材《给水工程》P276。选项 B 参见教材 P273。选项 C、D 参见教材 P279，活性炭是一种非极性吸附剂，对水中非极性、弱极性的有机物有很好的吸附能力，故选项 C 错误。

10. D。参见秘书处教材《给水工程》P304。

11. C。参见秘书处教材《给水工程》P247、P248。因到达折点时加氯量为 5mg/L，余氯量为 1mg/L，故需氯量为 4mg/L。由于折点前的余氯均为化合性余氯，故折点时的化合性余氯为 1mg/L。折点后继续加氯，由于已无耗氯物质，故需氯量不变，加多少氯剩多少氯，且剩余的氯为自由性余氯。因此，当加氯量为 5.5mg/L 时，自由性余氯为 0.5mg/L，化合性余氯为 1mg/L，需氯量为 4mg/L。

12. D。参见秘书处教材《给水工程》P348 表 14-2。逆流式冷却塔风机排气回流比横流塔小，故选项 D 错误。

13. B。该城镇采用同一管网，多个水源，因此属于多水源统一给水系统。

14. C。参见《室外给水设计规范》GB 50013—2006 第 9.1.2 条。水处理构筑物的设计水量，应按最高日供水量加水厂自用水量确定。水厂自用水率应根据原水水质、所采用的处理工艺和构筑物类型等因素通过计算确定，一般可采用设计水量的 5%～10%。当滤池反冲洗水采取回用时，自用水率可适当减小。

15. C。参见秘书处教材《给水工程》P61。阴极保护有两种方法：一种是使用消耗性的阳极材料，如铝、镁、锌等，隔一定距离用导线连接到管线（阴极）上，在土壤中形成电路，结果是阳极腐蚀，管线得到保护；另一种是通入直流电的阴极保护法，埋在管线附近的废铁和直流电源的阳极连接，电源的阴极接到管线上，因此可防止腐蚀。

16. C。参见《给水排水管道工程施工及验收规范》GB 50268—2008 第 9.2.4 条。管径大于或等于 600mm 的管道进行水压试验时，试验管段端部的第一个接口应采用柔性接口，或采用特制的柔性接口堵板，以防止由于后背位移产生接口被拉裂的事故。

17. C。参见秘书处教材《给水工程》P89。在有支流入口的河段上，由于干流和支流涨水的幅度和先后各不相同，容易形成壅水，产生大量的泥沙沉积，因此，取水构筑物应离开支流出口处上下游有足够的距离。

18. C。参见秘书处教材《给水工程》P79。大口井构造主要由井口、井筒及进水部分（包括井壁进水孔和井底反滤层）组成，故选项 C 正确。管井构造一般由井室、井壁管、过滤器及沉淀管组成，按其过滤器是否贯穿整个含水层，可分为完整井和非完整井。渗渠的构造可如选项 D 所述。

19. A。根据秘书处教材《给水工程》P185 式（7-13）可知，悬浮颗粒的截留速度 $u_0=Q/A$，与沉淀池的深度无关，故选项 A 错误。选项 BCD 参见教材 P187、P188。

20. B。参见《室外给水设计规范》GB 50013—2006 第 9.5.7 条。滤池应按正常情况下的滤速设计，并以检修情况下的强制滤速校核。注意：正常情况系指水厂全部滤池在进行工作；检修情况系指全部滤池中的一格或两格停运进行检修、冲洗或翻砂。

21. C。选项 A 参见秘书处教材《给水工程》P254。选项 B 参见教材 P251。选项 C 参见教材 P245，采用氯消毒时，5min 内可杀灭细菌 99％以上；采用氯胺消毒时，5min 仅杀灭细菌 60％左右，故选项 C 错误。选项 D 参见教材 P254。

22. C。参见《室外给水设计规范》GB 50013—2006 第 9.5.7 条。地下水同时含铁、锰时，其工艺流程应根据下列条件确定：（1）当原水含铁量低于 6.0mg/L、含锰量低于 1.5 mg/L 时，可采用原水曝气→单级过滤。（2）当原水含铁量或含锰量超过上述数值时，应通过试验确定，必要时可采用原水曝气→一级过滤→二级过滤。（3）当除铁受硅酸盐影响时，应通过试验确定，必要时可采用曝气→一级过滤→曝气→二级过滤。因此，根据原水水质条件选项 C 正确。

23. A。参见秘书处教材《给水工程》P310，离子交换除盐工艺流程应为阳离子交换→脱二氧化碳→阴离子交换系统，故选项 A 错误。选项 B 参见教材 P295。选项 C 参见教材 P316。选项 D 参见教材 P320。

24. C。选项 A 参见秘书处教材《给水工程》P332。选项 B 参见教材 P331。选项 C 参见教材 P335，冷却水腐蚀性强的情况下应采用鼓风式冷却塔，故选项 C 错误。选项 D 参见教材 P333。

二、多项选择题

1. CD。四川省属于第二区，按城市人口，该城市属于大城市，查《室外给水设计规范》GB 50013—2006 表 4.0.3-1 可知，居民最高日生活用水量定额可取 120～180L/（人·d），则最高日居民生活用水量设计值可在以下范围内：(0.12～0.18)×600000×0.97＝69840～104760m³/d，故选项 C、D 均满足最高日居民生活用水量设计值范围。

2. ABD。选项 A 参见秘书处教材《给水工程》P39。选项 B 参见教材 P43。选项 C 参见教材 P43，环状管网计算实质上是联立求解连续性方程、能量方程和管段压降方程，故选项 C 错误。选项 D 参见教材 P43。

3. CD。电费（即电价）越贵则需要管径越大，以降低流速，减小能量损失，故选项A正确。管道造价越贵，则需管径越小，故选项B正确。投资偿还期越长，则直接费用的年折算越小，经济压力趋缓，管径可以越大，故选项C错误。大修费以管网造价的百分数计，即意味着整体管径越大，则费用越高；如果大修本身的费率在提高，则希望整体管径越小，以降低大修费用，故选项D错误。

4. ABCD。参见《给水工程》（第4版）P202泵房的抗浮措施可知，选项A、B、C、D均正确。

5. AC。选项A参见秘书处教材《给水工程》P82、P83。根据《室外给水设计规范》GB 50013—2006第5.2.21条，检查井宜采用钢筋混凝土结构，宽度宜为1~2m，井底宜设0.5~1.0m深的沉沙坑，故选项B错误。选项C参见《室外给水设计规范》第5.2.15条。选项D参见《室外给水设计规范》第5.2.17条，最内层滤料的粒径应略大于进水孔孔径，故选项D错误。

6. ABCD。参见《室外给水设计规范》GB 50013—2006第9.4.12条。

7. ABC。移动罩滤池采用小阻力配水系统，冲洗水头一般为1.0~1.2m，故选项D错误。

8. BC。参见秘书处教材《给水工程》P309、P310。根据弱酸性阳离子交换树脂的特性，$R_{弱}H$只能去除碳酸盐硬度，产生的CO_2经脱气后，出水再进入钠型强酸性阳离子交换树脂，除去水中的非碳酸盐硬度。

9. CD。用水设备的冷却水进口水压要求不低于0.25MPa，即$25mH_2O$，而冷却塔集水池和用水设备的高差只有15m，因此需要水泵加压。

10. ABCD。城市给水系统的布置形式，需根据地形条件，水源情况，城市和工业企业规划、水量、水质和水压的要求，并考虑原有给水工程设施条件，从全局出发，通过技术经济决定。气候条件是确定给水工程设计规模的一个条件。

11. BD。参见《室外给水设计规范》GB 50013—2006第1.0.4条。给水工程设计应从全局出发，不是单纯节约投资或用地，而须考虑对水资源的节约、水生态环境保护和水资源的可持续利用，正确处理各种用水关系，以符合建设节水型城镇的要求。

12. BCD。参见秘书处教材《给水工程》P34、P35。为了防止管网因水锤现象出现事故，最大设计流速不应超过2.5~3.0m/s；在输送浑浊的原水时，为了避免水中悬浮物质在水管内沉积，最低流速通常不得小于0.6m/s；技术上允许的流速范围较大，需根据当地的经济条件，考虑管网的造价和经营管理费用来选定合适的流速。从理论上计算管网造价和年管理费用相当复杂且有一定的难度，因此在条件不具备时，设计中也可采用平均经济流速来确定管径。

13. BCD。参见秘书处教材《给水工程》P58。对于以河水为水源的分区给水系统，若城市沿河岸发展而垂直等高线方向宽度较小，宜采用并联分区，因并联而增加的输水管长度不大，但高、低压水泵可集中管理，故选项A错误。相反，若城市垂直于等高线方向延伸，则宜采用串联分区，以避免输水管长度过大，故选项B正确。若城市高区靠近取水点，宜采用并联分区，故选项C正确。若城市高区远离取水点，宜采用串联分区，以避免高压输水管过长，故选项D正确。

14. BC。参见秘书处教材《给水工程》P109。湖泊取水口不要设在夏季主风向的向风面的凹岸处，因为较浅湖泊的这些位置有大量的浮游生物集聚并死亡，沉至湖底后腐烂，从而致使水质恶化，水的色度增加，且产生臭味，故选项 B 错误。湖泊取水口处应有 2.5~3.0m 以上的水深，深度不足时，可采用人工开挖，故选项 C 错误。

15. ABCD。参见秘书处教材《给水工程》P159。混凝的作用不仅能够使处于悬浮状态的胶体和细小悬浮物聚结成容易沉淀分离的颗粒，而且能够部分地去除色度、无机污染物、有机污染物，以及铁、锰形成的胶体结合物。同时也能去除一些放射性物质、浮游生物和藻类。

16. BC。参见秘书处教材《给水工程》P197，澄清池是将絮凝与沉淀两个过程集中在同一个处理构筑物中进行，故选项 A 错误。按照设计规范设计并正常运行的沉淀池和澄清池，出水浊度一般小于5NTU，只有滤池出水才可满足浊度小于1NTU的要求，故选项 D 错误。

17. BD。参见秘书处教材《给水工程》P259、P260。为了更好地除铁除锰，可在一个流程中建造两座滤池，第一级过滤除铁，第二级过滤除锰。在压力滤池中，也可将滤层做成两层，上层用以除铁，下层用以除锰。

18. ABD。参见秘书处教材《给水工程》P357 可知，选项 A、B、D 均为控制循环水结垢的方法。选项 C 是控制循环水污垢的方法之一。

第二篇 排水工程历年真题分析及模拟题

第1章 排水系统

1.1 单项选择题

1.1.1 概述

1.【14-下-13】 下列关于排水系统规划设计的叙述中,哪项不正确?
(A) 排水工程的规划应符合区域规划以及城市和工业企业的总体规划
(B) 排水工程规划与设计要考虑污水的再生利用和污泥的合理处置
(C) 含有有毒、有害物质的工业废水,必须处理达标后直接排入水体,不允许经处理后排入城市污水管道
(D) 排水工程规划与设计应考虑与邻近区域和区域内给水系统、排洪系统相协调

【解析】 选 C。根据秘书处教材《排水工程》P20,含有有毒、有害物质的污水应进行局部处理,达到排入城市下水道标准后,排入城市污水排水系统。故 C 项错误。

2.【10-上-13】 关于排水工程施工图设计,下列说法正确的是哪项?
(A) 应满足施工、安装、加工及施工预算编制的要求
(B) 应论证建设项目在经济、技术上的可行性
(C) 设计文件应包括说明书、设计图纸、材料表、概算
(D) 应对技术方案多方案比较

【解析】 选 A。

3.【10-上-17】 下列关于污水中固体物质的叙述中,哪一项是不正确的?
(A) 固体物质浓度是主要的污染指标之一
(B) 固体污染物可分为有机、无机和生物固体
(C) 总固体指标是悬浮固体和胶体态固体的总和
(D) 悬浮固体中含有挥发性和灰分成分

【解析】 选 C。参见秘书处教材《排水工程》P205,总固体指标是悬浮固体和溶解固体的总和。

4.【10-下-13】 排水系统采用下述哪种排水体制时,初期建设规模最小?
(A) 合流制 (B) 截流式合流制
(C) 分流制 (D) 不完全分流制

【解析】 选 D。不完全分流制只建设污水排水管道,不设置或设置不完整的雨水排水管渠系统。相对初期投资最低。

5.【11-下-21】 污水中总氮由不同形态的氮化合物组成,下述哪种说法是错误的?

(A) 总氮＝氨氮＋有机氮＋硝态氮
(B) 总氮＝氨氮＋有机氮＋硝酸盐氮＋亚硝酸盐氮
(C) 总氮＝凯氏氮＋硝态氮
(D) 总氮＝氨氮＋凯氏氮＋硝酸盐氮＋亚硝酸盐氮

【解析】选 D。污水中含氮化合物有四种形态：有机氮、氨氮、亚硝酸盐氮、硝酸盐氮。四种形态氮化合物的总量称为总氮。有机氮在自然界很不稳定，在无氧条件下分解为氨氮；在有氧条件下，先分解为氨氮，继而分解为亚硝酸盐氮和硝酸盐氮。凯氏氮：有机氮和氨氮之和。凯氏氮指标可以作为判断污水进行生物处理时，氮营养源是否充足的依据。氨氮：在污水中以游离氨和离子态铵盐两种形态存在，两者之和即氨氮。污水进行生物处理时，氨氮不仅向微生物提供营养素，而且对污水中的 pH 值起缓冲作用。但氨氮过高时，会对微生物产生抑制作用。

6.【12-下-13】 下列关于城镇污水组成的说法中，哪项正确？
(A) 城镇污水由居民生活污水、工业废水和入渗地下水组成，在合流制排水中，还包括被截流的雨水
(B) 城镇污水由综合生活污水和工业废水组成，在合流制排水中，还应包括被截流的雨水
(C) 城镇污水由综合生活污水、工业废水和入渗地下水组成，在合流制排水中，还包括被截流的雨水
(D) 城镇污水由居民生活污水、工业废水和入渗地下水组成，在合流制排水中，还可包括被截流的雨水

【解析】选 B。对于《室外排水设计规范》第 3.1.1 条排水设计规范中的雨水入渗地下水，其实关键是理解透彻基本概念和审清楚题意。入渗地下水不是城镇污水，它不是城镇污水的一个组成部分（参见秘书处教材《排水工程》P5，其只有生活污水、工业废水和降水），因此不能说城镇污水由入渗地下水组成，只是在埋设管道时，其难免会渗入管道中，所以在管道的流量中不得不考虑为其预留空间，其本质是一种外部影响因素，而不是组成部分。假如问"污水管道设计流量应如何计算"，那么加上入渗地下水的影响是必要的。

7.【12-下-18】 某城镇污水厂进水凯氏氮浓度为 54mg/L，氨氮浓度 32mg/L，硝酸盐和亚硝酸盐浓度分别为 1.5mg/L 和 0.5mg/L，该污水总氮浓度应为下列哪项？
(A) 34mg/L (B) 56mg/L
(C) 88mg/L (D) 52mg/L

【解析】选 B。参见秘书处教材《排水工程》P206，凯氏氮包括氨氮，故总氮＝54＋1.5＋0.5＝56mg/L。

8.【13-下-17】 当水体受到污染时，通过下列哪项指标的测定可判断其污染可能来源于生活污水？
(A) BOD_5/COD (B) 表面活性剂
(C) 重金属离子 (D) 粪大肠菌群

【解析】选 D。根据秘书处教材《排水工程》P208，粪大肠菌群来源于粪便，故本题

应选择 D。

9.【16-下-17】 关于污水的化学性质及指标，下列哪项说法错误？
(A) 有机氮在有氧和无氧条件下均可转化为氨氮
(B) COD_{Cr} — BOD_{20} 之差值，可大致表示污水中难生物降解有机物的数量
(C) 各种水质之间 TOC、TOD 与 BOD 存在固定的相关关系
(D) 表面活性剂是导致水体富营养化的重要原因之一

【解析】选 C。依据秘书处教材《排水工程》P199，TOC 或 TOD 与 BOD 有本质区别，且由于各种水样中有机物质的成分不同，差别很大。但对于水质条件基本相同的污水，BOD_5、COD_{Cr}、TOD 或 TOC 之间存在一定的相关关系，可以通过试验求得它们之间的关系曲线，从而快速得出水样被有机物污染的程度。故 C 错误。

10.【18-下-13】 下列关于城镇内涝防治系统组成的描述，哪项是正确的？
(A) 由低影响开发 LID 设施组成
(B) 由雨水排水管网组成
(C) 由超标雨水排放部分组成
(D) 由低影响开发 LID 设施、排水管网和超标雨水排放部分组成

【解析】选 D。根据《城镇内涝防治技术规范》GB 51222 第 3.1.1 条：城镇内涝防治系统应包括源头减排、排水管渠和排涝除险等工程性设施，以及应急管理等非工程性措施，并与防洪设施相衔接。第 3.1.1 条条文说明：源头减排在有些国家也称为低影响开发或分散式雨水管理，主要通过生物滞留设施、植草沟、绿色屋顶、调蓄设施和透水路面等措施控制降雨期间的水量和水质，减轻排水管渠设施的压力。排水管渠主要由排水管道和沟渠等组成。

在《室外排水设计规范》GB 50014 中，排涝除险被称为"内涝综合防治设施"，主要用来排除内涝防治设计重现期下超出源头减排设施和排水管渠承载能力的雨水径流，这一系统包括：
(1) 天然或者人工构筑的水体，包括河流、湖泊和池塘等；
(2) 一些浅层排水管渠设施不能完全排除雨水的地区所设置的地下大型排水管渠；
(3) 雨水通道，包括开敞的洪水通道、规划预留的雨水行泄通道，道路两侧区域和其他排水通道。

11.【19-下-13】 关于工业废水排放，下列说法中错误的是哪项？
(A) 现行《污水排入城镇下水道水质标准》GB/T 31962，只控制排入下水道工业污水的有机物浓度及有毒有害物质浓度
(B) 工业废水直接排入水体，水质应符合现行《污水综合排放标准》GB 8978 及当地环保要求
(C) 工业废水水质未达到现行《污水排入城镇下水道水质标准》GB/T 31962 的，排入下水道前必须进行预处理
(D) 工业冷却水可排入雨水管道系统

【解析】选 A。详见《污水排入城镇下水道水质标准》GB/T 31962 的多项排放限制指标。

1.1.2 排水体制

1.【11-上-13】 以下关于城镇排水管道系统选择中,哪项正确?
(A) 雨水管道系统之间或合流制管道系统之间,严禁设置联通管
(B) 排水管道系统的设计,应以重力流为主,不设或少设提升泵站
(C) 输送腐蚀性污水的管道须采用耐腐蚀的材料,但接口及附属构筑物可不做防腐处理
(D) 排水管道断面尺寸应按远期规划的最高日平均时设计流量设计,按现状水量复核

【解析】选 B。A 项错误,见《室外排水设计规范》4.1.11 条:雨水管道系统之间或合流管道系统之间可根据需要设置连通管。必要时可在连通管处设闸槽或闸门。连接管及附近闸门井应考虑维护管理的方便。

B 项见规范 4.1.7 条:排水管渠系统的设计,应以重力流为主,不设或少设提升泵站。当无法采用重力流或重力流不经济时,可采用压力流。

C 项见规范 4.1.4 条:输送腐蚀性污水的管渠必须采用耐腐蚀材料,其接口及附属构筑物必须采取相应的防腐蚀措施。

D 项见规范 4.1.1 条:排水管渠系统应根据城镇总体规划和建设情况统一布置,分期建设。排水管渠断面尺寸应按远期规划的最高日最高时设计流量设计,按现状水量复核,并考虑城市远景发展的需要。

2.【12-上-13】 在城市和工业企业中,排水制度的基本方式一般分为下列哪项?
(A) 合流制与分流制
(B) 合流制、分流制、混流制
(C) 完全分流制、不完全分流制、合流制、混流制
(D) 完全分流制、不完全分流制、完全合流制、不完全合流制

【解析】选 A。参见《室外排水设计规范》1.0.4 条。

3.【14-上-13】 关于合流制排水系统,下列说法哪项错误?
(A) 合流制排水系统是将生活污水、工业废水和雨水混合在同一个管渠内排除的系统
(B) 截流式合流制排水系统是在临河岸边建造一条截流干管,同时在合流干管与截流干管交叉点后的适当位置设置截流井
(C) 最早出现的合流制排水系统,由于将混合污水不经处理直接排放水体,会给水体造成严重污染
(D) 截流式合流制排水系统仍有部分污水未处理直接排放,使水体遭受污染

【解析】选 B。应在合流干管与截流干管交叉前或交叉处设置截流井。

4.【16-上-16】 某市合流制与分流制排水系统并存,在晴天时两个系统排水都进入城市污水厂,但雨天时污水厂生化处理系统只能接纳合流管渠的部分混合污水。请判断下列采取的两种管渠系统连接方式,哪种方式对接纳水体污染最严重?
(A) 两个系统独立进入污水厂初沉池,出水再混合进入生化处理系统;雨天时,管渠混合污水在初沉池后溢流
(B) 两个系统排水在污水厂进水井混合,晴天全部进行处理;雨天时,通过提升泵站

溢流排放

(C) 在污水厂前设置合流管渠截留井，截留管与分流管渠连接后进污水厂；截留井溢流混合污水经沉淀后排入水体

(D) 两个系统排水在污水厂初沉池混合，雨天时，初沉池后溢流

【解析】选 B。溢流的混合污水中包括了分流制的污水，且溢流的混合污水没有经过初沉池，故污染最严重。

5.【17-上-13】 分流制城镇污水管道系统服务对象为下述哪项？
(A) 城镇生活污水及工业废水　　(B) 建筑中水
(C) 再生水　　(D) 地表初期雨水径流

【解析】选 A。

6.【17-下-13】 关于排水体质，下述说法哪项正确？
(A) 拟建综合管廊的新城区宜采用不完全分流制
(B) 老城区建筑密度大、街道窄的城镇可保留合流制
(C) 建筑密度较大的新城区应采用截流式合流制
(D) 降雨量大的城镇应采用合流制

【解析】选 B。根据《室外排水设计规范》1.0.4 条，排水体制的选择，应符合：①根据城镇的总体规划，结合当地的地形特点、水文条件、水体状况、气候特征、原有排水设施、污水处理程度和处理后出水利用等综合考虑后确定；②同一城镇的不同地区可采用不同的排水体制；③除降雨量少的干旱地区外，新建地区的排水系统应采用分流制；④现有合流制排水系统，应按城镇排水规划的要求，实施雨污分流改造；⑤暂时不具备雨污分流条件的地区，应采取截流、调蓄和处理相结合的措施，提高截流倍数，加强降雨初期的污染防治。

7.【17-下-16】 关于合流排水系统设计，下述哪种说法是错误的？
(A) 合流管道的设计重现期可大于同一情况下的雨水管道
(B) 合流排水系统中的雨水口应采用防止臭气外溢的措施
(C) 统一排水系统可采用不同截流倍数
(D) 截流中溢流水位应高于受纳水体常水位

【解析】选 D。根据《室外排水设计规范》4.8.3 条：截流井溢流水位，应在设计洪水位或受纳管道设计水位以上，当不能满足要求时，应设置闸门等防倒灌设施。

8.【19-上-13】 采用分流制的城镇污水设计流量不包括下列哪项？
(A) 综合生活污水量　　(B) 工业废水量
(C) 雨水设计流量　　(D) 入渗地下水量

【解析】选 C。参见秘书处教材《排水工程》P41，城镇污水是综合生活污水、工业废水和入渗地下水的总称。

1.1.3　排水系统组成与布置

1.【11-下-13】 以下关于排水工程规划设计的叙述中，哪项错误？

(A) 排水工程规划设计是在区域规划以及各城市和工业企业的总体规划基础上进行
(B) 排水工程规划设计排水管道系统和污水处理厂的规划设计
(C) 排水工程规划设计要与邻近区域内的污水和污泥的处理处置系统相协调
(D) 排水工程规划设计要处理好污染物分散治理和集中处理的关系，城市污水必须进行集中处理

【解析】选 D。城市污水是集中还是分散处理，需要因地制宜考虑，其中包括自然地形条件、城市发展的空间结构形式、与邻近区域的关系等。根本没有"必须集中处理"的必要。

2.【12-下-14】下列关于城镇排水系统布置形式的说明中，哪项错误？
(A) 在地势向水体有一定倾斜的地区，可以采用正交式
(B) 在地势向水体有一定倾斜的地区，可以采用截流式
(C) 在地势向水体倾斜较大的地区，可以采用平行式
(D) 在地势向水体倾斜很大的地区，可以采用分散式

【解析】选 D。

3.【13-上-13】下列说法中，哪项错误？
(A) 城市污水处理厂一般布置在城市河流的下游段
(B) 城市污水处理厂应与居民点保持一定的卫生防护距离
(C) 当采用区域排水系统时，每个城镇必须单独设置污水处理厂
(D) 每座城市污水处理厂都必须设置出水口和事故排出口

【解析】选 C。参见《室外排水设计规范》第 1.0.5 条的条文说明：根据排水专业规划，有几个区域同时或几乎同时建设时，应考虑合并处理和处置的可能性。故本题选 C。

4.【17-上-14】关于排水系统组成，下列哪种说法是正确的？
(A) 工业废水排水系统中必须设置废水处理站
(B) 城市雨水排水系统中必须设置雨水调蓄池
(C) 城镇污水再生利用系统由污水收集系统和再生水厂组成
(D) 截流式合流制排水系统，必须设置截流井和截流干管

【解析】选 D。城镇污水再生利用系统由污水收集系统、再生水厂、再生水输配系统和再生水管理等部分组成。

5.【18-上-17】关于城市内涝控制设计，下列说法正确的是哪项？
(A) 道路积水深度是指路边车道上最深积水深度
(B) 执行内涝防治设计重现期标准时，雨水管渠应按重力流计算
(C) 当降雨强度为 100 年一遇时，非主干道无需考虑设计积水深度
(D) 人口密集、内涝易发且经济条件较好的特大城市，内涝防治设计重现期宜为 100 年

【解析】选 D。根据《室外排水设计规范》3.2.4B 条，内涝防治设计重现期，应根据城镇类型、积水影响程度和内河水位变化等因素，经技术经济比较后按表 3.2.4B 的规定取值并应符合下列规定：

(1) 人口密集、内涝易发且经济条件较好的城市，宜采用规定的上限；
(2) 目前不具备条件的地区可分期达到标准；
(3) 当地面积水不满足表3.2.4B的要求时，应采取渗透、调蓄、设置雨洪行泄通道和内河整治等综合控制措施；
(4) 对超过内涝设计重现期的暴雨，应采取预警和应急控制措施。

规范表3.2.4B 内涝防治设计重现期

城镇类型	重现期（年）	地面积水设计标准
超大城市	100	1. 居民住宅和工商业建筑物的底层不进水； 2. 道路中一条车道的积水深度不超过15cm
特大城市	50～100	
大城市	30～50	
中等城市和小城市	20～30	

又，根据《室外排水设计规范》3.2.4B条条文说明：执行表3.2.4B标准时，雨水管渠按压力流计算，即雨水管渠应处于超载状态。"地面积水设计标准"是指该车道路路面标高靠近路拱处的车道上最深深度。当降雨强度为100年一遇时，非主干道路中央的积水深度不应超过30cm，主干道路和高速公路中央不应有积水。

6.【18-上-18】 关于合流制管渠系统的设计做法，下列哪项是正确的？
(A) 合流制排水管道与污水管道相同，一般按不满流设计
(B) 合流管渠的雨水设计重现期一般比同一情况下雨水管渠的雨水设计重现期高
(C) 受纳水体水质要求高时，应取较小的截流倍数，溢流井宜设置在水体的下游
(D) 受纳水体水质要求高时，应取较大的截流倍数，溢流井宜设置在水体的上游
【解析】选B。根据《室外排水设计规范》第3.3.4条，合流管道的雨水设计重现期可适当高于同一情况下的雨水管道设计重现期。

1.1.4 污水厂及物理处理

1.【11-下-19】 污水处理厂的设计规模、污泥产气量是根据以下哪种流量计算的？
(A) 最高日最大时流量　　(B) 提升泵站设计流量
(C) 平均日流量　　　　　(D) 最高日平均时流量
【解析】选C。参见秘书处教材《排水工程》P520，平均日流量一般用于表示污水处理厂的设计规模。用以表示处理总水量，计算污水处理厂年电耗与耗药量、总污泥量。

2.【12-上-18】 新建城镇二级污水处理厂的二级沉淀池一般不采用下列哪种池型？
(A) 平流式沉淀池　　　　(B) 竖流式沉淀池
(C) 辐流式沉淀池　　　　(D) 斜板（管）沉淀池
【解析】选D。由《室外排水设计规范》6.5.13条可知，斜板沉淀池在新建水厂中一般不做二沉池，只有在场地受到限制时才考虑。

3.【12-下-20】 某城镇污水处理厂采用活性污泥法工艺，污水自流进入，则计算二沉池面积时，其设计流量应按下列哪项取值？

(A) 污水的最大时（最高日）流量，再加上回流污泥量
(B) 污水的平均时（最高日）流量，再加上回流污泥量
(C) 污水的最大时（最高日）流量即可，不需加上回流污泥量
(D) 污水的平均时（最高日）流量，不需加上回流污泥量

【解析】选 C。参见《室外排水设计规范》6.2.4 条。

4. 【12-下-21】影响传统除磷脱氮系统中好氧池（区）设计的最重要参数为下列哪项？
(A) 水力停留时间　　　　　　　　(B) 污泥浓度
(C) 污泥龄　　　　　　　　　　　(D) 污泥指数

【解析】选 C。参见《室外排水设计规范》6.6.20 条的条文解释，可知污泥龄的选择至关重要。

5. 【13-上-18】下列关于格栅设计的叙述中，哪项正确？
(A) 截留式合流制排水系统污水厂，其格栅应按截流雨水量设计
(B) 当格栅池深度为 8m 时，可选用链条式机械格栅
(C) 格栅除污机、输送机和压榨脱水机的进出料口宜采用密闭形式，并应设除臭装置
(D) 污水中有较大的杂质时，不管输送距离长短，栅渣输送均以采用皮带输送机为宜

【解析】选 D。根据《室外排水设计规范》6.2.5 条，A 项中格栅应按合流制流量计算；根据规范 6.3.8 条，C 项格栅除污机、输送机和压榨脱水机的进出料口宜采用密封形式，根据周围环境情况，可设置除臭处理装置。根据规范 6.3.7 条，粗格栅渣宜采用带式输送机，细格栅渣宜采用螺旋输送机；输送距离大于 8.0m 宜采用带式输送机，距离较短的宜采用螺旋输送机；而当污水中有较大的杂质时，不管输送距离长短，均以采用皮带输送机为宜。故本题选 D。

6. 【13-上-21】下列哪项管道不是为了便于污水处理厂构筑物的维护和维修而设置的？
(A) 事故排空管　　　　　　　　　(B) 超越管
(C) 污泥回流管　　　　　　　　　(D) 放空管

【解析】选 C。事故排空管的作用是当发生事故时，在水量进入构筑物之前从排出口排出，一般设置在泵站之前；超越管作用是在构筑物不能使用，或超过构筑物设计流量时，污水可由超越管直接排至下个构筑物或直接排出；放空管的作用是在构筑物需要检修时，放空池内污水；污泥回流管作用是维持生物池内正常的污泥浓度，另外也是生物脱氮除磷的需要，是生物池正常运行不可缺少的部分。故本题应选择 C。

7. 【13-下-13】下列关于城市污水处理厂设计应遵循的原则的叙述中，哪项不正确？
(A) 以批准的城镇总体规划和排水工程专业规划为主要依据
(B) 工业废水必须经局部处理后方能排入城市排水系统
(C) 几个区域同时建设污水处理厂时，应考虑合并建设的可能性
(D) 应全面规划，按近期设计并考虑远期发展的可能性

【解析】选 B。根据《室外排水设计规范》1.0.3 条，排水工程设计应以批准的城镇的

总体规划和排水工程专业规划为主要依据，故 A 项正确。

当工业企业排出的工业废水不能满足要求时，应在厂区内设置废水局部处理设施，将废水处理至满足要求后，再排入城市排水管道。当工业企业位于城市远郊区，比较洁净的生产废水如冷却水和饮水器废水可排入雨水管道。另外局部处理达到满足要求时，可排入城市排水管道。故 B 项错误。

规范 1.0.5 条及条文说明，根据排水专业规划，有几个区域同时或几乎同时建设时，应考虑合并处理和处置的可能性，故 C 项正确。

根据规范 1.0.3 条，可知 D 项正确。

8.【14-上-14】 在排水工程设计中，下列说法哪项正确？
(A) 在污水排水区域内，对管道系统的污水收集量起控制作用的地点为控制点
(B) 当管道埋设深度大于 4m 时，需设中途泵站提高下游管道的高程
(C) 道路红线宽度超过 30m 的城市干道，宜在道路两侧布置排水管道
(D) 当排水管从平坦地区敷设至陡坡地区且下游管径小于上游管径时，应采取管底平接

【解析】选 D。根据秘书处教材《排水工程》P44，上游大管径（缓坡）接下游小管径（陡坡）时，应采用管底平接。

9.【14-下-18】 下列哪个公式不是活性污泥反应动力学的基础方程？
(A) 米-门公式　　　　　　　(B) 莫诺特方程
(C) 劳-麦方程　　　　　　　(D) 哈森-威廉姆斯公式

【解析】选 D。根据秘书处教材《排水工程》P239、P240 及 P462，哈森-威廉姆斯公式主要用于污泥管道计算，故 D 错误。

10.【11-上-19】 按照处理原理，污水处理方法分物理、化学和生物处理，下列哪种形态的物质完全不属于物理处理的对象？
(A) 悬浮态　　　　　　　　(B) 溶解态
(C) 漂浮态　　　　　　　　(D) 胶体态

【解析】选 D。参见秘书处教材《排水工程》P214 城市污水处理的基本方法与系统组成章节中的。物理处理法：利用物理作用分离污水中的污染物质，主要方法有筛滤法、沉淀法、上浮法、气浮法、过滤法和膜法等。

11.【14-上-16】 下列关于污水处理的沉淀理论的叙述中，哪项正确？
(A) 随着水温升高，颗粒的自由沉淀速度减小
(B) 颗粒的絮凝沉淀中，异向絮凝起主导作用
(C) 拥挤沉淀中，颗粒的相对位置保持不变
(D) 压缩沉淀时，水的上流现象是电渗现象

【解析】选 C。参见秘书处教材《排水工程》P221。拥挤沉淀中，颗粒的相对位置保持不变而呈整体下沉。

12.【14-上-18】 下列关于污水泵站设计的说法中，哪项错误？
(A) 当 2 台或 2 台以上污水泵合用一根出水管时，每台水泵出水管上均应设置止回阀

和闸门
(B) 污水泵站集水池前应设闸门
(C) 污水泵站室外地坪标高应按 20 年一遇洪水设计
(D) 污水泵站水泵布置宜采用单行排列

【解析】选 C。根据《室外排水设计规范》5.1.6 条，易受洪水淹没地区的泵站，其入口处设计地面标高应比设计洪水位高 0.5m 以上。

13.【14-下-16】下列关于排水泵站设计的叙述中，哪项错误？
(A) 泵站宜设置事故排出口
(B) 位于居民区的合流泵站，应设置除臭装置
(C) 雨水泵站应设备用泵
(D) 污水泵站宜设计为单独的建筑物

【解析】选 C。根据《室外排水设计规范》4.1.12 条，"排水管渠系统中，在排水泵站和倒虹管前，宜设置事故排出口"，A 项正确。

根据《室外排水设计规范》5.1.10 条，"位于居民区和重要地段的污水、合流污水泵站，应设置除臭装置"，B 项正确。

根据《室外排水设计规范》5.4.1 条，"雨水泵站可不设备用泵"，C 项错误。

根据《室外排水设计规范》5.1.2 条，"排水泵站宜设计为单独的建筑物"，D 项正确。

14.【14-下-17】下列关于污水处理构筑物设计参数及连接管线的说法中，哪项正确？
(A) 污水处理构筑物的设计流量均应按最高日最大时设计流量设计
(B) 曝气时间较长时，生物反应池的设计流量可酌情减少
(C) 初期沉淀池的校核时间不宜小于 60min
(D) 污水厂的构筑物均应设超越管线

【解析】选 B。根据《室外排水设计规范》6.2.4 条，"污水处理构筑物的设计流量，应按分期建设的情况分别计算。生物反应池的设计流量，应根据生物反应池类型和曝气时间确定。曝气时间较长时，设计流量可酌情减少"，故 A 项错误，B 项正确。

根据《室外排水设计规范》6.2.5 条，"初次沉淀池，一般按旱流污水量设计，用合流设计流量校核，校核的沉淀时间不宜小于 30min"，C 项错误。

根据《室外排水设计规范》6.1.15 条，"污水厂应合理布置处理构筑物的超越管渠"，D 项错误。

15.【16-上-18】关于沉淀池，下列哪种说法正确？
(A) 沉淀池的沉淀效率与池深无关，其有效水深越小越好，可减少投资
(B) 城镇污水要求脱氮除磷，其初沉池设计宜采用较长的沉淀时间，以减少后续处理负荷
(C) 平流沉淀池宽深比不宜小于 8
(D) 污水处理厂采用斜管（板）沉淀池应设冲洗设施

【解析】选 D。依据《室外排水设计规范》6.5.16 条，斜管（板）沉淀池应设冲洗设施。

16.【16-下-22】 关于吸附,下列哪项说法错误?
(A) 吸附质溶解度越小,越易被吸附
(B) 水温升高,物理吸附量下降
(C) 活性炭在酸性溶液中吸附率一般大于碱性溶液
(D) 极性分子吸附剂易于吸附非极性分子吸附质

【解析】选 D。根据秘书处教材《排水工程》P592,一般极性分子的吸附剂易于吸附极性分子型的吸附质,非极性分子型的吸附剂易于吸附非极性的吸附质。

17.【16-下-23】 关于污水处理厂设计,下列哪项说法正确?
(A) 污水处理厂防洪设计标准宜为二十年一遇洪水位
(B) 污水处理厂厂区绿化面积应大于 45%
(C) 污水处理厂投产运行一年内水量宜达到近期设计规模的 60%
(D) 污水处理厂与附近居民的卫生防护距离宜大于 300m

【解析】选 D。根据《室外排水设计规范》6.1.1 条,污水厂位置的选择,应符合城镇总体规划和排水工程专业规划的要求,防洪标准不应低于城镇防洪标准。故 A 错误。

根据秘书处教材《排水工程》P526,总图布置应考虑近、远期结合,污水厂的厂区面积应按远期规划总规模控制,分期建设,合理确定近期规模,近期工程投入运行一年内水量宜达到近期设计规模的 60%;同时应充分考虑绿化面积,各区之间宜设有较宽的绿化带,以创造良好的工作环境,厂区绿化面积不得小于 30%。故 B、C 错误。

《给水排水设计手册》表明,厂址与规划居住区或公共建筑群的卫生防护距离应根据当地具体情况,与有关环保部门协商确定,一般不小于 300m。故 D 正确。

18.【18-下-14】 下列关于排水泵站的设计做法,错误的是哪项?
(A) 雨水泵站采用带引水装置的离心水泵
(B) 污水泵站设计为全地下式构筑物
(C) 下穿式立交道路的雨水泵站供电按一级负荷设计
(D) 雨水泵站中设置了可排入污水管道的截流设施

【解析】选 A。根据《室外排水设计规范》第 5.1.7 条,雨水泵站应采用自灌式泵站;污水泵站和合流污水泵站宜采用自灌式泵站。故 A 项不正确。根据规范第 4.10.2.5 条,当采用泵站排除地面径流时,应校核泵站及配电设备的安全高度,采取措施防止泵站受淹。B 项正确。

根据规范第 5.1.9 条,排水泵站供电应按二级负荷设计,特别重要地区的泵站应按一级负荷设计;当不能满足上述要求时,应设置备用动力设施。C 项正确。根据规范第 5.1.13 条,雨污分流不彻底、短时间难以改建的地区,雨水泵站可设置混接污水截流设施,并应采取措施排入污水处理系统。D 项正确。

19.【19-上-18】 下列城镇污水处理厂初次沉淀池的设计做法,不合理的是哪项?
(A) 采用辐流式沉淀池,直径为 45m,有效水深为 4m
(B) 采用平流式沉淀池,池长为 50m,池宽为 10m
(C) 已建污水处理厂沉淀池升级改造时,采用斜管(板)沉淀池
(D) 采用辐流式沉淀池,机械排泥,污泥区容积按 2d 的污泥量计算

【解析】选 D。根据秘书处教材《排水工程》P217，沉淀池污泥区容积：初次沉淀池宜按不大于 2d 计；曝气池后的二次沉淀池按 2h 计；机械排泥的初次沉淀池和生物膜法处理后的二次沉淀池按 4h 计。

20.【19-上-23】 关于《污水综合排放标准》GB 8978—1996，说法正确的是哪项？
（A）该标准适用于所有排污单位
（B）该标准只适用于工业行业
（C）该标准与国家行业排放标准不交叉执行
（D）该标准优先于国家行业排放标准

【解析】选 C。根据《污水综合排放标准》"1.2 适用范围"，按照国家综合排放标准与国家行业排放标准不交叉执行的原则。

1.2 多项选择题

1.2.1 概述

1.【10-上-52】 为减少溢流的混合污水对水体的污染，通过下列哪些途径可以减少溢流的混合污水量？
（A）采用透水性路面
（B）在停车场或公园里采用限制暴雨高峰径流量进入管道的蓄水设施
（C）减小合流制系统的截留倍数
（D）减少合流制系统的污水收集量

【解析】选 ABD。A 项可减小径流系数；B 项能通过调蓄减小设计雨水流量；C 项减小截流倍数会增大溢流量；D 项通过管理手段减小污水的收集量可以在一定程度上减少溢流的混合污水量。既有合流又有分流的城市中，在可行的前提下尽量将污水向分流中收集。

2.【10-上-53】 下列关于城镇污水处理方法的分类及作用叙述，哪几项是正确的？
（A）一级处理主要采用物理方法
（B）二级处理主要去除污水中难降解有机物和氮磷
（C）胶体和溶解态有机物主要采用生物法去除
（D）氮可采用物理化学法经济有效地去除

【解析】选 AC。一级处理主要去除固体污染物质，二级处理主要去除污水中呈胶体和溶解状态的有机污染物，三级处理主要去除污水中难降解有机物和氮磷。生物脱氮相对来说是经济有效的。

3.【10-下-50】 以下关于径流系数的描述，正确说法有哪几项？
（A）降雨历时越长，径流系数越大
（B）地面覆盖种类的透水性是影响径流系数的主要因素
（C）地形坡度越大，径流系数越小
（D）整个汇水面积上的平均径流系数可按地面种类的面积采用加权平均法计算

【解析】选 ABD。径流系数的值因汇水面积的地面覆盖情况、地面坡度、地貌、建筑密度的分布、路面铺砌等情况的不同而异。

4.【10-下-55】 某二级污水处理厂出水 SS 为 22mg/L，TP 为 1.5mg/L。SS 的颗粒粒径分布为 $0.1\sim1\mu m$，要将出水提高到 SS≤10mg/L，TP≤0.5mg/L 的标准，可采用以下哪几种工艺流程？
(A) 混凝、反应、沉淀
(B) 混凝、反应、微滤膜过滤
(C) 调节、沉淀、砂过滤
(D) 混凝、反应、沉淀、微滤膜过滤

【解析】选 CD。参见秘书处教材《排水工程》P532、P548。

5.【11-下-50】 以下关于城市排水工程的叙述中，哪几项正确？
(A) 排水工程设计应以批准的城镇总体规划和排水工程专业规划为主要依据
(B) 为了保证城市污水处理厂的正常运行，排水系统不应接纳工业废水
(C) 排水系统的设计规模和设计期限，应根据区域规划以及城市和工业企业规划确定
(D) 排水区界决定于城市和工业企业规划的界限

【解析】选 AC。A 项参见《室外排水设计规范》1.0.3 条，排水工程设计应以批准的城镇的总体规划和排水工程专业规划为主要依据。B 项明显错误，用自己的语言简单表述为：凡是污水处理厂可以处理的源水，并不区分其从何而来。C 项参见规范 1.0.5 条第 3 款，排水系统设计应综合考虑下列因素：与邻近区域及区域内给水系统和洪水的排除系统相协调。D 项明显错误。

6.【11-下-53】 当污水碱度不足时，采取下列哪些措施有利于提高生物硝化效率？
(A) 延长缺氧池水力停留时间
(B) 延长好氧池水力停留时间
(C) 采用多段缺氧/好氧工艺
(D) 向好氧池补充碱度

【解析】选 ACD。A、C 项参见《室外排水设计规范》6.6.17 条第 4 款的说明，反硝化时，还原 1g 硝态氮成氮气，理论上可回收 3.57g 碱度。当进水碱度较小，硝化消耗碱度后，好氧池剩余碱度小于 70mg/L，可增加缺氧池容积，以增加回收碱度量。在要求硝化的氨氮量较多时，可布置成多段缺氧/好氧形式。在该形式下，第一个好氧池仅氧化部分氨氮，消耗部分碱度，经第二个缺氧池回收碱度后再进入第二个好氧池消耗部分碱度，这样可减少对进水碱度的需要量。D 项属于人工强化补充碱度的措施，也是实际常用的措施之一。B 项则明显错误。本题需要额外注意该说明中的知识点：去除 1g 五日生化需氧量可以产生 0.3g 碱度。出水剩余总碱度计算式：剩余总碱度＝进水总碱度＋0.3×五日生化需氧量去除量＋3×反硝化脱氮量－7.14×硝化氮量。

7.【11-下-54】 污水中含有多种有机成分，其性质各不相同，下列说法中哪几项是错误的？
(A) 污水中碳水化合物和脂肪均属可生化降解有机物，对微生物无毒害与抑制作用
(B) 有机酸、碱均属可生化降解有机物，但对微生物有毒害与抑制作用
(C) 污水中酚类均属难生化降解有机物，对微生物无毒害与抑制作用
(D) 有机磷农药属难生化降解有机物，对微生物有毒害与抑制作用

【解析】选 AC。参见秘书处教材《排水工程》P207。有机物按被生物降解的难易程度，大致可分为三大类：可生物降解有机物、难生物降解有机物、不可生物降解有机物。

脂肪和油类是乙醇或甘油与脂肪酸的化合物，主要构成元素为碳、氢、氧。脂肪酸甘油酯在常温下呈液态称为油；在低温下呈固态称为脂肪。脂肪比碳水化合物、蛋白质的性质稳定，属于难生物降解有机物，对微生物无毒害与抑制作用。

有机酸包括短链脂肪酸、甲酸、乙酸和乳酸等。有机碱包括吡啶及其同系物质，都属于可生物降解有机物，但对微生物有毒害或抑制作用。

酚类是指苯及其稠环的羟基衍生物。根据其能否与水蒸气一起挥发而分为挥发酚和不挥发酚。挥发酚属于可生物降解有机物，但对微生物有一定的毒害与抑制作用；不挥发酚属于难生物降解有机物，并对微生物有毒害与抑制作用。

有机磷农药毒性仍然很大，也属于难生物降解有机物，对微生物有毒害与抑制作用。

8.【12-下-50】 下列关于城市和工业企业排水系统的说法中，哪几项正确？
（A）污水中污染物浓度是指单位体积污水中所含污染物数量，表示污水的复杂程度
（B）根据不同要求，污水经处理后的出路是：排放水体、灌溉农田、重复使用
（C）排水系统通常由排水管网和污水处理厂组成
（D）环境容量是指某一环境所能承受的最大污染物负荷量

【解析】选 BC。A 项错误，污染物浓度表示污水的污染程度。参见秘书处教材《排水工程》P6 可知，B、C 项正确。某一环境所能容纳又不对人类活动造成影响的污染物最大负荷量，称为环境容量，没提人类活动造成影响，故 D 项错误。

9.【13-上-50】 下列说法中，哪几项正确？
（A）处理后的污水排入水体，与河水混合后可作为下游城市取水水源
（B）处理后的污水可注入地下补充地下水，作为城市供水的间接水源
（C）排水工程的基本目的是污水的收集、处理和排放或利用
（D）污水处理后重复使用（即再生利用）是一种合适的污水处置方式

【解析】选 ABD。参见秘书处教材《排水工程》P7。C 项错误，排水工程的内容。

10.【13-下-58】 下列关于城市排水管理规定的叙述中，哪几项正确？
（A）有毒有害重金属浓度只要在工业企业的总排放口处达标即可
（B）工业企业的总排放口处废水 pH 值应在 6～9 范围
（C）经过预处理的达标放射性废水可排入城市下水道
（D）冬季路面积雪可适当扫入城市下水道中

【解析】选 BC。根据污水综合排放标准，第一类污染物必须在车间或车间处理设施排放口采样，达标后方可排放，A 项错误。根据标准可知，BC 项正确。严禁向下水道倾倒垃圾、积雪等，D 项错误。

11.【14-上-50】 下列哪几种说法是错误的？
（A）同一排水系统应采用相同的截流倍数
（B）收纳河流环境容量越大，设计截流倍数取值越小
（C）截流倍数增大，截流干管管径越小
（D）合流管渠的雨水设计重现期增大，可减小混合污水从检查井外溢的可能性

【解析】选 AC。根据《室外排水设计规范》3.3.3 条，在同一排水系统中，可采用同

一截流倍数或不同截流倍数，故 A 项错误。截流倍数越大，截流干管设计流量越大，管径越大，C 项错误。

12.【14-上-52】 下列有关我国城镇污水中物质的组成和指标的叙述中，哪几项正确？
（A）描述污水性质的指标包括物理指标、化学指标、生物指标、放射性指标
（B）污水中所含固体物质按照存在形态的不同，分为悬浮性的和溶解性的两类
（C）采用生物处理时，污水中的氨氮是微生物的营养元素，同时可起到缓冲 pH 的作用
（D）有机氯农药、有机磷农药中大多属于难降解的有机污染物

【解析】选 AC。根据秘书处教材《排水工程》P207 及《污水综合排放标准》，可知 A 项正确。污水中所含固体物质按照存在形态的不同分为悬浮性的、胶体、溶解性的三类，故 B 项错误。氨氮不仅向微生物提供营养素，而且对污水中的 pH 值起缓冲作用，故 C 项正确。有机氯农药属于持久性有机污染物，完全不可生物降解，故 D 项错误。

13.【14-下-55】 我国大型污水处理厂一般设置中央监控站和现场监控站两级自控系统，判断下列哪几项是中央监控站所应该具有的功能？
（A）与城镇区域污水厂群监控中心通信
（B）检测和显示各处理单元的动态模拟
（C）各处理单元的数据采集和处理功能演示
（D）建立全厂运行状态的检测参数数据库

【解析】选 ABD。参见秘书处教材《排水工程》P531。

14.【16-上-50】 关于排水规划与设计，下列哪几项说法正确？
（A）排水工程专项规划应符合城市总规划
（B）排水工程专项规划应全面规划分期实施
（C）排水工程专项规划应考虑污水再生利用和污泥处置
（D）排水工程管道系统和污水处理厂均应按远期设计

【解析】选 ABC。根据秘书处教材《排水工程》P20，排水工程应全面规划，按近期计划，考虑远期发展扩建的可能。并应根据使用要求和技术经济合理性等因素，对近期工程做出分期建设的安排，排水工程建设的费用很大，分期建设可以更好地节省初期投资，并能更快地发挥工程建设的作用。故 D 错误。

15.【17-上-51】 我国城镇内涝防治设计标准是下列哪几项？
（A）综合径流系数　　　　　　　（B）重现期
（C）地面汇流时间　　　　　　　（D）地面积水深度

【解析】选 BD。参见《室外排水设计规范》表 3.2.4B 对设计重现期和地面积水深度的规定。

16.【19-上-50】 下列关于污、废水资源化的说法，错误的是哪几项？
（A）城市污水重复使用方式包括自然复用、间接复用、直接复用
（B）工业废水只能通过循环使用方式进行复用
（C）建筑中水是指将建筑小区的污水收集处理排放的系统

（D）污水处理后的出路之一是灌溉农田

【解析】选 BC。参见秘书处教材《排水工程》P6～7。对于工业废水的直接利用而言，包括循序使用和循环使用，故选项 B 说法错误。将民用建筑或建筑小区使用后的各种排水，如生活污水、冷却水等，经过适当处理后回用于建筑或建筑小区作为杂用水的供水系统，我国称为建筑中水，故选项 C 说法错误。

1.2.2 排水体制

1.【13-下-50】下列关于城市排水系统的说法中，哪几项正确？
（A）合流制排水系统管道的造价一般比完全分流制要低，不完全分流制系统管道初期投资最低
（B）分流制排水系统的污水处理厂水量、水质比合流制的污水厂变化小得多，运行控制更容易
（C）分流制排水系统将全部城市污水送至污水处理厂处理，对受纳水体不会造成任何污染
（D）排水体制的选择，应综合考虑地形等各种因素后确定，同一城市的不同地区可采用不同的排水体制

【解析】选 ABD。雨水径流特别是初雨水径流对水体的污染相当严重，故 C 项错误。

2.【14-上-53】下列关于排水体制和雨水管理的说法中，哪几项错误？
（A）除降雨量少的干旱地区外，新建地区的排水系统可采用分流制
（B）现有合流制排水系统，都应按照城镇排水规划的要求实施雨污分流制改造
（C）同一城镇的不同地区可采用不同的排水体制
（D）雨水综合管理应按照低影响开发理念，采用源头削减、过程控制、末端处理的方法进行

【解析】选 AB。A 项中"可采用分流制"不对，为"应采用分流制"；B 项，根据规范，有条件的应按要求实施雨污分流制。

3.【17-上-52】关于合流排水系统，下述哪些说法是正确的？
（A）当合流排水系统截流井的溢流水位高于设计洪水位时，不需在排放渠道上设置防潮门
（B）合流管道系统与雨水管道系统之间，可根据需要设置连通管
（C）合流倒虹管可设两条，分别用于旱季旱流和雨季合流输送
（D）合流污水管道及附属构筑物应进行闭水试验，防止污水外渗

【解析】选 ACD。根据《室外排水设计规范》4.8.3 条，截流井溢流水位，应在设计洪水位或受纳管道设计水位以上，当不能满足要求时，应设置闸门等防倒灌设施。故 A 正确。

根据《室外排水设计规范》4.1.11 条，雨水管道系统与合流污水管道系统之间不应设置连通管道。故 B 错误。

根据《室外排水设计规范》4.1.13 条，为保证合流制倒虹管在旱流和合流情况下均能正常运行，设计中对合流制倒虹管可设两条，分别使用于旱季旱流和雨季合流两种情

况。故 C 正确。

根据《室外排水设计规范》4.1.9 条，污水管道、合流污水管道和附属构筑物应保证其严密性，应进行闭水试验，防止污水外渗和地下水入渗。故 D 正确。

4.【17-下-50】为减少截流式合流系统溢流的混合污水对水体的污染，下述哪些措施正确？

　　(A) 增加渗水路面，减少径流量
　　(B) 利用屋面、街道、公园等作为暂时性蓄水措施
　　(C) 选择较小的截留倍数
　　(D) 采用深层隧道蓄存溢流污水，旱季时抽送至污水厂处理

【解析】选 ABD。选择较小的截留倍数将增加溢流量，故 C 错误。

5.【18-上-50】下列雨水、污水收集并处理后的排放方式，哪几种对水体污染小？

　　(A) 合流制下截留污水处理排放，溢流水排入水体
　　(B) 分流制下污水处理排放，雨水直接排入水体
　　(C) 合流制下截留雨污水处理排放，溢流水调蓄、处理后排放
　　(D) 分流制下污水处理排放和初期径流雨水处理后排放

【解析】选 CD。参见秘书处教材《排水工程》P9、P10。实践证明，采用截流式合流制的城市，水体仍然遭受污染，甚至达到不能容忍的程度。为了完善截流式合流制，目前已有实践将雨天溢流的混合污水予以贮存，待晴天时再将贮存的混合污水全部送至污水处理厂进行处理。近年来，国内外对雨水径流的水质调查后发现，初雨径流对水体的污染甚至相当严重。所以对初雨处理再排放，就解决了污染问题。

6.【18-下-53】对于合流制与分流制并存的城市，当污水厂的二级处理设备的能力有限时，下图中的管渠系统连接方式，错误的是哪些图示？

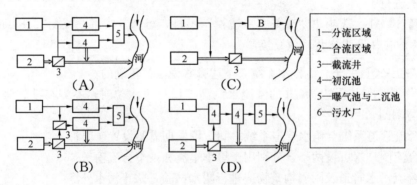

【解析】选 BCD。合流制管道与分流制衔接时要把握的原则：分流制污水不能发生溢流。

7.【19-下-52】将合流制排水系统改为分流制排水系统，应具备下列哪些条件？

　　(A) 建筑内部排水系统雨污分流明确、住房卫生条件设施完善
　　(B) 企业内部生产废水与生活污水分流
　　(C) 城市街道的横断面位置充足
　　(D) 污水处理厂有足够的富余容量

【解析】选 ABC。参见秘书处教材《排水工程》P113 的"（1）改合流制为分流制"。

1.2.3 排水系统组成与布置

1.【12-上-50】下列论述中，哪几项正确？
（A）排水工程设计对象是需要新建、改建或扩建排水工程的城市、工业企业和工业区
（B）城市、居住区和工业区的所有排水工程设计必须执行《室外排水设计规范》
（C）排水工程设计任务是排水管道系统和污水处理厂的规划与设计
（D）排水工程规划与设计是在区域规划以及城市和工业企业的总体规划基础上进行的

【解析】选 ACD。参见秘书处教材《排水工程》P19，可知 ACD 项正确。根据《室外排水设计规范》1.0.2 条及其条文解释，可知 B 项错误。

2.【13-下-52】下列关于立体交叉道路排水系统设计的叙述中，哪几项正确？
（A）地面径流量计算重现期应采用 1~3 年
（B）当立交地道工程最低点位于地下水位以下时，应采取排水或控制地下水位的措施
（C）立交地道排水应设独立的排水系统
（D）立交地道的排水只考虑降雨所形成的地面径流

【解析】选 BC。参见《室外排水设计规范》4.10.2 条，设计重现期不小于 3 年，故 A 项错误。

规范 4.10.4 条，当立体交叉地道工程的最低点位于地下水位以下时，应采取排水或控制地下水的措施，故 B 项正确。

规范 4.10.3 条，立体交叉地道排水应设独立的排水系统，其出水口必须可靠，故 C 项正确。

规范 4.10.1 条，立体交叉道路排水应排除汇水区域的地面径流水和影响道路功能的地下水，其形式应根据当地规划、现场水文地质条件、立交形式等工程特点确定，故 D 项错误。

3.【19-下-50】排水系统的规划设计方案应开展下述哪些方面的论证？
（A）技术经济评价　　　　　　　（B）环境评价
（C）风险评价　　　　　　　　　（D）用地评价

【解析】选 ABC。参见秘书处教材《排水工程》P23 的"（3）排水规划的技术衔接"。

1.2.4 污水厂及物理处理

1.【11-上-56】污水处理厂现场控制站的主要功能包括下述哪几项？
（A）中央控制　　　　　　　　　（B）数据采集、处理和控制
（C）控制 PLC 手动、自动转换　　（D）打印全厂报表

【解析】选 BC。参见秘书处教材《排水工程》P530。现场控制站的功能包括：与中央监控站和现场层设备通信的功能；数据采集、处理和控制功能；控制系统手动、自动两种控制方式转换等功能。

2. 【12-下-53】下列关于格栅设计的叙述中，哪几项错误？
(A) 格栅上部不宜设置工作平台
(B) 格栅除污机、输送机和压榨脱水机的进出料口宜采用密闭形式
(C) 格栅间应设有毒有害气体的检测与报警装置
(D) 当污水中有较大杂质时，不管输送距离长短，均以采用螺旋输送机为宜

【解析】选 AD。根据《室外排水设计规范》6.3.5 条可知 A 项错误；根据规范 6.3.8 条可知 B 项正确；根据规范 6.3.9 条可知 C 项正确；根据规范 6.3.7 条的条文解释可知 D 项错误。

3. 【13-下-56】下列哪几项沉砂池排除的砂不是清洁砂？
(A) 平流沉砂池   (B) 曝气沉砂池
(C) 钟式沉砂池   (D) 竖流式沉砂池

【解析】选 AD。根据秘书处教材《排水工程》P220，曝气沉砂池配备有洗砂机，可将砂表面的有机物洗去，使有机物的含量低于 10%，被称为清洁砂；钟式沉淀池排沙管用空气提升，砂经过冲洗后排出，同样能达到清洁砂的标准。而平流式沉淀池、竖流式沉淀池基本为重力排砂，达不到清洁砂的标准。

4. 【16-上-54】关于格栅设计，下列哪几项说法正确？
(A) 合流制排水系统污水厂格栅应按雨季流量设计
(B) 钢丝绳牵引式机械格栅可用于深度较大的渠道除污
(C) 当栅渣输送距离大于 8m 时，宜采用带式输送
(D) 小型污水处理厂格栅间可不设置有毒有害气体的检测和报警装置

【解析】选 ABC。依据《室外排水设计规范》6.3.9 条的条文说明，格栅间应设置通风设施和有毒有害气体的检测与报警装置。故 D 错误。

5. 【17-下-52】下列关于沉淀池的设计做法哪几条正确？
(A) 采用静水压力排泥的初沉池，排泥管静水头设计为 1.2m
(B) 生物膜法后的沉淀池出水堰最大设计负荷取为 1.5L/（s·m）
(C) 平流沉淀池设计长度 50m，单池宽 8m
(D) 辐流式二次沉淀池有效水深设计为 3m，直径 25m

【解析】选 BCD。根据《室外排水设计规范》6.5.7 条，当采用静水压力排泥时，初次沉淀池的静水头不应小于 1.5m；二次沉淀池的静水头，生物膜法处理后不应小于 1.2m，活性污泥法处理池后不应小于 0.9m。故 A 错误。

6. 【17-下-53】下列污水厂厂址选择及总体布置的设计做法，哪些是正确的？
(A) 污水厂建设按远期规划、分期征地方式
(B) 综合办公楼位于厂内夏季主导风向的下风向
(C) 污泥处理区位于厂内冬季主导风向的上风向
(D) 地下污水厂供电系统按一级负荷设计

【解析】选 AD。根据《室外排水设计规范》6.1.5 条，生产管理建筑物和生活设施宜集中布置，其位置和朝向应力求合理，并应与处理构筑物保持一定距离。办公室、化验室

和食堂等的位置，应处于夏季主导风向的上风侧，朝向东南。污泥处理区位于厂内常年主导风向的下风向。故 B、C 错误。根据《室外排水设计规范》6.1.19 条，污水厂的供电系统，应按二级负荷设计，重要的污水厂宜按一级负荷设计。故 D 正确。

7.【18-上-54】 下列关于城镇污水中物质组成和指标的说法中，哪些是正确的？
（A）污水中的碱度是指氢氧化物碱度、碳酸盐碱度和重碳酸盐碱度当量浓度之和
（B）水中含磷化合物以磷酸盐的形态存在
（C）污水中的氨氮是微生物的营养元素，同时可以起缓冲 pH 值的作用
（D）持久性有机污染物具有完全不可生物降解的特性

【解析】选 ACD。根据秘书处教材《排水工程》P206 可知选项 A 正确、B 不正确。同样地，根据教材 P206，污水进行生物处理时，氨氮不仅向微生物提供营养素，且对污水中的 pH 值起缓冲作用，但氨氮过高时，如超过 1600mg/L（以 N 计），会对微生物起抑制作用，可见选项 C 正确。根据教材 P207，第二类有机物完全不可生物降解，称为持久性有机污染物（POPs），这类有机物一般采用化学法进行处理，故选项 D 正确。

8.【18-上-55】 下列关于污水厂设计的说法中，正确的是哪几项？
（A）污水厂位置的选择应考虑便于处理后出水回用和安全排放
（B）污水厂处理构筑物应设排空设施，排出水可直接排放
（C）污水处理厂的设计防洪标准不应低于城镇防洪标准
（D）寒冷地区的污水厂的处理构筑物应有保温防冻措施

【解析】选 ACD。
A 正确：根据《室外排水设计规范》第 6.1.1.2 条，便于处理后出水回用和安全排放。
B 不正确：根据《室外排水设计规范》第 6.1.16 条，处理构筑物应设排空设施，排出水应回流处理。
C 正确：根据《室外排水设计规范》第 6.1.1.8 条，厂区地形不应受洪涝灾害影响，防洪标准不应低于城镇防洪标准，应有良好的排水条件。
D 正确：根据《室外排水设计规范》第 6.1.21 条，位于寒冷地区的污水处理构筑物，应有保温防冻措施。

9.【18-下-54】 合流制污水处理厂构筑物，应按合流水质水量设计计算的是哪几项？
（A）沉砂池　　　　　　　　　（B）生物处理池
（C）细栅格　　　　　　　　　（D）初沉池

【解析】选 AC。根据《室外排水设计规范》第 6.2.5 条，合流制处理构筑物，除应按本章有关规定设计外，尚应考虑截流雨水进入后的影响，并应符合下列要求：（1）提升泵站、格栅、沉砂池，按合流设计流量计算；（2）初次沉淀池，宜按旱流污水量设计，用合流设计流量校核，校核的沉淀时间不宜小于 30min。

10.【18-下-55】 污水处理厂常用加氯消毒，关于氯消毒设施的说法，错误的是哪几项？
（A）为了便于管理，氯库和加氯间可合并在一个房间内

（B）氯库应按 8~12 次/h 的换气量设置高位排风扇
（C）加氯间采暖用煤炉应远离氯瓶和加投设备
（D）当氯瓶出气量不够时，可增加在线氯瓶数量

【解析】选 ABC。参见《室外给水设计规范》。

选项 A 不正确，根据规范第 9.8.17-2 条，加氯（氨）间必须与其他工作间隔开，并应设置直接通向外部并向外开启的门和固定观察窗。

选项 B 不正确，根据规范第 9.8.18 条，加氯（氨）间及其仓库应设有每小时换气 8~21 次的通风系统。氯库的通风系统应设置高位新鲜空气进口和低位室内空气排至室外高处的排放口。氨（氯）的通风系统应设置低位进口和高位排出口。氯（氨）库应设有根据氯（氨）气泄漏量开启通风系统或全套漏氯（氨）气吸收装置的自动控制系统。

选项 C 不正确，根据规范第 9.8.15 条，氯（氨）库和加氯（氨）间的集中采暖应采用散热器等无明火方式。其散热器应离开氯（氨）瓶和投加设备。

选项 D 正确，根据规范第 9.8.16 条，大型净水厂提为高氯瓶的出氯量，应增加在线氯瓶数量或设置液氯蒸发器。液氯蒸发器的性能参数、组成、布置和相应的安全措施应遵守相关规定和要求。

11.【19-上-55】 下列污水厂消毒场所的安全防护设计，正确的是哪几项？
（A）加氯间的通风系统每小时换气 12 次，氯库设有低位进风口和高位排风口
（B）经臭氧尾气消除装置处理后，排出气体所含臭氧的浓度小于 $0.1\mu g/L$
（C）设有臭氧发生器的建筑内，其用电设备必须采用防爆型
（D）加氯间和氯库设有漏氯检测仪，测定范围为 $1\sim 15 mg/m^3$

【解析】选 BCD。详见《室外排水设计规范》。根据规范第 9.8.18 条，选项 A 错误；根据第 9.9.4 条的条文说明，选项 B 正确；根据规范第 9.9.19 条，选项 C 正确；根据规范第 9.8.17 条的条文说明，选项 D 正确。

12.【19-下-56】 下列关于污水处理厂总体布置及设计中，正确的是哪几项？
（A）污水厂内主要车行道的宽度：单车道为 4.0m，双车道为 7.0m
（B）办公室、化验室和食堂位于厂区夏季主导风向的上风侧
（C）生物反应池设有排空设施，排出水排至厂区雨水管道
（D）设定的厂区防洪标准低于城镇防洪标准

【解析】选 AB。详见《室外排水设计规范》第 6.1.10 条第 1 款、第 6.1.16 条、第 6.1.1 条第 8 款。

第 2 章 管 渠 系 统

2.1 单项选择题

2.1.1 污水管道

1.【10-下-14】 在计算城镇旱流污水设计流量时,下述哪种情况应考虑地下水入渗量?
(A) 雨量较大的地区　　　　　　(B) 管道接口易损坏的地区
(C) 地下水位较高的地区　　　　(D) 夜间流量较小的地区
【解析】选 C。参见《室外排水设计规范》第 3.1.1 条。

2.【11-上-14】 在排洪沟设计中,下述哪种说法是错误的?
(A) 排洪沟断面常设计为矩形或梯形,超高采用 0.3~0.5m
(B) 排洪沟一般尽量采用明渠,但通过市区或厂区时采用暗渠
(C) 我国山洪洪峰流量计算采用的主要方法有洪水调查法、推理公式法和经验公式法
(D) 排洪沟穿越交通主干道时采用盖板明渠
【解析】选 D。参见秘书处教材《排水工程》P100。

3.【11-上-16】 在重要干道和重要地区雨水系统设计中,设计重现期取值应采用下列哪项?
(A) 1~2 年　　　　　　　　　　(B) 6~8 年
(C) 3~5 年　　　　　　　　　　(D) 10 年
【解析】选 C。根据《室外排水设计规范》第 3.2.4 条:雨水管渠设计重现期,应根据汇水地区性质、地形特点和气候特征等因素确定。同一排水系统可采用同一重现期或不同重现期。重现期一般采用 0.5~3 年,重要干道、重要地区或短期积水即能引起较严重后果的地区,一般采用 3~5 年,并应与道路设计协调。特别重要地区和次要地区可酌情增减。

4.【12-上-14】 下列哪项水量不应包括在城镇分流制排水系统的污水管渠设计流量中?
(A) 综合生活污水量　　　　　　(B) 工业生产废水量
(C) 居住区雨水量　　　　　　　(D) 入渗地下水量
【解析】选 C。在分流制中,小区雨水应排入雨水管渠中。

5.【12-下-15】 在进行污水管道设计时,规定的最小设计坡度指的是下列哪项?
(A) 整条管线的平均坡度　　　　(B) 每个设计管段的坡度

(C) 系统起始管段的坡度　　　　(D) 允许最小管径的坡度

【解析】选 D。参见《室外排水设计规范》4.2.10 条及其条文解释。

6. 【13-上-14】下列关于排水管渠设计流量的叙述中，哪项正确？
(A) 地下水的渗入量可按每人每日最大污水量的 10%～20% 计算
(B) 工业废水设计流量中，考虑到工业生产的稳定性，其时变化系数一般取 1
(C) 综合生活污水量总变化系数是最高日最高时污水量与平均日平均时污水量的比值
(D) 合流管渠设计流量是设计综合污水量与设计工业废水量之和，同时，在地下水位较高的地区，还应考虑入渗地下水量

【解析】选 C。根据《室外排水设计规范》3.1.1 条的条文解释：地下水的渗水量可按平均日综合生活污水和工业废水总量的 10%～15% 计，故 A 项错误。

工业废水设计流量计算时，工业废水时变化系数参考值参见秘书处教材排水 P38，故 B 项错误。

生产废水可能在短时间内一次排放，参加教材 P38，可知 C 项正确。

合流管渠设计流量包括：设计综合生活污水设计流量，设计工业废水量，雨水设计流量，截流井以前的旱流污水设计流量（认为包括在旱流污水中），故 D 项错误。

7. 【13-下-16】下列说法中，哪项不正确？
(A) 污水管道必须进行闭水试验合格后方能投入使用
(B) 雨水管道必须进行闭水试验合格后方能投入使用
(C) 雨、污合流管道应进行闭水试验合格后方能投入使用
(D) 雨、污合流管道的检查井应进行闭水试验合格后方能投入使用

【解析】选 B。根据《室外排水设计规范》4.1.9 条，污水管道、合流污水管道和附属构筑物为保证其严密性应进行闭水试验，防止污水外渗和地下水入渗。对雨水管道未做要求，故 B 项错误。

8. 【16-上-14】下列哪项不是污水管道按非满流设计的原因？
(A) 为地下水渗入保留空间
(B) 为雨水的非正常流入保留空间
(C) 为工业废水流入保留空间
(D) 为保障管道运行的安全性

【解析】选 C。依据秘书处教材《排水工程》P44，污水管道的设计按非满流设计的原因是：①污水流量时刻在变化，很难精确计算，且雨水或地下水可能通过检查井盖或管道接口渗入污水管道；②污水管道内沉积的污泥可能分解析出一些有害气体，故需留出适当的空间，以利管道的通风，保证管道的运行安全。污水流量计算应包括了工业废水。故 C 错误。

9. 【16-下-13】分流制污水管道的设计断面应根据下列哪项流量计算确定？
(A) 平均日平均时污水流量
(B) 平均日最大时污水流量
(C) 最大日平均时污水流量

(D) 最大日最大时污水流量

【解析】选 D。设计流量＝平均日平均时生活污水流量×总变化系数＋工业企业最高日最大时流量。

10.【17-上-15】 下列关于污水管道衔接，说法错误的是哪项？
(A) 污水管道从上游缓坡大管径与下游陡坡小管径衔接时，应采用管底平接
(B) 污水管道与倒虹管进、出水井衔接，应采用水面平接
(C) 污水管道在地面坡度很大的地域敷设时，可采用跌水衔接
(D) 污水管道上、下游管段管径相同时，宜采用管顶平接

【解析】选 B。根据秘书处教材《排水工程》P170，污水在倒虹管内的流动是依靠上下游管道中的水面高差。

11.【17-下-14】 关于污水管道设计流量，下述哪种说法是错误的？
(A) 工业废水排放较均匀，可按平均日平均时流量计算
(B) 城镇生活污水量应包括居民生活污水、公共服务污水及工业企业生活污水量
(C) 新建污水管道考虑初期雨水径流污染控制时，宜提高综合生活污水量总变化系数
(D) 地下水位高的地区，地下水的渗入量可按综合生活污水和工业废水平均日流量的 10%～15%计算

【解析】选 A。工业废水一般日变化较小，但是时变化系数还是比较大的。秘书处教材排水中，式（3-4）和式（3-5）计算工业废水设计流量均有变化系数。

12.【18-上-16】 在地下水位较高地区，城镇旱流污水设计流量一般应为下列哪项？
(A) 居民生活污水量和设计工业废水量
(B) 设计综合生活污水量和设计工业废水量
(C) 设计综合生活污水量、设计工业废水量和入渗地下水量
(D) 设计居民生活污水量、设计工业废水量、设计雨水量和入渗地下水量

【解析】选 C。根据《室外排水设计规范》第 3.1.1 条，城镇旱流污水设计流量应按下式计算：$Q_{dr} = Q_d + Q_m$。式中，Q_{dr} 为截留井以前的旱流污水设计流量（L/s）；Q_d 为设计综合生活污水量（L/s）；Q_m 为设计工业废水量（L/s）。在地下水位较高的地区，应考虑入渗地下水量，其量宜根据测定资料确定。

13.【18-下-15】 下列关于污水管线定线的说法，合理的是哪项？
(A) 管道定线一般不受排水体制的影响
(B) 管道定线一般按支管、干管、主干管顺序依次进行
(C) 在地形平坦地区，宜使干管与等高线垂直，主干管与等高线平行敷设
(D) 不宜将产生大流量污水的工厂和公共建筑物污水排出口接入污水干管的起端

【解析】选 A。根据秘书处教材《排水工程》P50，定线通常考虑的几个因素为：地形和用地布局、排水制度和线路数目、污水厂和出水口位置、水文地质条件、道路宽度、地下管线及构筑物的位置、工业企业和产生大量污水的建筑物的分布情况等。可见应选 A。

14.【19-下-14】 在软土上敷设 HDPE 管材的污水管道，宜采用下述哪种基础？
(A) 混凝土带形基础　　　　　　　　(B) 混凝土枕基

(C) 砂垫层基础 (D) C20 弧形素混凝土基础

【解析】选 A。参见秘书处教材《排水工程》P150 的 "3) 混凝土带形基础"。

2.1.2 雨水管道

1．【10-上-14】雨水管道设计时，为了提高管道排水安全性，应采取以下哪种措施？
(A) 延长地面集流时间 (B) 提高重现期
(C) 减小管道内水的流速 (D) 减小径流系数

【解析】选 B。提高重现期可以增加管道排水的安全系数。ACD 项均不能做到。

2．【10-下-15】雨水管道空隙容量利用与地形坡度有密切关系。与平坦地区相比，陡坡地区折减系数的取值应采用下述哪种做法？
(A) 增大折减系数 (B) 减小折减系数
(C) 取消折减系数 (D) 采用与平坦地区相同的折减系数

【解析】选 B。大坡小折减，小坡大折减。

3．【11-下-14】当雨水径流增大，排水管渠的排水能力不能满足要求时，可设置下列哪种设施？
(A) 雨水泵站 (B) 溢流井
(C) 调蓄池 (D) 雨水口

【解析】选 C。参见秘书处教材《排水工程》P91。在雨水管道系统上设置较大容积的调节池，暂存雨水径流的洪峰流量，待洪峰径流量下降至设计排泄流量后，再将贮存在池内的水逐渐排出。调节池调蓄削减了洪峰径流量，可较大地降低下游雨水干管的断面尺寸，如果调节池后设有泵站，则可减少装机容量。

4．【12-上-15】在进行雨水管渠设计流量计算时，下列关于暴雨强度公式中暴雨特征要素解释与理解的叙述中，哪项不正确？
(A) 暴雨特征要素包括降雨历时、暴雨强度和重现期
(B) 暴雨强度的设计重现期越大，暴雨出现的频率越小
(C) 设计暴雨强度等于设计降雨历时下对应的平均降雨量
(D) 降雨历时是设计重现期下最大一场雨的全部降雨时间

【解析】选 D。参见秘书处教材《排水工程》P65，降雨历时可以指一场雨全部降雨的时间。

5．【12-下-16】下列关于雨水管渠设计计算方法或参数取值的说法中，哪项正确？
(A) 建筑密度较小地区集水时间取较小值
(B) 同一排水系统可以采用不同的重现期
(C) 雨水和污水管道的最小设计流速相同
(D) 重力流雨水管道应按不满流设计

【解析】选 B。参见秘书处教材《排水工程》P74，密度大集水时间较小，故 A 项错。根据《室外排水设计规范》3.2.4 条，可知 B 项正确。根据规范 4.2.4 条可知 D 项错误。根据规范 4.2.7 条可知 C 项错误。

6. 【13-上-15】进行雨水管渠设计计算时，降雨量、降雨历时、暴雨强度等是雨量分析的主要因素，则下列说法中，哪项不正确？
   (A) 降雨量是指降雨的绝对量，单位以 mm 表示。在研究降雨量时，常以单位时间表示，因此，降雨量的单位可用"mm/单位时间"来表示
   (B) 降雨历时是指连续降雨时间段，可以指一场雨全部降雨时间，也可以指其中个别的连续时间段
   (C) 暴雨强度是指某一连续降雨时间段内的平均降雨量，在工程上常用单位时间单位面积上降雨的体积表示
   (D) 降雨虽然是非均匀分布的，但在工程应用中，在小汇水面积上可以不考虑降雨在面积上的不均匀性

【解析】选 A。根据秘书处教材《排水工程》P66，在研究降雨量时，常以单位时间表示，如：年平均降雨量，月平均降雨量，年最大日降雨量。A 项中降雨量单位错误。BCD 选项参见秘书处教材排水 P66～68。

7. 【13-上-17】下列关于雨水泵站的说法中，哪项不正确？
   (A) 雨水泵站使用机会很少，可以在旱季检修，通常不设备用泵
   (B) 雨水泵站通常流量大、扬程低，以使用轴流泵为主
   (C) 集水池布置应尽量满足进水水流平顺和水泵吸水管安装条件
   (D) 轴流泵的出水管上应安装闸阀，防止发生倒灌

【解析】选 D。根据《室外排水设计规范》5.5.1 条，雨水泵的出水管末端宜设防倒流装置，其上方宜考虑设置起吊设施。5.5.1 条的条文解释：雨水泵出水管末端设置防倒流装置的目的是在水泵突然停运时，防止出水管的水流倒灌，或水泵发生故障时检修方便，我国目前使用的防倒流装置有拍门、堰门、柔性止回阀等。故 D 项错误。

8. 【13-下-14】下列关于雨水管渠设计的叙述中，哪项不正确？
   (A) 城镇综合径流系数为 0.75，无渗透调蓄设施
   (B) 采用年多个样法编制设计暴雨强度公式
   (C) 在同一排水系统中采用了不同的设计重现期
   (D) 在重要地区的雨水管渠设计中，其折减系数取 1

【解析】选 A。根据《室外排水设计规范》3.2.2 条，应严格执行规划控制的综合径流系数，综合径流系数高于 0.7 的地区应采用渗透、调蓄措施，故 A 项错误。

根据规范 3.2.3 条，在具有 10 年以上自动雨量记录的地区，设计暴雨强度公式，宜采用年多个样法，有条件的地区可采用年最大值法，故 B 项正确。

根据规范 3.2.4 条，同一排水系统可采用同一重现期或不同重现期，故 C 项正确。

根据规范 3.2.5 条，经济条件较好、安全性要求较高地区的排水管渠 m 可取 1，故 D 项正确。

9. 【14-下-14】下列关于雨水管道系统设计的叙述中，哪项正确？
   (A) 设计降雨历时计算采用的折减系数在经济条件较好、安全要求较高的区域可取 2
   (B) 同一雨水系统应采用相同的重现期进行设计
   (C) 雨水管道应按远期最大日最大时流量进行设计

(D) 立体较差道路雨水管道系统设计重现期不小于 3 年

【解析】选 D。参见《室外排水设计规范》4.10.2 条。

10.【16-上-15】在新修订的《室外排水设计规范》GB 50014—2006（2014 版）中，为什么将设计暴雨强度公式中的折减系数取值为 1？

(A) 为减少雨水管渠设计计算的工作量
(B) 为了提高雨水管渠运行安全性
(C) 为了减少雨水管渠系统的投资
(D) 因为原折减系数的理论有错误

【解析】选 B。依据《室外排水设计规范》3.2.5 条的条文说明中对雨水管渠降雨历时的计算公式说明，"发达国家一般不采用折减系数，为有效应对日益频发的城镇暴雨内涝灾害，提高我国城镇排水安全性，本次修订取消原折减系数 m。"

11.【16-下-14】下列关于雨水量确定与控制的设计做法，哪项错误？

(A) 在规划设计大中型城市的雨水管网系统时，应采用推理公式法计算雨水设计流量
(B) 当某地区的综合径流系数高于 0.7 时，需要建设渗透和调蓄设施
(C) 整体改建后的地区，同一设计重现期的暴雨径流量必须小于等于改造前的径流量
(D) 某城镇仅有 15 年自动雨量记录，设计暴雨强度公式采用年多个样本法编制

【解析】选 A。依据《室外排水设计规范》3.2.1 条，当汇水面积超过 2km² 时，宜考虑降雨在时空分布的不均匀性和管网汇流过程，采用数学模型法计算雨水设计流量。大中型城市的汇水面积都超过 2km²，宜采用数学模型法。故 A 错误。

12.【17-下-15】关于雨量分析，下述说法哪项是错误的？

(A) 暴雨强度的重现期是指在一定的统计期内，等于或大于某统计对象出现一次的平均间隔时间
(B) 暴雨强度重现期为降雨频率的倒数
(C) 年最大降雨量指多年观测所得的各年最大一日降雨量的平均值
(D) 降雨历时可以指一场雨全部降雨时间，也可以指其中个别的链接时段

【解析】选 C。根据秘书处教材《排水工程》P62，年最大降雨量指多年观测所得的一年最大一日降雨量的平均值。

13.【18-上-14】某街区道路雨水管段长度为 200m，该管段雨水地表汇集设计流量为 48L/s，设计 16 个雨水口，每个雨水口的设计流量至少为下列哪项？（注：各雨水口设计流量相同）

(A) 3.0L/s (B) 4.5L/s (C) 6.0L/s (D) 9.0L/s

【解析】选 B。根据《室外排水设计规范》第 4.7.1A 条，雨水口和雨水连接管流量应为雨水管渠设计重现期计算流量的 1.5～3 倍。故选 B。

14.【18-下-16】下列关于雨水管道水力计算参数及设计原则的说法，正确的是哪项？

(A) 考虑到暴雨的不确定性，雨水管可按非满流设计
(B) 同一排水系统雨水管渠的设计重现期应选用相同值

(C) 把两个检查井之间流量没有变化的管段定为设计管段

(D) 雨水管道的最小设计流速大于污水管道的最小设计流速

【解析】选 D。根据《室外排水设计规范》第 4.2.2-2 条，雨水管道和合流管道应按满流计算，故 A 项不正确。根据《室外排水设计规范》第 3.2.4-3 条，同一排水系统可采用不同的设计重现期，B 项不正确。根据秘书处教材排水 P53，凡设计流量、管径和坡度相同的连续管段称为设计管段，C 项不正确。根据《室外排水设计规范》第 4.2.7 条，排水管渠的最小设计流速应符合：①污水管道在设计充满度下为 0.6m/s；②雨水管道和合流管道在满流时为 0.75m/s。故 D 项正确。

15.【19-上-15】 下列关于雨量分析的说法，错误的是哪项？

(A) 暴雨强度重现期为其降雨频率的倒数

(B) 年最大降雨量是指多年观测所得的各年最大一日降雨量的平均值

(C) 降雨历时是指一场雨全部的降雨时间或其中个别的连续时段

(D) 暴雨强度的重现期是指在一定长的统计期间内，等于或大于某统计对象出现一次的平均间隔时间

【解析】选 B。选项 A 参见《室外排水设计规范》第 2.1.18 条有关重现期的规定；选项 B 参见秘书处教材《排水工程》P64 的"1) 暴雨强度的频率"；选项 C 参见教材 P62 的"(2) 降雨历时"；选项 D 参见教材 P63 的"2) 暴雨强度的重现期"。

16.【19-下-16】 重庆市中心城区重要的科教文化中心区雨水管渠的设计重现期宜为下列哪项？

(A) 2～3 年 (B) 3～5 年

(C) 5～10 年 (D) 10～20 年

【解析】选 C。参见《室外排水设计规范》表 3.2.4。

2.1.3 合流制管道

1.【10-上-15】 对截流式合流制溢流污水可采用下列哪种方法进行处理？

(A) 格栅、沉淀、消毒 (B) 氧化沟

(C) A^2O (D) 沉砂、除油

【解析】选 A。参见秘书处教材《排水工程》P114。

2.【11-上-15】 在对旧城区合流制管道系统进行改造时，由于缺乏污水管道敷设费用，请问下列哪种排水管道改造方案最经济合理？

(A) 全处理合流制 (B) 不完全分流制

(C) 截留式合流制 (D) 分流制

【解析】选 C。参见秘书处教材《排水工程》第 5 章相关部分。

3.【11-下-16】 在合流制管道设计中，下列哪种说法是错误的？

(A) 合流制管道的最小设计流速应大于污水管道的最小设计流速

(B) 合流制管道的最小管径应大于污水管道的最小管径

(C) 合流制管道的雨水设计重现期可适当高于同一情况下的雨水管道设计重现期

(D) 在同一系统中，可采用不同的截留倍数

【解析】选 B。A 项参见《室外排水设计规范》4.2.7 条，排水管渠的最小设计流速，应符合下列规定：(1) 污水管道在设计充满度下为 0.60m/s；(2) 雨水管道和合流管道在满流时为 0.75m/s。B 项，污水管最小管径 300mm，雨水管和合流管最小管径也是 300mm，可知 B 项错误。C 项参见《室外排水设计规范》3.3.4 条。D 项参见《室外排水设计规范》3.3.3 条。

4.【12-上-16】 在城市旧合流制排水系统改造设计中，下列哪项措施不具有削减合流制排水管渠溢流污染的作用？

(A) 增大管道截流倍数 (B) 增大地表输水能力
(C) 增设调蓄处理池 (D) 增加绿化面积

【解析】选 B。增加地表输水能力，就是增加径流系数 ϕ，显然会使汇流雨水量增加，在同样截留倍数条件下，溢流雨水将增多，故 B 项错误。同理，增加绿化面积将使 ϕ 减小，溢流雨水减小，故 D 项正确。参见秘书处教材《排水工程》P114，可知 AC 项正确。

5.【13-下-15】 某城市拟将合流制排水系统改造为分流制排水系统时，下列哪项条件可不考虑？

(A) 居民区内住房卫生条件设施完善
(B) 工厂内部清浊分流
(C) 城市街道横断面有足够的布管位置
(D) 该城市污水厂采用的处理工艺

【解析】选 D。应考虑的条件为：(1) 居民区内住房卫生条件设施完善；(2) 工厂内部清浊分流；(3) 城市街道横断面有足够的布管位置。参见秘书处教材《排水工程》P114。

6.【14-下-15】 下列关于合流管道的说法中，哪项正确？
(A) 合流管道应按非满流设计
(B) 合流管道重力流敷设应减小埋深，设置于其他地下管线之上
(C) 合流管道应根据需要设通风设施
(D) 雨水管道系统与合流制管道系统之间可根据需要设联通管道

【解析】选 C。根据《室外排水设计规范》4.3.6 条，污水管道和合流管道应根据需要设通风设施，故 C 项正确。

7.【16-下-15】 下列关于合流管渠的污水设计流量计算做法，哪项正确？
(A) 综合生活污水量和工业废水量均按最大日流量计
(B) 综合生活污水量和工业废水量均按平均日流量计
(C) 综合生活污水量按平均日流量计，工业废水按最大日流量计
(D) 综合生活污水量按最大日流量计，工业废水按平均日流量计

【解析】选 B。综合生活污水量和工业废水量均以平均日流量计。

8.【16-下-16】 下列关于不同直径排水管道连接方式，哪项不正确？
(A) 生活污水管道采用水面平接

(B) 工业污水管道采用管顶平接
(C) 雨水管道采用管顶平接
(D) 合流管道采用管底平接
【解析】选 D。当上游管径大于下游管径时，雨水（合流）管道采用管底平接。

9.【18-上-13】下列关于排水管道的设计充满度的选择，哪项是正确的？
(A) 雨水管道采用非满流设计　　　　(B) 合流管道采用半满流设计
(C) 雨水管道采用满流设计　　　　　(D) 污水管道采用满流设计
【解析】选 C。根据《室外排水设计规范》第 4.2.4 条，排水管渠的最大设计充满度和超高，应符合下列规定：(1) 重力流污水管道应按非满流计算，其最大设计充满度，应按表 4.2.4 的规定取值。(2) 雨水管道和合流管道应按满流计算。

10.【19-上-16】下列关于合流制管渠系统设计的说法中，错误的是哪项？
(A) 合流制排水管渠一般按满流设计、按晴天旱流校核最小流速
(B) 当合流制排水系统具有排水能力较大的合流管渠时，可采用较小截留倍数
(C) 在截流井前设置调蓄池，下游管渠设计可用较大截留倍数
(D) 合流管道的雨水设计重现期可高于同一情况下的雨水管道设计重现期
【解析】选 C。参见秘书处教材《排水工程》P108，当合流制排水系统具有排水能力较大的合流管渠时，可采用较小的截流倍数，或设置一定容量的调蓄设施。

11.【19-下-17】为减少截流式合流制溢流混合污水的污染，应对溢流的混合污水进行处理。下列哪项处理方法是不适合的？
(A) 在条件适宜地区可利用透水性路面降低溢流的混合污水量
(B) 用化学强化沉淀技术处理后排放
(C) 用预处理-人工湿地处理后排放
(D) 建独立的处理设施，用活性污泥工艺处理后排放
【解析】选 D。由于溢流混合污水含大量雨水，不适于活性污泥法工艺处理。

2.1.4 管、沟及附属构筑物

1.【10-上-16】当排水管内淤泥超过 30%，下列哪种清通方法不适用？
(A) 采用自来水冲洗　　　　　　　　(B) 采用管道内污水自冲
(C) 采用河水冲洗　　　　　　　　　(D) 采用机械清通
【解析】选 B。参见秘书处教材《排水工程》P177。

2.【10-下-16】下述哪种情况不宜采用柔性接口？
(A) 在地震设防烈度为 8 度地区敷设的管道
(B) 污水及合流制管道
(C) 穿过细砂层并在最高地下水位以下敷设的管道
(D) 设有带形基础的无压管道
【解析】选 D。D 项已经没必要再采用柔性接口。

3.【10-下-17】关于合流污水泵站的设计，下列哪种说法是正确的？

(A) 合流污水泵的设计扬程，应根据集水池水位与受纳水体平均水位差确定
(B) 合流污水泵站集水池的容积，不应小于最大一台水泵 30s 的出水量
(C) 合流污水泵站集水池设计最高水位应低于进水管管顶
(D) 合流污水泵站应采用非自灌式

【解析】选 B。参见《室外排水设计规范》5.2.5 条：合流污水泵的设计扬程，应根据集水池水位与受纳水体平均水位差和管路损失及安全水头确定。规范 5.3.1 条：不应小于最大一台水泵 30s 的出水量。合流污水泵站集水池最高设计水位应与进水管管顶平，若为压力流时可高于进水管管顶。合流污水泵站宜采用自灌式。综合以上情况，选择 B 项。A 项中说得不全面。

4. 【11-下-15】下列关于双壁波纹 PVC-U 管、HDPE 管特性的叙述中，哪项不正确？
(A) 强度高，耐压耐冲击　　　(B) 内壁平滑，摩阻低
(C) 管节短，接头多　　　　　(D) 施工快，工期短

【解析】选 C。参见秘书处教材《排水工程》P151。

5. 【12-上-17】下列关于排水泵站设计的说法中，哪项不合理？
(A) 某雨水泵站水泵叶轮轴心设计标高与集水井最高水位持平
(B) 某地雨水泵站入口处设计地面标高仅高于设计洪水位 0.80m
(C) 某地商业街的排水泵站供电按二级负荷设计
(D) 某位于居民区的污水泵站采用生物除臭装置

【解析】选 A。参见《室外排水设计规范》5.1.6 条，可知 A 项正确。根据规范 5.1.9 条，可知 C 项正确，根据规范 5.1.10 条及其条文解释，可知 D 项正确。根据规范 5.1.7 条，可知雨水泵站应采用自灌式。水泵叶轮轴心设计标高与集水井最高水位持平的设置方式为非自灌式。

6. 【12-下-17】下列关于排水管道布置或构筑物设计的说法中，哪项不正确？
(A) 雨水管道敷设在污水管道之下
(B) 污水管道通过宽 2m 的排洪沟时倒虹管采用一条
(C) 立交桥的桥面和地道排水统一收集，设专门泵站排除
(D) 在管径大于 1000mm 的管段，雨水口连接管通过暗井与干管连接

【解析】选 C。根据《室外排水设计规范》4.10.3 条，地道排水应单独设置，故 C 项错误。根据规范 4.11.1 条，宽 2m 类似小河，故 B 项正确。根据秘书处教材排水 P161，可知 D 项正确。根据规范 4.13 条，可知污水和雨水属于同级别管道，其没有明确敷设上下关系，一般雨水在污水上，但可根据项目实际情况自行安排，故 A 项正确。

7. 【13-上-16】排水管道接口一般有柔性、刚性和半柔性半刚性三种形式，污水和污水合流管道应采用下列哪项接口形式？
(A) 柔性接口
(B) 刚性接口
(C) 半柔性半刚性接口
(D) 以上三种形式均可，依据地质条件确定

【解析】选 A。根据《室外排水设计规范》4.3.4 条，管道接口应根据管道材质和地质条件确定，污水和合流污水管道应采用柔性接口。故选 A。

8.【16-上-17】 下列关于排水泵站设计的做法，哪项不合理？
(A) 某污水泵站设计水泵的运行方式为 4 用 1 备
(B) 某合流污水泵站 3 台水泵并联运行，并合用 1 根出水管
(C) 为避免泵站淹没，某立交地道雨水泵站采用非自灌式设计
(D) 某雨水泵站设计水泵的运行方式为 5 台同时工作

【解析】选 C。依据《室外排水设计规范》5.1.7 条，雨水泵站应采用自灌式泵站。且污水泵站和合流污水泵站宜采用自灌式泵站。故 C 不合理。

9.【17-上-16】 为了控制城镇面源污染，雨水调蓄池应放置在排水系统哪个位置？
(A) 起端
(B) 中间
(C) 末端
(D) 用水量最大处

【解析】选 C。依据《室外排水规范》4.14.3 条，末端调蓄池位于排水系统的末端，主要用于城镇面源污染控制。

10.【17-上-17】 关于雨水泵站，下述说法错误的是哪项？
(A) 雨水泵宜选用同一型号，台数不应少于 2 台
(B) 雨水泵房可不设备用泵
(C) 泵房内管道可架空敷设跨越电气设备
(D) 雨水泵房的出流井中应设置各泵出口的拍门

【解析】选 C。根据《室外排水规范》5.4.13 条，泵房内地面敷设管道时，应根据需要设置跨越设施。若架空敷设时，不得跨越电气设备和阻碍通道，通行处的管底距地面不宜小于 2.0m。

11.【17-上-18】 下列哪条因素与污水处理系统格栅的过栅水头损失计算无关？
(A) 格栅设置倾角
(B) 过栅流速
(C) 栅条断面形状
(D) 栅前水深

【解析】选 D。根据秘书处教材《排水工程》P220 公式（11-3），可知过栅水头损失与格栅设置倾角、过栅流速和栅条断面形状有关。

12.【17-上-19】 在污水处理厂哪个单元应设置 H_2S 监测装置？
(A) 进水泵房
(B) 消化池控制室
(C) 加氯间
(D) 鼓风机房

【解析】选 A。根据《室外排水规范》8.2.2 条，排水泵站需监测硫化氢（H_2S）浓度。

13.【17-上-24】 离心分离是常用的污废水处理方法，下列关于离心分离技术说法正确的是哪项？
(A) 待分离物质与介质密度差越小越容易分离
(B) 待分离物质与介质密度差越大越容易分离
(C) 待分离物质密度大于介质密度容易分离

(D) 待分离物质密度小于介质密度容易分离

【解析】选 B。根据秘书处教材《排水工程》P564 公式（19-21），待分离物质与介质密度差越大越容易分离。

14.【17-下-17】混凝土带形基础常用于各种潮湿土壤及地基软硬不均匀的排水管道，但不适用于下述哪种管道？
(A) 混凝土管　　　　　　　　(B) 钢筋混凝管
(C) 塑料管　　　　　　　　　(D) 陶土管

【解析】选 C。根据《室外排水设计规范》4.4.10 条，检查井和塑料管道应采用柔性连接。

15.【18-上-15】埋地塑料排水管应采用下列哪种基础形式？
(A) 土弧基础　　　　　　　　(B) 碎砾石基础
(C) 混凝土枕基　　　　　　　(D) 混凝土带形基础

【解析】选 A。根据《室外排水设计规范》第 4.3.2B 条，埋地塑料排水管不应采用刚性基础；根据规范第 4.3.4 条，管道接口应根据管道材质和地质条件确定，污水和合流污水管道应采用柔性接口。故选 A。

16.【19-上-14】关于污水中途泵站设置位置，下列哪种说法是正确的？
(A) 污水管道控制点处　　　　(B) 地铁排水管道处
(C) 污水管道接近最大埋深处　(D) 污水管道系统终点处

【解析】选 C。参见秘书处教材《排水工程》P52，当管道埋深接近最大埋深时，为提高下游管道的管底标高设置的泵站，称为中途泵站。

17.【19-下-15】下列截流式合流制排水截流井中，能准确控制雨季截流量的是哪项？
(A) 跳跃式截流井　　　　　　(B) 截流槽式截流井
(C) 旋流阀截流井　　　　　　(D) 带闸板截流井

【解析】选 C。参见秘书处教材《排水工程》P160 的"d. 旋流阀截流井"。

2.2 多项选择题

2.2.1 污水管道

1.【11-下-51】下列有关明渠的叙述中，哪几项正确？
(A) 明渠和盖板渠的底宽不宜小于 0.3m
(B) 渠道和管道连接处应设挡土墙等衔接设施
(C) 渠道和管道连接处应设置格栅
(D) 渠道和涵洞连接时，涵洞断面应按渠道水面达到设计超高时的泄水量计算

【解析】选 ABD。A 项参见《室外排水设计规范》4.12.2 条：明渠和盖板渠的底宽，不宜小于 0.3m。D 项参见规范 4.12.3 条第 2 款：渠道和涵洞连接时，涵洞断面应按渠道水面达到设计超高时的泄水量计算。B、C 两项参见规范 4.12.4 条：渠道和管道连接处应设挡土墙等衔接设施。渠道接入管道处应设置格栅。其中，C 项的表达不妥

当,注意是"渠道接入管道处应设置格栅",这明显区别于"渠道和管道连接处应设置格栅"。

2.【14-下-51】下列关于压力排水管道的设计做法,哪几项不正确?
(A) 压力管接入自流管渠时,应有效能措施
(B) 在压力排水管道上,可不必设置检查井
(C) 在合流排水压力管道上,可不设置排气井
(D) 排水压力管设计流速宜采用 0.7~2.0m/s
【解析】选 BC。根据《室外排水设计规范》4.4.12 条,在压力排水管道上,应设置压力检查井。故 B 项错误。根据 4.4.13 条,井盖宜采用排气井盖,故 C 项错误。

3.【18-上-52】污水量的变化程度通常用变化系数表示,以下关于变化系数的描述哪几项错误?
(A) 最大日污水量与平均日污水量的比值称为日变化系数
(B) 最大日最大时污水量与平均日平均时污水量的比值称为时变化系数
(C) 最大日最大时污水量与最大日平均时污水量的比值称为总变化系数
(D) 总变化系数与平均流量之间有一定的关系,平均流量愈小,总变化系数愈小
【解析】选 BCD。根据秘书处教材《排水工程》P37,综合生活污水量总变化系数为:

$$K_z = K_d \times K_h = \frac{最大日污水量}{平均日污水量} \times \frac{最大日最大时流量}{最大日平均时流量} = \frac{最大日最大时流量}{平均日平均时污水量}$$

可见,总变化系数与平均流量之间有一定的关系,平均流量愈大,总变化系数愈小。

4.【19-上-51】下述哪些因素会影响污水管道的最小覆土厚度?
(A) 荷载   (B) 支管衔接
(C) 其他地下管线   (D) 污水管道管径
【解析】选 ABC。根据秘书处教材《排水工程》P47~48,污水管道的最小覆土厚度,一般应满足下列因素的要求:(1) 必须防止管道内污水冰冻和因土壤冻胀而损坏管道;(2) 必须防止管壁因地面荷载受到破坏;(3) 必须满足街区污水连接管的衔接要求。

2.2.2 雨水管道

1.【11-上-52】以下关于雨水管渠降雨历时计算的叙述中,哪几项错误?
(A) 地面集水距离的合理范围是 50~150m
(B) 影响地面集水时间的主要因素有地面坡度、地面覆盖、降雨强度和地面集水距离
(C) 降雨历时计算公式中采用折减系数,主要考虑地面坡度对地面径流集水时间影响的修正
(D) 管渠内雨水流行时间一般采用 5~15min
【解析】选 CD。A 项参见《室外排水设计规范》3.2.5 条的说明:"地面集水距离是决定集水时间长短的主要因素;地面集水距离的合理范围是 50~150m,采用的集水时间为 5~15min。"B、C 项参见秘书处教材《排水工程》P74,其本质是管道空隙余量的利用,其作用是采用增长管道中流行时间的办法,以适当折减设计流量,进而缩小管道断面尺寸,降低工程造价。D 项错误,是地面集水时间的确定。

2.【12-上-51】雨水管段设计流量通常采用两种计算方法,下列关于这两种计算方法的解释与理解的叙述中,哪几项不正确?

(A) 雨水管道设计流量可采用面积叠加法或流量叠加法
(B) 流量叠加法计算的设计流量通常小于面积叠加法
(C) 流量叠加法计算的设计流量通常大于面积叠加法
(D) 流量叠加法中本设计管段的暴雨强度小于面积叠加法

【解析】选 BD。参见秘书处教材《排水工程》P69,可知 A 项正确;参见教材 P58 可知 B 项错误 C 项正确。流量叠加法不同区域采用不同暴雨强度,但任何一个区域暴雨强度≥面积叠加法。

3.【13-上-51】下列关于雨水管渠采用折减系数依据的论述,哪几项正确?

(A) 在一次降雨历时中,雨水管渠设计断面的实际流速并不一直是设计流速
(B) 管道的摩擦阻力导致管内雨水流动速度小于设计流速
(C) 管道空隙容量的存在,导致雨水在管道中流动时间延长
(D) 管渠走向的变化,导致雨水在管渠中流动时间延长

【解析】选 AC。参见秘书处教材《排水工程》P74,管道空隙容量、发生回流水,造成管道内实际流速低于设计流速。

4.【16-下-50】下列关于雨水系统的设计做法,哪几项正确?

(A) 将雨水调蓄池的出水接入污水管网
(B) 某市在雨水系统设计中分区采用了不同的设计重现期
(C) 内涝控制规划仅需考虑满足内涝设计重现期的措施
(D) 立交桥区域采取分区排水系统,径流系数取值为 0.9

【解析】选 ABD。依据《室外排水设计规范》3.2.4 条,内涝控制规划除了考虑满足内涝设计重现期,还需要考虑满足地面积水深度的措施。故 C 错误。

5.【16-下-51】在地震设防烈度为 8 度及以上设防区时,雨水管道应采用下列哪种接口?

(A) 水泥砂浆抹带接口 　　(B) 钢丝网水泥砂浆抹带接口
(C) 石棉沥青卷材接口 　　(D) 橡胶圈接口

【解析】选 CD。依据《室外排水设计规范》4.3.4 条,管道接口应根据管道材质和地质条件确定,污水和合流污水管道应采用柔性接口。当管道穿过粉砂、细砂层并在最高地下水位以下,或在地震设防烈度为 7 度及以上设防区时,必须采用柔性接口。

6.【18-下-50】下列哪些措施可以降低雨水综合径流系数和减低内涝风险?

(A) 增加透水路面铺装 　　(B) 增加雨水调蓄设施
(C) 增加绿地面积 　　(D) 建设雨水泵站

【解析】选 AC。根据秘书处教材《排水工程》P136,各类低影响开发技术及设施主要有:透水铺装、绿色屋顶、下沉式绿地、生物滞留设施、渗透塘、渗井、湿塘、雨水湿地、蓄水池、雨水罐、调节塘、调节池、植草沟、渗管/渠、植被缓冲带、初期雨水弃流设施、人工土壤渗滤等。

7.【18-下-52】 下列关于设计暴雨强度公式编制方法及参数的描述，正确的是哪几项？
(A) 某城镇具有 15 年的自动雨量记录资料，设计暴雨强度公式采用年多个样法
(B) 某城镇具有 25 年的自动雨量记录资料，设计暴雨强度公式采用年多个样法
(C) 硬化地面比例越高，雨水管渠的设计降雨历时越短
(D) 海绵城市建设设施延长了雨水地面径流时间

【解析】选 AD。根据《室外排水设计规范》第 3.2.3 条条文说明，在不足 20 年雨量记录的地区采用非年最大值法，年多个样法是非年最大值法中的一种；具有 20 年以上自动雨量记录的地区，应采用年最大值法。故选项 A 正确、B 不正确。硬化地面比例越高，径流系数越大，故选项 C 不正确。选项 D 正确，根据《室外排水设计规范》第 3.2.5A 条，应采取雨水渗透、调蓄等措施，从源头降低雨水径流产生量，延缓出流时间。

8.【19-上-52】 在应用极限强度理论进行雨水管渠设计流量计算时，应考虑下列哪些因素？
(A) 汇水面积大小 (B) 降雨重现期
(C) 管网汇流过程 (D) 降雨的时空分布不均匀性

【解析】选 ABC。参见秘书处教材《排水工程》P67 的公式（4-4）。

2.2.3 合流制管道

1.【10-上-51】 在合流制管道系统设计中，下述哪些做法是正确的？
(A) 在雨水径流污染较严重的地区，应采用较小的截留倍数，以减轻对水环境的污染
(B) 合流管道的雨水设计重现期，可适当高于同一情况下的雨水管道设计重现期
(C) 同一截留式合流制管道排水系统必须采用同一截留倍数
(D) 渠道和管道连接处应设挡土墙等衔接设施，渠道接入管道处应设置格栅

【解析】选 BD。参见《室外排水设计规范》3.3.3 条和 3.3.4 条。

2.【10-下-51】 下述合流制管道内水流速度的校核要求中，哪些是正确的？
(A) 合流管道设倒虹管时，应按旱流污水量校核最小流速
(B) 截留式合流系统的溢流管道应按旱流污水量校核最小流速
(C) 合流管道应按旱流污水量校核最小流速
(D) 合流管道应按雨水流量校核最小流速

【解析】选 AC。参见《室外排水设计规范》4.11 条的条文说明。

3.【12-下-51】 下列关于截留式合流制管渠设计流量计算方法的说法中，哪几项错误？
(A) 截流井下游的设计流量为未溢出的雨水量和本段雨水量之和
(B) 截流井上游的设计流量为旱流城镇污水和雨水设计流量之和
(C) 如果当地对水体环境有严格要求，截流倍数应取较小值
(D) 在经济发达地区，截流倍数可取较小值

【解析】选 ACD。参见《室外排水设计规范》3.3.2 条，选项 A 漏了上游和本段的污水量，故错误。参见规范 3.3.1 条，选项 B 为该公式的书面表达，故正确。根据规范

3.3.3 条及条文说明可知 CD 项错误，截留倍数大，污染小。

4. 【13-上-53】 某段合流制管渠，截流井前管渠设计综合生活污水流量 Q_{W1}、设计工业废水量 Q_{G1}、雨水设计流量 Q_{Y1}，截流井下游管渠设计综合生活污水流量 Q_{W2}、设计工业废水量 Q_{G2}、雨水设计流量 Q_{Y2}，截流倍数 n。则下列哪几项说法正确？
（A）截流井溢流的最大水量为：$Q_{Y1} - n(Q_{W1} + Q_{G1})$
（B）截流井下游管渠的设计流量为：$n(Q_{W1} + Q_{G1}) + Q_{W2} + Q_{G2} + Q_{Y2}$
（C）截流井前管渠应按（$Q_{W1} + Q_{G1}$）设计，按照校核（$Q_{W1} + Q_{G1} + Q_{Y1}$）校核
（D）截流井下游管渠应按（$Q_{W1} + Q_{G1} + Q_{W2} + Q_{G2}$）校核

【解析】选 AD。截流井溢流的最大水量为：$Q_{Y1} - n(Q_{W1} + Q_{G1})$；
截流井下游管渠的设计流量为：$(n+1)(Q_{W1} + Q_{G1}) + Q_{W2} + Q_{G2} + Q_{Y2}$；
截流井前管渠应按（$Q_{W1} + Q_{G1} + Q_{Y1}$）设计，按（$Q_{W1} + Q_{G1}$）校核；
截流井下游管渠应按（$Q_{W1} + Q_{G1} + Q_{W2} + Q_{G2}$）校核。

5. 【14-下-50】 下列关于截流式合流制排水管渠溢流污水减量与处理的说法中，哪几项正确？
（A）通过增设透水性路面，可降低溢流的混合污水量
（B）修建截流干管可有效削减旱季污水对水体的污染
（C）增设蓄水池贮存溢流混合污水，雨后抽送至污水厂，可有效控制溢流污染
（D）对溢流污水必须用生物处理工艺削减污染物

【解析】选 AC。根据秘书处教材《排水工程》P126，增设透水性路面及蓄水池可有效控制溢流污染，故 AC 项正确。修建截流干管可有效削减雨季混合污水的污染，故 B 项错误。对溢流污水处理措施包括细筛滤、沉淀，有时还通过投氯消毒后再排入水体，故 D 项错误。

6. 【16-上-51】 下列关于合流管渠的截留倍数设计取值的做法，哪几项错误？
（A）在经济不发达地区，应选用较大的截留倍数
（B）为控制受纳水体污染，应选用较小的截留倍数
（C）截流井上游设调蓄池时，下游可以选用较小的截留倍数
（D）同一排水系统截留倍数设计取值应相同

【解析】选 ABD。依据秘书处教材《排水工程》P120，当截流井上游设调蓄池时，上游的雨水流量减少，故下游可以选用较小的截留倍数。C 正确。

7. 【18-上-51】 下列关于室外排水管道设计做法，不正确的是哪几项？
（A）在合流管道系统之间设置连通管
（B）在雨水管道和合流管道系统之间设置连通管
（C）雨水管道采用满管流设计
（D）某工厂车间废水 pH 值为 4，采用普通砖砌排水检查井

【解析】选 BD。
选项 A 正确，B 不正确：根据《室外排水设计规范》第 4.1.11 条，雨水管道系统之间或合流管道系统之间可根据需要设置连通管。必要时可在连通管处设闸槽或闸门。连通

管及附近闸门井应考虑维护管理的方便。雨水管道系统与合流管道系统之间不应设置连通管道。

选项 C 正确：根据《室外排水设计规范》第 4.2.4.2 条，雨水管道和合流管道应按满流计算。

选项 D 不正确：根据《室外排水设计规范》4.1.4 条，输送腐蚀性污水的管渠必须采用耐腐蚀材料，其接口及附属构筑物必须采取相应的防腐蚀措施。

2.2.4 管、沟及附属构筑物

1.【10-下-52】 关于检查井的设计，下述哪些做法是正确的？
（A）在直线管段每隔一定距离应设检查井
（B）管径大于 300mm 的管道，接入检查井时，其进出管水流转角不应小于 90°
（C）在绿化带内检查井井盖应与地面持平
（D）接入检查井的支管管径大于 300mm 时，其支管数不宜超过 3 条
【解析】选 ABD。参见《室外排水设计规范》4.3.2 条，4.4.1 条，4.4.7 条及 4.4.9 条。

2.【11-上-53】 下述哪些设施设计时宜设事故排出口？
（A）截流井　　　　　　　　（B）污水泵站
（C）合流泵站　　　　　　　（D）倒虹管
【解析】选 BCD。参见《室外排水设计规范》4.1.12 条：排水管渠系统中，在排水泵站和倒虹管前，宜设置事故排出口。

3.【11-上-54】 当排水管渠出水口受水体水位顶托时，根据地区重要性和积水所造成的后果，应设置如下哪些措施？
（A）阀门　　　　　　　　　（B）潮门
（C）泵站　　　　　　　　　（D）水封井
【解析】选 BC。参见《室外排水设计规范》4.1.10 条：当排水管渠出水口受水体水位顶托时，应根据地区重要性和积水所造成的后果，设置潮门、闸门或泵站等设施。

4.【11-下-52】 下列关于排水泵站设计要求的叙述中，哪几项错误？
（A）水泵应选用同一型号，个数不应少于 2 台且不宜多于 8 台
（B）雨水泵站可不设备用泵
（C）污水泵站集水池的设计最高水位应按出水管高程确定
（D）雨水泵站集水池的容积不应小于最大一台水泵 5min 的出水量
【解析】选 CD。参见《室外排水设计规范》5.4.1 条，水泵的选择应根据设计流量和所需扬程等因素确定，且应符合下列要求：（1）水泵宜选用同一型号，台数不应少于 2 台，不宜大于 8 台；（2）雨水泵房可不设备用泵。

规范 5.3.5 条：污水泵站集水池的设计最高水位，应按进水管充满度计算。

规范 5.3.1 条第 2 款：雨水泵站集水池的容积，不应小于最大一台水泵 30s 的出水量。

5.【12-上-52】 某城镇的地基松软，地下水位较高，地震设防烈度为 8 度。下列哪项

适用于其污水管道接口和基础做法?
（A）石棉沥青卷材接口　　　　　（B）混凝土带形基础
（C）橡胶圈接口　　　　　　　　（D）混凝土枕基

【解析】选 BC。参见秘书处教材《排水工程》P153，地震设防烈度为 8 度必须设柔性接口，但石棉沥青卷材接口仅适用无下水地区，故 C 项正确，A 项错误。参见教材 P145 可知枕基不适用，只能选用带形基础。

6.【12-上-53】某城市拟建设一座设计流量为 5m/s 的雨水泵站，进入雨水泵站的雨水干管埋深为 4m，泵站出水就近排入河道，则其水泵选型下列哪几项比较适合?
（A）潜水轴流泵　　　　　　　（B）潜水离心泵
（C）潜水多级泵　　　　　　　（D）潜水混流泵

【解析】选 AD。离心泵流量小，扬程大；轴流泵流量大，扬程小；混流泵介于两者之间。多级泵是高扬程泵。题目工况为大流量小扬程，所以 AD 项正确。

7.【12-下-52】下列关于排水管道附属构筑物的叙述中，哪几项不合理或错误？
（A）位于绿地的检查井井盖低于地面
（B）道路纵坡越大的地区雨水口的间距越小
（C）消化池上清液排放管直接与厂区排水管检查井联通
（D）进水管径为 500mm 的跌水井一次跌水水头取 3.5m

【解析】选 ABC。由《室外排水设计规范》4.4.7 条可知 A 项错误，由规范 4.7.3 条及其条文解释可知 B 项错误，由规范 4.5.2 条可知 D 项正确。消化池上清液含有污泥消化产生的各种污泥气包括甲烷，由规范 4.6.1 条可知，其必须设水封井，故 C 项错误。

8.【13-上-52】下列关于截流井设计的叙述中，哪几项正确？
（A）截流井宜采用槽式，也可采用堰式或槽堰结合式
（B）当采用堰式或槽堰结合式时，堰高和堰长应进行水力计算
（C）截流井溢流水位应高于设计洪水位
（D）截流井内不宜设流量控制设施

【解析】选 AB。根据《室外排水设计规范》4.8.2 条，截流井宜采用槽式，也可采用堰式或槽堰结合式。管渠高程允许时，应选用槽式，当选用堰式或槽堰结合式时，堰高和堰长应进行水力计算。故 AB 项正确。根据规范 4.8.3 条，截流井溢流水位，应在设计洪水位或受纳管道设计水位以上，当不能满足要求时，应设置闸门等防倒灌设施。C 选项不够完整，存在溢流井水位低于设计洪水位时，可以设置防倒灌设施，故错误。根据规范 4.8.4 条，截流井内宜设流量控制设施，故 D 项错误。

9.【13-下-51】下列说法中，哪几项不正确？
（A）排水检查井必须采用实心黏土砖砌筑
（B）排水检查井宜采用钢筋混凝土或塑料成品井
（C）埋地塑料排水管应采用刚性基础
（D）排水检查井和塑料排水管道应采用柔性连接

【解析】选 AC。根据《室外排水设计规范》4.4.1B 条的条文解释，检查井宜采用钢

筋混凝土成品并或塑料成品井，不应使用实心黏土砖砌检查井，故 B 项正确，A 项错误。

根据规范 4.3.2B 条第 3 款，埋地塑料排水管不应采用刚性基础，故 C 项错误。

根据规范 4.4.10A 条，检查井和塑料管道应采用柔性连接，故 D 项正确。

10. 【14-下-53】下列关于雨水泵站设计的叙述中，哪几项错误？
（A）雨水泵站前应设格栅
（B）雨水泵站集水池容积，不应小于最大一台泵 5min 的出水量
（C）为了高效地排除不同降雨量，雨水泵宜选 2 种以上的型号进行组合
（D）雨水泵站出水口选择应避让桥梁等水中构筑物

【解析】选 BC。根据《室外排水设计规范》5.3.1 条，雨水泵站集水池的容积，不应小于最大一台水泵 30s 的出水量，故 B 项错误。根据规范 5.4.1 条，水泵宜选用同一型号，台数不应少于 2 台，不宜大于 8 台，故 C 项错误。

11. 【16-上-52】下列关于排水检查井、跌水井和水封井的设计做法，哪几项不合理？
（A）在管径 3000mm 的雨水主干管直线段上，检查井的间距为 150m
（B）某合流检查井上下游管径分别为 DN1200 和 DN1500，井底流槽设计深度为 600mm
（C）某污水管段长度为 400m，上下游高差为 12m，设计了两个跌水井
（D）某化工厂工业废水干管上水封井间隔 100m，水封深度设计为 0.3m

【解析】选 BC。依据《室外排水设计规范》4.4.4 条的条文说明，检查井井底宜设流槽；污水检查井流槽顶可与 0.85 倍大管管径处相平，雨水（合流）检查井流槽顶可与 0.5 倍大管管径处相平。流槽顶部宽度宜满足检修要求。B 选项中，大管径为 DN1500，故流槽深度应为 750mm，B 错误。

根据《室外排水设计规范》表 4.2.10，污水管的最小管径为 300mm，故一次跌水水头高度不宜大于 4m。C 选项为 6m，错误。

12. 【16-上-53】下列关于排水泵站的设计做法，哪几项正确？
（A）某化学制药厂为节约占地，将污水泵站与污水站办公化验室合建
（B）某立交地道雨水泵站的入口处位于地道中部，其设计地面标高比室外地面高 0.5m
（C）某市中心商业区的雨水泵站供电按一级负荷设计
（D）某工业园区将雨水泵站与污水泵站合建，并设置了雨水向污水管道系统的连通管

【解析】选 CD。依据《室外排水设计规范》5.1.9 条，排水泵站供电应按二级负荷设计，特别重要地区的泵站，应按一级负荷设计。中心商业区属于特别重要地区，故 C 正确。

依据《室外排水设计规范》5.1.13 条，雨污分流不彻底、短时间难以改建的地区，雨水泵站可设置混接污水截流设施，并应采取措施排入污水处理系统。故 D 正确。

13. 【16-下-52】下列关于排水管道附属构筑物的设计，哪几项正确？
（A）某小区在道路上不设雨水口，而把雨水口放在下凹式绿地中，并高出绿地 50mm
（B）计算雨水口流量时，设计重现期取值大于雨水管渠设计重现期 1.5 倍，其他参数不变
（C）某市立交地道下设雨水泵站，泵站出水先进入雨水调蓄池，再排入河道

(D) 设计2条穿铁路的倒虹管，设计流速为1.1m/s，管径为500mm

【解析】选ACD。依据《室外排水设计规范》4.7.1A，雨水口和雨水连接管流量应为雨水管渠设计重现期计算流量的1.5～3倍。故B错误。

14.【16-下-53】 下列关于排水泵站水泵和管件的设计，哪几项正确？
(A) 当水量变化很大时，某污水泵站采用变频调速装置调节水泵流量
(B) 某泵站水泵出水管的流速大于吸水管流速
(C) 某泵站离心泵吸水管采用同心异径管，压水管采用偏心异径管
(D) 雨水泵站设计最大扬程等于集水池最低水位与受纳水体最高水位之差

【解析】选AB。为防止空气在吸水管路中聚集，吸水管应采用偏心异径管，且采用管顶平接。故C错误。依据《室外排水设计规范》5.2.4条，雨水泵的设计扬程，应根据设计流量时的集水池水位与受纳水体平均水位差和水泵管路系统的水头损失确定。故D错误。

15.【17-上-53】 污水泵站集水池设计水位确定，下述哪些说法正确？
(A) 集水池最高水位应与进水管管顶高程相同
(B) 集水池最低水位应满足真空泵抽气要求
(C) 集水池最高水位应与进水管水面高程相同
(D) 集水池最低水位应满足自灌泵叶轮浸没深度的要求

【解析】选BCD。依据《室外排水设计规范》5.3.5条，污水泵站集水池的设计最高水位，应按进水管充满度计算。故A错误。

16.【17-下-51】 关于污水管道系统附属构筑物设置，下述哪些说法是正确的？
(A) 在压力管道上应设置压力检查井
(B) 污水的水封井应设在车行道和行人众多的地段
(C) 具有高流速的污水管道，其敷设坡度发生突变的第一座检查井宜设置高流槽检查井
(D) 长距离重力流管道直线输送后变化段宜设排气装置

【解析】选ACD。依据《室外排水设计规范》4.6.3条，水封井以及同一管道系统中的其他检查井，均不应设在车行道和行人众多的地段，并应适当远离产生明火的场地。故B错误。

17.【18-下-51】 某地地震设防烈度为7.5度，敷设钢筋混凝土污水管道时，应采用下列哪几种接口方法？
(A) 钢丝网水泥砂浆抹带接口　　(B) 水泥砂浆抹带接口
(C) 石棉沥青卷材接口　　　　　(D) 橡胶圈接口

【解析】选CD。根据《室外排水设计规范》第4.3.4条，管道接口应根据管道材质和地质条件确定，污水和合流污水管道应采用柔性接口。当管道穿过粉砂、细砂层并在最高地下水位以下，或在地震设防烈度为7度及以上设防区时，必须采用柔性接口。根据秘书处教材《排水工程》P152，常用的柔性接口有沥青卷材及橡皮圈接口。

18.【19-下-51】 下述哪些措施可保障排水系统中倒虹管的正常运行？
(A) 进水井前设置沉泥槽
(B) 出水井设置事故排出口

（C）进水井中设置冲洗设施

（D）倒虹管内设置空气垫式防沉装置

【解析】选 ACD。根据《室外排水设计规范》第 4.11.2 条的条文说明，进水井设置事故排出口。

19.【19-下-53】下列关于雨水泵站的描述中，错误的是哪几项？

（A）雨水泵站应采用自灌式泵站，以使用轴流泵为主

（B）轴流泵的出水管上应安装闸阀，防止发生倒灌

（C）大型雨水泵站不宜通过水力模型试验确定进水布置方式

（D）雨水泵房可不设备用泵

【解析】选 BC。选项 B 参见秘书处教材《排水工程》P193，轴流泵出水管不设闸阀；选项 C 参见教材 P182，大型雨水泵站宜通过水力模型试验确定进水布置方式。

第3章 传统活性污泥法

3.1 单项选择题

1.【10-上-18】 活性污泥有机负荷对活性污泥的增长、有机物的降解、氧转移速率及污泥沉降性能有重要影响，下列关于活性污泥影响作用的描述哪一项是不恰当的？
　　(A) 活性污泥有机负荷高，有机物降解速率快
　　(B) 活性污泥有机负荷高，微生物增长速率快
　　(C) 活性污泥有机负荷高，氧利用速率高
　　(D) 活性污泥有机负荷高，污泥沉降性能好
　　【解析】选 D。污泥有机负荷高，絮凝体不密实，沉淀性能下降。

2.【10-上-20】 SBR 反应池设计流量应采用什么流量？
　　(A) 最高日最高时　　　　　　(B) 最高日平均时
　　(C) 平均日平均时污水量　　　(D) 平均日最高时
　　【解析】选 C。参见《室外排水设计规范》6.6.34 条，SBR 反应池宜按平均日污水量设计，反应池前后的水泵管路等按最高日最高时设计。

3.【10-下-18】 活性污泥法是以活性污泥微生物为主体，对有机和营养性污染物进行氧化、分解、吸收的污水生物处理技术，下列关于活性污泥中的不同微生物作用的描述，哪一项是不正确的？
　　(A) 细菌是活性污泥微生物的主体，起分解污染物的主要作用
　　(B) 真菌具有分解有机物的功能，但大量繁殖会影响污泥沉降性能
　　(C) 原生动物摄食水中游离细菌，原生动物增多，表明处理水质将会恶化
　　(D) 后生动物摄食原生动物，后生动物出现，表明处理系统水质好
　　【解析】选 C。参见秘书处教材《排水工程》P232，后生动物出现表示水质变好。

4.【11-上-17】 在设计生物脱氮除磷处理工艺时，为达到不同的处理目标，下列关于设计参数的取值，哪项不正确？
　　(A) 设计 A/O 法生物脱氮工艺时，应取较长的污泥泥龄
　　(B) 设计 A/O 法生物除磷工艺时，应取较短的污泥泥龄
　　(C) 以除磷为主要目的 SBR 工艺，污泥负荷应取较小值
　　(D) 设计 AAO 工艺时，为提高脱氮率应增大混合液回流比
　　【解析】选 C。参见《室外排水设计规范》表 6.6.18、表 6.6.19，可知 A、B 项正确。根据规范 6.6.37 条："SBR 以除磷为主要目标时，宜按本规范表 6.6.19 的规定取值；同时脱氮除磷时，宜按本规范表 6.6.20 的规定取值。"可知 C 项错误。D 项正确，是由 AAO 的工艺流程决定的，参见秘书处教材排水图 15-9。

5.【11-下-20】 活性污泥曝气系统氧的转移速率受多种因素的影响,下列哪种说法是不正确的?

(A) 污水温度越高氧转移效率越高

(B) 在污水中氧的转移率比在清水中低

(C) 氧转移率随所在地区的海拔高度的升高而降低

(D) 氧利用率随曝气头产生的气泡直径的减小而提高

【解析】 选 A。参见秘书处教材《排水工程》P250。水温对氧的转移影响较大,水温上升,水的黏度降低,扩散系数提高,液膜厚度随之降低,氧总转移系数值增高;反之,则降低。另一方面,水温对溶解氧饱和度也产生影响,其值因温度上升而降低。因此,水温对氧转移有两种相反的影响,但并不能两相抵消。总的来说。水温降低有利于氧的转移。

6.【12-上-19】 活性污泥系统中,下列关于曝气池内氧转移的影响要素的叙述中,哪项错误?

(A) 污水中含有多种杂质,会降低氧的转移

(B) 总体来说,水温低有利于氧的转移

(C) 气压降低,会降低氧的转移

(D) 曝气的气泡越大,氧转移效率越高

【解析】 选 D。参见秘书处教材《排水工程》P250,可知 ABC 项正确。气泡越小,传质系数越大,氧转移效率越高,故 D 错误。

7.【12-下-19】 间歇式活性污泥处理系统(SBR)的运行操作分五道工序,循环进行,这五道工序按时间顺序应为下列哪项?

(A) 进水、反应、沉淀、排水、待机(闲置)

(B) 进水、沉淀、反应、待机(闲置)、排水

(C) 进水、反应、沉淀、待机(闲置)、排水

(D) 进水、待机(闲置)、反应、沉淀、排水

【解析】 选 A。参见秘书处教材《排水工程》P257。

8.【13-下-18】 关于污泥龄,下列哪项说法错误?

(A) 污泥龄是指生物固体在生物反应器内的平均停留时间

(B) 生物反应器污泥龄越短,剩余污泥量越大

(C) 世代时间短于污泥龄的微生物,在曝气池内不可能繁殖成优势菌种

(D) 生物除磷系统污泥龄宜为 3.5~7d

【解析】 选 C。污泥龄是指生物固体在生物反应器内的平均停留时间,世代时间大于污泥龄的微生物不可能繁衍成优势菌种属。

9.【14-上-17】 下列关于活性污泥的叙述中,哪项错误?

(A) 活性污泥是具有代谢功能的活性微生物群、微生物内源代谢和自身氧化的残余物、难以降解的惰性物质、无机物质组成

(B) 活性污泥中的微生物包括细菌、真菌、原生动物、后生动物等

(C) 在活性污泥生长的 4 个过程中，只有内源呼吸期微生物在衰亡，其他过程微生物都增值

(D) 活性污泥絮体具有絮凝和沉淀功能

【解析】选 C。根据秘书处教材《排水工程》P232，在活性污泥生长的 4 个过程中，同时都存在衰亡，不同过程中衰亡速率和增殖速度大小不同。

10.【14-上-19】 采用活性污泥进行污水处理时，混合液悬浮固体浓度是重要指标。下列关于混合液悬浮固体浓度的说法中，哪项错误？

(A) 普通活性污泥系统混合液悬浮固体浓度，是指反应池内的混合液悬浮固体浓度平均值

(B) 阶段曝气活性污泥法系统混合液悬浮固体浓度，是指反应池内的混合液悬浮固体平均浓度

(C) 吸附—再生活性污泥法系统混合液悬浮固体浓度，是指吸附池和再生池内的混合液悬浮固体平均浓度

(D) 完全混合式活性污泥法系统混合液悬浮固体浓度，是指反应区内的混合液悬浮固体平均浓度

【解析】选 C。根据《室外排水设计规范》6.6.10 条的条文说明：X 为反应池内混合液悬浮固体 MLSS 的平均浓度，它适用于推流式、完全混合式生物反应池。吸附再生反应池的 X，是根据吸附区的混合液悬浮固体和再生区的混合液悬浮固体，按这两个区的容积进行加权平均得出的理论数据。

11.【14-下-18】 下列哪个公式不是活性污泥反应动力学的基础方程？

(A) 米-门公式　　　　　　　　(B) 莫诺特方程

(C) 劳-麦方程　　　　　　　　(D) 哈森-威廉姆斯公式

【解析】选 D。D 项为紊流计算公式。

12.【16-上-13】 下列哪个动力学方程描述了微生物增值速率与有机物浓度的关系？

(A) 劳—麦方程　　　　　　　　(B) 莫诺特方程

(C) 米—门公式　　　　　　　　(D) 菲克定律

【解析】选 B。莫诺特方程是排水工程重要方程。

13.【16-上-20】 下述活性污泥法工艺均具有脱氮除磷能力，哪项反应器设计不宜采用最高日最高时流量？

(A) AAO 法反应器　　　　　　(B) Orbal 氧化沟

(C) 多点进水多级 A0 反应器　　(D) CAST 反应器

【解析】选 D。依据《室外排水设计规范》6.6.34 条，SBR 反应池宜按平均日污水量设计，而 CAST 反应器属于 SBR 反应池的一种，故选择 D。

14.【16-下-18】 下列哪种工艺主要通过生物吸附作用去除污染物？

(A) SBR 工艺　　　　　　　　　(B) AB 法 A 段工艺

(C) Carrousel 氧化沟工艺　　　　(D) 完全混合式活性污泥法处理工艺

【解析】选 B。依据秘书处教材《排水工程》P264，AB 法污水处理工艺，就是吸附-

生物降解（Adsorption-Biodegration）工艺。

15.【16-下-19】 下述哪种活性污泥法工艺实现了生物固体平均停留时间与水力停留时间的分离？
（A）吸附-再生活性污泥法　　　　（B）普通活性污泥法
（C）MBR 工艺　　　　　　　　　（D）Orbal 氧化沟工艺

【解析】选 C。根据秘书处教材《排水工程》P266，膜生物反应器系统综合了膜分离技术与生物处理技术的优点，以超滤膜、微滤膜组件代替生物处理系统传统的二次沉淀池，实现泥水分离。被超滤膜、微滤膜截留下来的活性污泥混合液中的微生物絮体和较大分子质量的有机物，被截留在生物反应器内，使生物反应器内保持高浓度的生物量和较长的生物固体平均停留时间，极大地提高了生物对有机物的降解率。

16.【17-上-20】 某市政污水处理厂采用传统活性污泥处理工艺，曝气池出口处混合液经过 30min 静沉后，沉降比为 60%，SVI 为 200。关于该曝气池内活性污泥性能的判断，最恰当的是下列哪项？
（A）污泥中无机物含量太高　　　　（B）污泥已解体
（C）污泥沉降性能良好　　　　　　（D）污泥沉降性能不好

【解析】选 D。根据秘书处教材《排水工程》P238，生活污水及城市污水处理的活性污泥 SVI 值介于 70～100。SVI 值过低，说明污泥颗粒细小、无机物质含量高、缺乏活性；SVI 值过高，说明污泥沉降性能不好，且有可能产生膨胀现象。

17.【17-下-19】 在活性污泥增长曲线中，微生物的代谢活性最强的是下列哪项？
（A）停滞期　　　　　　　　　　　（B）对数增殖期
（C）减速增殖期　　　　　　　　　（D）内源呼吸期

【解析】选 B。对数期代谢活性最强。

18.【18-上-21】 城镇污水的好氧生物处理中，提高氧总转移系数可以促进氧的转移和利用率，下面关于氧总转移系数的叙述，不正确的是哪项？
（A）曝气池中的曝气气泡增大，可以减小液膜厚度，增大氧总转移系数
（B）曝气池中水体湍动程度加大，可以降低传质阻力，增大氧总转移系数
（C）采用纯氧曝气可以提高气相中氧的分压梯度，增大氧总转移系数
（D）采用深井曝气可以增大气相中氧的分压梯度，增大氧总转移系数

【解析】选 A。根据秘书处教材《排水工程》P245，从工程上讲，可采取两种措施：一是增大 α 值，例如，使曝气气泡减小（微孔曝气）或加大搅拌，使气液接触界面更新更快，同时可减小液膜厚度，降低传质阻力，从而加大传质系数；二是增大 D_L，增大扩散系数应增大气相中扩散的推动力氧的分压梯度，一般可采用纯氧或深井曝气来达到。

19.【18-下-18】 活性污泥法是污水处理常用的生物方法，下列关于活性污泥的说法中错误的是哪项？
（A）活性污泥由具有代谢功能的活性微生物群、微生物内源代谢和自身氧化的残余物、难以降解的惰性物质和无机物质组成
（B）活性污泥中的微生物包括细菌、真菌、原生动物、后生动物等

(C) 在活性污泥增长的 4 个阶段，适应期微生物质量不增加，内源呼吸期微生物量值在衰减

(D) 良好的活性污泥絮凝体具有对污染物的吸附功能及其絮凝和沉降特性

【解析】选 C。适应期，亦称停滞期或调整期，是微生物培养的最初阶段，是微生物细胞内各种酶系对新环境的适应过程。在本阶段初期，微生物不裂殖，数量不增加，但在质的方面却开始出现变化，如个体增大，系统逐渐适应新环境。在本期后期，酶系统对新环境已基本适应，微生物个体发育也达到一定的程度，细胞开始分裂、微生物开始增值。

20.【18-下-19】采用曝气池的城镇污水处理厂，曝气池在运行中会出现泡沫问题，下面哪项不是产生泡沫的直接原因？

(A) 污水中表面活性剂含量过多

(B) 污水中混入有毒物质导致曝气池污泥解体

(C) 曝气池中局部曝气不足导致的反硝化作用

(D) 曝气池中丝状微生物过度繁殖

【解析】选 B。曝气生物反应池泡沫一般分三类：①启动泡沫（由于废水中含表面活性物质，引起表面泡沫）；②反硝化泡沫；③生物泡沫（丝状微生物异常增殖）。

21.【19-上-19】曝气系统是污水生物处理工艺的重要组成部分，以下措施中不能提高氧转移效率的是哪项？

(A) 增加搅拌措施　　　　　　(B) 采用深井曝气

(C) 提高水温　　　　　　　　(D) 采用纯氧曝气

【解析】选 C。参见秘书处教材《排水工程》P237 的"12.2.2 氧转移影响因素"。水温对氧转移有两种相反的影响，但并不能两相抵消；然而总的来说，水温降低有利于氧的转移。

22.【19-下-19】活性污泥系统按流态的不同，有多重运行方式和工艺类型，下列关于活性污泥系统的描述，正确的是哪项？

(A) 完全混合活性污泥曝气池，不易发生污泥膨胀现象

(B) 吸附-再生活性污泥法，不适于处理悬浮固体含量较高的污水

(C) 间歇式活性污泥法，不易发生污泥膨胀现象

(D) 氧化沟活性污泥法，在流态上属于完全推流式

【解析】选 C。参见秘书处教材《排水工程》P243~244，完全混合活性污泥曝气池易发生污泥膨胀现象；吸附-再生活性污泥法，不宜处理溶解性有机污染物较高的污水。对于选项 D，氧化沟整体属于完全混合态。

23.【19-下-20】某城镇污水处理厂进水 BOD 为 200mg/L，TN 为 40mg/L 要求出水 BOD≤10mg/L，TN≤15mg/L。采用 SBR 生物处理工艺，每周期的进水量为 2000m³，下列 SBR 反应器的充水比和容积的设计最合理的是哪项？

(A) 充水比为 0.25，容积为 4000m³

(B) 充水比为 0.25，容积为 8000m³

(C) 充水比为 0.50，容积为 4000m³
(D) 充水比为 0.50，容积为 8000m³

【解析】选 B。参见《室外排水设计规范》第 6.6.38 条的条文说明中，关于充水比 m 的含义的解释。

3.2 多项选择题

1.【10-下-53】 在城市污水处理厂中，活性污泥曝气生物反应池主要去除对象是哪些污染物？
(A) 污水中的悬浮固体
(B) 胶体态和溶解态生物可降解有机物
(C) 无机氮、无机磷等营养性污染物
(D) 溶解态微量难降解有机污染物

【解析】选 BD。参见秘书处教材《排水工程》P165。

2.【11-下-55】 下列关于氧化沟的说法哪些是正确的？
(A) 氧化沟内混合液流态，其主体属于完全混合态
(B) 氧化沟系统 BOD_5 负荷较低、污泥龄较长
(C) 氧化沟溶解氧浓度梯度变化具有推流式的特征
(D) 奥巴勒（Orbal）氧化沟内、中、外沟内溶解氧浓度分别为 0mg/L、1mg/L、2mg/L

【解析】选 ABC。参见秘书处教材《排水工程》P250。氧化沟实际上是普通活性污泥法的变形，是将普通活性污泥法中的中间隔墙靠进水端的部分截去一段，使混合液从进水端推流至出水端时可以形成大的返混（循环）。因此在流态上，氧化沟介于完全混合与推流之间，但主体属于完全混合态。

氧化沟 BOD 负荷低，可按延时曝气方式运行。具有下列优点：(1) 对水温、水质、水量的变动有较强的适应性；(2) 污泥龄（生物固体平均停留时间）一般可达 15～30d，为普通活性污泥系统的 3～6 倍；(3) 污泥产率低，且多已达到稳定的程度，无需再进行消化处理。

可以认为在氧化沟内混合液的水质是几近一致的，从这个意义来说，氧化沟内的流态是完全混合式的。但又具有某些推流式的特征，如在曝气装置的下游，溶解氧浓度从高向低变动，甚至可能出现缺氧段。

氧化沟系统多采用 3 层沟渠，最外层沟渠的容积最大，约为总容积的 60%～70%，第二层沟渠约占 20%～30%，第三层沟渠则仅占有 10% 左右。运行时，应使外、中、内 3 层沟渠内混合液的溶解氧保持较大的梯度，如分别为 0mg/L、1mg/L 及 2mg/L，这样既有利于提高充氧效果，也有可能使沟渠具有脱氮除磷的功能。

奥巴勒氧化沟污水首先进入最外环的沟渠，然后依次进入下一层沟渠，最后由位于中心的沟渠流出进入二次沉淀池。

3.【12-上-55】 下列关于活性污泥反应动力学的叙述中，哪几项正确？
(A) 米-门公式是理论公式，表述了有机物在准稳态酶促反应条件下有机物的反应

速率

(B) 莫诺特方程是实验公式，利用纯种微生物在复杂底物培养基中进行增值试验，表述了微生物比增值速率与有机物（底物）浓度关系

(C) 劳-麦方程以微生物的增值速率及其对有机物的利用为基础，提出了单位有机物降解速率的概念

(D) 活性污泥反应动力学模型的推导，通常都假定进入曝气反应池的原污水中不含活性污泥

【解析】选 ACD。参见秘书处教材《排水工程》P239，可知 A 项正确。在单一底物中而非复杂底物，故 B 项错误，C 项正确，D 项正确。

4.【12-下-56】下列关于活性污泥净化反应的主要影响因素的说法中，哪几项正确？
(A) 活性污泥微生物最佳营养比一般为 BOD：N：P＝100：20：2.5
(B) 在曝气池出口端的溶解氧一般宜保持低于 2mg/L
(C) 微生物适宜的最佳温度范围在 15～30℃
(D) 微生物适宜的最佳 pH 值范围在 6.5～8.5

【解析】选 CD。参见秘书处教材《排水工程》P231，可知 A 项错误，应为 BOD：N：P＝100：5：1。B 项应为不低于 2mg/L。

5.【13-上-54】关于曝气充氧设施，下列哪几项说法正确？
(A) 在同一供气系统中，应选同一类型的鼓风机
(B) 生物反应池的输气干管宜采用环状布置
(C) 曝气器数量，根据服务面积确定即可
(D) 生物反应池采用表面曝气器供氧时，宜设有调节叶轮、转碟速度或淹没水深的控制设施

【解析】选 ABD。根据《室外排水设计规范》6.8.12 条，在同一供气系统中，应选同一类型的鼓风机，故 A 项正确。根据规范 6.8.19 条，生物反应池的输气干管宜采用环状布置，B 项正确。根据规范 6.8.15 条，鼓风机设置的台数，应根据气温、风量、风压、污水量和污染物负荷变化等对供气的需要量而确定，C 项错误。根据规范 6.8.8 条，生物反应池采用表面曝气器供氧时，宜设有调节叶轮、转碟速度或淹没水深的控制设施，D 项正确。

6.【13-上-56】采用 SBR 反应器除磷脱氮，下列哪几项条件是必要的？
(A) 缺氧/厌氧/好氧条件的交替
(B) 污泥负荷为 0.1～0.2kgBOD_5/（kgMLSS·d），泥龄 10～20d
(C) 污水中 BOD_5/TKN≥4，BOD_5/TP≥17
(D) 回流污泥及硝化液

【解析】选 BC。SBR 反应器除磷脱氮时，应是厌氧/缺氧/好氧交替进行，而不是缺氧/厌氧/好氧交替进行，故 A 项错误。根据《室外排水设计规范》6.6.17 条，可知 B 项正确。根据规范表 6.6.20，可知 C 项正确。由于 SBR 工艺本身就是间歇式运行，没有污泥及硝化液回流工序，故 D 项错误。

第 3 章 传统活性污泥法　175

7.【13-下-54】下列关于活性污泥法处理系统生物泡沫控制的叙述中，哪几项正确？
（A）增加污泥浓度，降解污水中的表面活性剂
（B）投加氯、臭氧和过氧化物等强氧化性的消泡剂
（C）喷洒水
（D）减小泥龄，抑制放线菌生长

【解析】选 BCD。根据秘书处教材《排水工程》P284，活性污泥法处理系统生物泡沫控制措施有：喷洒水；投加氯、臭氧和过氧化物等强氧化性的消泡剂；减小泥龄，抑制放线菌生长；增加污泥浓度，降解污水中的表面活性剂，但此方法导致回流液体中含高浓度有机物和氨氮，影响出水水质，故应慎重使用。

8.【14-下-52】曝气系统是污水生物处理工艺的重要组成部分。下列关于曝气系统的说法中，哪几项正确？
（A）供氧量应满足污水需氧量、处理效率、混合的要求
（B）A^2O 工艺中可以选择罗茨鼓风机、轴流式通风机等作为供氧设备
（C）输气管道采用钢管时，其敷设应考虑温度补偿
（D）定容式罗茨鼓风机房，风机与管道连接处宜设置柔性链接管

【解析】选 ACD。根据《室外排水设计规范》6.8.1 条，可知 A 项正确。根据规范 6.8.12 条的条文解释，目前在污水厂中常用的鼓风机有单级高速离心式鼓风机、多级离心式鼓风机和容积式罗茨鼓风机，故 B 项错误。根据规范 6.8.17 条及 6.8.18 条，可知 CD 项正确。

9.【16-下-54】关于曝气充氧设施，下列哪几项说法正确？
（A）在同一供气系统中，应选同一类型的鼓风机
（B）生物反应池的输气干管宜采用环状布置
（C）曝气器数量，根据服务面积确定即可
（D）生物反应池采用表面曝气器供氧时，宜设有调节叶轮

【解析】选 ABD。根据《室外排水设计规范》6.8.6 条，曝气器的数量，应根据供氧量和服务面积计算确定。供氧量包括生化反应的需氧量和维持混合液有 2mg/L 的溶解氧量。故 C 错误。

10.【17-上-55】氧化沟系统种类繁多，其系统流程（或组成）各有特点，以下描述正确的是哪几项？
（A）氧化沟的基本构造为环状沟渠型，其水流流态介于完全混合和推流之间，主体属于推流态
（B）氧化沟的水力停留时间长，一般在 16～40 小时，BOD 负荷低，具有抗水质、水量负荷波动强的优点
（C）Carrousel 氧化沟、三池交替运行氧化沟、Orbal 型氧化沟均具有多池串联的特点，不需要单独设置沉淀池
（D）Orbal 型氧化沟多采用 3 层沟渠，运行时外、中、内三层沟渠内混合液的溶解氧浓度梯度较大，可有效提高氧的利用率，并可实现较好的脱氧除磷功能

【解析】选 BD。氧化沟的基本构造为环状沟渠型，其水流流态介于完全混合和推流之

间,主体属于完全混合,故 A 错误。Carrousel 氧化沟和 Orbal 型氧化沟需要设置二次沉淀池,故 C 错误。

11. 【17-上-56】某城镇污水处理厂,采用 A^2O 同步脱氧除磷工艺辅之以化学除磷工艺。出水总氮含量很难满足《城镇污水处理厂污染物排放标准》GB 189—2002 的 I 级 A 标准,分析原因,可能是由于进水中 BOD/TN 偏低造成的。为使出水总氮稳定达标,可以采用以下哪几项措施?
（A）将一定比例的原污水直接进入缺氧池
（B）在缺氧池投加甲醇
（C）加大好氧池的曝气量
（D）减小污泥回流比
【解析】选 AB。很明显,BOD/TN 偏低,故 A、B 项正确。

12. 【18-下-56】米-门公式和莫诺特方程是活性污泥反应的动力学基础,下列关于这两个方程的正确论述是哪几项?
（A）米-门公式是表征微生物在消耗有机物时的增殖速率方程
（B）莫诺特方程是表征在准稳态酶促反应条件下,有机物降解速率方程
（C）米-门公式是依据生物化学反应动力学推导出来的理论公式
（D）莫诺特方程是描述微生物增值速率与培养微生物的有机物浓度之间的实验式
【解析】选 CD。参见秘书处教材《排水工程》P242。

选项 A 不正确,米-门公式从理论上推导出了有机物（底物）在准稳态酶促反应条件下的反应（降解）速率方程。

选项 B 不正确,莫诺特方程是微生物在消耗有机物时的增殖速率方程。

选项 C 正确,米-门公式是理论公式,而莫诺特方程是实验式。

选项 D 正确,莫诺特方程是用纯种微生物在单一有机物（底物）培养基中进行微生物增殖速率与有机物浓度之间关系的试验。

第 4 章 生物膜法与自然生物处理

4.1 单项选择题

1.【10-下-19】 下列关于生物膜处理法具有较好硝化效果的叙述中，哪一项是正确的？
（A）生物膜是高度亲水物质，容易吸收污水中氮
（B）生物膜中可生长原生动物，有利于氮的去除
（C）生物膜沉降性能好，氮随脱落的生物膜排放
（D）生物膜泥龄长，能存活世代时间长的微生物
【解析】选 D。参见秘书处教材《排水工程》P288。

2.【11-上-20】 生物膜法滤料表面的生物膜由好氧和厌氧两层组成。下列关于生物膜传质与生物平衡关系叙述中，哪项不正确？
（A）有机物的降解主要是在好氧层内进行的
（B）空气中的氧溶解于流动水层中，通过附着水层传递给生物膜，供微生物呼吸
（C）污水中的有机污染物通过流动水层传递给附着水层，然后进入生物膜，通过细菌的代谢活动而被降解
（D）厌氧层逐渐加厚，达到一定程度时，将与好氧层形成一定的平衡与稳定关系
【解析】选 D。参见秘书处教材《排水工程》P291。当厌氧层不厚时，它与好氧层保持着一定的平衡与稳定关系，好氧层能够维持正常的净化功能。但当厌氧层逐渐加厚，并达到一定的程度后，其代谢产物也逐渐增多，这些产物向外侧逸出，必然要透过好氧层，使好氧层生态系统的稳定状态遭破坏，从而失去这两种膜层之间的平衡关系，又因气态代谢产物的不断逸出，减弱了生物膜在滤料（载体、填料）上的附着力，处于这种状态的生物膜即为老化生物膜，老化生物膜净化功能较差而且易于脱落。生物膜脱落后生成新的生物膜，新生生物膜必须在经历一段时间后才能充分发挥其净化功能。

3.【12-上-20】 下列关于生物膜法工艺的说法中，哪项错误？
（A）生物膜处理系统内产生的污泥量较活性污泥处理系统少 1/4 左右
（B）生物膜适合处理低浓度污水
（C）生物膜工艺对水质、水量波动的适应能力差
（D）生物膜法适合于溶解性有机物较多易导致污泥膨胀的污水处理
【解析】选 C。参见秘书处教材《排水工程》P288，可知 AB 项正确，C 项错误，其对水质、水量波动的适应能力强。生物膜污泥沉降性能良好，说明其不容易引起污泥膨胀，适合于易导致污泥膨胀的污水处理，故 D 项正确。

4.【13-上-19】 关于膜生物反应器，下列说法中哪项错误？

(A) 可不设二沉池
(B) 实现了生物固体平均停留时间与污水的水力停留时间的分离
(C) 膜组件中，膜材料常用反渗透膜
(D) 膜生物反应器分好氧和厌氧两大类

【解析】选 C。膜生物反应器，正常要设置二沉池，但曝气生物滤池可不设置二沉池，故 A 项正确。生物固体生长在生物膜表面，生物链长，生物种类多样化，可有效地将有机物截留在生物膜表面进行氧化分解，可实现生物固体平均停留时间与污水的水力停留时间的分离，B 项正确。生物膜分为好养和厌氧两种，D 项正确。生物膜其本质是膜状污泥，是在滤料与水流接触过程中形成的一种污泥膜，而并非是人工膜（反渗透膜），C 项错误。

5.【13-下-19】关于生物膜工艺的填料，下列哪项说法错误？
(A) 塔式生物滤池滤料层总厚度宜为 8~12m，常用纸蜂窝、玻璃钢蜂窝和聚乙烯斜交错波纹板等轻质填料
(B) 生物接触氧化池内填料高度为 3~3.5m，可采用半软性填料
(C) 曝气生物滤池滤料层高为 5~7m，以 3~5mm 球形轻质多孔陶粒作填料
(D) 流化床常用 0.25~0.5mm 的石英砂、0.5~1.2mm 的无烟煤等作填料

【解析】选 C。根据秘书处教材《排水工程》P295，可知 A 项正确；根据教材 P310 可知 B 项正确；根据教材 P298 可知 C 项错误，5~7m 为池体总高度，并不是填料层高度；根据教材表 13-12 可知 D 项正确。

6.【14-下-20】下列关于生物膜法应用的说法，哪项错误？
(A) 生物膜一般适用于大中型污水处理工程
(B) 生物膜法可与其他污水处理工艺组合应用
(C) 生物膜法适用于处理低悬浮物浓度的污水
(D) 高负荷生物滤池进水 BOD_5 浓度需受到限制

【解析】选 A。根据《室外排水设计规范》6.9.1 条，生物膜一般适用于中小规模污水处理工程。故 A 项错误。

7.【11-下-17】以下关于污水稳定塘处理系统设计的叙述中，哪项正确？
(A) 我国北方地区稳定塘设计负荷取值应低于南方地区
(B) 农村污水经兼氧塘处理后，可回用于生活杂用水
(C) 设计厌氧塘时应取较长的水力停留时间
(D) 设计曝气塘时要充分考虑菌藻共生的条件

【解析】选 A。参见《室外排水设计规范》6.11.7 条及说明：稳定塘的五日生化需氧量总平均表面负荷与冬季平均气温有关，气温高时，五日生化需氧量负荷较高，气温低时，五日生化需氧量负荷较低。B 项参见秘书处教材《排水工程》P404，兼氧塘的主要优点是：由于污水的停留时间长，对水量、水质的冲击负荷有一定的适应能力；在达到同等处理效果条件下，其建设投资与维护管理费用低于其他生物处理工艺。因此，兼氧塘常被用于处理小城镇污水或污水处理厂一级沉淀出水，但出水质量有一定限度，通常出水 BOD_5 为 20~60mg/L，SS 为 30~150mg/L。此水质是无法满足《城市污水再生利用—城市杂用水水质》标准的。C 项见教材 P409，"实践证明，多级小而深且水力停留时间短的

厌氧塘比大而浅的塘更有效。"D 项见教材 P405，曝气塘是经过人工强化的稳定塘，由于曝气增加了水体紊动，藻类一般会停止生长而大大减少。

8.【16-上-21】下列哪种生物膜工艺后可不设二沉池？
（A）生物接触氧化法　　　　　（B）生物转盘
（C）高负荷生物滤池　　　　　（D）曝气生物滤池
【解析】选 D。依据《室外排水设计规范》6.9.21 条，曝气生物滤池后可不设二次沉淀池。

9.【17-上-21】高负荷生物滤池是利用附着在滤液表面上生长的微生物对废水进行生物处理的技术，废水中的有机物"传输"到生物膜的过程中，一次经过的物质层为下列哪项？
（A）厌氧生物膜层→好氧生物膜层→附着水层→流动水层
（B）好氧生物膜层→厌氧生物膜层→附着水层→流动水层
（C）附着水层→流动水层→厌氧生物膜层→好氧生物膜层
（D）流动水层→附着水层→好氧生物膜层→厌氧生物膜层
【解析】选 D。根据秘书处教材《排水工程》P289 图 13-1 可知正确选项为 D。

10.【17-下-20】以上关于生物膜法主要工艺形式的设计，正确的是哪项？
（A）曝气生物滤池前应设初沉池或混凝沉淀池、除油池等预处理设施，曝气生物滤池后应设二次沉淀池等后处理设施
（B）含悬浮固体浓度不大于 120mg/L 的易生物降解的有机废水，无需预处理工艺，可直接进入曝气生物滤池处理
（C）生物转盘前宜设初沉池，生物转盘后宜设二沉池
（D）生物转盘的盘片设计为 3m 时，盘片的淹没深度宜为 1.5m
【解析】选 C。根据《室外排水设计规范》6.9.24 条，生物转盘处理工艺流程宜为：初次沉淀池、生物转盘、二次沉淀池。根据污水水量、水质和处理程度等，生物转盘可采用单轴单级式、单轴多级式或多轴多级式布置形式。根据《室外排水设计规范》6.9.26 条第 3 款，生物转盘的反应槽设计，应符合：盘片在槽内的浸没深度不应小于盘片直径的 35%，转轴中心高度应高出水位 150mm 以上。

11.【18-下-20】下列关于生物转盘处理工艺的说法中，不正确的是哪项？
（A）生物转盘工艺不设初沉池
（B）生物转盘系统具有去除有机物、硝化、脱氮、除磷功能
（C）生物转盘生化处理系统可采用鼓风曝气
（D）藻类生物转盘处理后的出水中溶解氧含量高
【解析】选 A。根据《室外排水设计规范》第 6.9.24 条，生物转盘处理工艺流程宜为：初次沉淀池→生物转盘→二次沉淀池。故 A 项不正确。根据秘书处教材排水 P303，运行工况条件下，生物转盘系统具有硝化、脱氮与除磷的功能。B 项正确。根据秘书处教材排水 P305，C 项正确。根据秘书处教材排水 P306，藻类生物转盘的出水中溶解氧含量高，一般可达近饱和的程度。D 项正确。

12.【19-上-17】下列关于生物转盘特点及应用的说法，哪项是错误的？
（A）盘片上生物膜活性好，生物量增值速率高
（B）曝气池组合生物转盘可减少温室气体排放
（C）转盘上生物膜折算成单位容积接触反应槽的 MLVSS 浓度高
（D）既可用于农村污水处理，也可用于高浓度工业废水处理

【解析】选 B。根据秘书处教材《排水工程》P295 的"(4) 转盘系统的特点"，可知选项 A、C、D 说法均正确。

13.【19-下-23】下列关于城市污水厂污泥的土地处理的说法，不正确的是哪项？
（A）A 级污泥可以适用蔬菜和粮食作物种植，B 级污泥不能用于蔬菜和粮食作物种植
（B）污泥园林绿化利用的有机质条件是含量≥300g/kg 干污泥
（C）污泥用于生态修复的有机质条件是含量≥150g/kg 干污泥
（D）污泥园林绿化利用和生态修复的氮磷钾含量≥40g/kg 干污泥

【解析】选 D。参见秘书处教材《排水工程》P458，生态修复对氮磷钾无要求。

4.2 多项选择题

1.【10-上-54】下列关于不同生物膜法处理工艺特点的叙述，哪几项是正确的？
（A）高负荷生物滤池有机负荷高，适用于高浓度有机废水处理
（B）曝气生物滤池既有生化功能也有过滤功能，出水水质好
（C）生物转盘工艺能耗低，并具有一定的硝化、反硝化功能
（D）生物接触氧化法能够处理较高浓度有机废水，也能间歇运行

【解析】选 BCD。A 项参见秘书处教材《排水工程》P290，高负荷生物滤池限制进水 BOD_5 小于 200mg/L，并不适合高浓度有机废水处理。所谓"高负荷生物滤池"中的"高"，主要是相对普通生物滤池而言，实际上相比塔式生物滤池、曝气生物滤池、生物接触氧化法而言，也并不是很"高"。另外，《室外排水设计规范》6.9.36 条 2 款中的倒数第一个"宜"应改为"不宜"。B 项，曝气生物滤池具有生物降解与固液分离的综合功能。C 项，生物转盘如运行得当，也具有一定的硝化脱氮除磷功能。D 项，接触曝气池也称"淹没曝气生物滤池"，具有较高的 BOD_5 容积负荷指标，可间歇运行。

2.【11-下-56】下列关于生物转盘处理系统特点的说法，正确的是哪几项？
（A）微生物浓度高，处理效率高
（B）机械驱动的生物转盘，能耗较活性污泥法高
（C）生物膜泥龄长，具有良好的脱氮功能
（D）多级串联生物转盘能达到更好的处理效果

【解析】选 ACD。生物转盘系统的特点：(1) 微生物浓度高，效率高；(2) 生物相分级明显；(3) 污泥龄长，转盘上能够繁殖世代时间长的微生物，如硝化菌等，生物转盘具有硝化、反硝化的功能；(4) 适应污水浓度的范围广，从超高浓度有机污水到低浓度污水都可以采用生物转盘进行处理；(5) 生物膜上的微生物食物链较长，产生的污泥量较少；(6) 接触反应槽不需要曝气，污泥也无需回流，运行费用低；(7) 设计合理、运行正常的生物转盘，不产生滤池蝇，不出现泡沫；(8) 生物转盘水的流态，从一个生物转盘单元来

看是完全混合型的，但多级生物转盘总体又为推流方式。

生物转盘宜采用多级处理方式。实践证明，如盘片面积不变，将转盘分为多级串联运行，能够提高处理水水质和污水中的溶解氧含量。

3.【12-上-56】下列关于生物膜法工艺设计叙述中，哪几项正确？
(A) 高负荷生物滤池进水 BOD_5 浓度不大于 200mg/L
(B) 曝气生物滤池宜采用滤头布水布气系统
(C) 生物膜法适用于大中型规模的污水处理
(D) 污水采用生物膜法处理前，宜经沉淀预处理

【解析】选 ABD。参见秘书处教材《排水工程》P290，可知 A 项错误，进水必须稀释至不大于 200mg/L。布水和布气都宜用滤头，B 项正确。参见《室外排水设计规范》6.9.1 条，可知 C 项错误。参见规范 6.9.3 条可知 D 项正确。

4.【13-上-55】下列关于生物膜法预处理工艺要求的叙述中，哪几项正确？
(A) 高负荷生物滤池进水 BOD_5 浓度应控制在 500mg/L 以下，否则应设置二段高负荷生物滤池
(B) 生物接触氧化池的池型宜为矩形，水深 3～5m
(C) 上向流曝气生物滤池进水悬浮物浓度不宜大于 60mg/L，滤池前应设沉砂池、初沉池或混凝沉淀池等
(D) 单轴多段式生物转盘前应设沉砂池、初沉池等，进水 BOD_5 宜小于 200mg/L

【解析】选 BC。根据秘书处教材《排水工程》P290，高负荷生物滤池进水 BOD_5 浓度应控制在 200mg/L，故 A 项错误。根据《室外排水设计规范》6.9.5 条，生物接触氧化池的池型宜为矩形，水深 3～5m，B 项正确。根据规范 6.9.13 条，上向流曝气生物滤池进水悬浮物浓度不宜大于 60mg/L，滤池前应设沉砂池、初沉池或混凝沉淀池等，C 项正确。根据规范 6.9.24 条，生物转盘处理工艺流程宜为：初次沉淀池，生物转盘，二次沉淀池，D 项错误。

5.【13-下-57】下列哪几项生物膜工艺为自然充氧？
(A) 曝气生物滤池　　　　　　(B) 高负荷生物滤池
(C) 生物接触氧化池　　　　　(D) 好氧生物转盘

【解析】选 BD。根据秘书处教材《排水工程》图 13-13 及图 13-29，可知曝气生物滤池和生物接触氧化池非自然充氧。

6.【14-上-54】下列关于生物膜法特征的描述，哪几项正确？
(A) 生物膜法的微生物多样性要优于活性污泥法
(B) 生物膜法具有较好的硝化效果
(C) 生物膜法污泥增长率高
(D) 普通生物滤池运行费用低

【解析】选 ABD。根据秘书处教材《排水工程》P291，生物膜法的特征，可知 AB 项正确，C 项错误。与活性污泥处理系统相比，生物膜法具有节省能源、动力费用较低的特点，D 项正确。

7.【14-下-54】 下列关于曝气生物滤池的设计做法，哪几项错误？

（A）曝气生物滤池可采用升流式或降流式

（B）硝化曝气生物滤池前不应设置厌氧水解池

（C）曝气生物滤池的滤料体积应按容积负荷计算

（D）曝气充氧和反冲洗供气应共用一套系统，可节省能耗

【解析】 选 BD。根据《室外排水设计规范》6.9.13 条，曝气生物滤池前应设沉砂池、初次沉淀池或混凝沉淀池、除油池等预处理设施，也可设置水解调节池，故 B 项错误。根据规范 6.9.11 条，曝气生物滤池宜分别设置反冲洗供气和曝气充氧系统，故 D 项错误。

8.【10-下-21】 下列关于污水自然处理的规划设计原则，哪一项是不正确的？

（A）污水厂二级处理出水可采用人工湿地深度净化后用于景观补充水

（B）在城市给水水库附近建设的污水氧化塘需要做防渗处理

（C）污水进入人工湿地前，需设置格栅、沉砂、沉淀等预处理设施

（D）污水土地处理设施，距高速公路 150m

【解析】 选 B。参见《室外排水设计规范》6.11.6 条，污水土地处理设施，距高速公路不小于 100m，D 项正确。作为土地处理效果较好的一种，人工湿地可以作为污水处理厂二级处理出水的深度处理，参见规范 6.11.5 条及说明，可知 A 项正确。C 项参见秘书处教材排水 P438，或《人工湿地污水处理工程技术规范》。B 项的错误在于给水水库附近就不应建污水氧化塘。

9.【12-下-57】 下列关于人工湿地污水处理系统设计的叙述中，哪几项正确？

（A）人工湿地进水悬浮物含量不大于 100mg/L

（B）水平潜流型人工湿地的填料层应由单一且均匀的填料组成

（C）人工湿地常选用苗龄很小的植株种植

（D）人工湿地的防渗材料主要有塑料薄膜、水泥或合成材料隔板、黏土等

【解析】 选 AD。参见秘书处教材《排水工程》P419，为了综合发挥各种填料的优势，人工湿地中选择多种不同功能的填料组成复合填料床，故 B 项错误。参见教材 P425，人工湿地不宜选用苗龄过小植株，故 C 项错误，D 项正确，A 项正确。

10.【16-上-55】 关于生物膜工艺，下列哪几项说法正确？

（A）生物膜法可用于高浓度和低浓度污水的二级处理

（B）生物膜法处理前，宜设初沉池

（C）曝气生物滤池可采用旋转布水器

（D）生物流化床常用石英砂、无烟煤、焦炭、颗粒活性炭、聚苯乙烯球作滤料层

【解析】 选 AB。根据《室外排水设计规范》6.9.2 条的条文说明，生物膜法在污水二级处理中可以适应高浓度或低浓度污水，可以单独应用，也可以与其他生物处理工艺组合应用。如上海某污水处理厂采用厌氧生物反应池、生物接触氧化池和生物滤池组合工艺处理污水。根据《室外排水设计规范》6.9.3 条，污水进行生物膜法处理前，宜经沉淀处理。当进水水质或水量波动大时，应设调节池。故 A、B 正确。

11.【16-下-55】 下列哪几项生物膜工艺为自然充氧？

(A) 曝气生物滤池 (B) 高负荷生物滤池
(C) 生物接触氧化法 (D) 好氧生物转盘

【解析】选 BD。

12.【16-下-56】生物膜法污泥产率低的主要原因是下述哪几项？
(A) 生物膜反应器污泥龄长
(B) 生物膜反应器供氧充足，其微生物处于内源代谢
(C) 生物膜反应器中生物的食物链长
(D) 生物膜反应器液相基质传质受限

【解析】选 AC。根据秘书处教材《排水工程》P288，生物膜法处理的各种工艺，具有适于微生物生长栖息、繁衍的稳定环境，有利于微生物生长繁殖。填料上的微生物，其生物固体平均停留时间（污泥龄）较长，因此在生物膜中能够生长时代时间较长、比增值速率较小的微生物，如硝化菌等；在生物膜上还可能大量出现丝状菌，而无污泥膨胀之虞；线虫类、轮虫类以及寡毛虫类的微型动物出现的频率也较高。比增值速率小，污泥产量低。生物膜上形成的这种长食物链，使生物膜处理系统内产生的污泥量较活性污泥处理系统少1/4左右。故 A、C 正确。

13.【16-下-57】关于曝气生物滤池，哪几项说法正确？
(A) 曝气生物滤池反冲洗有单独气冲洗、气水联合反冲洗、单独水洗 3 个过程组成
(B) 曝气生物滤池反冲洗供气和曝气充氧应共用一套供气系统
(C) 曝气生物滤池常采用小阻力配水系统
(D) COD、氨氮、总氮去除可在单级曝气生物滤池内完成

【解析】选 ACD。根据《室外排水设计规范》6.9.17 条的条文说明，曝气生物滤池宜分别设置反冲洗供气和曝气充氧系统。曝气装置可采用单孔膜空气扩散器或穿孔管曝气器。曝气器可设在承托层或滤料层中。故 B 错误。

14.【19-上-53】通过运行方式的合理设计，曝气生物滤池可有效去除下列哪些污染物？
(A) 总磷 (B) 硝酸盐氮
(C) 重金属 (D) 有机污染物

【解析】选 BD。参见秘书处教材《排水工程》P288 的"13.2.5 曝气生物滤池"，包括缺氧条件下运行的反硝化滤池，即在好氧或缺氧条件下完成污水的生物处理（碳氧化、硝化、反硝化）和悬浮物去除。

15.【19-上-54】膜通量是膜生物反应器（MBR）运行的重要操作参数，下列关于膜通量的影响因素的论述，正确的是哪几项？
(A) MBR 系统的运行温度、MLSS、膜工作压力、膜面流速、膜吸附、浓差极化等都会影响膜通量
(B) 膜吸附和膜堵塞是影响膜通量的重要因素，工作压力越高，膜通量越大
(C) 膜的性质，如膜孔径大小、电荷性质等，也对膜通量产生影响
(D) 当膜表面形成的浓差极化成为影响膜通量的主要因素时，增大工作压力，对膜通

量影响不大

【解析】选 ACD。参见秘书处教材《排水工程》P256。

选项 A，膜通量是 MBR 运行的重要操作参数，其影响因素有混合液悬浮固体浓度、温度、膜面流速、膜的工作压力、膜的阻力、膜吸附、膜堵塞和浓差极化等。

选项 B 错误，D 正确，因为理论和试验都证明，膜的工作压力对膜通量的影响分两种情况：(1) 在低压区，膜的水力阻力，包括膜阻力、膜吸附和膜堵塞引起的阻力起主导作用。当 MLSS 浓度一定时，膜通量与压力呈线性关系，工作压力越高，通量越大。(2) 在高压区，浓差极化形成的凝胶层阻力起主导作用，通量与工作压力无关。

选项 C，膜的性质包括膜孔径的大小、电荷性质、粗糙度等。

16.【19-下-55】下列关于人工湿地污水处理系统的叙述，正确的是哪些项？
(A) 人工湿地系统，是具有可控性的污水土地处理系统
(B) 城镇生活污水进入人工湿地前应进行预处理
(C) 表面流人工湿地和潜流人工湿地的停留时间以 1～3d 为佳
(D) 垂直潜流人工湿地的基质，宜选择孔隙变化率较高的基质

【解析】选 ABD。参见秘书处教材《排水工程》P388，表面流人工湿地的停留时间以 4～8d 为宜。

第5章 厌氧生物处理

5.1 单项选择题

1.【10-上-19】 与好氧生物处理比较,下列关于厌氧生物处理的优点哪一项是不正确的?
(A) 厌氧法能够实现污泥减量化
(B) 厌氧法可将有机物转化为生物能
(C) 厌氧法能够承受有毒物质冲击负荷
(D) 厌氧法能够处理高浓度有机废水

【解析】选 C。厌氧微生物,特别是产甲烷菌,对有毒物质较敏感。而减量化、回收生物能、负荷高,是厌氧生物处理的主要优点。

2.【10-下-20】 厌氧水解和好氧氧化串联处理技术是处理难降解有机废水的常用工艺,下列关于该工艺中厌氧水解段主要作用或功能的描述中,哪一项是正确的?
(A) 能够将难降解有机物转化为易降解有机物
(B) 能够高效去除废水中的有机污染物
(C) 能够提高废水的 pH 值
(D) 能够高效除磷除氮

【解析】选 A。参见秘书处教材《排水工程》P337。

3.【13-上-20】 关于厌氧两相分离,下列说法中哪项错误?
(A) 将产酸相反应器的 pH 值调控在 5.0～6.5
(B) 将产酸相反应器水力停留时间控制在 5～10d
(C) 将产甲烷相反应器的温度控制在 30℃以上
(D) 将产酸相 SRT 控制在较短范围内

【解析】选 B。产酸相反应器的 pH 值应调控在 5.0～6.5,水力停留时间控制在 6～24h。故 B 项错误。

4.【14-上-20】 下列关于厌氧生物处理工艺的描述,哪项错误?
(A) 厌氧生物滤池停运后再启动需要的回复时间长
(B) 厌氧接触反应器不适合处理高悬浮物有机物废水
(C) 厌氧膨胀床比厌氧流化床的水流上升速度小
(D) UASB 工艺的处理能力与污泥颗粒化程度有关

【解析】选 A。根据秘书处教材《排水工程》P344,厌氧生物滤池启动时间短,停止运行后,再启动比较容易。

5.【16-下-20】关于水解酸化，下述哪项说法错误？
(A) 复杂有机物通过水解酸化可分解成简单的有机物
(B) 水解酸化菌能去除大部分有机物
(C) 水解酸化工艺可提高污水的可生化性
(D) 产酸菌生长速率快，世代时间一般在 10～30min，其反应器水力停留时间短

【解析】选 B。根据秘书处教材《排水工程》P337，第一阶段为水解酸化阶段。在该阶段，复杂的有机物在厌氧菌胞外酶的作用下，首先被分解成简单的有机物，如纤维素经水解转化成较简单的糖类；蛋白质转化成较简单的氨基酸；脂类转化成脂肪酸和甘油等。这些简单的有机物再在产酸菌的作用下经过厌氧氧化成乙酸、丙酸、丁酸等脂肪酸和醇类等。综上可知，对有机物只是分解，并不是去除，故 B 错误。

6.【17-下-21】以下厌氧处理工艺中，不属于厌氧生物膜法是哪项？
(A) 厌氧生物滤池　　　　　　(B) 厌氧流化床
(C) 厌氧接触法　　　　　　　(D) 厌氧膨胀床

【解析】选 C。厌氧接触法无填料，属于厌氧活性污泥法。

7.【18-上-19】污水厌氧生物处理中，下列哪项属于严格的厌氧细菌？
(A) 兼性发酵细菌　　　　　　(B) 产氢产乙酸细菌
(C) 同型产乙酸细菌　　　　　(D) 产甲烷菌

【解析】选 D。产甲烷菌具有特殊的细胞成分和产能代谢功能，是一群形态多样、可代谢 H_2、CO_2 及少数几种简单有机物并生成 CH_4 的严格厌氧的古细菌。

8.【19-下-18】下列哪项是新型厌氧废水处理设施有机容积负荷高的主要原因？
(A) 厌氧生物处理对营养物需求量小
(B) 能耗低，且能回收生物能
(C) 对水温的适应范围较广
(D) 反应器中污泥浓度高

【解析】选 D。详见秘书处教材《排水工程》P318。

5.2　多项选择题

1.【10-上-55】城市污水处理常采用厌氧—缺氧—好氧生物脱氮除磷工艺（A^2O）。下列关于 A^2O 工艺各组成单元功能的描述，哪几项是不正确的？
(A) 厌氧段聚磷菌吸收磷，同时摄取有机物
(B) 缺氧段微生物利用污水中碳源，发生反硝化反应
(C) 好氧段聚磷菌释放磷，水中的氮被曝气吹脱
(D) 沉淀池污泥吸收磷，出水得到净化

【解析】选 ACD。A、C 项明显错误。D 项中，沉淀池污泥可能由于厌氧效应释放出磷到水中，使出水水质恶化。

2.【11-上-55】以下关于厌氧生物处理缺点的叙述中，哪几项不正确？
(A) 厌氧生物反应器长期停运后，污泥活性恢复历时长

(B) 厌氧生物反应器污泥浓度高，容积负荷小
(C) 厌氧生物处理出水水质较差，不能直接排放
(D) 厌氧生物反应器污泥浓度高，剩余污泥量大

【解析】选 ABD。参见秘书处教材《排水工程》P336。

3.【12-上-54】下列哪几项说法正确？
(A) 厌氧膨胀床较流化床采用较大的上升流速，填料颗粒膨胀率仅达到 20%～70%
(B) 升流式厌氧污泥床上部设有气—液—固三相分离器
(C) 两级厌氧消化使酸化和甲烷化过程分别在两个串联反应器中进行
(D) 厌氧生物滤池可通过回流部分处理水，稀释进水并加大水力负荷的方式避免滤池堵塞

【解析】选 BD。参见秘书处教材《排水工程》P347 可知 A 项错误，D 项正确。参见教材 P356 可知 B 项正确，参见教材 P357 可知 C 项错误，因两相才是分别酸化和甲烷化过程分别在两个串联反应器中进行。

4.【17-下-54】有机废水采用厌氧处理工艺时，若监测到 VFA 过量，可采用以下哪几项措施解决？
(A) 处理水回流，稀释原水有机负荷或有毒有害物质的毒性
(B) 对原水预处理，降低有机负荷或有毒有害物质的浓度
(C) 增加可溶性有机物浓度，提高有机负荷率
(D) 减少水力停留时间

【解析】选 AB。当 VFA 过量，则产甲烷菌受到抑制，产酸富集，系统 pH 酸性，此时碱度较低，需要在进水前加入适当碱调节，并同时降低进水负荷。

第6章 污水的深度处理与回用

6.1 单项选择题

1.【11-下-18】 某城镇污水厂二级处理出水中,溶解性无机盐 1300mg/L,该厂出水计划回用于工业用水,要求溶解性无机盐≤300mg/L,应采用下述哪项工艺方能达到上述要求?
(A) 混凝沉淀 (B) 反渗透膜处理
(C) 微絮凝过滤 (D) 微滤膜过滤

【解析】选 B。参见秘书处教材《排水工程》P393,溶解性盐类的去除主要是电渗析、离子交换及膜处理。前两项无选项。膜处理有微滤、超滤、纳滤和反渗透,其中只有纳滤及反渗透可以去除溶解性盐类。

2.【12-上-21】 某废水经生物处理后仍含有一定的溶解性有机物,其处理后的水质 COD 为 128mg/L,BOD_5 为 12mg/L。采用下列哪项工艺可进一步去除有机物?
(A) 混凝—沉淀 (B) 曝气生物滤池
(C) 活性炭吸附 (D) 过滤

【解析】选 C。参见秘书处教材《排水工程》P393,可知活性炭是去除溶解性有机物的有效方式,而混凝沉淀和过滤只能作为其预处理用以去除悬浮物。曝气生物滤池本身就是生物处理,已很难再进一步提高经生物处理后 BOD_5 为 12mg/L 的污水水质。

3.【13-下-20】 某工厂每天产生 1000m³/d 含硫酸浓度为 1‰的废水,宜采用下列哪项中和方法?
(A) 投药中和法 (B) 固定床过滤中和法
(C) 烟道气中和法 (D) 升流膨胀过滤中和法

【解析】选 A。固定床过滤中和法不可用于硫酸废水;烟道气中和法属于碱性废水中和方法。AD 项都可用于硫酸废水,但升流膨胀过滤中和法适用于硫酸浓度小于 2g/L 情况,本题经过单位换算硫酸浓度为 10g/L,故只能选 A。

4.【11-上-18】 某大型污水处理厂出水水质指标中,大肠菌群数及色度不符合要求。如果处理系统工艺要求不能增加出水中的盐分,选择下列哪项处理方法是最适合的?
(A) 氯气消毒、脱色 (B) 二氧化氯消毒、脱色
(C) 臭氧消毒、脱色 (D) 次氯酸钠消毒、脱色

【解析】选 C。以上四种工艺只有臭氧不增加出水中的盐分。

5.【13-下-21】 关于污水消毒,下列哪项说法错误?
(A) 紫外线消毒能去除液氯法难以杀死的芽孢和病毒

(B) 再生水采用液氯消毒，无资料时可采用 6～15mg/L 的投药量
(C) 在 pH 为 6～10 范围内，二氧化氯杀菌效果几乎不受 pH 影响，但需要现制现用
(D) 臭氧消毒接触时间可采用 15min，接触池水深宜为 4～6m

【解析】选 B。根据秘书处教材《排水工程》P386，二级出水采用液氯消毒，无资料时可采用 6～15mg/L 的投药量，再生水的加氯量按卫生学指标和余氯量确定。D 项中的接触池水深宜为 4～6m。

6.【16-上-22】下列关于污水深度处理，哪项说法正确？
(A) 用于污水深度处理的滤池滤料，粒径应适当减小，以提高出水水质
(B) 用活性炭深度处理污水二级处理出水中的溶解性有机物，不需要混凝、沉淀、过滤等作为预处理
(C) 污水深度处理，滤池进水悬浮物浓度宜小于 10mg/L
(D) 反渗透可有效去除颗粒物、有机物、溶解性盐类及病原菌

【解析】选 D。依据秘书处教材《排水工程》P391，纳滤和反渗透既可以有效去除颗粒物和有机物，又能去除溶解性盐类和病原菌。

7.【16-上-23】下列关于气浮的说法，哪项错误？
(A) 电解气浮具有气浮分离、氧化还原、脱色、杀菌作用
(B) 叶轮气浮宜用于悬浮物浓度高的废水
(C) 气浮要求悬浮颗粒表面呈亲水性，以易于沉降分离
(D) 溶气气浮方式主要有水泵吸水管吸气，水泵压力管射流，水泵—空压机等

【解析】选 C。依据秘书处教材《排水工程》P575，如 $\theta<90°$，为亲水性颗粒，不易于气泡黏附；如 $\theta>90°$，为疏水性颗粒，易于气泡黏附。

8.【16-下-21】下列哪种工艺可在脱氮除磷过程中节约碳源？
(A) SBR 工艺　　　　　　　　　(B) SHARON 工艺
(C) VIP 工艺　　　　　　　　　(D) Dephanox 工艺

【解析】选 D。依据秘书处教材《排水工程》P386，在厌氧、缺氧、好氧交替的环境下，活性污泥中除了以氧为电子受体的聚磷菌 PAO 外，还存在一种反硝化聚磷菌。DPB 能在缺氧环境下以硝酸盐为电子受体，在进行反硝化脱氮反应的同时过量摄取磷，从而使摄磷和反硝化脱氮这两个传统认为互相矛盾的过程能在同一反应池内一并完成。其结果不仅减少了脱氮对碳源（COD）的需要量，而且摄磷在缺氧区内完成可减小曝气生物反应池的体积，节省曝气的能源消耗。Dephanox 工艺可节省 30% 的 COD。

9.【17-下-18】下列关于污水深度处理及再生利用工艺的设计选型，哪一条不合理？
(A) 利用均质滤料滤池去除水中不溶解性磷
(B) 利用活性炭吸附塔去除水中溶解性无机盐
(C) 利用臭氧氧化法脱除水中的色度
(D) 利用混凝沉淀法去除水中的亲水胶体物质

【解析】选 B。溶解性无机盐需要利用膜处理的方式除去。

10.【18-上-20】某污水再生处理厂出水拟作为城市杂用水回用，不应单独选择下列哪

一种消毒方式?

(A) 液氯　　　　(B) 次氯酸钠　　　(C) 紫外线　　　(D) 二氧化氯

【解析】选 C。根据秘书处教材《排水工程》P389，紫外线消毒的缺点是：不能解决消毒后管网中的再污染问题。

11.【18-下-17】采用 A^2/O 生物脱氮除磷工艺的污水处理厂，需要对碱度进行计算、控制的单元是哪项?

(A) 厌氧池　　　(B) 缺氧池　　　(C) 好氧池　　　(D) 二沉池

【解析】选 C。根据《室外排水设计规范》第 6.6.17 条，进入生物脱氮、除磷系统的污水，应符合下列要求：① 脱氮时，污水中的五日生化需氧量与总凯氏氮之比宜大于 4；② 除磷时，污水中的五日生化需氧量与总磷之比宜大于 17；③ 同时脱氮、除磷时，宜同时满足前两项的要求；④ 好氧区（池）剩余总碱度宜大于 70mg/L（以 $CaCO_3$ 计），当进水碱度不能满足上述要求时，应采取增加碱度的措施。

12.【19-上-20】污水深度处理工艺中关于化学除磷药剂的下列说法，错误的是哪项?

(A) 后置除磷工艺投加絮凝剂有利于分散的游离金属硝酸盐絮体混凝和沉淀

(B) 采用铝盐、铁盐或石灰除磷时，其投加量与污水总磷量成正比

(C) 为了取得好的除磷效果，亚铁盐一般不作为后置除磷投加的混凝剂

(D) 在干燥条件下硫酸铝固体没有腐蚀性，液体有较强的腐蚀性

【解析】选 B。根据《室外排水设计规范》第 6.7.4 条的条文说明，采用石灰除磷时，生成 $Ca_5(PO_4)_3OH$ 沉淀，其溶解度与 pH 值有关，因而所需石灰量取决于污水的碱度，而不是含磷量。

13.【19-下-21】下列关于污水及回用水处理的消毒剂及消毒工艺特性的说法，错误的是哪项?

(A) 紫外线消毒是物理消毒方法，污水中悬浮物浓度、有机物及色度对消毒效果影响较大

(B) 次氯酸钠溶液的稳定性较差，需要低温、避光储存

(C) 二氧化氯不适合用于高氨废水的杀菌

(D) 二氧化氯是广谱、安全和高效的消毒剂，一般只起氧化作用，不起氯化作用

【解析】选 C。参见秘书处教材《排水工程》P368 的"（2）二氧化氯消毒"。

6.2 多项选择题

1.【10-上-50】下述城市污水重复使用方式中，哪些属于直接复用?

(A) 将城市污水作为农业灌溉用水水源

(B) 将城市污水作为工业用水水源

(C) 将城市污水作为杂用水水源

(D) 将城市污水注入地下补充地下水，作为供水水源

【解析】选 BC。

2.【11-上-50】反渗透技术在废水处理中的应用日益增多，请判断下列哪些措施有利

于提高反渗透法的处理效率和保障稳定运行?
   (A) 冬季采用预加热,提高废水温度　　(B) 设置预处理,降低污染物浓度
   (C) 调节废水 pH 值,使其呈碱性　　　(D) 保持较高的反渗透压力

【解析】选 ABD。参见秘书处教材《排水工程》P401 对进水水温的要求,冬季时,水的黏度会增加。

3. 【11-上-51】污水中的有机氮分为颗粒性不可生物降解、颗粒性可生物降解、溶解性不可生物降解、溶解性可生物降解四部分。在生物脱氮处理工艺中,氮转化为氮气的是哪几项?
   (A) 颗粒性不可生物降解　　　　　　(B) 溶解性不可生物降解
   (C) 颗粒性可生物降解　　　　　　　(D) 溶解性可生物降解

【解析】选 CD。参见秘书处教材《排水工程》P369。颗粒性不可生物降解有机氮转化为污泥组分,溶解性不可生物降解有机氮随出水排走。

4. 【14-上-55】下列污水处理消毒工艺的设计,哪几项正确?
   (A) 液氯消毒的接触池接触时间设计为 40min
   (B) 臭氧消毒反应池采用陶瓷微孔曝气器扩散臭氧
   (C) 紫外线消毒前的混凝沉淀采用聚合氯化铝混凝剂
   (D) 二氧化氯消毒的接触池接触时间设计为 20min

【解析】选 ABC。参见秘书处教材《排水工程》P380～387。液氯消毒的接触池接触时间不应小于 30min,A 项正确。扩散器用陶瓷或聚氯乙烯孔塑料或不锈钢制成,B 项正确。溶解性铝盐一般不影响紫外线透光率,C 项正确。二氧化氯消毒的接触池接触时间不应小于 30min,D 项错误。

5. 【12-上-57】下列哪几项消毒方法无持续消毒能力?
   (A) 液氯消毒　　　　　　　　　　　(B) 二氧化氯消毒
   (C) 臭氧消毒　　　　　　　　　　　(D) 紫外线消毒

【解析】选 CD。参见秘书处教材《排水工程》P387～389 可知 AB 项正确。C 项错误,臭氧在水中不产生持续消毒能力。D 项,不能解决消毒后管网再污染问题,故该项错误。

6. 【16-下-58】为避免或减少消毒过程中产生的二次污染物,城镇污水处理出水宜采用下述哪种消毒方法?
   (A) 次氯酸钠消毒　　　　　　　　　(B) 二氧化氯消毒
   (C) 紫外线消毒　　　　　　　　　　(D) 液氯消毒

【解析】选 BC。根据《室外排水设计规范》6.13.3 条,为避免或减少消毒时产生的二次污染物,污水消毒宜采用紫外线法和二氧化氯法。

7. 【17-上-58】氯、臭氧、过氧化氢是广泛应用的氧化剂,下列关于它们的叙述中,哪几项正确?
   (A) 在碱性条件下,采用氯可以将含氰废水氧化
   (B) 臭氧对溶于水的活性染料、不溶于水的涂料均具有良好的脱色作用
   (C) 利用臭氧氧化处理低浓度有机废水时,可以不设臭氧尾气处理装置

(D) 过氧化氢在硫酸亚铁存在的条件下，可以去除废水中的有毒物质

【解析】选 AD。由下表可见，臭氧对溶于水的活性染料脱色作用较差，故 B 错误。臭氧氧化处理均需要设置臭氧尾气处理装置，故 C 错误。

气浮与活性炭吸附对染料的去除效果

去除方法	处理效果较好	处理效果较差
气浮	直接染料、硫化染料、还原染料，	活性染料
活性炭吸附	阳离子染料、直接染料、酸性染料、活性染料	硫化染料、还原染料
臭氧（脱色）	阳离子染料、直接染料、酸性染料、活性染料、不溶于水的分散染料	硫化染料、还原染料、涂料

8.【18-上-53】在运行良好的污水处理厂 A²/O 工艺中，好氧池同时发生了下列哪些反应过程？
(A) 磷的吸收
(B) 反硝化
(C) 硝化
(D) 去除有机物

【解析】选 ACD。根据秘书处教材《排水工程》可知，厌氧/缺氧/好氧（AAO）工艺如下图所示，由图可知，选项 ACD 正确。

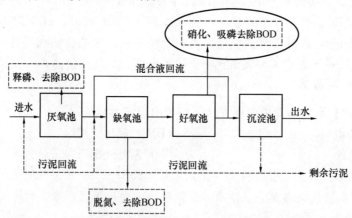

9.【19-下-54】下列关于环境因素影响反硝化和生物除磷的说法，哪几项正确？
(A) 对工业废水，CODCr/TN＞5 可认为碳源充足
(B) 反硝化反应比硝化反应的适宜温度范围宽
(C) 进水 VFAs 含量高不利于生物除磷
(D) 缩短污泥泥龄可提高除磷效果

【解析】选 BCD。参见秘书处教材《排水工程》P347～348，对比反硝化与硝化反应的适宜温度范围，可知选项 B 正确；选项 C 中，挥发性脂肪酸含量高有利于生物除磷；选项 D 参见《室外排水设计规范》第 6.6.20 条的条文说明。

第7章 污 泥 处 理

7.1 单项选择题

1.【10-上-21】 下列污泥含固率相同,采用厌氧消化工艺处理时,哪种污泥产沼气量最大?
（A）化学污泥
（B）初沉污泥和普通曝气活性污染的混合污泥
（C）无初沉的延时曝气污泥
（D）无初沉的氧化沟污泥

【解析】选 B。沼气的来源主要是污泥中的可降解有机物,大致也可以表述为污泥中的挥发性固体,其占比决定了沼气产生量的多少。A 项中的污泥一般以无机物为主;C、D 项的污泥基本上处于内源呼吸期,相比 B 项而言,其污泥的无机成分含量较高。

2.【10-上-22】 污泥厌氧消化有 33～35℃ 的中温和 50～55℃ 的高温两个最优温度区段,但实际工程中基本上都采用中温厌氧消化,其理由是下列何项?
（A）反应速度较快　　　　　（B）消化体积较小
（C）甲烷产量较高　　　　　（D）污泥加热所需能耗较低

【解析】选 D。参见秘书处教材《排水工程》P456。

3.【10-下-22】 厌氧消化池设置溢流管的理由是下列何项?
（A）排除浮渣　　　　　　　（B）保持沼气室压力恒定
（C）排出 H_2S 气体　　　　（D）排出消化后污泥

【解析】选 B。参见秘书处教材《排水工程》P457。溢流管作用是保持沼气室压力恒定,溢流管不得放在室内且必须有水封。

4.【10-下-23】 下列关于污泥堆肥中加入秸秆类主要作用的描述中,哪一项是不正确的?
（A）改善碳氮比　　　　　　（B）防止污泥腐臭
（C）降低含水率　　　　　　（D）提高污泥堆肥的孔隙率

【解析】选 B。污泥堆肥一般应添加膨胀剂。膨胀剂可用堆熟的污泥、稻草、术屑或城市垃圾等。膨胀剂的作用是增加污泥肥堆的孔隙率,改善通风以及调节污泥含水率与碳氮比。

5.【11-上-21】 在污水处理厂产生的污泥中,下列哪种污泥的有机质含量最高?
（A）堆肥污泥　　　　　　　（B）二次沉淀池污泥
（C）消化污泥　　　　　　　（D）深度处理的化学污泥

【解析】选 B。选项 A、C 均是二次沉淀池污泥之后继续处理的污泥，其有机物已大大降低。选项 D 中几乎没有有机物。

6.【11-上-22】某污水处理厂污泥脱水的要求是占地面积小，卫生条件好，污泥脱水机械能连续运行。下列哪种污泥脱水设备可最大限度满足上述要求？
（A）真空过滤脱水机　　　　　　（B）板框脱水机
（C）带式脱水机　　　　　　　　（D）离心脱水机

【解析】选 D。参见秘书处教材《排水工程》P492。真空过滤脱水机附属设备较多，工序复杂，运行费用高，目前已较少使用。板框脱水机不能连续运行。带式脱水机占地面积相对并不小。相对来说，按题干要求，离心脱水机是合适的（不过离心脱水机噪声较大、费用较高）。

7.【11-下-22】对于生物除磷活性污泥法产生的污泥，采用下列哪种污泥浓缩方法，不易产生磷释放，同时能耗又最低？
（A）重力浓缩　　　　　　　　　（B）气浮浓缩
（C）带式浓缩机浓缩　　　　　　（D）离心机浓缩

【解析】选 C。参见秘书处教材《排水工程》P454、P455。带式浓缩可与脱水机一体，节省空间；工艺控制能力强；投资和动力消耗较低；噪声低，设备日常维护简单；添加少量絮凝剂便可获得较高固体回收率（高于 90%），可提供较高的浓缩固体浓度；停留时间较短，对于富磷污泥，可以避免磷的二次释放，从而提高污水系统总的除磷率，适合有除磷脱氮要求的污水处理厂。

8.【12-上-22】以下关于污水厂有机污泥的说明中，哪项错误？
（A）易于腐化发臭　　　　　　　（B）含水率高且易于脱水
（C）颗粒较细　　　　　　　　　（D）相对密度较小

【解析】选 B。参见秘书处教材《排水工程》P427 可知 B 项错误，不易脱水。

9.【12-上-23】污泥的重力浓缩具有很多优点，下列哪项关于污泥重力浓缩优点的说明是错误的？
（A）动力费用低　　　　　　　　（B）占地面积小
（C）储存污泥能力强　　　　　　（D）操作管理较简单

【解析】选 B。参见秘书处教材《排水工程》P449 可知，B 项错误，占地面积大。

10.【12-下-22】中温厌氧消化是污泥稳定最常用的方法，下列哪项污泥厌氧消化的说法是错误的？
（A）有机物降解程度是有机负荷的函数
（B）挥发性固体降解率随进泥挥发性固体含量的降低而提高
（C）污泥投配率较低时，污泥消化较安全，产气率较高
（D）消化池中挥发酸与碱度之比反映了产酸菌与甲烷菌的平衡状态

【解析】选 B。参见秘书处教材《排水工程》P456。有机物降解程度是污泥龄的函数，并非进水有机物浓度的函数，而污泥龄又是有机负荷的函数。所以消化池的容积设计应按有机负荷、污泥龄或消化时间设计，A 项正确。对于选项 B，参见教材图 17-14 可知，挥

发性固体降解率随进泥挥发性固体含量的降低而降低，所以 B 项错误，C、D 项正确。

11.【13-上-22】某污水厂在污泥脱水前，设置了污泥淘洗池。污泥淘洗的目的和作用是下列哪项？
（A）消除污泥的臭味
（B）去除污泥中的砂粒
（C）降低污泥的含水率
（D）减少脱水混凝剂用量

【解析】选 D。根据秘书处教材《排水工程》P484，污泥脱水之前淘洗（预处理）的作用是将过量的碱度洗掉，其目的是为了减少混凝剂用量，故本题应选择 D。

12.【13-上-23】污泥填埋是我国许多城市目前主要采用的污泥处置方法，污泥可单独填埋，也可与城市生活垃圾混合填埋。下列关于污泥填埋的设计中，哪项错误？
（A）控制污泥与生活垃圾的体积混合比大于 8%
（B）将改性处理后的污泥用作生活垃圾填埋场覆盖土
（C）混合填埋的污泥含水率应加以控制
（D）混合填埋的污泥中的总砷浓度控制小于 75mg/kg 干污泥

【解析】选 A。根据秘书处教材《排水工程》P514，污泥与生活垃圾的重量混合比应 ≤8%，故本题应选择 A。

13.【13-下-22】下列关于同一干重污泥的体积、含水质量、含水率和含固体浓度之间的关系描述中，哪项错误？
（A）污泥的体积与含水质量成正比
（B）污泥的含水率与污泥体积成正比
（C）污泥含水质量与含固体物浓度成反比
（D）污泥体积与含固体物浓度成正比

【解析】选 D。根据秘书处教材《排水工程》公式（17-4）可知，污泥体积与含固体物浓度成反比。

14.【13-下 23】厌氧消化是污泥稳定和生物能利用的常用及经济的方法。在设计和运行污泥厌氧消化池时，下列哪项做法错误？
（A）为提高产气率，将消化温度设计为 45℃
（B）为保障有机物降解率，设计泥龄为 30d
（C）为提高产气量，在剩余污泥中混入餐厨垃圾
（D）当消化液碱度小于 2000mg/L 时，降低投配率

【解析】选 A。参见秘书处教材《排水工程》图 14-7"温度对厌氧处理的影响"。一般来说在 35℃ 和 50℃ 是最好，即中温消化和高温消化。而 45℃ 却是一个低点，应避免。

15.【14-上-21】下列按污水脱水性能从难到易排列，哪项正确？
（A）消化污泥＞活性污泥＞腐殖污泥＞初沉污泥
（B）活性污泥＞腐殖污泥＞初沉污泥＞消化污泥
（C）活性污泥＞消化污泥＞初沉污泥＞腐殖污泥
（D）腐殖污泥＞初沉污泥＞消化污泥＞活性污泥

【解析】选 C。参见秘书处教材《排水工程》P429 表 17-3。

16.【14-上-22】 下列污泥浓缩方式,哪项最节能?
(A) 重力浓缩池
(B) 气浮浓缩池
(C) 带式浓缩机
(D) 离心浓缩机

【解析】选 A。参见秘书处教材《排水工程》表 17-18 可知,重力浓缩池能耗最低。

17.【14-下-21】 某污水处理厂设计规模 100000m³/d,污泥产生量为 150g 干污泥/m³,则该污水厂每天外运含水率为 80%的污泥量为下列哪项?
(A) 15m³
(B) 19m³
(C) 75m³
(D) 80m³

【解析】选 C。干污泥量保持不变,则 $V=\dfrac{100000\times 150/1000}{(1-0.8)\times 1000}=75\mathrm{m}^3$。

18.【14-下-22】 某城市污水处理厂规模 40000m³/d。采用 A^2O 处理工艺,剩余污泥采用下列哪项浓缩方式既节能又效果好?
(A) 重力浓缩池
(B) 气浮浓缩池
(C) 带式浓缩池
(D) 离心式缩池

【解析】选 C。根据秘书处教材《排水工程》表 17-18,带式浓缩池能耗比较低,且满足工艺除磷需求。

19.【16-上-24】 下列关于污水处理厂污泥的描述,哪项正确?
(A) 剩余污泥含水率低且不易脱水
(B) 无机污泥含水率低且不易脱水
(C) 生污泥包括初次沉淀池污泥、剩余活性污泥、腐殖污泥
(D) 熟污泥包括消化污泥、化学污泥

【解析】选 C。生污泥包括:①初次沉淀池污泥,来自初次沉淀池,含水率一般为 95%~98%;②剩余活性污泥,来自活性污泥法后的二次沉淀池,含水率一般为 99%~99.9%;③腐殖污泥,来自生物膜法后的二次沉淀池,含水率一般为 97%~99%。故 C 正确。

而经消化处理后的污泥称为消化污泥或熟污泥。化学污泥为化学处理工程中产生的污泥,如酸、碱废水中和以及电解法等产生的沉淀物。无机污泥以无机物为主要成分的污泥或沉渣,该类污泥颗粒较粗,相对密度较大,含水率较低且易于脱水,流动性差。

20.【16-下-24】 下列关于城市污水处理厂污泥中水分去除的论述,哪项不正确?
(A) 污泥中空隙水可采用浓缩方式去除
(B) 污泥中毛细水可采用机械脱水方式去除
(C) 污泥中吸附水可采用干燥方式去除
(D) 污泥中内部水可采用自然干化方式去除

【解析】选 D。污泥中所含水分大致分为四类:空隙水、毛细水、污泥颗粒吸附水和颗粒内部水。自然干化法主要去除毛细水,故 D 错误。

21.【17-上-22】 下列关于污水厂污泥处理处置过程,做法错误的是哪项?
(A) 将浓缩池上清液与污水处理厂尾水混合消毒后排放
(B) 将脱水污泥与秸秆混合进行好氧发酵后用于植树

(C) 将污泥脱水车间产生的气体收集除臭处理后排放
(D) 将污泥消化池产生的沼气燃烧用于加热消化池污泥

【解析】选 A。浓缩池上清液中 COD、总磷浓度很高，需要回流处理或单独处理后回流，不得直接排放；选项 B 中秸秆含 C 高，混合后调节 C/N 比例，利于发酵。

22.【17-上-23】下列关于污泥的土地利用，说法错误的是哪项？
(A) 污泥必须经过处理达到稳定化、无害化、减量化方可土地利用
(B) 污泥的土地利用途径主要是农田、林地、园林绿化利用等
(C) 污泥农田利用区应建立严密的使用、管理、检测和控制体系
(D) 污泥达到标准后种植纤维作物的施用量、施用期限可不受限制解

【解析】选 D。根据秘书处教材《排水工程》P513，施用量、施用期限需要满足农田利用和园林绿化的相应标准，可根据相应的公式计算。

23.【17-下-22】浓缩方法去除的主要是污泥中的下列哪类水分？
(A) 毛细水　　　　　　　　(B) 空隙水
(C) 吸附水　　　　　　　　(D) 内部水

【解析】选 B。

24.【18-上-22】对于未设磷回收的具有除磷脱氮工艺的污水厂，不应采用下述哪种污泥浓缩方式？
(A) 离心浓缩　　(B) 重力浓缩　　(C) 气浮浓缩　　(D) 带式浓缩机

【解析】选 B。根据《室外排水设计规范》第 7.2.3 条，当采用生物除磷工艺进行污水处理时，不应采用重力浓缩。

25.【18-上-23】下述关于污泥消化的说法，正确的是哪项？
(A) 厌氧消化污泥气贮罐超压时宜设直接向大气排放的泄压阀
(B) 厌氧消化池应密封，承压不应小于污泥气的工作压力
(C) 厌氧消化池总耗热量应按全年最热月平均日气温通过热工计算确定
(D) 污泥气贮罐的容积，可按 6~10h 的平均产气量设计

【解析】选 D。

选项 A 不正确。根据《室外排水设计规范》第 7.3.13 条，污泥气贮罐超压时不得直接向大气排放，应采用污泥气燃烧器燃烧消耗，燃烧器应采用内燃式。污泥气贮罐的出气管上，必须设回火防止器。

选项 B 不正确。根据规范第 7.3.8 条，厌氧消化池和污泥气贮罐应密封，并能承受污泥气的工作压力，其气密性试验压力不应小于污泥气工作压力的 1.5 倍。厌氧消化池和污泥气贮罐应有防止池（罐内）产生超压和负压的措施。

选项 C 不正确。根据规范第 7.3.6 条，厌氧消化池总耗热量应按余年最冷月平均日气温通过热工计算确定，应包括原生污泥加热量、厌氧消化池散热量（包括地上和地下部分）、投配和循环管道散热量等。

选项 D 正确，根据规范 7.3.12 条，污泥气贮罐的容积宜根据产气量和用气量计算确定。缺乏相关资料时，可按 6~10h 的平均产气量设计。

26.【18-下-21】下列哪种污泥的热值最高？
（A）初沉池污泥　（B）腐殖污泥　（C）消化污泥　（D）化学污泥
【解析】选 A。参见秘书处教材排水 P430 表 17-6 "各类污泥的燃烧热值"。

27.【18-下-22】下述污泥处置方式中，对污泥中重金属浓度要求最严格的是哪项？
（A）园林绿化　（B）污泥填埋　（C）污泥制砖　（D）污泥农用
【解析】选 D。参见秘书处教材《排水工程》P507 表 17-44 "污泥农田利用污染物浓度限值"、表 17-47 "污泥园林绿化利用污染物浓度限值"，P515 表 17-49 "污泥建材利用重金属浸出及灰渣中限制值"，以及 P515 表 17-54 "混合填埋用泥的污染物浓度限值"。

28.【19-上-21】下列关于城镇污水处理厂污泥的描述中，正确的是哪项？
（A）有机污泥含水量较低，不易脱水
（B）有机污泥含水量较高，易于脱水
（C）无机污泥含水量较高，不易脱水
（D）无机污泥含水量较低，易于脱水
【解析】选 D。参见秘书处教材《排水工程》P391 的 "17.1.1 污泥的分类"。有机污泥含水率高且不易脱水，无机污泥含水率低且易于脱水。

29.【19-上-22】下列关于污水厂污泥焚烧的说法，不正确的是哪项？
（A）浓缩污泥和机械脱水污泥需要加入辅助燃料才能进行直接燃烧
（B）焚烧炉内污泥的焚烧时间与污泥颗粒粒度、传质速率负相关
（C）对脱水后污泥进行干化预处理的目的是降低含水率，不改变污泥热值
（D）污泥可以和水力发电厂燃煤、固体废弃物和水泥生产窑混合焚烧
【解析】选 B。参见秘书处教材《排水工程》P454 的 "3）焚烧时间"。一般来说，燃烧时间与污泥粒度的 1～2 次方成正比，加热时间近似与粒度的平方成正比。粒度越细，与空气的接触面积越大，燃烧速度越快，污泥在燃烧室内停留的时间就越短。

30.【19-下-22】城镇污水污泥浓缩方式的选择，很大程度依据于对污泥中磷的控制，下列浓缩方法中不能避免磷的释放的是哪项？
（A）重力浓缩　　　　　　　　（B）气浮浓缩
（C）离心浓缩　　　　　　　　（D）转鼓浓缩
【解析】选 A。参见《室外排水设计规范》第 7.2.3 条。

7.2　多项选择题

1.【10-上-56】当污水处理采用生物除磷脱氮工艺时，其污泥浓缩与脱水采用下列哪几种方式更合适？
（A）重力浓缩，自然脱水干化　　（B）浓缩脱水一体机
（C）机械浓缩后，机械脱水　　　（D）重力浓缩后，机械脱水
【解析】选 BC。当采用生物除磷工艺进行污水处理时，不应采用 A、D 项。

2.【10-上-57】污泥好氧堆肥时，向堆体鼓入空气的主要作用为下列哪几项？
（A）降低含水率　　　　　　　　（B）防止堆体发热

（C）供好氧菌降解有机物需氧　　　　（D）防止堆体内产生厌氧环境

【解析】选 ACD。堆肥原理：在有氧条件下，利用嗜温菌嗜热菌的作用，使污泥中大量有机物质好氧分解达到稳定，通风良好，降低含水率并改善 C/N。

3.【10-下-54】 下列哪些措施可提高厌氧消化池单位时间单位池容的产气量？
（A）改中温消化为高温消化　　　　（B）减少消化池投配率
（C）合理控制搅拌时间　　　　　　（D）调节进泥为偏酸性

【解析】选 AC。参阅秘书处教材《排水工程》P456。进泥需要碱性、高温消化可提高产气率、合理搅拌可合理促进物质传递/转化过程，都好理解。对于 B 项，就"单位时间单位池容的产气量"而言，减少消化池投配率应该与上述目的是相左的。如果就"单位时间单位重量污泥的产气量"来考虑，则减少消化池投配率可促进该目的。

另外，量与率是有差别的。如果仅仅就产气量而言，不考虑时间性，则应该是按污泥重量来分析，减少消化池投配率，可使消化更彻底；在污泥总量一定的前提下，或就单位重量的污泥来说，其产气量是增加的。

4.【10-下-56】 厌氧消化池产生的污泥气需经过净化处理后才能利用，其目的是下列哪几项？
（A）去除 CO_2　　　　　　　　　（B）去除污泥气中的水分
（C）去除 H_2S 气体　　　　　　　（D）调整污泥气压力

【解析】选 BC。污泥气没有二氧化碳，而调整污泥气压力不属于净化。

5.【11-上-57】 下述哪几种污泥的最终处置方式既环保又符合可持续发展的要求？
（A）污泥经厌氧消化后干化焚烧转化为建筑材料
（B）污泥堆肥后作为园林绿化用肥料
（C）污泥脱水后送至垃圾场填埋
（D）污泥干化后农田利用

【解析】选 AB。参见秘书处教材《排水工程》P510。C 项明显不符合题意。另外，污泥干化后不能直接农田利用，因含有大量病原菌、寄生虫（卵）、重金属，以及一些难降解的有毒有害物，必须经过厌氧消化、生物堆肥或化学稳定等处理后才能进行土地利用。

6.【11-下-57】 某污水处理厂采用厌氧消化稳定污泥，消化池采用直径为 25m 的圆柱形池体，则哪些搅拌方式适合此池型且又经济、节能？
（A）体外泵循环搅拌　　　　　　　（B）沼气搅拌
（C）机械桨叶搅拌　　　　　　　　（D）泵吸式射流搅拌

【解析】选 AC。《室外排水设计规范》7.3.7 条：厌氧消化的污泥搅拌宜采用池内机械搅拌或池外循环搅拌，也可采用污泥气搅拌等。

7.3.7 条的条文说明：由于用于污泥气搅拌的污泥气压缩设备比较昂贵，系统运行管理比较复杂，耗能高，安全性较差，因此本规范推荐采用池内机械搅拌或池外循环搅拌，但并不排除采用污泥气搅拌的可能性。

7.【12-下-54】 污泥处置是城镇污水处理系统的重要组成部分，其主要途径有土地利用、污泥填埋和制建材等。下列关于污泥处置的说法中，哪几项正确？

(A) 污泥农用时，A级污泥禁止用于蔬菜粮食作物
(B) 污泥农用要求氮磷钾含量≥30g/kg
(C) 污泥与生活垃圾混合填埋，其重量混合比例应不大于8%
(D) 污泥作为生活垃圾填埋场覆盖土时，要求其含水率小于45%，蠕虫卵死亡率大于95%

【解析】选BCD。参见秘书处教材《排水工程》P510。

8.【13-上-57】关于污泥农田土地施用年限的计算依据，下列哪几项正确？
(A) 根据土壤有机物含量计算
(B) 根据土壤氮磷需要量计算
(C) 根据土壤重金属允许增加量计算
(D) 施用年限与污泥泥质和施用负荷相关

【解析】选CD。参见秘书处教材《排水工程》P513。污泥农田土地施用年限根据土壤重金属允许增加量计算，故C项正确，AB项错误，D项污泥泥质越差，负荷越高，则施用年限越短，故该项正确。

9.【13-下-53】下列哪几项属于污泥稳定化处理方法？
(A) 厌氧消化   (B) 污泥堆肥
(C) 浓缩脱水   (D) 加热干化

【解析】选ABD。污泥稳定化处理就是降解污泥中的有机物质，进一步减少污泥含水量，杀灭污泥中的细菌、病原体等，打破细胞壁，消除臭味，这是污泥能否资源化有效利用的关键步骤。污泥稳定化的方法主要有堆肥化、干燥、碱稳定、厌氧消化等。

10.【14-上-51】关于沉泥槽设置，下列做法哪几项正确？
(A) 在交通繁忙、行人稠密的地区，雨水口可设置沉泥槽
(B) 倒虹吸进水井的前一个检查井内应设置沉泥槽
(C) 泵站前一个检查井内宜设置沉泥槽，深度0.3～0.5m
(D) 排水管道每隔适当距离的检查井内宜设置沉泥槽

【解析】选BCD。根据《室外排水设计规范》4.7.4条文解释，"在交通繁忙、行人稠密的地区，根据各地养护经验，可设置沉泥槽"，言外之意，有的交口，行人多，交通复杂，设置沉泥槽反而不易清掏，不利于排水，故根据养护经验，有的交口不可设沉泥槽。A项错误。

根据《室外排水设计规范》4.11.6条，B项正确。

根据《室外排水设计规范》4.4.11条，"在排水管道每隔适当距离的检查井内和泵站前一检查井内，宜设置沉泥槽，深度宜为0.3～0.5m"，CD项正确。

11.【14-上-56】下列关于污泥特征的说法中，哪几项正确？
(A) 污泥热值与有机含量成正比   (B) 污泥比阻大的比小的容易脱水
(C) 消化污泥热值比活性污泥热值高 (D) 消化污泥比活性污泥容易脱水

【解析】选AD。根据秘书处教材《排水工程》P427，污泥比阻大的比小的难脱水，B项错误。消化污泥中的有机物降解了一部分，所以热值降低，C项错误。

第 7 章 污泥处理

12.【14-上-57】 关于污泥的土地利用，下列说法哪几项正确？
(A) 污泥土地利用的主要障碍是污泥中的重金属、病毒、寄生卵和有害物质
(B) 达到农用泥质标准的污泥可用于种植任何农作物
(C) 达到农用泥质标准的污泥连续施用也不得超过 20 年
(D) 达到农用泥质标准的污泥每年单位面积土地上的施用量仍要限制

【解析】选 AD。根据秘书处教材《排水工程》P510，可知 A 项正确。根据教材 P513，每年单位面积土地上的施用量根据污泥施用年限进行计算，不可超量施用，防止重金属含量超标，D 项正确。

13.【14-下-56】 污泥脱水前预处理方法有哪些？
(A) 化学调节法　　　　　(B) 热处理法
(C) 淘洗法　　　　　　　(D) 冷冻法

【解析】选 ABCD。根据秘书处教材《排水工程》P484，可知 ABCD 项均正确。

14.【16-上-56】 下列关于城市污水处理厂污泥浓缩脱水工艺的设计做法，哪几项正确？
(A) 污泥浓缩池设置去除浮渣装置
(B) 污水采用 AAO 工艺脱氮除磷，污泥采用重力浓缩
(C) 污泥机械脱水间中，最大起吊设备重量小于 3 吨时采用了电动葫芦
(D) 污泥机械脱水间每小时换气 5 次

【解析】选 AC。依据《室外排水设计规范》7.2.3 条，当采用生物除磷工艺进行污水处理时，不应采用重力浓缩。依据《室外排水设计规范》7.4.1 条，污泥机械脱水的设计中污泥机械脱水间应设置通风设施，每小时换气次数不应小于 6 次。故 B、D 错误。

15.【16-上-57】 下列关于污泥处理与处置的描述，哪几项正确？
(A) 污泥作肥料时，其有害物质的含量应符合国家现行标准的规定
(B) 污泥处理构筑物个数不宜小于 2 个，按同时工作设计
(C) 污泥处理过程中产生的污泥水应返回污水处理构筑物进行处理
(D) 同一污泥的体积与含固体物浓度成正比

【解析】选 ABC。依据秘书处教材《排水工程》P427 公式（17-4），当含水率大于 65% 时，污泥体积 V 与含固体物浓度 c 的关系为：$\dfrac{V_1}{V_2} = \dfrac{c_2}{c_1}$，故 D 不正确。

16.【17-上-54】 下列哪些方法属于污泥稳定化处理方法？
(A) 浓缩脱水　　　　　　(B) 厌氧消化
(C) 好氧堆肥　　　　　　(D) 好氧消化

【解析】选 BCD。浓缩脱水属于减容，选项 BCD 属于稳定化处理。

17.【17-上-57】 关于污泥最终处置利用对含水率的要求，正确的是下列哪几项？
(A) 园林绿化利用时污泥含水率应 ≤40%
(B) 与垃圾混合填埋时污水含水率应 ≤60%
(C) 污泥农用时含水率应 ≤60%

(D) 污泥作为垃圾填埋场覆盖土的含水率应≤60%

【解析】选BC。园林绿化利用时污泥含水率应<40%，污泥作为垃圾填埋场覆盖土的含水率应<45%。

18.【17-下-48】 在水厂排泥水系统设计中，下列认识哪些是不正确的？
(A) 水厂排泥水处理系统的规模即为需处理的排泥水水量规模
(B) 进入排泥水平衡池内的泥水含固率不应低于2%
(C) 浓缩池的上清液可直接回流至排水池或排泥池
(D) 采用有扰流设施的调节池，主要为取得匀质、匀量和持续的出流

【解析】选AC。参见《室外给水设计规范》10.1.3条、10.2.6条、10.3.3条。

19.【17-下-55】 关于污泥输送，下列说法哪几项正确？
(A) 初沉污泥可用隔膜泵输送
(B) 压力输泥管最小转弯半径为管径的4倍
(C) 重力输泥管最小设计坡度为1%
(D) 皮带输送机倾角应小于30°

【解析】选AC。根据《室外排水设计规范》7.5.4条，管道输送污泥，弯头的转弯半径不应小于5倍管径。根据《室外排水设计规范》7.5.2条，皮带输送机输送污泥，其倾角应小于20°。故B、D错误。

20.【17-下-56】 下列关于污泥浓缩脱水的说法，哪几项正确？
(A) 当采用生物除磷工艺处理污水时，其污泥不应采用重力浓缩方式
(B) 污水厂污泥浓缩、脱水两个处理阶段可简化采用一体化机械设备
(C) 污泥机械脱水前的预处理目的是进一步降低污泥的含水率
(D) 离心脱水机前不需要设置污泥切割机，占地少，工作环境卫生

【解析】选AB。预处理的目的在于改善污泥脱水性能，提高机械脱水设备的生产能力与脱水效果。故C错误。根据《室外排水设计规范》7.4.8条，离心脱水机前应设置污泥切割机，切割后的污泥粒径不宜大于8mm。故D错误。

21.【18-上-56】 关于污泥制水泥，下列说法错误的是哪几项？
(A) 含水率30%的污泥进行水泥窑焚烧处置时，可投加在窑尾烟室
(B) 城镇污水厂脱水污泥不可以利用水泥生产窑焚烧处置
(C) 采用含水率80%的城镇污水厂脱水污泥烧制陶粒，其污泥掺量可为20%
(D) 污泥陶粒在烧制过程中固化了污泥中重金属，不存在重金属浸出污染的风险

【解析】选BD。

A正确：根据秘书处教材《排水工程》P511，干化或半干化后的污泥发热量低、着火点低、燃烧过程形成的飞灰多、燃烧时间短，不适合作为原料配料大规模利用，应尽可能在分解炉、窑尾烟室等高温部位投入，以保证焚毁效果。

B不正确：根据教材P511，含水率在60%~85%的市政污泥可以利用水泥窑直接进行焚烧处置。

C正确：根据教材P513，在一般情况下，宜控制污泥含水率不大于80%，并调整配

料用水量；含水率80%的污泥掺量不宜超过30%。

D不正确：根据教材P514，污泥烧制陶粒过程中，污泥中一些重金属容易造成污染。

22.【18-下-57】 下述关于污泥特性的说法，错误的是哪几项？
(A) 含水率大于90%的同一污泥的体积与含固体物浓度存在比例关系
(B) 污泥减容效率与污泥含水率无关
(C) 比阻小于$1×1^{11}$m/kg的污泥易于浓缩
(D) 压缩系数大的污泥宜采用离心脱水

【解析】 选BC。参见秘书处教材《排水工程》P427~429。根据教材公式（17-40）可知A项正确。B项错误，污泥含水率越高，降低含水率对减容作用越大。C项错误，一般地说，比阻小于$1×1^{11}$m/kg的污泥易脱水。D项正确，压缩系数大的污泥，其比阻随过滤压力的升高上升较快，这种污泥宜采用真空过滤或离心脱水。

23.【19-上-56】 下列关于城市污水处理厂污泥中水分去除的说法，正确的是哪几项？
(A) 污泥中空隙水可采用浓缩方式去除
(B) 污泥中毛细水可采用气浮方式去除
(C) 污泥中吸附水可采用干燥方式去除
(D) 污泥中内部水可采用自然干化方式去除

【解析】 选AC。参见秘书处教材《排水工程》P410。污泥浓缩主要去除空隙水；毛细水的脱除可采用自然干化和机械法；吸附水和内部水可通过干燥和焚烧法脱除。

24.【19-下-57】 污泥干化是污水处理厂污泥的减量化方式之一，下列关于污泥干化的说法，正确的是哪几项？
(A) 干化厂脱水主要依靠渗透、蒸发和撇除
(B) 污泥自然滤层干化适用于自然土质渗透性能好、地下水位高的地区
(C) 污泥干化厂分块数不宜少于三块是考虑进泥、干化、出泥、存放的轮换进行
(D) 投加碱式氯化铝可以提高污泥干化脱水效率

【解析】 选ACD。参见秘书处教材《排水工程》P449，污泥自然滤层干化适用于自然土质渗透性能好、地下水位低的地区。

第 8 章 工业水处理

8.1 单项选择题

1.【10-下-24】 含油废水中油类的存在形式可分为浮油、分散油、乳化油和溶解油四类，按照其油珠粒径由小到大排列的是下列哪一项？
(A) 分散油、乳化油、溶解油、浮油
(B) 溶解油、分散油、乳化油、浮油
(C) 乳化油、分散油、溶解油、浮油
(D) 溶解油、乳化油、分散油、浮油

【解析】选 D。参见秘书处教材《排水工程》P545。浮油的油珠粒径＞100μm，分散油 10~100μm，乳化油一般为 0.1~2μm，溶解油为几纳米。

2.【10-上-23】 控制工业废水污染源的基本途径是减少排放量和降低污水中污染的浓度。请指出下列哪项不属于减少废水排放量的措施？
(A) 清污分流   (B) 间断排放
(C) 改革生产工艺   (D) 生产用水重复使用

【解析】选 B。分质分流、清污分流能减小污水的排放量，A 项正确；改革生产工艺能够减小用水量和排出的工业废水中的污染物的含量，C 项正确；重复使用水能减小某一组团或者相近的工业生产的排水总量，D 项正确。

3.【10-上-24】 下列哪种溶气气浮方式能耗低且较常使用？
(A) 水泵—空压机溶气   (B) 水泵吸水管吸气溶气
(C) 水泵出水管射流溶气   (D) 内循环式射流加压溶气

【解析】选 A。B 项缺点较大，容易造成水泵运行不稳定或气蚀。C 项的能量损失较大。D 项是 C 项的改进，能量损失相比之下减少了，接近于水泵—空压机溶气方式，但不如水泵—空压机溶气方式常用。

4.【11-上-23】 某工厂废水中的石油浓度为 100mg/L，油珠粒径为 0.08~0.15μm，应选择下列哪种处理装置？
(A) 平流隔油池   (B) 斜板隔油池
(C) 混凝气浮池   (D) 生物处理法

【解析】选 C。参见秘书处教材《排水工程》P582。题干属于乳化油，采用混凝破乳气浮法是处理乳化液的成功方法。

5.【11-上-24】 某工厂拟采用氯氧化法将其工业废水中的氰化物完全去除，下述工艺设计运行控制哪项不正确？

（A）设计两级串联的氧化反应系统
（B）分级向两级氧化反应槽投加漂白粉
（C）在两级氧化反应系统中，将一级反应的 pH 值控制在 11 以上
（D）在两级氧化反应系统中，将二级反应的 pH 值控制在 7 左右

【解析】选 D。参见秘书处教材《排水工程》P574，二级反应的 pH 值应控制在 8.0～8.5。

6.【11-下-23】 设计处理含铬废水的电解装置中，通常要考虑能够将阴、阳极定期调换的操作措施，运行中定期调换阴、阳极的作用是下述哪项？
（A）消除电极上钝化膜　　　　（B）减少浓差极化现象
（C）减少电解液的电阻　　　　（D）防止电极产生腐蚀

【解析】选 A。参见秘书处教材《排水工程》P579。在工业废水处理中，常利用电解还原处理含铬废水，六价铬在阳极还原。采用铜板作电极，通过直流电，铁阳极溶解出亚铁离子，将六价铬还原为三价铬，亚铁氧化为三价铁。由于电极表面生成铁氧化物钝化膜，阻碍了二价铁离子进入废水中，而使反应缓慢。为了维持电解的正常进行，要定时清理阳极的钝化膜。人工清除钝化膜是较繁重的劳动，一般可将阴、阳极调换使用，利用阴极上产生氢气的还原和撕裂作用清除钝化膜。

7.【11-下-24】 某生猪屠宰企业排出的废水悬浮物浓度为 500mg/L，并含有一定量的猪毛，拟采用气浮处理方法。选择下述哪项气浮工艺是最合适的？
（A）溶气真空气浮工艺　　　　（B）全加压溶气气浮工艺
（C）部分加压溶气气浮工艺　　（D）回流加压溶气气浮工艺

【解析】选 D。参见秘书处教材《排水工程》图 19-26。只有回流加压溶气气浮法的原水不经过溶气罐，不容易对罐中的填料形成堵塞。

8.【12-上-24】 乳化油油珠粒径很小，处理前通常需要破乳，下列哪项破乳途径不正确？
（A）投加盐类，使亲液乳状液转化为不溶物而失去乳化作用
（B）投加酸类，使钠皂转化为有机酸和钠盐，从而失去乳化作用
（C）加压溶气气浮，利用大量细微气泡黏附于油珠表面而破乳
（D）改变乳化液温度，加热或冷冻来破坏乳状液的稳定达到破乳目的

【解析】选 C。参见秘书处教材《排水工程》P545，可知 ABD 项正确。参见教材 P582 可知，气浮法本身不能破乳，而只能通过投加其他药剂，达到破乳目的。

9.【12-下-23】 下列哪项的全部水质指标都需在工厂车间就地处理达标后排放？
（A）六价铬、BOD_5、COD
（B）总汞、六价铬、总 β 放射性
（C）COD、石油类、总汞
（D）BOD_5、石油类、总 β 放射性

【解析】选 B。参见《污水综合排放标准》相关条文。其实这题可以用排除法，BOD_5、COD 属于到处都存在的指标，显然不可能要求在车间就地处理。但这题大家注意

一个:《污水综合排放标准》规范两类污染物,第一类在车间排放就要求达到相应标准(不同车间分别处理达标),第二类是在单位排污口达到指标(可以车间汇流后统一处理达标)。

10.【12-下-24】下列关于采用硫化物沉淀法与氢氧化物沉淀法处理重金属污水效果比较的说法中,哪项正确?
(A) 硫化物沉淀法比氢氧化物沉淀法效果差
(B) 硫化物沉淀法比氢氧化物沉淀法效果好
(C) 两种方法处理效果相同
(D) 两种方法无法比较
【解析】选 B。参见秘书处教材《排水工程》P569,硫化物溶度积更小,所以效果更好。

11.【13-上-24】某工厂废水处理拟采用气浮处理法,经测试废水中大部分悬浮颗粒润湿接触角约为 60°~75°。为促进气浮效果,在气浮前应向废水中加入下列哪项药剂最为有效?
(A) 投加表面活性剂 (B) 投加氧化剂
(C) 投加聚合氯化铝 (D) 投加动物胶
【解析】选 D。悬浮颗粒润湿接触角约为 60°~75°,为亲水颗粒,不易于气泡黏附,投加浮选药剂可改变颗粒表面的性质,提高其疏水性能。选项中只有动物胶属于浮选剂,故本题应选择 D。

12.【14-上-23】工业废水调节池设置机械搅拌装置的目的主要是下列哪项?
(A) 保持水量平衡 (B) 减小调节池容积
(C) 防止浮渣结壳 (D) 防止杂质沉淀
【解析】选 D。参见秘书处教材《排水工程》P547"设置调节池的目的"。

13.【14-上-24】过滤中和池应选用下列哪项滤料?
(A) 石英砂 (B) 无烟煤
(C) 锰砂   (D) 石灰石
【解析】选 D。参见秘书处教材《排水工程》P561,过滤中和池是用碱性物质作为滤料构成滤层。故选 D。

14.【14-下-23】下列按油粒粒径从大到小排列,哪项正确?
(A) 分散油>浮油>乳化油>溶解油
(B) 浮油>乳化油>溶解油>分散油
(C) 浮油>分散油>乳化油>溶解油
(D) 浮油>乳化油>分散油>溶解油
【解析】选 C。参见秘书处教材《排水工程》P582。

15.【14-下-24】某工厂废水含氰化物,处理正确的做法是下列哪项?
(A) 投加硫酸中和 (B) 投加铁盐沉淀
(C) 加碱加氯氧化 (D) 加压溶气气浮

【解析】选 C。参见秘书处教材《排水工程》P561 可知，加碱加氯氧化可处理含氰化物废水。故 C 项正确。

16.【16-上-13】关于工业废水排水系统，下列说法哪项正确？
(A) 工业废水必须单独处理，不得排入城镇排水系统
(B) 工业废水应直接排入城镇排水系统与城镇污水合并处理
(C) 工业废水应在工厂内部循环利用，不得外排
(D) 工业废水排入城镇排水系统的前提是不得影响城镇排水系统的正常运行

【解析】选 D。依据《室外排水设计规范》1.0.6 条，工业废水接入城镇排水系统的水质应按有关标准执行，不应影响城镇排水管渠和污水处理厂等的正常运行。

17.【17-下-23】下面关于隔油池的说法中，不正确的是哪项？
(A) 隔油池表面积修正系数与水流紊动状态有关
(B) 隔油池表面积修正系数与隔油池池容积利用率有关
(C) 废水悬浮物引起的颗粒碰撞阻力系数与悬浮物浓度有关
(D) 废水悬浮物引起的颗粒碰撞阻力系数与悬浮物浓度无关

【解析】选 D。根据秘书处教材《排水工程》公式 (19-9)，废水悬浮物引起的颗粒碰撞阻力系数与悬浮物浓度有关。

18.【17-下-24】中和是处理含酸碱废水的常用方法，下列关于工业废水中和处理的说法，正确的是哪项？
(A) 当废酸废碱浓度超过 5% 时，应考虑是否回收利用
(B) 宜采用石灰石滤料过滤中和稀硫酸废水
(C) 宜采用碳酸钙投加的方法中和弱酸废水
(D) 用酸性废水中和碱性废水（渣）不会产生有毒害物质

【解析】选 A。过滤中和主要用于硝酸和盐酸；中和宜采用湿法投加，反应更完全。用酸性废水中和碱性废水（渣）是否产生有毒害物质取决于反应物本身。

19.【18-上-24】含有高浓度酚类、苯系物、杂环化合物、多环化合物等数百种不同属性有机物的焦化废水达标处理，应采用下列哪种处理工艺流程？
(A) 好氧→沉淀
(B) 物化法→混凝沉淀
(C) 厌氧→好氧→深度处理
(D) 物化预处理→厌氧→好氧→深度处理

【解析】选 C。参见秘书处教材《排水工程》P546。

20.【18-下-23】在下列氧化剂中，氧化能力第二强的是哪种？
(A) ClO_2 (B) $Cr_2O_7^{2-}$ (C) O_3 (D) $HOCl$

【解析】选 A。根据秘书处教材《排水工程》P573 表 19-13 "标准氧化还原点位表"可知，氧化能力 $O_3 > ClO_2 > HOCl$ 大于 Cr_2O_7。

21.【18-下-24】活性炭的吸附量由以下哪种孔决定？
（A）过渡孔　　　（B）大孔　　　（C）小孔　　　（D）所有孔
【解析】选 C。根据秘书处教材《排水工程》P594，活性炭的吸附量主要由小孔决定，所以活性炭宜处理合小分子污染物的废水。

22.【19-上-24】按调节池在工业废水处理流程中的位置，调节方式可分为下列哪两种？
（A）前置调节和后置调节
（B）低位调节和高位调节
（C）管道调节和水泵调节
（D）在线调节和离线调节
【解析】选 D。参见秘书处教材《排水工程》P480 的"（3）调节池的分类"。

23.【19-下-24】石油化工业废水在生物处理前常采用气浮法进行预处理，按气浮法形成的气泡尺寸从小到大的顺序排列，下列正确的是哪项？
（A）散气气浮法→溶气气浮法→电解气浮法
（B）电解气浮法→溶气气浮法→散气气浮法
（C）溶气气浮法→散气气浮法→电解气浮法
（D）散气气浮法→电解气浮法→溶气气浮法
【解析】选 B。参见秘书处教材《排水工程》P513 的"（4）电解气浮法"。

8.2 多项选择题

1.【10-上-58】下列气浮法处理工业废水的叙述中，哪几项是正确的？
（A）气浮法是固液分离或液液分离一种技术
（B）气浮法用于从废水中去除相对密度小于 1 的悬浮物、油类和脂肪
（C）气浮法产生大量微气泡，使固、液体污染物微粒黏附下沉，进行固液分离
（D）气浮法按气泡产生方式不同，分为电解气浮法、散气气浮法和溶气气浮法
【解析】选 ABD。参见秘书处教材《排水工程》P582。

2.【10-下-57】对无机工业废水一般采用下列哪几种处理方法？
（A）物理　　　　　　　　（B）化学
（C）生物　　　　　　　　（D）物理化学
【解析】选 ABD。参见秘书处教材《排水工程》。生物化学反应主要针对有机物。

3.【10-下-58】下列关于吸附法处理工业废水的叙述中，哪几项是正确的？
（A）物理吸附法是由分子力引起的，吸附热较小，可在低温下进行
（B）化学吸附法是由化学键力引起的，当化学键力大时化学吸附是可逆的
（C）活性炭吸附常用于去除生物难降解的微量溶解态的有机物
（D）在活性炭吸附工艺中，污水中的有机物分子量越大吸附效果越好
【解析】选 AC。D 项不能太绝对，其对分子量在 1500 以下的环状化合物以及分子量在数千以上的直链化合物（糖类）有较强的吸附能力，效果良好。

4.【11-上-58】下列哪几种废水适合采用化学沉淀方法处理？
(A) 含悬浮固体较多的工业废水
(B) 含有毒有害金属离子的废水
(C) 含微量有机物的废水
(D) 含磷酸盐的废水

【解析】选 BD。向工业废水中投加某些化学物质，使其与水中溶解杂质反应生成难溶盐沉淀，因而使废水中溶解杂质浓度下降而部分或大部分被去除的废水处理方法称为化学沉淀法。其主要用于处理重金属离子或含磷的工业废水。对于去除金属离子的化学沉淀法有氢氧化物沉淀法、硫化物沉淀法、碳酸盐沉淀法、钡盐沉淀法等。含磷废水的化学沉淀处理主要采用投加含高价金属离子的盐来实现。

5.【11-下-58】重力隔油池的设计表面负荷受多种因素影响，在处理轻质油类废水时，下列不同条件下，对表面负荷设计取值正确的是哪几项？
(A) 油珠粒径较小时取较大的表面负荷
(B) 油珠密度较大时取较小的表面负荷
(C) 悬浮物浓度低时取较大的表面负荷
(D) 水温低时取较小的表面负荷

【解析】选 BCD。油珠粒径越小，则越难去除，则需要较小的表面负荷，反之亦然。悬浮物浓度低时油珠颗粒更容易碰撞、聚集，所以可取较大的表面负荷。水温低时水的黏度增大，不利于油水分离，所以可取较小的表面负荷。

6.【12-上-58】拟将一电镀厂生产废水中的氰化物完全氧化，下列工艺设计和运行控制条件，哪几项正确？
(A) 采用两级串联的氧化反应池
(B) 只向一级氧化池投加充足的次氯酸钠
(C) 一级反应池的 pH 值控制在 11.5
(D) 二级反应池的 pH 值控制在 8～8.5

【解析】选 ACD。参见秘书处教材《排水工程》P569，采用完全氧化法，可知 ACD 项正确。参照其反应化学方程式可知，第二级也需要投加充足次氯酸钠。

7.【12-下-55】某工厂废水六价铬浓度为 80mg/L，拟采用还原法处理，下列关于该废水处理工艺设计和运行控制条件的说法中，哪几项正确？
(A) 第一步：控制 pH 值为 2，先投加硫酸亚铁将六价铬还原成三价铬
(B) 第一步：控制 pH 值为 9，先投加硫酸亚铁将六价铬还原成三价铬
(C) 第二步：再用碱性药剂调整 pH 值至 8，使 Cr^{3+} 生成 $Cr(OH)_3$ 沉淀而去除
(D) 第二步：再用酸性药剂调整 pH 值至 2，使 Cr^{3+} 生成 $Cr(OH)_3$ 沉淀而去除

【解析】选 AC。参见秘书处教材《排水工程》P561。

8.【12-下-58】下列关于工业废水分类方法的说法中，哪几项正确？
(A) 按工业企业的产品和加工对象分类
(B) 按废水污染物浓度高低分类

（C）按废水中所含主要污染物的化学性质分类
（D）按废水中所含污染物的主要成分分类

【解析】选ACD。参见秘书处教材《排水工程》P545。

9.【13-上-58】 某工厂排出废水的pH值为3～4，含三价铬约800mg/L，含镍约1000mg/L。设计采用利用资源回收的两步中和沉淀法，处理过程中pH应按下列哪几项措施进行控制？

（A）先加石灰调节pH至5～6，进行一级沉淀
（B）再次加入石灰调节pH至8.5～9，进行二级沉淀
（C）先加石灰调节pH至8～8.5，进行一级沉淀
（D）再次加入石灰调节pH至9.5～10，进行二级沉淀

【解析】选CD。根据秘书处教材《排水工程》表19-12，铬的沉淀最佳pH为8～9，镍沉淀最佳pH为>9.5，根据硫化物的溶度积可判断铬比镍先沉淀，故本题AB项错误，CD项正确。

10.【13-下-24】 某工厂每天产生废水$500m^3/d$，废水中含SS约200mg/L，COD约500mg/L（其中20%为溶解性生物难降解的有机物）。环保部门要求该厂废水处理后COD必须低于50mg/L才能排放。下列哪项工艺既能使处理水达标排放又经济合理可行？

（A）废水→预处理→混凝沉淀→膜过滤→离子交换→排水
（B）废水→预处理→活性炭吸附→气浮法→电渗析→排水
（C）废水→混凝气浮→过滤→反渗透→活性炭吸附→排水
（D）废水→预处理→生物处理→沉淀→生物活性炭→排水

【解析】选D。由题意可知，COD超标450mg/L，溶解性生物难降解的有机物含量也大于50mg/L，需采用预处理+活性炭工艺来去除溶解性生物难降解的有机物。综合考虑，先要去除COD，再去除溶解性生物难降解的有机物，可采取预处理+生物处理+生物活性炭的主体工艺。由于生物活性炭对进水SS有要求，故可先沉淀再经过生物活性炭。

11.【13-下-55】 废水处理电解气浮法的主要作用和功能为下列哪几项？

（A）去除悬浮物　　　　　　（B）脱色和杀菌
（C）氧化还原　　　　　　　（D）脱盐

【解析】选ABC。根据秘书处教材《排水工程》P579，电解气浮产生的气泡远小于散气气浮和溶气气浮，且不产生紊流，主要作用是气浮分离悬浮物、氧化还原作用、脱色杀菌。故本题应选择ABC。

12.【14-上-58】 某工厂废水六价铬浓度为80mg/L，拟采用还原法处理，下列工艺设计和运行控制条件，哪几项正确？

（A）控制pH值为2，先投加硫酸亚铁将六价铬还原成三价铬
（B）控制pH值为8，先投加硫酸亚铁将六价铬还原成三价铬
（C）再用碱性药剂调整pH值为8，使Cr^{3+}生成$Cr(OH)_3$沉淀而去除
（D）再用酸性药剂调整pH值为2，使Cr^{3+}生成$Cr(OH)_3$沉淀而去除

【解析】选 AC。参见秘书处教材《排水工程》P573 还原法处理含铬废水相关内容。

13.【14-下-57】下列哪些做法是错误的?
(A) 某化工厂废水 pH 值偏低,为了保护城市下水道不被腐蚀,加水稀释后在排放
(B) 某电子工业园为了降低企业负担,将园区内工厂废水直接收集至园区污水处理厂统一处理
(C) 某铅矿场为了控制第一类污染物排放,每日在尾矿坝出水口取样检测
(D) 某屠宰厂废水有机物含量高,直接排入下水道以增加城市污水处理厂进水水质碳源

【解析】选 ACD。参见秘书处教材《排水工程》P15,不得用稀释法降低其浓度排入城市下水道,故 A 项错误。根据教材 P534,第一类污染物一律在车间或车间处理设施排放口采样,故 C 项错误。根据《污水排入城镇下水道水质标准》,BOD_5 最大不得超过 350mg/L,故 D 项错误。

14.【14-下-58】下列哪些废水适合用于气浮法作为处理工艺中的一个环节?
(A) 炼油废水　　　　　　(B) 印染废水
(C) 造纸废水　　　　　　(D) 电镀废水

【解析】选 ABC。参见秘书处教材《排水工程》P582,气浮法在炼油废水、印染废水和造纸废水中均有应用,故 ABC 项正确。

15.【16-上-58】某工厂废水六价铬浓度为 80mg/L,拟采用还原法处理,下列工艺设计和运行控制条件,哪几项正确?
(A) 控制 pH 值为 2,先投加硫酸亚铁将六价铬还原成三价铬
(B) 控制 pH 值为 8,先投加硫酸亚铁将六价铬还原成三价铬
(C) 再用碱性药剂调整 pH 值至 8,使 Cr^{3+} 生成 $Cr(OH)_3$ 沉淀而去除
(D) 再用酸性药剂调整 pH 值至 8,使 Cr^{3+} 生成 $Cr(OH)_3$ 沉淀而去除

【解析】选 AC。依据秘书处教材《排水工程》P573,在酸性条件下,利用还原剂 Cr^{6+} 还原为 Cr^{3+},再用碱性药剂调整 pH,在碱性条件下,使 Cr^{3+} 形成 $Cr(OH)_3$ 沉淀而除去。常用的还原剂有亚硫酸钠、亚硫酸氢钠、硫酸亚铁等。pH 值为 2,酸性。而将 Cr^{6+} 还原成 Cr^{3+} 后,可将废水 pH 调至 7~9,此时 Cr^{3+} 生成 $Cr(OH)_3$ 沉淀。故 A、C 正确。

16.【17-上-50】关于工业废水排放,下述哪些说法是错误的?
(A) 当工业企业位于城镇区域内时,可将工业废水排入城镇排水系统
(B) 当工业废水满足现行《污水排入城镇下水道水质标准》规定,即可排入城市下水道
(C) 当工业废水浓度超过下水道排放标准,可稀释降低浓度后排入
(D) 排入城镇排水系统的工业废水,必须进行消毒处理处置

【解析】选 BCD。根据《污水排入城镇下水道水质标准》4.1.4 条,未列入的控制项目,包括病原体、放射性污染物等,根据污染物的行业来源,其限值应按有关专业标准执行,故 B 错误。

根据《污水排入城镇下水道水质标准》4.1.5条,水质超过本标准的污水,应进行预处理,不得用稀释法降低其浓度后排入城镇下水道,故 C 错误。

排入城镇排水系统的工业废水,不需消毒处理处置,故 D 错误。

17.【17-下-57】 含油废水中的油类按存在形式可以分为重质焦油、浮油、分散油、乳化油、溶解油,下列关于各形式油的处理方法,正确的是哪几项?

(A) 重质焦油宜采用重力分离法去除
(B) 浮油宜采用重力分离法去除
(C) 乳化油宜采用重力分离法去除
(D) 溶解油宜采用重力分离法去除

【解析】选 AB。依据秘书处教材《排水工程》P551,重力分离去除重质焦油和浮油,乳化油一般采用气浮、电解、混凝沉淀法,溶解油一般采用生物处理和膜处理。

18.【17-下-58】 含 Cr^{6+} 工业废水具有较大的毒性,工程中通常采用氧化还原方法将其转化为无毒或低毒物质,下列药剂中哪几种可以作为含 Cr^{6+} 废水转化的还原剂?

(A) 亚硫酸钠
(B) 亚硫酸氢钠
(C) 硫酸亚铁
(D) 亚氯酸钠

【解析】选 ABC。根据秘书处教材《排水工程》P573,选项 A、B、C 均为还原剂。而亚氯酸钠是强氧化剂。

19.【18-上-57】 工业含油废水处理中,常用的化学破乳剂主要有哪几种?

(A) 铁盐　　(B) 无机酸　　(C) 混凝剂　　(D) 有机酸

【解析】选 ABC。破乳的方法有多种多样,但其基本原理都是一样的,即破坏液滴界面上的稳定薄膜,使油、水分离。破乳途径有下述几种:

(1) 投加换型乳化剂,即利用乳状液的换型倾向进行破乳。
(2) 投加盐类,使亲液乳状液转化为不溶物而失去乳化作用。
(3) 投加酸类,使钠皂转化为有机酸和钠盐,从而失去乳化作用。
(4) 投加某种本身不能成为乳化剂的表面活性剂,例如异戊醇等,从乳化的液滴界面上把原有的乳化剂挤掉而使其失去乳化作用。
(5) 通过剧烈的搅拌、振荡或离心作用,使乳化的液滴猛烈碰撞而合并,从而达到油、水分离的目的。
(6) 以粉末为乳化剂的乳状液,可以用过滤的方法拦截被固体粉末包围的油滴,从而达到油、水分离。
(7) 改变乳化液的温度,加热或冷冻来破坏乳状液的稳定,从而达到破乳的目的。

20.【18-上-58】 下列关于含铬废水处理的说法,哪些是正确的?

(A) 在碱性条件下,利用氧化剂将 Cr^{6+} 氧化为 Cr^{3+}
(B) 在酸性条件下,利用还原剂将 Cr^{6+} 还原为 Cr^{3+}
(C) 常用的 Cr^{6+} 还原剂有硫酸亚铁、亚硫酸钠等
(D) 常用的 Cr^{6+} 氧化剂有高锰酸钾、氯气、臭氧等

【解析】选 BC。根据秘书处教材《排水工程》P578,在酸性条件下,利用还原剂将

Cr^{6+} 还原为 Cr^{3+}，再用碱性药剂调节 pH 值在碱性条件下，使 Cr^{3+} 形成 $CrOH_3$ 沉淀而去除。关于还原反应，常用的还原剂有亚硫酸钠、亚硫酸氢钠、硫酸亚铁等，它们与 Cr^{6+} 的还原反应都宜在 pH 值为 2~3 的条件下进行。

21.【18-下-58】 工业废水处理中加压溶气气浮流程的设备组成一般包括下列哪几项？
（A）配水罐　　　　（B）加压泵　　　　（C）压力溶气罐　　　　（D）气浮池
【解析】选 BC。参见秘书处教材《排水工程》P585"图 19-25 加压溶气气浮流程"。

22.【19-上-57】 下列关于工业废水处理方式的做法，错误的有哪几项？
（A）某工业废水 pH 值≥10，为了保护城市下水道，加水稀释后再排入
（B）某工业园区为降低企业负担，将园区内工厂废水直接排至城市污水处理厂统一处理
（C）某屠宰场废水不经预处理，直接排入下水道以增加城市污水处理厂进水碳源
（D）某工业园区为了便于监管，将每座工厂内预处理后的废水都用单独的管道送至城市污水处理厂统一处理
【解析】选 ABC。选项 A 参见《污水排入城镇下水道水质标准》第 4.1.6 条，应进行预处理，不得用稀释法降低浓度后排入城镇下水道；选项 B 参见秘书处教材《排水工程》P15；选项 C 参见《污水排入城镇下水道水质标准》表 1"污水排入城镇下水道水质控制项目限值"（最高允许值，pH 值除外），BOD_5 不允许超过 350mg/L，而屠宰废水的 BOD_5 为 700~1000mg/L。

23.【19-上-58】 工业废水处理中的调节池常用的防沉淀搅拌方式有下列哪几项？
（A）机械搅拌　　　　（B）空气搅拌
（C）沼气搅拌　　　　（D）水力搅拌
【解析】选 ABD。参见秘书处教材《排水工程》P484，调节池常用搅拌方式包括空气搅拌、机械搅拌和水力搅拌等。

24.【19-下-58】 某工厂生产碱性废水，拟利用附近的发电厂烟道气进行中和处理，这种处理方式的主要优点是下列哪几项？
（A）可使水温升高，有利于后续处理
（B）可使 pH 值降低，实现以废治废
（C）可使水中色度降低，提高处理效果
（D）可节省烟气除尘用水和中和碱性废水用酸
【解析】选 BD。参见秘书处教材《排水工程》P494 表 19-6。

第9章 模拟题及参考答案（一）

一、单项选择题（共24题，每题1分。每题的备选项中只有一个符合题意）

1. 下列哪一项不是城镇排水管渠系统收集的主要对象？
   (A) 生活污水　　　　　　　　　(B) 工业废水
   (C) 雪水　　　　　　　　　　　(D) 雨水

2. 某城镇沿河岸山地建设，城市用地以 10‰～20‰ 的坡度坡向河流，你认为该城镇污水排水干管、主干管采用以下哪种平面布置形式最合理？
   (A) 直流正交式　　　　　　　　(B) 分区式
   (C) 平行式　　　　　　　　　　(D) 截流式

3. 下面哪一项不属于城镇污水排水系统的主要组成部分？
   (A) 室内卫生设备　　　　　　　(B) 城市河流
   (C) 街坊污水管网　　　　　　　(D) 污水局部提升泵站

4. 关于污水处理中格栅栅渣输送设备的选择，下述哪种说法是正确的？
   (A) 细格栅栅渣宜采用带式输送机输送
   (B) 粗格栅栅渣宜采用螺旋输送机输送
   (C) 细格栅、粗格栅栅渣宜分别采用螺旋输送机、带式输送机输送
   (D) 细格栅、粗格栅的栅渣可采用任意方式输送

5. 当校核发现沉淀池的出水堰负荷超过规定的出水堰最大负荷时，在设计上应作出如下哪一种调整，使之满足规范要求？
   (A) 减少设计停留时间　　　　　(B) 减少固体负荷
   (C) 增加出水堰长度　　　　　　(D) 增加池深

6. 为了对污水处理厂的排水泵站内可能产生的有害气体进行监测，必须在泵站内配置哪种监测仪？
   (A) CH_4 监测仪　　　　　　　　(B) NH_3 监测仪
   (C) H_2S 监测仪　　　　　　　　(D) ORP 监测仪

7. 污水管道系统的控制点一般不可能发生在下面哪个位置上？
   (A) 管道的终点
   (B) 管道的起点
   (C) 排水系统中某个大工厂的污水排出口
   (D) 管道系统中某个低洼地

8. 在计算用水管渠设计流量时，暴雨强度公式中的降雨历时应为下列何项？
   (A) 设计重现期下，最大一场雨的降雨持续时间
   (B) 汇水面积最远点的雨水流至管道雨水口的集流时间

(C) 汇水面积最远点的雨水流至设计断面的集水时间

(D) 雨水从管道起点流到设计断面的流行时间

9. 已知某段雨水管道的设计流量为 70L/s，该管段地面坡度为 0.002，采用钢筋混凝土圆管（$n=0.013$），判断下列哪组为合理的设计数据？（D—管径；i—管道坡度）

(A) $D=400$mm，$i=0.0012$ (B) $D=400$mm，$i=0.0021$

(C) $D=400$mm，$i=0.0025$ (D) $D=300$mm，$i=0.005$

10. 某城市排洪沟原为自然冲沟，为提高其防洪能力，要对其进行铺砌改造，在断面和坡度不变的情况下，选用哪种铺砌防护类型排洪能力最大？

(A) 干砌块石渠道   (B) 浆砌块石渠道

(C) 浆砌砖渠道   (D) 水泥砂浆抹面渠道

11. 某排水工种管道需敷设在地质稳定无地下水和地质不稳定有地下水两种地质条件下，应选择哪种接口形式是合理、经济的？

(A) 柔性接口   (B) 半柔性接口

(C) 刚性接口和柔性接口   (D) 刚性接口

12. 某排水工程先用大口径钢筋混凝土管穿越一段淤泥地段，选用哪种基础才能保证管道接口安全？

(A) 素土基础   (B) 砂垫层基础

(C) 混凝土枕基   (D) 混凝土带形基础

13. 在传统活性污泥处理系统中，关于污泥回流的目的，下述哪种说法是正确的？

(A) 反硝化脱氮   (B) 厌氧释磷

(C) 维持曝气池中的微生物浓度   (D) 污泥减量

14. 关于"吸附—再生"活性污泥处理系统，下面哪种论述是错误的？

(A) "吸附—再生"生物反应池的吸附区和再生区可在一个反应池内，也可分别由两个反应池组成

(B) 回流污泥宜先进入再生池后，再进入吸附池

(C) "吸附—再生"活性污泥法宜用于处理溶解性有机物含量较高的污水

(D) 再生池中活性污泥微生物进入内源呼吸期

15. 下述关于氧化沟工艺的描述，何项是错误的？

(A) 氧化沟的出水点宜设在充氧器后的好氧区

(B) 氧化沟的竖轴表曝机应安装在沟渠的端部

(C) 氧化沟混合全池污水所需功率不宜小于 $25W/m^3$

(D) 三槽氧化沟可不设初沉池和二沉池

16. A/O 法脱氧工艺中，将缺氧反应器前置的主要目的是下述哪一项？

(A) 充分利用内循环的硝化液进行脱氮

(B) 使回流污泥与内循环硝化液充分接触硝化

(C) 改善污泥性质，防止污泥膨胀

(D) 充分利用原污水中的碳源进行脱氮

17. 上流式厌氧污泥床反应器（UASB）的处理效能大大高于厌氧接触池及厌氧生物滤床等厌氧工艺，其主要原因是下列哪一项？

（A）污水在 UASB 反应器内停留时间长

（B）在反应器中微生物量高

（C）水流自下而上，基质与微生物接触充分

（D）有搅拌设施，促进了基质与微生物的接触

18. 关于污水紫外线消毒，下述哪种说法是错误的？

（A）紫外线消毒与液氯消毒相比速度快，效率高

（B）紫外线照射渠灯管前后的渠长应小于 1m

（C）污水紫外线剂量宜根据试验资料或类似运行经验确定

（D）紫外线照射渠不宜少于 2 条

19. 某城镇二级污水处理厂的处理水量为 1000m^3/d，则该厂以含水率 97% 计的污泥量约为下列何值？

（A）3～5m^3/d   　　　　　　（B）6～10m^3/d

（C）11～15m^3/d 　　　　　（D）16～20m^3/d

20. 污泥厌氧消化池设计中，关于有机物负荷率的概念，下面哪种论述是正确的？

（A）消化池单位容积在单位时间内能够接受的新鲜湿污泥总量

（B）消化池单位容积在单位时间内能够接受的新鲜干污泥总量

（C）消化池单位容积在单位时间内能够接受的新鲜污泥中挥发性湿污泥量

（D）消化池单位容积在单位时间内能够接受的新鲜污泥中挥发性干污泥量

21. 关于污泥好氧消化池的设计，以下哪种说法是错误的？

（A）污泥好氧消化通常用于大型或特大型污水处理厂

（B）好氧消化池进泥的停留时间（消化时间）宜取 10～20d

（C）好氧消化池内溶解氧浓度不应低于 2mg/L，池体超高不宜低于 1m

（D）好氧消化池在气温低于 15℃ 的寒冷地区宜考虑采取保温措施

22. 关于污泥的最终处置，下列哪一种说法是错误的？

（A）污泥的最终处置，宜考虑综合利用

（B）污泥农用时应慎重，必须满足国家现行有关标准

（C）污泥土地利用时应严格控制土壤中积累的重金属和其他有毒物质的含量

（D）污泥填地处置前，必须将含水率降低至 50% 以下

23. 含磷废水的化学沉淀可以通过向废水中投加含高价金属离子的盐来实现，关于化学除磷，下列哪种说法是错误的？

（A）化学除磷药剂可采用铝盐、铁盐，也可以采用石灰

（B）用铝盐或铁盐作混凝剂时，宜投加离子型聚合电解质作为助凝剂

（C）采用石灰除磷时，所需的石灰量只与污水的含磷量有关

（D）由于污水中成分极其复杂，故化学沉淀除磷需进行试验以决定实际投加量

24. 气、液、固三相接触时，湿润接触角 $\theta < 90°$，表明固体颗粒为以下哪种性质？

（A）亲水性，易于气浮去除   　　（B）亲水性，不易于气浮去除

（C）疏水性，易于气浮去除   　　（D）疏水性，不易于气浮去除

二、多项选择题（共 18 题，每题 2 分。每题的备选项中有两个或两个以上符合题意，错选、少选、多选、不选均不得分）

1. 下述哪些工艺中的微生物处于内源呼吸期？
   (A) AB 法 A 段
   (B) CASS 工艺
   (C) orbal 氧化沟工艺
   (D) 高负荷生物滤池工艺

2. 在进行排水制度选择时，下面哪些因素是需要综合考虑的主要因素？
   (A) 城镇的地形特点
   (B) 城镇的污水再生利用率
   (C) 受纳水体的水质要求
   (D) 城镇人口多少和生活水平

3. 下列哪几项是城镇分流制排水系统？
   (A) 根据城镇地形状况所设置的分区排水系统
   (B) 将城镇污水和雨水分别在独立的管渠系统内排除
   (C) 将工业废水和雨水分别在独立的管渠系统内排除
   (D) 将城镇生活污水和工业废水分别在独立的管渠系统内排除

4. 沉砂池排出的砂，在运输前需进一步降低含水率，并分离有机物，可采用下述哪几种设备？
   (A) 空气提升器
   (B) 泵吸式排砂机
   (C) 螺旋洗砂机
   (D) 水力旋流器

5. 当城镇采用分流制排水系统时，下面哪几种污水量应计入污水管道中设计管段的设计流量？
   (A) 工厂废水处理站处理后的废水量
   (B) 冲洗街道的污水量
   (C) 渗入的地下水量
   (D) 由上部管段来的转输流量

6. 依据雨水管渠设计的极限强度理论，在给定的重现期下，以下哪几项说法是正确的？
   (A) 汇流面积越大，雨水管渠设计流量越大
   (B) 当全面积产生汇流那一刻，雨水管渠需排除的流量最大
   (C) 降雨历时越短，暴雨强度越大，雨水管渠流量越大
   (D) 降雨历时越长，雨水管渠流量越大

7. 雨水管道的管顶的覆土深度应满足以下哪些要求？
   (A) 一般情况下，雨水管道应设在冰冻线以下
   (B) 车行道下雨水管道最小覆土深度必须大于 0.7m
   (C) 道路上的雨水管道起点埋深必须满足与街坊支管的衔接要求
   (D) 要充分考虑管理因素，尽量使运行管理方便

8. 某重力流排水工程处于地质条件差，有明显不均匀沉降地区，且排除的污水有一定腐蚀性，下列哪几种管材不能使用？
   (A) 混凝土管
   (B) 陶土管
   (C) 钢管
   (D) 新型塑料管

9. 污水厌氧生物处理工艺中，下述哪些工艺不需要另设泥水分离设备？
   (A) 厌氧生物滤床
   (B) 传统消化法

(C) 厌氧接触池　　　　　　　　　　(D) 上流式厌氧污泥床反应器

10. 关于生物除磷系统，下列哪些说法是正确的？
   (A) 好氧区剩余总碱度大于 70mg/L（以 $CaCO_3$ 计）
   (B) 污泥龄宜长
   (C) 当采用 SBR 工艺时，充水比宜为 0.25～0.5
   (D) 生物除磷系统的剩余污泥宜采用机械浓缩

11. 对经过二级处理后的城市污水中的溶解性有机物，采取以下哪些工艺方法去除是最适宜的？
   (A) 生物处理法　　　　　　　　　　(B) 混凝沉淀法
   (C) 活性炭吸附法　　　　　　　　　(D) 臭氧氧化法

12. 污泥处理与处置的基本流程，按工艺顺序，以下哪些是正确的？
   (A) 生污泥→浓缩→消化→自然干化→最终处理
   (B) 生污泥→消化→浓缩→机械脱水→最终处理
   (C) 生污泥→浓缩→消化→机械脱水→堆肥→最终处理
   (D) 生污泥→消化→脱水→焚烧→最终处理

13. 根据哈森-威廉姆斯紊流公式，压力输泥管道的沿程水头损失与哪些因素有关？
   (A) 污泥浓度　　　　　　　　　　　(B) 管道弯头个数
   (C) 输泥管长度　　　　　　　　　　(D) 输泥管直径

14. 污泥作为肥料施用时，必须符合下述哪些条件？
   (A) 总氮含量不能太高
   (B) 肥分比例：碳氮磷比例为 100∶5∶1
   (C) 重金属离子符合国家相关标准
   (D) 不得含有病原菌

15. 某化工厂拟将生产废水排入城镇排水系统，则该废水应符合以下哪些要求？
   (A) 废水量不能超过城镇总污水量的 50%
   (B) 废水的 pH 值应在 6～9 范围内
   (C) 废水中不应含有易挥发性有毒物质
   (D) 废水中重金属含量不应超过有关标准

16. 以下药剂哪些属于还原剂？
   (A) 臭氧　　　　　　　　　　　　　(B) 硫酸亚铁
   (C) 亚硫酸氢钠　　　　　　　　　　(D) 次氯酸钠

17. 含油废水在进行气浮前，宜将乳化稳定系统脱稳、破乳、通常采用以下哪些方法脱稳与破乳？
   (A) 投加聚合氯化铝　　　　　　　　(B) 投加表面活性剂
   (C) 投加动物胶、松香等浮选剂　　　(D) 投加三氧化铁

18. 下列哪些方法可用于活性炭的再生？
   (A) 化学再生法　　　　　　　　　　(B) 溶剂再生法
   (C) 生物再生法　　　　　　　　　　(D) 加热再生法

参考答案

一、单项选择题

1. C。参见秘书处教材《排水工程》P5。
2. C。参见秘书处教材《排水工程》P16。
3. B。参见秘书处教材《排水工程》P11。
4. C。参见《室外排水设计规范》6.3.7条："粗格栅栅渣宜采用带式输送机输送；细格栅栅渣宜采用螺旋输送机输送"。
5. C。出水堰负荷就是指单位长度堰上的水量。
6. C。参见《室外排水设计规范》8.2.2条："下列各处应设置相关监测仪表和报警装置：(1) 排水泵站：硫化氢（H_2S）浓度；(2) 消化池：污泥气（含CH_4）浓度；(3) 加氯间：氯气（Cl_2）浓度"。
7. A。参见秘书处教材《排水工程》P52。
8. C。参见秘书处教材《排水工程》P74。
9. B。本题简单分析：将正确答案局限在选项B、C间，其他与地面坡度差别较大，负面较多。此时由于流量过小，采用400mm管道将发生不满流的事实（可按雨水计算图分析），同时n为0.013，详细计算将非常复杂，不过可以间接推断：先按$n=0.014$的污水图与B项数值进行分析，流速大于0.75m/s，则如果在此时将n换成0.013，则必然流速会更大。所以B项可满足要求且与地面坡度更接近，选择B项。
10. D。参见秘书处《排水工程》P105，人工渠道的粗糙系数取值。
11. C。在地质稳定无地下水地段用刚性接口，在地质不稳定有地下水地段用柔性接口，故C项正确。参见秘书处教材《排水工程》P153。
12. D。混凝土带形基础是解决复杂地质条件下铺设大口径管道的良好办法。参见秘书处教材《排水工程》P148。
13. C。可根据计算式$X_c/X=(1+R)/R$进行分析。
14. C。"吸附—再生"工艺存在的问题主要是：处理效果低于传统法，不宜处理溶解性有机污染物含量较多的污水，参见秘书处教材《排水工程》P254。
15. C。A、B项参见《室外排水设计规范》6.6.27条；C项参见6.6.7条，为15W/m³；D项参见6.6.21条关于可不设初次沉淀池的规定，另外，三槽氧化沟实质上是交替运行氧化沟，已经集成了二沉池功能。
16. D。参见秘书处教材《排水工程》P381。
17. B。对UASB工艺的综合理解：废水自下而上地通过厌氧污泥床反应器，在反应器的底部有一个高浓度（可达60~80g/L）、高活性的污泥层，大部分的有机物在这里被转化为CH_4和CO_2。
18. B。参见《室外排水设计规范》6.13.6条第1款，照射渠水流均布，灯管前后的渠长度不宜小于1m。参见规范6.13.7条，紫外线照射渠不宜少于2条；当采用1条时，宜设置超越渠。其他参阅秘书处教材《排水工程》P396。

19．A。以含水率97%计的污泥体积应为水量的3‰～5‰。

20．D。参见《室外排水设计规范》2.1.113条的名词解释，以及2.1.4条、7.3.5条关于L_0的含义。

21．A。《室外排水设计规范》7.3.1条的条文说明："一般在污泥量较少的小型污水处理厂，或由于受工业废水的影响，污泥进行厌氧消化有困难时，可考虑采用好氧消化工艺。"

22．D。不符合利用条件的污泥，或当地需要时，可利用干化污泥填地、填海造地。污泥在填地前，必须先将含水率降低到85%以下。污泥干化后，含水率约为70%～80%。用于填地的含水率以65%左右为宜，以保证填埋体的稳定与有效压实。

23．C。参见秘书处教材《排水工程》P569。在实际应用中，由于废水中碱度的存在，石灰的投加量往往与磷的浓度不直接相关，而主要与废水中的碱度具有相关性。典型的石灰投加量是废水中总碱度（以碳酸钙计）的1.4～1.5倍。

24．B。参见秘书处教材《排水工程》P582。湿润接触角越小，表明固体颗粒与气泡结合的亲密度越小，气浮去除可能性也越小。

二、多项选择题

1．BC。AB法的A段有机负荷高，微生物不会处在内源呼吸期。高负荷生物滤池也不会处在内源呼唤期，虽然这个名词是历史名词，其有机负荷也不是很高。因此按排除法选择BC。CASS工艺也称CAST。是循环式活性污泥工艺，由SBR演化而来。生化池中由于曝气和静止沉淀间歇运行，使基质BOD_5和生物体MLVSS浓度随时间的变化梯度加大，保持较高的活性污泥浓度，增加了生化反应推动力，提高了处理效率。静止沉淀时，活性污泥处于缺氧状态，氧化合成大为减弱，但生物体内源呼吸在进行，保证了出水水质。注意，CASS工艺中，在进水区设置的生物反应器内是高有机负荷的，但它不是主体反应池。

2．ABC。参见秘书处教材《排水工程》P10。

3．BC。参见秘书处教材《排水工程》P8。分流制排水系统是将生活污水、工业废水和雨水分别在两个或两个以上各自独立的管渠内排除的系统。排除城市污水或工业废水的系统称为污水排水系统；排除雨水（道路冲洗水）的系统称为雨水排水系统。

4．CD。A、B项是沉砂池的提砂排砂设备。

5．ACD。参见秘书处教材《排水工程》P40。注意冲洗街道和消防用水等，由于其性质和雨水相似，故并入雨水的概念。

6．AB。参见秘书处教材《排水工程》P68。A、B项明显正确，C项不选择的原因是只有降雨历时等于地面集水时间时，雨水流量才为最大，不过该选项有一点歧义。

7．CD。参见《室外排水设计规范》4.3.8条："一般情况下，排水管道宜埋设在冰冻线以下。当该地区或条件相似地区有浅埋经验或采取相应措施时，也可埋设在冰冻线以上，其浅埋数值应根据该地区经验确定"。规范4.3.7条的条文说明："一般情况下，宜执行最小覆土深度的规定：人行道下0.6m，车行道下0.7m。不能执行上述规定时，需对管道采取加固措施。"

8. ABC。参见秘书处教材《排水工程》7.2节的内容。

9. ABD。厌氧生物滤床的主要优点是：处理能力较高，池内可以保持很高的微生物浓度；不需另设泥水分离设备，出水SS较低，设备简单，操作方便等。主要缺点是：滤料费用较高，滤料容易堵塞，尤其下部生物膜很厚，堵塞后没有简单有效的清洗方法。因此，悬浮物含量高的废水宜慎用，A项正确。传统消化法的特点是在一个消化池内进行酸化、甲烷化和固液分离，B项正确。D项，UASB已经集成三相分离功能。C项不选择，厌氧接触池处理后的水与厌氧污泥混合液从上部流出进入沉淀池进行泥水分离，上清液排除后，沉淀污泥回流至消化池。

10. ACD。参见《室外排水设计规范》6.6.17条第4款、表6.6.18和表6.6.19中污泥龄的比较、表6.6.38，以及6.6.19条第4款。

11. CD。参见秘书处教材《排水工程》P387。活性炭吸附常和臭氧氧化紧密结合。在活性炭滤池前先对处理的水流臭氧氧化，把大分子有机物氧化为活性炭容易吸附的小分子有机物，并向水中充氧（但未完全分解的臭氧对生物活性炭的作用具有不良影响），最大限度增强活性炭的生物活性。于是，臭氧—生物活性炭工艺具有更强的降解有机物的功能。

12. AC。一般情况下，如果采取焚烧工艺，则不必消化，不过C选项也不是常见的工艺。

13. ACD。参见秘书处教材《排水工程》P444。

14. ACD。污泥作为肥料施用时必须符合：（1）满足卫生学要求，即不得含有病菌、寄生虫卵与病毒；（2）污泥所含重金属离子浓度必须符合相应标准；（3）总氮含量不能太高，氮是作物的主要肥分，但浓度太高会使作物的枝叶疯长而倒伏减产。

15. BD。参见《污水排入城市下水道水质标准》CJ 3082—1999。不选择C项的原因是一般仅仅控制"最高允许浓度"而不是控制"有"与"无"，除非是"不得检出"（实际上不得检出也受检验技术的限制）。

16. BC。选项A、D均属于强氧化剂。

17. AD。参见秘书处教材《排水工程》P582。油颗粒表面活性物质的非极性端吸附于油粒上，极性端则伸向水中，极性端在水中电离，使油粒被包围一层负电荷，产生双电层，增大了ξ电位，不仅阻碍油粒兼并，也影响油粒与气泡黏附。为此在气浮之前，宜将乳化稳定体系脱稳、破乳，破乳的方法可采用投加混凝剂，使废水中增加相反电荷的胶体，压缩双电层，降低ξ电位，使其电性中和，促使废水中污杂物破乳凝聚，以利于与气泡黏附而上浮。常用的混凝剂有聚合氯化铝、聚合硫酸铁、三氧化铁、硫酸亚铁和硫酸铝等。其投加剂量宜根据试验确定。如果废水中含有硫化物，则不宜使用铁盐作混凝剂，以免生成硫化铁稳定胶体。

18. ABCD。参见秘书处教材《排水工程》P570。活性炭再生方法有加热再生、化学再生、溶剂再生、生物再生等，常用的是加热再生法和化学再生法。

第 10 章 模拟题及参考答案（二）

一、单项选择题（共 24 题，每题 1 分。每题的备选项中只有一个符合题意）

1. 污水管道的污水设计流量是指以下哪一项？
   (A) 污水管道及其附属构筑物能保证通过的污水最大流量
   (B) 城市居民每人每天日常生活中洗涤、冲厕、洗澡等产生的污水量
   (C) 污水管道及其附属构筑物能保证通过的污水平均流量
   (D) 城市居民生活污水和公共建筑排水的综合流量

2. 下述排水工程的设计原则中，哪一种说法是正确的？
   (A) 同一城市宜采用同一种排水制度，做到能保护环境、技术先进、经济合理，适合当地实际情况
   (B) 污水宜采用集中处理，污水厂建设数量越少越好
   (C) 对于水体保护要求高的地区，在建立分流制排水系统的基础上，可对初期雨水进行截留、调蓄和处理
   (D) 山区、丘陵地区城市的山洪防治应与城市排水体系分别规划，洪水或雨水均应就近排放

3. 对于 BOD_5 为 2000mg/L 的溶解性有机废水，宜采用下列哪种方法进行处理？
   (A) 气浮   (B) 混凝沉淀
   (C) 厌氧生物处理   (D) 过滤

4. 污水厂中预处理单元和二沉池的设计流量应按下列哪项确定？
   (A) 平均日流量   (B) 平均日流量乘以日变化系数
   (C) 平均日流量乘以时变化系数 (D) 平均日流量乘以总变化系数

5. 指出下面某污水处理厂的工艺流程图中，有几个处理单元属于物理处理法？

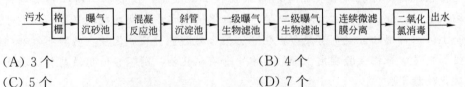

   (A) 3 个   (B) 4 个
   (C) 5 个   (D) 7 个

6. 以下关于污水厂沉淀池的表面负荷和适用条件中哪一项是不恰当的？
   (A) 初沉池设计表面负荷一般大于二沉池
   (B) 辐流式沉淀池适用于大中型污水处理厂
   (C) 竖流式沉淀池适合做二沉池
   (D) 平流式沉淀池适用于大中小型污水处理厂

7. 污水管道设计截洪沟设计中，下面哪一项叙述是错误的？

(A) 与城市总体规划相配合，统一考虑
(B) 尽可能利用自然地形坡度和原有山沟
(C) 尽可能采用暗渠排洪
(D) 不宜穿过建筑群

8. 下述排水管渠的水力清通方法中，哪项是错误的？
(A) 利用管道内的污水自冲
(B) 从消防龙头或街道集中给水栓取自来水冲洗
(C) 用水车将水送至现场冲洗
(D) 利用雨季雨水自动进行冲刷清通

9. 雨水管渠设计中，对于重现期的叙述正确的是何项？
(A) 重现期越高，计算所得的暴雨强度越小
(B) 重现期取值低，对防止地面积水是有利的
(C) 在同一排水系统中，只能采用同一重现期
(D) 暴雨强度随着设计重现期的增高而加大

10. 从城镇合流制排水系统中排除的污水，应为下列何项？
(A) 包括居民生活污水、公共建筑污水和工业废水
(B) 包括生活污水、工业废水和截流的雨水
(C) 包括居民生活污水和公共建筑污水
(D) 包括综合生活污水和工业废水

11. 当减少截流式合流制溢流混合污水对水体的污染，可对溢流的混合污水进行适当的处理，下面哪种处理方法是不恰当的？
(A) 对溢流的混合污水进行储存，晴天时抽至污水处理厂处理后排放
(B) 对溢流的混合污水进行"细筛滤—沉淀—消毒"处理后排放
(C) 对溢流的混合污水进行"细筛滤—沉淀—人工湿地处理"后排放
(D) 在降雨量较大的地区，为了控制溢流的混合污水对水体的污染，应修建大型污水厂，对所有污水和雨水进行处理

12. 当截流式合流制系统的截流倍数 n_0 取值大时，下述哪种说法是错误的？
(A) 溢入水体中的污水将会越多，对水环境影响越大
(B) 增大截流干管的管径及投资
(C) 增加污水处理厂一级处理设施的规模，增大了污水厂的投资
(D) 使旱季污水通过截流干管时的流速降低，易在管内发生淤积

13. 下述哪种情况不宜设置跌水井？
(A) 当接入的支管管径大于 300mm 时
(B) 管道跌水水头大于 2m 时
(C) 管道转弯处
(D) 当含有能产生引起爆炸或火灾气体的工业废水接入时

14. 下列活性污泥法污水处理系统基本组成的描述中，哪一项是正确的？
(A) 初沉池、曝气池、二沉池、污泥浓缩池
(B) 活性污泥反应器、二沉池、污泥消化池、剩余污泥处理系统

(C) 曝气池、二沉池、污泥回流系统、曝气系统
(D) 初沉池、活性污泥反应器、进水管路系统、搅拌混合系统

15. 下列关于生物膜法工艺特点的描述，哪一项是不正确的？
(A) 生物膜上能够生长硝化菌，硝化效果好
(B) 生物膜污泥龄较长，剩余污泥量较少
(C) 生物膜内部有厌氧层，除磷效果好
(D) 生物膜上可生长多样微生物，食物链长

16. 下列关于生物转盘工艺的描述，哪一项是正确的？
(A) 生物转盘工艺不具有脱氮功能
(B) 生物转盘工艺的剩余污泥量大
(C) 生物转盘需要驱动力，能耗高
(D) 生物转盘不需要曝气和污泥回流，便于维护管理

17. 下列关于污水自然处理的描述，哪一项是错误的？
(A) 污水自然处理是将污水直接排放于天然水体和湿地的处理方法
(B) 污水自然处理是利用自然生物作用的处理方法
(C) 污水自然处理基本上是经过一定人工强化的处理方法
(D) 污水自处理不适合于大水量的处理工程

18. 两相厌氧法是由两级厌氧反应器组成的一种新型高效厌氧生物处理工艺，下列关于两相厌氧法工艺特点的描述，哪一项是不正确的？
(A) 第一级反应器可实现大部分有机物的降解
(B) 第一级反应器的水力负荷高，第二级反应器水力负荷低
(C) 第一级反应器基本上不产生甲烷气，第二级反应器出水基本呈中性
(D) 由两级反应器组成的两相厌氧工艺总容积小于相同处理效率的混合相单级厌氧消化工艺

19. 当污水厂二沉池出水的色度和悬浮物浓度较高时，不宜选择哪种消毒方法？
(A) 紫外线消毒　　　　　　(B) 二氧化氯消毒
(C) 液氯消毒　　　　　　　(D) 次氯酸钠消毒

20. 下列哪种污泥最容易脱水？
(A) 二沉池剩余污泥　　　　(B) 初沉池与二沉池混合污泥
(C) 厌氧消化污泥　　　　　(D) 初沉池污泥

21. 在污泥好氧堆肥过程中，强制通风的主要作用是下列哪一项？
(A) 供氧　　　　　　　　　(B) 杀菌
(C) 散热　　　　　　　　　(D) 搅拌

22. 污泥抽升设备一般有单螺杆泵、隔膜泵、柱塞泵，在工程实际中，脱水机进泥泵一般宜选用哪种形式的泵？
(A) 隔膜泵　　　　　　　　(B) 螺旋泵
(C) 单螺杆泵　　　　　　　(D) 多级柱塞泵

23. 某印染厂生产过程中主要采用水溶性染料。对该废水的处理工艺流程采用"格栅—调节池—生物处理池—臭氧反应塔"。其中臭氧反应塔工艺单元的最主要效能是下述哪

一种?
(A) 去除悬浮物　　　　　　　　(B) 去除有机物
(C) 去除色度　　　　　　　　　(D) 杀菌

24. 为了沉淀去除某工业废水中的六价铬,宜投加下述哪种药剂?
(A) 明矾　　　　　　　　　　　(B) 聚合硫酸铝
(C) 硫化钠　　　　　　　　　　(D) 碳酸钡

二、多项选择题（共 18 题,每题 2 分。每题的备选项中有两个或两个以上符合题意,错选、少选、多选、不选均不得分）

1. 对于分流制与合流制共存的城镇,在污水处理厂二级处理设施的能力有限时,以分流制和合流制系统采用哪种连接方式,可减小对水体的污染?
   (A) 合流管渠中混合污水先溢流后再与分流制系统的污水管渠系统连接,汇流的全部污水通过污水处理厂二级处理后排放
   (B) 合流管渠和分流制污水管渠先汇流,在进入污水厂前将超过污水处理设施能力的部分混合污水溢流后,进入污水处理厂处理
   (C) 合流管渠和分流制污水管渠汇流接入污水厂,经一级处理后溢出部分污水,其余进入二级处理系统
   (D) 合流管渠中的混合污水先溢流后再与分流制污水管渠连接,汇流后的污水经二级处理后排放,合流管渠溢流的混合污水经沉淀处理后排入水体

2. 关于城镇排水系统的平面布置,以下哪些说法是正确的?
   (A) 直流正交式布置,只适用于雨水管道系统
   (B) 截流式布置,既适用于分流制,又适用于合流制
   (C) 排水流域主要是根据管道敷设地区的用地性质划分
   (D) 在地形陡且坡向河流的地区,宜采用干管平行于等高线、主干管与等高线倾斜一定角度的布置方式

3. 下列哪几项是污水厂格栅间设计中必须遵守的规定?
   (A) 应设置通风设施　　　　　　(B) 应设置除臭装置
   (C) 应设置有毒气体的检测与报警装置　(D) 应设置避雷装置

4. 污水厂平面布置应满足下列哪些要求?
   (A) 处理构筑物布置紧凑、合理
   (B) 管渠连接便捷、顺畅
   (C) 生产管理构筑物和生活设施宜分散布置
   (D) 污泥区布置应符合防火规范要求

5. 关于雨水口的设置,以下哪些说法是正确的?
   (A) 雨水口深度不宜小于 1m
   (B) 雨水口应根据需要设置沉泥槽
   (C) 当道路纵坡为 0.03 时,雨水口的间距可大于 50m
   (D) 雨水口连接管最小管径为 200mm

6. 关于雨水管渠的水力计算,叙述正确的是以下哪几项?

（A）雨水明渠的超高不得小于 0.5m
（B）雨水管渠的最小设计流速在满流时为 0.75m/s
（C）雨水管的最小管径为 300mm
（D）雨水管采用塑料管材时，最小设计坡度为 0.003

7. 某地区地质条件较差，需敷设管径为 300~800mm 的污水管网，且建设工期紧，在上述条件下选用下列哪几种管材是适宜的？
（A）混凝土管　　　　　　　　（B）HDPE 管
（C）钢筋混凝土管　　　　　　（D）玻璃钢管

8. 以下关于排水泵站设计的叙述中，哪些是正确的？
（A）排水泵站宜分期建设，即泵房按近期规模设计，并按近期规模配置水泵机组
（B）泵站室外地坪标高应按城市防洪标准确定
（C）水泵宜选用同一型号，台数不应小于 2 台，不宜大于 8 台
（D）当 2 台及 2 台以上水泵合用一根出水管时，每台泵的出水管上均应设置闸阀，并在闸阀和水泵之间设置止回阀

9. 下列关于氧化沟工艺特点的描述，哪些是正确的？
（A）氧化沟基本构造形式为环状沟渠型，可设计为单槽或多槽式
（B）氧化沟内应设置水下推进器，水流状态为推流式
（C）氧化沟一般按延时曝气设计，出水水质好
（D）氧化沟可按 AAO 法设计，能够脱氮除磷

10. 在冬季低温情况下，为维持活性污泥生化反应池去除有机污染物的效率，可采用哪几项措施？
（A）增加保温措施　　　　　　（B）增加剩余污泥排放量
（C）增加水力停留时间　　　　（D）增加曝气量

11. 下列关于污水自然处理的设计要求，哪几项是正确的？
（A）采用稳定塘处理污水，塘底必须有防渗措施
（B）污水自然处理前，一般需进行预处理
（C）在熔岩地区，可采用土地过滤法代替稳定塘
（D）土地处理场不宜紧邻公路建设

12. 与好氧生物处理法比较，污水厌氧生物处理法的优点是下述哪几项？
（A）厌氧处理法可产生生物能　　（B）厌氧处理法初次启动过程快
（C）厌氧处理法有利于污泥减量　（D）厌氧处理法出水水质好

13. 下列哪几种深度处理工艺，能够有效去除污水再生水中的臭味和色度？
（A）过滤　　　　　　　　　　（B）臭氧氧化
（C）生物处理　　　　　　　　（D）活性炭吸附

14. 污泥经堆肥处理后用做农肥时，其泥质必须满足以下哪几项要求？
（A）有机成分含量要高　　　　（B）氮磷含量要尽可能高
（C）重金属离子浓度不能超标　（D）满足卫生学要求

15. 为防止污泥中磷在污泥处理过程中释放，污泥浓缩或脱水工艺，可选择以下哪几种方式？

(A) 重力浓缩 (B) 机械浓缩
(C) 浓缩脱水一体机 (D) 重力浓缩后机械脱水

16. 以下有关废水中和处理的叙述中，正确的是哪几项？
(A) 固定床过滤中和池，是用酸性物质作为滤料构成滤层，碱性废水流经滤层，废水中的碱与酸性滤料反应而被中和
(B) 当需投药中和处理的废水水质水量变化较大，而废水量又较小时，宜采用间歇中和设备
(C) 中和方法的选择，一般由各种中和药剂市场供应情况和价格确定
(D) 在投药中和时，为了提高中和效果，通常采用 pH 值粗调、中调与终调装置，且投药由 pH 计自动控制

17. 以下关于平流式隔油池和斜板式隔油池的描述中，哪些是错误的？
(A) 平流式隔油池常用于去除乳化油
(B) 平流式隔油池内装有回转链带式刮油刮泥机，刮除浮油和沉渣
(C) 斜板式隔油池内废水中的油珠沿斜板的下表面向上流动，经集油管收集排出
(D) 斜板式隔油池内废水中的悬浮物沿斜板的上表面滑落至池底，由人工清除

18. 关于气浮法处理废水，下述哪几项是正确的？
(A) 悬浮颗粒表面呈亲水性，易黏附于气泡上面上浮
(B) 在气浮过程中投加聚合氯化铝，主要为了维持泡沫的稳定性，提高气浮效果
(C) 电解气浮法不但具有一般气浮分离的作用，还兼有氧化作用，能脱色和杀菌
(D) 溶气真空气浮是指废水在常压下被曝气，然后在真空条件下，使废水中溶气形成细微气泡而黏附悬浮颗粒杂质上浮的过程

参考答案

一、单项选择题

1. A。污水管道及其附属构筑物设计流量按最大时流量设计，合流管道按平均日平均时流量设计。

2. C。A 项参见《室外排水设计规范》1.0.4 条，同一城镇的不同地区可采用不同的排水制度。

B 项明显错误，也可见《室外排水设计规范》1.0.3 条：正确处理城镇中工业与农业、城市化与非城市化地区、近期与远期、集中与分散、排放与利用的关系。通过全面论证，做到确能保护环境、节约土地、技术先进、经济合理、安全可靠，适合当地实际情况。

C 项，初期雨水由于地面和空气中污染物的进入，水质还是比较差的，故环境卫生要求高的城市可以对初期雨水进行截留、调蓄和处理。

D 项，参见秘书处教材《排水工程》P20，在排水规划与设计中应考虑与邻近区域和区域内给水系统、排洪系统相协调。

3. C。参见秘书处教材《排水工程》P336，厌氧既适合处理高浓度有机废水；又能处

理低浓度有机废水；也能进行污泥消化稳定；还能处理某些含难降解有机物的废水。

4. D。《室外排水设计规范》6.2.4条："污水处理构筑物的设计流量，应按分期建设的情况分别计算。当污水为自流进入时，应按每期的最高日最高时设计流量计算。"

5. B。参见秘书处教材《排水工程》P214，"污水的物理处理法主要有筛滤法、沉淀法、上浮法、气浮法、过滤法和膜法等"。题中有格栅、曝气沉砂、斜管沉淀、连续微滤膜分离4种物理处理法。

6. C。参见秘书处教材《排水工程》P223 表11-3 及 P228。竖流式沉淀池做二次沉淀池是可行的，但并非"适合做"。

7. C。参见秘书处教材《排水工程》P100。排洪沟最好采用明渠，但当排洪沟通过市区或厂区时，由于建筑密度较高，交通量大，应采用暗渠。

8. D。参见秘书处教材《排水工程》P176。水力清通主要有利用管道内污水自动冲洗、自来水冲洗、河水冲洗等方法。用自来水冲洗时通常从消防龙头或街道集中给水栓取水，或用水车将水送到冲洗现场。

9. D。参见秘书处教材《排水工程》P73。在雨水管渠设计中，若选用较高的设计重现期，计算所得的暴雨强度大，相应的雨水设计流量大管渠的断面相应增大。C项可参见《室外排水设计规范》3.2.4条：雨水管渠设计重现期，应根据汇水地区性质、地形特点和气候特征等因素确定。同一排水系统可采用同一重现期或不同重现期。

10. B。参见秘书处教材《排水工程》P5，按照污水来源不同，污水可分为生活污水、工业废水和降水三类。

11. D。参见秘书处教材《排水工程》P94："也可增设蓄水池或地下人工水库，将溢流的混合污水储存起来，待暴雨过后再将它抽送入截流干管进污水处理厂处理后排放。"D选项中将所有污水、雨水进行处理会导致污水处理厂建设规模大，不适合我国当前国情，不合理。

12. A。n_0越大时，截流的混合污水越多，对水环境污染越小。

13. C。根据《室外排水设计规范》4.5.1条："管道跌水水头为1.0~2.0m时，宜设跌水井；跌水水头大于2.0m时，应设跌水井。管道转弯处不宜设跌水井"。

14. C。参见秘书处教材《排水工程》P235："该系统由以活性污泥反应器（曝气反应器）为核心处理设备和二次沉淀池、污泥回流设施及供气与空气扩散装置组成"。

15. C。生物膜法除磷不是主要特点，相对而言，生物膜法脱氮效果较好。参见秘书处教材《排水工程》P287：生物膜法是一种能代替活性污泥法用于城市污水的二级生物处理方法，具有运行稳定、脱氮效能强、抗冲击负荷能力强、经济节能、无污泥膨胀问题，并能在其中形成较长的食物链，污泥产量较活性污泥工艺少等优点。它主要适用于温暖地区和中小城镇的污水处理。目前，生物膜法的工艺主要有生物滤池（普通生物滤池、高负荷生物滤池、塔式生物滤池）、生物转盘、生物接触氧化、生物流化床和曝气生物滤池等。

16. D。参见秘书处教材《排水工程》P303，在一定的运行工况条件下，生物转盘具有消化、脱氮与除磷的功能。污泥龄长，转盘上能繁殖世代时间长的微生物；新型生物转盘有空气驱动等类型。由此可知ABC选项均不正确。教材P306，接触反应槽不需要曝气，污泥也无需回流，运行费用低，故D项正确。

17. A。参见秘书处教材《排水工程》第 16 章。

18. A。参见秘书处教材《排水工程》P359，在传统消化中，产两相厌氧消化工艺使酸化和甲烷化两个阶段分别在两个串联的反应器中进行，从生物化学角度看，产酸相主要是水解、产酸和产氢产乙酸，产甲烷相主要是产甲烷。故选项 A 中所述第一级反应器实现大部分有机物的叙述是不正确的。

19. A。参见秘书处教材《排水工程》P389。悬浮固体会通过吸收和散射降低废水中的紫外光强度，若出水的色度和悬浮物的浓度较高，不适合采用紫外线消毒。

20. D。参见秘书处教材《排水工程》P429 表 17-3 "污水污泥的比阻和压缩系数"。污泥比阻为单位过滤面积上滤饼单位干固体质量所受到的阻力，其单位为 m/kg，可用来衡量污泥脱水的难易程度。比阻小的易于脱水。

21. A。

22. C。根据工程实践与参考秘书处教材《排水工程》P447 可知，对具有一定浓度的污泥，采用单螺杆泵（旋转螺栓泵）较为合理。

23. C。参见秘书处教材《排水工程》P575，臭氧氧化法处理印染废水，主要用来脱色。

24. D。参见秘书处教材《排水工程》P571，钡盐沉淀法主要用于处理含六价铬废水，多采用碳酸钡、氯化钡等钡盐作为沉淀剂。

二、多项选择题

1. AD。参见秘书处教材《排水工程》P114 及上下文内容。把握"纯污水不能再有可能短路溢出"的原则。

2. ABD。参见秘书处教材《排水工程》P16。

3. AC。根据《室外排水设计规范》6.3.9 条："格栅间应设置通风设施和有毒有害气体的检测与报警装置"。

4. ABD。C 项见《室外排水设计规范》6.1.5 条：生产管理建筑物和生活设施宜集中布置，其位置和朝向应力求合理，并应与处理构筑物保持一定距离。

5. BCD。参见《室外排水设计规范》4.7.4 条："雨水口深度不宜大于 1m，并根据需要设置沉泥槽。有冻胀影响地区的雨水口深度，可根据当地经验确定"。规范 4.7.3 条："当道路纵坡大于 0.02 时，雨水口的间距可大于 50m，其形式、数量和布置应根据具体情况和计算确定"。规范 4.2.10 条："排水管道的最小管径与相应最小设计坡度，宜按本规范表 4.2.10 的规定取值"。

6. BC。A 项参见《室外排水设计规范》4.2.4 条：明渠超高不得小于 0.2m。C、D 项参见规范 4.2.10 条，雨水管采用塑料管材时，最小设计坡度为 0.002。B 项参见规范 4.2.7 条。

7. BD。混凝土管、钢筋混凝土管在地质条件较差时要做管道基础，再加上管节短、接头多，施工复杂；如再考虑建设工期紧，相对来说是不适宜的。

8. BCD。参见《室外排水设计规范》5.1.1 条：排水泵站宜按远期规模设计，水泵机组可按近期规模配置。

规范 5.1.6 条：泵站室外地坪标高应按城镇防洪标准确定，并符合规划部门要求。

规范 5.4.1 条第 1 款：水泵宜选用同一型号，台数不应少于 2 台，不宜大于 8 台。当水量变化很大时，可配置不同规格的水泵，但不宜超过两种。

规范 5.5.1 条：当 2 台或 2 台以上水泵合用一根出水管时，每台水泵的出水管上均应设置闸阀，并在闸阀和水泵之间设置止回阀。

9．ACD。参见秘书处教材《排水工程》P257。

10．AC。参见《室外排水设计规范》6.6.8 条："生物反应池的设计，应充分考虑冬季低水温对去除碳源污染物、脱氮和除磷的影响，必要时可采取降低负荷、增长泥龄、调整厌氧区（池）及缺氧区（池）水力停留时间和保温或增温等措施。"

关于 B 项，增加剩余污泥排放量会减小活性污泥浓度。

关于 D 项，气温对充氧是正负两方面的影响，但总体而言，气温低有利于充氧。

11．ABD。A、B 项参见《室外排水设计规范》6.11.8 条；C 项参见规范 6.11.13 条与 6.11.4 条；D 项理解正确，因为土地处理场面积较大，如果长期运行或事故时，可能造成一定范围的地基下陷，影响重要公共交通设施。另外，一般污水土地处理区的臭味较大，蚊蝇较多，对高速公路的正常行车也不利。

12．AC。参见秘书处教材《排水工程》P336。

13．BD。参见秘书处教材《排水工程》P397。污水再生利用处理系统由 3 个阶段组成：前处理、主处理和后处理。后处理设置的目的是使处理水达到回用水规定的各项指标，包括采用滤池去除悬浮物；采用混凝沉淀去除悬浮物和大分子的有机物；采用生物处理技术、臭氧氧化和活性炭吸附去除溶解性有机物、色度和臭味；用臭氧和投氯杀灭细菌等。

14．CD。

15．BC。重力浓缩使磷在污泥处理中容易释放。

16．BD。参见秘书处教材《排水工程》P561。

固定床过滤中和池，是用固体碱性物质作为滤料构成滤层，当酸性废水流经滤层，废水中的酸与碱性滤料反应而被中和。

当水质水量变化较大，且水量较小时，连续流无法保证出水 pH 要求，或出水中还含有其他杂质或重金属离子时，多采用间歇式中和池。

中和方法的选择是综合性的，要考虑以下诸多因素：（1）废水含酸或含碱性物质浓度、水质及水量的变化情况；（2）酸性废水和碱性废水来源是否相近，含酸、碱总量是否接近；（3）有否废酸、废碱可就地利用；（4）各种药剂市场供应情况和价格；（5）废水后续处理、接纳水体、城镇下水道对废水 pH 值的要求。

投药中和法的工艺要求：（1）根据化学反应式计算酸、碱药剂的耗量；（2）药剂有干法投加和湿法投加，湿法投加比干法投加反应完全；（3）药剂用量应大于理论用量；（4）如废水量小于 $20m^3/h$，宜采用间歇中和设备；（5）为提高中和效果，常采用 pH 值粗调、中调与终调装置，且投药由 pH 计自动控制。

17．AD。油类在水中的存在形式可分为浮油、分散油、乳化油和溶解油四类。浮油油珠粒径较大，一般大于 $100\mu m$。易浮于水面，形成油膜或油层。分散油油珠粒径一般为 $10\sim100\mu m$，以微小油珠悬浮于水中，不稳定，静置一定时间后往往形成浮油。乳化油油珠粒径小于 $10\mu m$，一般为 $0.1\sim2\mu m$，往往因水中含有表面活性剂使油珠成为稳定的乳化液。溶解油油珠粒径比乳化油还小，有的可小到几纳米，是溶于水的油微粒。

平流式隔油池的优点是构造简单，运行管理方便，除油效果稳定。缺点是池体大，占地面积大。可能去除的最小油珠粒径，一般为 $100\sim150\mu m$，属于浮油。

斜板隔油池废水沿板面向下流动，从出水堰排出。油珠沿板的下表面向上流动，然后经集油管收集排出。水中悬浮物沉降到斜板上表面，滑入池底部经排泥管排出。实践表明，这种隔油池油水分离效率高，可除去粒径不小于 $80\mu m$ 的油珠，停留时间短，一般不大于 30min。

18. CD。参见秘书处教材《排水工程》P582，A 项亲水性错误，应为疏水性；B 项在气浮过程中投加聚合氯化铝是为了将乳化稳定体系脱稳、破乳，压缩双电层，促使废水中污染物破乳凝聚，以利于与气泡黏附而上浮。

C、D 项正确。

第11章 模拟题及参考答案（三）

一、单项选择题（共24题，每题1分。每题的备选项中只有一个符合题意）

1. 新建地区的排水系统宜采用下列哪种体制？（　　）
   (A) 直流式合流制　　　　　　　　(B) 截流式合流制
   (C) 分流制　　　　　　　　　　　(D) 不完全分流制

2. 污水管道水力计算时，确定污水管径的主要依据是哪一项？（　　）
   (A) 设计流量　　　　　　　　　　(B) 地面坡度
   (C) 最大充满度　　　　　　　　　(D) 设计流量和地面坡度综合考虑

3. 雨水管渠降雨历时计算中，暗管折减系数应为下列何值？（　　）
   (A) 1.0　　　　　　　　　　　　(B) 1.2
   (C) 1.5　　　　　　　　　　　　(D) 2.0

4. 非满流污水管道直径为400mm，则管内最大水深应为下列何值？（　　）
   (A) 220mm　　　　　　　　　　　(B) 260mm
   (C) 280mm　　　　　　　　　　　(D) 300mm

5. 在实际工程中，通常采用下列哪项指标判断污水的可生化性？（　　）
   (A) BOD_5/TOC　　　　　　　　(B) BOD_5/COD
   (C) BOD_5/TOD　　　　　　　　(D) BOD_u/COD

6. 以下关于污水处理厂沉淀池的表面负荷和适用条件中，哪一项是不恰当的？（　　）
   (A) 初沉池设计表面负荷一般大于二沉池
   (B) 辐流式沉淀池适用于大中型污水处理厂
   (C) 竖流式沉淀池适合作为二沉池
   (D) 平流式沉淀池适用于大中小型污水处理厂

7. 下列哪种生物转化过程是在自养菌的作用下进行的？（　　）
   (A) 氨化过程　　　　　　　　　　(B) 反硝化过程
   (C) 硝化过程　　　　　　　　　　(D) 碳氧化过程

8. 曝气充氧过程中氧转移的阻力主要集中在：（　　）。
   (A) 气膜　　　　　　　　　　　　(B) 液膜
   (C) 液相主体　　　　　　　　　　(D) 两相界面

9. 曝气生物滤池宜分别设置充氧曝气和反冲洗供气布气系统，其过滤速率和曝气速率应为下列何值？单位：$m^3/(m^2·h)$。（　　）
   (A) 2~6 和 4~15　　　　　　　　(B) 2~8 和 4~15
   (C) 4~15 和 2~8　　　　　　　　(D) 2~8 和 2~15

10. 下列哪种反应器必须设置三相分离装置？（　　）

(A) 膜生物反应器 (B) 生物接触氧化池
(C) 好氧生物流化床 (D) UASB 反应池

11. 在厌氧消化过程中,下列哪种微生物属于绝对的厌氧菌?(   )
(A) 水解与发酵细菌 (B) 产甲烷菌
(C) 产氢产乙酸细菌 (D) 同型乙酸菌

12. 下列关于化学沉淀法的描述,正确的是哪一项?(   )
(A) 向工业废水中投加某些化学物质,使其与水溶液杂质反应生成难溶盐沉淀,从而使废水中溶解杂质浓度下降的废水处理方法称为化学沉淀法
(B) 在一定温度条件下,含有难溶盐的饱和溶液中,各种离子浓度的乘积随时间变化而变化
(C) 以 M_nN_m 表示难溶盐,当 $[M^{n+}]^m[N^{m-}]^n < L_{M_nN_m}$,难溶盐将析出
(D) 为了最大限度地使预去除杂质沉淀,沉淀剂的使用量越大越好

13. 下面关于合流制排水系统的水量、水质特点的论述,哪一项是错误的?(   )
(A) 合流制排水管道中在晴天时只有城市污水,雨天时为雨污混合水
(B) 全部处理式合流制能有效控制雨污水的排放,有利于水体保护,但污水处理厂规模大,工程投资大
(C) 从合流制截流干管溢流井溢流出的雨污混合污水就近排入水体,对水体的污染也是很严重的
(D) 雨天时,截留干管送往污水处理厂的混合污水,因有雨水的稀释作用,水质可能比旱流污水好,这对污水处理厂的运行管理是有利的

14. 下列关于立体交叉道路排水设计的叙述,错误的是哪一项?(   )
(A) 设计重现期为 1~5a,重要部位宜采用较高值
(B) 同一立体交叉工程的不同部位可采用不同的重现期
(C) 地面集水时间宜为 10~15min
(D) 立体交叉道路排水宜设独立的排水系统,其出水口必须可靠

15. 图 1 (a) ~ (d) 为道路交叉口处雨水口布置形式,其中布置不正确的是哪一项?(   )
(A) 图 1 (a) (B) 图 1 (b)
(C) 图 1 (c) (D) 图 1 (d)

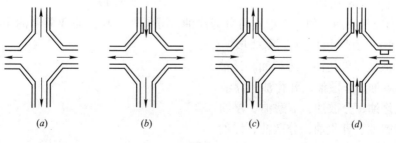

图 1

16. 某中等城市人口为 40 万,具有大型工业企业及一些重要的中型工业企业,并有

一条较大河流穿过市区，该城市的设计防洪标准应采用的重现期为下列何值？（　　）

(A) 10～20a　　　　　　　　　　　(B) 20～50a

(C) 50～100a　　　　　　　　　　 (D) >100a

17. 以下哪种情形是采用合流制排水系统的首要条件？（　　）

(A) 地面有一定坡度倾向水体，且水体高水位时，岸边不受淹没

(B) 街道断面狭窄，管渠的设置位置受到限制

(C) 污水在中途不需设置泵站

(D) 排水区域内有多处水源充沛的水体，且混合污水排至水体后对水体的影响在允许的范围

18. 以下 4 种污水处理方法中，哪种是按照处理程度划分的方法？（　　）

(A) 物理处理　　　　　　　　　　(B) 化学处理

(C) 一级处理　　　　　　　　　　(D) 生物处理

19. 下列关于污水物理处理重力分离法的主要设备，哪项是正确的？（　　）

(A) 筛网、格栅、滤池与微滤机等

(B) 离心机、旋流分离器等

(C) 沉砂池、沉淀池、隔油池与气浮池等

(D) 平面格栅和曲面格栅等

20. 以下哪项参数更能代表活性污泥中的微生物量？（　　）

(A) MLSS　　　　　　　　　　　　(B) SVI

(C) SS　　　　　　　　　　　　　(D) MLVSS

21. 下列哪项工艺兼具有活性污泥法和生物膜法的特点？（　　）

(A) 氧化沟　　　　　　　　　　　(B) 生物接触氧化池

(C) SBR　　　　　　　　　　　　 (D) AB 法

22. 出水水质较好，排入水体的卫生条件要求高的污水处理厂常用以下哪种消毒剂？（　　）

(A) 液氯　　　　　　　　　　　　(B) 臭氧

(C) 次氯酸钠　　　　　　　　　　(D) 紫外线

23. 以下哪个阶段控制污泥厌氧消化速率？（　　）

(A) 水解与发酵阶段　　　　　　　(B) 产甲烷阶段

(C) 产氢产乙酸阶段　　　　　　　(D) 产酸阶段

24. 含油废水中油类的存在形式可分为浮油、分散油、乳化油和溶解油 4 类，按照其油珠粒径由小到大排列的是下列哪一项？（　　）

(A) 分散油、乳化油、溶解油、浮油

(B) 溶解油、分散油、乳化油、浮油

(C) 乳化油、分散油、溶解油、浮油

(D) 溶解油、乳化油、分散油、浮油

二、多项选择题（共18题，每题2分。每题的备选项中有两个或两个以上符合题意，错选、少选、多选、不选均不得分）

1. 污水管道中水靠重力流动，其流速与多种因素有关，下面哪些说法是正确的？（   ）
   (A) 流速与管道的粗糙系数成反比
   (B) 流速与水力半径的平方成正比
   (C) 管道满流时达到最大流速
   (D) 坡度与流速的平方成正比

2. 排洪沟设计涉及面广，影响因素复杂，下列关于排洪沟设计时应遵循的要点哪几项是正确的？（   ）
   (A) 排洪沟应尽量采用明渠，但当排洪沟通过市区或厂区时应采用暗渠
   (B) 排洪沟纵坡应根据天然沟纵坡、冲淤情况以及地形、地质、护砌等条件决定，一般不大于1%
   (C) 排洪沟要有足够的泄水能力，其进出口段应选在地质良好的地段
   (D) 排洪沟穿越道路时，一般应设桥涵，还必须在进口处设置格栅

3. 管道综合时，需要满足下列哪些条件？（   ）
   (A) 污水管道与生活给水管道相交时，应敷设在生活给水管道的下面
   (B) 排水管道损坏时，不应污染饮用水
   (C) 排水管道之间也应满足最小净距的要求
   (D) 再生水管道只要满足最小净距要求，可敷设在生活给水管道上面

4. 以下关于城市污水处理厂沉淀池的设计规定中，哪些选项是错误的？（   ）
   (A) 初次沉淀池校核的沉淀时间不宜小于15min
   (B) 沉淀池的有效水深宜采用2.0~4.0m
   (C) 生物膜法处理后的二次沉淀池污泥区容积，宜按2h的污泥量计算
   (D) 当采用静水压力排泥时，初次沉淀池的静水头不应小于1.5m

5. 下列哪些选项可能成为产生污泥膨胀的原因？（   ）
   (A) 缺氧
   (B) 水温低
   (C) 碳水化合物较多
   (D) pH值较低

6. 下列关于生物膜法微生物相的特点，论述正确的是哪几项？（   ）
   (A) 能够生长世代时间较长、比增殖速率较大的微生物
   (B) 生物的食物链长，剩余污泥量较少
   (C) 生物膜上可能大量出现丝状菌
   (D) 优势种属微生物的功能能得到充分发挥

7. 经二级处理后的城镇污水，在排放水体前或回用前应进行消毒处理，以下关于消毒方法的描述哪些是正确的？（   ）
   (A) 消毒的主要方法是向污水中投加消毒剂
   (B) 污水的消毒程度应根据污水性质、排水标准或再生水要求确定
   (C) 紫外线照射渠不宜少于2条
   (D) 二氧化氯或氯消毒后应进行混凝沉淀

8. 下列哪几种方法可作为污泥脱水前的预处理方法？（   ）
   (A) 冷冻法
   (B) 过滤

(C) 化学调节法　　　　　　　　　　　　(D) 热处理法

9. 某工厂需处理的生产废水为含重金属杂质和硫酸浓度大于 2g/L 的酸性废水，不能或不宜采用以下哪几种处理方法？（　　）
(A) 固定床过滤中和　　　　　　　　　　(B) 升流膨胀过滤中和
(C) 烟道气中和　　　　　　　　　　　　(D) 投药中和

10. 关于排水系统排水制度的选择的描述，下列哪些选项是合理的？（　　）
(A) 应结合当地地形、水体、污水处理程度等综合确定
(B) 同一城镇的不同地区可采用不同的排水制度
(C) 新建地区的排水系统宜采用分流制或合流制
(D) 合流制排水系统应设置污水截留设施

11. 下列关于排水管道的说法，正确的是哪项？（　　）
(A) h/D 一定时，管径越大，相应的最小设计坡度越小
(B) 管径相同时，h/D 越大，相应的最小设计坡度越小
(C) 管径相同时，h/D 越大，相应的最小设计坡度越大
(D) 管径相同时，最小设计坡度相同

12. 关于截流式合流制管渠系统的布置特点，以下哪些选项是正确的？（　　）
(A) 管渠的布置应使所有服务面积上的生活污水、工业废水和雨水都能合理地安排进入管渠，并尽可能地以最短距离排向水体
(B) 在合流制管渠系统的上游排水区域内，如果雨水可沿地面的街道边沟排泄，则该区域可只设置污水管道，只有当雨水不能沿地面排泄时，才考虑布置合流管渠
(C) 沿水体岸边布置与水体平行的截流干管，并在适当位置上设置截流井，以便于超过截流干管设计输水能力的那部分混合污水能通过溢流就近排入水体
(D) 宜每隔 1~2 个井段设置一座截流井，以便尽可能减少对水体的污染，减小截流干管的尺寸和缩短排入渠道的长度

13. 下列哪些方法属于污水的三级处理？（　　）
(A) 电渗析法　　　　　　　　　　　　　(B) 砂滤法
(C) 离子交换法　　　　　　　　　　　　(D) 超滤膜法

14. 活性污泥微生物处于内源呼吸期时，下列描述正确的是哪几项？（　　）
(A) 营养物质几乎耗尽　　　　　　　　　(B) 少数细菌进行自身代谢并逐步衰亡
(C) 增殖曲线呈显著下降趋势　　　　　　(D) 细菌通常产生芽孢

15. 竖轴式机械曝气器的技术性能常用以下哪些指标进行评定？（　　）
(A) 氧利用效率　　　　　　　　　　　　(B) 动力效率
(C) 氧转移系数　　　　　　　　　　　　(D) 氧转移效率

16. 在生物脱氮除磷工艺中，以下哪些过程碱度不发生变化？（　　）
(A) 生物吸磷　　　　　　　　　　　　　(B) 硝化
(C) 反硝化　　　　　　　　　　　　　　(D) 生物放磷

17. 以下关于稳定塘对污染物的净化作用的叙述，哪几项是正确的？（　　）
(A) 稀释作用　　　　　　　　　　　　　(B) 沉淀和絮凝作用

(C) 微生物的代谢作用   (D) 浮游生物和水生维管束植物的作用
18. 下述哪些污泥脱水机械常采用连续运行形式？（　　）
(A) 带式压滤机   (B) 螺压脱水机
(C) 滚压式污泥脱水机   (D) 板框压滤机

参考答案

一、单项选择题

1. C。参见《室外排水设计规范》GB 50014—2006 第 1.0.4 条。新建地区的排水系统宜采用分流制。

2. D。参见秘书处教材《排水工程》P35。污水管道的设计是在已知设计流量和管道粗糙度系数 n 条件下，确定管径和管道坡度。管道坡度应参照地面坡度和最小坡度的规定，所以管径的确定应综合考虑设计流量和地面坡度等因素确定。

3. D。参见《室外排水设计规范》GB 50014—2006 第 3.2.5 条。暗管折减系数为 2.0，明渠折减系数为 1.2。

4. B。参见《室外排水设计规范》GB 50014—2006 第 4.2.4 条。非满流污水管道直径为 400mm 时，最大设计充满度为 0.65，因此该污水管的最大水深为 260mm。

5. B。参见秘书处教材《排水工程》P182。反应污水中有机物浓度的综合指标有 BOD_5、BOD_u、COD、TOC、TOD 等。通常采用 BOD_5/COD 的比值，作为污水是否适宜采用生物处理的判别标准，被称为可生化性指标。该比值越大，可生化性越好，反之亦然。

6. C。选项 A 参见秘书处教材《排水工程》P201 表 11-4。选项 B、D 参见教材表 11-3。选项 C 参见教材 P206，竖流式沉淀池作二次沉淀池是可行的，但不是适合作。

7. C。硝化过程是在亚硝化菌和硝化菌的作用下，将污水中的氨氮转化为亚硝酸盐氮和硝酸盐氮。其中亚硝化菌和硝化菌是利用无机物二氧化碳或碳酸盐、氨氮作为碳源和氮源来合成菌体，其生命活动的能量也来自无机物或阳光，这类菌称之为自养菌。其余 3 个过程，如氨化过程、反硝化过程、碳氧化过程中微生物均需有机物方能生长。

8. B。参见秘书处教材《排水工程》P226。根据双膜理论，曝气充氧过程中氧气穿过气膜到达气液界面，再穿过液膜达到液相主体。气、液两相主体均处于紊流状态，不存在传质阻力，气膜和液膜分别存在分压梯度和浓度梯度。由于氧难溶于水，因此氧转移的阻力主要集中在液膜上。

9. B。参见秘书处教材《排水工程》P295。曝气生物滤池宜分别设置充氧曝气和反冲洗供气布气系统，其过滤速率为 $2\sim8m^3/(m^2 \cdot h)$，曝气速率为 $4\sim15m^3/(m^2 \cdot h)$。

10. D。参见秘书处教材《排水工程》P339。膜生物反应器、生物接触氧化池和好氧生物流化床均为好氧反应，不需进行集气，因此均不必设置三相分离装置。但 UASB 反应池是上流式厌氧污泥床反应器，废水从底部进入，自下而上升流。在底部有一个高浓度的污泥层，大部分有机物在这里转化为 CH_4 和 CO_2，这些气体搅动污泥并与之黏附，在污泥层上部形成污泥悬浮层，反应器的上部设置三相分离装置，完成气、液、固三项的分离。

11. B。厌氧消化分为水解酸化、产氢产乙酸、产甲烷三个阶段。前两个阶段水解酸化和产氢产乙酸阶段的微生物既有专性厌氧菌，也有兼性厌氧菌，只有第三个阶段的产甲烷菌为绝对厌氧菌。

12. A。参见秘书处教材《排水工程》P543、P544。在一定温度下，含有难溶盐的饱和溶液中，各种离子浓度的乘积称为溶度积，它是一个常数。当 $[M^{n+}]^m[N^{m-}]^n < L_{M_nN_m}$，溶液处于不饱和状态，难溶盐继续溶解。为了最大限度地使预去除杂质沉淀，常常加大沉淀剂的用量，但过多的沉淀剂，可导致相反作用，沉淀剂用量一般不宜超过理论用量的20%～50%。

13. D。参见秘书处教材《排水工程》P8～10。晴天时污水在合流制管道中只是部分流，雨天才接近满流；雨天时初期雨水会冲击管道内的沉积污物，后期会因雨水稀释，降低污染物的浓度，因此流入污水厂的水质、水量变化较大，不利于污水处理厂的运行管理，选项D错误。

14. C。选项A、B参见《室外排水设计规范》GB 50014—2006 第4.10.2-1条。选项C参见第4.10.2-3条，地面集水时间宜为5～10min，故该项错误。选项D参见第4.10.3条。

15. C。参见秘书处教材《排水工程》P68。道路交叉口处，雨水口应布置在雨水入流口汇水点处，图1(c)在入流口处未布置雨水口，因此选项C错误。

16. C。参见秘书处教材《排水工程》P83 表5-2。城市等级为中等城市，人口范围为20万～50万，具有大型工业企业及一些重要的中型工业企业，防洪标准应为50～100a。

17. D。参见秘书处教材《排水工程》P91。以上4种情况下均可考虑采用合流制排水系统。但满足环境保护要求是首位的，即保证水体所受的污染程度在允许的范围内。

18. C。参见秘书处教材《排水工程》P189。按处理程度划分，污水处理方法可分为一级、二级和三级处理。

19. C。选项A是筛滤截留法的主要设备；选项B是离心分离法的主要设备；选项D是按照形状分类的两种格栅。

20. D。参见秘书处教材《排水工程》P216。表示活性污泥数量的指标有MLSS和MLVSS。MLSS表示曝气反应池单位容积混合液中所含有的活性污泥固体物质的总质量；MLVSS表示混合液活性污泥中所含有的有机性固体物质的浓度。虽然二者都不能精确表示活性污泥中的微生物量。但比较而言，MLVSS比MLSS更精确一些。

21. B。氧化沟、SBR和AB法均为活性污泥法的不同运行形式。生物接触氧化池由于在池内充装填料，具有生物膜法的特点，同时该池又采用与活性污泥法曝气池相同的曝气方法，向池内供氧，并起到搅拌和混合作用。因此生物接触氧化池兼具有活性污泥法和生物膜法的特点。

22. B。参见秘书处教材《排水工程》P374 表15-8。臭氧适用于出水水质较好，排入水体的卫生条件要求高的污水处理厂。

23. B。产甲烷阶段控制污泥厌氧消化速率，因为甲烷菌的增殖速度慢且对环境条件的变化十分敏感。

24. D。参见秘书处教材《排水工程》P523。浮油>100μm；分散油10～100μm；乳化油小于10μm，一般为0.1～2μm；溶解油为几纳米。

二、多项选择题

1. AD。根据秘书处教材《排水工程》P30 式（3-10）：$V=\frac{1}{n}R^{\frac{2}{3}}i^{\frac{1}{2}}$，可知选项A、D正确。

2. AC。选项A参见秘书处教材《排水工程》P84。选项B参见教材P85，排洪沟的纵坡应根据地形、地质、护砌、原有排洪沟坡度以及冲淤情况等条件确定，一般不小于1‰，故该项错误。选项C参见教材P85。选项D，排洪沟穿越道路一般应设桥涵，但是涵洞进口处是否设置格栅应慎重考虑。

3. ABC。选项A、B、C参见《室外排水设计规范》GB 50014—2006 第4.13.1 条、第4.13.2 条、第4.13.3 条。选项D参见《污水再生利用工程设计规范》GB 50335—2002 第7.0.4 条，再生水管道与给水管道、排水管道交叉埋设时，再生水管道应位于给水管道的下面、排水管道的上面，其净距均不得小于0.5m。

4. AC。参见《室外排水设计规范》GB 50014—2006 第6.2.5-2 条，初次沉淀池，一般按旱流污水量设计，用合流设计流量校核，校核的沉淀时间不宜小于30min，故选项A错误。选项B参见《室外排水设计规范》第6.5.3 条。根据《室外排水设计规范》第6.5.5 条，生物膜法处理后的二次沉淀池污泥区容积，宜按4h的污泥量计算，故选项C错误。选项D参见《室外排水设计规范》第6.5.7 条。

5. ACD。参见秘书处教材《排水工程》P269。在活性污泥处理系统中，一般污水中碳水化合物较多，缺乏氮、磷、铁等养料，溶解氧不足，水温高或pH值较低等都容易引起丝状菌大量繁殖，导致污泥膨胀，故选项B错误。

6. BCD。参见秘书处教材《排水工程》P274。在生物膜中能够生长世代时间较长、比增殖速率较小的微生物，故选项A错误。

7. ABC。选项A参见秘书处教材《排水工程》P374。选项B参见《室外排水设计规范》GB 50014—2006 第6.13.2 条。选项C参见教材P379。选项D参见《室外排水设计规范》第6.13.8 条，二氧化氯或氯消毒后应进行混合和接触，接触时间不应小于30min，故该项错误。

8. ACD。参见秘书处教材《排水工程》P473。污泥脱水前的预处理方法主要有化学调节法、淘洗法、热处理法及冷冻法。

9. ABC。参见秘书处教材《排水工程》P536。选项A不适合处理含重金属离子的废水；选项B适于含硫酸浓度小于2g/L的废水；选项C适于处理碱性废水。

10. ABD。参见《室外排水设计规范》GB 50014—2006 第1.0.4 条。新建地区的排水系统宜采用分流制，故选项C不正确。

11. AB。参见秘书处教材《排水工程》P32。不同管径的污水管道有不同的最小坡度；管径相同的管道，因充满度不同，其最小坡度也不同。当在给定设计充满度条件下，管径越大，相应的最小设计坡度值也就越小。

12. ABC。参见秘书处教材《排水工程》P91、P92。必须合理地确定截流井的数目和位置，以便尽可能减少对水体的污染，减小截流干管的尺寸和缩短排入渠道的长度，故选项 D 错误。

13. ABCD。参见秘书处教材《排水工程》P190。污水三级处理的主要方法有生物脱氮除磷法、混凝沉淀法、砂滤法、活性炭吸附法、离子交换法、电渗析法和膜法。

14. ACD。参见秘书处教材《排水工程》P211。活性污泥微生物处于内源呼吸期时营养物质浓度继续下降，并达到近乎耗尽的程度，故选项 A 正确。微生物由于得不到充足的营养物质，而开始利用自身体内的储存物质或衰亡的菌体，进行内源代谢以维持生理活动。在此期间，多数细菌进行自身代谢而逐步衰亡，只有少数微生物细胞继续裂殖，活菌体数大为下降，增殖曲线呈显著下降趋势，故选项 B 错误，选项 C 正确。在细菌形态方面，此时也多呈退化状态，且往往产生芽孢，故选项 D 正确。

15. BD。参见秘书处教材《排水工程》P231。机械曝气装置的技术性能按动力效率和氧转移效率评定。

16. AD。在脱氮除磷工艺中，硝化和反硝化过程均发生碱度变化。硝化过程将污水中的氨氮转化为亚硝酸盐氮和硝酸盐氮的过程中消耗碱度，而反硝化过程将亚硝酸盐氮和硝酸盐氮还原为氮气的过程中产生碱度。

17. ABCD。参见秘书处教材《排水工程》P396。

18. ABC。参见秘书处教材《排水工程》P472 表 17-28。带式压滤脱水、离心脱水、螺压脱水、滚压脱水均采用连续运行形式，只有板框压滤脱水一般为间歇操作。

第三篇 建筑给水排水工程历年真题分析及模拟题

第1章 建 筑 给 水

1.1 单项选择题

1.1.1 给水管道

1.【10-上-28】 下列关于建筑给水管道上止回阀的选择和安装要求中,哪项是不正确的?
(A) 在引入管设置倒流防止器前的管段上应设置止回阀
(B) 进、出水管合用一条管道的高位水箱,其出水管段上应设置止回阀
(C) 为削弱停泵水锤,在大口径水泵出水管上选用安装阻尼缓闭止回阀
(D) 水流方向自上而下的立管,不应安装止回阀

【解析】选 A。装设倒流防止器后不需再装止回阀。

2.【11-下-25】 下列关于小区埋地给水管道的设置要求中,哪项不正确?
(A) 小区给水管道与污水管道交叉时应敷设在污水管道上方,否则应设钢套管且套管两端用防水材料封闭
(B) 小区生活给水管道的覆土深度不得小于冰冻线以下 0.15m,否则应做保温处理
(C) 给水管道敷设在绿地下且无防冻要求时,覆土深度可小于 0.5m
(D) 小区给水管道距污水管的水平净距不得小于 0.8m

【解析】选 D。

A 项见《建筑给水排水设计标准》第 3.3.7 条:室外给水管道与污水管道交叉时,给水管道应敷设在上面,且接口不应重叠;当给水管道敷设在下面时,应设置钢套管,钢套管的两端应采用防水材料封闭。

B 项《建筑给水排水设计标准》第 3.13.19 条:室外给水管道的覆土深度,应根据土壤冰冻深度、车辆荷载、管道材质及管道交叉等因素确定。管顶最小覆土深度不得小于土壤冰冻线以下 0.15m,行车道下的管线覆土深度不宜小于 0.7m。

C 项按正确理解,无荷载无保温要求下,管顶的覆土深度就不同管材可有不同要求,有的可小于 0.5m。

D 项按不妥当理解,"不得"二字用词不当。虽然《建筑给水排水设计标准》第 3.13.18 条及附录 B 有所要求,但实践中采取一定的措施,是可以灵活处理的。另外,可参见《城市工程管线综合规划规范》第 2.2.9 条提到的"当受道路宽度、断面以及现状工程管线位置等因素限制难以满足要求时,可根据实际情况采取安全措施后减少其最小水平净距"一并加以理解。

3.【12-下-25】 计算居住小区室外给水管道设计流量时,下列哪种因素不必考虑?

(A) 服务人数 (B) 小区内建筑物高度
(C) 用水定额 (D) 卫生器具设置标准

【解析】选 B。设计流量和高度没有关系（水压和高度有关系）。

4.【12-下-28】下列关于建筑给水管材设计选型及管道布置、敷设的叙述中，哪项错误？
(A) 管材、管件的公称压力应不小于其管道系统的工作压力
(B) 需进人维修的管井，其维修通道净宽不宜小于 0.6m
(C) 卫生器具与冷、热水管连接时，其冷水连接管可设在热水连接管的左侧
(D) 高层建筑给水立管不宜采用塑料给水管

【解析】选 C。参见《建筑给水排水设计标准》3.5.1 条可知 A 正确；参见 3.5.2 条小注，可知 D 正确，参见 3.6.21 条可知 C 错误；参见 3.6.14 条可知 B 正确。

5.【13-下-28】某小区的车行道、绿地下均敷设给水管道，地坪标高均按 −3.0m 计，土壤冰冻深度为 0.5m。则下列哪项错误？
(A) 车行道下给水管的管顶标高不得高于 −3.65m
(B) 车行道下给水管的管顶覆土厚度不得小于 0.70m
(C) 绿地下给水管的管顶标高不得高于 −3.65m
(D) 绿地下给水管的管顶覆土厚度不得小于 0.65m

【解析】选 B。参见《建筑给水排水设计标准》3.13.19 条，室外给水管道的覆土深度，应根据土壤冰冻深度、车辆荷载、管道材质及管道交叉等因素确定；管顶最小覆土深度不得小于土壤冰冻线以下 0.15m，行车道下的管线覆土深度不宜小于 0.70m。

6.【14-下-26】下列哪项因素是规范不推荐高层建筑给水立管采用塑料管的主要原因？
(A) 塑料给水管的承压较低
(B) 塑料给水管易燃
(C) 塑料给水管容易老化
(C) 塑料给水管容易断裂漏水

【解析】选 D。根据《建筑给水排水设计标准》3.5.2 条条文解释，根据工程实践经验，塑料给水管由于线胀系数大，又无消除线胀的伸缩节，用作高层建筑给水立管，在支管连接处累积变形大，容易断裂漏水。故立管推荐采用金属管或钢塑复合管。

7.【16-上-28】下列关于建筑给水管材设计选型及管道布置、敷设的叙述中，哪项错误？
(A) 满足承压要求的塑料给水管、不锈钢管或经可靠防腐处理的钢管均可作为建筑给水管
(B) 敷设在墙体内的金属给水管道，可采用螺纹连接方式
(C) 应依据管道材质、管内水温、环境温度等因素设置管道伸缩补偿措施
(D) 室内埋地生活给水管与污水管平行敷设时，其管中心间距不宜小于 0.5m

【解析】选 D。依据《建筑给水排水设计标准》3.6.10 条，建筑物内埋地敷设的生活给水管与排水管之间的最小净距（注意是管外壁距离，不是管中心距离），平行埋设时不

宜小于0.50m；交叉埋设时不应小于0.15m，且给水管应在排水管的上面。

8.【16-下-28】某建筑生活给水立管（水流向下）上的减压阀设置大样如图所示，减压阀设在管井内（设有排水地漏），减压阀直径与管道管径一致，并设置方便阀体拆卸的管道伸缩器（图中未画出）。图中减压阀系统设置存在几处错误？

(A) 1处 (B) 2处 (C) 3处 (D) ≥4处

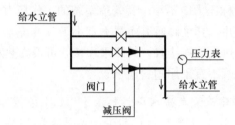

【解析】选D。依据《建筑给水排水设计标准》3.5.11条，减压阀的设置应符合：①减压阀的公称直径宜与管道管径一致。②减压阀前应设阀门和过滤器；需拆卸阀体才能检修的减压阀后，应设管道伸缩器；检修时阀后水会倒流时，阀后应设阀门。③减压阀节点处的前后应装设压力表。④比例式减压阀宜垂直安装，可调式减压阀宜水平安装。此外，依据《建筑给水排水设计标准》3.5.10条，给水管网的压力高于配水点允许的最高使用压力时，应设置减压阀，当在供水保证率要求高、停水会引起重大经济损失的给水管道上设置减压阀时，宜采用两个减压阀，并联设置，不得设置旁通管。故图中至少4处错误，选D。

9.【17-上-25】给水管道的下列哪个部位可不设置阀门？
(A) 居住小区给水管道从市政给水管道的引入管段上
(B) 入户管、水表前
(C) 从小区给水干管上接出的接户管起端
(D) 配水点在3个及3个以上的配水支管上

【解析】选D。依据《建筑给水排水设计标准》3.5.4条，给水管道的下列部位应设置阀门：①小区给水管道从城镇给水管道的引入管段上；②小区室外环状管网的节点处，应按分隔要求设置；环状管段过长时，宜设置分段阀门；③从小区给水干管上接出的支管起端或接户管起端；④入户管、水表前和各分支立管；⑤室内给水管道向住户、公用卫生间等接出的配水管起端；⑥水池（箱）、加压泵房、加热器、减压阀、倒流防止器等处应按安装要求配置。

10.【17-下-25】卫生器具给水配件承受的最大工作压力（MPa），为下列哪项？
(A) 0.35 (B) 0.45 (C) 0.55 (D) 0.60

【解析】选D。依据《建筑给水排水设计标准》3.4.2条，卫生器具给水配件承受的最大工作压力，不得大于0.6MPa。

11.【18-上-25】一栋四层公共建筑，一、二层为书店，三层为图书馆，四层为办公楼。生活给水系统均采用市政给水管网直接供水，其给水设计秒流量采用公式 $q_g=0.2\alpha\sqrt{N_g}$，其中系数 α 取值应为以下哪项？

(A) 办公楼的 α 值
(B) 建筑不同用途的 α 值比较后，取其中最大值
(C) 不同用途 α 值的算术平均值
(D) 不同用途 α 值的加权平均值

【解析】选 D。参见《建筑给水排水设计标准》表 3.7.6 注释部分。

12.【19-上-26】 下列关于建筑生活给水管道设计流量的计算叙述，正确的是哪项？
(A) 为保证用水安全，建筑生活给水引入管的设计流量，应取建筑物内的生活用水设计秒流量
(B) 建筑内生活用水既有室外管网直接供水，又有自行加压供水时，建筑物给水引入管设计流量应按直接供水设计秒流量叠加低位调节水池设计补水量
(C) 红线内同期建设的办公和商业建筑给水系统合用同一根供水管道时，其供水管道的设计流量应按各楼设计秒流量叠加
(D) 根据保障用水安全原则，宿舍楼均应以用水密集型建筑来确定其给水管道设计流量

【解析】选 B。根据《建筑给水排水设计标准》第 3.7.4 条，建筑物的给水引入管设计流量，应符合下列要求：
(1) 当建筑物内的生活用水全部由室外管网直接供水时，应取建筑物内的生活用水设计秒流量。
(2) 当建筑物内的生活用水全部自行加压供给时，引入管的设计流量应为贮水调节池的设计补水量；设计补水量不宜大于建筑物最高日最大时用水量，且不得小于建筑物最高日平均时用水量。
(3) 当建筑物内的生活用水既有室外管网直接供水，又有自行加压供水时，应按本条第 (1)(2) 款计算设计流量后，将两者叠加作为引入管的设计流量。

1.1.2 给水量

1.【13-上-26】 某别墅住宅小区共 20 户（每户 4 人），最高日生活用水定额为 250L/(人·d)，每户庭院绿化面积 30m²，小车停车位 2 个（每天一次微水冲洗 1 辆），则每户日用水量最多不应大于下列哪项？
(A) 1000L/d   (B) 1090L/d
(C) 1105L/d   (D) 1120L/d

【解析】选 A。参见《建筑给水排水设计标准》第 3.2.2 条：别墅用水定额中含庭院绿化用水和汽车洗车用水。

2.【14-上-26】 下列关于住宅小区的室外给水管道设计流量计算的说法中，哪项不正确？
(A) 与用水定额有关   (B) 与卫生器具设置标准有关
(C) 与服务人数有关   (D) 与住宅类别无关

【解析】选 D。根据《建筑给水排水设计标准》表 3.7.3 明确室外给水管道设计流量与住宅类别有关。

3. 【14-下-25】下列关于公共建筑用水情况以及其设计流量计算的说法中，哪项不正确？
(A) 生活给水设计秒流量计算公式 $q_g=0.2a(Ng)^{0.5}$ 适用于用水分散型建筑的给水流量计算
(B) 生活给水设计秒流量计算公式 $q_g=\sum q_0 n_0 b$ 适用于用水集中型建筑的给水流量计算
(C) 航站楼、影剧院建筑属于用水分散型建筑
(D) 中学学生宿舍属于用水集中型建筑

【解析】选 C。根据《建筑给水排水设计标准》第 3.7.7 条，可知影剧院属于用水集中型建筑。

4. 【16-下-25】某办公建筑的生活给水系统采用市政管网的水压直接供水，其生活给水管的设计流量与下列哪项因素无关？
(A) 设计使用人数　　　　　　　　(B) 市政管网供水压力
(C) 卫生器具给水当量　　　　　　(D) 卫生器具额定流量

【解析】选 B。流量与供水压力无关。

5. 【17-下-27】水表一般有以下几种特性流量，某生产车间内的公共浴室用水单独设置水表计算，按给水设计流量选定水表，应以水表的哪种流量判定？
(A) 分界流量　　　　　　　　　　(B) 过载流量
(C) 常用流量　　　　　　　　　　(D) 始动流量

【解析】选 C。依据《建筑给水排水设计标准》3.5.19 条，水表口径的确定应符合以下规定：用水量均匀的生活给水系统的水表应以给水设计流量选定水表的常用流量；用水量不均匀的生活给水系统的水表应以给水设计流量选定水表的过载流量。本题中，生产车间内的公共浴室属于用水均匀。

6. 【19-下-25】以下关于用水定额及用水量计算描述正确的是哪项？
(A) 工业企业建筑淋浴用水定额可参考公共浴室淋浴用水定额
(B) 商场用水宜分别计算顾客及员工用水，员工用水定额参考办公楼职员用水定额
(C) 别墅用水定额中包括庭院绿化用水和汽车洗车用水
(D) 当住宅采用分质供水，最高日生活用水定额均不含杂用水定额

【解析】选 C。选项 A，根据《建筑给水排水设计标准》第 3.2.11 条，工业企业建筑淋浴用水定额，应根据《工业企业设计卫生标准》GBZ 1 中车间的卫生特征分级确定，可采用 40～60L/人·次，延续供水时间宜取 1h。
选项 B，商场按营业厅面积来表达最高日用水定额。选项 C 正确。选项 D 详见秘书处教材《建筑给水排水工程》表 1-1 注 4，该最高日用水定额为全部用水量，包括生活饮用水、管道直饮水、生活杂用水。

1.1.3 给水系统

1. 【11-上-25】在多、高层住宅的给水系统中，下列哪项不允许设在户内？
(A) 住户水表　　　　　　　　　　(B) 立管上的阀门
(C) 支管上的减压阀　　　　　　　(D) 卡压式接头

【解析】选 B。《住宅建筑规范》第 8.1.4 条："住宅的给水总立管、雨水立管、消防立管、采暖供回水总管和电气、电信干线（管），不应布置在套内。公共功能的阀门、电气设备和用于总体调节和检修的部件，应设在共用部位。"

2.【12-上-25】 下列有关建筑生活给水系统组成的说法中，哪项最准确？
（A）采用加压供水时，必须设置调节构筑物如水箱（池）
（B）利用市政供水压力直接供水时，没必要设置调节构筑物如水箱（池）
（C）当市政供水量不满足高峰用水量要求时，必须设置调节构筑物如水箱（池）
（D）当市政供水压力在高峰期不满足设计水压要求时，必须设置加压供水设备

【解析】选 C。选项 A 错误，也可以采用变频泵组而不设水箱（池）。选项 B 片面，有时直接利用市政供水压力在用水高峰时不能满足流量要求，可以利用夜晚用水量小、压力大而设置屋顶水箱，供高峰用水量时使用。选项 C 正确，如果供水量不足，则必须设置水量调蓄设备，即水箱（池）。对于选项 D，如选项 B 工况，可以设水箱而不是必须设置加压设备，故 D 错误。

3.【12-下-26】 某建筑生活给水系统供水方式为：市政供水管→贮水池→变频供水设备→系统用水点。下列关于该建筑生活给水系统设计流量计算的叙述中，哪项错误？
（A）贮水池进水管设计流量可按该建筑最高日最大时用水量计算
（B）贮水池进水管设计流量可按该建筑最高日平均时用水量计算
（C）变频供水设备的设计流量应按该建筑最高日最大时用水量计算
（D）变频供水设备的设计流量应按该建筑生活给水系统设计秒流量计算

【解析】选 C。参见《建筑给水排水设计标准》第 3.7.4 条，可知 AB 正确；参见《建筑给水排水设计标准》第 3.9.3 条可知 D 正确，C 错误（注意题干为建筑而非小区）。

4.【13-上-25】 下列关于高层建筑给水系统竖向分区的叙述中，哪项正确？
（A）由于并联供水方式投资大，不宜用于超高层建筑中
（B）由于减压供水方式能耗大，不应用于生活给水系统中
（C）由于并联供水方式管道承压大，不宜用于超高层建筑中
（D）由于串联供水方式的安全可靠性差，不宜用于超高层建筑中

【解析】选 C。A 错误，不宜用于超高层建筑中的理由是管道承压大，参见《建筑给水排水设计标准》第 3.4.6 条以及条文解释。

建筑高度不超过 100m 的建筑的生活给水系统，宜采用垂直分区并联供水或分区减压的供水方式；建筑高度超过 100m 的建筑，宜采用垂直串联供水方式。

对建筑高度超过 100m 的高层建筑，若仍采用并联供水方式，其输水管道承压过大，存在安全隐患，而串联供水可化解此矛盾。垂直串联供水可设中间转输水箱，也可不设中间转输水箱，在采用调速泵组供水的前提下，中间转输水箱已失去调节水量的功能，只剩下防止水压回传的功能，而此功能可用管道倒流防止器替代。不设中间转输水箱，又可减少一个水质污染的环节和节省建筑面积。

5.【13-上-27】 下列关于建筑生活给水系统配水管网水力计算的说法中，哪项正确？
（A）采用分水器配水时，局部水头损失最小

(B) 室内配水管道的局部水头损失小于其沿程水头损失

(C) 沿程水头损失与管材有关，局部水头损失与管（配）件形式无关

(D) 管件内径大于管道内径的局部水头损失小于管件为凹口螺纹的局部水头损失

【解析】选 A。参见《建筑给水排水设计标准》第 3.7.15 条，生活给水管道的配水管的局部水头损失，宜按管道的连接方式，采用管（配）件当量长度法计算。当管道的管（配）件当量长度资料不足时，可按下列管件的连接状况，按管网的沿程水头损失的百分数取值：

(1) 管（配）件内径与管道内径一致，采用三通分水时，取 25%～30%；采用分水器分水时，取 15%～20%；

(2) 管（配）件内径略大于管道内径，采用三通分水时，取 50%～60%；采用分水器分水时，取 30%～35%；

(3) 管（配）件内径略小于管道内径，管（配）件的插口插入管口内连接，采用三通分水时，取 70%～80%；采用分水器分水时，取 35%～40%。

B 项，$H=I\times L$；当管件当量长度大于管长时，局部损失大于沿程损失；

C 项，注：本表的螺纹接口是指管件无凹口的螺纹，即管件与管道在连接点内径有突变，管件内径大于管道内径。当管件为凹口螺纹，或管件与管道为等径焊接，其折算补偿长度取本表值的 1/2，所以 D 项也错误。

6.【13-下-25】 某建筑生活给水系统如图所示，图中两根给水立管的布置相同（且其各层配水支管布置也相同）。则下列表述式中，哪项正确？注：h_4 为 D、F 点处所需最小压力，h_{C-D} 为给水立管 JL-1（JL-2）的水头损失。

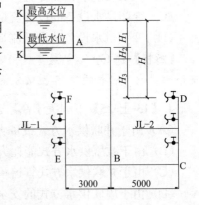

(A) $H=H_1+H_2+h_4+h_{A-B}+h_{B-C}+h_{C-D}$

(B) $H=H_1+H_3+h_4+h_{A-B}+h_{B-C}+h_{C-D}$

(C) $H=H_1+h_4+h_{A-B}+h_{B-C}+h_{C-D}$

(D) $H=h_4+h_{A-B}+h_{B-C}+h_{C-D}$

【解析】选 C。根据能量守恒，本题选 C。

7.【14-上-25】 下列关于建筑叠压供水系统的说法中，哪项不正确？

(A) 叠压供水工程不会产生二次污染

(B) 水压波动过大的给水管网，不得采用叠压供水方式

(C) 由叠压供水设备直接给水管网供水时，应按给水设计秒流量选泵

(D) 当叠压供水配置气压给水设备时，应符合气压给水设备的设计要求

【解析】选 C。根据《建筑给水排水设计标准》第 3.9.3 条，生活给水系统采用调速泵组供水时，应按系统最大设计流量选泵。最大设计流量并非就是设计秒流量，当供水规模大时为最大时用水量。

8.【14-上-27】 下列建筑给水系统设计，哪项可行？

(A) 住宅小区支状生活给水管网的引入管上未设置倒流防止器

(B) 水池侧壁进水的生活饮用水进水管口最低点高于水池最高设计水位

（C）利用市政水压叠压供水时，仅在水泵的出水管上设置止回阀

（D）游泳池淹没补水管上设置倒流防止器

【解析】选 A。根据《建筑给水排水设计标准》第 3.3.7 条要求在"从城镇给水管网的不同管段接出两路及两路以上的引入管，且与城镇给水管形成环状管网的小区或建筑物"才需设置倒流防止器。

9.【16-上-25】 某公共建筑，在用水高峰时，市政管网的水压不满足其生活给水系统用水要求，但在夜间或用水低峰时，市政管网的水压、水量均可满足其用水要求，则该建筑生活给水系统设置下列哪项设施既较为节能又能满足其用水要求？

（A）高位调节水箱

（B）变频加压供水设备

（C）低位调节水箱＋变频加压供水设备

（D）低位调节水箱＋增压泵＋高位调节水箱

【解析】选 A。由于在夜间或用水低峰时由市政管网向高位水箱直接供水，用水高峰时由市政管网和高位水箱同时向用户供水，由此可不设置水泵，减少运行费用。故选 A。

10.【18-上-26】 某单体建筑的生活饮用水水箱等设备用房设置在地下层，以下哪种做法不正确？

（A）为节省面积，生活饮用水箱与消防水箱并列布置，并用不锈钢板分隔

（B）生活饮用水箱设在地下一层，加压泵设在其下部的地下二层

（C）冷却塔补水量占生活饮用水池容积10％，储存在生活饮用水池中

（D）生活饮用水池的溢/泄水管间接排入泵房排水沟

【解析】选 A。

选项 A：根据《建筑给水排水设计标准》第 3.3.15 条，生活饮用水水池（箱）与其他用水水池（箱）并列设置时，应有各自独立的分隔墙。错误。

选项 B：根据标准第 3.9.5 条，水泵满足自灌吸水。正确。

选项 C：根据标准第 3.3.15 条，供单体建筑的生活饮用水池（箱）应与其他用水的水池（箱）分开设置。正确。

选项 D：根据标准第 3.3.18 条，生活饮用水贮水箱（池）的溢流管和泄水管应采取间接排水的方式。正确。

11.【18-上-27】 下列关于建筑给水管材、附件的叙述中，错误的是哪项？

（A）管材、管件的工作压力不得大于产品标准的公称压力

（B）高层建筑给水管道不应采用塑料管

（C）给水管道上使用的各类阀门的材质，应耐腐蚀和耐压，不应使用镀铜的铁杆、铁芯阀门

（D）塑料给水管道与水加热器间应通过不小于0.4m的金属管段连接

【解析】选 B。

选项 A：根据《建筑给水排水设计标准》第 3.5.1 条，管材和管件的工作压力不得大于产品标准的公称压力或标准的允许工作压力。

选项 B：根据标准第 3.5.2 条注，高层建筑给水立管不宜采用塑料管。注意是"不

宜"。

选项 C：根据标准第 3.5.3 条条文说明，阀门的材质必须耐腐蚀，经久耐用；不应使用镀铜的铁杆、铁芯阀门。

选项 D：根据标准第 3.6.8 条，塑料给水管道不得与水加热器或热水炉直接连接，应有不小于 0.4m 的金属管段过渡。

12. 【19-上-25】 以下关于建筑给水系统组成及设置的说法，不正确的是哪项？
(A) 建筑内部生活给水系统，均应由引入管、给水管道、给水附件、给水设备、配水设施和计量仪表等组成
(B) 直接从城镇给水管网接入建筑物的引入管均应设置止回阀或者倒流防止器
(C) 居住建筑入户管给水压力大于 0.35MPa 时，应设置减压措施
(D) 不同使用性质的给水系统，应在引入管后分成各自独立的给水管网

【解析】选 A。根据《建筑给水排水设计标准》第 3.5.6 条，直接从城镇给水管网接入小区或建筑物的引入管应设置止回阀。

13. 【19-上-27】 当满足下列哪种条件时，小区的生活用水贮水池与消防用贮水池可以合并设置？
(A) 生活贮水量 150m³，消防贮水量 100m³，且合并水池有效容积的水 72h 之内得到更新
(B) 生活贮水量 100m³，消防贮水量 150m³，且合并水池有效容积的水 24h 之内得到更新
(C) 生活贮水量 150m³，消防贮水量 100m³，且合并水池有效容积的水 48h 之内得到更新
(D) 生活贮水量 100m³，消防贮水量 150m³，且合并水池有效容积的水 48h 之内得到更新

【解析】选 C。根据《建筑给水排水设计标准》第 3.3.15A 条，小区的生活用水贮水池与消防用贮水池可以合并设置，前提是：(1) 要满足生活贮水量大于消防贮水量；(2) 合并水池有效容积的水 48h 之内得到更新。

14. 【19-下-27】 关于生活贮水池（箱）的描述中，下列哪项是错误的？
(A) 贮水池（箱）不宜毗邻电气用房和居住用房或在其下方
(B) 引入管流量满足用水设计秒流量需求的二次加压供水系统，可只设置吸水井
(C) 由城镇给水管网夜间直接进水的高位水箱的生活用水调节容积，宜按用水人数和最高日用水定额确定
(D) 贮水池最低有效水位应满足最高层用户的用水水压要求

【解析】选 B。详见《建筑给水排水设计标准》第 3.8.1 条。

选项 A 正确，根据标准，贮水池不宜毗邻电气用房和居住用房或在其下方。

选项 B 正确，根据标准，无调节要求的加压给水系统，可设置吸水井，吸水井的有效容积不应小于水泵 3min 的设计流量。

选项 C 正确，根据标准，由城镇给水管网夜间直接进水的高位水箱的生活用水调节容积，宜按用水人数和最高日用水定额确定。

选项 D 错误，根据标准，水箱的设置高度（以底板面计）应满足最高层用户的用水水压要求。

1.1.4 建筑给水

1.【10-上-25】 下述关于建筑供水系统的供水用途中，哪项是不正确的？
（A）生活饮用水系统供烹饪、洗涤、冲厕和沐浴用水
（B）管道直饮水系统供人们直接饮用和烹饪用水
（C）生活给水系统供人们饮用、清洗地面和经营性商业用水
（D）杂用水系统供人们冲洗便器和灌溉花草

【解析】选 C。C 项中"经营性商业用水"有可能是生产用水范畴。其他可参见秘书处教材建水 P1 相关内容。

2.【10-上-26】 生活给水系统贮水设施的有效容积按百分比取值时，下列哪项是错误的？
（A）居住小区加压泵站贮水池容积，可按最高日用水量的 15%～20% 确定
（B）建筑物内由水泵联动提升供水系统的高位水箱容积宜按最高日用水量的 50% 确定
（C）吸水井的有效容积不应小于水泵 3min 设计秒流量
（D）由外网夜间直接送水的高位水箱的生活用水调节容积可按最高日用水量确定

【解析】选 C。A 项参见《建筑给水排水设计标准》第 3.8.3 条，B、D 项可参见《建筑给水排水设计标准》第 3.8.5 条。C 项应为"吸水井的有效容积不应小于水泵 3min 设计秒流量"。

3.【10-上-27】 下述关于高层建筑生活给水系统的竖向分区要求中，哪项是错误的？
（A）高层建筑生活给水系统竖向分区的配水管配水横管进口水压宜小于 0.1MPa
（B）生活给水系统竖向分区各区最低卫生器具配水点的静水压力，在特殊情况下不宜大于 0.55MPa
（C）生活给水系统不宜提倡以减压阀减压分区作为主要供水方式
（D）竖向分区采取水泵直接串联供水方式，各级提升泵联锁，使用时先启动下一级泵，再启动上一级泵

【解析】选 A。A 项是不宜小于 0.1MPa，参见《建筑给水排水设计标准》3.4.3 条条文说明。B 项是标准原文。C、D 项参见《全国民用建筑工程设计技术措施：给水排水》（2009 年版）P14 表 2.3.9。

4.【10-下-25】 以下居住小区的给水系统的水量要求和建筑给水方式的叙述中，哪项是错误的？
（A）居住小区的室外给水系统，其水量只需满足居住小区内全部生活用水的要求
（B）居住小区的室外给水系统，其水量应满足居住小区内全部用水的要求
（C）当市政给水管网的水压力不足，但水量满足要求时，可采用设置吸水井和加压设备的给水方式
（D）室外给水管网压力周期性变化，高时满足要求，低时不能满足要求时，其室内给

水可采用单设高位水箱的给水方式

【解析】选 A。参见《建筑给水排水设计标准》第 3.13.1 条。

5.【11-下-26】 某高层酒店生活加压供水系统最高日用水量为 500m³，平均日用水量为 350m³，加压水泵从地下贮水池吸水，按平均日运行考虑水池不补水且未设置二次消毒设施，则水池有效容积最大不应超过下列哪一项？

（A）1150m³　　　（B）1000m³　　　（C）500m³　　　（D）700m³

【解析】选 D。参见《建筑给水排水设计标准》第 3.3.19 条和 3.3.20 条："当生活饮用水水池（箱）内的贮水 48h 内不能得到更新时，应设置水消毒处理装置。"也就是说，如果未设置二次消毒设施，水池有效容积不应超过 48h 的水量。那么按题意为 350m³×2＝700m³。

6.【11-下-28】 某住宅建筑供水系统贮水罐的容积以居民的平均日用水量定额计算，应采用下列哪种方法确定定额？

（A）规范中日用水定额的下限值
（B）规范中日用水定额除以时变化系数
（C）规范中日用水定额的上、下限中值
（D）规范中日用水定额除以日变化系数

【解析】选 D。《建筑给水排水设计标准》第 3.2.1 条中的数据均是最高日生活用水定额。

7.【12-上-26】 下列有关建筑生活给水系统供水方式的说法中，哪项最准确？

（A）多层建筑没必要采用分区供水方式
（B）多层建筑没必要采用加压供水方式
（C）高层建筑可不采用分区供水方式
（D）超高层建筑可采用串联供水方式

【解析】选 D。多层建筑在一定条件下如要求较高酒店或市政压力能保证水头较低等工况，则可以采用分区供水，故 A 项错误；若市政压力过低，不能满足楼层水压要求，则可以采用加压供水方式，故 B 项错误。参见《建筑给水排水设计标准》第 3.4.5 条，高层建筑应竖向分区，故 C 项错误；参见《建筑给水排水设计标准》第 3.4.6 条，可知 D 项正确。

8.【16-上-26】 某建筑生活给水系统采用加压供水方式，下列关于其加压水泵设计扬程计算的说法中，哪项错误？

（A）加压水泵扬程与其生活给水系统的设计流量有关
（B）加压水泵扬程与其卫生器具给水配件的配置无关
（C）加压水泵扬程与其生活给水系统采用的管材有关
（D）加压水泵扬程与设计选用的水泵品牌无关

【解析】选 B。当水泵与室外给水管网间接连接时，水泵扬程＝贮水池或吸水井最低水位至最不利配水点位置高度所需静水压（即位置高差）＋水泵吸水管至最不利配水点的沿程和局部水头损失之和＋最不利配水点卫生器具所需最低工作压力。沿程和局部水头损失与流量、给水配件、卫生器具的配置和管材有关。

9.【16-上-27】 下列关于建筑给水系统加压设施设计的说法中,哪项正确?
(A) 当两台水泵为一用一备时,其出水管上共用止回阀和阀门
(B) 当水泵从水箱(池)自灌式直接吸水加压时,其吸水管口未设置喇叭口
(C) 当由高位水箱供水且其内底板面高度满足最高层用水要求时,未设增压设施
(D) 当高位水箱采用水泵加压补水时,采用直接作用式浮球阀控制水箱水位

【解析】选 C。依据《建筑给水排水设计标准》3.9.8 条,每台水泵的出水管上,应装设压力表、止回阀和阀门。一用一备时也应分别装设,故 A 错误。

依据标准 3.9.5 条,水泵宜自灌吸水,卧式离心泵的泵顶放气孔、立式多级离心泵吸水端第一级(段)泵体可置于最低设计水位标高一下,每台水泵宜设置单独从水池吸水的吸水管。吸水管内的流速宜采用 1.0~1.2m/s;吸水管口应设置喇叭口。故 B 错误。

依据标准 3.8.5 条,水箱的设置高度(以底板面计)应满足最高层用户的用水水压要求,当达不到要求时,宜采取管道增压措施。故 C 正确。

依据标准 3.8.6 条,水塔、水池、水箱等构筑物应设进水管、出水管、溢流管、泄水管和信号装置,当水箱采用水泵加压进水时,应设置水箱水位自动控制水泵开、停的装置,浮球阀不能自动控制水泵开停。故 D 错误。

10.【16-下-26】 下列有关建筑生活给水系统设计的说法中,哪项正确?
(A) 当生活给水系统采用分区供水时,每区应分别设置增压供水设备
(B) 当利用市政管网水压直接供水时,生活给水系统不必采用分区供水
(C) 当生活给水系统采用增压供水时,应设置低位调节构筑物如水箱(池)
(D) 当生活给水系统要求水压稳定时,应设置高位调节构筑物如水箱(池)

【解析】选 D。根据秘书处教材《建筑给水排水工程》P19,在外网水压周期性不足时,设置高位水箱向高区供水,市政管网水压直接向低区供水。故 D 正确。

11.【16-下-27】 下列建筑生活给水系统设计中,哪项措施不具有节水效果?
(A) 控制配水点处的水压
(B) 设置备用加压供水泵
(C) 贮水池设置溢流信号管
(D) 控制用水点处冷、热水供水压差≤0.02MPa

【解析】选 B。备用加压供水泵是为了供水安全,不具备节水功能。

12.【18-上-28】 下列关于减压阀的设置,正确的是哪项?
(A) 减压阀前后均应设置压力表及过滤器
(B) 为保证供水安全,减压阀宜设置旁通管
(C) 可调式减压阀宜水平安装
(D) 安静场所设置的可调式减压阀的阀前与阀后的最大压差不宜大于 0.4MPa

【解析】选 C。

选项 A:根据《建筑给水排水设计标准》第 3.5.10 条和 3.5.11 条,减压阀前后应设压力表,前设过滤器。

选项 B：根据标准第 3.5.10 条，不得设置旁通管。

选项 C：根据标准第 3.5.11 条，可调式减压阀宜水平安装。正确。

选项 D：根据标准第 3.5.10 条，可调式减压阀的阀前与阀后的最大压差不宜大于 0.4MPa，要求环境安静的场所不应大于 0.3MPa。

13.【18-上-29】 节水设计中对卫生器具的选用，下列哪种说法是正确的？
(A) 公共建筑不得使用一次冲洗水量大于 6L 的坐便器
(B) 公共建筑洗手盆宜采用感应式或延时自闭式水嘴
(C) 蹲式大便器宜配套采用延时自闭式感应式、脚踏式冲洗阀
(D) 水嘴、淋浴喷头内部宜设置限流配件

【解析】选 D。根据《民用建筑节水设计标准》：

A 项，第 6.1.3 条"居住建筑中不得使用一次冲洗水量大于 6L 的坐便器。"

B 项，第 6.1.5 条"公共场所的卫生间洗手盆应采用感应式或延时自闭式水嘴。"

C 项，第 6.1.4 条"小便器、蹲式大便器应配套采用延时自闭式冲洗阀、感应式冲洗阀、脚踏冲洗阀。"

D 项。第 6.1.7 条"水嘴、淋浴喷头内部宜设置限流配件。"

1.2 多项选择题

1.2.1 给水管道

1.【10-上-60】 以下有关生活给水管网水力计算的叙述中，哪几项是错误的？
(A) 住宅入户管管径应按计算确定，但公称直径不得小于 25mm
(B) 生活给水管道当其设计流量相同时，可采用同一 i 值（单位长度水头损失）计算管道沿程水头损失
(C) 计算给水管道上比例式减压阀的水头损失时，阀后动水压宜按阀后静水压力的 80%～90%采用
(D) 生活给水管道配水管的局部水头损失，宜按管道的连接方式，采用管（配）件当量长度法计算

【解析】选 AB。A 项参见《建筑给水排水设计标准》第 3.7.12 条。住宅入户管管径不小于 20mm；B 项参见第 3.7.14 条，C 项参见第 3.7.17 条，只有材料相同、管径相同、流量相同的情况下，才可采用同一 i 值计算损失。D 项参见第 3.7.15 条。

2.【11-上-59】 下列关于室内给水管道设置要求的叙述中，哪几项不正确？
(A) 塑料给水管道均应采取伸缩补偿措施
(B) 给水管道不得直接敷设在楼板结构层内
(C) 办公室墙角明设的给水立管穿楼板时应采取防水措施
(D) 室内、外埋地给水管与污水管交叉时的敷设要求相同

【解析】选 AD。

A 项不正确，参见《建筑给水排水设计标准》第 3.6.7 条及其条文说明以及《技术措施》P46。

B项参见第3.6.17条，此项应理解为是正确的。

C项正确，参见第3.6.18条：明设的给水立管穿越楼板时，应采取防水措施。

D项不正确，参见第3.6.10条。室内最小净距不宜小于0.5m；交叉埋设时不应小于0.15m，且给水管应在排水管的上面。室外最小净距平行0.8～1.5m，垂直0.1～0.5m。

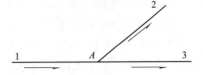

3.【11-上-60】 图示某旅馆局部给水管路，对图中节点A的有关叙述中，哪几项正确？

(A) 管段1—A的设计秒流量为管段A—2、A—3的设计秒流量之和
(B) 流入A点流量等于流离A点流量
(C) A点上游各管段的管内压力必不小于下游管段的管内压力
(D) A点上游干管段的直径必不小于下游管段的管径

【解析】选BD。

A项错误，应该按A点以后进行整体计算。

C项错误，因为总的来说，能量流动是从高到低，但是这里的"压力"不是总能量，是压强水头，没有考虑流速水头的影响。

4.【18-上-60】 下列有关给水管网水力计算的叙述中，错误的是哪几项？

(A) 住宅小区室外给水管道均以生活用水设计秒流量计算节点流量
(B) 两条生活给水管道管径相同时，其单位长度沿程水头损失是相同的
(C) 水表、阀件等局部水头损失可按管网的沿程水头损失百分数取值
(D) 学校学生食堂的设计秒流量计算时，所有厨房设备用水和学生餐厅的洗碗台用水不叠加

【解析】选ABC。选项A参见《建筑给水排水设计标准》第3.7.10条。选项B，根据标准公式（3.7.14）可知，该项与管材有关，即与海增威廉系数有关。选项C，根据规范第3.7.16条，水表的水头损失是要单独计入的。选项D，根据规范表3.7.7表下注可知，做饭不洗碗，洗碗不做饭。

5.【19-上-60】 住宅建筑户内给水配水管道采用分水器配水，下列描述正确的是哪些选项？

(A) 可削弱卫生器具用水时的相互干扰，稳定出口水压
(B) 可减小局部水头损失
(C) 三通分水与分水器分水的局部水头损失一致
(D) 可减少管件的使用数量

【解析】选ABD。详见《建筑给水排水设计标准》第3.7.15条的条文说明。配水管采用分水器集中配水，既可减少接口以及减小局部水头损失，又可削减卫生器具用水时的相互干扰，获得较稳定的出口水压。

1.2.2 给水系统

1.【12-上-59】 下列有关建筑给水系统分类及其水质要求的说法中，哪几项错误？

（A）供绿化和冲洗道路的中水给水系统属于生活给水系统
（B）生产给水系统对水质的要求高于生活杂用水，但低于生活饮用水
（C）车间内卫生间、浴室的给水系统属于生产给水系统
（D）建筑给水系统中管道直饮水水质标准要求最高

【解析】选 BCD。供绿化和冲洗道路的中水给水系统属于生活杂用水系统，生活杂用水系统属于生活给水系统，故 A 项正确，参见秘书处教材《建筑给水排水工程》P1，可知 B 项错误（可能高也可能低）；C 项错误，应属于生活给水系统；选项 D 错误，也可能是生产用水（如电子工业中的高纯水）

2.【12-上-61】 某高层住宅高区生活给水系统拟采用如下供水方式：
方案一：地下贮水池→恒压变频供水设备→高区用水点；
方案二：地下贮水池→水泵→高位水箱→高区用水点。
下列关于上述供水设计方案比选的叙述中，哪几项正确？
（A）方案一加压供水设备总功率大于方案二
（B）方案一加压供水设备总功率小于方案二
（C）方案一加压供水设备设计流量大于方案二
（D）方案一加压供水设备设计流量小于方案二

【解析】选 AC。参见《建筑给水排水设计标准》第 3.9.3 条，变频泵按设计秒流量选泵，高位水箱泵按最大时水量选泵，故 C 正确；在扬程一定下，流量越大，功率越大，故 A 正确。

3.【12-下-59】 某建筑高区生活给水系统拟采用以下三种供水方案：
方案①：市政供水管→叠压供水设备→系统用水点；
方案②：市政供水管→调节水池→变频供水设备→系统用水点；
方案③：市政供水管→调节水池→水泵→高位水箱→系统用水点；
下列关于上述供水设计方案比选的叙述中，哪几项正确？
（A）供水水量可靠、水压稳定性：③＞②＞①
（B）供水水质保证程度：①＞②＞③
（C）系统控制复杂程度，方案①、②相同，但均比方案③复杂
（D）配水管网的设计供水量：方案①、②相同，但均比方案③高

【解析】选 ABC。方案③即设调节水池又设调节水箱，水压稳定（水头为高位水箱水面高度），在市政供水管出现问题或水泵出现问题情况下，都能保证一定时间的供水；方案②水压不受市政压力影响，在市政供水管出现问题时仍能保证一定的供水量，方案①水压受市政压力变化而变化，无论市政管还是叠压供水设备出现问题，都将停止供水，综上所述 A 正确；方案③有调节水池和高位水箱，比方案①多两个潜在污染源，方案②比方案①多一个潜在污染源，故 B 正确，方案①和方案②水泵流量变化都必须与管网流量变化保持一致，其一天时间内变化幅度较大，控制复杂，而方案③则可以保证一个不变的流量，控制简单，故 C 正确；配水管网的设计供水量就是设计秒流量，其不因系统的变化而变化，故 D 错误。

4.【12-下-61】 某车间生产设备不允许间断供水，其给水系统采用市政水源及自备水

源双水源供水，下列哪些设计方案图是可行的？

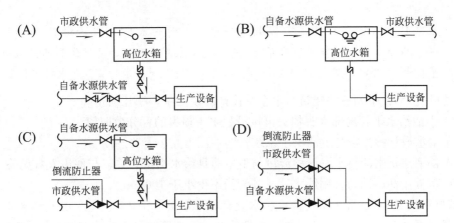

【解析】选 AB。参见《建筑给水排水设计标准》第 3.3.7 条及其条文解释，只能将城市给水管道的水放入自备水源的贮水（或调解）池，故 AB 正确，CD 错误。

5.【13-上-59】某建筑生活给水系统如图所示，下列关于其给水管段设计流量关系，哪几项错误？

(A) $Q_{AB}=Q_{BF}+Q_{BC}$

(B) $Q_{BF} \leqslant Q_{GH}$

(C) $Q_{BC}=Q_{CE}+Q_{CD}$

(D) $Q_{GH}=Q_{LJ}$

【解析】选 CD。A 正确，引入管设计流量等于二者之和；B 正确，GH 流量大于等于最大时流量，BF 流量为补水流量，在平均时与最大时之间；C 错误，BC 设计秒流量与 CE 和 CD 的当量之和有关；D 错误，GH 流量大于等于最大时流量，LJ 为设计秒流量。

6.【13-下-60】某建筑生活给水系统采用"水泵—高位水箱—配水点"的供水方式。下列关于该系统高位水箱配管管径的叙述中，哪几项正确？

(A) 高位水箱出水管管径按水泵设计出水量计算确定

(B) 高位水箱泄水管管径与水箱容积有关

(C) 高位水箱进水管管径按水泵设计出水量计算确定

(D) 高位水箱溢流管管径可按比水箱进水管管径大一级确定

【解析】选 CD。参见《建筑给水排水设计标准》。

A 错误，高位水箱出水管管径按照设计秒流量确定；

B 错误，参见第 3.8.7 条，泄水管的管径，应按水池(箱)泄空时间和泄水受体排泄能力确定；

C 正确，高位水箱进水管管径按水泵设计出水量计算确定；

D 正确，溢流管宜采用水平喇叭口集水；喇叭口下的垂直管段不宜小于 4 倍溢流管管径。溢流管的管径，应按能排泄水塔（池、箱）的最大入流量确定，并宜比进水管管径大一级；

注：本题 B 项在一定程度上可以判定错误，当两只水箱容积不相等时，假如一只 200m³，一只 100m³，两只水箱泄水管可以相等，利用水深不相等，能够做到两只水箱泄水时间相等，泄水时间 $=2W[0.62×A×(2×9.81×H)×12]$ 此时泄水管管径与水箱容积无关；

7.【14-下-59】下列有关建筑给水系统设计的说法中，哪几项正确？
(A) 生活给水干管局部水头损失可按沿程水头损失的百分数取值
(B) 给水设计秒流量与生活给水系统管网的压力大小无关
(C) 住宅建筑生活给水设计秒流量与卫生器具给水当量有关，与使用人数无关
(D) 室外生活、消防合用给水管，其管径不得小于 100mm

【解析】选 BD。根据《建筑给水排水设计标准》第 3.7.15 条，应该为配水管，故 A 错误；根据第 3.7.5 条可知，B 正确；根据第 3.7.5 条可知，C 错误；根据第 3.13.4 条可知，D 正确。

8.【17-上-59】建筑小区室外绿化和景观采用同一水源，以下哪些水源可以利用？
(A) 市政中水
(B) 收集小区的雨水
(C) 小区自备地下井水
(D) 收集建筑内的空调系统冷凝水

【解析】选 ABD。依据《民用建筑节水设计标准》5.1.5 条，雨水和中水等非传统水源可用于景观用水、绿化用水、汽车冲洗用水、路面地面冲洗用水、冲厕用水、消防用水等非与人身接触的生活用水，雨水，还可用于建筑空调循环冷却系统的补水。故 A、B 正确。

依据《节水标准》4.1.5 条，景观用水水源不得采用市政自来水和地下井水。故 C 错误。

依据《节水标准》4.3.5 条，空调冷凝水的收集及回用应符合下列要求：①设有中水、雨水回用供水系统的建筑，其集中空调部分的冷凝水宜回收汇集至中水、雨水清水池，作为杂用水；②设有集中空调系统的建筑，当无中水、雨水回用供水系统时，可设置单独的空调冷凝水回收系统，将其用于水景、绿化等用水。故 D 正确。

9.【17-上-60】下列关于小区及建筑生活给水系统的说法，哪些是正确的？
(A) 小区室外给水系统用水量应满足小区内部全部用水的要求
(B) 采用二次加压供水时，应设置生活用水调节设施，如生活用水低位贮水池
(C) 市政水压在晚上高峰用水不满足设计水压的要求时，应设置加压设备供水
(D) 建筑高度不超过 100m 的高层建筑宜采用垂直分区并联供水系统

【解析】选 AD。依据秘书处教材《建筑给水排水工程》P272，计算小区总用水量时，应包括该给水系统所供应的全部用水。注意，前提是"该用水系统"，若小区部分用水采用雨水利用或其他天然水源，则该部分用水不需要小区室外给水系统来满足，故 A 错误。

依据《建筑给水排水设计标准》3.13.3 条，采用二次加压供水时，也可采用无调节设施的调速泵组供水，故 B 错误。

市政水压在晚上高峰用水不满足设计水压的要求时，也可采用设高位水箱或高位水池进行调节的措施以保证其水压要求，而不是必须设加压设备供水，故 C 错误。

依据《建筑给水排水设计标准》3.4.6 条，建筑高度不超过 100m 的建筑生活给水系

统，宜采用垂直分区并联供水或分区减压的供水方式；建筑高度超过 100m 的建筑，宜采用垂直串联供水方式。故 D 正确。

10.【17-上-61】关于生活给水系统增压泵的描述，哪些是正确的？
(A) 生活加压给水系统的水泵机组应设备用泵，备用泵的供水能力不应小于泵组的供水能力
(B) 建筑物内采用高位水箱调节的生活给水系统时，水泵的最大出水量不应小于最大小时用水量
(C) 生活给水系统采用调速泵组供水时，应按系统最大设计流量选泵
(D) 对水泵 Q 至 H 特性曲线存在上升段的水泵，任何情况下均不可采用

【解析】选 BC。依据《建筑给水排水设计标准》3.9.1 条，生活加压给水系统的水泵机组应设备用泵，备用泵的供水能力不应小于最大一台运行水泵的供水能力。故 A 错误。

依据标准 3.9.3 条，建筑物内采用高位水箱调节的生活给水系统时，水泵的最大出水量不应小于最大小时用水量。故 B 正确。

依据标准 3.9.3 条，生活给水系统采用调速泵组供水时，应按系统最大设计流量选泵，调速泵在额定转速时的工作点，应位于水泵高效区的末端。故 C 正确。

依据标准 3.9.1 条，对 Q-H 特性曲线存在有上升段的水泵，应分析在运行工况中不会出现不稳定工作时方可采用。故 D 错误。

11.【18-上-59】关于居住小区给水设计流量的说法，以下哪些项是正确的？
(A) 计算居住小区的室外给水管道设计流量时，可不考虑供水方式及服务人数
(B) 计算居住小区的室外给水管道设计流量时，小区内配套设计的幼儿园以及物业管理用房，以其平均时用水量计算节点流量
(C) 小区内采用变频调速供水泵组集中供水时，应按集中系统的最大设计流量选泵
(D) 小区游泳池、健身房及餐饮等配套公建，由独立的变频调速供水泵组供水时，应按设计秒流量选泵

【解析】选 BCD。

A 项，根据《建筑给水排水设计标准》第 3.13.4 条可知与服务人数相关（直供时）；要分别考虑直供和低位贮水池加压供给。

B 项，居住小区内配套的文教、医疗保健、社区管理等设施，以及绿化和景观用水、道路及广场洒水、公共设施用水等，均以平均时用水量计算节点流量。

C 项，生活给水系统采用调速泵组供水时，应按系统最大设计流量选泵。这个最大设计流量指的是秒流量（小区规模小）/最大时流量（小区规模大）。

D 项，对于单体建筑，采用变频泵组供水，设计流量为秒流量。

12.【19-上-59】关于建筑给水系统分类及水质要求的叙述，下列哪些选项是错误的？
(A) 消防给水系统的水质应符合《生活饮用水卫生标准》GB 5749 中消防用水的要求
(B) 生产给水系统用水水质要求高于《生活饮用水卫生标准》GB 5749 的各项指标
(C) 生产车间内的卫生间用水属于生产给水系统

(D) 生产过程中工艺用水属于生产给水系统，其水质应满足相应的工艺要求

【解析】选 ABC。参见秘书处教材《建筑给水排水工程》P1。选项 A，消防给水系统的水质应符合《城市污水再生利用 城市杂用水水质》GB/T 18920 中有关消防用水的规定。选项 B，生产给水系统用水水质有高有低，不能一概而论。选项 C，生产车间内的卫生用水属于生活给水系统而不是生产给水系统。选项 D 正确。

13.【19-上-61】 关于生活给水增压设备的描述中，下列哪些选项是错误的？
(A) 为高位生活调节水箱输水的加压泵出水量不应大于平均时用水量
(B) 生活给水加压泵组水泵自动切换交替运行，可避免备用泵因长期不运行泵内水滞留变质
(C) 泵组吸水总管深入水池的引水管不宜少于 2 条，当一条引水管发生故障时，其余引水管应能通过 70% 的设计流量
(D) 水泵吸水管与吸水总管的连接，应采用管顶平接，或低于管顶连接

【解析】选 ACD。参见《建筑给水排水设计标准》。选项 A，根据标准第 3.9.2 条，建筑物内采用高位水箱调节的生活给水系统时，水泵的最大出水量不应小于最大小时用水量。选项 B 正确。选项 C，根据标准第 3.9.6 条，吸水总管伸入水池的引水管不宜少于 2 条，当一条引水管发生故障时，其余引水管应能通过全部设计流量。选项 D，根据标准第 3.9.6 条，水泵吸水管与吸水总管的连接，应采用管顶平接，或高出管顶连接。

14.【19-上-62】 关于消火栓系统供水管网，下列哪几项叙述是正确的？
(A) 人口不足 2 万的小城镇，其设有市政消火栓的市政供水管网设置为枝状供水管网
(B) 总建筑面积 3500m²、层高均为 3.3m 的三层物业办公楼，其室内消火栓管网设置为枝状
(C) 总建筑面积 800m²、层高 5.5m 的单层甲类厂房，设高位消防水箱临时高压供水，其室内消火栓管网设置为枝状
(D) 由消火栓加压泵向三栋小型办公楼供水的消火栓管网，设为环状管网

【解析】选 AD。

选项 A，根据《消防给水及消火栓系统技术规范》第 8.1.1 条，城镇人口数在 2.5 万内可为枝状。

选项 B，由于建筑体积为 3500×3.3＝11500m³，根据《消防给水及消火栓系统技术规范》表 3.3.2 可得室外消火栓流量为 25L/s，再根据规范第 8.1.5 条，室内消火栓管网应采用环状管网，故错误。

选项 C，根据《消防给水及消火栓系统技术规范》第 8.1.2 条，采用设有高位消防水箱的临时高压消防给水系统时，其供水管网应为环状管网，故错误。

选项 D，根据《消防给水及消火栓系统技术规范》第 8.1.2 条，向两栋或两座及以上建筑供水时，其供水管网应为环状管网，故正确。

15.【19-下-59】 下列哪些建筑的二次加压供水系统不应采用叠压供水设备？
(A) 生物实验楼　　　　　　　　(B) 养老院
(C) 制药厂　　　　　　　　　　(D) 体育场

【解析】选 ACD。参见秘书处教材《建筑给水排水工程》P17。下列情况不得采用叠

压供水设备供水；学校、影院、剧院和体育场馆；对健康有危害的有害有毒物质及药品等危险化学物质进行制造、加工、贮存的工程；研究单位和仓库用户（含医院），严禁采用。

16.【19-下-61】以下关于阀门附件选用和设置的说法，哪些选项是错误的？
（A）公共浴室应按给水系统的设计秒流量选定水表的常用流量
（B）减压阀、泄压阀和安全阀阀前均应设置阀门
（C）真空破坏器的进气口应向上
（D）水流方向自下而上的立管，不应安装止回阀

【解析】选BC。参见《建筑给水排水设计标准》。

选项A正确，根据标准第3.5.19条第2款，用水量均匀的生活给水系统的水表应以给水设计流量选定水表的常用流量；公共浴室属于用水密集型公共建筑，用水均匀。

选项B错误，根据标准第3.5.13条，安全阀前不得设置阀门；泄压阀参见第3.5.12条，减压阀参见第3.5.10条。

选项C错误，根据标准第3.5.9条，真空破坏器设置位置应满足：真空破坏器的进气口应向下。

选项D正确，根据标准第3.5.7条说明，水流方向自上而下的立管，不应安装止回阀，因其阀瓣不能自行关闭，起不到止回作用。

1.2.3 建筑给水

1.【10-上-61】下述高层建筑生活给水系统水压的要求中，哪几项符合规定？
（A）系统各分区最低卫生器具配水点处静水压力不宜大于0.45MPa
（B）静水压力大于0.35MPa的入户管应设减压措施
（C）卫生器具给水配件承受的最大工作压力不得大于0.6MPa
（D）竖向分区的最大水压应是卫生器具正常使用的最佳水压

【解析】选AC。AB项参见《建筑给水排水设计标准》3.4.3条，应为"宜"设减压措施；C项参见3.4.2条，D项明显不对。

2.【10-下-59】下列生活给水水箱的配管及附件设置示意图中，哪几个图不符合要求？

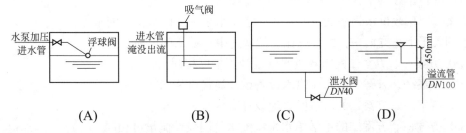

【解析】选AC。参见《建筑给水排水设计标准》3.3.18条、3.8.6条及其说明。

3.【11-上-61】以下有关高层建筑生活给水系统的叙述中，哪几项不准确？
（A）高层建筑生活给水系统应采用水泵加压供水
（B）高层建筑生活给水系统可不设高位水箱
（C）高层建筑的划分标准并不依给水系统的特性确定

(D) 高层建筑生活给水系统的配水管网应设成环状

【解析】选 AD。

A 项过于绝对化，市政压力满足的范围内可直接供水；

D 项见《建筑给水排水设计标准》3.6.1 条："室内生活给水管道宜布置成枝状管网，单向供水"，注意区别于高层建筑室内消防给水管道应布置成环状；

C 项明显正确；

B 项正确，如采用变频机组直接供水的方式。

4.【11-下-60】某小区的城市自来水引入管上设置了倒流防止器，建筑内的下列给水设施中，哪几种情况下还应采取防回流污染的措施？
(A) 高位生活水箱的淹没进水管
(B) 生活热水热交换器的进水管
(C) 从建筑引入管上直接抽水的消防泵吸水管上
(D) 从建筑引入管上直接抽水的生活泵吸水管上

【解析】选 AC。参见《建筑给水排水设计标准》3.3.8 条。

防回流污染的措施是个较综合的概念。防止回流污染可采取空气间隙、倒流防止器、真空破坏器等措施和装置。

A 项：生活饮用水水池(箱)，当进水管从最高水位以上进入水池(箱)，管口为淹没出流时应采取真空破坏器等防虹吸回流措施。

B 项：从生活饮用水管道上直接供下利用水管道时，应在这些用水管道的下列部位设置倒流防止器，3 利用城镇给水管网水压且小区引入管无防回流设施时，向商用的锅炉、热水机组、水加热器、气压水罐等有压容器或密闭容器注水的进水管上。

C 项：从小区或建筑物内生活饮用水管道系统上接至下列用水管道或设备时，应设置倒流防止器：(1)单独接出消防用水管道时，在消防用水管道的起端；(2)从生活饮用水贮水池抽水的消防水泵出水管上。

D 项：不需要重复设置。

5.【16-上-59】某宾馆（350 床）高区生活给水系统拟采用如下供水方案：
方案一：市政供水管→低位贮水池→变频增压设备→配水点。
方案二：市政供水管→低位贮水池→增压水泵→高位水箱→配水点。
下列关于上述方案一、方案二比较的叙述中，哪几项正确？
(A) 方案一、方案二的市政进水管设计流量可相同
(B) 方案一、方案二的增压供水设备设计流量可相同
(C) 方案一、方案二的低位贮水池设计有效容积可相同
(D) 方案一、方案二的生活给水系统配水管网设计流量可相同

【解析】选 ACD。依据《建筑给水排水设计标准》3.9.3 条，建筑物内采用高位水箱调节的生活给水系统时，水泵的最大出水量不应小于最大小时用水量。生活给水系统采用调速泵组供水时，应按系统最大设计流量选泵，调速泵在额定转速时的工作点，应位于水泵高效区的末端。可见，在有高位水箱时，规范没有规定水泵的最大出水量，但应小于系统最大设计流量，否则高位水箱的调节功能无效。故 B 错误。

6. 【16-上-60】下列关于建筑生活给水系统防止水质污染设计中，哪几项错误？
（A）在生活饮用水贮水池内设置导流隔墙
（B）地下生活饮用水贮水池的底板、池壁共用地下室的底板、外墙
（C）由建筑高位水箱向其热水机组注水的进水管上不设倒流防止器
（D）高位生活饮用水贮水池溢流管和放空管的合用排出管与雨水排水管连接

【解析】选 BD。依据《建筑给水排水设计标准》3.3.16 条，建筑物内的生活饮用水水池（箱）体，应采用独立结构形式，不得利用建筑物的本体结构作为水池（箱）的壁板、底板及顶盖。故 B 错误。依据《建筑给水排水设计标准》4.4.12 条，生活饮用水贮水箱（池）的排水管不得与污废水管道系统直接连接，应采取间接排水的方式。选项 D 中，高位生活饮用水贮水池溢流管和放空管的合用排出管与雨水排水管连接可能会导致雨水倒流污染贮水池，故错误。

7. 【16-上-61】下列关于建筑生活给水系统管道布置、敷设及附件选用的叙述中，哪几项正确？
（A）敷设在管井内的给水立管与其他立管之间的净距应满足维修要求
（B）要求塑料给水管道在室内采用暗设，主要是因为塑料管被撞击后易损坏
（C）宾馆引入管上设置的水表宜按其给水系统设计秒流量选用水表的常用流量
（D）速闭消声止回阀可安装在水平管上，也可安装在水流方向自下而上的立管上

【解析】选 AB。依据《建筑给水排水设计标准》3.6.14 条，管道井的尺寸，应根据管道数量、管径大小、排列方式、维修条件，结合建筑平面和结构形式等合理确定；需进入维修管道的管井，其维修人员的工作通道净宽度不宜小于 0.6m；管道井应每层设外开检修门。故 A 正确。

依据《建筑给水排水设计标准》3.6.7 条，塑料给水管道在室内宜暗设；明设时立管应布置在不易受撞击处，如不能避免时，应在管外加保护措施。本条的条文说明中进一步提到，塑料给水管道在室内明装敷设时易受碰撞而损坏，也发生过被人为割伤，尤其是设在公共场所的立管更易受此威胁，因此提倡在室内暗装。故 B 正确。

8. 【16-下-59】某 15 层宾馆 6～15 层设有 240 间客房（共 390 床，每间客房设卫生间，卫生间设带水箱坐便器以及洗脸盆和浴盆）。其 6～15 层的生活给水系统拟采用如下增压供水方案：方案一：市政自来水→低位生活水箱→变频供水设备→高区生活给水系统；方案二：市政自来水→低位生活水箱→气压供水设备→高区生活给水系统。下列关于上述两方案比选的说法中，哪几项正确？
（A）方案一与方案二系统，配水管网设计流量相同
（B）方案一的增压水泵设计流量大于方案二
（C）方案一的增压水泵设计流量小于方案二
（D）方案一与方案二的增压水泵设计流量相同

【解析】选 AB。依据《建筑给水排水设计标准》3.9.3 条，生活给水系统采用调速泵组供水时，应按系统最大设计流量选泵，调速泵在额定转速时的工作点，应位于水泵高效区的末端。水泵（或泵组）的流量（以气压水罐内的平均压力计，其对应的水泵扬程的流量），不应小于给水系统最大小时用水量的 1.2 倍。

方案一：$q_\mathrm{g} = 0.2\alpha\sqrt{N_\mathrm{g}} = 0.2 \times 2.5 \times \sqrt{240 \times (0.75 + 0.5 + 1.2)} = 12.12\mathrm{L/s}$

方案二：$q_\mathrm{b} = 1.2\dfrac{mq}{24}k_\mathrm{h} = 1.2 \times \dfrac{400 \times 390}{24 \times 3600} \times 2.5 = 5.42\mathrm{L/s}$

可知方案一的增压水泵设计流量大于方案二，B 正确。而配水管网设计流量无论何种方案都是相同的，A 正确。

9.【16-下-60】 下列关于建筑生活给水系统节水设计措施或说法中，哪几项措施欠合理或说法不正确？
(A) 自闭式水嘴、脚踏开关、球阀均属于节水型给水器材
(B) 给水设备、器材如水泵、水表等的使用年限一般在 10～15a
(C) 对采用节水器具的建筑生活给水系统，可适当降低其生活用水定额
(D) 在高位水箱供水立管上沿水流方向串联设置中、低区给水系统减压阀

【解析】 选 ABD。依据《民用建筑节水设计标准》6.1.4 条，小便器、蹲式大便器应配套采用延时自闭式冲洗阀、感应式冲洗阀、脚踏冲洗阀。A 错误。依据《节水标准》6.1.10 条，民用建筑所采用的计量水表应符合口径 DN15～DN25 的水表，使用期限不得超过 6a；口径大于 DN25 的水表，使用期限不得超过 4a。B 错误。依据《节水标准》6.1.12 条，减压阀不宜采用共用供水立管串联减压分区供水。D 错误。

10.【17-下-59】 以下哪些是住宅建筑给水系统的必要组成部分？
(A) 水表　　　　　　　　　　　　(B) 给水管道
(C) 紫外线消毒器　　　　　　　　(D) 水嘴

【解析】 选 ABD。依据秘书处教材《建筑给水排水工程》P5 可知，住宅建筑给水系统可不设紫外线消毒器。

11.【18-下-61】 下列有关建筑给水系统节水设备、器材或节水措施的叙述中，哪几项是错误的？
(A) 加压水泵的 Q-H 特性曲线应为随流量的增大，扬程逐渐下降，这样的水泵工作稳定。并联工作时运行可靠
(B) 自闭式水嘴、延时自闭式冲洗阀、感应式冲洗阀均是具有较好节水性能的给水器材
(C) 为了保证冷热水用水点处的压力平衡，直接供给生活热水的水加热器设备热水供水侧阻力损失不宜大于 0.01MPa
(D) 全日集中供应热水的循环系统，保证配水点出水温度达到 45℃的时间，住宅建筑不得超过 10s；公共建筑不得超过 15s

【解析】 选 CD。参见《民用建筑节水设计标准》GB 50555。

选项 A，根据规范第 6.2.1 条条文说明，选择生活给水系统的加压水泵时，必须对水泵的 Q-H 特性曲线进行分析，应选择特性曲线为随流量增大其扬程逐渐下降的水泵，这样的水泵工作稳定，并联使用时可靠。正确。

选项 B，根据规范第 6.1.4 条和第 6.1.5 条条文说明，洗手盆自闭式水嘴和大、小便器延时自闭式冲洗阀具有限定每次给水量和给水时间的功能，具有较好的节水性能。正确。

选项 C，被加热水侧阻力损失小，直接供给生活热水的水加热器设备的被加热水侧阻力损失不宜大于 0.01MPa。错误。

选项 D，根据规范第 4.2.4-3 条，全日集中供应热水的循环系统，应保证配水点出水温度不低于 45℃ 的时间，对于住宅不得大于 15s，医院和旅馆等公共建筑不得大于 10s。错误。

第 2 章 建 筑 排 水

2.1 单项选择题

2.1.1 排水管道

1.【12-下-37】 某建筑的排水系统如图所示,各层排水横支管通过 45°斜三通与排水立管连接,则其排水立管的最大设计排水能力应为哪项?
(A) 3.2L/s (B) 4.0L/s
(C) 4.4L/s (D) 5.5L/s

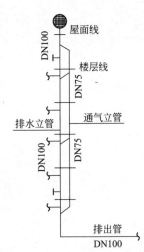

【解析】参见《建筑给水排水设计标准》4.5.7 条,可知排水立管 DN100 专用通气管 DN75,隔层连接最大排水能力 5.2L/s。故按新标准没有答案。(按 2009 版规范选 C)

2.【14-上-37】 下列关于生活排水立管的表述,哪项正确?
(A) 采用特殊单立管时其通水能力大于采用仅设伸顶通气管的立管
(B) 塑料管内壁光滑可加大其排水速度
(C) 塑料管的通水能力大于铸铁管
(D) 内壁光滑可加大排水能力

【解析】选 B。当水力半径和坡度相同时,塑料管粗糙系比铸铁管小,流速大。

3.【14-上-39】 下列关于建筑小区生活排水管道及其检查井的叙述中,哪项不正确?
(A) 排水管道在管径改变处设检查井
(B) 排出管的管顶标高不得高于室外接户管的管顶标高
(C) 检查井应优先选用塑料排水检查井
(D) 检查井内应做导流槽

【解析】选 B。根据《建筑给水排水设计标准》4.10.3 条和 4.10.4 条,排出管顶标高不得低于室外接户管管顶标高。

4.【16-下-39】 下列关于建筑排水管道设计,哪项正确?
(A) 排水立管的排出管径应放大一号
(B) 蒸发式冷却器的排水管与污、废水管道系统直接连接
(C) 塑料排水管连接采用橡胶密封配件时可不设伸缩节
(D) 直径大于 50mm 的排水管,其间接排水口最小空气间隙应不小于 100mm

【解析】选 C。依据《建筑给水排水设计标准》4.4.9 条,塑料排水管道应根据其管道

的伸缩量设置伸缩节，伸缩节宜设置在汇合配件处。排水横管应设置专用伸缩节。注：①当排水管道采用橡胶密封配件时，可不设伸缩节；②室内、外埋地管道可不设伸缩节。

5.【19-下-37】建筑内生活铸铁排水管道布置，下列哪种做法是错误的？
（A）排水横管按通用坡度敷设
（B）排水立管设在靠近排水量最大处
（C）排水管道穿越消防泵房
（D）空调冷凝水直接接入废水立管

【解析】选 D。根据《建筑给水排水设计标准》第 4.4.12 条，蒸发式冷却器、空调设备冷凝水的排水，其排水管不得与污废水管道系统直接连接，应采取间接排水的方式。

2.1.2 通气管

1.【10-上-30】下列有关结合通气管的连接与替代的叙述中，哪一项是不正确的？
（A）用结合通气管连接排水立管和专用通气立管
（B）用结合通气管连接排水立管和主通气立管
（C）用结合通气管连接排水立管和副通气立管
（D）用 H 管替代结合通气管

【解析】选 C。按当前约定俗成的称呼，主副可归为一类，专用又一类。分类是以是否设置器具或环形通气管定义的。而结合通气管是个比较弱的概念，不构成分类标准。一般可理解为能设结合就设。因此，专用通气管也是可以有结合通气管的。而副通气管由于位置关系，设置结合通气管很困难，所以一般副通气管没有结合通气。

2.【11-上-39】以下有关确定通气管管径的叙述中，哪项正确？
（A）排水管管径为 DN100，其专用通气立管的最小管径为 DN75
（B）9 根 DN100 通气立管的汇合通气总管管径为 DN200
（C）与排水立管管径为 DN100 连接的自循环通气立管的最小管径为 DN75
（D）通气立管管径为 DN75，其与排水立管相连的结合通气管管径为 DN50

【解析】选 B。参见《建筑给水排水设计标准》第 4.7.13 条和 4.7.16 条。

3.【12-下-38】下列关于通气管和水封的叙述中，哪项错误？
（A）虹吸式坐便器利用自虹吸排除污水，因此自虹吸不会破坏水封
（B）结合通气管宜每层与排水立管和专用通气立管连接
（C）活动机械密封会产生漏气，不能替代水封
（D）通气管道不能确保存水弯水封安全

【解析】选 A。参见秘书处教材《建筑给水排水工程》P178 可知，自虹吸可能破坏水封，A 错误；参见《建筑给水排水设计标准》4.7.7 条可知 B 正确（可以反面思考，"不宜"肯定是错误的，所以宜是正确）；参见《建筑给水排水设计标准》可知 C 正确；参见秘书处教材《建筑给水排水工程》P177 可知，水封破坏原因有：气压变化、水蒸发率、水量损失等，显然通气管不能在所有方面都确保存水弯水封安全，故 D 正确。

4.【13-上-36】下列关于通气管设计的说法中，哪项错误？

(A) 结合通气管与排水立管和通气立管应采用斜三通连接
(B) 环形通气管水平段应按不小于 1% 的上升坡度与副通气立管相接
(C) 当污、废排水立管合用一根通气立管时，应全部采用 H 管件替代结合通气管
(D) 当两根排水立管合用一根通气立管（长度＞50m）时，通气立管管径应与管径最大的排水立管相同

【解析】选 C。参见《建筑给水排水设计标准》4.7.7 条。

A 选项，结合通气管下端宜在排水横支管以下与排水立管以斜三通连接；

B 选项，器具通气管、环形通气管应在卫生器具上边缘以上不小于 0.15 处按不小于 0.01 的上升坡度与通气立管相连；

C 选项，当污水立管与废水立管合用一根通气立管时，H 管配件可隔层分别与污水立管和废水立管连接；但最低横支管连接点以下应装设结合通气管；

D 选项参见标准 4.7.14 条，通气立管长度在 50m 以上时，其管径应与排水立管管径相同。

5.【16-上-38】下列关于建筑生活排水系统通气管的说法，哪项错误？
(A) 伸顶通气管管径不应小于排水立管管径
(B) 通气管可平衡排水管道中的正压和负压
(C) 通气管最小管径不应小于 DN40
(D) 吸气阀不能代替通气管

【解析】选 C。依据《建筑给水排水设计标准》4.7.17 条，伸顶通气管管径应与排水立管管径相同。但在最冷月平均气温低于－13℃的地区，应在室内平顶或吊顶以下 0.3m 处将管径放大一级。故 A 正确。

依据《建筑给水排水设计标准》条文说明 4.7.2，设置伸顶通气管有两大作用：①排除室外排水管道中污浊的有害气体至大气中，②平衡管道内正负压，保护卫生器具水封。故 B 正确。

依据《建筑给水排水设计标准》4.7.13 条，通气管的最小管径不宜小于排水管管径的 1/2，并可按表 4.7.13 确定。器具通气管和环形通气管的最小管径为 DN32，故 C 错误。

依据《建筑给水排水设计标准》4.7.6 条，在建筑物内不得设置吸气阀替代通气管。故 D 正确。

6.【16-下-37】建筑生活排水立管气压最大值标准应为下列哪项？
(A) ±300Pa   (B) ±400Pa
(C) ±450Pa   (D) ±500Pa

【解析】选 B。根据《建筑给水排水设计标准》4.5.7 条的条文说明：本条根据"排水立管排水能力"的研究报告进行修订，以国内历次对排水立管排水能力的测试数据整理分析，确定±400Pa 为排水立管气压最大值标准。

7.【18-下-29】下列通气管与排水管连接方式，哪项是错误的？
(A) 副通气立管应每层与环形通气管相
(B) 自循环通气管应在最低排水横支管以下与排水立管相接

(C) 专用通气管宜每层或隔层与排水立管相接

(D) 自循环通气管应每层与排水立管或环形通气管相接

【解析】选 B。根据《建筑给水排水设计标准》第 4.7.5 条，建筑物内各层的排水管道上设有环形通气管时，应设置连接各层环形通气管的主通气立管或副通气立管。

第 4.7.7 条，自循环通气系统，当采取专用通气立管与排水立管连接时，应符合下列要求：通气立管应每层按本规范第 4.7.7 规定与排水立管相连；通气立管下端应在排水横干管或排出管上采用倒顺水三通或倒斜三通相接。

第 4.7.7 条，结合通气管宜每层或隔层与专用通气立管、排水立管连接，与主通气立管、排水立管连接不宜多于 8 层。

2.1.3 排水系统

1.【11-下-38】 某建筑物一层为营业餐厅和厨房。2 层至 10 层为写字间（办公），排水系统如图所示（卫生间排水采用污废合流）。指出该图在系统选择上存在几处错误？

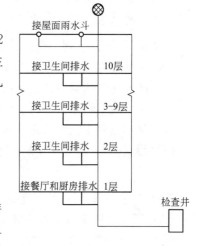

(A) 无错误

(B) 1 处

(C) 2 处

(D) 3 处

【解析】选 D。第一层营业厨房及餐厅应单独排至隔油池；屋面雨水不得接入污废水管道；10 层及 10 层以上高层建筑卫生间的生活污水立管应设置通气立管。

2.【13-上-38】 下列有关建筑物内生活排水系统设计的说法中，哪项错误？

(A) 排水立管应设置通气设施

(B) 重力流排出管最小管径为 DN50

(C) 住宅卫生间采用同层排水方式时，卫生间应降板

(D) 阳台雨水地漏采用无水封（且不设存水弯）地漏

【解析】选 C。根据《建筑给水排水设计标准》。

A 选项参见 4.7.2 条，生活排水管道的立管顶端，应设置伸顶通气管；

B 选项参见 4.5.9 条，建筑物内排出管最小管径不得小于 50mm；

C 选项参见 4.4.7 条，本条规定了同层排水形式选用的原则。目前同层排水形式有：装饰墙敷设、外墙敷设、局部降板填充层敷设、全降板填充层敷设、全降板架空层敷设。各种形式均有优缺点，设计人员可根据具体工程情况确定；

D 选项参见 5.2.24 条，高层建筑阳台排水系统应单独设置，多层建筑阳台雨水宜单独设置。阳台雨水立管底部应间接排水，故地漏可以采用无水封（且不设存水弯）地漏。

3.【13-下-38】 关于建筑生活排水系统排水定额和其设计流量计算方法的叙述中，哪项错误？

(A) 卫生器具额定排水流量大于或等于其相应冷水给水定额流量
(B) 建筑生活排水横管的排水能力与其管材、水力半径、排水坡度等有关
(C) Ⅱ、Ⅲ类宿舍的生活排水系统，其设计秒流量计算方法不同
(D) 居住小区生活排水系统的设计流量应为小区内各类建筑物最高日最大小时用水量的累计值乘以 85%～95%

【解析】选 D。根据《建筑给水排水设计标准》。
A 选项参见 4.5.1 条；
B 选项参见 4.5.4 条排水横管的水力计算公式；
C 选项参见 4.5.2 条与 4.5.3 条；
D 选项参见 4.10.5 条，居住小区内生活排水的设计流量应按住宅生活排水最大小时流量与公共建筑生活排水最大小时流量之和确定。

4.【14-下-39】下列关于建筑排水系统检查口设置的做法中，哪项不正确？
(A) 某 6 层建筑（每层设有卫生器具）的排水立管分别在 1、3、5 层设置了检查口
(B) 排水立管的偏转处设有乙字弯
(C) 在水流偏转角为 60°的排水横管上设置了检查口
(D) 排水立管上检查口距所在楼面 1.0m 以上，并高于该层卫生器具上边缘 0.15m

【解析】选 A。根据《建筑给水排水设计标准》4.6.4 条，最高层排水立管也应设置检查口。

5.【16-上-37】下列关于建筑生活排水系统的表述，哪项正确？
(A) 居住小区生活排水定额小于其生活给水定额
(B) 是否适当放大排水管径，应通过排水水力计算确定
(C) 塑料排水横支管的标准坡度由管道中的水流速度决定
(D) 小区生活排水系统小时变化系数小于其相应的生活给水系统小时变化系数

【解析】选 A。依据《建筑给水排水设计标准》4.10.5 条，小区生活排水系统排水定额宜为其相应的生活给水系统用水定额的 85%～95%；小区生活排水系统小时变化系数应与其相应的生活给水系统小时变化系数相同。故 A 正确。

6.【17-上-29】关于建筑生活排水系统组成，下列哪项正确？
(A) 高层建筑生活排水系统均应设排水管、通气管、清通设备和污废水提升设施
(B) 与生活排水管道相连的卫生器具排水支管上均应设置存水弯
(C) 承接公共卫生间的污水立管不允许接地漏排水
(D) 各类卫生器具属于建筑生活排水系统的组成部分

【解析】选 D。依据《建筑给水排水设计标准》4.8.1 条，建筑物地下室生活排水应设置污水集水池和污水泵提升排至室外检查井；地下室地坪排水应设集水坑和提升装置。高层建筑不一定有地下室，故不一定设污废水提升设施，A 错误。
依据《建筑给水排水设计标准》4.3.10 条，当构造内无存水弯的卫生器具与生活污水管道或其他可能产生有害气体的排水管道连接时，必须在排水口以下设存水弯。也即构造内有存水弯的卫生器具与生活排水管道相连的卫生器具排水支管上可不设置存水弯，故 B 错误。

选项 C 中，规范并未要求承接公共卫生间的污水立管不允许接地漏排水，实际设计中也是可以接地漏排水的，故错误。

依据秘书处教材《建筑给水排水工程》P176 可知，排水的排水卫生器具指：供水并收集、排出污废水或污物的容器或装置。故 D 正确。

7.【18-上-30】 下列地漏设置，哪种做法是正确的？
(A) 普通住宅可采用多通道地漏
(B) 卫生间必须设置地漏
(C) 清扫口可以代替密闭地漏
(D) 阳台洗衣机排水可就近排入阳台雨水地漏

【解析】 选 A。根据《建筑给水排水设计规范》第 4.3.4~4.3.8 条。

选项 A：在无安静要求和无须设置环形通气管、器具通气管的场所，可采用多通道地漏。正确。

选项 B：需经常从地面排水的房间，应设置地漏。

选项 C：密闭地漏防干涸性能好，可避免水封被破坏及窜味。

选项 D：住宅套内应按洗衣机位置设置洗衣机排水专用地漏或洗衣机排水存水弯，排水管道不得接入室内雨水管道。

8.【18-下-30】 下列有关建筑生活排水局部处理设施的说法中，哪项错误？
(A) 当建筑物室内、外均采用生活污、废分流制时，化粪池的容积比合流制小
(B) 化粪池有效容积应为污水部分容积之和
(C) 采用人工除油的隔油池内存油部分最小容积应为有效容积的 25%
(D) 锅炉房废热水采用降温池处理时，其冷却水最好就近采用锅炉房的自来水

【解析】 选 D。根据《建筑给水排水设计标准》第 4.9.2 条和 4.9.3 条，人工除油的隔油池内存油部分的面积，不得小于该池有效容积的 25%。根据标准第 4.10.12 条，降温宜采用较高温度排水与冷水在池内混合的方法进行。冷却水应尽量利用低温废水。

9.【19-上-37】 排水系统分类中，没有下列哪一项？
(A) 生活排水系统　　　　　(B) 工业废水系统
(C) 消防排水系统　　　　　(D) 屋面雨水系统

【解析】 选 C。根据秘书处教材《建筑给水排水工程》P180，可分为三类：生活排水系统、工业废水排水系统、屋面雨水排水系统。

2.1.4　建筑排水

1.【10-上-29】 有关建筑排水定额，小时变化系数和小时排水量的叙述中，错误的是何项？
(A) 建筑内部生活排水定额和小时变化系数与其相应的建筑给水相同
(B) 建筑内部生活排水平均时和最大时排水量的计算方法与建筑给水相同
(C) 公共建筑生活排水定额和小时变化系数与公共建筑生活用水定额和小时变化系数相同
(D) 居住小区生活排水系统的排水定额和小时定额系数是其相应生活给水系数的给水

定额和小时变化系数的 85%～95%

【解析】选 D。参见《建筑给水排水设计标准》4.10.5 条，居住小区的排水定额是其相应的生活给水系统用水定额的 85%～95%，但小时变化系数与其相应的生活给水系统小时变化系数相同。

此题目是单项，且明确 D 项是错的，所以选择 D 项。但是，就 A、C 项来讲，并列在一块作为备选答案，会引出一个问题来：生活排水定额和小时变化系数与其相应的建筑给水相同的，到底是强调"公共建筑"还是"建筑内部"？规范原文是"公共建筑"。

B 项是正确的，注意平常大多提到的是秒流量计算公式。

2.【10-下-29】下列建筑排水管最小管径的要求中，哪一项是正确的？
(A) 建筑内排出管最小管径不得小于 75mm
(B) 公共食堂厨房污水排水支管管径不得小于 100mm
(C) 医院污水盆排水管管径不得小于 75mm
(D) 小便槽的排水支管管径不得小于 100mm

【解析】选 C。参见《建筑给水排水设计标准》4.5.8～4.5.12 条。

3.【12-上-36】某公共建筑最高日生活用水量 120m³，其中：办公人员生活用水量 100m³/d，室外绿化用水量 20m³/d。则该公共建筑最高日生活排水量应为下列哪项？
(A) 85m³   (B) 95m³   (C) 100m³   (D) 120m³

【解析】选 C。生活用水排入排水管道，而绿化用水渗入土里不排入管道，参见《建筑给水排水设计标准》4.10.5 条。公共建筑排水定额和用水定额一样，所以选用生活用水量，折减系数取 1。

4.【12-上-37】下列排水方式中，哪项错误？
(A) 某办公楼 1～12 层的卫生间设环形通气排水系统，首层卫生间排水接入排水立管
(B) 生活饮用水二次供水贮水池设于首层，水池溢流管（DN150）接入室外排水检查井，其管内底高于检查井设计水位 300mm
(C) 住宅的厨房设置专用排水立管，各层厨房洗涤盆排水支管与排水立管相连接
(D) 办公楼职工餐厅厨房地面设排水明沟，洗碗机、洗肉池的排水排入该明沟

【解析】选 B。依据《建筑给水排水设计标准》4.4.11 条，只要满足相应最小垂直距离要求并无不可，又依据标准 4.7.5 条条文解释中的图，就是首层接入排水立管，故 A 项正确；依据标准 4.4.12 条，饮水池溢水管不得直接与污废水排水系统连接，排水检查井属于排水系统的一个组成部分，故 B 项错误；依据标准 4.4.3 条，住宅厨房设专用管不不妥，故 C 项正确；依据标准 4.4.15 条，选项 D 并无不妥。

5.【13-上-37】选择建筑排水系统时，下列哪项必须考虑？
(A) 建筑功能   (B) 卫生器具   (C) 排水出路   (D) 排水水质

【解析】选 D。《建筑给水排水设计标准》4.2.1 条、4.2.2 条及 4.2.4 条及相应条文解释重点强调了：对局部受到油脂、致病菌、放射性元素、温度和有机溶剂等污染的排水应设置单独排水系统将其收集处理。

6.【13-下-39】 下列有关建筑生活排水局部处理设施的说法中,哪项不正确或欠合理?

(A) 当建筑物内采用生活污、废分流制排水系统时,可减小化粪池的容积

(B) 化粪池沉淀部分的构造尺寸理论上可参考平流式沉淀池的计算

(C) 采用人工清油的隔油池内存油部分的容积应大于该池有效容积的 25%

(D) 锅炉房废热水采用降温池处理时,其冷却水最好就近采用锅炉房的自来水

【解析】 选 D。根据《建筑给水排水设计标准》。

A 选项参见 4.2.2 条条文解释,由于生活污水中的有机物比起生活废水中的有机物多得多,生活废水与生活污水分流的目的是提高粪便污水处理的效果,减小化粪池的容积;

B 选项参见 4.2.2 条条文解释,化粪池起沉淀污物的作用;

C 选项参见 4.9.2 条,人工除油的隔油池内存油部分的容积,不得小于该池有效容积的 25%;

D 选项参见 4.10.12 条,降温宜采用较高温度排水与冷水在池内混合的方法进行。冷却水应尽量利用低温废水。

7.【14-下-36】 某建筑物一层为营业餐厅及厨房,二至三层为大型公共浴室,四至十层为宾馆客房,则该建筑排水应至少分几种水质分类推出?

(A) 1 种 (B) 2 种 (C) 3 种 (D) 4 种

【解析】 选 B。根据《建筑给水排水设计标准》4.2.4 条,职工食堂、营业餐厅的厨房含有大量油脂的洗涤废水。若采用污废合流,公共浴室和客房可一同排出。

8.【16-下-36】 下列关于建筑卫生器具排水当量的说法中,哪项正确?

(A) 一个排水当量的排水流量相当于一个给水当量额定流量

(B) 一个排水当量的排水流量相当于一个给水当量额定流量的 1.65 倍

(C) 一个排水当量的排水流量相当于一个给水当量额定流量的 2.4 倍

(D) 卫生器具排水当量的排水流量不能折算为给水当量的额定流量

【解析】 选 B。根据秘书处教材《建筑给水排水工程》P201,以污水盆排水量 0.33 L/s 为一个排水当量,而一个给水当量额定流量为 0.2 L/s。故 B 正确。

9.【16-下-38】 下列关于建筑生活排水处理及其设施的叙述中,哪项正确?

(A) 住宅厨房含油污水应经过除油处理后方允许排入室外污水管道

(B) 温度高于 40℃ 的污水应降温处理

(C) 粪便污水应经化粪池处理后方可排入市政污水管道

(D) 双格化粪池第一格的容量宜占总容量的 60%

【解析】 选 B。依据《建筑给水排水设计标准》4.9.1 条,职工食堂和营业餐厅的含油污水,应经除油装置后方可排入污水管道。规范对住宅厨房的含油污水没有要求,故 A 错误。粪便污水是否需要经化粪池处理应根据水量和环卫部门要求而定,没有统一要求。故 C 错误。依据《建筑给水排水设计标准》4.10.7 条,化粪池的构造,双格化粪池第一格的容量宜为计算总容量的 75%。故 D 错误。

10.【17-上-30】 某养老院建筑内部的某排水横管上接纳了 1 个洗脸盆和 1 个淋浴器,则该排水横管的设计秒流量(L/s)为以下哪项?

(A) 0.45　　　　(B) 0.40　　　　(C) 0.35　　　　(D) 0.20

【解析】选 B。$q_p = 0.12 \times 1.5\sqrt{0.75+0.45} + 0.25 = 0.45 \text{L/s} > (0.25+0.15) = 0.40\text{L/S}$，取 0.40L/S。

11.【17-上-31】 关于建筑生活排水立管内的流动规律，以下哪项描述正确？
(A) 由于排水设计流量的影响，立管内水流状态从附壁流、水膜流和水塞流变化
(B) 立管瞬时大流量排水时底部可能出现负压抽吸，导致底层卫生器具存水弯水封被破坏
(C) 随着排水量增大，当立管内充满度超过 1/3 后最终会形成稳定的水塞流
(D) 在进行生活排水管道水力计算时，光壁排水立管设计流量所对应的流动状态不是水塞流

【解析】选 D。依据秘书处教材《建筑给水排水工程》P200，随着立管中排水流量的不断增加，立管中的水流状态主要经过附壁螺旋流、水膜流和水塞流 3 个阶段。注意这里的前提是"增加到一定量"才会到达"水膜流、水塞流"，另一方面，"设计流量"是以水膜流排水为依据，在"设计流量"下也不会到达"水塞流"，故 A 错误。

依据秘书处教材《建筑给水排水工程》P200，竖直下落的大量污水进入横干管后，管内水位骤然上升，可能充满整个管道断面，使水流中挟带的气体不能自由流动，短时间内横管中压力突然增加形成正压，底层卫生器具存水弯的水封可能被破坏。故 B 错误。

依据秘书处教材《建筑给水排水工程》P201，随着排水量继续增加，当充水率超过 1/3 后横向隔膜的形成与破坏越来越频繁，水膜厚度不断增加，隔膜下部的压力不能冲破水膜，最后形成较稳定的水塞。根据描述可知如果排水立管够短，也不一定就会形成水塞流，故 C 错误。

12.【17-下-29】 关于建筑排水设计流量计算，以下哪项正确？
(A) 用水时段较为集中的建筑物，排水设计秒流量采用同时排水百分数法
(B) 公共建筑物内的大便器同时排水百分数，与同时给水百分数相同
(C) 公共建筑物生活排水小时变化系数，与生活给水用水小时变化系数不相同
(D) 住宅的生活排水设计秒流量，直接与当地气候条件和生活习惯有关

【解析】选 A。由《建筑给水排水设计标准》4.5.3 条可知 A 正确；冲洗水箱大便器排水为 12%，故 B 错误。依据《建筑给水排水设计标准》4.10.5 条，公共建筑生活排水定额和小时变化系数应与公共建筑生活给水用水定额和小时变化系数相同。故 C 正确。由《建筑给水排水设计标准》4.5.2 条可知，不同地方不应按同一公式计算，故 D 错误。

13.【17-下-30】 某建筑顶层有 5 根排水立管的通气管需汇合后伸到屋顶，排水立管分别是 2 根 75mm 和 3 根 100mm。汇合通气管的最小公称管径应为下列哪项？
(A) 100 mm　　(B) 125mm　　(C) 150mm　　(D) 200mm

【解析】选 C。直接代入公式，然后按管道直径取值：
$$\sqrt{100^2 + 0.25(2 \times 100^2 + 75^2 \times 2)} = 133.46\text{mm}$$

14.【19-上-38】 卫生器具排水当量，是以下列哪个卫生器具作参考的？
(A) 洗脸盆　　　　(B) 淋浴器　　　　(C) 大便器　　　　(D) 污水盆

【解析】选 D。根据秘书处教材《建筑给水排水工程》P206，以污水盆排水量 0.33L/s 为一个排水当量。

15.【19-下-39】下列关于医院污水处理的说法，错误的是哪项？
(A) 处理后的水质，按排放条件应符合现行《医疗机构水污染物排放标准》GB 18466 的有关规定
(B) 医院污水当排入终端已建有正常运行的二级污水处理厂的城市下水道时，可不进行消毒处理
(C) 综合医院传染病房的污水经消毒后可以和普通病房的污水合并处理
(D) 处理系统的污泥宜由城市环卫部门按危险废物集中处理

【解析】选 B。选项 A 正确，医院污水处理后的水质，排放条件应符合现行国家标准《医疗机构水污染物排放标准》GB 18466 的相关规定。选项 B 错误，参见秘书处教材《建筑给水排水工程》P202，当排入终端已建有正常运行的二级污水处理厂的城市下水道时，宜采用一级处理，而一级处理不包括消毒工艺。选项 D 正确，医院污水处理系统的污泥，宜由城市环卫部门按危险废物集中处置。

2.2 多项选择题

2.2.1 排水管道

1.【10-上-64】高层建筑室内明设排水系统采用硬聚氯乙烯排水管道设置阻火圈，下列设置要求中哪几项是正确的？
(A) 设置阻火圈的硬聚氯乙烯排水管外径大于等于 90mm
(B) 排水横管穿越防火墙时，应在其一侧设置防火圈
(C) 排水立管穿越楼板时，应在其下方设置防火圈
(D) 排水支管接入排水立管穿越管道井壁（管井隔层设防火封堵）时，应在井壁处设置防火圈

【解析】选 CD。参见《建筑给水排水设计标准》P181。

2.【11-上-68】公式 $v=1/n R^{\frac{2}{3}} i^{\frac{1}{2}}$ 可用于下述哪几项排水横管的水力计算？
(A) 采用重力流的屋面雨水排水管系中的埋地排出横管
(B) 采用压力流的屋面雨水排水管系中的埋地排出横管
(C) 小区雨水排水管系中的埋地横管
(D) 小区生活排水管系中的埋地横管

【解析】选 ACD。

A 项参见《建筑给水排水设计规范》（2009 年版）4.9.21 条："重力流屋面雨水排水管系的埋地管可按满流排水设计，管内流速不宜小于 0.75m/s"。

B 项参见秘书处教材《建筑给水排水工程》P209，有关压力流排水系统的埋地横管的压力分析。

C、D 项是小区排水管道，明显可以选择。

关于重力流与压力流屋面雨水排水系统的计算方法见秘书处教材建水 P193、P195。

3.【11-上-69】 以下关于室内排水管、通气管管材的选用的叙述中，哪几项正确？
(A) 压力排水管道可采用耐压塑料管、金属管或钢塑复合管
(B) 排水管道设置的清扫口应与管道相同材质
(C) 通气管管材可采用塑料管，柔性接口机制排水铸铁管
(D) 连续排水温度大于 40℃ 时，应采用金属排水管或耐热塑料排水管

【解析】 选 ACD。参见《建筑给水排水设计标准》。

A 项见标准 4.6.1 条，压力排水管道可采用耐压塑料管、金属管或钢塑复合管；

B 项见标准 4.6.4 条，铸铁排水管道设置的清扫口，其材质应为铜质；硬聚氯乙烯管道上设置的清扫口应与管道相同材质；

C 项，通气管的管材，可采用塑料管、柔性接口排水铸铁管等；

D 项见标准 4.6.1 条，当连续排水温度大于 40℃ 时，应采用金属排水管或耐热塑料排水管。

4.【11-下-69】 以下关于生活排水立管中水气流动规律的叙述中，哪几项正确？
(A) 排水立管水膜流时的通水能力不能作为排水立管最大排水流量的依据
(B) 终限长度是从排水横支管水流入口处至终限流速形成处的高度
(C) 在水膜流阶段，立管内的充水率在 1/4~2/3 之间
(D) 当水膜的下降速度和水膜厚度不再变化时，水流在立管中匀速下降

【解析】 选 BD。参见秘书处教材《建筑给水排水工程》P181。

5.【12-下-70】 一栋设有地下室的 9 层住宅，卫生间采用 De110 塑料排水立管，厨房采用 De75 塑料排水立管，立管均明设。下列哪几项排水设计正确？
(A) 卫生间排水立管穿楼板可不设防火套管
(B) 排水立管在地下室与排出管的连接处设支墩
(C) 阳台的雨水排入厨房排水立管中
(D) 排水立管管段连接采用橡胶密封圈，立管上可不设伸缩节

【解析】 选 ABD。参见《建筑给水排水设计标准》4.4.10 条，可知 A 项正确（不是高层）；参见《建筑给水排水设计标准》4.4.9 条，可知 D 项正确；参见《建筑给水排水设计标准》4.4.20 条可知 B 项正确；参见《建筑给水排水设计标准》4.2.1 条可知雨水应单独设置，故 C 项错误；

6.【13-上-70】 下列关于建筑生活排水管道的布置及管材、附件选用的叙述中，哪几项正确？
(A) 建筑内部排水管管材的选用应根据排水水质确定
(B) 建筑内部的排水立管和排水横管均应考虑设置伸缩节
(C) 建筑内部排水管道附件如检查口、清扫口等材质应与其排水管道同材质
(D) 当厨房烹调或备餐间的上方设有卫生间时，其卫生间应采用同层排水方式

【解析】 选 BD。根据《建筑给水排水设计标准》。

A 选项参见 4.6.1 条，排水管材选择应符合下列要求。涉及水温和压力，没有涉及

水质；

B 选项参见 4.4.9 条，塑料排水管道应根据其管道的伸缩量设置伸缩节，伸缩节宜设置在汇合配件处。排水横管应设置专用伸缩节；

C 选项参见 4.6.4 条，铸铁排水管道设置的清扫口，其材质应为铜质；硬聚氯乙烯管道上设置的清扫口应与管道相同材质；

D 选项参见 4.4.2 条，排水横管不得布置在食堂、饮食业厨房的主副食操作、烹调和备餐的上方。当受条件限制不能避免时，应采取防护措施；采用同层排水。

7.【14-下-69】 某建筑内部生活排水管道设计，下列哪几项不正确？
（A）首层的排水沟不允许直接与室外排水管道连通
（B）室内生活排水不可采用室内排水沟
（C）排水横管与排水立管宜采用 90°三通连接
（D）塑料排水管道在穿越楼板处应设置伸缩节

【解析】 选 BCD。根据《建筑给水排水设计标准》4.4.15 条及 4.4.17 条，可知 A 项正确，B 项错误；根据 4.4.8 条可知 C 项错误；根据 4.4.9 条可知 D 错误。

8.【17-下-63】 关于建筑排水管道的布置与敷设，下面哪些项是正确的？
（A）阳台地漏同时接纳雨水和洗衣机排水时应接至生活排水管道系统
（B）医院无菌手术室的地面排水应采取间接排水方式
（C）饮食业厨房及备餐的上方不得布置排水横管
（D）集体宿舍盥洗室及淋浴间内应设置地漏

【解析】 选 ACD。依据《建筑给水排水设计标准》第 4.2.1 条，住宅套内应按洗衣机位置设置洗衣机排水专用地漏或洗衣机排水存水弯，排水管道不得接入室内雨水管道。故 A 正确。

洁净手术室内不应设置地漏，地漏应设置在刷手间及卫生器具旁且必须加密封盖，间接排水不行，故 B 错误。

依据《建筑给水排水设计标准》4.4.2 条，排水横管不得布置在食堂、饮食业厨房的主副食操作、烹调和备餐的上方；当受条件限制不能避免时，应采取防护措施。故 C 错误。

依据《建筑给水排水设计标准》4.3.6 条，厕所、盥洗室等需经常从地面排水的房间，应设置地漏。故 D 正确。

9.【19-下-60】 生活用水管的出水口高出承接用水容器溢流边缘的最小空气间隙，不得小于出口直径的 2.5 倍。最小空气间隙是配水件出水口与下列哪项的相对关系？
（A）卫生器具有溢流孔时，按溢流孔的最低点计
（B）卫生器具有溢流孔时，按溢流孔的最高点计
（C）卫生器具无溢流孔时，按容器的上缘口计
（D）卫生器具无溢流孔时，按容器的下缘口计

【解析】 选 AC。根据《建筑给水排水设计标准》第 2.1.11 条，溢流边缘指由此溢流的容器上边缘。

10.【19-下-67】生活排水横管水力计算中涉及的基本水力参数是下列哪几项?
（A）管径　　　　（B）流速　　　　（C）坡降　　　　（D）充满度
【解析】选 ACD。根据《建筑给水排水设计标准》公式（4.5.4），基本参数包括：管径、充满度、坡度、管材。

2.2.2　通气管

1.【10-上-63】下列有关建筑排水系统通气管、清扫口的管径选择，哪几项是正确的?
（A）排水管道上设置的清扫口，其尺寸应与排水管道同径
（B）排水横管连接清扫口的连接管径应与清扫口同径
（C）通气立管的管径应与排水立管同径
（D）非寒冷地区伸顶通气管的管径宜与排水立管同径
【解析】选 BD。A 项参见《建筑给水排水设计标准》4.6.4 条，同径限于小于 100mm 的管道上；C 项限于通气立管在 50m 以上时；D 项参见 4.7.17 条，B 项参见《技术措施》4.13.4-8 条。

2.【12-下-68】下列哪几项是排水通气管的主要作用?
（A）保护卫生器具水封　　　　　　　（B）增加立管内水流速度
（C）为室内卫生间透气　　　　　　　（D）增加排水立管的排水能力
【解析】选 AD。参见秘书处教材《建筑给水排水工程》P176 相关内容。

3.【13-下-69】以下关于环形通气管、器具通气管、主通气立管、副通气立管、专用通气立管作用和确定其管径的叙述中，哪几项正确?
（A）上述通气管均可改善其服务排水管的水流状态
（B）上述通气管均能起到保护卫生器具水封的作用
（C）上述通气管管径均与其服务的排水管管径无关
（D）上述通气管管径均与其服务的建筑物建筑高度无关
【解析】选 ABC。参见《建筑给水排水设计标准》。

A 选项参见 4.7.2 条，设置伸顶通气管有两大作用：①排除室外排水管道中污浊的有害气体至大气中；②平衡管道内正负压，保护卫生器具水封。在正常的情况下，每根排水立管应延伸至屋顶之上通大气；

B 选项参见 4.7.8 条条文解释，通气管起到了保护水封的作用；

C 选项参见 4.7.13 条，通气管的最小管径不宜小于排水管管径的 1/2，并可按表 4.6.11 确定；故 C 正确。

D 选项参见 4.7.14 条，通气立管长度在 50m 以上时，其管径应与排水立管管径相同。故本题选：ABC。

4.【14-下-68】下列关于专用通气管的作用的叙述中，哪几项不正确?
（A）专用通气立管有利于平衡排水横支管的正负压
（B）环形通气管可改善排水横支管的水流状况
（C）设置结合通气管可影响排水立管的通水能力
（D）专用通气立管有利于增大最低横支管与排水立管连接处至立管管底的垂直距离

【解析】选 AD。根据《建筑给水排水设计标准》2.1.54 条，专用通气立管是为排水立管内空气流通而设置的垂直通气管道，故 A 项错误。根据 4.4.11 条，应该为减小最低横支管与排水立管连接处至立管管底的垂直距离，故 D 项错误。

5.【16-上-68】下列关于建筑生活排水系统通气管的设计，哪几项正确？
（A）设有器具通气管时应设环形通气管
（B）通气立管管径应与排水立管管径相同
（C）特殊情况下，屋面专用雨水排水立管可以作为辅助通气管
（D）连接单根排水立管的结合通气管管径不宜小于与其连接的通气立管管径

【解析】选 AD。依据《建筑给水排水设计标准》4.7.3 条，下列排水管段应设置环形通气管满足：①连接 4 个及 4 个以上卫生器具且横支管的长度大于 12m 的排水横支管；②连接 6 个及 6 个以上大便器的污水横支管；③设有器具通气管。故 A 正确。依据《建筑给水排水设计标准》4.7.16 条，结合通气管的管径不宜小于与其连接的通气立管管径。故 D 正确。

6.【17-下-62】关于通气管管径，以下设计计算哪些项正确？
（A）连接 1 根 DN00mm 污水立管和 1 根 DN75mm 废水立管的专用通气立管，其最小管径应为 DN100mm
（B）排水横支管管径为 DN100mm，其环形通气管的最小管径可取 DN50mm
（C）连接 1 根 DN125mm 排水立管的自循环通气立管，其管径取 100mm
（D）高档酒店卫生间浴盆排水管上设器具通气管，其最小管径可取 DN32mm

【解析】选 BD。依据《建筑给水排水设计标准》4.7.15 条，通气立管长度小于等于 50m 且两根及两根以上排水立管同时与一根通气立管相连，应以最大一根排水立管按标准表 4.7.13 确定通气立管管径，且其管径不宜小于其余任何一根排水立管管径。查标准表 4.7.13 可知 DN100 对应 DN75，故 A 错误。查表 4.7.13 可知 B 正确。依据《建筑给水排水设计标准》4.7.13 条，自循环通气立管管径应与排水立管管径相等。故 C 错误。浴盆排水管可以为 DN50mm，此时器具通气管可以为 DN32mm，而《建筑给水排水设计标准》4.5.12 条中规定"浴池的泄水管宜采用 100mm"。故 D 正确。

7.【19-下-68】生活排水立管无法设置伸顶通气时，可采取以下哪几项措施？
（A）接排风井
（B）在室内设置汇合通气管后在侧墙伸出延伸至屋面以上
（C）采用侧墙通气
（D）采用自循环通气

【解析】选 BCD。根据《建筑给水排水设计标准》第 4.7.2 条，当遇到特殊情况，伸顶通气管无法伸出屋面时，可设置下列通气方式：（1）当设置侧墙通气时，通气管口应符合本规范第 4.7.13 条；（2）在室内设置成汇合通气管应在侧墙伸出延伸至屋面以上；（3）当本条第（1）（2）款无法实施时，可设置自循环通气管道系统。

2.2.3 排水系统

1.【12-下-67】某高层住宅排水系统按下列要求设计，哪几项错误？

(A) 厨房专用排水立管可不设置通气立管
(B) 厨房排水排入隔壁卫生间的洗浴废水立管
(C) 厨房排水可不经隔油处理直接排入室外污水管网
(D) 厨房应设置地漏

【解析】选 BD。高层建筑卫生间必设通气立管，但其他地方没要求，故 A 正确（既然条文单列出卫生间来，那说明其他地方可设可不设，只要满足流量要求即可）；参见《建筑给水排水设计标准》4.4.3 条可知 B 错误；参见《建筑给水排水设计标准》4.2.4 条，若是家庭住宅厨房排水，显然是可以的，故 C 项正确，参见《建筑给水排水设计标准》4.3.6 条，家庭厨房显然是不经常地面排水的场所，故可不设地漏。

2.【13-上-68】某建筑生活排水系统（设计流量 3.5 L/s）如图所示，下列说法中，哪几项正确？

(A) 排出管管径可减小至 DN100
(B) 排水立管与排出管采用两个 45°弯头连接
(C) 一层横支管排入 PL—2 可行，但二层横支管不能排入 PL—1
(D) 排水横支管与排水立管可采用 90°顺水三通或 45°斜三通连接

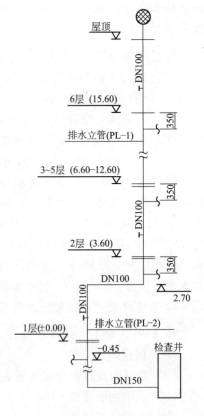

【解析】选 ABD。根据《建筑给水排水设计标准》。

A 选项参见 4.4.11 条注，单根排水立管的排出管宜与排水立管相同管径；

B 选项参见 4.4.8 条，排水立管与排出管端部的连接，宜采用两个 45°弯头、弯曲半径不小于 4 倍管径的 90°弯头或 90°变径弯头；

C 选项参见表 4.4.11，一层横支管排入 PL—2 距离 0.55 不大于 0.75，不可以排入 PL—2，二层横支管（相当于 5 层楼横支管到 5 层楼排水立管底部）距离底部 0.55 不大于 0.75，不可以排入 PL—1；

D 选项参见 4.4.8 条，排水管道的横管与立管连接，宜采用 45°斜三通或 45°斜四通和顺水三通或顺水四通。另查样本存在；91.5°普通顺水三通和 91.5°扫入式顺水三通。

3.【13-下-67】建筑排水可分为建筑生活排水系统、工业废水排水系统和屋面雨水排水系统。下列关于上述排水系统的说法中，哪几项正确？

(A) 工业废水排水包括生产废水和生活污水
(B) 生活排水包括工业建筑及其管理用房等的生活废水和生活污水
(C) 厂房、车间的生产废水、生产污水排水流量应根据生产工艺确定
(D) 工业建筑与民用建筑屋面雨水流量及其雨水排水系统计算方法不同

【解析】选 AB。

工业废水排水系统：排除生产废水和生产污水；故 A 正确。

生活排水系统排除生活污水和生活废水，包括工业建筑；故 B 正确。

工业企业的生产废水量随行业类型、采用的原材料、生产工艺特点和管理水平等的不同而差异大。不能仅由生产工艺确定，如果生产工艺一定，生产规模很大，排水流量也很大；故 C 错误。

参见《建筑给水排水设计标准》5.2.13 条，建筑屋面雨水管道设计流态宜符合下列状态：1 檐沟外排水宜按重力流设计；2 长天沟外排水宜按满管压力流设计；3 高层建筑屋面雨水排水宜按重力流设计；4 工业厂房、库房、公共建筑的大型屋面雨水排水宜按满管压力流设计。其计算方法根据采用系统可以相同和不同。故 D 错误。

4.【14-上-68】 某 13 层教学楼地下室层高 2.4m，1～13 层公共卫生间均采用异层排水方式，排水立管的排出管从地下室排出，公共厕所采用伸顶通气管排水系统。下列该教学大楼的公共卫生间排水系统设计中，哪几项不正确？

(A) 首层卫生间的排水支管接至排水立管的排出管上，其连接点距排水立管底部下游水平距离为 1.5m

(B) 首层卫生间的排水支管可排入排水立管

(C) 首层卫生间的排水支管单独接至室外检查井

(D) 首层卫生间的排水管单独排出是为了提高排水能力

【解析】选 AC。根据《建筑给水排水设计标准》4.4.11 条，A 项正确，C 项正确。

5.【16-下-67】 下列关于建筑排水系统的叙述中，哪几项正确？

(A) 排水分流制是指生活污水与生活废水或生产污水与生产废水设置独立的排水系统

(B) 工厂的生活污水与生产废水应采用分流制排水系统

(C) 生活排水采用分流制排水可减少化粪池容积

(D) 医院污水应采用分流制排水系统

【解析】选 AC。分流制是指生活污水与生活废水或生产污水与生产废水设置独立的管道系统：生活污水排水系统、生活废水排水系统、生产污水排水系统、生产废水排水系统分别排水。故 A 正确。生活排水中废水量较大，且环保部门要求生活污水需经化粪池处理后才能排入城镇排水管道时，采用分流排水可减小化粪池容积。生活污水与生活废水分流后，进入化粪池的生活排水量减少，故可减少化粪池容积，故 C 正确。

6.【16-下-69】 下列建筑生活排水系统清扫口与检查口设计的叙述中，哪几项错误？

(A) 偏转角不大于 45°的排水横管，可不设清扫口或检查口

(B) 塑料排水立管上宜每隔六层设置排水检查口

(C) 排水管道上的清扫口，应采用与管道同材质的清扫口

(D) 排水管起端可采用堵头代替清扫口

【解析】选 ABC。依据《建筑给水排水设计标准》4.6.4 条，在生活排水管道上，应按下列规定设置检查口和清扫口：①铸铁排水立管上检查口之间的距离不宜大于 10m，塑料排水立管宜每六层设置一个检查口；但在建筑物最低层和设有卫生器具的二层以上建筑物的最高层，应设置检查口，当立管水平拐弯或有乙字管时，在该层立管拐弯处和乙字管的上部应设检查口；塑料排水立管是每六层设置一个检查口，而不是每隔

六层。故 B 错误。②水流偏转角大于 45°的排水横管上，应设检查口或清扫口，即便流偏转角不大于 45°，每隔一定距离，排水横管上仍需设置检查口。故 A 错误。③排水管起点设置堵头代替清扫口时，堵头与墙面应有不小于 0.4m 的距离铸铁排水管道设置的清扫口，其材质应为铜质；硬聚氯乙烯管道上设置的清扫口应与管道相同材质。故 C 错误。

7.【17-上-62】关于建筑排水系统选择，以下哪些项不正确？
(A) 当小区不设雨水利用设施时，建筑雨水排水系统可不单独设置
(B) 机械自动洗车台排水含有大量泥沙，应先经预处理后排至化粪池
(C) 大学学生食堂的厨房排水，应排至除油池进行预处理
(D) 环保要求生活污水经化粪池预处理时，生活废水应单独直排市政排水管网

【解析】选 ABD。依据《建筑给水排水设计标准》4.1.5 条，小区排水系统应采用生活排水与雨水分流制排水。故 A 错误。

依据标准 4.2.2 条，机械自动洗车台冲洗水应单独排水至水处理或回收构筑物。泥沙可生化性很差，排至化粪池不合理，故 B 错误。

依据标准 4.9.1 条，职工食堂和营业餐厅的含油污水，应经除油装置后方许排入污水管道。故 C 正确。

依据标准 4.2.2 条，建筑物内下列情况下宜采用生活污水与生活废水分流的排水系统：生活废水量较大，且环卫部门要求生活污水需经化粪池处理后才能排入城镇排水管道时。故 D 错误。

8.【18-上-62】下列哪几项因素与计算排水设计秒流量有关？
(A) 建筑物功能 (B) 排水管管径
(C) 卫生器具类型 (D) 卫生器具数量

【解析】选 ACD。根据《建筑给水排水设计标准》第 4.5.2 条和 4.5.3 条，建筑类型、卫生器具的类别和数量均与计算排水设计秒流量相关。

9.【18-下-63】下列塑料排水管道布置的叙述中，错误的是哪几项？
(A) 无论是光壁管还是内螺旋的单根排水立管的排出管宜与排水立管相同管径
(B) 高层建筑中，立管明设且管径大于或等于 110mm 时，在立管穿越楼板处的板下应设置防火套管
(C) 塑料立管设置在热源附近时，当管道表面受热温度大于 60℃时，应采取隔热措施
(D) 埋设于垫层中的同层排水管道不宜采用粘接方式

【解析】选 AD。参见《建筑给水排水设计标准》。

选项 A，当排水立管采用内螺旋管时，排水立管底部宜采用长弯变径接头，且排出管管径宜放大一号。错误。

选项 B，建筑塑料排水管穿越楼层设置阻火装置的目的是防止火灾蔓延，穿越楼层塑料排水管同时具备下列条件时才设阻火装置：①高层建筑；②管道外径≥110mm 时；③立管明设，或立管虽暗设但管道井内不是每层防火封隔。正确。

选项 C，根据标准第 4.4.1 条，塑料排水管应避免布置在热源附近；当不能避免，并

导致管道表面受热温度大于60℃时，应采取隔热措施。正确。

选项D，根据标准第4.4.1条，埋设于填层中的管道接口应严密不得渗漏且能经受时间考验，粘接和熔接的管道连接方式应推荐采用。

10.【19-下-69】 下列关于化粪池设计的说法，正确的是哪几项？
(A) 化粪池池外壁距离建筑物外墙不宜小于5m
(B) 化粪池池外壁距离地下取水构筑物不得小于30m
(C) 化粪池污水部分容积计算：医院污水在池中的停留时间按12~24h设计
(D) 化粪池污泥部分容积计算：污泥清掏周期应根据污水温度和当地气候条件确定

【解析】选ABD。详见《建筑给水排水设计标准》。选项A参见标准第4.10.14条，化粪池外壁距离建筑物不宜小于5m，并不得影响建筑物基础。选项B参见标准第4.10.13条，化粪池距离地下取水构筑物不得小于30m。选项C参见标准第4.10.15条，化粪池作为医院污水消毒前的预处理时，化粪池的容积宜按污水在池内停留时间12~24h计算，污泥清掏周期宜为0.3~1年。

2.2.4 建筑排水

1.【10-上-62】 下列排水管间接排水口的最小空气间隙中，哪几项是正确的？
(A) 热水器排水管管径25mm，最小空气间隙为50mm
(B) 热水器排水管管径50mm，最小空气间隙为100mm
(C) 饮料用水贮水箱灌水管管径50mm，最小空气间隙为125mm
(D) 生活饮用水贮水箱泄水管管径80mm，最小空气间隙为150mm

【解析】选ABD。参见《建筑给水排水设计标准》4.4.13条，注意其中的"注"。

2.【10-下-62】 下列哪些建筑用房的地面排水应采用间接排水？
(A) 储存瓶装饮料的冷藏库房的地面排水
(B) 储存罐装食品的冷藏库房的地面排水
(C) 医院无菌手术室的地面排水
(D) 生活饮用水水箱间的地面排水

【解析】选ABC。参见《建筑给水排水设计标准》4.4.12条。

3.【10-下-63】 建筑排水系统采用硬聚氯乙烯排水管，下列关于其伸缩节设置要求中，哪几项是错误的？
(A) 排水横管上的伸缩节应设于水流汇合管件的下游端
(B) 埋地排水管道上可不设伸缩节
(C) 排水立管穿越楼层处为固定支承时，伸缩节应同时固定
(D) 伸缩节插口应顺水流方向

【解析】选AC。参见《技术措施》P96、P97。

4.【11-下-68】 下列有关地漏设置的叙述中，哪几项错误？
(A) 住宅建筑的厨房地面上应设地漏
(B) 多通道地漏可将同一卫生间浴盆和洗脸盆的排水一并接入

(C) 住宅卫生间地面设置地漏时应选用密闭地漏
(D) 住宅阳台上放置洗衣机时，允许只设雨水地漏与洗衣机排水合并排放雨水系统

【解析】选 AD。A、B、C 项见秘书处教材《建筑给水排水工程》P155、P166。

D 项见《建筑给水排水设计标准》5.2.24 条：高层建筑阳台排水系统应单独设置，多层建筑阳台雨水宜单独设置。阳台雨水立管底部应间接排水。住宅套内应按洗衣机位置设置洗衣机排水专用地漏或洗衣机排水存水弯，排水管道不得接入室内雨水管道。5.2.24A 条：洗衣机排水地漏（包括洗衣机给水栓）设置位置的依据是建筑设计平面图，其排水应排入生活排水管道系统，而不应排入雨水管道系统，否则含磷的洗涤剂废水污染水体。为避免在工作阳台设置过多的地漏和排水立管，允许工作阳台洗衣机排水地漏接纳工作阳台雨水。

5.【12-上-69】 下列关于排水当量的叙述中，哪几项错误？
(A) 大便器冲洗阀的排水当量受给水压力影响
(B) 6 个排水当量的累加流量等于 2.0L/s
(C) 浴盆的排水当量比大便器的排水当量小
(D) 淋浴器的排水当量对应的流量与其给水当量对应的流量相同

【解析】选 AD。

参见《建筑给水排水设计标准》2.1.26 条可知，当量是一个比值单位，若某建筑给水压力很大，虽然大便器冲洗阀流量会增加，但显然当量的基数洗涤盆的排水流量也会增加，但当量反映的是器具之间本身固有的流量关系，所以比值不变，因而当量不变，故 A 项错误；选项 B 正确，1 个当量是 0.33L/s，但可以看到该表 3 个当量是 1L/s，9 个当量是 3L/s，0.6 个当量为 0.2L/s，所以可以知道 0.33 是因为保留两位小数而得来的，其精确值应该是 1/3，故 6 个当量为 2.0L/s 是正确的（把其当成 2 个 3 当量流量之和，或 10 个 0.6 当量之和）；参见《建筑给水排水设计标准》4.5.1 条可知 C 项正确；参见《建筑给水排水设计标准》3.2.12 条和 4.5.1 条可知 D 项错误。

6.【13-下-70】 下列有关建筑生活排水局部处理设施设计选型、设计参数及设置要求等的说法中，哪几项正确？
(A) 当降温池冷却水采用城市自来水时，应采取防回流污染措施
(B) 当隔油池或隔油器设在室内时，应设置通向室外的通气管
(C) 医院生活污水在化粪池中的停留时间宜大于住宅生活污水的停留时间
(D) 无论采用两格或三格化粪池，其第一格（沿水流方向）的容积均最大

【解析】选 ACD。参见《建筑给水排水设计标准》。

A 选项参见 4.10.12 条，冷却水与高温水混合可采用穿孔管喷洒，当采用生活饮用水做冷却水时，应采取防回流污染措施；

B 选项参见 4.9.2 条，密闭式隔油器应设置通气管，通气管应单独接至室外。题中隔油池或隔油器非密闭式；

C 选项参见 4.10.17 条，化粪池作为医院污水消毒前的预处理时，化粪池的容积宜按污水在池内停留时间 24h～36h 计算，污泥清掏周期宜为 0.5a～1.0a；

D 选项参见 4.10.17 条，双格化粪池第一格的容量宜为计算总容量的 75%；三格化粪

池第一格的容量宜为总容量的60%，第二格和第三格各宜为总容量的20%。

7.【14-下-67】建筑内部生活排水采用分流制的作用，包括以下哪几项？
（A）可减轻对小区室外雨水管道系统的污染
（B）可减轻建筑内部生活污水处理设施的设计规模
（C）可增加中水水源的可收集水量
（D）可防止大便器排水造成的水封破坏
【解析】选 BD。根据《建筑给水排水设计标准》4.1.5条及其条文说明，可知 BD 项正确。

8.【16-上-69】下列关于医院污水处理设计，哪几项正确？
（A）化粪池作为医院污水消毒前的预处理时其容积大于用于一般的生活污水处理的化粪池
（B）传染病房污水应单独消毒后再与普通病房污水合并进行处理
（C）医院污水排入城市下水道时，宜采用一级处理
（D）医院污水消毒处理宜采用氯消毒法
【解析】选 ABD。依据秘书处教材，医院污水处理流程应根据污水性质、排放条件等因素确定，当排入终端已建有正常运行的二级污水处理厂的城市下水道时，宜采用一级处理；直接或间接排入地表水体或海域时，应采用二级处理。如果排水终点没建或没有正常运行的二级污水处理厂，属于间接排入水体，应采用二级处理。故 C 错误。

9.【17-上-63】某大学教工食堂的厨房和餐厅，含油污水最大小时流量为 $7.2m^3/h$，设计秒流量为 10L/s。关于隔油池设计计算，以下哪些项不正确？
（A）污水设计流量采用 10L/s
（B）隔油池有效容积最小为 $6m^3$
（C）隔油池的过流断面积最小为 $2m^2$
（D）过流断面采用正方形，有效水深最小为 0.6m
【解析】选 BD。依据《建筑给水排水设计标准》4.9.3条，隔油池设计应符合下列规定：①污水流量应按设计秒流量计算；②含食用油污水在池内的流速不得大于 0.005m/s；③含食用油污水在池内停留时间宜为 2～10min；④人工除油的隔油池内存油部分的容积，不得小于该池有效容积的 25%；⑤隔油池应设活动盖板；进水管应考虑有清通的可能；⑥隔油池出水管管底至池底的深度，不得小于 0.6m。

可知选项 A 正确。选项 B 中，$10×(2～10)×60÷1000=1.2～6m^3$，错误。选项 C 中，$10×1000÷0.005=2m^2$，正确。隔油池出水管管底至池底的深度，不得小于 0.6m，结合秘书处教材建水 P191 的定义可知，隔油池出水管管底至池底的深度即有效深度，若有效水深为 0.6m，过流断面采用正方形，则过流断面为 $0.6×0.6=0.36m^2<2m^2$，故 D 错误。

10.【18-下-60】下列关于倒流防止器、真空破坏器的设置位置，叙述错误的是哪几项？
（A）倒流防止器不得安装在可能结冰或被水淹没的场所

（B）倒流防止器排水口附近应有排水设施，可以直接排至排水管道
（C）真空破坏器的进气口需要向上安装
（D）压力型真空破坏器安装位置应高出最高溢流水位的垂直高度不得小于150mm

【解析】选BCD。根据《建筑给水排水设计标准》第3.5.8条，倒流防止器设置位置应满足以下要求：（1）不应装在有腐蚀性和污染的环境；（2）排水口不得直接接至排水管，应采用间接排水；（3）应安装在便于维护的地方，不得安装在可能结冻或被水淹没的场所。可知A项正确，B项错误。

根据标准第3.5.8条，真空破坏器设置位置应满足下列要求：（1）不应装在有腐蚀性和污染的环境；（2）应直接安装于配水支管的最高点，其位置高出最高用水点或最高溢流水位的垂直高度，压力型不得小于300mm，大气型不得小于150mm；（3）真空破坏器的进气口应向下。可知C项和D项错误。

11.【18-下-62】 下列哪几项属于建筑排水系统的组成部分？
（A）卫生器具
（B）室内排水管道及通气管
（C）中水回用处理设施
（D）室外排水管道及检查井

【解析】选AB。参见秘书处教材《建筑给水排水工程》P116。

12.【19-上-68】 下列建筑排水系统，哪几项应设置独立的排水系统？
（A）营业餐厅厨房含油废水
（B）机械自动洗车台冲洗水
（C）住宅厨房排水
（D）结核病病房卫生间排水

【解析】选ABD。根据《建筑给水排水设计标准》第4.2.4条，下列建筑排水应单独排水至水处理或回收构筑物：（1）职工食堂、营业餐厅的厨房含有大量油脂的洗涤废水；（2）机械自动洗车台冲洗水；（3）含有大量致病菌，放射性元素超过排放标准的医院污水。

13.【19-上-69】 建筑物最大小时排水量计算与下列哪几项有关？
（A）建筑物类型
（B）用水时间
（C）小时变化系数
（D）器具同时排水百分数

【解析】选ABC。根据《建筑给水排水设计标准》第4.5.2条，公共建筑生活排水定额和小时变化系数应与公共建筑生活给水用水定额和小时变化系数相同按本规范第3.1.10条规定确定。单体住宅同理。

第 3 章 建 筑 雨 水

3.1 单项选择题

1.【10-下-30】下列建筑屋面雨水管道的设计流态中,哪一项是不正确的?
(A) 檐沟外排水宜按重力流设计
(B) 高层建筑屋面雨水排水宜按压力流设计
(C) 长天沟外排水宜按压力流设计
(D) 大型屋面雨水排水宜按压力流设计
【解析】选 C。参见《建筑给水排水设计标准》5.2.13 条,B 项应为重力流设计。

2.【10-下-32】雨水供水系统的补水流量应以下列哪项为依据进行计算?
(A) 不大于管网系统最大时用水量
(B) 不小于管网系统最大时用水量
(C) 管网系统最高日用水量
(D) 管网系统平均时用水量
【解析】选 B。参见《建筑与小区雨水利用工程技术规范》7.3.3 条及其说明。

3.【11-下-39】某大型机场航站楼屋面雨水排水工程与溢流设施的总排水能力不应小于多少年暴雨设计重现期的雨水量?
(A) 10 年　　　(B) 20 年　　　(C) 50 年　　　(D) 100 年
【解析】选 C。参见《建筑给水排水设计标准》5.2.5 条:一般建筑的重力流屋面雨水排水工程与溢流设施的总排水能力不应小于 10 年重现期的雨水量;重要公共建筑、高层建筑的屋面雨水排水工程与溢流设施的总排水能力不应小于其 50 年重现期的雨水量。

4.【12-上-38】某重要展览馆屋面雨水排水系统(满管压力流)如图所示,图中两个雨水斗负担的汇水面积相同,若考虑当一个雨水斗发生堵塞无法排水时,其雨水溢流设施的设计流量应为下列哪项(设计重现期 P=10 年,该屋面设计雨水量为 50L/s;P=50 年时,该屋面设计雨水量为 70 L/s)?

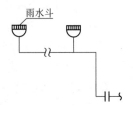

(A) 20L/s　　　　　　　　　(B) 35L/s
(C) 45L/s　　　　　　　　　(D) 50L/s
【解析】选 C。参见《建筑给水排水设计标准》5.2.5 条,重现期 10 年为雨水斗排水设计水量,重现期 50 年为雨水斗加一个溢流口总排水量,1 个雨水斗设计流量为 25L/s,故溢流口设计流量为 70−25=45L/s。

5.【12-上-40】某雨水收集回用工程,水处理设备的出水存入雨水清水池。清水池设自动补水装置（补水采用自来水），下列关于其补水设计，哪项错误？
   (A) 补水管侧壁进水池，管内底高于溢流水位 2.5 倍管径
   (B) 补水管径按供水管网的最大小时用水量确定
   (C) 补水管口设浮球阀控制补水的开、停
   (D) 补水管上设水表计量补水量
   【解析】选 C。参见《建筑与小区雨水利用工程技术规范》7.3.2 条及其条文解释可知 B 项正确；参见该规范 7.3.3 条可知 A 正确，C 错误（注意与《建筑给排水设计规范》3.24C 条的联系，即两点距离要求都要满足）；参见该规范 7.3.7 条可知 D 项正确。

6. 【13-上-39】下面关于建筑屋面雨水排水系统设计的说法中，哪项错误？
   (A) 屋面雨水排水工程应设置溢流设施
   (B) 采用重力流的屋面雨水排水系统应按满流设计
   (C) 采用满管压力流的屋面雨水排水系统，在雨水初期按重力流排水复核计算
   (D) 对同一建筑屋面，其屋面雨水可分别采用重力流和满管压力流雨水排水系统
   【解析】选 B。参见《建筑给水排水设计标准》。
   A 选项参见 5.2.11 条，建筑屋面雨水排水工程应设置溢流口、溢流堰、溢流管系等溢流设施；
   B 选项参见 5.2.34 条，重力流屋面雨水排水管系的悬吊管应按非满流设计，其充满度不宜大于 0.8，管内流速不宜小于 0.75m/s，表 4.9.22 中数据是排水立管充水率为 0.35 的水膜重力流理论计算值；
   C 选项参见 5.2.36 条条文解释，降雨初期仍是重力流，靠雨水斗出口到悬吊管中心线高差的水力坡降排水，故悬吊管中心线与雨水斗出口应有一定的高差，并应进行计算复核。故 C 正确；
   D 选项参见 5.2.23 条，高层建筑裙房屋面的雨水应单独排放；
   同一建筑屋面比如：塔楼和裙房，裙房面积很大，两者可以采用不同雨水系统（塔楼重力流系统，裙房面积很大采用虹吸压力流系统）。

7. 【13-下-37】下列关于重力流及满管压力流屋面雨水排水系统设计的说法中，哪项正确？
   (A) 重力流屋面雨水排水系统的悬吊管内设计流速不宜小于 0.6m/s
   (B) 满管压力流屋面雨水排水系统的悬吊管内设计流速不宜小于 0.75m/s
   (C) 重力流屋面雨水排水系统，其下游排水管管径可小于上游排水管管径
   (D) 满管压力流屋面雨水排水系统，其下游排水管管径可小于上游排水管管径
   【解析】选 D。参见《建筑给水排水设计标准》。
   A 选项参见 5.2.34 条，重力流屋面雨水排水管系的悬吊管应按非满流设计，其充满度不宜大于 0.8，管内流速不宜小于 0.75m/s；
   B 选项参见 5.2.36 条；悬吊管设计流速不宜小于 1m/s，立管设计流速不宜大于 10m/s；
   C 选项参见 5.2.34 条，重力流屋面雨水排水管系，悬吊管管径不得小于雨水斗连接管的管径，立管管径不得小于悬吊管的管径；
   D 选项参见 5.2.26 条，满管压力流屋面雨水排水管系，立管管径应经计算确定，可

小于上游横管管径。

8.【14-下-37】下列关于屋面雨水排水系统设计的叙述中,哪项不正确?
(A) 满管压力流悬吊管的设计流速一般大于重力流的设计流速
(B) 满管压力流埋地排出管的设计流速一般低于其立管的设计流速
(C) 立管的管径不应小于上游横管管径
(D) 重力流埋地管可按满流设计

【解析】选C。根据《建筑给水排水设计标准》5.2.34～5.2.36条可知,AB项正确;C项错误;D项正确。

9.【14-下-40】下列关于雨水水质处理工艺的叙述中,哪项正确?
(A) 雨水处理工艺的选择只考虑原水水质与回用水质
(B) 大多数情况下宜采用膜法处理雨水
(C) 雨水回用于冲厕时可不设消毒工艺
(D) 沉淀—过滤是处理屋面雨水的常规工艺之一

【解析】选D。根据《建筑与小区雨水利用工程技术规范》8.1.3条,可知D项正确。

10.【16-下-40】下列有关小区绿地喷灌的建筑雨水供水系统设计要求的叙述中,哪项错误?
(A) 供水管道上应装设水表计量
(B) 供水管道上不得装设取水龙头
(C) 供水管材不得采用非镀锌钢管
(D) 自来水补水管口进入雨水蓄水池内补水时,应采取空气隔断措施

【解析】选D。依据《建筑与小区雨水利用工程技术规范》GB 50400—2006 第7.3.3条,当采用生活饮用水补水时,应采取防止生活饮用水被污染的措施,并符合:①清水池(箱)内的自来水补水管出水口应高于清水池(箱)内溢流水位,其间距不得小于2.5倍补水管管径,严禁采用淹没式浮球阀补水;②向蓄水池(箱)补水时,补水管口应设在池外。选项D中,自来水补水管口不能进入雨水蓄水池内,故错误。

11.【17-下-31】关于建筑屋面雨水管系设计,以下表述中哪项正确?
(A) 重力流屋面雨水排水管系的埋地管,按满管压力流设计
(B) 降低压力流屋面雨水排水管内流速,会增大管系中的动压
(C) 大型厂房屋面雨水排水管系的总水头损失,应按海增-威廉公式计算
(D) 压力流屋面雨水悬吊管末端的负压绝对值越大,排水作用压力越小

【解析】选B。依据《建筑给水排水设计标准》5.2.24条,重力流屋面雨水排水管系的埋地管可按满流排水设计,管内流速不宜小于0.75m/s。虽然按满流设计,但是不承压,故A错误。降低流速则水头损失减小,故压力增大,B正确。依据《建筑给水排水设计标准》5.2.13条,建筑屋面雨水管道设计流态宜符合下列状态:工业厂房、库房、公共建筑的大型屋面雨水排水宜按满管压力流设计。参考秘书处教材建水P216,其沿程损失按海增-威廉公式计算,故C错误。依据秘书处教材建水P209,压力流屋面雨水悬吊管末端的负压绝对值越大,其抽吸力越大,排水作用压力越大,故D错误。

12. 【17-下-40】下列关于雨水利用系统选型，哪项错误？
    (A) 地面雨水宜采用雨水入渗
    (B) 屋面雨水用于景观水体补水时，雨水经初期径流弃流后可不加水质处理而进入水体
    (C) 大型屋面的公共建筑，屋面雨水宜采用收集回用系统
    (D) 雨水调蓄排放可削减小区外排雨水径流总量

【解析】选 D。依据《建筑与小区雨水利用工程技术规范》4.3.2 条，地面雨水宜采用雨水入渗。故 A 正确。依据规范 8.1.3 条，屋面雨水水质处理根据原水水质可选择下列工艺流程：屋面雨水→初期径流弃流→景观水体。故 B 正确。依据规范 4.3.8 条，大型屋面的公共建筑或设有人工水体的项目，屋面雨水宜采用收集回用系统。故 C 正确。依据规范 4.3.9 条，蓄存排放系统的主要作用是削减洪峰流量，抑制洪涝。故 D 错误。

13. 【18-上-31】某建筑采用轻质坡屋面，在最低处设置钢板内天沟，天沟上沿和屋面板之间有缝隙，屋面水平投影面积为 $1000m^2$。5min、10min 设计暴雨强度分别为 $5.06L/(s \cdot 100m^2)$、$4.02L/(s \cdot 100m^2)$，屋面雨水设计流量应为下列哪项？（屋面径流系数取 1）
    (A) 40.2L/s   (B) 50.6L/s   (C) 60.3L/s   (D) 75.9L/s

【解析】选 D。根据《建筑给水排水设计标准》第 5.2.1～5.2.3 条，$q = 5.06 \times 10 \times 1.5 = 75.9L/s$。

14. 【18-下-31】对于单斗雨水系统，下列叙述中错误的是哪项？
    (A) 随着降雨历时的延长，雨水斗泄流总量增加
    (B) 随着雨水斗泄流量的增加，掺气量增加
    (C) 随着天沟水深的增加，雨水斗泄流流量增加直至其最大排水能力
    (D) 雨水斗泄流量增加到一定数值时，掺气量减小，并最终趋于 0

【解析】选 B。随着雨水斗泄流量的增加，掺气量减小。

15. 【19-上-39】与建筑屋面雨水设计流量无直接关系的是下列哪项？
    (A) 屋面汇水面积大小   (B) 排水方式的选择
    (C) 设计暴雨强度   (D) 建筑屋面的表面层材料

【解析】选 B。根据秘书处教材《建筑给水排水工程》P210，排水方式可分为外排水、内排水。与 P215 公式（3-20）的参数选择无关。

16. 【19-下-38】下列建筑缝隙，不对屋面雨水管道设置产生影响的是哪项？
    (A) 伸缩缝   (B) 施工缝   (C) 抗震缝   (D) 沉降缝

【解析】选 B。参见《建筑给水排水设计标准》第 5.2.8 条。

17. 【19-下-40】下列关于雨水回用供水系统设计要求的叙述，哪项不正确？
    (A) 雨水回用供水系统的补水应采用处理后的中水
    (B) 雨水回用供水管道上应设有防止误接、误用、误饮的措施
    (C) 雨水回用供水系统补水设施的补水能力不应小于其系统设计用水量要求
    (D) 雨水回用供水系统加压水泵、供水管道设计流量应根据系统供水方式进行计算

【解析】选 A。详见《建筑与小区雨水控制及利用工程技术规范》。

选项 A 错误,根据规范第 7.3.3 条,雨水供水系统应设自动补水,且补水的水质应满足雨水供水系统的水质要求。选项 B 正确,参见规范第 7.3.9 条。选项 C 正确,根据规范第 7.3.3 条,补水能力应满足雨水中断时系统用水量要求。选项 D 正确,根据规范第 7.3.6 条,供水方式及水泵选择,管道水力计算等应符合现行国家标准《建筑给水排水设计规范》的规定。

3.2 多项选择题

1.【10-上-65】 下列哪些水不能接入屋面雨水立管?
(A) 屋面雨水　　(B) 阳台雨水　　(C) 建筑污水　　(D) 建筑废水
【解析】选 BCD。参见《建筑给水排水设计标准》5.2.24 条。

2.【11-下-70】 下列关于雨水利用系统降雨设计重现期取值的叙述中,哪几项正确?
(A) 雨水利用设施集水管渠的设计重现期,不应小于该类设施的雨水利用设计重现期
(B) 雨水外排管渠的设计重现期,应大于雨水利用设施的设计重现期
(C) 调蓄设施的设计重现期宜取 2 年
(D) 雨水利用系统的设计重现期按 10 年确定
【解析】选 ABC。参见《建筑与小区雨水利用工程技术规范》。

A、B 项见 4.2.6 条,设计重现期的确定应符合下列规定:1 向各类雨水利用设施输水或集水的管渠设计重现期,应不小于该类设施的雨水利用设计重现期。3 建设用地雨水外排管渠的设计重现期,应大于雨水利用设施的雨量设计重现期,并不宜小于表 4.2.6-2 中规定的数值。

C 项参见 9.0.4 条,调蓄排放系统的降雨设计重现期宜取 2 年。同时见 9.0.4 条的说明。

D 项参见 4.1.5 条,雨水利用系统的规模应满足建设用地外排雨水设计流量不大于开发建设前的水平或规定的值,设计重现期不得小于 1 年,宜按 2 年确定。

关于 10 年,是 3.1.1 条提到的,降雨量应根据当地近期 10 年以上降雨量资料确定。当资料缺乏时可参考附录 A。

3.【12-下-69】 拟将收集的屋面雨水用于绿化、冲厕,采用哪几项处理工艺相对适宜?
(A) 采用曝气生物处理　　　　(B) 采用沉淀、过滤处理
(C) 采用反渗透膜处理　　　　(D) 采用自然沉淀处理
【解析】选 BD。参见《建筑与小区雨水利用工程技术规范》8.1.3 条或秘书处教材建水 P311,可知 BD 项正确。

4.【13-上-69】 以下关于小区雨水排水系统的说法中,哪几项错误?
(A) 小区雨水排水管道排水宜按满管重力流设计
(B) 小区雨水排水管道最小管径不宜小于 DN300
(C) 小区雨水排水管道排水设计重现期宜为 1~3a
(D) 小区重力流雨水排水管道满流时,其过水流量最大
【解析】选 BD。参见《建筑给水排水设计标准》5.2.35 条。

A 选项，小区雨水管道宜按满管重力流设计，管内流速不宜小于 0.75m/s；

B 选项，各种雨水管道的最小管径和横管的最小设计坡度宜按表 4.9.25 确定，可以最小 DN200；

C 选项参见根据设计重现期不宜小于表 5.2.4 的规定值；

D 选项参见充满度为 0.95 时，流量最大。

5.【13-下-68】 下列关于雨水回用系统处理工艺设计的叙述中。哪几项正确？
（A）雨水回用系统处理工艺应设置消毒工艺
（B）雨水蓄水池兼做沉淀池时，可按平流式沉淀池设计
（C）雨水回用系统处理能力应为雨水日回用量除以处理设施日运行时间
（D）同时设有雨水回用系统和中水系统时，处理系统宜分设，供水系统可合用

【解析】 选 BD。参见《建筑与小区雨水利用工程技术规范》。

A 选项参见 8.1.5 条回用雨水"宜"消毒，非"应"；

B 选项参见 7.2.5 条，蓄水池兼作沉淀池；

C 选项参见 8.2.1 条，雨水过滤及深度处理设施的处理能力分两种情况：（1）当设有雨水清水池时或（2）当无雨水清水池和高位水箱时；

D 选项参见 8.3.1 条，雨水处理站位置应根据建筑的总体规划，综合考虑与中水处理站的关系确定，并利用雨水的收集、储存和处理；7.1.7 条当采用中水清水池接纳处理后的雨水时，中水清水池应有容纳雨水的容积。处理系统由于水质的不同宜分设；中水规范 6.1.1 条文及条文解释。

6.【14-上-69】 下列关于屋面雨水排水系统设计的叙述中，哪几项不正确？
（A）满管压力流管系中最大负压出现在雨水斗与悬吊管连接处
（B）满管压力流管系中最大压力源自管系进口与出口的高差
（C）为保证满管压力流的形成应增加管系的水头损失
（D）满管压力流管系的管路等效长度是指最不利计算管路的设计管长

【解析】 选 ACD。根据《建筑给水排水设计标准》5.2.35 条，可知 C 项错误；根据秘书处教材建水 P209，悬吊管末端与立管连接处负压值最大，可知 A 项错误；根据秘书处教材建水 P217 式（3-24）可知 B 项正确；根据秘书处教材建水 P194，等效长度为设计管长乘以一定的系数，可知 D 项错误。

7.【14-下-70】 下列关于小区雨水利用系统的说法中，哪几项不正确？
（A）雨水收集回用系统可削减小区外排雨水径流总量
（B）雨水调蓄排放系统可削减小区外排雨水径流总量
（C）设有景观水体的小区雨水利用应优先考虑用于景观水体的补充
（D）小区雨水收集回用系统宜用于年平均降雨量小于 400mm 的地区

【解析】 选 BCD。根据《建筑与小区雨水利用工程技术规范》4.1.1 条及其条文解释，可知 A 项正确，B 项错误；根据 4.3.5 条，可知 C 项错误；根据 4.1.3 条，可知 D 项错误。

8.【16-下-68】 下列关于建筑屋面雨水排水系统设计的叙述中，哪几项正确？

(A) 高层建筑屋面雨水排水宜按满管压力流设计
(B) 重力流雨水悬吊管管径（公称直径）不应小于 100mm
(C) 多层建筑重力流雨水排水系统宜采用建筑排水塑料管
(D) 屋面雨水排水管道设计降雨历时应按 5min 计算

【解析】选 BCD。高层建筑屋面雨水排水宜按重力流设计，故 A 错误。

9. 【16-下-70】下列关于雨水收集回用系统处理工艺设计的描述中，哪几项错误？
(A) 雨水蓄水池可兼做沉淀池
(B) 应结合雨水可生化性好的特征合理选择处理工艺
(C) 雨水用作景观水体的补水时应设置消毒工艺
(D) 非种植屋面雨水可不设置初期径流雨水弃流设施

【解析】选 BCD。依据《建筑与小区雨水利用工程技术规范》7.2.5 条，蓄水池兼作沉淀池时，其进、出水管应满足：①防止水流短路；②避免扰动沉积物；③进水端宜均匀布水。故 A 正确。

10. 【17-下-70】下列关于雨水回用系统处理工艺设计的叙述中，哪几项正确？
(A) 雨水处理设施产生的污泥宜进行处理
(B) 回用雨水的消毒要求同中水处理
(C) 设有雨水清水池时，雨水过滤及深度处理设施的处理能力按回用雨水的设计秒流量计算
(D) 同时设有雨水回用和中水回用系统时，水质处理系统宜分设，清水池和供水系统可合用

【解析】选 AD。依据《建筑与小区雨水利用工程技术规范》8.1.6 条，雨水处理设施产生的污泥宜进行处理。故 A 正确。

依据《建筑与小区雨水利用工程技术规范》8.1.5 条，回用雨水宜消毒。同时，参考《建筑中水设计规范》6.2.18 条，中水处理必须设有消毒设施。故 B 错误。

依据《建筑与小区雨水利用工程技术规范》8.2.1 条可知，选项 C 中，并不是按秒流量计算，错误。

依据《建筑与小区雨水利用工程技术规范》4.3.11 条，建筑或小区中同时设有雨水回用和中水的合用系统时，原水不宜混合，出水可在清水池混合。故 D 正确。

第4章 建筑热水

4.1 单项选择题

4.1.1 热水

1.【10-上-33】 下述有关热水供应系统的选择及设置要求中,哪项是不正确的?
(A) 汽~水混合加热设备宜用于闭式热水供应系统
(B) 设置淋浴器的公共浴室宜采用开式热水供应系统
(C) 公共浴池的热水供应系统应设置循环水处理和消毒设备
(D) 单管热水供应系统应设置水温稳定的技术措施

【解析】选 A。A 项参见《建筑给水排水设计标准》6.3.5 条,宜用于开式热水系统;B、D 项见《建筑给水排水设计标准》6.3.7 条。注意 C 项前四个字是"公共浴池",不是"公共浴室"。详细一点应表述为:当公共浴室采用(有)公共浴池洗浴时,应(有针对性地)设置循环水处理和消毒设备。

2.【10-上-34】 某集体宿舍共 320 人,设有冷热水供应系统,最高日生活用水定额以 150L/天·人计,最高日热水定额以 70L/天·人计,则该宿舍最高日用水量应为下列何项?
(A) 22.4m³/d   (B) 25.6m³/d   (C) 48.0m³/d   (D) 70.4m³/d

【解析】选 C。参见《建筑给水排水设计标准》3.2.1 条中的用水定额是包含热水的,用于冷热水一块计算时采用,同时指出,如要分别计算冷热水,则不是 1+1=2 的关系。

3.【10-上-35】 某宾馆设集中热水供应系统,热水用水量 Q(m³/d),则该系统选择下列哪种加热设备时,所需设计小时热媒供热量最大?
(A) 容积式水加热器   (B) 半容积式水加热器
(C) 导流型容积式水加热器   (D) 半即热式水加热器

【解析】选 D。半即热式水加热器的供热量计算中取热水的秒流量进行计算。

4.【10-上-36】 以下有关热水供应系统管材选择和附件设置的叙述中,哪项是正确的?
(A) 设备机房内温度高,故不应采用塑料热水管
(B) 定时供应热水系统内水温冷热周期性变化大,故不宜选用塑料热水管
(C) 加热设备凝结水回水管上设有疏水器时,其旁应设旁通管,以利维修
(D) 外径小于或等于 32mm 的塑料管可直接埋在建筑垫层内

【解析】选 B。A 项的主要原因是怕撞击与强度不够站人等;C 项参见《建筑给水排水设计标准》6.8.19 条,其旁不宜设旁通阀;D 项为 25mm,可参阅《建筑给水排水设计标准》3.6.13 条,该条虽然不是针对热水管,但道理一样,因为受找平层厚度的限制,

敷设在其中的管道不可太大。

5.【10-下-33】 下列原水水质均符合要求的集中热水供应系统中，加热设备热水出水温度 t 的选择，哪项是不合理的？

(A) 浴室供沐浴用热水系统 $t=40℃$
(B) 饭店专供洗涤用热水系统 $t=75℃$
(C) 住宅生活热水系统 $t=60℃$
(D) 招待所供盥洗用热水系统 $t=55℃$

【解析】选 A。参见《建筑给水排水设计标准》6.2.5 条。

6.【10-下-34】 某居住小区集中热水供应系统的供水对象及其高峰用水时段，设计小时耗热量及平均小时耗热量见下表，则该小区热水供应系统的设计小时耗热量应为下列何项？

供水对象	高峰用水时段（h）	设计小时耗热量（kW）	平均小时耗热量（kW）
住宅	20：30—21：30	31500	9000
公共建筑Ⅰ	19：30—20：30	200	33
公共建筑Ⅱ	21：00—22：00	500	54

(A) 31587kW　　(B) 31754kW　　(C) 32033kW　　(D) 32300kW

【解析】选 C。参见《建筑给水排水设计标准》6.4.1 条，注意在这种情况下，要注意"同一时间内出现用水高峰的主要部门"这个时间段并不一定需要重复 1 个小时以上。

7.【10-下-35】 采用半即热式水加热器的机械循环热水供应系统中，循环水泵的扬程依据下列何项确定？

(A) 满足热水供应系统最不利配水点最低工作压力的需求
(B) 循环流量通过配水管网的水头损失
(C) 循环流量通过配水、回水管网的水头损失
(D) 循环流量通过配水、回水管网和加热设备的水头损失

【解析】选 D。参见《建筑给水排水设计标准》6.7.10 条。

8.【11-上-33】 下列有关热水供应系统设计参数的叙述中，哪项不正确？

(A) 设计小时耗热量是使用热水的用水设备、器具用水量最大时段内小时耗热量
(B) 同一建筑不论采用全日或定时热水供应系统，其设计小时耗热量是相同的
(C) 设计小时供热量是加热设备供水最大时段内的小时产热量
(D) 同一建筑的集中热水供应系统选用不同加热设备时，其设计小时供热量是不同的

【解析】选 B。

参见《建筑给水排水设计规范》术语。

9.【11-上-34】 以下有关热水供应系统第二循环管网循环水泵的叙述中，哪项正确？

(A) 循环水泵的扬程应满足最不利配水点最低工作压力的要求
(B) 循环水泵的壳体所承受的工作压力应以水泵的扬程计
(C) 全日制或定时热水供应系统中，循环水泵流量的计算方法不同

(D) 全日制热水供应系统中,控制循环水泵启闭的为最不利配水点的使用水温

【解析】选 C。参见《建筑给水排水设计标准》第 6.7 节相关内容。

10.【11-上-35】 下述浴室热水供应系统的设计中,哪项不符合要求?
(A) 淋浴器数量较多的公共浴室,应采用单管热水供应系统
(B) 单管热水供应系统应有保证热水温度稳定的技术措施
(C) 公共浴室宜采用开式热水供应系统以便调节混合水嘴出水温度
(D) 连接多个淋浴器的配水管宜连成环状,且其管径应大于 20mm

【解析】选 A。

《建筑给水排水设计标准》第 6.3.7 条:工业企业生活间和学校的淋浴室,宜采用单管热水供应系统。单管热水供应系统应采取保证热水水温稳定的技术措施。注意"宜"与"应"的区别。

多于 3 个淋浴器的配水管道,宜布置成环形。

公共浴室宜采用开式热水供应系统的目的。

配水管不宜变径,且其最小管径不得小于 25mm。注意这个不得小于 25mm 与应大于 20mm 意思基本一致。

11.【11-上-36】 下述热水供应系统和管道直饮水系统管材的选择中,哪项不符合要求?
(A) 管道直饮水系统应优选薄壁不锈钢管
(B) 热水供应系统应优选薄壁不锈钢管
(C) 定时供应热水系统应优选塑料热水管
(D) 开水管道应选用许可工作温度大于 100℃ 的金属管

【解析】选 C。参见《建筑给水排水设计标准》第 6.7、6.8 节相关内容及条文说明。

12.【11-下-34】 下列有关集中热水供应系统加热设备的叙述中,哪项不正确?
(A) 导流型容积式水加热器罐体容积的利用率高于容积式水加热器
(B) 医院集中热水供应系统宜采用供水可靠性较高的导流型容积式水加热器
(C) 半容积式水加热器有灵敏、可靠的温控装置时,可不考虑贮热容积
(D) 快速式水加热器在被加热水压力不稳定时,出水温度波动大

【解析】选 B。

A 项明显正确;

B 项错误,见《建筑给水排水设计标准》6.5.3 条:"医院建筑不得采用有滞水区的容积式水加热器"。

C 项正确,其中"可不考虑贮热容积"的贮热容积是指另外配设的贮热容积,不是半容积式水加热器自带的那一部分容积。

D 项正确,也可参见秘书处教材建水 P235。

13.【11-下-35】 以下有关全日制集中热水供应系统管道流速、流量、和循环流量的叙述中,哪项不正确?
(A) 生活热水管道中流速的控制应小于同管径生活给水管道的流速

(B) 热水供水管网中循环流量循环的作用是补偿热水配水管的热损失
(C) 热水供水管网中循环流量循环的作用是补偿热水配水管和回水管的热损失
(D) 建筑生活热水配水管和生活给水管设计秒流量的计算方法相同

【解析】选C。C项错误。循环流量循环的作用是补偿热水配水管的热损失。关于生活给水与生活热水的流速，见《建筑给水排水设计标准》6.7.8条。

14.【11-下-36】 下述关于高层建筑热水供应系统采用减压阀分区供水时，减压阀的管径及设置要求中，哪项不正确？
(A) 高、低两区各有独立的加热设备及循环泵时，减压阀可设在高、低区的热水供水立管或配水支管上
(B) 高、低两区使用同一热水加热设备及循环泵时，减压阀可设在低区的热水供水立管上
(C) 高、低两区使用同一热水加热设备及循环泵，当只考虑热水干管和热水立管循环时，减压阀应设在各区的配水支管上
(D) 减压阀的公称直径宜与管道管径相同

【解析】选B。如按B项设置，则低区回水部分的压力将受到高区回水压力的影响，不能正常循环。

15.【12-上-29】 有关热水供应系统和供水方式的选择，下列哪项正确？
(A) 太阳能加热系统不适宜用于冷、热水压力平衡要求较高的建筑中
(B) 蒸汽间接加热方式不适宜用于冷、热水压力平衡要求较高的建筑中
(C) 另设热水加压泵的方式不适宜用于冷、热水压力平衡要求较高的建筑中
(D) 水源热泵加热系统不适宜适用于冷、热水压力平衡要求较高的建筑中

【解析】选C。参见《建筑给水排水设计标准》6.3.7条，可知冷水的平衡在热水供应中是非常重要的，若热水采用单独加压，因为冷水压力为市政压力，其时刻在变化，故很难保证冷热水压力一致或接近，而冷热水的压力平衡与热源并关系不大，采用任何热源都可以，所以ABD项错误。

16.【12-上-30】 某热水供应系统采用间接加热，热媒供应能力为235600kJ/h。该建筑的热水设计小时用水量为1200L/h（热水温度60℃），配水管网设计秒流量为2.3 L/s。则水加热器宜选用以下哪种型式（冷水温度10℃）？
(A) 容积式水加热器　　　　　(B) 半容积式水加热器
(C) 半即热式水加热器　　　　(D) 快速式水加热器

【解析】选A。参见《建筑给水排水设计标准》6.4.2条可知，该系统设计小时耗热量为$Q_h=q_{rh}\times(t_r-t_l)C\rho_r=251220$kJ/h，大于热媒供应能力，设计秒流量耗热量为$Q_g=3600q_g\cdot(t_r-t_l)C\rho_r=1733418$kJ/h，参见标准6.4.3条，半容积式水加热器按设计小时耗热量选型，热媒供应能力无法达到要求，故B项错误；半即热式水加热器和快速式水加热器按设计秒流量所需耗热量选型，热媒供应能力无法达到要求，故CD项错误；对于选项A，只需调整贮热容积，就能达到要求，故选A。

17.【12-下-27】 某洗衣房，最高日热水用水定额为15L/kg干衣，热水使用时间为

8h，则该洗衣房最高日用水定额不应小于下列哪项？
(A) 15L/kg 干衣
(B) 25L/kg 干衣
(C) 40L/kg 干衣
(D) 80L/kg 干衣

【解析】选 C。参见《建筑给水排水设计标准》6.2.1 条，15L/kg 是最高日用水定额中的最小值，故选 C。

18.【12-下-30】关于热媒耗量，下列哪项是正确的？
(A) 热媒耗量是确定热水配水管网管径的依据
(B) 热媒耗量与设计小时耗热量数值大小无关
(C) 热媒管道热损失附加系数与系统耗热量有关
(D) 燃油机组热媒耗量与加热设备效率有关

【解析】选 D。参见秘书处教材《建筑给水排水工程》P268，热媒耗量是第一循环管网水力计算的依据（配水管网是热水设计流量），故 A 项错误；热媒耗量和设计小时供热量有关，而设计小时供热量和设计小时耗热量有关（参 P267），故 B 错误；参见秘书处教材建水式（4-28），K 由管线长度取值，故 C 项错误；参见式（4-31）可知 D 项正确。

19.【12-下-31】下列关于高层建筑热水供应系统设计的叙述中，哪项错误？
(A) 热水供应系统分区应与冷水给水系统一致
(B) 热水供应系统采用的减压阀，其材质与冷水系统不同
(C) 采用减压阀分区的热水供应系统可共用第二循环泵
(D) 减压阀分区的热水供应系统不节能

【解析】选 C。参见《建筑给水排水设计标准》6.3.14 条可知 A 项正确；参见该条第 2 款条文解释，可知密封部分材质不一样，故 B 正确；参见该条文解释，3 个图，(a) 不合理、(b) 合理，不同区采用不同循环泵，(c) 合理，但并未进行分区，其实所谓分区就是指"独立循环"，独立循环必须要有独立的循环泵，故 C 错误；减压阀人为按水压要求高处出水点压力要求提供压力，再把水压要求低处出水点水压人为降低，其就是能源浪费，故不节能。

20.【13-上-33】下列关于建筑生活热水供应系统的说法中，哪项不正确？
(A) 设计小时供热量＝设计小时耗热量
(B) 一般情况下，冷热水温差越大，设计小时耗热量越大
(C) 容积式水加热器贮热容积越大，所需设计小时供热量越小
(D) 无贮热容积的水加热器，其设计小时供热量为设计秒流量所需耗热量

【解析】选 A。
参见《建筑给水排水设计标准》6.4.3 条，对于容积式，设计小时供热量小于设计小时耗热量，所以 A 项错误；半即热式、快速式水加热器及其他无贮热容积的水加热设备的设计小时供热量应按设计秒流量所需耗热量计算。

21.【13-上-34】下列关于高层建筑生活热水供应系统设计的叙述中，哪项不正确？
(A) 热水系统分区与冷水系统分区应一致
(B) 采用分区供水的热水供应系统，必须分别设置第二循环泵

(C) 配水立管设减压阀的热水分区供水方式，不宜用于建筑高度过高的建筑
(D) 建筑高度不高且其底部配水支管上设置减压阀时，其热水系统可不分区

【解析】选 B。参见《建筑给水排水设计标准》6.3.14 条；B 错误，参见《建筑给水排水设计规范》P222 图 3；C 正确，不节能。

22.【13-下-31】 住宅集中热水供应系统配水点的最低水温应为下列哪项？
(A) 45℃　　　　(B) 50℃　　　　(C) 55℃　　　　(D) 60℃

【解析】选 A。参见《建筑给水排水设计标准》6.2.6 条，设置集中热水供应系统的住宅，配水点的水温不应低于 45℃。

23.【13-下-34】 下列有关建筑热水供应系统的说法中，哪项错误？
(A) 局部热水供应系统是供给单个或数个配水点所需热水的热水供应系统
(B) 集中热水供应系统是供给单栋（不含别墅）或数栋建筑所需热水的热水供应系统
(C) 区域热水供应系统是供给数个居民区或工业企业等所需热水的热水供应系统
(D) 上述热水供应系统均须设置热水循环管道

【解析】选 D。
A 正确，局部热水供应系统是供给单个或数个配水点所需热水的供应系统；
B 正确，集中热水供应系统是供给一幢（不含单幢别墅）或数幢建筑物所需热水的系统。
C 正确，参见秘书处教材《建筑给水排水工程》P222。
D 错误，局部热水供应系统可以不设，比如一个电热水器供应一个淋浴头。

24.【13-下-35】 下列有关建筑热水供应系统的说法中，哪项错误？
(A) 医院建筑可采用带自循环泵的容积式水加热器
(B) 太阳能集热系统循环泵设计流量与太阳能集热器的面积有关
(C) 定时供热的集中热水供应系统，其设计小时热水量应为该系统各类卫生器具小时热水用量之和
(D) 设有容积式水加热器的热水系统，设计小时耗热量持续时间越长，其容积式水加热器的设计小时供热量越大

【解析】选 D。
A 正确，参见《建筑给水排水设计标准》6.5.10 条条文说明，有的容积式水加热器为了解决底部存在冷水滞水区的问题，设备自设了一套体外循环泵；
B 正确，参见《建筑给水排水设计标准》6.4.1 条；
C 错误，参见《建筑给水排水设计标准》6.4.1 条，需要乘以同时使用系数；
D 正确，参见《建筑给水排水设计标准》6.4.1 条。

25.【14-上-34】 某病房楼采用蒸汽制备生活热水，热水制备能力按最大小时用水量（60℃）配置。经计算，所需要的热水调节容积为最大小时用水量的 50%。则下列水加热器（两台，型号、规格相同）的设置中，哪项正确（注：下列水加热器的贮热量为单台的容量）？
(A) 选用导流型容积式水加热器，贮热量为 30min 最大小时耗热量

(B) 选用半容积式水加热器，贮热量为 20min 最大小时耗热量
(C) 选用容积式水加热器，贮热量为 45min 最大小时耗热量
(D) 选用半即热式水加热器，贮热量为 10min 最大小时耗热量

【解析】选 B。根据《建筑给水排水设计标准》6.5.3 条，医院建筑不得采用有滞水区的容积式水加热器，并且半即热式水加热器无调节容积。

26.【14-上-35】以下关于热源，热媒的叙述中，哪项不正确？
(A) 城市热力管网的热媒温度当冬季高夏季低时，要按夏季温度计算换热器的换热面积（冷水采用地下水）
(B) 如果城市供热的热力管网每年有约半个月的检修期中断运行，则该热力管网不能作为热源
(C) 当热交换器设于超高层建筑的避难层时，城市热力管网热媒一般需要换热，换热产生的水再作为热媒供向避难层换热间
(D) 空气源热泵用作生活热水的热源适用于夏热冬暖地区

【解析】选 C。根据《建筑给水排水设计标准》6.5.7 条，夏季热媒温度低时所需换热面积大，为最不利情况，故 A 项正确；根据该标准 6.3.1 条，要保证全年供热，故 B 项正确，可知 D 项正确；对于 C 项，工程设计中这种做法是错误的。

27.【14-下-33】某建筑集中热水供应系统，其循环水泵采用温度控制自动运行方式，该循环水泵按配水管网 5℃ 温降散热量设计，在管网实际运行中，下述哪项说法是错误的？
(A) 管内水温越高，管道散热量相对变大
(B) 管内流量越大，供配水管道温降越小
(C) 供配水管网的温降基本不受用水量变化的影响
(D) 管道保温层厚度越大，管道散热量相对变小

【解析】选 C。根据秘书处教材《建筑给水排水工程》P250，当用水量变大时，补充的冷水量也变大，系统内热水温度会降低；回水管温度低于设定值时，循环泵开始工作。

28.【14-下-34】下列关于高层建筑热水供应系统设计的叙述中，有几项是错误的？
① 高层建筑的集中热水供应系统应竖向分区供水
② 高层建筑的集中热水供应系统不应采用塑料给水管
③ 高层建筑的热水用水定额应高于多层建筑的用水定额
④ 建筑高度超过 100m 的高层建筑的集中热水供应系统宜采用垂直串联供水方式
(A) 1 项　　　(B) 2 项　　　(C) 3 项　　　(D) 4 项

【解析】选 C。根据《建筑给水排水设计标准》，最低卫生器具配水点处的静水压不大于 0.45MPa 时可不分区。故①错误；根据 6.8.2 条，热水管道应选用耐腐蚀和安装连接方便可靠的管材，可采用薄壁铜管、薄壁不锈钢管、塑料热水管、塑料和金属复合热水管等。故②错误；热水用水定额没有高层和多层之分。故③错误；④正确。

29.【16-上-30】下列关于建筑热水供应系统和方式的选择，哪项正确？
(A) 由区域热水供应的建筑群，应采用局部热水供应系统

(B) 设有 5 个淋浴器的车间公共浴室，应采用集中热水供应系统

(C) 对于大型公共建筑，应采用全日制集中热水供应系统

(D) 在热水用量小或用水点分散时，宜采用局部热水供应系统

【解析】选 B。依据秘书处教材《建筑给水排水工程》P222，该系统（集中热水供应系统）宜用于热水用量较大（设计小时耗热量超过 293100kJ/h，约折合 4 个淋浴器的耗热量）、用水点比较集中的建筑，如：标准较高的居住建筑、旅馆、公共浴室、医院、疗养院、体育馆、游泳池、大型饭店，以及较为集中的工业企业建筑等。故 B 正确。

30.【16-上-31】某小区采用全日制集中热水供应系统，各建筑平均小时耗热量、设计小时耗热量及其用水时段如下表，则该热水供应系统设计小时耗热量应为下列哪项？

建筑物类型	平均小时耗热量（kJ/h）	设计小时耗热量（kJ/h）	用水时间（h）	最大用水时段
住宅	900000	2700000	24	19：00～23：00
活动中心	40000	60000	10	15：00～18：00
餐厅	20000	30000	12	11：00～14：00 18：00～20：00
公共浴室	100000	150000	12	19：00～23：00
幼儿园	50000	200000	10	11：00～13：00

(A) 1110000kJ/h
(B) 2910000kJ/h
(C) 2970000kJ/h
(D) 3140000kJ/h

【解析】选 C。依据《建筑给水排水设计标准》6.4.1 条，设计小时耗热量的计算应符合设有集中热水供应系统的居住小区的设计小时耗热量计算规定：①当居住小区内配套公共设施的最大用水时时段与住宅的最大用水时时段一致时，应按两者的设计小时耗热量叠加计算；②当居住小区内配套公共设施的最大用水时时段与住宅的最大用水时时段不一致时，应按住宅的设计小时耗热量加配套公共设施的平均小时耗热量叠加计算。

因此，小区内有住宅及配套公共设施时，集中热水供应系统的设计小时耗热量 Q_h 为：

$$Q_h = Q_{h1} + Q_{h2} + Q_{h3}$$

式中，Q_{h1} 为住宅最大用水时段的设计小时耗热量（kJ/h）；Q_{h2} 为最大用水时段与住宅最大用水时段一致的公共设施设计小时耗热量之和（kJ/h）；Q_{h3} 为最大用水时段与住宅最大用水时段不一致的公共设施平均小时耗热量之和（kJ/h）。

本题中，住宅的最大用水时时段为 19：00～23：00，与其一致的有餐厅和公共浴室。故：

设计小时耗热量＝2700000＋30000＋150000＋40000＋50000＝2970000kJ/h

31.【16-下-29】某五星级宾馆集中生活热水供应系统的热水水质如下，哪项不符合要求？

(A) 铝离子的浓度不超过 0.3mg/L

(B) 甲醛的浓度为 0.75mg/L

(C) 溶解氧的浓度为 3mg/L

(D) 总硬度为 100mg/L（以 CaCO₃ 计）

【解析】选 A。根据《生活饮用水卫生标准》GB 5749—2006，铝离子不超过 0.2mg/L，甲醛（使用臭氧时）不超过 0.9mg/L，总硬度（以 CaCO₃ 计）不超过 450mg/L。

32.【16-下-30】下列关于建筑生活热水管网计算，哪项正确？
(A) 热媒管路的自然循环压力大于第二循环管网的总水头损失时，可采用自然循环
(B) 热水管网的水头损失采用的计算公式与其冷水系统采用的计算公式相同
(C) 考虑热水结垢等因素，其允许流速应小于同径冷水管的允许流速
(D) 全日制建筑物内热水管道设计秒流量计算方法不同于冷水管道

【解析】选 B。依据秘书处教材《建筑给水排水工程》P263，确定热水管网的计算秒流量可按冷水配水管网的计算秒流量公式计算。热水管网的沿程及局部阻力计算公式的基本形式也与给水管路的计算公式相同，但由于热水水温高，其黏滞性和重度与冷水有所不同，且考虑到热水管网容易结垢、腐蚀常引起过水断面缩小等因素，热水管道水力计算时热水管道的流速，宜按教材表 4-23 选用。确定管径时应采用热水管道水力计算表。故 B 正确。

33.【16-下-31】对于采用蒸汽直接通入水中的加热方式，为防止加热水箱内的水倒流至蒸汽管，拟采取下列措施：①设置限流阀；②设置止回装置；③设置温控阀；④设置消声器；⑤抬高热水管标高；⑥抬高蒸汽管标高；⑦抬高冷水箱标高。上述措施中有几项正确？
(A) 1 项正确，正确项为②
(B) 2 项正确，正确项为②、⑥
(C) 3 项正确，正确项为②、⑤、⑥
(D) 4 项正确，正确项为②、⑤、⑥、⑦

【解析】选 B。根据秘书处教材建水 P228，蒸汽直接加热供水方式是将蒸汽通过穿孔管或喷射器送入加热水箱中，与冷水直接混合后制备热水。热水可能倒流的原因是蒸汽管内蒸汽凝结，管内压力变小，从而将热水吸入蒸气管中。防止的办法一是采用止回装置防止流体倒流；二是增大蒸汽管最高处与热水箱最高水位的差值，抬高蒸汽管标高或降低冷水箱标高。

34.【17-上-32】某建筑采用机械循环集中热水供应系统，循环水泵的扬程 0.28MPa，循环水泵处的静水压力为 0.72MPa，则循环水泵壳体承受的工作压力（MPa）不得小于下列哪项？
(A) 0.28 (B) 0.44 (C) 0.72 (D) 1.00

【解析】选 D。依据《建筑给水排水设计标准》6.7.10 条，循环水泵应选用热水泵，水泵壳体承受的工作压力不得小于其所承受的静水压力加水泵扬程。本题中，0.28+0.72=1.00MPa，D 正确。

35.【17-上-33】用蒸汽作热媒阀间接加热的水加热器，下列关于疏水器安装的叙述，哪项是错误的？
(A) 蒸汽立管最低处宜设疏水管

(B) 蒸汽管下凹处的下部宜设疏水器
(C) 多台水加热器可在凝结水回水总管上统一设置疏水器
(D) 当水加热器的换热能保证凝结水回水温度小于等于 80℃，其凝结水回水管上可不装疏水器

【解析】选 C。依据《建筑给水排水设计标准》6.8.18 条，用蒸汽作热媒间接加热的水加热器、开水器的凝结水回水管上应每台设备设疏水器，当水加热器的换热能确保凝结水回水温度小于等于 80℃时，可不装疏水器；蒸汽立管最低处、蒸汽管下凹处的下部宜设疏水器。

36.【17-上-34】下列关于高层建筑生活热水供应系统减压阀设置的图示中，哪个是错误的？

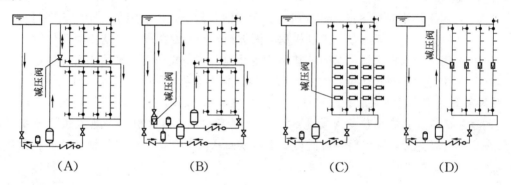

(A)　　　　　　　(B)　　　　　　　(C)　　　　　　　(D)

【解析】选 A。依据《建筑给水排水设计标准》6.3.14 条的条文说明："图 3 (a) 为高低两区共用一加热供热系统，分区减压阀设在低区的热水供水立管上，这样高低区热水回水汇合至图中 A 点时，由于低区系统经过了减压，其压力将低于高区，即低区管网中的热水就循环不了"。

37.【17-下-32】住宅集中生活热水供应系统配水点最低水温（℃）不应低于下列哪项？
(A) 40　　　　(B) 45　　　　(C) 50　　　　(D) 55

【解析】选 B。依据《建筑给水排水设计标准》6.2.6 条，设置集中热水供应系统的住宅，配水点的水温不应低于 45℃。

38.【17-下-33】计算集中热水供应系统的贮热容积时，采用哪种水加热器或贮水器可不计算附加容积？
(A) 水源热泵热水系统的贮热水箱
(B) 导流型容积式水加热器
(C) 半容积式水加热器
(D) 空气源热泵热水系统的贮热水罐

【解析】选 C。依据《建筑给水排水设计标准》6.5.10 条，当采用半容积式水加热器或带有强制罐内水循环装置的容积式水加热器时，其计算容积可不附加。

39.【17-下-34】海南某温泉度假酒店，采用城市自来水供应酒店集中生活热水。需加热至 55℃供水。当地无城市热力管网，电力供应有保证。本着节能、环保、安全的原则合

理选择热源。下列可作为优选项热源是哪一项？
(A) 电
(B) 太阳能
(C) 自备燃油锅炉
(D) 空气源热泵

【解析】选 B。依据《建筑给水排水设计标准》6.3.1 条，当日照时数大于 1400h/年且年太阳辐射量大于 4200MJ/m²，以及年极端最低气温不低于－45℃的地区，宜优先采用太阳能作为热水供应热源。具备可再生低温能源的下列地区可采用热泵热水供应系统：①在夏热冬暖地区，宜采用空气源热泵热水供应系统；②……。

40.【18-下-32】 宾馆建筑内设客房、洗衣机房、游泳池及健身娱乐设施，采用一套全日制集中热水供应系统（其中，客房设计小时耗热量最大）。下列关于其设计小时耗热量的确定，哪项正确？
(A) 客房平均小时耗热量＋洗衣机房、游泳池及健身娱乐设施平均小时耗热量
(B) 客房最大小时耗热量＋洗衣机房、游泳池及健身娱乐设施平均小时耗热量
(C) 客房、洗衣机房最大小时耗热量＋游泳池及健身娱乐设施平均小时耗热量
(D) 客房最大小时耗热量＋洗衣机房、游泳池及健身娱乐设施最大小时耗热量

【解析】选 B。根据《建筑给水排水设计标准》第 6.4.1 条，具有多个不同使用热水部门的单一建筑或具有多种使用功能的综合性建筑，当其热水由同一热水供应系统供应时，设计小时耗热量，可按同一时间内出现用水高峰的主要用水部门的设计小时耗热量加其他用水部门的平均小时耗热量计算。

41.【18-下-33】 下列建筑全日制集中热水供应系统，哪项应设置辅助热源？
(A) 太阳能热水供应系统
(B) 水源热泵热水供应系统
(C) 燃油热水机组热水供应系统
(D) 以蒸汽为热源的容积式换热器热水供应系统

【解析】选 A。根据《建筑给水排水设计标准》第 6.6.1 条，太阳能热水供应系统应设辅助热源及其加热设施。

42.【19-上-33】 高层建筑热水供应系统采用分区供水时，以下哪种做法有利于保证配水点处冷、热水压力平衡？
(A) 热水供水管路与回水管路的管长尽量一致
(B) 热水供水管路与回水管路的管径尽量一致
(C) 热水供水管路与冷水供水管路的管长尽量一致
(D) 热水供水管路与冷水供水管路的管径尽量一致

【解析】选 C。详见《建筑给水排水设计标准》第 6.3.1 条的条文说明。工程实际中，由于冷水热水管径不一致，管长不同，尤其是当用高位冷水箱通过设在地下室的水和加热器再返上供给高区热水时，热水管路要比冷水管路长得多。相应地，阻力损失也就比冷水管大。冷水供应系统的设计流量本就比热水供应系统的设计流量大，冷水供应系统的管径可以比热水系统的管径大。

43.【19-上-34】 某酒店采用集中热水供应系统，其洗衣房 60℃日用热水量 10m³，厨

房及餐厅 60℃日用水量 10m³，给水总硬度（以碳酸钙计）为 350mg/L。下列哪项叙述正确？

(A) 原水应进行软化处理、软化后的总硬度不宜大于 100mg/L
(B) 原水应进行软化处理、软化后的总硬度不宜大于 120mg/L
(C) 原水应进行软化处理、软化后的总硬度不宜大于 75mg/L
(D) 原水应进行软化处理、软化后的总硬度不宜大于 150mg/L

【解析】选 A。参见《建筑给水排水设计标准》第 6.2.3 条。集中热水供应系统的原水的水处理，应根据水质、水量、水温、水加热设备的构造、使用要求等因素经技术经济比较后，按下列规定确定：(1) 当洗衣房日用热水量（按 60℃计）大于或等于 10m³ 原水总硬度（以碳酸钙计）大于 300mg/L 时，应进行水质软化处理；原水总硬度（以碳酸钙计）为 150～300mg/L 时，宜进行水质软化处理。(2) 经软化处理后的水质硬度，洗衣房用水宜为 50～100mg/L。

44.【19-上-35】 下列关于高层建筑热水供应系统设计的叙述，哪项不正确？
(A) 当采用分区供水时，宜与冷水供水分区一致
(B) 当采用分区供水时，各分区不得共用热水循环水泵
(C) 当采用分区供水时，应有采取保证冷、热水压力平衡的措施
(D) 当采用分区供水时，各分区既可共用水加热设备，也可分别设置水加热设备

【解析】选 B。根据《建筑给水排水设计规范》（2009 年版）第 5.2.13 条及条文说明，可共用水加热器和循环泵。

45.【19-下-33】 关于生活热水设计小时用水量，下列哪项说法是正确的？
(A) 热水供应系统的小时变化系数均大于给水系统的小时变化系数
(B) 定时供应热水系统的设计小时用水量按洁具同时使用百分数法计算
(C) 全日供应热水系统的设计小时用水量按最高日平均小时用水量计算
(D) 热水供应系统设计小时用水量是确定加热设备供热量的依据

【解析】选 B。根据《建筑给水排水设计标准》表 6.2.1，办公楼和公共浴室等是特例，热水时变化系数＝给水时变化系数，故选项 A 错误。根据规范公式 (5.3.1-2) 可知，选项 B 正确。选项 C 应为按高日高时热水量对应的耗热量计算，故错误。选项 D 强调全日制，设计小时耗热量是设计小时供热量的计算依据，故错误。

46.【19-下-35】 下列关于太阳能热水系统分类、组成、计算的叙述，哪项不正确？
(A) 太阳能热水系统既可采用直接供热方式，也可采用间接供热方式
(B) 采用太阳能直接系统的集热器总面积小于间接系统的集热器总面积
(C) 当采用太阳能间接系统集中供热时，应同时设置第一循环系统和第二循环系统
(D) 当采用太阳能间接系统集中供热时，为保证供热安全，其热水供水系统应采用开式系统

【解析】选 D。参见秘书处教材《建筑给水排水工程》P235，其中图 4-13 为太阳能集热系统间接加热供水方式。

4.1.2 饮水

1.【12-上-31】 下列关于管道直饮水系统设计流量计算的叙述中，哪项正确？

(A) 管道直饮水系统的设计秒流量与建筑物性质无关
(B) 管道直饮水系统的设计秒流量与饮水定额无关
(C) 管道直饮水系统的设计秒流量与饮水人数无关
(D) 管道直饮水系统的设计秒流量与饮水系统供水方式无关

【解析】选 D。参见《建筑给水排水设计标准》6.9.3 条的式（5.7.3），可知设计秒流量和 m 有关，参见《建筑给水排水设计规范》附录 F 式（F.0.3），m 和建筑物性质、饮水定额和饮水人数（与直饮水量直接相关）都相关，而与供水方式无关，故 ABC 正确，D 错误。

2.【13-上-35】饮用水制备一般不推荐采用反渗透处理工艺，下列关于其原因的叙述中，哪项说法错误？
(A) 设备价格高　　　　　　　　(B) 水的回收率低
(C) 工作压力大，能耗大　　　　(D) 截留有益于健康的物质

【解析】选 A。参见《管道直饮水系统技术规程》CJJ-110-2006 第 4.0.4 条文说明：反渗透膜用作饮用水净化的缺点是将水中有益于健康的无机离子全部去除，工作压力高能（耗大），水的回收率较低。因此，对于反渗透技术，除了海水淡化、苦咸水脱盐和工程需要之外，一般不推荐用于饮水净化。

3.【13-下-36】下列说法中，哪项错误？
(A) 饮水器的喷嘴应倾斜安装　　(B) 饮水管道采用普通塑料管道
(C) 开水器的通气管应引至室外　(D) 开水器应设温度计

【解析】选 B。
A 项正确，参见《建筑给水排水设计标准》6.9.5 条，饮水器的喷嘴应倾斜安装并设有防护装置，喷嘴孔的高度应保证排水管堵塞时不被淹没；
B 项错误，参见《建筑给水排水设计标准》6.9.6 条，饮水管道应选用耐腐蚀、内表面光滑、符合食品级卫生要求的薄壁不锈钢管、薄壁铜管、优质塑料管。开水管道应选用许用工作温度大于 100℃的金属管材。
CD 项正确，参见《建筑给水排水设计标准》6.9.4 条，开水供应应满足下列要求：2 开水器的通气管应引至室外；4 开水器应装设温度计和水位计，开水锅炉应装设温度计，必要时还应装设沸水箱或安全阀。

4.【14-下-35】某全日制循环的管道直饮水系统，拟将变频调速供水泵兼做循环泵，则水泵设计流量应根据下列哪项流量确定？
(A) 瞬时高峰流量（或设计秒流量）　　(B) 最大小时流量
(C) 瞬时高峰流量＋循环流量　　　　　(D) 最大小时流量＋循环流量

【解析】选 A。用供水泵兼作循环泵时，回水管上设置控制流量的阀门，水泵流量按设计秒流量选取。

5.【16-上-32】为保证管道直饮水用户端水质，下列哪项措施正确？
(A) 直饮水配水管宜布置为环状
(B) 设循环管道，供、回水管道采用同程布置

(C) 循环支管的长度不宜大于 3m
(D) 直饮水配水立管上装设限流阀

【解析】选 B。依据《建筑给水排水设计标准》6.9.3 条，管道直饮水系统应满足：管道直饮水应设循环管道，其供、回水管网应同程布置，循环管网内水的停留时间不应超过 12h；从立管接至配水龙头的支管管段长度不宜大于 3m。规范对应该条的条文说明中进一步指出，管道直饮水必须设循环管道，并应保证干管和立管中饮水的有效循环，其目的是防止管网中长时间滞流的饮水在管道接头、阀门等局部不光滑处由于细菌繁殖或微粒集聚等因素而产生水质污染和恶化的后果。由于循环系统很难实现支管循环，因此，从立管接至配水龙头的支管管段长度应尽量短，一般不宜超过 3m。

6. 【18-上-32】下列关于热水供应系统的热源选择，哪项不正确？
   (A) 高于 12℃水可作为水源热泵的热源
   (B) 气温 12℃采用空气源热泵作为热源
   (C) 日照系数为 1000h/a 的地区不宜采用太阳能为热源
   (D) 太阳能、电能可作为局部热水供应系统的热源

【解析】选 C。根据《建筑给水排水设计标准》第 6.3.1 条，"当日照时数大于 1400h/年且年太阳辐射量大于 4200MJ/m² 及年极端最低气温不低于 −45℃的地区，宜优先采用太阳能作为热水供热能源。"注意：不能作为优选热源，但可以作为热源，故选 C。

7. 【18-上-33】某建筑设置全日制集中热水供应系统，拟采用容积式水加热器，或与半容积式水加热贮热量相当的燃气热水机组，或快速式水加热器等水加热设备方案，上述水加热设备计算的设计小时供热量分别为 Q_g^1、Q_g^2、Q_g^3。下列关于 Q_g^1、Q_g^2、Q_g^3 的比较，哪项正确？
   (A) $Q_g^1 > Q_g^2 > Q_g^3$
   (B) $Q_g^2 > Q_g^1 > Q_g^3$
   (C) $Q_g^3 > Q_g^1 > Q_g^2$
   (D) $Q_g^3 > Q_g^2 > Q_g^1$

【解析】选 D。参见《建筑给水排水设计标准》第 6.4.3 条。

8. 【18-上-34】下列集中热水供应系统，哪项可不设置第一循环系统？
   (A) 水源热泵热水供应系统
   (B) 空气源热泵热水供应系统
   (C) 燃油热水机组热水供应系统
   (D) 以高温热水为热媒的容积式换热器热水供应系统

【解析】选 C。选项 A、B 均为低温热源，均需二次换热，有第一循环。选项 D 提到了高温热水作为热媒。故选 C。

9. 【18-下-34】下列关于管道直饮水系统设置要求的叙述，哪项不正确？
   (A) 供、回水管网采用同程式布置
   (B) 净水机房应配备空气消毒装置
   (C) 用水点应采用直饮水专用水嘴
   (D) 当采用竖向分区供水时，各分区不得共用回水干管

【解析】选 D。根据《管道直饮水系统技术规程》CJJ 110 第 5.0.8 条，选项 D 中，可

共用回水干管。

10.【19-上-36】 下列关于直饮水制备工艺、方法等的叙述，哪项不正确？
(A) 水处理工艺流程的选择应依据原水水质经技术经济比较后确定
(B) 当深度处理采用膜处理工艺时，其前端应配套设置预处理设施
(C) 当预处理采用砂过滤和活性炭过滤时，应分别设置反冲洗水泵
(D) 当深度处理采用膜处理工艺时，其前端设置的预处理也可采用膜工艺

【解析】选 C。详见《建筑与小区管道直饮水系统技术规程》。选项 A，根据规程第 4.0.2 条，水处理工艺流程的选择应依据原水水质，经技术经济比较确定。处理后的出水应符合现行行业标准《饮用净水水质标准》的规定。选项 B，根据规程第 4.0.5 条，不同的膜处理应相应配套预处理、后处理和膜的清洗设施。选项 D，根据规程第 4.0.5 条第 1 款，预处理可采用多介质过滤器、活性炭过滤器、精密过滤器、钠离子交换器、微滤等。

11.【19-下-34】 下列关于管道直饮水供水方式及系统设置要求的叙述，哪项不正确？
(A) 净水机房宜靠近集中用水点
(B) 回水可直接接至原水箱或净水箱
(C) 当高层建筑采用竖向分区供水时，应与生活给水分区一致
(D) 当采用竖向分区供水时，各分区供水泵可集中设置在净水机房内

【解析】选 C。详见《建筑与小区管道直饮水系统技术规程》。根据规程第 5.0.4 条，选项 A 正确；根据规程第 5.0.1 条，选项 B 正确；根据规程第 5.0.5 条，直饮水分区压力宜小于建筑给水，故选项 C 错误；根据规程第 5.0.6 条，选项 D 正确。

4.2 多项选择题

4.2.1 热水

1.【10-上-66】 以下有关热水供应系统热源选择的叙述中，那几项不符合要求？
(A) 选择太阳能为热源的全日制集中热水供应系统时，应设置辅助加热装置
(B) 因电能制备热水的成本较高，故不能作为集中热水供应系统的热源
(C) 若地热水的水量、水压满足供水要求，可直接用于热水供应
(D) 利用烟气为热源时，加热设备应采取防腐措施

【解析】选 ABC。A 项见《建筑给水排水设计标准》6.3.1 条，是宜设置辅助加热装置。注意在 2009 规范中有所变化，条文中取消了此说法，说明中补充为"要求热水供应不间断的场所，应另行增设辅助热源……"，A 项不应该选择。B 项所述"不能"是错误的。C 项不妥当，还有水质需要考虑。D 项正确，见 6.3.4 条。

2.【10-上-67】 计算全日制机械循环热水系统的循环流量时，与之有关的是下列哪几项？
(A) 热水系统的热水供水量 　　(B) 热水配水管道的热损失
(C) 热水回水管道的热损失 　　(D) 热水配水管道中水的温度差

【解析】选 BD。参见《建筑给水排水设计标准》6.7.5 条。

3. 【10-下-66】下列有关生活热水水质的叙述中，哪几项是不正确的？
（A）洗衣房和浴室所供热水总硬度的控制值应相同
（B）当生活热水的硬度下降至 75mg/L（以碳酸钙计）以下时，更利于热水的使用
（C）当生活热水的硬度下降至 75mg/L（以碳酸钙计）以下时，更利于管道的维护
（D）为控制热水硬度，设计中也可按比例将部分软化水与非软化水混合使用

【解析】选 ABC。参见《建筑给水排水设计标准》6.2.3 条及其条文说明。热水的总硬度也不是越低越好。

4. 【11-上-62】为使高层建筑集中热水供应系统中生活热水和冷水给水系统的压力相近，可采取以下哪几项措施？
（A）使生活热水和冷水给水系统竖向分区供水的范围一致
（B）热水供水管网采用同程布置方式
（C）热水供水系统选用阻力损失较小的加热设备
（D）系统配水点采用优质的冷、热水混合水嘴

【解析】选 ACD。参见《建筑给水排水设计标准》。A 项见 6.3.14 条；C 项见 6.3.7 条的说明；D 项参阅 6.3.7 条；B 明显错误，同程指供回水管道形成的整个回路同程。

5. 【11-上-63】以下有关同一建筑集中热水供应系统设计小时热媒耗量的叙述中，哪几项不正确？
（A）以蒸汽为热媒时，不论采用间接或直接加热方式，其热媒耗量相同
（B）以高温热水为热媒间接加热时，热媒的初温和终温差值大则热媒耗量大（热媒管网热损失附加系数为定值）
（C）采用容积式水加热器加热时，其容积大的较容积小的热媒耗量大
（D）采用半即热式水加热器加热时，其热媒耗量较采用导流型容积式水加热器大

【解析】选 ABC。

A 项参见秘书处教材《建筑给水排水工程》P268，两者不同。从理解上分析，直接加热的终态是相对确定的，就是混合后的热水，间接加热的终态是相对不确定的，而热媒耗量取决于热媒的初态与终态。

B 项参见教材 P269。从理解上讲，初温和终温差值大，则说明热媒率高，热媒耗量小。

C、D 项分别参见教材 P267 式（4-24）和式（4-26）。从理解上讲，容积大的水加热器在供热水时缓存能力更大，相应热媒耗量则小。而半即热式水加热器没有调蓄热水的容积，是按秒流量计算耗热量的，自然热媒耗量较采用导流型容积式水加热器大，也就是说，供应时段内的热媒供应强度高。

6. 【11-上-70】当加热设备间断排放热废水时，下列有关降温池容积计算的叙述中，哪几项不正确？
（A）承压锅炉排放热废水时，其降温池有效容积应至少是热废水排放量与冷却水量容积之和，并考虑混合不均匀系数
（B）热废水的蒸发量与热废水的热焓有关
（C）承受锅炉的工作压力越大，热废水的蒸发量越小

（D）当热废水由绝对压力 1.2MPa 减到标准大气压时，$1m^3$ 热废水可蒸发 112kg 水蒸气

【解析】选 CD。参见秘书处教材《建筑给水排水工程》P193。

A 项正确，降温池总容积由存放热废水的容积 V_1、存放冷却水的容积 V_2 和保护容积 V_3 组成。其中有效容积为 V_1、V_2 之和。

C 项同理可见教材图 3-8。当绝对压力由 2MPa 减至 0.2MPa 时，$1m^3$ 热废水大约蒸发 142kg，远大于 D 选项蒸发量。

B 项见 P193，蒸发量与热废水的热焓有关。

D 项见图 3-8，当热废水由绝对压力 1.2MPa 减到 0.2MPa 时，$1m^3$ 热废水可蒸发 112kg 水蒸气。

7.【11-下-65】 下列有关热泵热水供应系统热源的叙述中，哪几项不符合要求？
（A）环境低温热能为热泵热水供应系统的热源
（B）最冷月平均气温不低于 10℃ 的地区，宜采用空气做热源
（C）空气源热泵热水供应系统均不需设辅助热源
（D）水温、水质符合要求的地热水，均可直接用作水源热泵的热源

【解析】选 CD。

A 项见《建筑给水排水设计规范》（2009 年版）2.1.83A 条，热泵热水供应系统是通过热泵机组运行吸收环境低温热能制备和供应热水的系统；

B、C 项见《建筑给水排水设计规范》（2009 年版）5.4.2B 条，具备可再生低温能源的下列地区可采用热泵热水供应系统：最冷月平均气温不小于 10℃ 的地区，可不设辅助热源。最冷月平均气温小于 10℃ 且不小于 0℃ 时，宜设置辅助热源；

D 项没有提到水量是不正确的。同时《建筑给水排水设计规范》（2009 年版）5.4.2B-2 条：在地下水源充沛、水文地质条件适宜，并能保证回灌的地区，宜采用地下水源热泵热水供应系统。

8.【11-下-66】 以下关于生活热水用水定额的叙述中，哪几项不符合要求？
（A）建筑热水用水定额的计算温度即为该建筑热水系统的供水温度
（B）卫生器具小时用水定额的计算温度即为该卫生器具的使用温度
（C）同一建筑内生活用水的冷水和热水用水定额相同
（D）同类宿舍不论采用全日或定时热水供应方式，其最高日用水定额相同

【解析】选 AC。

A 项明显错误，计算温度只是提供了一种计算方法而已，而计算方法可能与实际相近、相同，也有可能相差明显；

B 项正确，见《建筑给水排水设计标准》表 6.2.1，卫生器具的一次和小时热水用水定额及水温；

C 项错误，可比较《建筑给水排水设计标准》6.2.1 条。冷水定额包含热水；

D 项见《建筑给水排水设计标准》表 6.2.1 "热水用水定额" 第四行，注意最后一列是 "24h 或定时供应"。

9.【12-上-62】 下列关于设计小时耗热量的说法中，哪几项正确？

（A）热水用水定额低、使用人数少时，小时变化系数取高值
（B）热水供应系统热水量的小时变化系数大于给水系统的小时变化系数
（C）全日与定时热水供应系统的设计小时耗热量，其计算方法不同
（D）某办公楼热水使用时间为 8h，设计小时耗热量应按定时供应系统计算

【解析】选 AC。参见《建筑给水排水设计标准》表 6.4.1 注 1 可知 A 项正确，由注 2 可知 B 错误（也可能等于），参见《建筑给水排水设计规范》6.4.1 条第 2 款和第 3 款可知 C 项正确，参见《建筑给水排水设计标准》6.2.1 条可知办公楼全日制供水时间为 8 小时，故 D 项错误。

10.【12-上-63】下列关于热水供应系统的热源选择说法中，哪几项错误？
（A）集中热水供应系统利用工业废热时，废气、烟气温度不宜低于 400℃
（B）北方冬季采暖地区，当无条件利用工业余热、废热、地热或太阳能等热源时，宜优先采用热力管网
（C）日照时数大于 1400h/年且年太阳辐射量大于 4200MJ/m 的地区宜优先采用太阳能
（D）局部热水供应系统宜采用太阳能、电能等

【解析】选 BC。参见《建筑给水排水设计规范》（2009 年版）条注 1，可知 A 项正确；参见可知只有在全年供热的热力管网才考虑优先考虑而不是冬季采暖时供热的热力管网，故 B 项错误；参见 A 条可知，选项 C 片面，还必须是在年极端气温不低于 −45℃ 前提下；参见可知 D 项正确。

11.【12-下-62】关于耗热量与加热设备供热量，下列哪几项错误？
（A）半容积式水加热器的设计小时供热量应不大于设计小时耗热量
（B）快速式水加热器的设计小时供热量按设计小时耗热量取值
（C）导流型容积式水加热器的设计小时供热量不应小于平均小时耗热量
（D）水源热泵设计小时供热量与设计小时耗热量无关

【解析】选 ABD。参见《建筑给水排水设计标准》6.4.3 条第 2 款可知 A 项错误；第 3 款可知 B 项错误；参该条小注，可知 C 项正确；参见式 (5.4.2B-1)，对比式 (6.4.2)，可知其虽然没有直接关系，却会因为共同变量 $mq_rC(t_r-t_l)\rho_r$ 的变化而变化，故 D 项错误。

12.【12-下-63】关于热水、饮水管道布置、敷设，下列哪几项错误？
（A）热水管道应选用工作温度大于 100℃ 的金属管
（B）允许小口径塑料热水管直埋在建筑垫层内
（C）热水管道与管件宜采用相同材质以便于安装
（D）管道直饮水系统中的回水可不经处理返回到管道系统中

【解析】选 ACD。参见《建筑给水排水设计标准》6.8.1 条可知 A 项错误，只需满足要求即可（《建筑给水排水设计标准》6.9.6 条是针对开水）；参见《建筑给水排水设计标准》6.8.1 条条文解释可知 B 项正确；参见《建筑给水排水设计规范》6.8.2 条，可知宜采用相同材质，但不是为了便于安装，而是考虑防止漏水，故 C 项错误；参见《建筑给水排水设计标准》6.9.5 条第 2 款可知 D 项错误。

13.【13-上-64】下列关于建筑生活热水供应系统的说法中,哪几项不正确?
(A) 闭式热水供应系统必须设置膨胀罐
(B) 单管热水供应系统是指不设循环管道的热水供应系统
(C) 营业时间段不间断供应热水,即可称作全日制热水供应系统
(D) 开式热水供应系统适用于对冷热水压力平衡要求较高的建筑

【解析】选 AB。

A 项错误,根据《建筑给水排水设计标准》6.5.21 条,日用热水量大于 $30m^3$ 时应设置膨胀罐;

B 项错误,参见《建筑给水排水设计标准》术语;

C 项正确,参见《建筑给水排水设计标准》术语;

D 项正确,参见《建筑给水排水设计标准》6.3.7 条。

14.【13-上-65】下列关于生活热水系统设计小时耗热量、设计小时供热量的说法中,哪几项正确?
(A) 燃气热水机组的设计小时供热量等于设计小时耗热量
(B) 耗热量小时变化系数与热水使用人数有关,与热水定额无关
(C) 定时供应热水的建筑,其设计小时耗热量与人均用水定额无关
(D) 居住小区集中热水供应系统,其设计小时耗热量应为小区住宅最大小时耗热量加上小区公共配套设施平均小时耗热量

【解析】选 AC。

参见《建筑给水排水设计标准》6.4.1 条。设计小时供热量小于设计小时耗热量。

15.【13-下-65】下列关于建筑热水供应系统的说法中,哪几项错误?
(A) 闭式热水供应系统应设泄压阀
(B) 闭式热水供应系统中,膨胀罐的总容积与冷热水温度无关
(C) 开式热水供应系统中,膨胀管的设置高度与热水系统的大小无关
(D) 热水系统由生活冷水高位水箱补水时,可将其膨胀管引至其高位水箱上空

【解析】选 ABD。参见《建筑给水排水设计标准》及秘书处教材《建筑给水排水工程》P227。

A 项错误,根据标准 6.5.21 条,日用热水量小于等于 $30m^3$ 时设泄压阀;

B 项错误,根据教材式(4-9),温度越大,密度越小;

C 项正确,根据教材式(4-7),膨胀管的设置高度与 H 密度有关;

D 项错误,其膨胀管引至非生活高位水箱上空。

16.【13-下-66】下列关于建筑热水系统管道布置、敷设和附件设置的叙述中,哪几项正确?
(A) 热水立管与横管应采用乙字弯的连接方式
(B) 热水管道穿楼板加套管关键是为了保护管道
(C) 下行上给式热水系统配水干管上可不设排气阀
(D) 热水管道可直埋于楼板找平层内(但不应有接头)

【解析】选 AC。参见秘书处教材《建筑给水排水工程》P251。

A项正确，热水立管与横管应采用乙字弯的连接方式；
B项错误，防止管道四周出现缝隙，以致漏水；
C项正确，下行上给式热水系统可利用最高配水点放气；
D项错误，直径小于等于25mm的管道可直埋与楼板找平层内。

17.【14-上-66】 下列关于开式集中热水供应系统的设置中，哪几项正确？
(A) 系统中不需设置膨胀罐
(B) 半容积式热交换罐上可不设安全阀
(C) 下行上给式配水系统可不设排气装置
(D) 管网系统应设热水循环管道

【解析】选ACD。根据《建筑给水排水设计标准》6.5.21条，可知A项正确；根据6.8.10条，可知B项错误；根据6.8.5条，可知C项正确；根据6.3.10条，可知D项正确。

18.【14-下-64】 下列关于集中生活热水供应系统热源的选择，哪几项不正确？
(A) 有工业余热、废热时，宜首先利用
(B) 电能是高品质能源，不应用于加热生活热水
(C) 在太阳能丰富地区采用太阳能作为热源时，可不再设置其他热源
(D) 冷却水升温后如果满足《生活饮用水卫生标准》GB 5749—2006，可用作生活热水

【解析】选BC。根据《建筑给水排水设计标准》6.3.2条及6.6.3条，可知B项错误；根据6.6.3条，可知C项错误。

19.【14-下-66】 现行《建筑给水排水设计规范》表5.1.1-1中办公楼热水用水定额为每天每班5~10L（60℃），下列关于该热水用水定额的叙述中，哪几项正确？
(A) 该定额范围内任何一个值都是最高日的用水定额
(B) 5L是平均日的用水定额
(C) 缺水地区一般选用较低的值
(D) 该定额水量主要用于洗手

【解析】选ACD。根据《建筑给水排水设计标准》6.2.1条及其条文说明，可知ACD正确。

20.【16-上-62】 下列关于建筑热水开式系统的说法中，哪几项不正确？
(A) 开式系统的热水供水压力取决于冷水系统的供水压力
(B) 开式系统的热水供水压力不受室外给水供水压力的影响
(C) 开式系统中应设置膨胀罐或高位冷水箱
(D) 开式系统中膨胀管是适用于补偿设备和管道内水容积的膨胀量

【解析】选ACD。依据《建筑给水排水设计标准》6.3.7条，开式热水供应系统即带高位热水箱的供水系统。系统的水压由高位热水箱的水位决定，不受市政给水管网压力变化及水加热设备阻力变化等的影响，可保证系统水压的相对稳定和供水安全可靠。故B正确。

21.【16-上-63】下列关于加（贮）热设备的布置，哪几项不正确？
（A）空气源热泵机组的风机噪声大，应置于密闭的设有隔离材料的房间内
（B）开式系统中冷水补给水箱最高设计水位应高于热水箱的最高设计水位
（C）太阳能集热器的布置应保证每天 4h 的日照时间
（D）热水机组一般露天布置，以使气流条件良好

【解析】选 ABD。依据秘书处教材《建筑给水排水工程》P226，空气源热泵机组需要良好的气流条件，因分机噪声大机组一般布置在屋顶或室外；机组不得布置在通风条件差、环境噪声控制严及人员密集的场所。故 A 错误。开式系统，冷水由冷水补给水箱经热水机组加热后先进入高位热水箱，因此冷水补给箱最低水位应高于高位热水箱最高水位。故 B 错误。依据秘书处教材建水 P224，热水机组不宜露天布置，宜与其他建筑物分离独立设置。故 D 错误。

22.【16-上-65】为防止建筑生活热水供应系统中被热水烫伤事故的发生，下列哪几项措施正确？
（A）控制水加热设备出水温度与最不利配水点温差≤10℃
（B）保证混合龙头用水点处冷、热水压力的平衡与稳定
（C）在用水终端装设安全可靠的调控阀件
（D）热水供、回水管道采用同程布置

【解析】选 ABC。依据《建筑给水排水设计标准》条文说明 6.3.7，集中热水供应系统采用管路同程布置的方式对于防止系统中热水短路循环，保证整个系统的循环效果，各用水点能随时取到所需温度的热水，对节水、节能有着重要的作用。采用同程布置的最终目的，是保证循环不短路，尽量减少开启水嘴时放冷水的时间。不同程布置热水易短路，从而使用水点水温不高。故 D 错误。

23.【16-下-62】下列关于加热设备设计小时供热量与热水供应系统设计小时耗热量的叙述中，哪几项不正确？
（A）加热设备设计小时供热量是热水供应系统设计小时耗热量的计算依据
（B）容积式水加热器的设计小时供热量小于热水供应系统设计小时耗热量
（C）水源热泵机组的设计小时供热量与热水供应系统设计小时耗热量相同
（D）太阳能热水供应系统的辅助热源设计小时供热量小于设计小时耗热量

【解析】选 ACD。依据《建筑给水排水设计标准》6.4.3 条，全日集中热水供应系统中，锅炉、水加热设备的设计小时供热量应根据日热水用量小时变化曲线、加热方式及锅炉、水加热设备的工作制度经积分曲线计算确定。依据《建筑给水排水设计标准》6.3.2 条，设计小时热水量可按下式计算：

$$q_{rh} = \frac{Q_h}{(t_r - t_l)C\rho_r}$$

式中，q_{rh} 为设计小时热水量（L/h）；Q_h 为设计小时耗热量（kJ/h）；t_r 和 t_l 分别为设计冷水和热水温度（℃）；C 为水的比热[kJ/(kg·℃)]；ρ_r 为热水的密度（kg/L）。

可见，设计小时耗热量由设计小时热水量计算而得，设计小时耗热量是设计小时供热量的依据，故 A 错误。

对比规范公式（5.3.1-1）$Q_h = K_h \dfrac{m q_r C \cdot (t_r - t_l) \rho_r}{T}$（式中，$K_h$ 为热水小时变化系数；T 为每日使用时间）和公式（5.4.2B-1）$Q_g = k_1 \dfrac{m q_r C \cdot (t_r - t_l) \rho_r}{T_1}$（式中，$k_1$ 为安全系数；T_1 为热泵机组设计工作时间）可知，C 错误。

辅助热源的供热量与加热设备类型有关，可能大于，可能等于，也可能小于，D 错误。

24.【17-上-64】 在公共建筑内设置饮水器时，下列哪些叙述是正确的？
(A) 饮水器的喷嘴应垂直安装并设防护装置
(B) 同组喷嘴的压力应一致
(C) 饮水器应采用与饮水管道相同的材质，其表面应光洁易于清洗
(D) 应设循环管道，循环回水应经消毒处理

【解析】选 BD。依据《建筑给水排水设计标准》6.9.5 条，当中小学校、体育场（馆）等公共建筑设饮水器时，应符合下列要求：①以温水或自来水为源水的直饮水，应进行过滤和消毒处理；②应设循环管道，循环回水应经消毒处理；③饮水器的喷嘴应倾斜安装并设有防护装置，喷嘴孔的高度应保证排水管堵塞时不被淹没；④应使同组喷嘴压力一致；⑤饮水器应采用不锈钢、铜镀铬或瓷质、搪瓷制品，其表面应光洁易于清洗。选项 A 中，应倾斜安装，错误。选项 C 中，并未要求饮水器应采用与饮水管道相同的材质，错误。

25.【17-上-65】 下列哪些情况不适用直接加热开式太阳能热水供应系统？
(A) 冷水供水硬度大于 150mg/L
(B) 公共浴室
(C) 冰冻地区
(D) 宾馆客房、医院病房的卫生间淋浴

【解析】选 ACD。依据秘书处教材《建筑给水排水工程》P227，在下列情况时宜采用太阳能加热系统直接加热供水方式：①冷水供水水质硬度不大于 150mg/L（以 $CaCO_3$ 计）；②无冰冻地区；③用户对冷、热水压力差稳定要求不高的热水供应系统。故 A、C 正确。

依据《建筑给水排水设计标准》6.3.7 条，公共浴室淋浴器出水水温应稳定，并宜采用开式热水供应系统。故 B 错误。

依据《建筑给水排水设计标准》6.6.4 条，医院建筑不得采用有滞水区的容积式水加热器。太阳能热水器必然有滞水区，故 D 正确。

26.【17-下-65】 关于在热水管网的管段上装设止回阀的部位，以下叙述正确的是哪几项？
(A) 室内热水管道向公共卫生间接出的配水管的起端
(B) 水加热器或贮水罐的冷水供水管上
(C) 机械循环的第二循环系统回水管上
(D) 与配水、回水干管连接的分干管上

【解析】选 BC。依据《建筑给水排水设计标准》6.8.7 条，热水管网在下列管段上，应装止回阀：①水加热器或贮水罐的冷水供水管（注：当水加热器或贮水罐的冷水供水管上安装倒流防止器时，应采取保证系统冷热水供水压力平衡的措施）；②机械循环的第二循环系统回水管；③冷热水混水器的冷、热水供水管。

27.【18-上-64】下列关于生活热水供应系统的说法，哪几项不正确？
（A）开式系统设置在顶层的贮热水箱可兼作膨胀水箱
（B）开式系统应在热水管路上设压力式膨胀罐
（C）闭式系统应设高位膨胀水箱以补偿膨胀水量
（D）屋顶消防水箱可兼作闭式系统的膨胀水箱

【解析】选 BCD。膨胀水箱和膨胀管用于开式热水供应系统，安全阀和压力式膨胀罐用于闭式热水供应系统。

28.【18-下-64】下列关于热水供应系统热媒耗量的说法，哪几项不正确？
（A）热媒耗量应以设计小时耗热量来计算
（B）热媒耗量是热水配水管网的设计依据
（C）热媒耗量计算与设备的加热方式有关
（D）热媒耗量计算与热媒类型有关

【解析】选 AB。参见秘书处教材《建筑给水排水工程》P268。热媒耗量应以设计小时供热量来计算。热媒耗量是第一循环管网水力计算的设计依据，热媒耗量计算与设备的加热方式和热媒类型有关。

29.【18-下-65】下列关于热水供应系统管材、附件的选择以及管道敷设要求的叙述，哪几项不正确？
（A）热水供应系统应在其系统最高处设置排气阀
（B）热水管道穿越建筑物墙壁、楼板时，应设套管穿越
（C）热水设备机房内的热水管道可采用塑料热水给水管材
（D）当采用蒸汽间接加热且其凝结水回水温度≤80℃时，可不设疏水器

【解析】选 AC。参见《建筑给水排水设计标准》。

选项 A，根据规范第 6.8.5 条，上行下给式系统配水干管最高点应设排气装置，下行上给式配水系统，可利用最高配水点放气，系统最低点应设泄水装置。

选项 B，根据规范第 6.8.16 条，热水管穿越建筑物墙壁、楼板和基础处应加套管，穿越屋面及地下室外墙时应加防水套管。

选项 C，根据规范第 6.8.2 条，设备机房内的管道不应采用塑料热水管。（注：设备机房内的管道安装维修时，可能要经常碰撞，有时可能还要站人，一般塑料管材质脆，怕撞击，故不宜用作机房的连接管道。）

选项 D，根据规范第 6.8.19 条，当水加热器的换热能确保凝结水回水温度≤80℃时，可不装疏水器。

30.【19-上-66】关于热水供应系统选择的叙述，以下哪几项是不正确的？
（A）蒸汽直接加热方式，宜采用开式热水供应系统

(B) 公共浴室热水供应，宜采用开式热水供应系统
(C) 用水点水压较大时，宜采用开式热水供应系统
(D) 定时热水供应系统，宜采用开式热水供应系统

【解析】选 CD。详见秘书处教材《建筑给水排水工程》P232，以下情况宜采用开式热水供应系统：(1) 当给水管道的水压变化较大，用水点要求水压稳定时；(2) 公共浴室热水供应系统；(3) 采用蒸汽直接通入水中或采用汽水混合设备的加热方式。

31.【19-下-65】 关于生活热水供应系统的热媒耗量，下列哪几项叙述是正确的？
(A) 热媒耗量是热水供、回水管路水力计算的依据
(B) 蒸汽为热源时，蒸汽压力越大则热媒耗量越小
(C) 高温水间接加热时，加热器出水温度越高则热媒耗量越小
(D) 耗热量一定时，天然气的耗量高于液化石油气耗量

【解析】选 BC。参见秘书处教材《建筑给水排水工程》P271～272。

选项 A，由于热媒耗量是第一循环管网水力计算依据，而不是第二循环管网，故错误。

选项 B，由教材式 (4-23) 式 (4-24) 可知，热媒压力越大，热媒饱和蒸汽焓越大，热媒耗量就越小，故正确。

选项 C，根据教材式 (4-25)，高温水间接加热时，热媒初温越大则热媒耗量越小，故正确。

选项 D，根据教材式 (4-26)，设计小时供热量一定时，天然气的耗量高于液化石油气的耗量，故错误。

32.【19-下-66】 关于热水管网系统的叙述，以下哪几项不正确？
(A) 单管热水供水系统有利于在用水时用水点温度稳定
(B) 供、回水管路同程布置可防止系统中热水短路循环
(C) 局部热水供应系统有利于提高加热设备的热效率
(D) 干管和立管循环有利于补偿回水管网的热量损失

【解析】选 CD。参见秘书处教材《建筑给水排水工程》。选项 A 见教材 P238，单管热水供应系统，用水点不再调节水温，应采取保证热水水温稳定的技术措施。选项 B 见教材 P237，同程布置防止系统中热水短路循环。选项 C 见教材 P227，局部热水供应系统：热损失小，热效率低，故错误。选项 D 见教材 P237，干管和立管循环有利于补偿配水管网热损失，故错误。

4.2.2 饮水

1.【10-下-67】 在饮用净水系统中，下列哪几项措施可起到水质防护作用？
(A) 各配水点均采用额定流量为 0.04L/s 的专用水嘴
(B) 采用变频给水机组直接供水
(C) 饮水系统设置循环管道
(D) 控制饮水在管道内的停留时间不超过 5h

【解析】选 BCD。参见《建筑给水排水设计标准》6.9.3 条及其条文说明。按题意，D

项应该选择，虽然临界值是 6h。另专用水嘴主要是为了避免浪费。

2.【12-上-64】 下列关于管道直饮水处理的说法中，哪几项正确？
(A) 用于管道直饮水消毒的方法有臭氧、紫外线、氯消毒等
(B) 采用氯消毒时，产品水中氯残留浓度不应大于 0.01mg/L
(C) 膜技术是用于深度净化直饮水的一种主要方法
(D) 常用的管道直饮水处理工艺流程是：预处理→膜处理→后处理

【解析】 选 ACD。参见《管道直饮水系统技术规程》5.4 条及 5.5 条可知 CD 项正确，参见 5.7 条可知 A 项正确，参见秘书处教材《建筑给水排水工程》P283 可知 B 项错误，应是不小于 0。

3.【14-上-59】 判断下列说法中，哪几项正确？
(A) 管道直饮水满足《生活饮用水卫生标准》GB 5749—2006 的要求即可
(B) 建筑中水可用于厕所冲洗
(C) 生活饮用水可用于洗车
(D) 消防用水对水质没有要求

【解析】 选 BC。根据《建筑给水排水设计标准》6.9.3 条，管道直饮水应对原水进行深度净化处理，其水质应符合国家现行标准《饮用净水水质标准》CJ 94 的规定，故 A 项错误；根据《建筑中水设计标准》4.1.2 条，建筑中水的用途主要是城市污水再生利用分类中的城市杂用水类，城市杂用水包括绿化用水、冲厕、街道清扫、车辆冲洗、建筑施工、消防等，故 B 项正确；生活饮用水满足洗车用水要求，故 C 项正确；根据《建筑中水设计标准》4.2.1 条，消防水质应符合国家标准《城市污水再生利用 城市杂用水水质》GB/T 18920 的规定，故 D 项错误。

4.【14-上-60】 生活饮用水池的防污染措施，以下哪几项做法可行且可靠？
(A) 由水池顶部进水
(B) 水池采用独立结构形式
(C) 采用密闭人孔
(D) 水泵吸水管上安装过滤器

【解析】 选 BC。根据《建筑给水排水设计标准》3.3.4 条，可知 BC 项正确；A 选项还应满足空气间隙的要求；D 选项，安装过滤器只能过滤杂质，不能防止污染，不属于防污染措施。

5.【14-上-67】 下列关于管道直饮水系统的设置要求中，哪几项错误？
(A) 直饮水净化处理是在保留有益健康的物质前提下，去除有害物质
(B) 直饮水净化处理应去除有害物质，保障水质卫生安全
(C) 管道直饮水的循环系统可采用自然循环或机械循环
(D) 管道直饮水系统宜采用变频调速泵供水

【解析】 选 AC。根据《管道直饮水系统技术规程》4.0.4 条，可知 A 项错误；B 项为基本原则性要求，正确；根据 5.7.3 条，可知 C 项错误；根据 5.0.3 条，可知 D 项正确。

6.【16-下-63】 关于直饮水制备及水质防护措施，下列哪几项不正确？

(A) 集中式直饮水系统供回水管网循环周期不应超过 12h
(B) 直饮水管道系统中可选用与管道材料不同的管件
(C) 集中式直饮水处理站处理出水的余氯浓度为 0.01mg/L
(D) 集中式直饮水处理站处理出水的臭氧浓度不得大于 0.01mg/L

【解析】选 BD。依据《管道直饮水系统技术规程》5.0.9 条，直饮水在供配水系统中的停留时间不应超过 12h。故 A 正确。依据《管道直饮水系统技术规程》4.0.7 条，水处理消毒灭菌措施应符合：①采用臭氧消毒时，产品中臭氧残留浓度不应小于 0.01mg/L；②采用氯消毒时，产品中氯残留浓度不应小于 0.01mg/L。

7.【17-下-64】 下列关于管道直饮水系统的叙述，正确的是哪几项？
(A) 管道直饮水应对原水进行深度净化处理
(B) 管道直饮水系统必须独立设置
(C) 管道直饮水系统必须采用调速泵组直接供水
(D) 管道直饮水系统应设循环管道，其供回水管网应同程布置

【解析】选 ABD。依据《建筑给水排水设计标准》6.9.3 条，管道直饮水系统应满足下列要求：① 管道直饮水应对原水进行深度净化处理，其水质应符合国家现行标准《饮用净水水质标准》CJ 94 的规定；
② 管道直饮水水嘴额定流量宜为 0.04～0.06L/s，最低工作压力不得小于 0.03MPa；
③ 管道直饮水系统必须独立设置；
④ 管道直饮水宜采用调速泵组直接供水或处理设备置于屋顶的水箱重力式供水方式；
⑤ 高层建筑管道直饮水系统应竖向分区，各分区最低处配水且最不利配水点处的水压，应满足用水水压的要求；
⑥ 管道直饮水应设循环管道，其供、回水管网应同程布置，循环管网内水的停留时间不应超过 12h；从立管接至配水龙头的支管管段长度不宜大于 3m。

8.【18-上-65】 下列关于管道直饮水供水方式的叙述，哪几项正确？
(A) 管道直饮水供水既可采用加压供水方式，也可采用重力供水方式
(B) 当高层建筑管道直饮水供水采用竖向分区供水时，可采用减压阀分区供水方式
(C) 当高层建筑管道直饮水供水采用竖向分区供水时，应与生活给水系统的分区一致
(D) 当高层建筑管道直饮水供水采用竖向分区供水时，其分区压力要求与生活给水系统相同

【解析】选 AB。
选项 A，根据《建筑给水排水设计标准》第 6.9.3 条，管道直饮水宜采用调速泵组直接供水或处理设备置于屋顶的水箱重力式供水方式。
选项 B、C、D，根据规范第 6.9.3 条条文说明，高层建筑管道直饮水系统竖向分区，基本同生活给水分区。有条件时分区的范围宜比生活给水分区小一点，这样更有利于节水。分区的方法可采用减压阀，因饮水水质好，减压阀前可不加截污器。故选 AB。

9.【19-上-67】 下列关于直饮水水质防护设计或措施的叙述，哪几项是正确的？
(A) 不能循环的管道长度不宜超过 6m
(B) 供配水管道中的直饮水停留时间不应大于 12h

(C) 采用调速泵的供水系统，其调速泵可兼作循环泵

(D) 当供回水管网采用异程式时，应设有保证直饮水循环的措施

【解析】选 ABC。参见《建筑与小区管道直饮水系统技术规程》。

选项 A，根据规范第 5.0.13 条，不循环的支管长度不宜大于 6m。

选项 B，根据规范第 5.0.9 条，建筑与小区管道直饮水系统宜采用定时循环，供配水系统中的直饮水停留时间不应超过 12h。

选项 C，根据规范第 5.0.3 条，建筑与小区管道直饮水系统供水宜采用调速泵供水系统，调速泵可兼作循环泵。

选项 D，根据规范第 5.0.7 条，建筑与小区管道直饮水系统设计应设循环管道，供回水管网应设计为同程式。

第5章 建 筑 中 水

5.1 单项选择题

1.【10-上-32】 某住宅和宾馆各设有一套连续运行的中水处理设施,其原水为各自的综合排水。两者处理能力、处理工艺及出水水质完全相同。则下列两套设施接触氧化池气水比的叙述中正确的是哪项?
(A) 两套设施中接触氧化池所要求的气水比相同
(B) 设在宾馆的接触氧化池所要求的气水比较小
(C) 设在住宅的接触氧化池所要求的气水比较小
(D) 气水比应根据接触氧化池所采用的水力停留时间确定

【解析】选 B。参见《建筑中水设计标准》6.2.8 条和表 3.1.7。

接触氧化池曝气量可按 BOD_5 的去除负荷计算,宜为 $40\sim80m^3/kg\ BOD_5$,杂排水取低值,生活污水取高值。

由于住宅中粪便污水所占比例比宾馆大,所以住宅的气水比要比宾馆大。

2.【11-上-40】 已知中水处理水量为 $240m^3/d$,中水原水为洗浴废水,接触氧化池中采用悬浮填料,中水处理设施连续运行,填料的装填体积至少为多少?
(A) $120m^3$ (B) $60m^3$ (C) $7.5m^3$ (D) $5m^3$

【解析】选 D。参见《建筑中水设计标准》。

3.【11-下-40】 中水水量平衡计算时,如中水原水和中水回用水均不考虑其他水源补充,则设计原水量 Q_1、中水处理量 Q_2、中水回用水量 Q_3 三者之间的关系,下列哪项错误?
(A) $Q_1 > Q_2$ (B) $Q_1 > Q_3$ (C) $Q_2 > Q_1$ (D) $Q_2 > Q_3$

【解析】选 C。

4.【12-上-39】 下列有关建筑中水的叙述中,哪项错误?
(A) 中水的水量平衡是针对平均日用水量进行计算
(B) 中水供应设施的水池(箱)调节容积应按最高日用水量设计
(C) 中水供水系统和中水设施的自来水补水管道上均应设计量装置
(D) 中水原水和处理设施出水满足系统最高日用水量时可不设补水设施

【解析】选 D。参见《建筑中水设计标准》5.5 节及 4.1.4 条,可知原水水量要折算成平均日水量,所以 A 项正确;参见该标准 5.4.11 条可知 D 错误(规范是"应设置",参见条文解释,其是一种应急设施,即使最高日满足要求也要设置,以防设备检修时停水);参见该标准 5.4.1 条,可知 C 项正确;对于选项 B,参见该标准 5.5.8 条及其条文解释"中水贮存池的容积即能满足处理设备运行时的出水量有处存放,又能满足中水的任何用量时均能有水供给",要满足"任何用量"必须用最高日用水量为基数进行计算。

5.【12-下-40】下列关于中水处理和其水质要求的说法中,哪项正确?
(A) 中水用于景观水体时可不进行消毒以免伤害水中鱼类等生物
(B) 当住宅区内的中水用于植物滴灌时,可不做消毒处理
(C) 当中水用于冲厕时,其水质应符合有关国家标准的规定
(D) 中水用于多种用途时,处理工艺可按用水量最大者的水质要求确定

【解析】选C。参见《建筑中水设计标准》第6.2.17条,可知AB项错误;参见该标准4.2.1条可知C项正确;参见该标准4.2.6条可知D项错误。

6.【13-上-40】根据各类建筑排水(作为中水原水)水质,下列其中水处理难度、费用排序中(处理难度由难至易,费用由高至低),哪项正确?
(A) 宾馆＞营业餐厅＞住宅＞办公楼
(B) 营业餐厅＞住宅＞办公楼＞宾馆
(C) 住宅＞宾馆＞办公楼＞营业餐厅
(D) 办公楼＞营业餐厅＞宾馆＞住宅

【解析】选B。《建筑中水设计标准》各类建筑物各种排水的污染浓度可参照表3.1.7确定。

7.【13-下-40】下列关于建筑中水处理工艺设计的叙述中,哪项错误?
(A) 当采用生活污水水源时,宜设置二段生物处理
(B) 当采用优质杂排水水源时,可采用物化处理工艺
(C) 当中水处理规模很小时,其产生的污泥可排入化粪池处理
(D) 当中水仅用于景观用水和浇洒道路时,其消毒工艺可只设置紫外线消毒

【解析】选D。

A项正确,参见《建筑中水设计标准》6.1.3条,当以含有粪便污水的排水作为中水原水时,宜采用二段生物处理与物化处理相结合的处理工艺流程;

B项正确,参见《建筑中水设计标准》6.1.2条,当以优质杂排水或杂排水作为中水原水时,可采用以物化处理为主的工艺流程,或采用生物处理和物化处理相结合的工艺流程;

C项正确,参见《建筑中水设计标准》6.1.7条,中水处理产生的沉淀污泥、活性污泥和化学污泥,当污泥量较小时,可排至化粪池处理,当污泥量较大时,可采用机械脱水装置或其他方法进行妥善处理;

D项错误,需要增设长效消毒剂。

8.【14-上-40】下列关于中水水质的分析与比较中,哪项不正确?
(A) 沐浴废水有机物的污染程度:住宅＞宾馆＞公共浴室
(B) 同一类建筑生活污废水有机物的污染程度:厨房＞洗衣＞沐浴
(C) 综合污水SS的污染程度:营业餐厅＞住宅＞宾馆
(D) 生活污水的可生化程度:洗衣＞沐浴＞厨房

【解析】选D。根据《建筑中水设计标准》3.2.5条,生活污水的可生化程度根据其有

机物的污染程度得出。

9.【16-上-40】 下列有关建筑中水系统水量平衡措施的描述，哪项错误？
(A) 原水调节池是用来调节原水量与处理量之间水量平衡的
(B) 溢流会造成水的浪费，故选择水量平衡措施时不得采用溢流的方式
(C) 通过自动控制合理调整处理设备的运行时间是水量平衡措施之一
(D) 中水贮水池设置自来水补水管也是水量平衡措施之一

【解析】选 B。依据秘书处教材《建筑给水排水工程》P319，当原水量出现瞬时高峰或中水用水发生短时间中断等情况时，溢流是水量平衡原水量与处理水量的手段之一。故 B 错误。

10.【17-上-40】 下列关于建筑中水水源选择的叙述中，哪项正确？
(A) 综合医院污水作为中水水源，经消毒后可用于洗车
(B) 以厨房废水作为中水水源时，应经隔油处理后方可进入中水原水系统
(C) 比较某校区的教学楼、公共浴室作为中水水源，在平均日排水量相同的情况下，宜优先选择教学楼
(D) 传染病医院雨水作为中水水源，经消毒后达成城市绿化水质标准时，可用于绿化浇洒

【解析】选 B。依据《综合医院建筑设计规范》6.8.1 条，医疗污水排放应符合现行国家标准《医疗机构水污染物排放标准》GB 18466 的有关规定，并应符合"医疗污水不得作为中水水源"的要求。依据《城镇给水排水技术规范》5.2.2 条，重金属、有毒有害物质超标的污水、医疗机构污水和放射性废水严禁作为再生水水源。故 A 错误。

依据《建筑中水设计标准》5.2.5 条，当有厨房排水等含油排水进入原水系统时，应经隔油处理后，方可进入原水集水系统。故 B 正确。

依据《建筑中水设计标准》3.1.3 条，建筑物中水水源可选择的种类和选取顺序为：①卫生间、公共浴室的盆浴和淋浴等的排水；②盥洗排水；③空调循环冷却系统排污水；④冷凝水；⑤游泳池排污水；⑥洗衣排水；⑦厨房排水；⑧冲厕排水。故 C 错误。

依据《建筑中水设计标准》3.1.6 条，传染病医院、结核病医院污水和放射性废水，不得作为中水水源。故 D 错误。

11.【18-上-40】 下列关于城市污水再生水回用的水质要求，哪项正确？
(A) 城市杂用水对铁和锰含量有限制要求
(B) 冲厕用水的化学需氧量不允许高于 10mg/L
(C) 绿化和消防用水水质应按消防用水水质标准确定
(D) 景观用水对水中悬浮物无限制要求

【解析】选 B。参见《城市污水再生利用 城市杂用水水质》GB/T 18920。

12.【18-下-40】 下列关于雨水水质处理工艺的选择，哪项正确？
(A) 雨水的主要污染物控制指标是 COD、BOD_5 和 SS
(B) 雨水处理产生的污泥应采用机械脱水
(C) 雨水处理应采用氯片或其他氯消毒剂
(D) 雨水回用处理工艺可采用物理法、化学法或组合工艺

【解析】选 D。参见《建筑与小区雨水控制及利用工程技术规范》GB 50400。选项 A 错误，污染控制指标为 COD、SS。选项 B 错误，根据规范第 8.0.11 条条文说明，一般考虑简单的处置方式即可，可采用堆积脱水后外运等方法，一般不需要单独设置污泥处理构筑物。选项 C 错误，根据规范第 8.1.10 条，回用雨水的水质应根据雨水回用用途确定，当有细菌学指标要求时，应进行消毒；绿地浇洒和水体宜采用紫外线消毒。选项 D 正确，根据规范第 8.1.4 条，收集回用系统处理工艺宜采用物理法、化学法或多种工艺组合。

13.【19-上-40】下列关于建筑中水水源选择的叙述，哪项不正确？
(A) 民用建筑排水均可作为中水水源
(B) 当采用建筑小区生活废水作为中水水源时，可不经化粪池处理而直接进入中水原水系统
(C) 当采用小区住宅厨房废水作为中水水源时，可不经隔油池处理而直接进入中水原水系统
(D) 当采用污水厂二级处理后的尾水作为中水水源时，需经进一步处理后方可作为冲厕、洗车等用水

【解析】选 A。根据《建筑中水设计标准》第 3.1.6 条，下列污水严禁作为中水原水：(1) 医疗污水；(2) 放射性废水；(3) 生物污染废水；(4) 重金属及其他有毒有害物质超标的排水。

5.2 多项选择题

1.【10-下-64】下列关于中水水质的叙述中，哪几项不符合我国现行中水水质标准要求？
(A) 城市杂用水和景观环境用水的再生水水质指标中对总氮无要求
(B) 中水用于消防、建筑施工时，其水质应按消防用水水质要求确定
(C) 城市杂用水水质指标中对水的含油量无要求
(D) 与城市杂用水其他用途相比，冲厕用水对阴离子表面活性剂的要求最严格

【解析】选 AD。参见《技术措施》第 314 页及附录 H-3、H-4。A 项不符合相关规范的事实，B 项符合事实，C 项符合事实。D 项不符合事实，车辆冲洗对阴离子表面活性剂要求最严格。

2.【11-上-67】中水处理系统由下列哪几部分组成？
(A) 预处理   (B) 主处理
(C) 后处理   (D) 回用系统

【解析】选 ABC。参见《建筑中水设计标准》6.1.1 条说明，中水处理工艺按组成段可分为预处理、主处理及后处理部分。

3.【12-上-66】居住区公用绿地浇洒采用中水时，下列哪些污水可作为中水水源？
(A) 结核病防治所污水   (B) 营业餐厅的厨房污水
(C) 经消毒的综合医院污水   (D) 办公楼粪便污水

【解析】选 BD。参见《建筑中水设计标准》3.1.3 条可知 BD 项正确。

4.【13-上-66】 下列关于建筑中水水源选择的叙述中，哪几项正确？
(A) 医院排放的生活排水均可作为中水水源
(B) 以生活污水作为中水水源时，应经化粪池处理后方可进入中水原水系统
(C) 以厨房废水作为中水水源时，应经隔油池处理后方可进入中水原水系统
(D) 采用城镇污水厂二级处理后的出水作为中水水源时，不需要再处理而直接用于道路浇洒和绿地喷灌

【解析】选 BC。参见《建筑中水设计标准》。

A 错误，参见 3.1.6 条，传染病医院、结核病医院污水和放射性废水，不得作为中水水源；

B 正确，参见 6.2.2 条，以生活污水为原水的中水处理工程，应在建筑物粪便排水系统中设置化粪池，化粪池容积按污水在池内停留时间不小于 12h 计算；

C 正确，参见 6.1.2 条文说明，对于杂排水因包括厨房及清洗污水，水质含油，应单独设置有效的隔油装置，然后与优质杂排水混合进入中水处理设备，一般也采用一段生物处理流程，但在生物反应时间上应比优质杂排水适当延长；

D 错误，参见 3.2.5 条，当城市污水处理厂出水达到中水水质标准时，建筑小区可直接连接中水管道使用；当城市污水处理厂出水未达到中水水质标准时，可作为中水原水进一步处理，达到中水水质标准后方可使用。

5.【14-上-70】 下列关于建筑中水处理设计，哪几项正确？
(A) 建筑中水处理应在前段设置化粪池进行预处理
(B) 优质原水调节池可以代替二次沉淀池
(C) 小规模建筑中水处理系统产生的污泥允许排入化粪池处理
(D) 建筑中水处理可采用土地处理和曝气生物滤池处理

【解析】选 CD。根据《建筑中水设计标准》6.2.2 条，可知 A 项错误；根据 6.1.2 条，可知 B 项错误；根据 6.1.8 条，可知 C 项正确；根据 6.1.3 条，可知 D 项正确。

6.【16-上-70】 下列有关建筑中水处理系统设计要求的描述中，哪几项错误？
(A) 原水为优质杂排水时，可不设格栅
(B) 原水为生活污水时，一般应设一道格栅
(C) 原水为杂排水时，设置原水调节池后可不再设初次沉淀池
(D) 原水为洗浴排水时，污水泵吸水管上设置毛发聚集器后，处理系统可取消格栅

【解析】选 ABD。依据《建筑中水设计标准》条文说明 6.2.3，中水工程采用的格栅与污水处理厂用的格栅不同，中水工程一般只采用中、细两种格栅，并将空隙宽度改小，本规范取中格栅 10~20mm，细格栅 2.5m。当以生活污水为中水原水时，一般应设计中、细两道格栅；当以杂排水为中水原水时，由于原水中所含的固形颗粒物较小，可只采用一道格栅。故 A、B 错误。依据《建筑中水设计标准》6.2.4 条，以洗浴（涤）排水为原水的中水系统，污水泵吸水管上应设置毛发聚集器。本条并未说明可以取消格栅，故 D 错误。

7.【17-上-70】 下列关于建筑中水处理工艺设计的叙述中，哪几项错误？
(A) 不论采用哪种中水处理工艺，均应设置原水调节构筑物
(B) 中水处理产生的污泥，当污泥量较大时，可直接排至化粪池处理

(C) 当原水为优质杂排水时，设置调节池后可不再设初次沉淀池
(D) 建筑物内部的小型中水处理站，宜优先采用液氯消毒

【解析】选 BD。依据《建筑中水设计标准》条文说明 6.1.1 可知选项 A 正确。

依据《建筑中水设计标准》6.1.8 条，中水处理产生的沉淀污泥、活性污泥和化学污泥，当污泥量较小时，可排至化粪池处理；当污泥量较大时，可采用机械脱水装置或其他方法进行妥善处理。故 B 错误。

依据《建筑中水设计标准》6.1.2 条可知选项 C 正确。

依据《建筑中水设计标准》6.2.19 条，中水消毒应符合下列要求：消毒剂宜采用次氯酸钠、二氧化氯、二氯异氰尿酸钠或其他消毒剂；当处理站规模较大并采取严格的安全措施时，可采用液氯作为消毒剂，但必须使用加氯机。故 D 错误。

8.【18-下-70】下列关于中水水量平衡的说法，哪几项不正确？
(A) 中水贮水池用于调节处理量与中水用量之间的平衡
(B) 原水调节池用于调节原水量与中水用量之间的平衡
(C) 原水调节池用于调节最高日中水用量与平均日中水用量之间的平衡
(D) 中水贮水池用于调节最高日中水用量与平均日中水用量之间的平衡

【解析】选 BCD。根据《建筑中水设计标准》第 5.3.2 条，中水系统中应设调节池（箱）；调节池（箱）的调节容积应按中水原水量及处理量的逐时变化曲线求算。规范第 5.3.3 条，中水贮水池（箱）的调节容积应按处理量及中水用量的逐时变化曲线求算。

9.【19-上-70】下列关于中水系统原水、中水水质的叙述，哪几项是不正确的？
(A) 对于住宅的优质杂排水，盥洗排水水质优于淋浴排水水质
(B) 旅馆生活排水系统的综合排水水质优于住宅生活排水系统的综合排水水质
(C) 当中水同时用于冲厕、绿化、洗车时，中水水质应按洗车用水水质标准确定
(D) 当中水用于供暖、空调循环水系统补充水时，中水水质应符合其循环水水质标准

【解析】选 AD。根据《建筑中水设计标准》表 3.1.6，住宅的淋浴排水水质优于盥洗槽排水水质，故选项 A 错误，B 正确。根据《建筑中水设计标准》第 4.2.1 条的条文说明表 5，冲厕、绿化、洗车，其中对水质要求最高的为洗车用水，故选项 C 正确。根据《建筑中水设计标准》第 4.2.3 条，中水用于供暖、空调系统补充水时，其水质应符合现行国家标准《采暖空调系统水质》GB/T 29044 的规定，故选项 D 错误。

10.【19-下-70】下列关于建筑中水处理工艺设计的叙述，哪几项正确？
(A) 无论采用何种处理工艺，均要求设置格栅和调节构筑物
(B) 中水处理设施设计处理能力应按平均日中水设计用水量确定
(C) 当采用膜处理或自然处理工艺时，其前端均应设置预处理工艺
(D) 当沉淀池采用斜板（管）沉淀池或竖流式沉淀池时，其排泥宜采用静压排泥方式

【解析】选 ACD。详见《建筑中水设计标准》。选项 A 参见标准第 6.1.2 条。选项 B 参见第 5.3.3 条，中水处理设施设计处理能力应按最高日中水用水量确定。选项 C，膜处理工艺流程参见标准第 6.1.2 条 3 款，自然处理工艺流程参见第 6.1.3 条第 4 款。选项 D，根据标准第 6.2.7 条第 3 款，沉淀池宜采用静水压力排泥，静水头不应小于 1.5m，排泥管直径不宜小于 80mm。

第6章 小区给水排水

6.1 单项选择题

6.1.1 小区给水

1.【17-上-26】 再设计节水型居住小区时,需计算年绿化浇灌用水量及平均日浇灌用水量。该小区室外绿地面积 13000m², 采用冷季型草坪,二级养护,其年绿化浇灌用水量(m³)及平均日浇灌用水量(m³)为下列哪项?

注:平均日浇灌定额 q_l 取 2L/(m²·d)。

(A) 3640;26 (B) 9490;26
(C) 3640;10 (D) 3640;13

【解析】 选 A。依据《民用建筑节水设计标准》5.1.8 条,绿化灌溉的年用水量应按本标准表 3.1.6 的规定确定,平均日喷灌水量 W_{id} 应按下式计算:$W_{id}=0.001 q_l x F_l$。定额可按表 3.1.6 的规定确定。

浇洒草坪、绿化年均灌水定额(m³/m²·a)   表 3.1.6

草坪种类	灌水定额		
	特级养护	一级养护	二级养护
冷季型	0.66	0.50	0.28
暖季型	—	0.28	0.12

因此可得:

$$年绿化浇灌用水量 = 0.28 \times 13000 = 3640 \ m^3$$
$$平均日浇灌用水量 = 2 \times 13000 \div 1000 = 26 m^3$$

2.【17-上-28】 某大型居住小区,用水定额 180L/人·d,时变化系数 2.5,每户按 3.5 人计,平均每户给水当量 N_g 为 4,小区服务人数约 8500 人,生活泵房集中设置,地面以上住宅部分由一套变频调速泵组供水,该套泵组的总出水量应按下列哪项选定?

(A) 系统的平均时用水量
(B) 系统的最高日用水量
(C) 系统的最大时用水量
(D) 系统的设计秒流量

【解析】 选 C。计算可得:$q_l K_h = 180 \times 2.5 = 450$,每户 $N_g = 4$,查《建筑给水排水设计标准》表 3.13.4 可知对应人数为 7900 人。本题中 8500>7900,依据《建筑给水排水设计标准》3.13.4 条,服务人数大于表 3.13.4 中数值的给水干管,住宅应按计算最大时用水量为管段流量。

3.【17-下-28】 某小区从市政给水管道引入 2 根给水管,在引入管上加设倒流防止器,并在小区形成室外给水环管,以下哪些做法是正确的?

① 从小区室外给水环管上接出 DN100 给水管,设置阀门和倒流防止器后供水至小区低区集中水加热器;

② 从小区室外给水环管上接出室外消火栓的管道上不设置倒流防止器;

③ 从小区室外给水管网上接出绿化用自动升降式绿地喷灌系统给水管上不设置防倒流污染装置;

④ 从小区室外给水环管接至地下消防水池补水管,其进水口最低点高于溢流边缘的空气间隙为 200mm。

(A) ①③　　　(B) ②④　　　(C) ①④　　　(D) ②③

【解析】选 B。依据《建筑给水排水设计标准》3.13.8 条,给水管道的下列管段上应设置止回阀:密闭的水加热器或用水设备的进水管上。故做法①错误。

依据《建筑给水排水设计标准》条文说明 3.13.7:"第 1 款中接出消防管道不含室外生活饮用水给水管道接出的室外消火栓那一段短管"。故做法②正确。

依据《建筑给水排水设计标准》3.13.9 条,从小区或建筑物内生活饮用水管道上直接接出下列用水管道时,应在这些用水管道上设置真空破坏器:不含有化学药剂的绿地等喷灌系统,当喷头为地下式或自动升降式时,在其管道起端。故做法③错误。

依据《建筑给水排水设计标准》3.13.6 条,从生活饮用水管网向消防、中水和雨水回用等其他用水的贮水池(箱)补水时,其进水管口最低点高出溢流边缘的空气间隙不应小于 150mm。故做法④正确。

4. 【18-下-25】根据下表给出的水量,不计入小区正常用水量的水量是多少?

用水量\分类	住宅	商业办公楼	物业办公楼	幼儿园	绿化	室外消火栓	自动喷水灭火系统
最高日用水量 (m³)	1200	40	2.5	12	8	216	108

(A) 40m³　　　(B) 48m³　　　(C) 108m³　　　(D) 324m³

【解析】选 D。根据《建筑给水排水设计标准》第 3.13.17 条,消防用水量仅用于校核管网计算,不计入正常用水量。

5. 【18-下-26】下列有关节水系统设计的叙述中,错误的是哪项?

(A) 生活给水系统应充分利用城镇供水管网的水压直接供水

(B) 设有热水供应的系统应有保证用水点处冷、热水供水压力平衡的措施

(C) 设有中水、雨水回用给水系统的建筑,给水调节池或水箱清洗时排出的废水、溢流水应排至市政雨水管网

(D) 集中热水供应系统,应采用机械循环,保证干管、立管或干管、立管和支管中的热水循环

【解析】选 C。参见《民用建筑节水设计标准》GB 50555。

第 4.2.1 条,设有市政或小区给水、中水供水管网的建筑,生活给水系统应充分利用城镇供水管网的水压直接供水。

第 4.2.2 条，设有中水、雨水回用给水系统的建筑，给水调节水池或水箱清洗时排出的废水、溢水宜排至中水、雨水调节池回收利用。

第 4.2.3 条，热水供应系统应有保证用水点处冷、热水供水压力平衡的措施。

第 4.2.4 条，热水供应系统应按下列要求设置循环系统：(1) 集中热水供应系统，应采用机械循环，保证干管、立管或干管、立管和支管中的热水循环；……。

6.【19-下-26】 下列关于住宅小区建筑给水系统设计的叙述中，描述正确的是哪项？
(A) 小区的室外给水系统，其水量、水压应满足小区内全部用水的要求
(B) 住宅小区配建幼儿园用水，按平均时用水量计入室外给水管道的节点流量
(C) 住宅小区的室内外给水管网均应布置成环状管网
(D) 室外生活、消防合用给水管道管径应由计算确定，且最小管径不得小于 DN150

【解析】选 B。详见《建筑给水排水设计标准》。

选项 A，根据标准第 3.13.2 条，小区的室外给水系统，水压满足最不利配水点的水压要求，并可以二次加压。

选项 B，根据标准第 3.13.7 条第 3 款，正确。

选项 C，根据标准第 3.5.1 条，小区的室外给水管网宜布置成环状网，或与城镇给水管连接成环状网；根据规范第 3.13.6 条，室内生活给水管道宜布置成支状管网，单向供水。

选项 D，根据标准第 3.13.8 条，设有室外消火栓的室外给水管道，管径不得小于 100mm。

6.1.2 小区排水

1.【11-上-38】 居住小区生活排水流量应按下列哪种方法计算？
(A) 住宅生活排水最大小时流量＋公共建筑生活排水最大小时流量
(B) 住宅生活排水设计秒流量＋公共建筑生活排水设计秒流量
(C) 住宅生活排水平均小时流量＋公共建筑生活排水平均小时流量
(D) 住宅生活排水最高日平均秒流量＋公共建筑生活排水最高日平均秒流量

【解析】选 A。参见《建筑给水排水设计标准》第 4.10.5 条，居住小区内生活排水的设计流量应按住宅生活排水最大小时流量与公共建筑生活排水最大小时流量之和确定。

2.【14-上-38】 某小区占地面积为 12000m²，其中混凝土路面 2400m²，绿地 7200m²，块石路面 1200m²，非铺砌路面 1200m²，则该小区地面综合径流系数应为下列哪项？
(A) 0.15　　(B) 0.36　　(C) 0.49　　(D) 0.90

【解析】选 B。根据《建筑给水排水设计标准》5.3.13 条，各种汇水面积的综合径流系数应加权平均计算。则有：(2400×0.9＋7200×0.15＋1200×0.6＋1200×0.3)/12000＝0.36。

3.【16-上-39】 设计居住小区的生活排水调节池时，其调节池有效容积应按不大于下列哪项计算？
(A) 其最大时的生活污水量　　(B) 其平均时 6 小时的生活污水量
(C) 其平均时 12 小时的生活污水量　　(D) 其 24 小时的生活污水量

【解析】选 B。依据《建筑给水排水设计标准》4.10.20 条，生活排水调节池的有效容积不得大于 6h 生活排水平均小时流量。故 B 正确。

4.【19-下-36】 确定小区生活排水管道最小覆土深度时，无影响的是哪项？
(A) 出户管管径　　　　　　　　(B) 冰冻线深度
(C) 管材类型　　　　　　　　　(D) 顶部荷载

【解析】选 A。详见秘书处教材《建筑给水排水工程》P302，小区排水管道的最小覆土深度应根据道路行车等级、管材受压强度、地基承载力、内排出管的埋深、土壤冰冻深度、管顶所受动荷载情况等经计算确定。

6.1.3　游泳池

1.【10-下-28】 选择游泳池循环给水方式的叙述中，哪项是错误的？
(A) 顺流式循环给水方式不再适用于竞赛游泳池
(B) 游泳池采用混流式循环给水方式时，宜设置平衡水池
(C) 游泳池宜按池水连续 24h 循环进行设计
(D) 游乐池池水水面标高不同的多个池子共用一个循环净化系统时，各池进水管上应设控制阀门

【解析】选 B。A 项见《游泳池给水排水技术规程》4.3.2-1 条："竞赛和训练游泳池的池水，团体专用游泳池，应采用逆流式或混合流式池水循环方式"；B 项见《游泳池给水排水技术规程》4.8.4 条："池水采用逆流式和混流式循环时，应设置均衡水池"；C 项见《游泳池给水排水技术规程》4.3.4 条："池水循环宜按连续 24 小时循环进行设计"注意该说法并不意味着循环周期是 24 小时；D 项见《游泳池给水排水技术规程》4.1.4 条："水上游乐池采用多座互不连通的池子，不连通的池子共用一套池水循环净化系统时，应符合下列规定：1. 净化后的池水应经过分水装置分别接至不同用途的游乐池；2. 应有确保每个池子的循环水流量、水温的设施。"

2.【11-下-27】 游泳池运行过程中需要加热时，其设计耗热量应以下列哪项为计算依据？
(A) 池水表面蒸发损失热量的 1.2 倍与补充新鲜水加热所需热量之和
(B) 池水初次加热时所需的热量
(C) 游泳池溢流水和过滤设备反冲洗时排水损失的热量
(D) 池水表面蒸发损失热量、补充新鲜水加热需热量、管道和池壁损失热量之和

【解析】选 D。参见《游泳池给水排水工程技术规程》7.2.1 条。池水加热所需热量应为下列各项耗热量的总和：
1. 池水表面蒸发损失的热量；
2. 池壁和池底传导损失的热量；
3. 管道和净化水设备损失的热量；
4. 补充新鲜水加热需要的热量。

3.【12-上-28】 露天游泳池一般适合采用下列哪种消毒剂？
(A) 液氯　　　　　　　　　　　(B) 次氯酸钠

(C) 臭氧 (D) 二氯尿氰酸钠

【解析】选 D。参见《游泳池给水排水工程技术规程》6.5.2 条可知 D 项正确。

4.【13-上-28】 某宾馆公共游泳池分为成人区和儿童区，每日开放 10h，下列关于该游泳池池水循环净水系统的设计，哪项正确？
(A) 游泳池成人区、儿童区共用循环系统，每天循环次数为 7 次
(B) 游泳池成人区、儿童区共用循环系统，每天循环次数为 5 次
(C) 游泳池成人区、儿童区分设循环系统，每天循环次数分别为 2 次、5 次
(D) 游泳池成人区、儿童区分设循环系统，每天循环次数分别为 1 次、5 次

【解析】选 C。参见《游泳池给水排水工程技术规程》4.4.1 条注，池水的循环次数可按每日使用时间与循环周期的比值确定。成人次数为 10/（4~6）=2.5~1.67；儿童为：10/（1~2）=10~5。

5.【14-上-28】 对于游泳池的净化处理工艺，下列哪种说法不正确？
(A) 硅藻土过滤器的过滤精度优于石英砂过滤
(B) 游泳池可利用市政自来水进行反冲洗
(C) 利用游泳池水进行反冲洗有利于改善游泳池水质
(D) 过滤器反冲洗水泵应设置备用泵

【解析】选 D。根据《游泳池给水排水工程技术规程》4.6.2 条，过滤器反冲洗水泵，宜采用循环水泵的工作水泵与备用水泵并联的工况设计。并未要求设置备用泵。

6.【14-下-28】 下列关于游泳池池水循环净化工艺的说法中，哪项不正确？
(A) 硅藻土过滤为低速过滤
(B) 硅藻土过滤可免投混凝剂
(C) 儿童游泳池的循环周期不应大于 2h
(D) 石英砂过滤器宜采用气、水组合反冲洗

【解析】选 D。根据《游泳池给水排水工程技术规程》5.7.1 条文解释，过滤器的直径小于 1600mm 时，采用水反洗效果好，故 D 不正确。

7.【16-上-29】 下列哪项游泳池宜采用全流量半程式臭氧辅以氯的消毒系统？
(A) 训练游泳池 (B) 竞赛游泳池
(C) 会员制游泳池 (D) 私人游泳池

【解析】选 B。依据《游泳池给水排水工程技术规程》6.2.4 条，根据游泳池的类型和使用要求，游泳负荷经常保持满负荷或可能出现超负荷竞赛用和公众用的公共游泳池，宜采用全流量半程式臭氧辅以氯的消毒系统。该条的条文说明中：竞赛游泳池一般赛后多数对社会公众开放，其游泳负荷因休息日会有较大波动，且人员构成复杂，防止交叉感染不容忽视，故推荐臭氧辅以氯制品消毒剂的消毒方式。

8.【17-上-27】 某游泳池池水采用逆流式循环，其设置的均衡水池池内最高水位应低于游泳池溢流回水管管底的最小距离（mm），是下列哪项？
(A) 0 (B) 300 (C) 500 (D) 700

【解析】选 B。均衡水池的构造应符合：均衡水池内最高水面应低于游泳池溢流回水

管管底不小于 300mm。

9.【17-下-26】 以下哪项不是游泳池循环水工艺所必要的净化处理？
(A) 过滤　　(B) 加热　　(C) 消毒　　(D) 加药

【解析】选 B。依据《建筑给水排水设计规范》3.9.7 条，循环水应经过滤、加药和消毒等净化处理，必要时还应进行加热。

10.【18-下-27】 某水上乐园游乐池采用混合流式池水循环方式，其循环水量 500m³/h，则通过池表面溢流的最小回水量是下列哪项？
(A) 200m³/h　　(B) 250m³/h　　(C) 300m³/h　　(D) 350m³/h

【解析】选 C。根据《游泳池给水排水工程技术规程》第 4.3.3 条，混合流式池水循环应符合下列规定：从池表面溢流的回水量不得小于循环水量的 60%。

11.【18-下-28】 某国家级训练游泳池采用如下的循环水处理工艺，下列哪道工序是错误的？
(A) 自动投加絮凝剂
(B) 石英砂压力罐快速过滤
(C) 板式换热器加热
(D) 次氯酸钠消毒

【解析】选 D。根据《游泳池给水排水工程技术规程》第 6.1.3 条，游泳池的消毒剂和消毒方式，应根据使用性质和使用要求确定，并符合下列要求：世界级和国家级竞赛、训练游泳池应采用臭氧或臭氧-氯联合消毒。

12.【19-上-28】 关于公共浴场和游泳池场馆给排水设计，以下说法正确的是哪项？
(A) 水上游乐池的滑道润滑水应与池水循环净化处理系统合并设置
(B) 混合流池水循环方式，池底回水口的回水应接入均衡水池
(C) 游泳池采用顺流式池水循环系统时，必须设置平衡水池
(D) 淋浴给水系统应与浴池给水系统分开设置

【解析】选 D。选项 A 见《游泳池给水排水工程技术规程》第 4.1.4 条第 1 款，应分开设置。选项 B 见《游泳池给水排水工程技术规程》第 4.3.3 条第 2 款，池底回水口的回水应接循环水泵。选项 C 见《游泳池给水排水工程技术规程》第 4.8.2 条，满足一定条件设平衡水池。选项 D 见《公共浴场给水排水工程技术规程》第 4.1.3 条，淋浴给水系统应与浴池给水系统和其他用水系统分开设置。

13.【19-下-28】 以下几种游泳池水消毒方式中，不正确的是？
(A) 采用负压方式在水过滤器后投加臭氧
(B) 在池水过滤净化工序后设置全流量工序的紫外线消毒设备
(C) 在池水净化过滤工序前设置无氯消毒工序的旁流消毒工艺
(D) 向池中直接注入氯消毒

【解析】选 D。详见《游泳池给水排水工程技术规程》。选项 A 参见规程第 6.2.4 条，关于臭氧投加的规定。选项 B 参见规程第 6.4.3 条，关于紫外线消毒器设置的规定。选项 C 参见规程第 6.6.1 条，关于加过氧化氢消毒的规定。选项 D 错误在于：根据规程第 6.3.3 条，严禁采用将氯消毒剂直接注入游泳池内的投加方式。

6.2 多项选择题

6.2.1 小区给水

1.【10-下-60】 以下哪几项不能作为计算居住小区给水设计用水量的依据？
(A) 居住小区给水设计最高日用水量应包括消防用水量
(B) 居住小区给水设计最高日用水量包括居住小区内的公共建筑用水量
(C) 居住小区给水的未预见水量按最高日用水量的10%～15%计
(D) 居住小区内重大公用设施的用水量应由某管理部门提出

【解析】选 ACD。此题为常识题。A 项见《建筑给水排水设计标准》3.13.4 条和 3.13.9 条；C 项"漏损＋未预见"两项取最高日用水量的10%～15%；D 项见《技术措施》2.4.1-3 条，或者是《建筑给水排水设计规范》3.13.4 条："居住小区内的公用设施用水量，应由该设施的管理部门提供用水量，……"。

2.【17-下-60】 以下作为节点流量计入居住小区的室外生活给水管道设计流量的表述哪几项正确？
(A) 居住小区内的绿化用水、道路洒水以平均时用水量计算节点流量
(B) 居住小区内的幼儿园、物业管理以最大时用水量计算节点流量
(C) 居住小区内配套的健身中心、商铺按设计秒流量还是按最大时用水量计算节点流量是由居住小区内服务人数决定的
(D) 居住小区内住宅应按设计秒流量计算节点流量

【解析】选 AC。依据《建筑给水排水设计标准》3.13.4 条，居住小区的室外给水管道的设计流量应根据管段服务人数、用水定额及卫生器具设置标准等因素确定，并应符合下列规定：
① 服务人数小于等于表3.13.4中数值的室外给水管段，居住小区内配套的文体、餐饮娱乐、商铺及市场等设施应按规定计算节点流量。
② 服务人数大于表3.13.4中数值的给水干管，住宅应按规定计算最大时用水量为管段流量；居住小区内配套的文体、餐饮娱乐、商铺及市场等设施的生活给水设计流量，应按最大时用水量为节点流量。
③ 居住小区内配套的文教、医疗保健、社区管理等设施，以及绿化和景观用水、道路及广场洒水、公共设施用水等，均以平均时用水量计算节点流量。
注：凡不属于小区配套的公共建筑均应另计。

3.【18-下-59】 新建小区，从用地不同侧道路的市政给水管道上分别接出一根 DN150 引入管进入用地红线后，形成环状管网。低区由市政管网直接供水，高区为集中二次加压供水。以下哪几项防污染措施可以不设？
(A) 高区水泵加压供水的集中热水系统的容积式水加热器进水管上设置倒流防止器
(B) 小区的两根引入管上均设置倒流防止器
(C) 由小区室外给水管网接出绿化灌溉系统（无化学药剂）自动升降式喷头，其管段起始端设置真空破坏器

(D) 由小区室外给水管网接出室外消火栓管的起始端设置倒流防止器

【解析】选 AD。参见《建筑给水排水设计规范》3.13.6 条。

从给水饮用水管道上直接供下列用水管道时，应在这些用水管道的下列部位设置倒流防止器：（1）从城镇给水管同的不同管段接出两路及两路以上的引入管，且与城镇给水管形成环状管网的小区或建筑物，在其引入管上；……（3）利用城镇给水管网水压且小区引入管无倒流防止设施时，向商用的锅炉、热水机组、水加热器、气压水罐等有压容器或密闭容器注水的进水管上。

从小区或建筑物内生活饮用水管道系统上接至下列用水管道或设备时应设置倒流防止器：（1）单独接出消防用水管道时，在消防用水管道的起端；……。本条条文说明：第（1）款中接出消防管道不含室外生活饮用水给水管道接出的室外消火栓那一段短管。

不含有化学药剂的绿地等喷灌系统，当喷头为地下式或自动升降式时，在其管道起端设置真空破坏器。

6.2.2　小区排水

【18-上-70】下列关于雨水回用供水系统的设计要求，哪几项不正确？
(A) 以防水质污染，生活饮用水不得作为雨水供应系统的补水
(B) 雨水利用系统的补水量不应小于供水管网设计秒流量
(C) 雨水回用供水系统的设计流量应按雨水可收集量确定
(D) 雨水回用供水管网应覆盖水量计算的所有用水部位

【解析】选 ABC。

选项 A，根据《建筑与小区雨水控制与利用工程技术规范》第 7.3.4 条，可以采用生活饮用水补水。

选项 B，根据规范第 7.3.3 条条文说明，补水流量不应小于最大时流量。

选项 C，根据规范第 7.3.6 条，按《建筑给水排水设计规范》的相关规定。

选项 D，根据规范第 7.3.2 条，雨水回用供水管网应覆盖水量计算的用水部位。

6.2.3　游泳池

1.【10-下-61】下述有关游泳池池水及泄水管安装的要求中，哪几项是正确的？
(A) 竞赛游泳池初次充水时间不超过 48h
(B) 游泳池初次加热池水的时间不超过 48h
(C) 游泳池泄水口重力泄水时，泄水管不得与排水管道连接
(D) 游泳池最小补充水量应以保证 15d 内池水全部更新一次计算

【解析】选 ABC。参考《游泳池和水上游乐池给水排水设计规程》4.3.1 条、4.3.2 条、9.2.2 条、14.3.3 条。

2.【11-下-61】以下关于游泳池补水的叙述中，哪几项正确？
(A) 大型公共游泳池采用生活饮用水向布水口直接补水时，其补水管上应设置倒流防止器
(B) 游泳池的充水管和补水管的管道上应分别设置独立的水量计量仪表

(C) 休闲游泳池的初次充水时间可以超过 48h
(D) 游泳池运行中的补充水量根据蒸发量和过滤设备反冲洗消耗的水量确定
【解析】选 ABC。参见《游泳池给水排水工程技术规程》。
A 项见 3.4.4 条："当通过池壁管口直接向游泳池充水时，充水管道上应采取防回流污染措施。"
B 项见 3.4.5 条："游泳池的充水管和补水管的管道上应分别设置独立的水量计量仪表。"
C 项见 3.4.1 条："游泳池初次充满水所需要的时间应符合下列规定：1 竞赛和专用类游泳池不宜超过 48h；2 休闲用游泳池不宜超过 72h。"
D 项见 3.4.2 条："游泳池运行过程中每日需要补充的水量，应根据池水的表面蒸发、池子排污、游泳者带出池外和过滤设备反冲洗（如用池水冲洗时）等所损耗的水量确定；当资料不完备时，可按表 3.4.2 确定。"

3.【12-上-60】下列关于游泳池循环净化系统设计的叙述中，哪几项正确？
(A) 池水采用逆流式循环时，应设置均衡水池
(B) 池水采用顺流式循环时，一般设置平衡水池
(C) 比赛或训练用游泳池池水只能采用混合式循环方式
(D) 池水采用混合式循环时，应设置均衡水池，符合一定条件下可设平衡水池
【解析】选 ABD。参见《游泳池给水排水工程技术规程》4.8.4 条可知 A 项正确；参见 4.8.1 条可知 B 项正确；参见 4.3.2 条第 1 款可知 C 项错误；参见 4.8.1 条和 4.8.4 条，可知 D 项正确。

4.【13-上-61】关于游泳池循环水的净化处理工艺设计，下列哪几项正确？
(A) 过滤器罐体承受压力不宜小于 0.8MPa
(B) 单层石英砂滤料过滤器宜采用气、水组合反冲洗
(C) 过滤器应根据游泳池水水质的实时监测结果确定其每天所需的运行时间
(D) 与双层或三层滤料过滤相比，单层石英砂滤料压力过滤器所需的反冲洗强度较低
【解析】选 BD。参见《游泳池给水排水工程技术规程》。
A 项错误，参见 5.4.8-1 条，应该是 0.6MPa；
B 项正确，参见 5.7.1 条；
C 项错误，参见 5.4-2 条；
D 项正确，参见 5.7.4 条表 5.7.4。

5.【13-下-61】游泳池循环水采用臭氧消毒时，下列哪几项说法不正确？
(A) 臭氧投加量应按池水容积确定
(B) 臭氧消毒系统应设剩余臭氧吸附装置
(C) 由于臭氧的半衰期较长，宜辅以氯消毒
(D) 采用臭氧消毒时，应设臭氧—水混合器
【解析】选 AC。参见《游泳池给水排水工程技术规程》。
A 错误，参见 6.2.1-1 条，臭氧投加量应按游泳池循环流量计算；
B 正确，参见 6.2.6 条，全流量半程式臭氧消毒时，应设置活性炭吸附罐；

C错误，参见6.2.3-5条条文说明，由于臭氧的半衰期很短，在水中仅15～20min，它没有持续消毒功能，所以使用臭氧消毒的游泳池，应视其用途、类型和臭氧消毒方式，决定是否还应辅以长效消毒剂。臭氧的半衰期较短，应辅以氯消毒；

D正确，参见6.2.4条图6.2.4-1-3。

6.【14-上-61】 关于游泳池的消毒，下列哪几项做法不符合要求？
(A) 游泳池必须设置池水消毒工艺
(B) 消毒设备的投加系统应能自动控制
(C) 采用臭氧消毒应设置活性炭吸附罐
(D) 输送臭氧气体的管道、阀门、附件应采用306L或316L不锈钢材质

【解析】选CD。参见《游泳池给水排水工程技术规程》。根据6.1.1条，游泳池的循环水净化处理系统中必须设有池水消毒工艺，故A项正确；根据6.1.4条，消毒设备的投加系统应能自动控制，且安全可靠，故B项正确；根据6.2.6条，全流量半程式臭氧消毒时，应设置活性炭吸附罐，不是所有情况都需设置，故C项错误；根据6.2.9条，应采用316L不锈钢材质，故D项错误。

7.【14-下-60】 规定游泳池进水口流速的目的，主要是基于下列哪几项原因？
(A) 保证循环流量
(B) 保证池水表面平稳
(C) 保证余氯投加均匀
(D) 保证游泳者的安全

【解析】选ABD。根据《游泳池给水排水工程技术规程》4.9.6条及其条文说明，可知ABD项正确。

8.【16-下-61】 游泳池可采用石英砂过滤器或硅藻土过滤器对池水进行循环净化处理，下列关于石英砂过滤器、硅藻土过滤器特点的叙述中，哪几项正确？
(A) 当采用硅藻土过滤器时，可不投加絮凝剂
(B) 对于石英砂过滤器，只要其进、出口压差小于0.06MPa就可不进行反冲洗
(C) 对于板框式硅藻土过滤器，其进、出口压差小于0.07MPa时不需进行反冲洗
(D) 当采用石英砂过滤器时，既可采用压力过滤方式，也可采用重力过滤方式

【解析】选ACD。依据《游泳池给水排水工程技术规程》，石英砂过滤器如遇有下列情况之一时，均应进行反冲洗：①进水口与出水口的压力差达到0.06MPa；②进水口与出水口的压力差未达到0.06MPa，但连续运行时间已达到5d；③游泳池计划停止开放时间超过5d，且池水不泄空，在停止之前应进行反冲洗。故B错误。

9.【17-下-61】 以下关于游泳池设施的描述中，哪些是正确的？
(A) 室内游泳馆设有成人池、儿童池以及幼儿戏水池，其中儿童池和幼儿戏水池共用一套池水循环净化设备，净化后的池水经分水器分别接至儿童池及幼儿戏水池
(B) 水上游乐池滑道润滑系统的循环水泵，设置两台，一用一备
(C) 混合流式循环给水方式的游泳池应设置均衡水池
(D) 某游泳池给水口沿25m长的两侧壁等距布置，共设置18个给水口

【解析】选BCD。依据《建筑给水排水设计标准》3.10.19条，不同使用功能的游泳

池应分别设置各自独立的循环系统；水上游乐池循环水系统应根据水质、水温、水压和使用功能等因素，设计成一个或若干个独立的循环系统。选项 A 中，儿童池属于游泳池，幼儿戏水池属于游乐池，故错误。

依据规范 3.10.10 条，水上游乐池滑道润滑水系统的循环水泵，必须设置备用泵。故 B 正确。

依据《游泳池给水排水工程技术规程》CJJ 122—2008，池水采用逆流式和混合流式循环时，应设置均衡水池。C 正确。

依据《游泳池给水排水工程技术规程》CJJ 122—2008，池壁水平布水时，给水口的布置应符合下列规定：两侧壁布水时，给水口的间距不宜超过 3.0m，但在池子拐角处距端壁的距离不得大于 1.5m。选项 D 中，25÷18＝1.39m，因明确为"等距布置"，则距端壁的距离小于 1.5m。故 D 正确。

10.【18-上-61】 下列关于泳池水循环系统中设置平衡水池和均衡水池的叙述，错误的是哪几项？

（A）平衡水池的主要作用是保证池水有效循环、平衡池水水面、调节水量浮动和间接向池内补水

（B）均衡水池的主要作用是收集循环回水、均衡水量浮动、贮存过滤器反冲洗时的用水以及间接向池内补水

（C）平衡水池和均衡水池均起到稳定水池水面的作用，其池水最高水面应与泳池水面相平

（D）逆流式循环给水系统既可采用平衡水池，也可采用均衡水池

【解析】 选 CD。

根据《游泳池给水排水工程技术规程》CJJ 122—2008 第 2.1.24 条、2.1.25 条和第 4.8.4 条：池水采用逆流式和混合流式循环时，应设置均衡水池。第 4.8.6.1 条：均衡水池内最高水面应低于游泳池溢流回水管管底不小于 300mm。第 4.8.3.1 条：平衡水池的最高水面与游泳池的水表面应保持一致。故选 CD。

第7章 消火栓灭火系统

7.1 单项选择题

1.【10-上-37】 某建筑高度为 49m 的二类建筑商业楼设有室内外消火栓及自动喷水灭火系统，其中自动喷水灭火系统的用水量为 30L/s，该建筑室内、室外消火栓用水量应为下列何项？
(A) 室内、室外消火栓均为 15L/s
(B) 室内、室外消火栓均为 20L/s
(C) 室内消火栓为 15L/s，室外消火栓为 20L/s
(D) 室内消火栓为 20L/s，室外消火栓为 15L/s

【解析】选 B。参见《高层民用建筑设计防火规范》7.2.4 的注。

2.【11-上-30】 以下关于室内消火栓设置的叙述中，哪项不准确？
(A) 消防电梯前室应设消火栓
(B) 消火栓应设置在明显且易于操作的部位
(C) 消火栓栓口处的出水压力大于 0.5MPa 时，应设置减压设施
(D) 采用临时高压给水方式的室内每个消火栓处均应设置消防启动按钮

【解析】选 D。D 选项不满足《建筑设计防火规范》第 8.4.3-8 条："高层厂房（仓库）和高位消防水箱静压不能满足最不利点消火栓水压要求的其他建筑，应在每个室内消火栓处设置直接启动消防水泵的按钮，并应有保护设施。"

注意其中的含义，一是高层厂房（仓库）必然设置直接启动消防水泵的按钮，二是高位消防水箱静压不能满足最不利点消火栓水压要求的其他建筑才需要设置直接启动消防水泵的按钮。

3.【11-下-30】 某二层乙类厂房（层高 6.6m）设有室内消火栓给水系统，则其消火栓水枪的充实水柱长度不应小于下列哪项？
(A) 7m (B) 13m
(C) 10m (D) 8m

【解析】选 C。参见《建筑设计防火规范》2.0.11 条：高层厂房（仓库）：2 层及 2 层以上，且建筑高度超过 24m 的厂房（仓库）。

参见《建筑设计防火规范》8.4.3-7 条：水枪的充实水柱应经计算确定，甲、乙类厂房、层数超过 6 层的公共建筑和层数超过 4 层的厂房（仓库），不应小于 10m；……。

要求意 2.0.11 条中的"且"字，也就是说本题的二层乙类厂房不是高层厂房（仓库）。

4.【12-上-33】 某建筑物室（建筑高度小于 24m）外消防用水量大于 15 L/s，当其室内设置消火栓数量不超过下列何值时，其室内消火栓管网可采用枝状管网的布置形式？

(A) 5个　　　　(B) 8个　　　　(C) 10个　　　　(D) 12个

【解析】选 C。参见《建筑设计防火规范》8.4.2 条第 1 款可知 C 项正确。

5.【12-下-33】 高层民用建筑消火栓给水系统在运行时的最高压力不应超过下列哪项？
(A) 1.2MPa　　(B) 1.6MPa　　(C) 2.0MPa　　(D) 2.4MPa

【解析】选 D。参见秘书处教材《建筑给水排水工程》P83，可知 D 项正确。

6.【13-上-29】 我国把消火栓人工灭火系统而不是自动喷水灭火系统作为高层民用建筑最基本的灭火设备，其主要理由为下列哪项？
(A) 消火栓灭火系统工程造价较低
(B) 人工灭火比自动灭火可减少人员伤亡
(C) 人工灭火系统的日常维护费用比自动灭火系统的低
(D) 消火栓系统的灭火、控火效果比自动喷水灭火系统好

【解析】选 A。根据《高层民用建筑设计防火规范》条文说明 7.1.1 条的条文说明"自动喷水灭火系统尽管具有良好的灭火、控火效果，扑灭火灾迅速及时，但同消火栓灭火系统相比，工程造价高。因此从节省投资考虑，主要灭火系统采用消火栓给水系统。"

7.【13-下-29】 某建筑消火栓给水系统如图所示，消火栓泵设计流量为 30L/s，且设两条输水管向消火栓环状管网输水，则每条输水管的设计流量不应小于下列哪项？

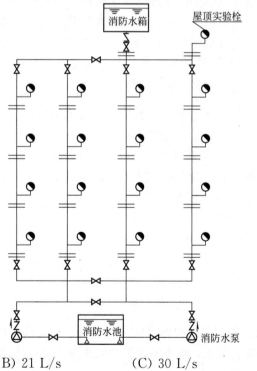

(A) 15 L/s　　(B) 21 L/s　　(C) 30 L/s　　(D) 33 L/s

【解析】选 C。参见《建筑设计防火规范》8.6.5 条，"消防水泵房应有不少于 2 条的出水管直接与消防给水管网连接。当其中一条出水管关闭时，其余的出水管应仍能通过全部用水量。"

8. 【14-上-29】下列哪项建筑物不必设置室内消火栓给水系统?
   (A) 建筑面积 500m² 的戊类厂房
   (B) 建筑体积 9600m³ 的 5 层办公楼
   (C) 建筑面积 360m² 的油浸变压器室
   (D) 首层为商业网点的 6 层普通公寓

   【解析】选 B。根据《建筑设计防火规范》8.3.1.4 条,超过 5 层或体积大于 10000m³ 的办公楼应设置消火栓。

9. 【14-上-31】下列关于建筑室内消火栓给水系统设计的叙述中,哪项错误?
   (A) 高层建筑的室内消火栓给水管道应布置成环状
   (B) 单层、多层建筑的室内消火栓给水管道不一定要布置成环状
   (C) 建筑高度≤100m 的高层建筑的室内消火栓水枪的充实水柱不应小于 10m
   (D) 建筑高度为 23.80m 的 7 层办公楼的室内消火栓水枪的充实水柱不应小于 10m

   【解析】选 C。根据《建筑设计防火规范》8.4.3 条,高层厂房(仓库)水枪的充实水柱不应小于 13m。高层建筑包括高层厂房(仓库)。

10. 【14-下-29】下列关于建筑室外消防给水系统设计的叙述中,哪项错误?
    (A) 多层建筑与高层建筑的室外消火栓设置要求相同
    (B) 多层建筑与高层建筑采用的室外消火栓规格、型号相同
    (C) 多层建筑与高层建筑的室外消火栓均可采用低压给水系统
    (D) 多层建筑与高层建筑的室外消防给水系统均可与生产、生活共用给水管道

    【解析】选 A。根据《建筑设计防火规范》与《高层民用建筑防火规范》室外消火栓内容对比,其设置要求不完全相同,故 A 项错误。

11. 【16-上-33】某高层住宅室内消火栓给水系统采用临时高压系统,平时用高位水箱稳压,消防水泵设在地下室。该消火栓给水系统在下列哪项条件下应采用分区供水?
    (A) 高位水箱的内底面与最低处消火栓栓口的高差为 100m
    (B) 高位水箱的最高水位与最低处消火栓栓口的高差为 100m
    (C) 消火栓给水泵的设计扬程为 1.0MPa
    (D) 消火栓给水泵出口的水压为 1.0MPa

    【解析】选 A。依据《消防给水及消火栓系统技术规范》6.2.1 条,符合下列条件时,消防给水系统应分区供水:①系统工作压力大于 2.40MPa;②消火栓栓口处静压大于 1.0MPa;③自动水灭火系统报警阀处的工作压力大于 1.60MPa 或喷头处的工作压力大于 1.20MPa。故 A 需分区。

12. 【16-上-34】某超高层办公楼的低区消火栓给水系统设计用水量 40L/s,由设在避难层的 200m³ 高位水池重力供水,地下室设置消防水泵和消防水池。判断该低区消火栓给水系统应属于下列哪种系统?
    (A) 高压系统   (B) 临时高压系统
    (C) 低压系统   (D) 临时低压系统

    【解析】选 A。依据《消防给水及消火栓系统技术规范》表 3.6.2,超高层办公楼属于

其他公共建筑，火灾延续时间取 2.0h。则所需消防水量为 40×2.0×3600/1000＝288m³。高位水池容积 200m³ 小于消防水量 288m³，但大于消防水量的一半 144m³，故为高压系统。

13.【17-上-36】 室内消火栓的布置，哪种情况可采用 1 支消火栓的 1 股充实水柱到达同层室内任何部位？

（A）建筑高度≤24m 的仓库

（B）建筑高度≤24m，且建筑体积≤5000m² 的厂房

（C）建筑高度≤54m 的住宅

（D）建筑高度≤54m，且每单元设置一部疏散楼梯的住宅

【解析】选 D。依据《消防给水及消火栓系统技术规范》7.4.6 条，室内消火栓的布置应满足同一平面有 2 支消防水枪的 2 股充实水柱同时达到任何部位的要求，但建筑高度小于或等于 24m 且体积小于或等于 5000m³ 的多层仓库、建筑高度小于或等于 54m 且每单元设置一部疏散楼梯的住宅，以及本规范表 3.5.2 中规定可采用 1 支消防水枪的场所，可采用 1 支消防水枪的 1 股充实水柱到达室内任何部位。

14.【17-上-37】 室内消火栓管网的设计，下列哪条不符合现行《消防给水及消火栓系统技术规范》的要求？

（A）与供水横干管连接的每根立管上设置阀门

（B）多高层公共建筑各层均可按照关闭同层不超过 5 个消火栓设置管道和阀门

（C）立管的最小流量 10L/S，经计算立管管径 DN80 即可，实际取 DN100

（D）除特殊情况外，室内消火栓系统管网均应布置成环形

【解析】选 B。依据《消防给水及消火栓系统技术规范》8.1.6 条，每 2 根竖管与供水横干管相接处应设置阀门。故 A 正确。

依据《消防给水及消火栓系统技术规范》8.1.6 条，室内消火栓环状给水管道检修时应符合下列规定：①室内消火栓竖管应保证检修管道时关闭停用的竖管不超过 1 根，当竖管超过 4 根时，可关闭不相邻的 2 根；②每根竖管与供水横干管相接处应设置阀门。故 B 错。

依据《消防给水及消火栓系统技术规范》8.1.4 条，管道的直径应根据流量、流速和压力要求经计算确定，但不应小于 DN100。故 C 正确。

依据《消防给水及消火栓系统技术规范》8.1.5 条，室内消火栓系统管网应布置成环状；当室外消火栓设计流量不大于 20L/s，且室内消火栓不超过 10 个时，除本规范第 8.1.2 条外，可布置成枝状。故 D 正确。

15.【17-上-38】 室内临时高压消火栓系统如图所示（图中省略与题意无关的阀门及仪表）。系统工作压力由下列哪项确定？（注：1. H_p—加压泵设计工作压力；2. 各值单位均同，且忽略；3. 吸水管标等同泵吸水口）

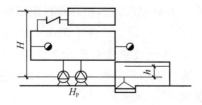

(A) $1.4H_p+h$ （B） H_p+h （C） H_p （D） $H+H_p$

【解析】选A。依据《消防给水及消火栓系统技术规范》8.2.3条，高压和临时高压消防给水系统的系统工作压力应根据系统在供水时，可能的最大运行压力确定，并应符合：采用高位消防水箱稳压的临时高压消防给水系统的系统工作压力，应为消防水泵零流量时的压力与水泵吸水口最大静水压力之和。

参考《消防给水及消火栓系统技术规范》5.1.6条，消防水泵的选择和应用应符合：流量扬程性能曲线应为无驼峰、无拐点的光滑曲线，零流量时的压力不应大于设计工作压力的140%，且宜大于设计工作压力的120%。

16.【18-上-35】 某二类高层建筑，其裙房为三层层高均为5m、总建筑面积8000m² 的综合商业，上部为住宅，关于其室内消防设施设置的叙述，哪项是正确的？
(A) 应设置室内消火栓系统，不设置自动灭火系统
(B) 应设置室内消火栓系统，并设置自动水灭火系统全保护
(C) 应设置室内消火栓系统，并在除住宅以外的部位设置自动灭火系统
(D) 设置有效容积不小于12m² 的高位消防水箱

【解析】选C。本建筑为非住宅+住宅类建筑，根据《建筑设计防火规范》第5.4.10条条文说明，在设置室内消防设施时，按照各自的建筑高度分别确定。

（1）商业部分：建筑高度15m，建筑面积8000m²，建筑体积4万m³，根据《建筑设计防火规范》第8.2.1.3条和8.3.4.2条，需要设置室内消火栓系统、自动灭火系统；根据《消防给水及消火栓系统技术规范》第5.2.1.2条，水箱容积不应大于18m³。

（2）住宅部分：根据题意可知为二类高层住宅，<100m，根据《建筑设计防火规范》第8.2.1.2条和8.3.3.4条，需要设置室内消火栓系统，无需设置自动灭火系统；根据《消防给水及消火栓系统技术规范》第5.2.3条，水箱容积不应大于12m³。

消防水箱容积应满足上述两者的最大值，故选C。

17.【18-上-38】 一组消防水泵，设有两条吸水管和两条输水干管，当其中一条吸水管和输水干管检修时，另一条吸水管和输水干管应通过的流量分别是消防给水设计流量的百分之多少？
(A) 70%；70% （B） 100%；70%
(C) 70%；100% （D） 100%；100%

【解析】选D。根据《消防给水及消火栓系统技术规范》第5.1.13条第1款，"吸水管全备用"；该条第3款，"输水管全备用"。故选D。

18.【18-上-39】 一个建设地块中两栋建筑采用一套室内消防系统，两栋均为建筑控高70m的金融办公楼。甲楼内设有约500~1000m² 的银行网点、会所、健身等；乙楼地下及底层设有35000m² 的商业中心。其高位消防水箱有效容积最小应为下列哪项？
(A) 18m² （B） 36m² （C） 50m² （D） 100m²

【解析】选C。根据《建筑设计防火规范》第5.1.1条，建筑高度>50m的公共建筑为一类高层公共建筑。根据《消防给水及消火栓系统技术规范》第5.2.1条，对比其第1款和第6款可知，应取较大值50m³。故选C。

19.【19-上-29】建筑室内外消火栓设计流量，与下列哪项无关？
(A) 建筑功能　　　　　　　　　(B) 耐火等级
(C) 建筑体积　　　　　　　　　(D) 市政给水管网
【解析】选 D。根据《消防给水及消火栓系统技术规范》表 3.5.2 可知，选项 D 错误。

20.【19-上-30】以下各类建筑室内消火栓系统水泵接合器的设置，错误的是哪项？
(A) 二类机动车隧道，设置 2 个水泵接合器
(B) 四层办公楼，其地下室为建筑体积 2600m³ 的平战结合人防物资库（平时作为健身场所），不设水泵接合器
(C) 占地面积 500m² 的四层厂房，不设水泵接合器
(D) Ⅲ类地下汽车库，设置 1 个水泵接合器
【解析】选 B。根据《消防给水及消火栓系统技术规范》表 3.5.2 可知：2600m³ 的平战结合人防工程室内消火栓流量为 15L/s，再根据该规范第 5.4.1 条第 3 款可知，需设置水泵接合器。

7.2 多项选择题

1.【10-上-68】下列消防用水水源的叙述中，不正确的是哪几项？
(A) 消防用水只能由城市给水管网、消防水池供给
(B) 消防用水可由保证率≥97%，且设有可靠取水设施的天然水源供给
(C) 消防用水采用季节性天然水源供给时，其保证率不得小于 90%，且天然水源处设可靠取水设施
(D) 消防用水不能由天然水源供给
【解析】选 ACD。参见《建筑设计防火规范》8.1.2 条，要考虑天然水源；B 项正确；C 项见条文说明，季节性天然水源要保证常年足够消防水量；D 项与 8.1.2 条相悖。

2.【10-下-70】下列关于高层建筑消火栓系统的高位消防水箱设置高度的说明中，哪几项错误？
(A) 某高层办公楼从室外地面到檐口的高度为 100m，其高位消防水箱最低水位与最不利消火栓口高度≥7m
(B) 某高层住宅从室内地面到檐口的高度为 100m，其高位消防水箱的设置高度应保证最不利消火栓处静水压≥7m
(C) 某建筑高度为 120m 的旅馆，其高位消防水箱最高水位至最不利消火栓口高度应≥15m
(D) 某建筑高度为 120m 的旅馆，其高位消防水箱最低水位至最不利消火栓栓口距离仅为 10m，应设增压装置
【解析】选 BC。参见《高层民用建筑设计防火规范》第 2.0.2、7.4.7.2 条。
B 项的建筑高度已经超过 100m（建筑高度从室外地面算起），相应最不利消火栓静水压力最低为 15m 水头；C 项中不应该取最高水位计量，而应该是最低水位。

3.【13-下-62】某高层建筑消火栓给水系统拟采用下列防超压措施，哪几项正确？
(A) 提高管道和附件的承压能力

(B) 在消防水泵出水管上设置泄压阀

(C) 在消火栓给水系统管道上设置安全阀

(D) 选用流量—扬程曲线较陡的消防水泵

【解析】选 ABC。根据《高层民用建筑设计防火规范》7.5.6 条文说明，A、B、C 项显然正确；D 项要选流量—扬程曲线较平的消防水泵。

4.【16-上-66】 某建筑高度为 68m 的办公楼的室内消火栓给水系统如图所示（图中消防泵一用一备），下列针对该系统的叙述中，哪几项不正确？

(A) 每根消防竖管的管径均不应小于 150mm

(B) 每台水泵出水管的流量不应小于 30L/s

(C) 消防水箱的最低有效水位应保证最不利点处消火栓栓口的静水压力≥0.10MPa

(D) 环状管网中的所有阀门必须设信号阀

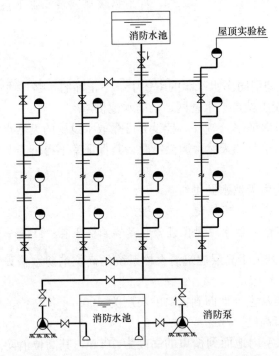

【解析】选 ABD。依据《消防给水及消火栓系统技术规范》8.1.8 条，消防给水管道的设计流速不宜大于 2.5m/s。15L/s 的流量所需管径为 $\sqrt{\dfrac{4\times 15/1000}{3.14\times 2.5}}\times 1000 = 87$mm。而《消防给水及消火栓系统技术规范》8.1.5 条规定，室内消防管道管径应根据系统设计流量、流速和压力要求经计算确定；室内消火栓竖管管径应根据竖管最低流量经计算确定，但不应小于 DN100。故 A 错误。

《建筑设计防火规范》5.1.1 条规定，建筑高度大于 50m 的公共建筑属于一类公共建筑。依据《消防给水及消火栓系统技术规范》3.5.2 条，建筑物室内消火栓设计流量不应小于表 3.5.2 的规定。高度大于 50m 的一类公共建筑每根竖管最小流量为 15L/s。则每台水泵出水管的流量为 15×4＝60L/s。故 B 错误。

依据《消防给水及消火栓系统技术规范》5.2.2条,高位消防水箱的设置位置应高于其所服务的水灭火设施,且最低有效水位应满足水灭火设施最不利点处的静水压力;一类高层公共建筑,不应低于0.10MPa,但当建筑高度超过100m时,不应低于0.15MPa。故D错误。

5.【16-下-64】 下列关于水泵接合器和室外消火栓设计的叙述中,哪几项错误?
(A) 墙壁消防水泵接合器距其墙面上的窗的净距为1.5m
(B) 十层住宅当设有室内消火栓时可不设室外消火栓
(C) 水泵接合器的数量应按室内外消防用水量之和计算确定
(D) 建筑室外消火栓的数量根据室外消火栓设计流量和保护半径计算确定

【解析】选ABC。依据《消防给水及消火栓系统技术规范》5.4.8条,墙壁消防水泵接合器的安装高度距地面宜为0.70m;与墙面上的门、窗、孔、洞的净距离不应小于2.0m,且不应安装在玻璃幕墙下方;地下消防水泵接合器的安装,应使进水口与井盖底面的距离不大于0.40m,且不应小于井盖的半径。故A错误。

依据《消防给水及消火栓系统技术规范》5.4.3条,消防水泵接合器的给水流量宜按每个10~15L/s计算。每种水灭火系统的消防水泵接合器设置的数量应按系统设计流量经计算确定,但当计算数量超过3个时,可根据供水可靠性适当减少。即每个系统应分开计算,故C错误。

依据《建筑设计防火规范》8.1.2条,城镇当居住区人数超过500人或者建筑层数超过两层的居住区,需设置消火栓。故B错误。

6.【17-上-66】 以下关于干式室内消火栓系统的叙述中,哪几项是正确的?
(A) 室内环境温度低于4℃时,为防止管内结冰,必须采用干式消火栓系统
(B) 由电动阀控制的干式消火栓灭火系统启动时,其开启时间不应超过30s
(C) 为使干式系统快速充水转换成湿式系统,在系统管道的最高处应设置快速排气阀
(D) 干式系统的管网充水时间不应大于5min

【解析】选BCD。依据《消防给水及消火栓系统技术规范》7.1.3条,室内环境温度低于4℃或高于70℃的场所,宜采用干式消火栓系统。注意:是"宜"而不是"必须",故A错误。

依据《消防给水及消火栓系统技术规范》7.1.6条,干式消火栓系统的充水时间不应大于5min,并应符合下列规定:①在供水干管上宜设干式报警阀、雨淋阀或电磁阀、电动阀等快速启闭装置;当采用电动阀时开启时间不应超过30s;②当采用雨淋阀、电磁阀和电动阀时,在消火栓箱处应设置直接开启快速启闭装置的手动按钮;③在系统管道的最高处应设置快速排气阀。故B、C、D正确。

7.【17-上-67】 某单层棉花仓库,占地面积800 m^2,建筑高度4m,以下关于该建筑消防灭火设施的设置,叙述正确的是哪几项?
(A) 应设置室内外消火栓系统,可不设置自动喷水灭火系统
(B) 室内、外消火栓设计流量分别为15L/s、25L/s
(C) 室内消火栓系统必须设置水泵接合器
(D) 消火栓系统加压泵不应设置备用泵

【解析】选 AB。依据《建筑给水排水设计规范》8.2.1 条，建筑占地面积大于 300 m² 的厂房和仓库应设置室内消火栓系统；依据规范 8.3.2 条，单层占地面积不大于 2000 m² 的棉花库房，可不设置自动喷水灭火系统。故 A 正确。

依据《建筑给水排水设计规范》3.3.2 条，占地面积 800 m² 丙类 2 项仓库，耐火等级可以为一、二、三级，其体积 V＝800×4＝3200m³。查《消防给水及消火栓系统技术规范》3.3.2 条可知，室外消火栓设计流量，当耐火等级为一、二级时不应小于 25L/s；当耐火等级为三级时，不应小于 30L/s；查《消防给水及消火栓系统技术规范》3.5.2 条可知，室内消火栓设计流量不应小于 15L/s。故 B 正确。

依据《建筑给水排水设计规范》8.1.3 条，自动喷水灭火系统、水喷雾灭火系统、泡沫灭火系统和固定消防炮灭火系统等系统以及下列建筑的室内消火栓给水系统应设置消防水泵接合器：①超过 5 层的公共建筑；②超过 4 层的厂房或仓库；③其他高层建筑；④超过 2 层或建筑面积大于 10000m² 的地下建筑（室）。同时，依据《消防给水及消火栓系统技术规范》5.4.1 条，下列场所的室内消火栓给水系统应设置消防水泵接合器：①高层民用建筑；②设有消防给水的住宅、超过五层的其他多层民用建筑；③超过 2 层或建筑面积大于 10000m² 的地下或半地下建筑（室）、室内消火栓设计流量大于 10L/s 平战结合的人防工程；④高层工业建筑和超过四层的多层工业建筑；⑤城市交通隧道。以上均不要求单层丙类仓库设水泵接合器，故 C 错误。

依据《消防给水及消火栓系统技术规范》5.1.10 条，消防水泵应设置备用泵，其性能应与工作泵性能一致，但下列建筑除外：建筑高度小于 54m 的住宅和室外消防给水设计流量小于等于 25L/s 的建筑。注意：是"可不设置"，而不是"不应设置"，故 D 错误。

8.【17-上-68】 消火栓系统竖向分区供水的条件与下列哪几项有关？
(A) 系统工作压力大于 2.4MPa 时
(B) 消火栓栓口动压大于 0.7MPa 时
(C) 消火栓栓口静压大于 1.0MPa 时
(D) 消火栓栓口充实水柱大于 13m 时

【解析】选 AC。依据《消防给水及消火栓系统技术规范》6.2.1 条，符合下列条件时，消防给水系统应分区供水：①系统工作压力大于 2.40MPa；②消火栓栓口处静压大于 1.0MPa；③自动喷水灭火系统报警阀处的工作压力大于 1.60MPa 或喷头处的工作压力大于 1.20MPa。

9.【18-上-66】 某 2100 座的学校礼堂，舞台不设葡萄架，以下关于该建筑设置室内消防灭火设施的叙述，正确的是哪几项？
(A) 舞台应设雨淋自动灭火系统
(B) 室内消火栓系统设计流量为 15L/s
(C) 自动喷水灭火系统的设计参数按中危险Ⅱ级取值
(D) 灭火器配置级别应为中危险级

【解析】选 BC。
选项 A：根据《建筑设计防火规范》第 8.3.7.5 条，＞2000 座礼堂的舞台葡萄架下部应设雨淋自动灭火系统。错误。

选项 B：根据《消防给水及消火栓系统技术规范》第 3.5.2 条，查表取值为 15L/s，本建筑可以折减至 10L/s，但取大并不为错。正确。

选项 C：根据《自动喷水灭火设计规范》附录 A，不带葡萄架的舞台自动喷水系统按中危险 Ⅱ 级取值。正确。

选项 D：根据《建筑灭火器配置设计规范》附录 D，礼堂的不同部位，灭火器等级不一级，舞台为严重危险级。错误。

10.【18-上-69】 下列关于室内消火栓设置的说法，哪几项不正确？
（A）设置室内消火栓的建筑，除无可燃物的设备层外的各层均应设置消火栓
（B）消防电梯前室应设置室内消火栓
（C）一类高层公共建筑，除游泳池、溜冰场外的任何部位均应设置消火栓
（D）低温冷库可不设置室内消火栓保护

【解析】选 ACD。

选项 A：根据《消防给水及消火栓系统技术规范》第 7.4.3 条条文说明，因工程的不确定性，设备层是否有可燃物难以确定时，应设置消火栓。错误。

选项 B：根据《消防给水及消火栓系统技术规范》第 7.4.5 条，该项为规范原文。正确。

选项 C：将自动灭火要求套用到消火栓上了。错误。

选项 D：根据《消防给水及消火栓系统技术规范》第 7.4.7.5 条，冷库的室内消火栓应设置在常温穿堂或楼梯间内。错误。

11.【18-下-66】 总建筑面积 5000m² 设有集中空调系统的多层办公楼，地下一层为 20 个车位的地下车库，以下关于该建筑设置室内消防灭火设施的叙述，正确的是哪几项？
（A）应设置自动灭火系统和消火栓系统，并配置灭火器
（B）自动喷水灭火系统的设计参数按中危险 Ⅱ 级取值
（C）室内消火栓系统设计流量为 5L/s
（D）自动喷水灭火系统和消火栓系统均应设置水泵接合器

【解析】选 ABD。本题中建筑需要分别对地上和地下部分进行分析。

地上部分：根据《建筑设计防火规范》第 8.1.2 条、8.2.1-5 条、8.3.4-3 条和 8.1.10 条，需要设置室内外消火栓系统、自动灭火系统，配置灭火器。根据《自动喷水灭火设计规范》附录 A，自动喷水灭火系统为轻危险级；根据《消防给水及消火栓系统技术规范》第 5.4.1 条，自喷系统需要设置水泵接合器，消火栓系统没有层数无法判断；根据《消防给水及消火栓系统技术规范》第 3.5.2 条、3.5.3 条，室内消火栓设计流量可折减至 10L/s。

地下部分：根据《汽车库、修车库、停车场设计防火规范》第 3.0.1 条，判定为 Ⅳ 类汽车库；第 7.1.2 条，停车数量>5 时需要设置消防给水系统；第 7.1.8 条，室内消火栓用水不应小于 5L/s；第 7.2.1 条，应设自动灭火系统。根据《自动喷水灭火设计规范》附录 A，自动喷水灭火系统为中危险 Ⅱ 级；第 7.1.12 条，消火栓、自动喷水应设置水泵接合器。

综上可知，A 项正确，C 项错误。

说明：由于题目并未交代地上、地下部分消火栓及自动喷水是否采用同一套管网系统，因此假设：① 采用一套管网，则消火栓和自喷系统均应设置水泵接合器，自动喷水灭火系统按危险等级大的设计参数取值，故 B、D 项正确；② 不采用一套管网，则自动喷水系统需要分别确定参数，地上部分消火栓系统无法判断是否需要水泵接合器，故 B、D 项错误，这将导致本题无答案。所以采用假设①。注意选项 A 的用词，"应设置自动灭火系统"，不是"应设置自动喷水灭火系统"。

本题属综合型考察，考点：建筑定性→系统选择→参数选择。

12.【18-下-69】 以下哪些建筑物应设置室内消火栓系统？
(A) 占地 600m² 的动力中心，内有 350m² 燃气锅炉房及部分库房
(B) 多栋六层（层高均 3.3m，室内外高差小于 1.5m）及以下的住宅小区
(C) 地上四层，每层 1000m²，层高 3.7m 的普通办公楼
(D) 单层可停 500 辆车的四层停车楼

【解析】选 ACD。选项 A 表述不严谨，只明确占地面积，未明确层数及建筑面积，也未明确库房危险性，只能依据《建筑设计防火规范》，按库房和占地面积判定需要设置室内消火栓；依据《锅炉房设计规范》判定民用或工业建筑时，取决于服务对象。选项 B 错误，根据《建筑设计防火规范》第 8.2.1-2 条，建筑高度为 3.3×6＝19.8＜21m，无需设置。选项 C 正确，建筑高度为 3.7×4＝14.8m，体积 1000×14.8＝14800m³＞10000m³，应设置。选项 D 正确，根据《汽车库、修车库、停车场设计防火规范》第 7.1.2 条，应设置室内消火栓。

13.【19-上-63】 关于室内干式消防竖管的设置，下列哪几项叙述是错误的？
(A) 住宅楼梯间设置的干式消防竖管，不计入室内消防给水设计流量
(B) 建筑高度＞21m、≤27m 的住宅，应设干式消防竖管
(C) 干式消防竖管应设置消防车供水接口
(D) 干式消防竖管等同于干式消火栓系统

【解析】选 BD。参见《消防给水及消火栓系统技术规范》。选项 A，根据规范表 3.5.2 小注 2 可知，正确。选项 B，根据规范第 7.4.13 条，为"可设干式消防竖管"。选项 C，根据规范第 7.4.13 条第 2 款，正确。选项 D，根据规范第 2.1.10 条，干式消火栓的定义与干式消防竖管完全不同，故错误。

14.【19-下-62】 对于临时高压消火栓系统涉及的几个压力概念，下列哪几项的叙述是正确的？
(A) 设计压力是加压泵的运行压力
(B) 系统工作压力是加压泵零流量时的压力
(C) 栓口总压力是栓口动压与栓口速度压力之和
(D) 栓口动压是消火栓出流状态时栓口处的压力

【解析】选 ACD。详见《消防给水及消火栓系统技术规范》GB 50974。选项 A 正确，参见规范第 5.1.6 条；选项 B，根据规范第 8.2.3 条，由于有多重形式要求，故错误；选项 C 正确，参见规范第 2.1.12 条；选项 D 正确，参见规范第 7.4.12 条的条文说明。

第8章 其他灭火系统

8.1 单项选择题

8.1.1 喷水灭火

1.【10-上-38】 下列关于自动喷水灭火系统局部应用的说明中,哪一项是错误的?
(A) 采用 $K=80$ 的喷头且其总数为 20 只时,可不设报警阀组
(B) 采用 $K=115$ 的喷头且其总数为 10 只时,可不设报警阀组
(C) 在采取防止污染生活用水的措施后可由城市供水管直接供水
(D) 当采用加压供水时,可按二级负荷供电,且可不设备用泵

【解析】选 D。D 项参见《自动喷水灭火系统设计规范》10.2.2 条,按二级负荷供电的建筑,宜采用柴油机泵作备用泵;A、B 项参见 12.0.5 条。

2.【10-上-39】 某净空高度为 8m 的自选商场,设有集中采暖空调系统,选择下述哪种自动喷水灭火系统类型为正确合理?
(A) 预作用系统　　　　　　(B) 湿式系统
(C) 雨淋系统　　　　　　　(D) 干式系统

【解析】选 B。参见《自动喷水灭火系统设计规范》中 4.2 的"系统选型"。

3.【11-上-32】 油浸电力变压器采用水喷雾灭火时,下列哪项不起作用?
(A) 表面冷却　　　　　　　(B) 窒息
(C) 乳化　　　　　　　　　(D) 稀释

【解析】选 D。参见《水喷雾灭火系统设计规范》第 1.0.3 条之条文说明。稀释作用主要针对水溶性液体火灾。

4.【11-下-32】 下列关于自动喷水灭火系统设计原则的叙述中,哪项错误?
(A) 雨淋系统中雨淋阀自动启动后,该阀所控制的喷头全部喷水
(B) 湿式系统中的喷头要能有效地探测初期火灾
(C) 预作用系统应在开放一只喷头后自动启动
(D) 在灭火进程中,作用面积内开放的喷头,应在规定的时间内按设计选定的喷水强度持续喷水

【解析】选 C。参见《自动喷水灭火系统设计规范》4.1.4 条。自动喷水灭火系统的设计原则应符合下列规定:
(1) 闭式喷头或启动系统的火灾探测器,应能有效探测初期火灾;
(2) 湿式系统、干式系统应在开放一只喷头后自动启动,预作用系统、雨淋系统应在火灾自动报警系统报警后自动启动;

(3) 作用面积内开放的喷头,应在规定时间内按设计选定的强度持续喷水。

5.【12-上-35】 某电缆隧道设有水喷雾灭火系统,其水雾喷头的工作压力不应小于下列哪项?
(A) 0.20MPa (B) 0.35MPa
(C) 0.60MPa (D) 0.90MPa
【解析】选 B。参见《水喷雾灭火系统设计规范》3.1.3 条,可知 B 项正确。

6.【12-下-34】 某净空高度 10.8m 的自选商场,货物堆放高度为 4.5m。设计自动喷水灭火系统时,其作用面积应采用下列哪项?
(A) 160m² (B) 200m²
(C) 260m² (D) 300m²
【解析】选 D。参见《自动喷水灭火系统设计规范》5.0.1A 条,应选 D 项。

7.【14-下-30】 下列哪项建筑物应设置室内自动喷水灭火系统?
(A) 高层民用建筑 (B) 高层工业建筑
(C) 1470 座位的普通剧院 (D) 建筑面积 3200m² 的单层商店
【解析】选 D。根据《建筑设计防火规范》8.5.1.4 条,总建筑面积大于 3000m² 的商店应设置自动喷水灭火系统。

8.【14-下-31】 下列哪项自动喷水灭火系统的设置场所可不设置火灾报警系统?
(A) 设置湿式系统的场所 (B) 设置预作用系统的场所
(C) 设置雨淋系统的场所 (D) 设置自动控制水幕系统的场所
【解析】选 A。预作用系统、雨淋系统、自动控制水幕系统均需要火灾报警系统联动开启雨淋阀组,而湿式系统不需要。

9.【16-下-34】 某锅炉房设置水喷雾灭火系统进行灭火,其喷头的工作压力应采用下列哪项数值?
(A) 0.1MPa (B) 0.2 MPa
(C) 0.3 MPa (D) 0.4MPa
【解析】选 D。依据《水喷雾灭火系统技术规范》3.1.3 条,水雾喷头的工作压力,当用于灭火时不应小于 0.35MPa。

10.【17-下-35】 水喷雾灭火系统采用的报警阀,应是下列哪种类型?
(A) 湿式报警阀 (B) 干式报警阀
(C) 预作用报警阀 (D) 雨淋报警阀
【解析】选 D。依据《水喷雾灭火系统设计规范》4.0.3 条,按规范表 3.1.2 的规定,响应时间不大于 120s 的系统,应设置雨淋报警阀组(大于 120s 的可采用电动控制阀或气动控制阀)。

11.【17-下-38】 水喷雾灭火系统广泛用于石油化工、电力、冶金等行业,但不适用于下列哪种?
(A) 高温密闭空间内的火灾 (B) 饮料、酒火灾

（C）高压电极产生的火灾　　　　（D）固体物质火灾

【解析】选A。依据《水喷雾灭火系统设计规范》1.0.4条，水喷雾灭火系统不得用于扑救遇水能发生化学反应造成燃烧、爆炸的火灾，以及水雾会对保护对象造成明显损害的火灾。结合条文说明，可知选A。

12.【18-上-36】网格吊顶对喷头设于吊顶上的自动喷水灭火系统的影响是哪种？
　　（A）喷水强度　　　　　　　　　（B）喷水时间
　　（C）保护面积　　　　　　　　　（D）响应时间

【解析】选A。根据《自动喷水灭火设计规范》第5.0.3条：装设网格、栅板类通透性吊顶的场所，系统喷水强度应按本规范表5.0.1规定值的1.3倍确定。

13.【18-上-37】油浸电力变压器间设置水喷雾灭火系统保护，关于其控制系统的叙述，哪项错误？
　　（A）控制组件采用雨淋报警组
　　（B）雨淋报警组由液动传动管开启
　　（C）雨淋报警组由自动报警系统电动开启
　　（D）设有自动、手动、应急机械启动三种控制方式

【解析】选B。

选项A：根据《水喷雾灭火系统技术规范》第3.1.2条，油浸变压器间的系统响应时间不应大于60s；规范第4.0.3条，响应时间不大于120s的系统应设置雨淋报警阀组。正确。

选项B：液动传动需由系统设置的闭式喷头喷水后启动报警阀，油浸变压器不适宜用水灭火。错误。

选项C：根据《水喷雾灭火系统技术规范》第4.0.3条，自动报警系统为电控信号。正确。

选项D：根据《水喷雾灭火系统技术规范》第6.0.1条，响应时间小于120s的系统采用三种控制方式。正确。

14.【18-下-35】自动喷水灭火局部应用系统持续喷水时间，不应低于下列哪项？
　　（A）20分钟　　　　　　　　　　（B）30分钟
　　（C）1小时　　　　　　　　　　 （D）1.5小时

【解析】选B。根据《自动喷水灭火设计规范》第12.0.2条，局部应用系统持续喷水时间不应低于0.5h。

15.【18-下-36】自动喷水灭火系统配水管道上应设快速排气阀的系统形式是哪种？
　　（A）湿式系统　　　　　　　　　（B）开式系统
　　（C）自动喷水-泡沫联用系统　　 （D）干式系统

【解析】选D。根据《自动喷水灭火设计规范》第4.2.9-4条，干式和预作用系统的配水管道应设快速排气阀。

16.【18-下-37】以下哪项不属于组成水喷雾灭火系统的必需组件或设施？
　　（A）过滤器　　　　　　　　　　（B）供水控制阀
　　（C）水雾喷头　　　　　　　　　（D）稳压泵

【解析】选 D。根据《水喷雾灭火系统技术规范》第 2.1.1 条，水喷雾灭火系统由水源、供水设备、管道、雨淋报警阀、过滤器和水雾喷头等组成。注意：稳压泵不属于供水设备，不是必需项。本题考点：对水喷雾灭火系统组成部件的熟悉度。

17.【19-上-32】 喷头的圆形喷水半径 R，喷头以矩形布置，边长分别为 B、L，$2R \geqslant \sqrt{L^2+B^2}$，一只喷头的保护面积是下列哪项？

(A) $\pi L^2/4$　　　　　　　　　(B) $\pi R^2/4$
(C) πR^2　　　　　　　　　　(D) BL

【解析】选 C。根据《自动喷水灭火设计规范》第 7.1.1 条的条文说明，一只喷头的保护面积为 πR^2。

18.【19-下-31】 一个单层仓库（同一防火分区）内，根据堆货不同设置不同分隔，采用流量系数 $K=200$、$K=161$ 的仓库型特殊应用喷头，仓库管理用房采用流量系数 $K=80$ 和 115 的标准响应喷头，一个报警阀组，其末端试水装置试水接头的流量系数应为下列哪项？

(A) 80　　　(B) 115　　　(C) 161　　　(D) 200

【解析】选 A。根据《自动喷水灭火系统设计规范》第 6.5.2 条，试水接头出水口的流量系数，应等同于同楼层或防火分区的最小流量系数洒水喷头。

19.【19-下-32】 某液氨罐设有水喷雾系统，其水雾喷头的工作压力不应小于下列哪项？

(A) 0.35MPa　(B) 0.25MPa　(C) 0.20MPa　(D) 0.15MPa

【解析】选 C。根据《水喷雾灭火系统设计规范》第 3.1.2 条、第 3.1.3 条，液氨储罐属于防护冷却系统，工作压力不应小于 0.2MPa。

8.1.2 自动灭火

1.【10-下-38】 下列关于自动喷水灭火系统水平配管上敷设减压孔板的叙述中，哪项正确？

(A) 在管径 DN40mm 的配水管上设孔口直径 40mm 的不锈钢孔板
(B) 在管径 DN150mm 的配水管上设孔口直径 40mm 的不锈钢孔板
(C) 在管径 DN100mm 的配水管上设孔口直径 32mm 的不锈钢孔板
(D) 在管径 DN100mm 的配水管上设孔口直径 32mm 的碳钢孔板

【解析】选 C。参见《自动喷水灭火系统设计规范》9.3.1.2 条，孔口直径不应小于设置管段直径的 30%，且不应小于 20mm；参见 9.3.1.1 条，应设在直径不小于 50mm 的水平直管段上。

2.【10-下-39】 下列关于水喷雾灭火系统喷头选择的说明中，哪项不正确？

(A) 扑灭电缆火灾的水雾喷头应采用高速喷头
(B) 扑灭电缆火灾的水雾喷头应采用工作压力≥0.30MPa 的中速喷头
(C) 扑灭电气火灾的水雾喷头应采用离心雾化喷头
(D) 用于储油罐防护冷却用的水雾喷头宜采用中速型喷头

【解析】选 B。高速灭火，中速控火。水喷雾灭火系统是一种局部灭火系统，水雾直接撞击到被保护对象的表面，水喷雾喷头以进口最低水压为标准可分为中速水喷雾喷头和高速水喷雾喷头：①中速喷头的压力为 0.15~0.50MPa，水滴粒径为 0.4~0.8mm，用于防护冷却。②高速喷头的压力为 0.25~0.80MPa，水滴粒径为 0.3~0.4mm，用于灭火和控火。

3.【11-上-29】 下列哪种灭火系统不能自动启动？
(A) 水喷雾灭火系统　　　　　　　(B) 临时高压消火栓系统
(C) 雨淋系统　　　　　　　　　　(D) 组合式气体灭火系统
【解析】选 B。A、C 项均称为自动喷水灭火系统；D 项通过电控自动启动。

4.【11-上-31】 下列有关自动喷水灭火系统操作与控制的叙述中，哪项错误？
(A) 雨淋阀采用充水传动管自动控制时，闭式喷头和雨淋阀之间的高差应限制
(B) 雨淋阀采用充气传动管自动控制时，闭式喷头和雨淋阀之间的高差不受限制
(C) 预作用系统自动控制是采用在消防控制室设手动远控方式
(D) 闭式系统在喷头动作后，应立即自动启动供水泵向配水管网供水
【解析】选 C。参见《自动喷水灭火系统设计规范》。
C 项错误，见 4.1.4-2 条："湿式系统、干式系统应在开放一只喷头后自动启动，预作用系统、雨淋系统应在火灾自动报警系统报警后自动启动"。
A、B 项正确，见《自动喷水灭火系统设计规范》11.0.3 条及条文说明。控制充液（水）传动管上闭式喷头与雨淋阀之间的高程差，是为了控制与雨淋阀连接的充液（水）传动管内的静压，保证传动管上闭式喷头动作后能可靠地开启雨淋阀。
D 项明显正确。

5.【13-下-32】 下列为某医院建筑（建筑高度为 30m）的地下室空调机房自动灭火系统设计方案，哪项设计方案最合理？
(A) 设置气体灭火系统　　　　　　(B) 设置水喷雾灭火系统
(C) 设置湿式自动喷水灭火系统　　(D) 不设自动灭火系统
【解析】选 C。根据《高层民用建筑设计防火规范》7.6.4 条，"高层建筑中的歌舞娱乐放映游艺场所、空调机房、公共餐厅、公共厨房以及经常有人停留或可燃物较多的地下室、半地下室房间等，应设自动喷水灭火系统"。

6.【14-上-30】 某绿化广场下的单层独立地下车库建筑面积为 3850m²，车位 110 个，设有湿式自动喷水灭火系统。该自动喷水灭火系统中可不设置下列哪项组件？
(A) 报警阀组　　　　　　　　　　(B) 水流指示器
(C) 压力开关　　　　　　　　　　(D) 末端试水装置
【解析】选 B。根据《汽车库、修车库、停车场设计防火规范》5.1.1 条，…防火分区最大允许建筑面积为 4000m²，则 3850m² 可为一个防火分区，可不设置水流指示器。

7.【16-上-35】 湿式自动喷水灭火系统由下列哪种方式自动启动？
(A) 由温感探测器动作自动启动
(B) 由烟感探测器动作自动启动

（C）由温感和烟感两路探测器同时动作自动启动
（D）由闭式喷头动作自动启动

【解析】选D。依据《自动喷水灭火系统设计规范》11.0.1条，湿式系统、干式系统的喷头动作后，应由压力开关直接连锁自动启动供水泵。故D正确。

8.【16-下-33】下列关于自动喷水灭火系统设置的叙述中，哪项不正确？
（A）配水干管必须环状布置
（B）减压阀不应设在报警阀下游
（C）高位消防水箱的消防出水管上应设止回阀
（D）局部应用系统在一定条件下可与室内消火栓竖管连接

【解析】选A。根据《自动喷水灭火系统设计规范》10.1.4条，当自动喷水灭火系统中设有2个及以上报警阀组时，报警阀组前宜设环状供水管道。故A错误。

9.【17-下-36】湿式报警阀在自动喷水灭火系统中的作用，是下列哪项？
（A）接通或关断报警水流和防止水倒流
（B）接通或关断向配水管道供水
（C）检测自动报警系统的可靠性
（D）控制喷头数

【解析】选A。依据《自动喷水灭火系统设计规范》条文说明6.2.1，湿式与干式报警阀在自动喷水灭火系统中有下列作用：接通或关断报警水流，喷头动作后报警水流将驱动水力警铃和压力开关报警；防止水倒流。

10.【17-下-37】末端试水装置在自动喷水灭火系统中的作用是下列哪种？
（A）用于系统调试
（B）用于系统供水
（C）用于检测最不利喷头的流量
（D）用于检测自动喷水灭火系统的可靠性

【解析】选D。依据《自动喷水灭火系统设计规范》条文说明6.5.1："提出了设置末端试水装置的规定。为了检验系统的可靠性，测试系统能否在开放一只喷头的最不利条件下可靠报警并正常启动，要求在每个报警阀的供水最不利点处设置末端试水装置。"

8.1.3 气体灭火

1.【10-下-40】某博物馆珍宝库长×宽×高＝30m×25m×6m，拟设置七氟丙烷气体灭火系统，下列系统设置中，哪项正确合理？
（A）采用管网灭火系统，设一个防护区
（B）采用管网灭火系统，设两个防护区
（C）采用预制灭火系统，设两个防护区，每区设一台预制气体灭火系统装置
（D）采用预制灭火系统，设两个防护区，每区设两台预制气体灭火系统装置

【解析】选B。参见《气体灭火系统设计规范》3.2.4条。注意，要同时计算面积因素与体积因素，以决定最后的防护区划分数目。

2.【12-下-36】 下列关于气体灭火系统设计的叙述中，哪项错误？
(A) 气体灭火系统适用于扑救可燃固体物质的深位火灾
(B) 气体灭火系统适用于扑救电气火灾
(C) 气体灭火系统适用于扑救液体火灾
(D) 防护区的最低环境温度不应低于－10℃

【解析】选 A。参见《气体灭火系统设计规范》3.2.1 条，可知气体灭火系统只适用于固体物质表面火灾，故 A 项错误；参见该条可知 BC 项正确；参 3.2.10 条可知 D 项正确。

3.【14-上-33】 某数据处理控制中心设有七氟丙烷气体灭火系统，系统启动灭火时，防护区实际使用浓度不应大于下列哪项？
(A) 灭火设计浓度
(B) 有毒性反应浓度
(C) 惰化设计浓度
(D) 无毒性反应浓度

【解析】选 B。根据《气体灭火系统设计规范》6.0.7 条，有人工作防护区的灭火设计浓度或实际使用浓度，不应大于有毒性反应浓度（LOAEL 浓度）。

4.【17-上-39】 二氧化碳灭火器的使用温度范围是下列哪项？
(A) 5～55℃
(B) 0～55℃
(C) －10～55℃
(D) －20～55℃

【解析】选 C。

5.【18-下-38】 设置七氟丙烯气体灭火系统的防护区外墙上应设泄压口，泄压口的哪个部位不应低于防护区净高的 2/3？
(A) 下沿
(B) 上沿
(C) 中心
(D) 2/3 处

【解析】选 A。根据《气体灭火系统设计规范》第 3.2.7 条条文说明，泄压口应开在防护区净高的 2/3 以上，即泄压口下沿不低于防护区净高的 2/3。

8.1.4 灭火器

1.【10-上-40】 某建筑同一场所按 C 类火灾配置的下列两种类型灭火器，哪项不正确？
(A) 磷酸铵盐干粉与碳酸氢钠干粉型灭火器
(B) 碳酸氢钠干粉与二氧化碳灭火器
(C) 碳酸氢钠干粉与卤代烷灭火器
(D) 二氧化碳与卤代烷灭火器

【解析】选 A。参见《建筑灭火器配置设计规范》附录 E，不相容的灭火剂举例。

2.【11-下-31】 某汽车库拟配置手提式磷酸铵盐干粉灭火器，按灭火器最低配置基准应选用下列哪种型号灭火器（汽车库场所主要存在 B 类及 A 类火灾）？
(A) MF/ABC2
(B) MF/ABC3
(C) MF/ABC4
(D) 以上灭火器型号均不能选用

【解析】选 C。参见《建筑灭火器配置设计规范》，汽车库按中危对待。6.2.1 条中说明 A 类火灾所需单具灭火器最低配置标准是 2A，6.2.2 条中则说明 B 类火灾所需单具灭火器最低配置标准是 55B。按附录 A，应选择 MF/ABC4。

3.【12-下-35】下列关于建筑灭火器选型设计的说明，哪项错误？
(A) 汽油库可选择碳酸氢钠干粉灭火器
(B) 液化石油气储库可选择磷酸铵盐干粉灭火器
(C) 铝粉生产车间应配置专用灭火器
(D) 变配电房配置泡沫灭火器

【解析】选 D。参见《建筑灭火器配置设计规范》3.1.2 条及其条文解释，可知汽油库为 B 类火灾，液化石油气储库为 C 类火灾，铝粉生产车间为 D 类火灾，变配电房为 E 类火灾；参见该规范 4.2 节及其条文解释，可知 D 项错误。

4.【13-上-31】下列关于灭火器配置设计的叙述中，哪项不正确？
(A) 9 层及以下的住宅建筑可不配置灭火器
(B) 选择灭火器时应考虑其使用人员的体能
(C) 同一防火分区内，灭火器的配置设计计算应相同
(D) 原木库房灭火器配置场所的危险等级不属于中危险级和严重危险级

【解析】选 C。参见《建筑灭火器配置设计规范》。
A 项参见该规范 6.1.3 条，公共部位面积不超过 100m² 可不设，注意选项中的"可"字；
B 项参见该规范 4.1.1.6 条，"使用灭火器人员的体能"；
C 项参见该规范 7.1.1 条，"灭火器配置的设计与计算应按计算单元进行。"注意计算单位与防火分区的不同；
D 项参见附录 C，原木库房、堆场灭火器配置场所的危险等级为轻危险级。

5.【13-下-33】下列关于建筑灭火器配置设计的叙述中，哪项错误？
(A) 灭火器可布置在楼梯间内
(B) 同一场所可配置两种以上类型灭火器，但其灭火剂应相容
(C) 灭火器的保护距离是指设置点到最不利点的直线行走距离
(D) 轻危险级场所应保证每个计算单元至少有一具灭火器保护

【解析】选 D。参见《建筑灭火器配置设计规范》。
A 项参见 5.1.1 条条文说明，"沿着经常有人路过的建筑场所的通道、楼梯间、电梯间和出入口处设置灭火器，也是及时、就近取得灭火器的可靠保证之一"；
B 项参见 4.1.3 条，"在同一灭火器配置场所，当选用两种或两种以上类型灭火器时，应采用灭火剂相容的灭火器"；
C 项参见 2.1.3 条；
D 项参见 6.1.1 条，"一个计算单元内配置的灭火器数量不得少于 2 具"。

6.【14-上-32】下列关于建筑灭火器配置设计的叙述中，哪项不准确？
(A) 甲、乙类物品生产厂房灭火器应按严重危险配置
(B) 同一场所存在两种类型火灾，可配置同一类型通用型灭火器

（C）灭火器箱可悬挂在墙壁或柱子上，但箱顶离地（楼）面的距离不应大于 1.5m

（D）对于危险等级相同的同一楼层或防火区分，可将其作为一个计算单元配置灭火器

【解析】选 D。根据《建筑灭火器配置设计规范》7.2.1 条，当一个楼层或一个水平防火分区内各场所的危险等级和火灾种类相同时，可将其作为一个计算单元。

7.【14-下-32】某省级电力调度大楼的通信指挥中心机房宜优先配置下列哪种灭火器？

（A）泡沫灭火器　　　　　　　　（B）二氧化碳灭火器

（C）水型灭火器　　　　　　　　（D）磷酸铵盐干粉灭火器

【解析】选 D。根据《建筑设计防火规范》4.2 节，本建筑内主要存在 A、E 类火灾，应选用都能适用的磷酸铵盐干粉灭火器。

8.【16-上-36】一个计算单元内配置的灭火器数量不应少于几具？

（A）1 具　　　（B）2 具　　　（C）3 具　　　（D）4 具

【解析】选 B。依据《建筑灭火器配置设计规范》6.1.1 条，一个计算单元内配置的灭火器数量不得少于 2 具。故 B 正确。

9.【16-下-35】某建筑高度为 45m 的办公楼设有 2 层地下室（作为停车库和设备机房）。则该地下室车库部位手提式灭火器的保护距离不应超过下列哪项数值？

（A）9m　　　（B）12m　　　（C）15m　　　（D）20m

【解析】选 B。根据《自动喷水灭火系统设计规范》附录 C 表 C，车库属于中危险级；根据规范 3.1.2 条，车库属于 B 类（液体火灾或可熔化固体物质）火灾。根据规范表 5.2.2，B 类中危险级火灾场所手提式灭火器的最大保护距离为 12m。

10.【19-下-29】干式消火栓系统供水干管上电动阀的启动控制方式，下列哪项正确？

（A）由消火栓箱处的按钮启动　　　（B）由消防泵联合启动

（C）由压力开关启动　　　　　　　（D）由水流开关启动

【解析】选 A。根据《消防给水及消火栓系统技术规范》第 7.1.6 条的条文说明，电动阀由消火栓处的按钮启动。

8.1.5 消防

1.【10-下-36】下列高层建筑消防系统设置的叙述中，哪项是正确的？

（A）高层建筑必须设置室内消火栓给水系统，宜设置室外消火栓给水系统

（B）高层建筑宜设置室内、室外消火栓给水系统

（C）高层建筑必须设置室内、室外消火栓给水系统

（D）高层建筑必须设置室内、室外消火栓给水系统和自动喷水灭火系统

【解析】选 C。参见《高层民用建筑设计防火规范》7.1.1 条。

2.【10-下-37】某高层建筑采用消防水池、消防泵、管网和高位水箱、稳压泵等组成消火栓给水系统。下列该系统消防泵自动控制的说明中，哪一项是正确的？

（A）由消防泵房内消防干管上设压力开关控制消防泵的启、停

(B) 由每个消火栓处设消防按钮装置直接启泵,并在消防控制中心设手动启、停消防泵装置
(C) 由稳压泵处消防管上的压力开关控制消防泵的启、停
(D) 由稳压泵处消防管上的压力开关控制消防泵的启、停,并在消防控制中心设手动启、停消防泵装置

【解析】选 A。具体内容参见秘书处教材《建筑给水排水工程》相关内容。

3.【11-下-29】消火栓、消防水炮、自动喷水系统灭火机理主要是下列哪项?
(A) 窒息
(B) 冷却
(C) 乳化
(D) 稀释

【解析】选 B。参见秘书处教材《建筑给水排水工程》P50。
水基灭火剂的主要灭火机理是冷却和窒息等,其中冷却功能是灭火的主要作用。
消火栓灭火系统、消防水炮灭火系统、自动喷水灭火系统灭火机理主要是冷却,可扑灭 A 类火灾。

4.【11-下-33】下列有关水喷雾灭火系统水雾喷头布置要求的叙述中,哪项错误?
(A) 当水喷雾保护输送机皮带时,喷头喷雾应完全包围输送机的机头、机尾和上、下行皮带
(B) 当水喷雾保护电缆时,喷头喷雾应完全包围电缆
(C) 当水喷雾保护液体储罐时,水雾喷头与保护液面之间的距离不应大于 0.7m
(D) 当水喷雾保护油浸电力变压器时,水喷雾布置的垂直和水平间距应满足水雾锥相交的要求

【解析】选 C。
A 项见《水喷雾灭火系统设计规范》3.2.9 条:当保护对象为输送机皮带时,喷雾应完全包围输送机的机头、机尾和上、下行皮带;
B 项见《水喷雾灭火系统设计规范》3.2.8 条:当保护对象为电缆时,喷雾应完全包围电缆;
C 项见《水喷雾灭火系统设计规范》3.2.6 条:当保护对象为可燃气体和甲、乙、丙类液体储罐时,水雾喷头与储罐外壁之间的距离不应大于 0.7m。
D 项见 3.2.5.3 条:水雾喷头之间的水平距离与垂直距离应满足水雾锥相交的要求。

5.【12-上-32】下列哪项车间的生产火灾危险性属丙类?
(A) 金属烧焊车间
(B) 塑料制品车间
(C) 水泥制品车间
(D) 燃气热水炉间

【解析】选 B。参见《建筑设计防火规范》3.1.1 条及其条文解释,可知 A 项为丁类,B 项为丙类,C 项为戊类,D 项为丁类。

6.【12-上-34】下列关于高层建筑消火栓给水系统设计的叙述中,哪项不正确?
(A) 采用高压消防给水系统时,可不设高位消防水箱
(B) 建筑高度超过 100m 的民用建筑,室内消火栓系统应采用分区供水方式
(C) 高层建筑电梯间应设置室内消火栓

(D) 高层建筑室内外消火栓栓口处的水压不应小于 0.10MPa

【解析】选 C。参见《高层民用建筑设计防火规范》7.4.7 条可知 A 项正确；参见该规范 7.4.6.5 条可知 B 项正确（1.00MPa 对应 100m）；参见该规范 7.4.6.8 条，可知消防电梯间必设，其他电梯间不一定必设，故 C 错；参见该规范 7.1.3 条可知 D 项正确。

7. 【12-下-32】下列有关建筑消防设计的说法中，哪项错误？
(A) 专用电子计算机房应按严重危险级配置灭火器
(B) 木材加工车间的火灾危险性为丙类
(C) 医院氮气储存间的火灾危险性为丁类
(D) 大、中型地下停车场应按中危 II 级设计自动喷水灭火系统

【解析】选 C。参见《建筑灭火器配置设计规范》3.2.2 条及附录 D，可知 A 项正确；参见《建筑设计防火规范》3.1.1 条及其条文解释可知 B 项正确；氮气属于不燃气体，参见《建筑设计防火规范》3.1.3 条及其条文解释可知医院氮气储存间的火灾危险性为戊类，故 C 项错误；参见《自动喷水灭火系统设计规范》附录 A 可知 D 项正确。

8. 【13-上-30】消火栓设于展厅内的柱子上，自动 30、某展览馆（建筑体积为 58000m³，净空高度≤8m）喷水灭火系统的喷头设于通透格栅吊顶的上方贴楼板安装，下列关于该建筑消防给水系统设计的叙述中，哪项不正确？
(A) 喷头公称动作温度取 68 ℃
(B) 消火栓水枪的充实水柱不小于 13m
(C) 计算室内消防用水量时，消火栓系统用水量不小于 10L/s
(D) 自动喷水灭火系统的作用面积和喷水强度分别不小于 160m² 和 6L/（min·m²）

【解析】选 D。

A 项参见《水喷雾灭火系统设计规范》6.1.2 条，高于环境温度 30°，一般实际中常取 68℃，厨房一般采用 93℃；

B 项参见《建筑设计防火规范》8.4.3.7 条，"高层厂房（仓库）、高架仓库和体积大于 25000m³ 的商店、体育馆、影剧院、会堂、展览建筑、车站、码头、机场建筑等，不应小于 13.0m"；

C 项参见《建筑设计防火规范》表 8.4.1，查得建筑体积为 58000m³ 的展览馆，最小消火栓用水量为 20L/s，因而从逻辑上讲"消火栓系统用水量不小于 10L/s"是正确的；

D 项根据《自动喷水灭火系统设计规范》规范附录 A，展览馆危险等级为中危 I；查表 5.0.1，作用面积和喷水强度分别不小于 160m² 和 6L/（min·m²）；规范 5.0.3 条，"装设网格、栅板类通透性吊顶的场所，系统的喷水强度应按本规范表 5.0.1 规定值的 1.3 倍确定"，则喷水强度至少应为 6×1.3=7.8L/（min·m²）。

9. 【13-上-32】某建筑设置的七氟丙烷管网灭火系统，其储存容器的增压压力为 4.2MPa，下列关于该系统的设计，哪项不正确？
(A) 储存容器采用焊接容器
(B) 该系统的设计喷放时间为 8s
(C) 该系统共设置 8 个选择阀防护 9 个房间
(D) 管网计算结果：喷头处的工作压力为 0.6MPa（绝对压力）

【解析】选 C。

选项 A，参见《气体灭火系统设计规范》4.2.2 条，可知 A 项正确；

选项 B，参见《气体灭火系统设计规范》3.3.7 条，可知 B 项正确；

选项 C，参见《气体灭火系统设计规范》3.1.4 条，4.1.6 条，可知 C 项错误；

选项 D，参见《气体灭火系统设计规范》3.3.16 条，可知 C 项错误。

10. 【13-下-30】下列哪项建筑物的室内消防给水系统可不设置消防水泵接合器？

（A）只有一条市政进水管的高层住宅室内消火栓给水系统

（B）多层办公楼的自动喷水灭火系统（轻危险级）

（C）高层仓库的室内消火栓给水系统

（D）5 层旅馆的室内消火栓给水系统

【解析】选 D。

A 项参见《建筑设计防火规范》7.4.5 条"室内消火栓给水系统和自动喷水灭火系统应设水泵接合器"；

B 项参见《自动喷水灭火系统设计规范》10.4.1 条，"（自喷）系统应设水泵接合器系统应设水泵接合器"；

C 项参见《建筑给水排水设计规范》8.4.2.5 条，"高层厂房（仓库）、设置室内消火栓且层数超过 4 层的厂房（仓库）、设置室内消火栓且层数超过 5 层的公共建筑，其室内消火栓给水系统应设置消防水泵接合器"；

D 项同 C 选项，其中并无"设置室内消火栓且层数等于 5 层的公共建筑"，可不设。

11. 【16-下-32】下列关于工业区的消防灭火系统设计的叙述中，哪项错误？

（A）工厂、仓库的室外消防用水量应按同一时间内的火灾起数和一起火灾灭火所需室外消防用水量确定

（B）丙类可燃液体储罐区的室外消防用水量应为灭火用水量和冷却用水量之和

（C）厂房、仓库设有自动喷水灭火系统时，可不再另外设置灭火器

（D）埋地的液化石油气储罐可不设置固定喷水冷却装置

【解析】选 C。凡满足需配置灭火器要求的场所都应配置灭火器。C 错误。

12. 【17-上-35】某多层酒店，地下一层为汽车库，该建筑自动喷水灭火系统设计参数按哪种危险等级取值？

（A）轻危险级　　　　　　　（B）中危险 Ⅰ 级

（C）中危险 Ⅱ 级　　　　　　（D）严重危险级

【解析】选 C。依据《自动喷水灭火系统设计规范》附录 A 可知，汽车停车场按中危险 Ⅱ 级取值。

13. 【17-下-39】超高层建筑采用高、低区消防水泵直接串联分区供水（如图示，图中省略与题意无关的阀门及仪表）。高区着火，以下几种高、低区消防泵的联动启动方式，哪种能满足系统正常工作？

（A）高区消防泵先启动，低区消防泵联动启动

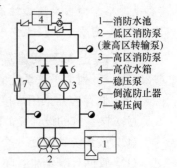

1—消防水池
2—低区消防泵（兼高区转输泵）
3—高区消防泵
4—高位水箱
5—稳压泵
6—倒流防止器
7—减压阀

(B) 低区消防泵先启动，高区消防泵联动启动
(C) 高、低区消防泵同时启动
(D) 无论哪区消防泵先启动，只要高区消防泵能及时启动就可以

【解析】选 B。依据《消防给水及消火栓系统技术规范》6.2.3 条，采用消防水泵串联分区供水时，宜采用消防水泵转输水箱串联供水方式，并应符合："当采用消防水泵直接串联时，应采取确保供水可靠性的措施，且消防水泵从低区到高区应能依次顺序启动"。

14.【18-下-39】某甲类可燃液体储蓄罐成组布置，采用固定式冷却系统，其中距离着火固定罐罐壁 1.5 倍罐直径的邻近罐有 5 个，其冷却水系统可按几个罐的设计流量计算？
(A) 2
(B) 3
(C) 4
(D) 5

【解析】选 B。根据《消防给水及消火栓系统技术规范》表 3.4.2-1 注 4，距固定火罐罐壁 1.5 倍着火罐直径范围内的邻近罐应设置冷却水系统，当邻近罐超过 3 个时，冷却水系统可按 3 个罐的设计流量计算。注意：本题考察对构筑物冷却设计的熟悉度，但题目不够严谨，首先，题干未指明是立式储罐还是卧式储罐，也未指明是地上式还是地下式，根据规范表 3.4.2-2 注 2 和注 3，将引起误解；其次，规范要求是"1.5 倍着火罐直径范围内的邻近罐"，并未包含 1.5 倍直径距离。

15.【19-上-31】某仓库内部储存有以下物品：钢制折叠座椅、塑料座椅、表演用油纸伞、折扇、彩旗以及钢制灯光架，此仓库的火灾危险性类别是下列哪项？
(A) 乙类
(B) 丙类
(C) 丁类
(D) 戊类

【解析】选 B。根据《建筑设计防火规范》第 3.1.3 条的条文说明，储藏物品危险等级最高的为油纸伞、折扇、彩旗，为丙类。

16.【19-下-30】某单独建设的建筑面积单层地下人防工程，平时用途是商店，以下关于消防设施的设置描述，正确的是哪项？
(A) 应设置室内消火栓
(B) 应设置自动喷水灭火系统
(C) 应设置水泵接合器
(D) 必须设置高位消防水箱

【解析】选 A。根据《人民防空工程设计防火规范》第 7.2.1 条，建筑面积大于 $300m^2$ 的人防工程应设置室内消火栓。

8.2 多项选择题

8.2.1 喷水灭火

1.【11-上-66】依据图中文字说明判别下列哪些自动喷水灭火系统是错误的？

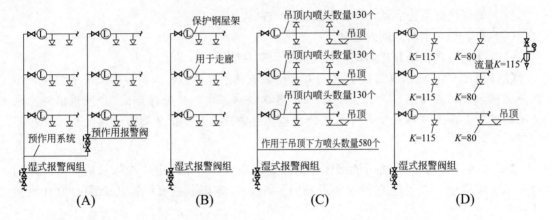

(A)　　　　　　(B)　　　　　　(C)　　　　　　(D)

【解析】选 BD。参见《自动喷水灭火系统设计规范》B 项见 6.2.1 条，保护室内钢屋架等建筑构件的闭式系统，应设独立的报警阀组；D 项见 6.5.2 条，试水接头出水口的流量系数应等同于同楼层或防火分区内的最小流量系统喷头。

2.【11-下-63】下列关于水喷雾灭火系统水雾喷头选型设计的叙述中，哪几项不正确？
（A）扑救电气火灾应选用离心雾化型水雾喷头
（B）用于扑救闪点高于 60℃ 的液体火灾选用中速喷头
（C）用于防护冷却容器的选用高速喷头
（D）有粉尘场所设置的水雾喷头应设有防尘罩

【解析】选 BC。
中速水雾喷头主要用于对需要保护的设备提供整体冷却保护，以及对火灾区附近的建、构筑物连续喷水进行冷却。
高速水雾喷头具有雾化均匀、喷出速度高和贯穿力强的特点，主要用于扑救电气设备火灾和闪点在 60℃ 以上的可燃液体火灾，也对可燃液体储罐进行冷却保护。
《自动喷水灭火系统设计规范》提到：
4.0.2　水雾喷头的选型应符合下列要求：
4.0.2.1　扑救电气火灾应选用离心雾化型水雾喷头；
4.0.2.2　腐蚀性环境应选用防腐型水雾喷头；
4.0.2.3　粉尘场所设置的水雾喷头应有防尘罩。

3.【12-上-67】以下关于自动喷水灭火系统喷头选型设计的叙述中，哪几项正确？
（A）吊顶下布置的喷头，应采用下垂型喷头或吊顶型喷头
（B）预作用系统必须采用直立型喷头
（C）自动喷水—泡沫联用系统应采用洒水喷头
（D）雨淋系统的防护区内，应采用相同的喷头

【解析】选 ACD。参见《自动喷水灭火系统设计规范》6.1.3 条第 2 款可知 A 项正确；参见第 4 款可知 C 项正确；参见 6.1.4 条可知 B 项错误；参见 6.1.8 可知 D 项正确。

4.【13-下-63】下列关于自动喷水灭火系统的叙述中，哪几项不正确？

（A）雨淋报警阀不只限用于雨淋灭火系统
（B）设有自动喷水灭火系统的房间，其吊顶内有时可不设喷头
（C）预作用系统应在灭火喷头开启后立即自动向配水管道供水
（D）配水管道的公称压力不应大于1.20MPa，并不应设置其他用水设施

【解析】选CD。参见《自动喷水灭火系统设计规范》。
A项，雨淋报警阀也用于预作用自动喷水灭火系统；
B项，满足《自动喷水灭火系统设计规范》7.1.8条要设，也即不满足可不设；
C项，见《自动喷水灭火系统设计规范》2.1.2.3条，对于预作用系统定义的理解；
D项，见《自动喷水灭火系统设计规范》8.0.1条，"配水管道的工作压力不应大于1.20MPa，并不应设置其他用水设施"，而"公称压力"与"工作压力"不同。

5.【14-上-65】下列某液化气罐装间水喷雾灭火系统设计方案，哪几项正确？
（A）水喷雾的工作压力不应小于0.35MPa
（B）系统保护面积按罐装间建筑使用面积确定
（C）系统管道采用均衡布置时可减少系统设计流量
（D）因保护面积较大，设置多台雨淋阀，并利用雨淋阀控制同时喷雾的水喷雾喷头数量

【解析】选BCD。根据《水喷雾灭火系统设计规范》3.1.3条，可知A项错误；根据3.1.6条，可知B项正确；根据7.1.4条及7.1.5条，可知C项正确；根据6.0.5条，可知D项正确。

6.【16-下-65】下列关于水喷雾灭火系统的叙述中，哪几项错误？
（A）水喷雾灭火系统可采用闭式喷头探测火灾
（B）水喷雾灭火系统可用于保护油浸式电力变压器
（C）水喷雾灭火系统采用组合分配系统时，防护区数量不应超过8个
（D）水喷雾喷头可采用开式喷头或闭式喷头灭火

【解析】选CD。组合分配系统属于气体灭火系统中的概念，水喷雾灭火系统中无此概念。水喷雾灭火系统需利用喷头探测火灾，故只能用闭式喷头。故C、D错误。

7.【17-下-69】以下对于水喷雾系统的叙述，哪几项错误？
（A）水喷雾与高压细水雾的灭火机理相同，喷头所需工作压力也基本相同
（B）水喷雾灭火系统可用于扑救固定物质火灾外，还可适用于扑救丙类液体火灾、电气火灾等不宜用水灭火的场所
（C）水喷雾系统属于闭式系统
（D）水喷雾系统的供水控制阀，可采用雨淋报警阀、电动控制阀或气动控制阀等。但响应时间不大于120s的系统，应采用雨淋报警阀

【解析】选AC。依据秘书处教材《建筑给水排水工程》P134，高压细水雾机理接近气体灭火，所需压力也更大，故A错误。
依据《水喷雾灭火系统设计规范》1.0.3条，水喷雾灭火系统可用于扑救固体物质火灾、丙类液体火灾、饮料酒火灾和电气火灾，并可用于可燃气体和甲、乙、丙类液体的生产、储存装置或装卸设施的防护冷却。故B正确。
水喷雾为开式系统，故C错误。

依据《水喷雾灭火系统设计规范》4.0.4条,"当系统供水控制阀采用电动控制阀或气动控制阀时……";依据《水喷雾灭火系统设计规范》4.0.3条,"按本规范表3.1.2的规定,响应时间不大于120s的系统,应设置雨淋报警阀组。"故D正确。

8.【18-下-68】饮料酒库设水喷雾灭火系统保护,以下叙述中错误的有哪几项?
(A) 系统的响应时间不小于1min
(B) 水雾喷头的最小工作压力为0.2MPa
(C) 应选用离心雾化型水雾喷头
(D) 应设置雨淋报警阀组

【解析】选ABC。根据《水喷雾灭火系统技术规范》第3.1.2条,响应时间不应大于60s,A项错误;规范第3.1.3条,用于灭火时不应小于0.35MPa,B项错误;电气火灾应选用离心雾化喷头,C项错误;规范第4.0.3条,响应时间≤120s的系统应设置雨淋报警阀,D项正确。

9.【19-上-65】以下关于自动喷水灭火预作用系统的描述,正确的是哪几项?
(A) 预作用装置的自动控制方式不同,系统的作用面积则不同
(B) 喷水强度及喷头选型与湿式系统一致
(C) 当发生火灾后,配水管道排气充水后,开启的喷头开始喷水
(D) 在准工作状态下,稳压系统仅维持报警阀入口前管道内的充水要求

【解析】选AD。详见《自动喷水灭火系统设计规范》,选项A,根据规范第5.0.11条第2、3款,控制方式不同,作用面积不同,故正确。选项B,根据规范第5.0.11条第1款,喷水强度与湿式系统一致;规范第6.1.4条,喷头选项与湿式系统不同,故综合考虑为错误选项。选项C,根据规范第2.1.5条的条文说明中关于干式系统的描述,预作用系统在环境温度升高时已经开始充水,故错误。选项D,根据规范第2.1.6条,准工作状态下,配水管道内污水,故正确。

10.【19-下-63】水喷雾灭火系统中,下列关于采用传动管启动水喷雾灭火系统的做法中,错误的是哪几项?
(A) 系统利用开式喷头探测火灾
(B) 系统利用闭式喷头探测火灾
(C) 雨淋报警阀组通过电动开启
(D) 雨淋报警阀组通过液动开启

【解析】选AC。详见《水喷雾灭火系统技术规范》GB 50219。根据规范第2.1.2条,传动管是利用闭式喷头探测火灾,故选项A错误,B正确。根据规范第4.0.3条,接收传动管信号的雨淋报警阀组应能液动启动开启,故选项C错误,D正确。

8.2.2 自动灭火

1.【10-上-69】
下述水喷雾灭火系统设计参数选择中,哪几项是正确的?

	保护对象	水雾喷头工作压力(MPa)	系统响应时间(s)
(A)	电缆	0.4	40
(B)	甲类液体储罐	0.3	60
(C)	油浸式电力变压器	0.3	60
(D)	丙类液体储罐	0.15	300

【解析】选 AB。参见《水喷雾灭火系统设计规范》3.1.2 条、3.1.3 条、3.1.4 条。水喷雾灭火系统有灭火与防护冷却两大功能。其中灭火针对液体火灾、电气火灾。防护冷却针对甲乙丙类液体生产、储存、装卸设施；甲乙丙类液体储罐；可燃气体生产、输送、装卸、储存设施和灌瓶间、瓶库。本题 A、C 项是电气灭火具体应用，B、D 项是防护冷却的具体应用。根据灭火时喷头工作压力不小于 0.35MPa，响应时间不大于 45s；防护冷却时喷头式作压力不小于 0.2MPa，响应时间不大于 300s。选择 CD 错，其中 C 响应时间、工作压力均不对，D 工作压力不对。

2.【10-下-68】 某建筑高度为 150m 的高层办公楼自动喷水灭火系统局部标准喷头平面布置如图所示，下列喷头间距 a、b 中，正确是哪几项？

(A) $a=1.6m$，$b=3.6m$
(B) $a=1.8m$，$b=3.6m$
(C) $a=1.6m$，$b=3.7m$
(D) $a=1.9m$，$b=3.4m$

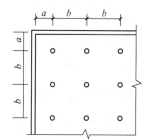

【解析】选 AB。参见《自动喷水灭火系统设计规范》附录 A、7.1.2 条；a 最大为 1.8m，b 最大为 3.6m。

3.【14-下-63】 下列有关自动喷水灭火系统设计的说法中，哪几项正确？

(A) 宾馆客房可采用边墙型喷头
(B) 预作用系统可替代干式系统
(C) 无报警阀组的局部应用系统，其配水管可直接与室内消火栓给水立管连接
(D) 当仓库顶板下及货架内均设有喷头时，系统设计流量按两者之间的最大值确定

【解析】选 ABC。根据《自动喷水灭火系统设计规范》6.1.3.3 条，宾馆客户属于中危 1 级，故 A 项正确；根据 4.2.3 条，可知 B 项正确；根据 12.0.5 条，可知 C 项正确；根据 9.1.5 条，设置货架内置喷头的仓库，顶板下喷头与货架内喷头应分别计算设计流量，并应按其设计流量之和确定系统的设计流量，可知 D 项错误。

4.【16-上-64】 判断下列哪些系统应按现行《自动喷水灭火系统设计规范》设计？

(A) 雨淋灭火系统
(B) 水喷雾灭火系统
(C) 防火分隔水幕系统
(D) 自动水炮灭火系统

【解析】选 AC。选项 B 水喷雾灭火系统，应执行《水喷雾灭火系统技术规范》GB 50219—2014；选项 D 自动水炮灭火系统，应执行《固定消防炮灭火系统设计规范》GB 50338—2003。

5.【17-下-66】 干式自动喷水系统的配水管道充有压气体的目的，是下列哪几项？

(A) 将有压气体作为传递火警信号的介质
(B) 防止干式报警阀误动作
(C) 检测管道的严密性
(D) 快速启动系统

【解析】选 AB。依据《自动喷水灭火系统设计规范》5.0.12 条，利用有压气体作为

系统启动介质的干式系统、预作用系统,其配水管道内的气压值,应根据报警阀的技术性能确定;利用有压气体检测管道是否严密的预作用系统,配水管道内的气压值不宜小于0.03MPa,且不宜大于0.05MPa。

6.【18-上-67】 自动喷水灭火系统有湿式、干式、预作用、雨淋等系统形式,其启动方式各不相同,加压泵启动无需火灾报警系统自动联动的系统有下列哪几种?

(A) 湿式系统　　　(B) 干式系统　　　(C) 预作用系统　　　(D) 雨淋系统

【解析】选AB。根据《自动喷水灭火设计规范》第4.1.4.2条:湿式、干式系统应在开放一只喷头后自动启动,预作用、雨淋系统应在火灾自动报警系统报警后自动启动。

7.【18-下-67】 以下哪几种系统形式属于开式自动喷水灭火系统?

(A) 干式系统　　　(B) 预作用系统　　　(C) 雨淋系统　　　(D) 水幕系统

【解析】选CD。根据《自动喷水灭火设计规范》第2.1.2条,湿式、干式、预作用均属于闭式系统。

8.2.3　气体灭火

1.【10-上-70】 某电子计算机房分成三个防护区,采用七氟丙烷气体组合分配灭火系统,下列该系统灭火剂储存量的说明中,哪几项是正确的?

(A) 按三个防护区所需总储存量计算
(B) 按三个防护区中储存量最大的一个防护区所需储存量计算
(C) 灭火剂储存量应为最大防护区的灭火剂设计用量、储存容器及管网内灭火剂剩余量之和
(D) 灭火剂储存量均应按系统原储存量的100%设置备用量

【解析】选BC。参见《气体灭火系统设计规范》3.1.5条,组合分配系统的灭火剂储存量,应按储存量最大的防护区确定;3.1.6条:灭火系统的灭火剂储存量,应为防护区的灭火设计用量与储存容器内的灭火剂剩余量和管网的灭火剂剩余量之和;3.1.7条:灭火系统的储存装置72小时内不能重新充装恢复工作的,应按系统原储存量的100%设置备用量。

2.【11-下-64】 下列关于气体灭火系统设计技术条件的叙述中,哪几项错误?

(A) 某库房存放75%数量的可燃物品的设计灭火浓度为5.1%,其余可燃物品的设计灭火浓度为7.1%,则库房按设计灭火浓度7.1%确定
(B) 一个组合分配系统保护9个防护区,灭火剂储存量按最大防护区确定
(C) 某较大防护区采用两套管网设计,其喷头流量均应按同一灭火浓度同一喷放时间设计
(D) 系统因超过72小时才能恢复工作,其灭火剂储存量应按灭火剂用量、管网内剩余量之和确定

【解析】选BD。
A项见《气体灭火系统设计规范》3.1.3条:几种可燃物共存或混合时,灭火设计浓度或惰化设计浓度,应按其中最大的灭火设计浓度或惰化设计浓度确定;
B项见该规范3.1.4条:两个或两个以上的防护区采用组合分配系统时,一个组合分

配系统所保护的防护区不应超过8个；

C项参见3.1.10条：同一防护区，当设计两套或三套管网时，集流管可分别设，系统启动装置必须共用。各管网上喷头流量均应按同一灭火计浓度、同一喷放时间进行设计；

D项参见3.1.6条与3.1.7条。

3.1.6条：灭火系统的灭火剂储存量，应为防护区的灭火设计用量、存容器内的灭火剂剩余量和管网内的灭火剂剩余量之和。

3.1.7条：灭火系统的储存装置72小时内不能重新充装恢复工作，应按系统原储存量的100%设置备用量。

3.【12-下-66】 下列关于气体灭火系统设计的叙述中，哪几项正确？
(A) 灭火系统的灭火剂储存量，应为最大防护区的灭火设计用量
(B) 设计管网上不应采用四通管件进行分流
(C) 灭火系统的设计温度，应采用20℃
(D) 扑灭气体类火灾的防护区，必须采用惰化设计浓度

【解析】 选BC。参见《气体灭火系统设计规范》3.1.6条可知A项错误；参见3.1.2条可知D项错误；参3.1.8条可知C项正确；参见3.1.11条可知B项正确。

4.【13-上-63】 某医院的配电机房内采用预制式七氟丙烷气体灭火系统，在机房对角各设置一套预制式七氟丙烷气体灭火系统装置，以下关于该装置的设计，哪几项错误？
(A) 设自动控制和手动控制两种启动方式
(B) 每套装置上设置的气体喷头数量相同
(C) 每套装置的充压压力为4.2MPa
(D) 各装置能自行探测火灾并自动启动

【解析】 选BC。

由《气体灭火系统设计规范》5.0.2条可知A项正确；参照国标图集，预制式七氟丙烷气体灭火系统无喷头，由柜子自带喷嘴喷放，所以B项错误；无管网系统钢瓶在防护区，因此压力不能太高，一般选2.5MPa，C项错误；

参见《气体灭火系统设计规范》3.1.15条可知D项正确。本题有一定的实践性，对于没设计过类似工程确有困难。

5.【16-下-66】 某七氟丙烷管网灭火系统下列设计中，哪几项错误？
(A) 设置自动控制和手动控制两种启动方式
(B) 在防护区入口处设置手动与自动控制的转换开关
(C) 管道在进入各防护区处，设置选择阀
(D) 各喷头上标识有型号和规格

【解析】 选ABC。依据《气体灭火系统设计规范》5.0.2条，管网灭火系统应设自动控制、手动控制和机械应急操作三种启动方式；预制灭火系统应设自动控制和手动控制两种启动方式。选项A中，还应设置机械应急操作，故错误。

依据《气体灭火系统设计规范》5.0.5条，自动控制装置应在接到两个独立的火灾信号后才能启动；手动控制装置、手动与自动转换装置应设在防护区疏散出口的门外便于操

作的地方，安装高度为中心点距地面 1.5m；机械应急操作装置应设在储瓶间内或防护区疏散出口门外便于操作的地方。故 B 错误。

依据《气体灭火系统设计规范》4.1.6 条，组合分配系统中的每个防护区应设置控制灭火剂流向的选择阀，其公称直径应与该防护区灭火系统的主管道公称直径相等；选择阀的位置应靠近储存容器且便于操作。故 C 错误。

6.【18-上-68】 以下关于气体灭火系统的叙述，正确的有哪几项？
(A) 全淹没气体灭火系统保护的防护区应是有限封闭空间
(B) 组合分配系统中的每个防护区应设置控制灭火剂流向的选择阀
(C) 气体灭火系统有管网式和预制式。一个净容积 2000m³，且面积 600m³ 的防护区，宜采用预制式灭火系统
(D) 预制式灭火系统的控制方式应有自动、手动控制两种启动方式

【解析】选 ABD。参见《气体灭火系统设计规范》GB 50370。根据规范第 2.1.1 条可知，选项 A 为防护区的基本定义，正确。根据规范第 4.1.6 条可知，选项 B 为规范原文，正确。根据规范第 3.2.4.3 条，预制灭火系统一个防护区的面积不宜＞500m²，容积不宜＞1600m³，故选项 C 错误。根据规范第 5.0.2 条可知，选项 D 为规范原文，正确。

7.【19-下-64】 气体灭火系统设计中，下列说法错误的是哪几项？
(A) 气体灭火系统应设自动控制、手动控制和机械应急操作三种启动方式
(B) 自动控制装置在接到两个独立的火灾信号才能启动
(C) 电气火灾可采用所有介质的气体灭火
(D) 防护区的泄压口应设在层高的 2/3 以上

【解析】选 ACD。详见《气体灭火系统设计规范》GB 50370。根据规范第 5.0.2 条，只有管网灭火系统应设三种启动方式，故选项 A 错误。根据规范第 5.0.5 条可知选项 B 正确。根据规范第 3.2.3 条，K 型及其他型热气溶胶预制灭火系统不得用于电子计算机房、通信机房等场所，故选项 C 错误。根据规范第 3.2.7 条，只有七氟丙烷系统有此要求，故选项 D 错误。

8.2.4 灭火器

1.【10-下-69】 下列某二类高层建筑写字楼按 A 类火灾场所设置灭火器的选择中，哪几项是正确的？
(A) 设灭火级别为 2A 的手提式磷酸铵盐干粉灭火器，保护距离为 20m
(B) 设灭火级别为 1A 的手提式磷酸铵盐干粉灭火器，保护距离为 15m
(C) 设灭火级别为 2A 的手提式磷酸铵盐干粉灭火器，保护距离为 40m
(D) 设灭火级别为 2A 的手提式磷酸铵盐干粉灭火器，保护距离为 15m

【解析】选 AD。依据《建筑灭火器配置设计规范》3.2.1 条、5.2.1 条、6.2.1 条及附录 D。建筑为中危险级，单具 2A 且最大保护距离不大于 20m。

2.【11-下-62】 在 A 类火灾场所，不适合选用的灭火器类型是下述哪几项？
(A) 磷酸铵盐干粉灭火器 (B) 碳酸氢铵干粉灭火器
(C) 泡沫灭火器 (D) 二氧化碳灭火器

【解析】选 BD。参见《建筑灭火器配置设计规范》4.2.1 条"A 类火灾场所应选择水型灭火器、磷酸铵盐干粉灭火器、泡沫灭火器或卤代烷灭火器",以及条文说明中的"表 3 灭火器的适用性"。

3.**【12-上-68】**下列关于建筑灭火器设置要求的叙述中,哪几项正确?
(A) 一个计算单元内配置的灭火器数量不应少于 2 具
(B) 住宅建筑每层的公共部位应设置至少 1 具手提式灭火器
(C) 在 A 类火灾中危险级场所,单具 MS/Q9 型清水灭火器保护面积可达 150m²
(D) E 类火灾场所灭火器最低配置标准不应低于该场所内 A 类火灾的配置标准

【解析】选 ACD。参见《建筑灭火器配置设计规范》6.1.1 条可知 A 项正确;
参见 6.1.3 条可知小于 100m² 可不设,故 B 项错误;参附录 A 可知 MS/Q9 的灭火级别为 2A,参见 6.2.1 条可知中危级 1A 对应 75m²,故 C 项正确;参见 6.2.4 条可知 D 项正确。

4.**【13-下-64】**下列关于建筑灭火器配置设计的说法中,哪几项不正确?
(A) 灭火剂不应采用卤代烷灭火剂
(B) 最不利点处应至少在 1 具灭火器的保护范围内
(C) 灭火器可设置在室外,但应采用相应的保护措施
(D) 灭火器配置场所的危险等级与其自动喷水灭火系统设置场所的危险等级相同

【解析】选 AD。参见《建筑灭火器配置设计规范》。
A 项见附录 A.0.2 条;
B 项见《建筑灭火器配置设计规范》7.1.3 条;
C 项见《建筑灭火器配置设计规范》5.1.4 条,"灭火器设置在室外时,应有相应的保护措施";
D 项对比《建筑灭火器配置设计规范》与《自动喷水灭火系统设计规范》相应危险等级的举例表格可知,两者并无完全相同,如高层普通住宅,其自喷火灾危险等级为中级,其灭火器火灾危险等级为轻级。
所以选 AD。

5.**【14-下-65】**某地级市政府办公大楼的第 3 层由办公室(配有电脑、复印机等办公设备)、一个小型会议室和一个中型会议室(分设在走道两端)及走道组成,大楼设有集中空调,下列该楼层的灭火器配置设计中,哪几项正确?
(A) 该楼层均按中危险级配置灭火器
(B) 办公室、走道按中危险级配置灭火器
(C) 将该楼层作为 1 个计算单元设计灭火器
(D) 应将该楼层分为 3 个计算单元设计灭火器

【解析】选 BD。根据《建筑灭火器配置设计规范》7.2.1 条及附录 D,可知会议室为严重危险级,办公室和走道为中危级,该楼层分为 3 个计算单元,可知 BD 项正确。

6.**【16-上-67】**某场所拟配置两种类型灭火器,下列哪几项配置错误?
(A) 二氧化碳与卤代烷灭火器
(B) 碳酸氢钠与磷酸铵盐灭火器

(C) 蛋白泡沫与碳酸氢钠灭火器
(D) 水型灭火剂与水成膜泡沫灭火器

【解析】选 BC。依据《建筑灭火器配置设计规范》4.1.3 条，在同一灭火器配置场所，当选用两种或两种以上类型灭火器时，应采用灭火剂相容的灭火器。依据规范 4.1.4 条，"不相容的灭火剂举例见规范附录 E 的规定"。

7.【17-下-67】以下关于灭火器选型和配置的叙述，正确的是哪几项？
(A) 磷酸铵盐干粉和碳酸氢钾干粉灭火器，不可用于同一配置场所
(B) 当同一灭火器配置场所，存在不同火灾种类时，不应选用通用型灭火器
(C) 有条件时，也可在同一场所内同时选配手提式灭火器和推车式灭火器
(D) 卤代烷灭火器已淘汰，所有场所均不得选配

【解析】选 AC。依据《建筑灭火器配置计规范》附录 E，磷酸铵盐干粉和碳酸氢钾干粉灭火器不相容，故 A 正确。

依据《建筑灭火器配置计规范》4.1.2 条，当同一灭火器配置场所存在不同火灾种类时，应选用通用型灭火器。故 B 错误。

依据《建筑灭火器配置计规范》4.1.2 条，在同一灭火器配置场所，宜选用相同类型和操作方法的灭火器。注意：是"宜"，所以并不排斥必要时在同一场所内同时选配手提式灭火器和推车式灭火器，故 C 正确。

依据《建筑灭火器配置计规范》4.2.6 条，非必要场所不应配置卤代烷灭火器（非必要场所的举例见规范附录 F）；必要场所可配置卤代烷灭火器。故 D 错误。

8.2.5 消防

1.【11-上-64】下述哪几种灭火系统的灭火机理属于物理灭火过程？
(A) 二氧化碳灭火系统　　　　　　(B) 消火栓灭火系统
(C) 七氟丙烷灭火系统　　　　　　(D) 固定消防水炮灭火系统

【解析】选 ABD。参见秘书处教材《建筑给水排水工程》P49～51、P145～147。

灭火的基本原理：冷却、窒息、隔离和化学抑制，前 3 种主要是物理过程，后一种为化学过程。

其中要注意气体灭火机理是综合性的，要具体分析。二氧化碳就是主要为窒息、次要为冷却，属于物理过程。七氟丙烷灭火原理是灭火剂喷洒在火场周围时，因化学作用惰化火焰中的活性自由基，使氧化燃烧的链式反应中断从而达到灭火目的，属于化学过程。

2.【11-上-65】以下关于屋顶消防水箱设置的叙述中，哪几项不准确？
(A) 高层建筑必须设置屋顶消防水箱
(B) 对仅设置室内消火栓系统的高层工业厂房，当必须设置屋顶消防水箱时，消防水箱设置在该厂房的最高部位
(C) 屋顶消防水箱的设置高度应满足室内最不利点处消火栓灭火时的计算压力
(D) 屋顶消防水箱的主要作用是提供初期火灾时的消防用水水量

【解析】选 AC。
A 项见《建筑设计防火规范》7.4.7 条，"采用高压给水系统时，可不设高位消防水

箱。当采用临时高压给水系统时,应设高位消防水箱";

B项见《建筑设计防火规范》8.4.4-1条:"重力自流的消防水箱应设置在建筑的最高部位";

C项对消火栓系统消防水箱的设置高度,是历史沿用数值,此数值不能满足最不利点处消火栓灭火时的计算压力;

D项正确。

3.【12-上-65】 下列关于室内消防给水管道和消火栓布置的说法中,哪几项正确?
(A) 室内消防竖管直径不应小于DN100
(B) 消防电梯间前室内应设置消火栓
(C) 冷库内可不设置消火栓
(D) 建筑高度小于24m且体积小于5000m³的多层仓库,可采用一支水枪充实水柱到达室内任何部位

【解析】 选BD。

参见《建筑设计防火规范》8.4.3条第2款可知B项正确;C项参见第4款"冷库内的消火栓应设置在常温穿堂或楼梯间内",可知不是可不设置,而是设置的位置要做调整;参见规范8.4.3条第7款可知D项正确;选项A,参见规范8.3.1条第5款:"……当确有困难时,可只设置干式消防竖管……消防竖管的直径不应小于DN65",参见规范8.4.2条第3款:"室内消防竖管直径不应小于DN100"。

4.【12-下-64】 下列关于室外消防给水管道的布置和室内、外消火栓设置的说法哪几项正确?
(A) 室外消防给水管网应布置成环状
(B) 室外消火栓的保护半径不应大于150m
(C) 5层以下的教学楼,可不设置室内消火栓
(D) 室内消火栓栓口直径应为DN65

【解析】 选BD。参见《建筑设计防火规范》8.7.2条第1款可知选项A断章取义,故错误;参见该规范8.2.8条第4款可知B项正确;参见该规范8.3.1条第4款可知当教学楼体积大于10000m³时必须设置室内消火栓,故C项错误;参见该规范8.3.1条,可知D项正确。

5.【12-下-65】 下列关于水喷雾灭火系统的表述中,哪几项正确?
(A) 水喷雾灭火系统是雨淋系统的一种形式
(B) 水喷雾灭火系统可扑救电器火灾
(C) 水喷雾灭火系统可设置为局部灭火系统
(D) 水喷雾灭火系统应配置加压水泵

【解析】 选ABC。

参见秘书处教材《建筑给水排水工程》P149,可知A项正确;参见《水喷雾灭火系统设计规范》1.0.3条可知B项正确;参见秘书处教材《建筑给水排水工程》P150,可知C项正确;只要市政压力或屋顶水池(流量满足要求)满足《水喷雾灭火系统设计规范》3.1.3条要求,可以不设置水泵(采用常高压系统)。

6.【13-上-62】 当市政给水管道为支状或只有一条进水管时,下列哪些建筑可不设消防水池?

(A) 18 层住宅楼

(B) 1650 个座位的剧院

(C) 建筑体积为 5000m³ 的两层门诊楼

(D) 建筑体积为 5000m³、建筑高度为 10m 的丁类仓库

【解析】选 ACD。

《高层民用建筑设计防火规范》7.3.2.2 条:二类建筑除外,故 A 项正确;

《建筑设计防火规范》8.5.1.3 条:超过 1500 个座位设自喷,故要设消防水池,B 项错误;

《建筑设计防火规范》8.3.1 条:大于 5000m³ 的门诊楼要设消火栓,本题为 5000m³,故可不设消火栓,故无消防水池,也可参见 8.4.1 条,故 C 项正确;

《建筑设计防火规范》8.6.1 条及 8.2.3.2 条、8.4.1 条可知 D 项正确。

7.【13-上-67】 下列哪几种消防设施更适于建筑内部人员使用扑救初期火灾而自救逃生?

(A) 消火栓　　　　　　　　(B) 手提式灭火器

(C) 消防卷盘　　　　　　　(D) 火灾报警器

【解析】选 BC。《建筑设计防火规范》296 页,消火栓是供专业消防人员使用的消防设施,其后坐力大,专业人员难以操控。手提灭火器和消防卷盘都是供建筑内部人员使用的消防设施。火灾报警器属自动报警,不是供人员使用的。

8.【14-上-62】 下列有关建筑消防系统灭火设施选择的说法中,哪几项错误?

(A) 同一建筑物内配置统一规格、型号的灭火器

(B) 同一建筑物内应采用统一规格的消火栓及其水枪和水带

(C) 设有湿式喷淋系统的同一建筑物内应采用统一规格、型号的闭式喷头

(D) 当需要设置气体灭火系统时,应采用统一规格、型号的预制式灭火装置

【解析】选 ACD。根据《建筑灭火器配置设计规范》7.1.1 条及 7.2.1 条,可知 A 项错误;根据《建筑设计防火规范》8.4.3.6 条,可知 B 项正确;根据《自动喷水灭火系统设计规范》6.1.3 条,可知 C 项错误;根据《气体灭火系统设计规范》可知不是必须采用预制式灭火装置,故 D 项错误。

9.【14-上-64】 某交通指挥大楼的配电房(体积 800m³)、指挥中心(主机房、活动地板及吊顶内合计体积 3500m³)、数据处理机房(体积 600m³)设置一套七氟丙烷组合分配管网灭火系统,下列有关该大楼气体灭火系统的设计,哪几项正确?

(A) 系统灭火剂设计用量按指挥中心设计用量确定

(B) 指挥中心的主机房、活动地板及吊顶内分别设一套管网

(C) 系统共设置 5 组启动钢瓶(其中,指挥中心设置 3 组启动钢瓶)

(D) 通向配电房、指挥中心、数据处理机房的主管道上分别设置选择阀、压力讯号器

【解析】选 ABD。根据《气体灭火系统设计规范》3.1.5 条,可知 A 项正确;根据 3.1.10 条,可知 B 项正确,C 项错误;根据 4.1.5 条及 4.1.6 条,可知 D 项正确。

10.【17-上-69】 某座商店建筑，总建筑面积 3900m²，地上两层，建筑面积 2900m²，地下一层，建筑面积 1000m²，建筑高度 8m，以下关于消防灭火设施的设置，哪几项是错误的？

(A) 该建筑应设置自动喷水灭火系统、室内外消火栓系统，并配置灭火器
(B) 自动喷水灭火系统的设计参数按中危险 I 级取值
(C) 按中危险级场所配置灭火器
(D) 室内消火栓系统设计流量为 15L/s

【解析】选 BD。参见《建筑给水排水设计规范》8.3.4 条："除本规范另有规定和不宜用水保护或灭火的场所外，下列单、多层民用建筑或场所应设置自动灭火系统，并宜采用自动喷水灭火系统：……②任一层建筑面积大于 1500m² 或总建筑面积大于 3000m² 的展览、商店、餐饮和旅馆建筑，以及医院中同样建筑规模的病房楼、门诊楼和手术部；……⑥总建筑面积大于 500m² 的地下或半地下商店。"

依据《建筑给水排水设计规范》8.1.10 条，高层住宅建筑的公共部位和公共建筑内应设置灭火器，其他住宅建筑的公共部位宜设置灭火器；厂房、仓库、储罐（区）和堆场，应设置灭火器。故 A 正确。

依据《自动喷水灭火系统设计规范》附录 A，总建筑面积 1000m² 及以上的地下商场为中危 II 级，故 B 错误。

依据《建筑灭火器配置计规范》附录 D 可知选项 C 正确。

依据《消防给水及消火栓系统技术规范》，合理推断该建筑体积大于 10000m³，故室内消火栓流量至少为 25L/s。故 D 错误。

11.【17-下-68】 某地下空间与城市交通隧道一体化建设，交通隧道总长度为 1500m，可双向通行非危险品机动车。以下有关交通隧道内消防设施的设置，叙述错误的是哪几项？

(A) 交通隧道内应设置消防给水系统
(B) 隧道内宜设置独立的消防给水系统；条件不允许时，可与地下空间设置共同的消防给水系统
(C) 隧道内消火栓系统设计流量不应小于 10L/s
(D) 室内消火栓应设在隧道两侧墙的相同位置，且每侧墙的消火栓间距不大于 50m

【解析】选 CD。依据《消防给水及消火栓系统技术规范》12.1.12 条可知本隧道为三类隧道。依据规范 12.2.1 条："在进行城市交通的规划和设计时，应同时设计消防给水系统。四类隧道和行人或通行非机动车辆的三类隧道，可不设置消防给水系统。"本题中隧道为通行机动车的三类隧道，故 A 正确。

依据《消防给水及消火栓系统技术规范》12.2.2 条，消防给水系统的设置应符合下列规定：

● 隧道内宜设置独立的消防给水系统。(B 正确)
● 隧道内的消火栓用水量不应小于 20L/s，隧道外的消火栓用水量不应小于 30L/s；对于长度小于 1000m 的三类隧道，隧道内、外的消火栓用水量可分别为 10L/s 和 20L/s。(C 错误)

● 应在隧道单侧设置室内消火栓箱。(D错误)

12.【19-上-64】 下列民用建筑中，哪些是二类高层建筑？
(A) 层高3.3m的八层住宅楼
(B) 层高3.3m的八层学生宿舍楼
(C) 层高4.0m的八层小型旅馆
(D) 建筑高度25m的单层体育馆

【解析】 选BC。详见《建筑设计防火规范》。选项A，根据规范第5.1.1条，$3.3×8=26.4m<27m$，为多层住宅，故错误。选项B，根据规范第5.1.1条，$3.3×8=26.4m>24m$，为二类高层公共建筑，正确。选项C，根据规范第5.1.1条，$4×8=32m>24m$，为二类高层建筑，正确。选项D，根据规范第5.1.1条，单层建筑无论多高都是单层建筑，故错误。

第9章 模拟题及参考答案（一）

一、单项选择题（共32题，每题1分。每题的备选项中只有一个符合题意）

1. 下面室内给水系统图示中，有几处应设而漏设阀门？

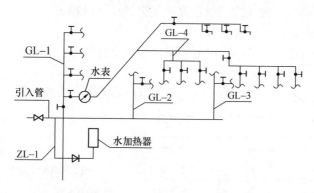

(A) 1处　　　　(B) 2处　　　　(C) 3处　　　　(D) 4处

2. 下述某工程卫生间先用的给水管及其敷设方式中，哪一项是正确合理的？
(A) 选用PP-R聚丙烯管，热熔连接，敷设在结构板内
(B) 选用PP-R聚丙烯管，热熔连接，敷设在地面找平层内
(C) 选用PP-R聚丙烯管，热熔连接，靠墙、顶板明设
(D) 选用薄壁不锈钢管，卡环式连接，敷设在找平层内

3. 某10层住宅（层高2.8m）的供水系统如图所示，低层利用市政管网直接供水，可利用的水压为0.22MPa，初步确定其中正确合理的给水系统是哪一项？

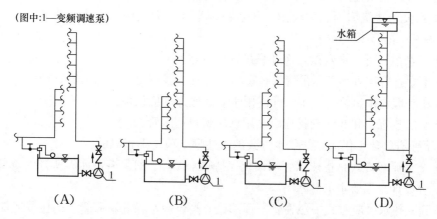

4. 某工程高区给水系统采用调速泵加压供水，最高日用水量为140m³/d，水泵设计流量为20m³/h，泵前设吸水池，其市政供水补水管的补水量为25m³/h，则吸水池最小有效

容积 V 为下列哪一项?

(A) $V=1\text{m}^3$ (B) $V=10\text{m}^3$ (C) $V=28\text{m}^3$ (D) $V=35\text{m}^3$

5. 下列有关排水管材选择的叙述中,何项不符合规范要求?

(A) 多层建筑重力流雨水排水系统宜采用建筑排水塑料管

(B) 设有中水处理站的居住小区排水管道应采用混凝土管

(C) 加热器的泄水管应采用金属管或耐热排水塑料管

(D) 建筑内排水管安装在环境温度可能低于 0℃ 的场所时,应选用柔性接口机制排水铸铁管

6. 以下有关排水系统专用通气管作用的叙述中,哪一项是错误的?

(A) 污水管道中的有害气体可以通过通气管排至屋顶释放

(B) 可提高排水立管的排水能力

(C) 可平衡室内排水管道中的压力波动,防止水封破坏

(D) 可替代排水系统中的伸顶通气管

7. 根据下图试述住宅 A 及所在小区的排水体制应为以下何项?

编号	住宅 A	小区
(A)	合流制	分流制
(B)	分流制	分流制
(C)	合流制	合流制
(D)	分流制	合流制

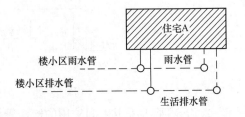

8. 当天沟水深完全淹没雨水斗时,单斗雨水系统内出现最大负压值(-)与最大正压值(+)的部位应为下列哪一项?

(A) (-):立管与埋地管连接处;(+):悬吊管与立管连接处

(B) (-):悬吊管与立管连接处;(+):立管与埋地管连接处

(C) (-):雨水斗入口处;(+):立管与埋地管连接处

(D) (-):雨水斗入口处;(+):连接管与悬吊管连接处

9. 下列关于建筑屋面压力流雨水排水系统 I 和重力流雨水排水系统 II 二者异、同的叙述中,哪一项是不确切的?

(A) I 悬吊管可水平敷设,而 II 悬吊管应有坡度

(B) I 立管管径可小于悬吊管管径,而 II 立管管径不得小于悬吊管管径

(C) 在有埋地排出管时,I 和 II 的雨水立管底部均应设清扫口

(D) 多层建筑 I 和 II 的管材均应采用承压塑料排水管

10. 下面有关热水供应系统供水方式的叙述哪一项是不正确的?

(A) 全天循环方式是指热水管网系统保持热水循环,打开各配水龙头随时都能提供符合设计水温要求的热水

(B) 开式热水供应方式一般在管网顶部设有高位冷水箱和膨胀管或高位开式加热水箱

(C) 闭式热水供应方式的水质不易受到外界污染,但供水水压稳定性和安全可靠性较差

(D) 无循环供水方式可用于坡度较小、使用要求不高的定时热水供应系统

11. 下列对水加热设备选择的叙述何项是错误的？
(A) 用水较均匀、热媒供应充足时，一般可选用贮热容积大的导流型容积式水加热器
(B) 医院建筑不得采用有滞水区的容积式水加热器
(C) 需同时供给多个卫生器具热水时，宜选用带贮热容积的水加热设备
(D) 采用配容积式或半容积式水加热器的热水机组，当设置在建筑物的地下室时，可利用冷水系统压力，无须另设热水加压系统

12. 下列关于开水和热水管材的选用要求中，何项是不正确的？
(A) 开水管道应选择许用工作温度大于100℃的塑料管材
(B) 定时供应热水系统不宜选用塑料热水管
(C) 热水供应系统中设备机房内的管道不应采用塑料热水管
(D) 热水管道可采用薄壁钢管、薄壁不锈钢管、塑料与金属的复合热水管

13. 下列有关生活热水供应系统热水水温的叙述中，何项是错误的？
(A) 水加热器的出水温度与配水点最低水温的温度差不得大于10℃
(B) 冷热水混合时，应以系统最高供应热水水温、冷水水温和混合后使用水温求出冷、热水量的比例
(C) 在控制加热设备出口最高水温的前提下，适当提高其出水水温可达到增大蓄热量、减少热水供应量的效果
(D) 降低加热设备出水与配水点的水温差，能起到减缓腐蚀和延缓结垢的作用

14. 下述哪一项论述不符合饮用净水的设计要求？
(A) 饮用净水水嘴用软管连接且水嘴不固定时，应设置防回流阀
(B) 饮用净水水嘴在满足使用要求的前提下，应选用额定流量小的专用水嘴
(C) 计算饮用净水贮水池（箱）容积时，调节水量、调节系数取值均应偏大些，以保证供水安全
(D) 循环回水须经过消毒处理回流至净水箱

15. 以下有关中水水源的叙述中，哪项是不正确的？
(A) 优质杂排水、杂排水、生活排水均可作为中水水源
(B) 杂排水即为民用建筑中除粪便污水、厨房排水外的各种排水
(C) 优质杂排水即为杂排水中污染程度较低的排水
(D) 生活排水中的有机物和悬浮物的浓度高于杂排水

16. 以下有关水处理工艺及其处理效果的叙述，哪一项是不正确的？
(A) 中水处理的主处理工艺包括：混凝、沉淀、过滤、消毒和活性污泥曝气等
(B) 毛管渗透系统在去除生物需氧量的同时，还能去除氮磷
(C) 在处理水质变化较大的原水时，宜采用较长的工艺流程，以提高处理设施的缓冲能力
(D) 消毒处理过程中，消毒剂的化学氧化作用对去除水中耗氧物质有一定的作用

17. 以下关于居住小区跟公共建筑生活排水定额及小时变化系数的叙述，何项正确？
(A) 居住小区生活排水定额与其相应的生活给水系统用水定额不同，故二者的小时变化系数也不相同

(B) 居住小区生活排水定额小于其相应的生活给水系统用水定额，故二者的小时变化系数相同

(C) 公共建筑生活排水定额等于其相应的生活给水系统用水定额，故二者的小时变化系数不相同

(D) 公共建筑生活排水定额小于其相应的生活给水系统用水定额，故二者的小时变化系数也不相同

18. 下面四个游泳池循环净化处理系统图示中，哪一项是正确的？

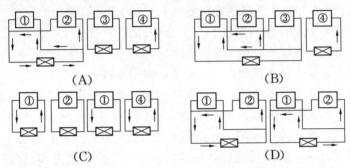

图中：①—公共池　②—训练池　③—竞赛池　④—跳水池　⊠—循环水净化处理装置

19. 下列关于游泳池过滤器的设计要求中，何项是错误的？
  (A) 竞赛池、训练池、公共池的过滤器应分开设置，不能共用
  (B) 过滤器的数量不宜少于 2 台，且应考虑备用
  (C) 压力过滤器应设置布水、集水均匀的布、集水装置
  (D) 为提高压力过滤器的反洗效果，节省反洗水量，可设气、水组合反冲洗装置

20. 《建筑设计防火规范》规定室内消防竖管直径不应小于 DN100，下述哪一项作为特殊情况，其消防竖管直径可以小于 DN100？
  (A) 设置 DN65 消火栓的多层住宅的湿式消防竖管
  (B) 设置 DN65 消火栓的多层住宅的干式消防竖管
  (C) 室内消火栓用水量为 5L/s 的多层厂房的消防竖管
  (D) 室内消火栓用水量为 5L/s 的多层仓库的消防竖管

21. 以下关于室内消火栓用水量设计的叙述中，哪一项是错误的？
  (A) 住宅中设置干式消防竖管的 DN65 消火栓的用水量，不计入室内消防用水量
  (B) 消防软管卷盘的用水量，设计时不计入室内消防用水量
  (C) 平屋顶上设置的试验和检查用消火栓用水量，设计时不计入室内消防用水量
  (D) 冷库内设置在常温穿堂的消火栓用水量，设计时不计入室内消防用水量

22. 请判断油浸电力变压器设置水喷雾灭火系统时，下述各项设计技术要求中哪一项是错误的？
  (A) 系统应采用撞击型水雾喷头，其工作压力应不小于 0.35MPa
  (B) 水雾喷头应布置在变压器的周围，不宜布置在变压器顶部
  (C) 系统应设置自动控制、手动控制和应急操作三种控制方式
  (D) 系统应采用雨淋阀，阀前管道应设置过滤器

23. 预作用系统准工作状态时，报警阀后配水管道不充水，开启报警阀后使配水管道充水转换为湿式系统。《自动喷水灭火系统设计规范》规定采用的是下列哪一种自动控制方式？

　　(A) 气动连锁系统　　　　　　　　(B) 电气连锁系统
　　(C) 无连锁系统　　　　　　　　　(D) 双连锁系统

24. 一座单层摄影棚，净空高度为 7.8m，建筑面积 10400m²，其中自动喷水灭火湿式系统保护面积为 2600m²，布置闭式洒水喷头 300 个；雨淋系统保护面积为 7800m²，布置开式洒水喷头 890 个，则按规定应设置多少组雨淋阀？

　　(A) 2 组　　　　　　　　　　　　(B) 3 组
　　(C) 30 组　　　　　　　　　　　 (D) 40 组

25. 以下有关自动喷水灭火系统按工程实际情况进行系统干式替代的叙述中，哪一项是不合理的？

　　(A) 为避免系统管道充水低温结冰或高温气化，可用预作用系统替代湿式系统
　　(B) 在准工作状态严禁管道漏水的场所和为改善系统滞后喷水的现象，可采用干式系统替代预作用系统
　　(C) 在设置防火墙有困难时，可采用闭式系统保护防火卷帘的防火分隔形式替代防火分隔水幕
　　(D) 为扑救高堆垛仓库火灾，设置早期抑制快速响应喷头的自动喷水灭火系统，可采用干式系统替代湿式系统

26. 下列何项不能作为划分自动喷水灭火系统设置场所火灾危险等级的依据？

　　(A) 由可燃物的性质、数量及分布状况等确定的火灾荷载
　　(B) 由面积、高度及建筑物构造等情况体现的室内空间条件
　　(C) 由气温、日照及降水等气候因素反映的环境条件
　　(D) 由人员疏散难易、消防队增援等决定的外部条件

27. 中药材库房配置手提式灭火器，它的最大保护距离为以下何值？

　　(A) 10m　　　　　　　　　　　　(B) 15m
　　(C) 20m　　　　　　　　　　　　(D) 25m

28. 某建筑设机械循环集中热水供应系统，循环水泵的扬程为 0.20MPa，循环水泵处的静水压力为 0.54MPa，则循环水泵壳体承受的工作压力不得小于多少？

　　(A) 0.20MPa　　　　　　　　　　(B) 0.54MPa
　　(C) 0.74MPa　　　　　　　　　　(D) 1.00MPa

29. 某集中热水供应系统如下图所示，热媒为 0.4MPa 的饱和蒸汽，下列各项分别列出了图中所缺少的最基本附件（注），试问何项是正确的？

　　(A) (a)、(c)、(d)、(e)
　　(B) (b)、(c)、(d)、(e)
　　(C) (a)、(c)、(d)、(e)、(f)
　　(D) (b)、(c)、(d)、(e)、(f)

30. 以下居住小区跟公共建筑生活排水定额及小时变化系数的叙述，何项正确？

　　(A) 居住小区生活排水定额与其相应的生活给水系统用水定额不同，故二者的小时变

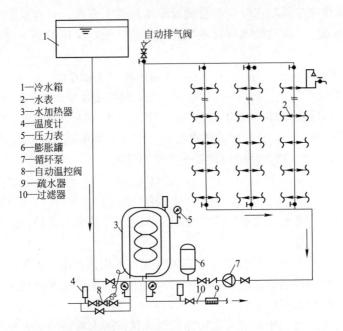

注：(a) 水加热器冷水进水管上止回阀
(b) 水加热器冷水进水管上倒流防止器
(c) 水加热器上安全阀
(d) 热水回水干管上温度传感器
(e) 热水供水支管上阀门
(f) 水加热器上膨胀管

化系数也不相同
(B) 居住小区生活排水定额小于其相应的生活给水系统用水定额，故二者的小时变化系数相同
(C) 公共建筑生活排水定额等于其相应的生活给水系统用水定额，故二者的小时变化系数不相同
(D) 公共建筑生活排水定额小于其相应的生活给水系统用水定额，故二者的小时变化系数也不相同

31. 中水贮存池或中水供水箱上应设自来水补水管，其管径按下列哪项计算确定？
(A) 中水平均日供水量
(B) 中水最高日供水量
(C) 中水平均时供水量
(D) 中水最大时供水量

32. 中水用于娱乐性景观环境用水时，其溶解氧含量应不小于下列何值？
(A) 1.0mg/L
(B) 1.5mg/L
(C) 2.0mg/L
(D) 2.5mg/L

二、多项选择题（共 24 题，每题 2 分。每题的备选项中有两个或两个以上符合题意，错选、少选、多选、不选均不得分）

1. 以下关于室内给水管道的布置叙述中，哪几项是错误或不合理的？
   (A) 室内给水管道宜成环状布置，以保证安全供水
   (B) 室内冷、热水管布置时，冷水管应位于热水管的下方或左侧
   (C) 给水管不得敷设在电梯井内、排水沟内，且不宜穿越风道、橱窗和橱柜
   (D) 给水管不宜穿越伸缩缝、沉降缝或变形缝

2. 以下关于建筑给水的几种基本给水系统的论述哪几项是正确的？
   (A) 生活给水系统、生产给水系统、消防给水系统
   (B) 生活给水系统、生产给水系统、消防给水系统、组合给水系统
   (C) 生活给水系统、生产给水系统、组合给水系统
   (D) 生活给水系统、生产给水系统、消防给水系统。而生活、生产、消防又可组成组合给水系统

3. 某小区从城市给水环网东西两侧干管分别连接引入管，小区内室外给水干管与市政管网连接成环，引入管上水表前供水压力为 0.25MPa（从地面算起），若不计水表及小区内管网水头损失，则下述小区住宅供水方案中哪几项是正确合理的？
   (A) 利用市政供水压力直接供至 5 层，6 层及 6 层以上采用变频加压供水
   (B) 利用市政供水压力直接供至 4 层，5 层及 5 层以上采用变频加压供水
   (C) 利用市政供水压力直接供至 3 层，4 层及 4 层以上采用变频加压供水
   (D) 利用市政供水压力直接供至 4 层，5 层及 5 层以上采用水泵加高位水箱供水

4. 下图为设在建筑物内的居住小区加压泵站生活引用水池平面布置与接管示意图（图中：1—通气管；2—溢、泄水管；3—水位计；4—高区加压泵；5—低区加压泵），请指出图中错误的是哪几项？

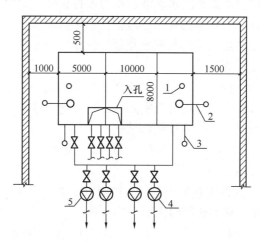

   (A) 两格水池大小相差太大
   (B) 左池溢、泄水管可取消，共用右池溢、泄水管
   (C) 进出水管同侧
   (D) 水池后侧距墙 500mm，距离太小

5. 某高层建筑市区供水系统由市政供水管、贮水池、加压泵和高位水箱组成，详见附图。系统设计参数为：最高日平均时流量 12m³/h；最高日最大时流量 25m³/h；配水管

设计流量 $51m^3/h$,则下列各管段的设计流量值哪几项是错误或不合理的?

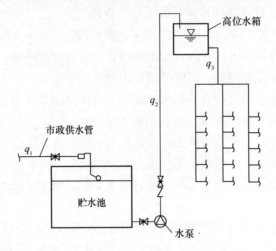

(A) $q_1=12m^3/h$,$q_2=25m^3/h$,$q_3=51m^3/h$
(B) $q_1=12m^3/h$,$q_2=51m^3/h$,$q_3=51m^3/h$
(C) $q_1=25m^3/h$,$q_2=25m^3/h$,$q_3=51m^3/h$
(D) $q_1=12m^3/h$,$q_2=25m^3/h$,$q_3=25m^3/h$

6. 某 20 层办公楼,层高 3.0m,分高、中、低三层供水,低区为-2~4 层,中区 5~12 层,高区 13~20 层,分区后各区最低层卫生器具配水点静水压力均小于 350kPa。以下叙述哪几项是正确的?
   (A) 该楼各区最低层卫生器具配水点静水压力符合分区要求
   (B) 该楼各区最低层卫生器具配水点静水压力不符合分区要求
   (C) 分区后能满足各层卫生器具配水点最佳使用压力要求
   (D) 分区后不能满足各层卫生器具配水点最佳使用压力要求

7. 下列叙述哪几项是不正确的?
   (A) 建筑排水横管起端的清扫口与其端部垂直墙面间的距离最少不应小于 0.4m
   (B) 建筑排水系统每根排出管均宜与室外接户管管顶平接
   (C) 清扫口可用其相同作用的其他配件替代
   (D) 当排水立管连接 DN100 的排出管,其底部至室外检查井的距离大于 15m 时,应在排出管上设置清扫口

8. 环形通气管与通气立管应在卫生器具上边缘以上不少于 0.15m 处按不小于 0.01 的上升坡度与通气立管相连,其主要原因为下列哪几项?
   (A) 便于管道的施工维护   (B) 便于发现管道堵塞
   (C) 利于防止污水进入通气管   (D) 利于立管横向支管补气

9. 以下各类污废水的排放要求中,哪几项是不正确的?
   (A) 生产废水均不能排入生产厂房的雨水排水系统
   (B) 洗车台的冲洗水可与建筑小区雨水排水系统合流排出
   (C) 工业企业中除屋面雨水外的其他污废水均可通过生产废水排水系统排出
   (D) 用作中水水源的生活排水应单独排出

10. 居住小区生活排水系统的排水定额为其相应给水定额的 85%～95%，在确定排水定额时，该百分数的取值应遵循下列哪几项原则？
    (A) 地下水位高时取高值
    (B) 地下水位低时取高值
    (C) 大城市的小区取高值
    (D) 埋地管采用排水塑料管时取高值

11. 以下有关建筑屋面雨水溢流设施的叙述中，哪几项是错误的？
    (A) 屋面雨水排水工程应设置溢流设施
    (B) 当屋面各汇水面积内有两根或两根以上雨水立管时，可不设雨水溢流设施
    (C) 雨水溢流设施主要是排除雨水管道堵塞时的设计雨水量
    (D) 当屋面雨水管系按设计降雨重现期 P 对应的降雨强度为依据正确设计时，则 P 年内该雨水排水系统不会产生溢流现象

12. 以下有关热水供水系统管网水力计算要求的叙述中，哪几项是不正确的？
    (A) 热水循环供应系统的热水回水管管径，应按管路剩余回流量经水力计算确定
    (B) 定时循环热水供应系统在供应热水时，不考虑热水循环
    (C) 定时循环热水供应系统在供应热水时，应考虑热水循环
    (D) 居住小区设有集中热水供应系统的建筑，其热水引入管管径按该建筑物相应热水供应系统的总干管设计流量确定

13. 下列有关集中热水供应系统水加热设备设计小时供热量计算的叙述中，哪几项是错误的？
    (A) 半即热式水加热器，当供热量按设计秒流量供应，并设有可靠的温度自控装置时，可不设贮热水箱
    (B) 热水机组直接供热时，供热量按设计小时耗热量计算
    (C) 容积式水加热器的供热量，应为按设计小时耗热量计算的供热量 Q_g，再减去供给设计小时耗热量前水加热设备内已贮存的热量 $Q_{贮}$，但必须是 $Q_g > Q_{贮}$
    (D) 半容积式水加热器的供热量按设计小时耗热量计算

14. 以下高层建筑热水供应系统设计方案说明中，哪几项技术是不合理的？
    (A) 热水供应系统分区与给水系统分区相一致，为确保出水温度恒定，根据业主要求增设恒温式水龙头
    (B) 建筑高度 140m，热水供应系统分四个区，各区自成系统，加热设备、循环水泵集中设在地下室，以便于运行中的统一管理
    (C) 建筑层数 24 层，热水供应系统按层数均分为四个区，每个分区设置 6 根立管组成上行下给式管网，采用干管循环方式
    (D) 为提高供水安全可靠性，考虑循环管路的双向供水，可放大回水管管径，使其与配水管管径接近

15. 下列关于饮用净水的设计要求中，哪几项是正确的？
    (A) 优先选用无高位水箱的供水系统
    (B) 高层建筑饮用供水系统采用减压阀分区时，阀前应设置截污器
    (C) 从配水立管接至配水龙头的管道长度不宜超过 4m
    (D) 管网最高处设置带有滤菌、防尘装置的排气阀

16. 下列有关中水系统水源选择的叙述中，哪几项是错误的？

(A) 建筑屋面雨水可作为中水水源
(B) 小区雨水不宜引入室内作为建筑中水水源
(C) 城市污水处理厂的出水作为小区中水水源时，均可接入小区中水管道直接使用
(D) 以综合医院消毒处理后的污水为原水的中水系统，产出的中水可冲洗汽车

17. 下列中水处理工艺流程中，哪几项是不完善、不合理的？
(A) 优质杂排水→格栅→调节池→生物处理→过滤→消毒→中水
(B) 优质杂排水→调节池→絮凝沉淀→过滤→消毒→中水
(C) 生活污水→格栅→渗滤场→消毒→中水
(D) 污水厂二级处理出水→格栅→调节池→气浮→过滤→消毒→中水

18. 下述有关游泳池水消毒的设计要求中，哪几项是正确的？
(A) 采用成品次氯酸钠溶液时，应避光贮、运，贮存时间不宜超过10d
(B) 采用瓶装氯气消毒时，投加量为1~3mg/L，严禁将氯直接注入泳池内，加氯机组可根据泳池运行要求设置或不设置备用机组
(C) 采用紫外线消毒时，应辅以氯消毒
(D) 宾馆游泳池宜采用臭氧消毒，并应辅以氯消毒

19. 下列高层建筑室内临时高压消火栓给水系统的消防主泵房启、停控制方式中，哪几项是不正确的？
(A) 每个消火栓处应能直接启动消防主泵
(B) 消防控制中心应能手动启、停消防主泵
(C) 消防水泵房应能强制启、停消防主泵
(D) 消防水池最低水位应能自动停止消防水泵

20. 下列自动喷水灭火系统组件与设施的连接管中，管径不应小于 DN25 的是哪几项？
(A) 与 DN15 直立型喷头连接的短立管
(B) 与 DN15 下垂型喷头连接的短立管
(C) 末端试水装置的连接管
(D) 水力警铃与报警阀间的连接管

21. 对60℃以上（闪点低于28℃）的白酒库，不宜选用水喷雾灭火系统，主要原因是灭火时，有些不能产生综合效应，指出是下列哪几项？
(A) 表面冷却作用   (B) 窒息作用
(C) 乳化作用   (D) 稀释作用

22. 要求防火分隔水幕形成密集喷洒的水墙时，该水幕系统应选用以下何种喷头？
(A) 水幕喷头   (B) 水雾喷头
(C) 开式洒水喷头   (D) 闭式洒水喷头

23. 某单位一幢多层普通办公楼拟配置灭火器，下列哪几种灭火器适用于该建筑？
(A) 二氧化碳灭火器   (B) 泡沫灭火器
(C) 碳酸氢钠干粉灭火器 (D) 磷酸铵盐干粉灭火器

24. 下列有关高层建筑群共用消防水池、水箱的设计要求中，哪几项是正确的？
(A) 共用消防水池、水箱的高层建筑群，同一时间内只考虑一次火灾

(B) 共用消防水池的容积应按该建筑群中用水量最大一幢建筑的消防用水量计算确定
(C) 确定消防水池水深时,应考虑建设场地的海拔高度
(D) 共用消防水池贮存室外消防用水量时,其取水口距被保护建筑外墙的距离不宜小于 6m

参考答案

一、单项选择题

1. D。《建筑给水排水设计标准》第 3.5.3 条,此题中漏设阀门如下:
(1) 分支立管 GL-2;
(2) 分支立管 GL-3;
(3) 配水支管上配水点在 3 个及 3 个以上时设置阀门,GL-4 处也漏设;
(4) 加热器及倒流防止器前端。

2. B。参见《建筑给水排水设计标准》第 3.6.13 条,A 项不得直接敷设在建筑物结构层内;C 项应沿墙敷设在管槽内;D 项敷设在找平层的管材不得采用卡套式卡环式连接。

3. A。条件为 0.22MPa,即可直供到四层。而 D 项中不应采用变频泵。

4. A。参见《建筑给水排水设计标准》第 3.8.2 条,根据此题中"补水量≥水泵出水量",属于无调节要求的加压给水系统。

5. B。A 项参见《建筑给水排水设计标准》第 5.2.39 条;B 项参见第 4.6.1 条:小区优先选用埋地排水塑料管;C 项参见 4.6.1 条;D 项参见教材相关内容。

6. D。参考《建筑给水排水设计标准》第 4.7.8 条的条文解释的本质。通气管具有排除有害气体和平衡正负压的作用,专用通气管并不能代替伸顶通气管的排除有害气体的这一作用。

7. A。参见《建筑给水排水设计标准》第 4.2.1 条及第 4.2.2 条。此题考的是分流与合流的概念,建筑物内指的是污废分流,小区指的是生活排水与雨水分流。

8. B。参见秘书处教材《建筑给水排水工程》P209。

9. D。A 项参见《建筑给水排水设计标准》表 5.2.38,压力流悬吊管最小坡度 0.00;B 项参见第 5.2.36 条;C 项参见第 5.2.25,03 版规范为应设清扫口,09 版规范为宜设检查口;D 项参见第 5.2.39 条,多层宜采用建筑排水塑料管。

10. A。A 项参见秘书处教材《建筑给水排水工程》P231,是支管循环的概念;B 项参见 P226 开式系统的特点;C 项参见 P227 闭式系统的特点;D 项参见 P231 什么情况下设置循环。

11. A。参见《建筑给水排水设计标准》。A 项参见规范第 6.5.2 条条文解释;B 项参见第 6.5.3 条;C 项参见第 6.5.5 条;D 项参见第 6.5.2 条条文解释。

12. A。参见《建筑给水排水设计规范》。A 项参见规范第 6.9.6 条,开水管道应选用许用工作温度大于 100℃的金属管材;B、C、D 项参见第 6.8.2 条及其条文说明。

13. B。

A项见《建筑给水排水设计标准》第6.7.7条，09版规范为单体不大于10℃，小区不大于12℃；

B项见秘书处教材《建筑给水排水工程》相关内容，冷热水比例计算；配水点要求的热水温度、当地冷水计算温度和混合后的使用温度；

C项可根据《建筑给水排水设计标准》第6.4.2条推导温度、水量、耗热量关系；

D项见《建筑给水排水设计标准》第6.7.7条的条文说明。

14. C。

A项参见秘书处教材《建筑给水排水工程》相关内容，防回流污染的主要措施有：

若饮用净水水嘴用软管连接且水嘴不固定，使用中可随手移动，则支管不论长短，均设置防回流阀，以消除水嘴侵入低质水产生回流的可能；小区集中供水系统，各栋建筑的入户管在与室外管网的连接处设防回流阀；禁止与较低水质的管网或管道连接。

循环回水管的起端设防回流器以防循环管中的水"回流"到配水管网，造成回流污染。有条件时，分高、低区系统的回水管最好各自引自净水车间，以易于对高、低区管网的循环进行分别控制。

B项参见《建筑给水排水设计标准》第6.9.3条条文说明。

C项参见秘书处教材《建筑给水排水工程》中关于水质防护要求中的"水池、水箱设置"：

水池水箱中出现的水质下降现象，常常是由于水的停留时间过长，使得生物繁殖、有机物及浊度增加造成的。饮用净水系统中水池水箱没有与其他系统合用的问题，但是，如果贮水容积计算值或调节水量的计算值偏大，以及小区集中供应饮用净水系统，由于入住率低导致饮用净水用水量达不到设计值时，就有可能造成饮用净水在水池、水箱中的停留时间过长，引起水质下降。为减少水质污杂，应优先选用无高位水箱的供水系统，宜选用变频给水机组直接供水的系统。另外应保证饮用净水在整个供水系统中各个部分的停留时间不超过4~6h。

D项为常识，也可参见秘书处教材《建筑给水排水工程》，管网系统设计："饮用净水管网系统必须设置循环管道，并应保证干管和立管中饮用水的有效循环。饮用净水管道应有较高的流速，以防细菌繁殖和微粒沉积、附着在内壁上。循环回水须经过净化与消毒处理方可再进入饮用净水管道。"

15. B。A项见《建筑中水设计标准》第2节有关杂排水与优质杂排水的定义，以及第3.1.1条有关中水水源的叙述。

16. A。参见《建筑中水设计标准》第6.2.1条及相关条文说明。

17. B。参见《建筑给水排水设计标准》第4.10.5条。

18. C。参见《游泳池给水排水技术规程》第4.1.3条、4.1.4条。

19. B。参见《游泳池和水上游乐池给水排水设计规程》，A项见第6.2.5条；B项见第6.2.6条，注中写明可不设备用过滤器；C项见第5.2.7.1条；D项见5.2.7.4条。

20. B。参见《建筑设计防火规范》第8.3.1条。

21. D。参见《建筑设计防火规范》（2006版）。

A、B项参见第8.4.1条的注2，消防软管卷盘或轻便消防水龙及住宅楼梯间中的干式消防竖管上设置的消火栓，其消防用水量可不计入室内消防用水量；

C项，试验消火栓作为供本单位和消防队定期检查室内消火栓给水系统使用，不做正常消火栓使用；

D项参考8.4.3-4条，冷库内的室内消火栓应采取防止冻结损坏措施，一般设在常温穿堂和楼梯间内。即，冷库外侧的消火栓按照正常消火栓使用。

22. A。A项见《水喷雾灭火系统设计规范》第4.0.2.1条及条文说明；应选用离心雾化喷头；B项见第3.2.5.1条；C项见6.0.1条；D项见第4.0.1条、第4.0.3.7条。

23. B。由《自动喷水灭火设计规范》术语中第2.1.2.3条，预作用系统为采用火灾自动报警系统开启，可知此为单连锁系统中的电气连锁系统。这是规范中采用的系统，也可采用双连锁、单连锁或无连锁系统。参见秘书处教材建水P99。

24. C。参见《自动喷水灭火设计规范》第5.0.4.2条，雨淋系统中每个雨淋阀控制的喷水面积不宜大于本规范表5.0.1中的作用面积；另外，根据附录A可知，摄影棚的危险等级为危险级Ⅱ级；则此处控制的喷水面积为260m²，则7800/260＝30组。

25. B。参见《自动喷水灭火系统设计规范》

A项参见第4.2.2条条文说明；

B项参见第4.2.3条条文说明，为了消除干式系统滞后喷水现象，预作用系统可用干替代干式系统；

C项可参见第5.0.10条；

D项参见第4.2.6条及条文说明。

26. C。参见《自动喷水灭火系统设计规范》第3.0.1条、3.0.2条条文说明。

27. C。参见《建筑灭火器配置设计规范》，首先应确定中药材库房的危险性等级，查附录可知C项为"中危险级"，并且为A类火灾，再根据第5.2.1条，可知最大保护距离为20m。

28. C。参见《建筑给水排水设计标准》第6.7.10条。循环水泵应选用热水泵，水泵壳体承受的工作压力不得小于其所承受的静水压力加水泵扬程。该建筑中的循环水泵壳体承受的工作压力不得小于循环水泵的扬程（0.20MPa）＋循环水泵处的静水压力（0.54MPa），故选项C正确。

29. A。参见《建筑给水排水设计标准》第6.8.8条，水加热器或贮水罐的冷水供水管上应装止回阀。参见《建筑给水排水设计规范》第6.8.10条，压力容器设备应装安全阀。参见《全国民用建筑工程设计技术措施：给水排水》（2009年版），循环泵的启停由设在泵前回水管上的温度传感器控制。参见《建筑给水排水设计标准》第6.8.7条，热水管网从立管接出的支管应装设阀门。图中因为是冷水箱进水，冷水进水管上没有必要设倒流防止器，而应设止回阀。图中为闭式热水系统，有膨胀罐，不需再设膨胀管。

30. B。参见《建筑给水排水设计标准》第4.10.5条。小区生活排水系统排水定额宜为其相应的生活给水系统用水定额的85%~95%；小区生活排水系统小时变化系数应与其相应的生活给水系统小时变化系数相同。公共建筑生活排水定额和小时变化系数应与公共建筑生活给水用水定额和小时变化系数相同。

31. D。参见《建筑中水设计标准》GB 50336—2018第5.4.9条。

32. C。参见《建筑中水设计标准》GB 50336—2018 第 4.2.2 条的条文说明表 5。

二、多项选择题

1. ABC。
A 项参见《建筑给水排水设计标准》第 3.6.1 条，室内生活给水管道宜布置成枝状管网，单向供水。
B 项见《建筑给水排水设计标准》第 3.13.20 条，应为冷水下右侧。
C 项见第 3.6.5 条，给水管道不得敷设在烟道、风道、电梯井内、排水沟内；也就是对于"风道"是"不得"的要求。
D 条见第 3.6.6 条。

2. AD。参见秘书处教材《建筑给水排水工程》P1。

3. BD。按照 1 层 10m，2 层 12m，以后每隔一层次加 4m 的方法估算市政供水压力可供的楼层。《建筑给水排水设计标准》第 3.3.6 条：两路进水，且成环状时，应设倒流防止器，而倒流防止器的水损较大，所以考虑此因素，只能满足 4 层的压力。

4. ACD。参见《建筑给水排水设计标准》第 3.13.9 条，A 项水池宜分成两格容积基本相等的两格；C 项可参照第 3.3.18 条，进出水管同侧，未设导流设施；D 项参照第 3.8.3 条，无管道的一侧净距不宜小于 0.7m；B 项错误，如果取消，在检修或清洗时无溢流、泄水设施可用。

5. BD。参见《建筑给水排水设计标准》。q_1 为低位水池进水，应参照第 3.7.4 条，设计补水量不宜大于建筑物最高日最大时生活用水量，且不得小于建筑物最高日平均时生活用水量，可取 $25m^3/h \geq q_1 \geq 12m^3/h$；$q_2$ 为高位水箱进水，应参照第 3.9.2 条，建筑物内采用高位水箱调节的生活给水系统时，水泵的最大出水量不应小于最大小时用水量，因此取 $q_2 \geq 25m^3/h$；q_3 为用户生活用水量，应该采用设计秒流量，即等于配水管设计流量 $51m^3/h$。选项中 D 则明显不正确。对于 B 项，因为 $q_2=q_3$，那么设计的屋顶水箱就没有了调节水量的作用，因此也是个不合理选项。

6. AD。参照《建筑给水排水设计标准》第 3.4.5 条，此建筑最底层卫生器具均不超过 350kPa，分区最多层为 8×3=24m，那么顶层压力为 350－240＝110kPa＞100kPa。即 A 项明显正确。另外根据第 3.4.5 条条文说明，最佳使用水压为 0.2～0.3MPa，因此不是所有层均可满足最佳水压要求。

7. AB。A 项参见《建筑给水排水设计标准》第 4.6.4 条；B 项见第 4.10.4 条；C 项见第 4.6.5 条注解；D 项见表 4.6.3。

8. BC。参照《建筑给水排水设计标准》第 4.7.7 条条文说明。

9. ABC。参见秘书处教材《建筑给水排水工程》"排水系统的选择"第 2 和第 3 点。A 项洁净的生产废水可排入雨水系统；B 项洗车台冲洗水、中水水源的生活排水、含酸碱、有毒、有害物质的工业排水应单独排放处理构筑物或回收构筑物。
参见秘书处教材《建筑给水排水工程》P175，需单独排水的种类—7 项，生活污水与生活废水分流的系统—3 种。

10. ACD。参照《建筑给水排水设计标准》第 4.10.5 条条文说明，大城市的小区取高值，小区埋地管采用塑料排水管取高值，小区地下水位高取高值。

11. BCD。参见《建筑给水排水设计标准》。

A、B 参照第 5.2.11 条，建筑屋面雨水排水工程应设置溢流口、溢流堰、溢流管系等溢流设施；

C 项明显错误，溢流设施的功能主要是超过设计重现期的雨水量的排除；

D 项明显错误，标准 5.2.11 条的无条件"应设置溢流设施"的要求。

12. ACD。参见《建筑给水排水设计标准》。

A 项参见该标准第 6.7.9 条按循环回水管管径管路的循环流量经水利计算确定，并无剩余流量概念；

B、C 项参见该标准第 6.7.6 条的条文说明，定时供应热水的情况下，用水较集中，故在供应热水时，不考虑热水循环；

D 项参见该标准第 6.7.1 条，应按照相应总干管的秒流量确定。注意"设计流量"可能是最大时流量，也可能是设计秒流量等。

13. BC。A 项参见《建筑给水排水设计标准》第 6.5.11 条；B、D 项见第 6.4.3 条；C 项中不一定 $Q_g > Q_{存}$。

14. BC。

A 项见《建筑给水排水设计标准》6.3.14 条，另外，恒温水龙头即为有效地平衡压力的措施。

B、C、D 项见秘书处教材《建筑给水排水工程》相关内容。

一般高层建筑热水供应的范围大，热水供应系统的规模也较大，为确保系统运行时的良好工况，进行管网布置与敷设时，应注意以下几点：

（1）当分区范围超过 5 层时，为使各配水点随时得到设计要求的水温，应采用全循环或立管循环方式；当分区范围小，但立管数多于 5 根时，应采用干管循环方式；

（2）为防止循环流量在系统中流动时出现短流，影响部分配水点的出水温度，可在回水管上设置阀门，通过调节阀门的开启度，平衡各循环管路的水头损失和循环流量。若因管网系统大，循环管路长，用阀门调节效果不明显时，可采用同程式管网布置形式，使循环流量通过各循环管路的流程相当，可避免短流现象，利于保证各配水点所需水温；

（3）为提高供水的安全可靠性，尽量减小管道、附件检修时的停水范围，或充分利用热水循环管路提供的双向供水的有利条件，放大回水管管径，使它与配水管径接近，当管道出现故障时，可临时作配水管使用。

15. AD。

A 项参照《建筑给水排水设计标准》第 5.9.3 条条文说明；

B 项《建筑给水排水设计标准》第 5.9.3 条条文说明，因饮水水质好，减压阀前可不加截污器；

C 项《建筑给水排水设计标准》第 5.9.3 条条文说明，从立管接至配水龙头的支管管段长度应尽量短，一般不宜超过 1m；

D 项见《技术措施》3.3.10 条：配水管网循环立管上端和下端应设阀门，供水管网应设检修阀门。在管网最低端应设排水阀，管道最高处应设排气阀。排气阀处应有滤菌、防尘装置。排水阀设置处不得有死水存留现象，排水口应有防污染措施。

16. ACD。参见《建筑中水设计标准》。A、B 项见第 3.1.3 条；C 项见第 6.1.2 条；

D 项见第 3.1.6 条。

17. ABC。参见《建筑中水设计标准》6.1 节"处理工艺"。A 项缺少沉淀工艺；B 项缺少格栅；C 项渗滤场不当，并且无预处理；D 项正确。

18. CD。参见《游泳池和水上游乐池给水排水设计规程》。

A 项见第 8.3.2.4 条，采用成品次氯酸钠溶液时，应避光运输和贮存时间不宜超过 5d；B 项见第 8.3.3.1 条，采用瓶装氯气消毒时，加氯设备应设置备用机组；C 项见第 8.4.2.5 条，D 项见 8.2.1.7 条。

19. BD。A 项参见《高层建筑设计防火规范》第 7.4.6.7 条；

B、C、D 项参见《技术措施》P273，消防泵房应有强制启停泵按钮；消防控制中心应有手动启泵按钮；消防水池最低水位报警，但不得自动停泵；任何消防主泵不宜设置自动停泵的控制；

B 项为只能启动不能停泵，D 项为不能自动停泵。

20. ABC。参见《自动喷水灭火系统设计规范》，A、B、C 项参见第 8.0.8 条，短立管及末端试水装置的连接管，其管径不应小于 25mm；D 项参见第 6.2.8 条，水力警铃与报警阀连接管道管径应为 20mm。

21. AC。参见《水喷雾灭火系统设计规范》第 1.0.3 条的条文解释中，四个作用来看，闪点低于 60℃的液体火灾通过表面冷却来实现灭火的效果是不尽理想的，另外乳化只适用于不溶于水的可燃液体。

22. AC。参见《自动喷水灭火系统设计规范》第 6.1.5.1 条，防火分隔水幕应采用开式洒水喷头或水幕喷头。

23. BD。参见《建筑灭火器配置设计规范》。

第 3.1.2 条，普通办公楼主要为固体物质火灾，属于 A 类火灾。

第 4.2.1 条，"A 类火灾场所应选择水型灭火器、磷酸铵盐干粉灭火器、泡沫灭火器或卤代烷灭火器"，以及条文说明中的"表 3 灭火器的适用性"。

24. ABC。参见《高层建筑设计防火规范》，A、B 项参见第 7.3.5 条；C 项参考 8.6.2-6 的条文说明；D 项参照第 7.3.4 条。

第10章 模拟题及参考答案（二）

一、单项选择题（共32题，每题1分。每题的备选项中只有一个符合题意）

1. 下面关于给水管道布置的叙述中，何项是错误的？
   (A) 居住小区的室外给水管网宜布置成环状，室内生活给水管网宜布置成枝状
   (B) 居住小区的室内外给水管网均宜布置成环状
   (C) 给水管、热水管、排水管同沟敷设时，给水管应在热水管之下，排水管之上
   (D) 同沟敷设的给水管、热水管、排水管之间净距宜≥0.3m

2. 某卫生间采用外径De32mm的塑料管暗敷在结构楼板和找平层内，经卡套式连接配件向各用水器具供水，地面有管道走向标识。以上给水管道布置的说明中有几处错误？
   (A) 3处　　(B) 2处　　(C) 1处　　(D) 无错

3. 图示为某建筑办公与集体宿舍共用给水引入管的简图，其给水支管的设计秒流量为 q_1、q_2；根据建筑功用途而定的系数为 α_1、α_2；管段当量总数为 Ng_1、Ng_2，则给水引入管的设计秒流量 q_0 应为下面哪一项？

   (A) $q_0 = 0.2 \times \alpha_1 \times \sqrt{Ng_1} + 0.2 \times \alpha_2 \times \sqrt{Ng_2}$

   (B) $q_0 = 0.2 \times \dfrac{\alpha_1 \times Ng_1 + \alpha_2 \times Ng_2}{Ng_1 + Ng_2} \times \sqrt{Ng_1 + Ng_2}$

   (C) $q_0 = 0.2 \times \dfrac{\alpha_1 + \alpha_2}{2} \times \sqrt{Ng_1 + Ng_2}$

   (D) $q_0 = 0.2 \times (\alpha_1 + \alpha_2) \times \sqrt{Ng_1 + Ng_2}$

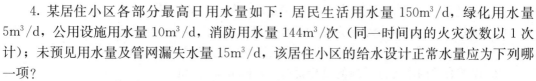

4. 某居住小区各部分最高日用水量如下：居民生活用水量150m³/d，绿化用水量5m³/d，公用设施用水量10m³/d，消防用水量144m³/次（同一时间内的火灾次数以1次计）；未预见用水量及管网漏失水量15m³/d，该居住小区的给水设计正常水量应为下列哪一项？
   (A) 150+5+10+15=180m³/d
   (B) 150+5+10+144=309m³/d
   (C) 150+5+10=165m³/d
   (D) 150+5+10+15+144=324m³/d

5. 某办公楼的4~10层采用二次加压供水系统，加压泵前设贮水设施，由环状市政供水管接管补水，市政给水补水满足加压供水管网设计秒流量的供水要求，则贮水设施的有效容积按下列哪项确定是正确合理的？
   (A) 按最高日用水量的20%计算
   (B) 按最高日用水量的25%计算

(C) 按最高日用水量的 50% 计算

(D) 按 5min 水泵设计秒流量计算

6. 以下有关建筑给水系统分类的叙述中,哪一项是正确的?

(A) 基本系统为:生活给水系统、生产给水系统、消火栓给水系统

(B) 基本系统为:生活给水系统、杂用水给水系统、消防给水系统

(C) 基本系统为:生活给水系统、生产给水系统、消防给水系统

(D) 基本系统为:生活给水系统、杂用水给水系统、生产给水系统、消防给水系统

7. 建筑排水系统中设有通气管系的塑料排水立管,其底部管径宜放大一号的主要原因是下面哪一项?

(A) 防止管道堵塞 (B) 便于与横干管连接

(C) 缓解底部过高的压力 (D) 减小温度变化对管道的影响

8. 某建筑内二根长 50m,直径分别为 DN100mm、DN75mm 的排水立管共用一根通气立管,则该通气立管的管径应为下列哪一项?

(A) 50mm (B) 75mm

(C) 100mm (D) 125mm

9. 以下有关建筑排水系统组成的要求中,哪项是不合理的?

(A) 系统中均应设置清通设备

(B) 与生活污水管井相连的各类卫生器具的排水口下均须设置存水弯

(C) 建筑标准要求高的高层建筑的生活污水立管宜设置专用通气立管

(D) 生活污水不符合直接排入市政管网的要求时,系统中应设局部处理构筑物

10. 北京某居住小区生活给水量为 Q(m^3/d),则该小区生活排水量的合理取值应为下列何项?

(A) Q (B) 85%Q (C) 90%Q (D) 95%Q

11. 下列有关建筑重力流排水系统的立管、横管通过不同流量管内流态变化的叙述中,哪一项是不正确的?

(A) 通过立管的流量小于该管的设计流量时,管内呈非满流状态

(B) 进过立管的流量等于该管的设计流量时,管内呈满流状态

(C) 通过横干管的流量小于该管的设计流量时,管内呈非满流状态

(D) 通过横干管的流量等于该管的设计流量时,管内仍呈非满流状态

12. 以下有关雨水溢流设施的设置要求中,何项是正确的?

(A) 建筑采用压力流雨水排水系统时,应设置屋面雨水溢流设施

(B) 重要公共建筑压力流雨水排水系统与溢流设施的排水量之和不应小于 10 年重现期的雨水量

(C) 建筑采用重力流雨水排水系统且各汇水面积内设有两根或两根以上排水立管时,可不设雨水溢流设施

(D) 建筑采用重力流雨水排水系统各汇水面积内仅有一根排水立管时,应设雨水溢流设施,其排水量等同于雨水立管的设计流量

13. 下列根据不同用途选择的雨水处理工艺流程中,不合理的是哪项?

(A) 屋面雨水→初期径流弃流→排放景观水体

(B) 屋面雨水→初期径流弃流→雨水蓄水池沉淀→消毒→雨水清水池→冲洗地面

(C) 屋面雨水→初期径流弃流→雨水蓄水池沉淀→过滤→消毒→雨水清水池→补充空调循环冷却水

(D) 屋面雨水→初期径流弃流→雨水蓄水池沉淀→处理设备→中水清水池补水

14. 以下有关集中热水供应系统热源选择的叙述中哪一项是错误的？

(A) 采用汽锤用汽设备排出废汽作为热媒加热时，应设除油器除去废汽中的废油

(B) 在太阳能资源较丰富的地区，利用太阳能为热源时，不需设辅助加热装置

(C) 经技术经济比较，可选择电蓄热设备为集中热水供应系统的热源

(D) 采用蒸汽直接通入水箱中加热时，应采取防止热水倒流至蒸汽管道的措施

15. 下表为某宾馆全日集中热水供应系统各部门热水用水高峰时段的设计小时耗热量和平均小时耗热量，其中卫生间用水高峰时段为 20：00—23：00，其他部门用水高峰时段为 10：00—19：00。则该宾馆集中热水供应系统设计小时耗热量应为何项？

项 目	卫生间	游泳池	厨房	职工淋浴间	健身房	商场
高峰时段设计小时耗热量（kW）	1400	210	600	150	400	100
平均小时耗热量（kW）	350	70	150	100	200	25

(A) 2860kW　　(B) 1945kW　　(C) 1692kW　　(D) 895kW

16. 下列有关热水供应方式的叙述中哪项是错误的？

(A) 干管循环方式是指仅热水干管设置循环管道，保持热水循环

(B) 开式热水供水方式是在所有配水点关闭后，系统内的水仍与大气相通

(C) 机械循环方式是通过循环水泵的工作在热水管网内补充一定的循环流量以保证系统热水供应

(D) 闭式热水供应方式供水的水压稳定性和安全可靠性较差

17. 下列何项不符合集中热水供应系统的设计要求？

(A) 洗衣房日用热水量（按 60℃计）15m³，加热器原水总硬度（以碳酸钙计）350m/L，其设计出水口水温为 70℃

(B) 宾馆生活日用热水量（按 60℃计）20m³，供应热水的热水机组原水总硬度（以碳酸钙计）250mg/L，设计该机组出水口水温为 60℃

(C) 可采用按比例将部分软化热水与部分未软化热水均匀混合达到系统水质要求后使用

(D) 为减轻对热水管道和设备的腐蚀，可对溶解氧和二氧化碳超标的原水采取除气措施

18. 图示开式热水供应系统中，水加热器甲的传热面积为 $10m^2$，乙的传热面积为 $20m^2$，则甲、乙水加热器膨胀管的最小直径应为何项？

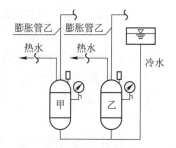

(A) 甲 50mm，乙 50mm

(B) 甲 25mm，乙 40mm

(C) 甲 32mm，乙 32mm

(D) 甲 32mm，乙 50mm

19. 以下热水及直饮水供应系统管材选用的叙述中,哪一项是错误的?
(A) 开水管道应选用许用工作温度大于100℃的金属管材
(B) 热水供应设备机房内的管道不应采用塑料热水管
(C) 管道直饮水系统当选用铜管时,应限制管内流速在允许范围内
(D) 管道直饮水系统应优先选用优质给水塑料管

20. 某饮料用水贮水箱的泄水由DN50泄水管经排水漏斗排入排水管,则排水漏斗与泄水管排水口间的最小空气间隙应为以下何项?
(A) 50mm (B) 100mm (C) 125mm (D) 150mm

21. 下列所叙管道直饮水系统示意图中的哪个组件不必设置?
(A) 排气阀 (B) 调速泵
(C) 消毒器 (D) 循环回水流量控制阀

22. 以下哪项不宜作为建筑物中水系统的水源?
(A) 盥洗排水
(B) 室外雨水
(C) 游泳池排水
(D) 空调循环冷却水系统排水

23. 某居住小区各部分最高日用水量如下:

居民生活用水量150m³/d,绿化用水量5m³/d,公用设施用水量10m³/d,消防用水量144m³/次(同一时间内的火灾次数以1次计);未预见用水量及管网漏失水量15m³/d,该居住小区的给水设计正常水量应为下列哪一项?
(A) 150+5+10+15=180m³/d
(B) 150+5+10+144=309m³/d
(C) 150+5+10=165m³/d
(D) 150+5+10+15+144=324m³/d

24. 某水上游乐中心设有公共池、竞赛池、训练池、跳水池,池水循环净化处理系统的主要设计参数见下表,则正确的系统设计应为下述何项?

项目	公共池(a)	竞赛池(b)	训练池(c)	跳水池(d)
循环方式	顺流	逆流	逆流	逆流
循环次数(次/d)	6	6	6	3
水温(℃)	27	27	28	28

(A) a、b合一循环系统,c、d设独立循环系统
(B) a、b、c合一循环系统,d设独立循环系统
(C) b、c合一循环系统,a、d设独立循环系统
(D) a、b、c、d均设独立循环系统

25. 多层住宅室内消火栓系统干式消防竖管的最小管径应为以下哪一项?
(A) DN100 (B) DN80
(C) DN65 (D) DN50

26. 高层民用建筑按规范要求设有室内消火栓系统和自动喷水灭火系统,以下设计技

术条件中，哪一项是错误的？
    (A) 室内消火栓系统和自动喷水灭火系统可合用高位消防水箱
    (B) 室内消火栓系统和自动喷水灭火系统可合用消防给水泵
    (C) 室内消火栓系统和自动喷水灭火系统可合用水泵接合器
    (D) 室内消火栓系统和自动喷水灭火系统可合用增压设施的气压罐

27. 下列高层建筑消火栓系统竖管设置的技术要求中，哪一项是正确的？
    (A) 消防竖管最小管径不应小于 100mm 是基于利用水泵接合器补充室内消防用水的需要
    (B) 消防竖管布置应保证同层两个消火栓水枪的充实水柱同时到达被保护范围内的任何部位
    (C) 消防竖管检修时应保证关闭停用的竖管不超过 1 根，当竖管超过 4 根时可关闭 2 根
    (D) 当设 2 根消防竖管有困难时，可设 1 根竖管，但必须采用双阀双出口型消火栓

28. 水雾喷头水平喷射时，其水雾轨迹如图所示，水雾喷头的有效射程应为何项？图中：o—水雾喷头出口，a—水雾最高点，b—水雾与喷口水平轴线交点，c—水雾喷射最远点，d—水雾喷射最近点

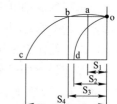

    (A) S1
    (B) S2
    (C) S3
    (D) S4

29. 下述水喷雾灭火系统的组件和控制方式中，哪项是错误的？
    (A) 水喷雾灭火系统应设有自动控制、手动控制和应急操作三种控制方式
    (B) 水喷雾灭火系统的雨淋阀可由电控信号、传动管液动信号或传动管气动信号进行开启
    (C) 水喷雾灭火系统的火灾探测器可采用缆式线型定温型、空气管式感温形或闭式喷头
    (D) 水喷雾灭火系统由水源、供水泵、管道、过滤器、水雾喷头组成

30. 关于自动喷水灭火系统湿式和干式两种报警阀功能的叙述中，何项是错误的？
    (A) 均具有喷头动作后报警水流驱动水力警铃和压力开关报警的功能
    (B) 均具有防止系统水流倒流至水源的止回功能
    (C) 均具有接通或关断报警水流的功能
    (D) 均具有延迟误报警的功能

31. 工程设计需采用局部应用气体灭火系统时，应选择下列哪种系统？
    (A) 七氟丙烷灭火系统　　　　　　(B) IG541 混合气体灭火系统
    (C) 热气溶胶预制灭火系统　　　　(D) 二氧化碳灭火系统

32. 关于灭火设施设置场所火灾危险等级分类、分级的叙述中，何项不正确？
    (A) 工业厂房应根据生产中使用或产生的物质性质及其数量等因素，分为甲、乙、丙、丁、戊类
    (B) 多层民用建筑应根据使用性质、火灾危险性、疏散及扑救难度分为一类和二类
    (C) 自动喷水灭火系统设置场所分为轻危险级、中危险级、严重危险级和仓库危

险级

(D) 民用建筑灭火器配置场所分为轻危险级、中危险级和严重危险级

二、多项选择题（共 24 题，每题 2 分。每题的备选项中有两个或两个以上符合题意，错选、少选、多选、不选均不得分）

1. 某住宅居住人数 300 人，每户设有大便器、洗脸盆、洗衣机、沐浴用电热水器。则下列哪几项的 q 值在该住宅最高日生活用水量的合理取值范围内？

(A) $q=300(人)\times 100L/(人 \cdot d)=30m^3/d$

(B) $q=300(人)\times 130L/(人 \cdot d)=39m^3/d$

(C) $q=300(人)\times 330L/(人 \cdot d)=99m^3/d$

(D) $q=300(人)\times 200L/(人 \cdot d)=60m^3/d$

2. 某五星级宾馆采用可调式减压阀分区给水系统如图所示（图中不考虑减压阀安装方式），P_1、P_2 分别为中区、低区给水 L_1、L_2 立管上减压阀的阀前和阀后压力，则有关减压阀的设置叙述中哪几项是正确的？

(A) 该给水系统设可调式减压阀分区不妥，应设比例式减压阀

(B) L_1 管段上减压阀的压差 $P_1-P_2=0.15MPa$ 偏小，不满足产品要求

(C) L_2 立管上减压阀的压差 $P_1-P_2=0.4MPa$，偏大

(D) L_2 立管上最低横支管处静压力为 $0.5-0.04=0.46MPa$，压力偏大

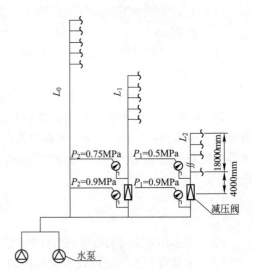

3. 某小区室外给水管采用内衬水泥的铸铁管，管径 200mm，管道计算内径 202mm，与单体建筑引入管采用三通连接，管件内径与管道内径一致，其沿程与局部水头损失 $\sum i$ 的合理取值应选哪几个计算式（式中 Q_g 为给水设计流量）？

(A) $\sum i = 1.30 \times 10^5 \times 130^{(-1.85)} \times 0.2^{(-4.87)} \times Q_g^{1.85}$

(B) $\sum i = 1.30 \times 10^5 \times 130^{(-1.85)} \times 0.202^{(-4.87)} \times Q_g^{1.85}$

(C) $\sum i = 1.25 \times 10^5 \times 130^{(-1.85)} \times 0.202^{(-4.87)} \times Q_g^{1.85}$

(D) $\sum i = 1.20 \times 10^5 \times 130^{(-1.85)} \times 0.202^{(-4.87)} \times Q_g^{1.85}$

4. 某盥洗室排水横支管的设计秒流量为 0.41L/s，选用 DN50 排水铸铁管，下列哪几项的 i 值不能作为确定其坡度的依据？

(A) $i=0.01$　　(B) $i=0.015$　　(C) $i=0.025$　　(D) $i=0.035$

5. 下列哪几项措施对防止污废水进入建筑排水系统通气管是有效的？

(A) 将环形通气管在排水横支管始端的两个卫生器具间水平向接出

(B) 将环形通气管在排水横支管中心线以上垂直接出

(C) 将 H 管与通气立管的连接点置于卫生器具上边缘以上不小于 0.15m 处

(D) 控制伸顶通气管高出屋面的距离不小于 0.3m 且大于当地积雪厚度

6. 下列不同场所地漏的选用中，哪几项是正确合理的？

(A) 地下通道选用防倒流地漏
(B) 公共食堂选用网框式地漏
(C) 地面不经常排水的场所选用直通式地漏
(D) 卫生标准要求高的场所选用密闭式地漏

7. 下列哪些排水管不能与污废水管道系统直接连接？
(A) 食品库房地面排水管　　　　(B) 锅炉房地面排水管
(C) 热水器排水管　　　　　　　(D) 阳台雨水排水管

8. 以下建筑给水和排水设计秒流量计算式：$q_{给水} = \sum q_1 \times n_1 \times b_1$ 和 $q_{排水} = \sum q_2 \times n_2 \times b_2$ 参数的说明中，哪几项是错误的？
(A) 相同卫生器具 b_1 和 b_2 的取值均相同
(B) 相同卫生器具 b_1 和 b_2 的取值不完全相同
(C) 相同卫生器具 q_1 和 q_2 的取值均相同
(D) 相同卫生器具 q_1 和 q_2 的取值不完全相同

9. 下列雨水利用供水系统的设计要求中，哪几项是正确合理的？
(A) 雨水供水管与生活饮用水管的连接管上必须设置倒流防止器
(B) 雨水供水系统中应设有自动补水设施
(C) 采用再生水作雨水供水系统补水时，其水质不能低于雨水供水水质
(D) 雨水供水管道上不得装设取水龙头

10. 下列哪几项与高层建筑热水供应系统的设计要求不完全符合？
(A) 热水供应系统竖向分区供水方式，可解决循环水泵扬程过大的问题
(B) 热水供应系统采用减压阀分区时，减压阀的设置位置不应影响各分区系统热水的循环
(C) 热水供应系统竖向分区范围超过 5 层时，为使各配水点随时得到设计要求的水温，应采用干、立管循环方式
(D) 热水供应系统与冷水系统竖向分区必须一致，否则不能保证冷水和热水回水压力平衡

11. 以下有关水加热设备选择的叙述中，哪几项是错误的？
(A) 容积式水加热设备被加热水侧的压力损失宜≤0.01MPa
(B) 医院热水供应系统设置 2 台不加热设备时，为确保手术室热水供水安全，一台检修时，另一台的供热能力不得小于设计小时耗热量
(C) 局部热水供应设备同时给多个卫生器具供热水时，因瞬时负荷不大，宜采用即热式加热设备
(D) 热水用水较均匀，热媒供应能力充足，可选用半容积式水加热器

12. 下列哪几项符合热水供应系统的设计要求？
(A) 集中热水供应系统应设热水回水管道，并保证干管和立管中的热水循环
(B) 公共浴室成组淋浴器各段配水管的管径应按设计流量确定
(C) 给水管道的水压变化较大，且用水点要求水压稳定时，不应采用减压稳压阀热水供应系统，只能采用开式热水供应系统
(D) 单管热水供应系统应有自动调节冷热水水量比的技术措施，以保证热水水温的稳定

13. 以下有关机械循环集中热水供应系统管网计算的叙述中,哪几项是错误的?
   (A) 定时热水供应系统的循环流量应按供水时段内循环管网中的水循环 2~4 次计算
   (B) 居住小区集中热水供应系统室外热水干管设计流量的计算,与居住小区室外给水管道设计流量的计算方法相同
   (C) 计算导流型容积式水加热器循环水泵扬程时,可不计加热器的水头损失
   (D) 选择循环水泵时,其水泵壳体承受的工作压力应以水泵扬程确定

14. 下列关于饮水制备方法和水质要求的叙述中,哪几项是正确的?
   (A) 饮用温水是把自来水加热至接近人体温度的饮水
   (B) 管道直饮水水质应符合《饮用净水水质标准》
   (C) 冷饮水水质应符合《生活饮用水卫生标准》
   (D) 集中制备并用管道输送的开水系统,要求用水加热器加热且其出水温度不小于 105℃

15. 下列有关中水处理工艺的叙述中,哪几项是正确的?
   (A) 通常生物处理为中水处理的主体工艺
   (B) 无论何种中水处理工艺,流程中均需设置消毒设施
   (C) 中水处理工艺可分为预处理和主处理两大部分
   (D) 当原水为杂排水时,设置调节池后,可不再设初次沉淀池

16. 以下有关中水水质和水源要求的叙述中,哪几项是正确的?
   (A) 中水的用途不同,其水质要求也不相同
   (B) 水质满足洗车要求的中水,也可用于冲洗厕所
   (C) 医院污水不能作为中水水源
   (D) 屋面雨水可作为中水水源

17. 下列建筑和居住小区排水体制的选择中,哪几项是不正确的?
   (A) 新建居住小区室外有市政排水管道时,应采用分流制排水系统
   (B) 新建居住小区室外暂无市政排水管道时,应采用合流制排水系统
   (C) 居住小区内建筑的排水体制应与小区排水体制相一致
   (D) 生活污水需初步处理后才允许排入市政管道时,建筑排水系统应采用分流制排水系统

18. 某水上游乐中心建有: a—比赛池; b—形状不规则, 分浅深水区的公共游泳池; c—儿童池。以下各类池子所选池水循环方式哪几项是正确合理的?
   (A) a~逆流式,b~顺流式,c~直流式
   (B) a~混流式,b~顺流式,c~直流式
   (C) a~顺流式,b~逆流式,c~混流式
   (D) a~逆流式,b~逆流式,c~顺流式

19. 下述消火栓给水系统消防水泵房的设计要求中,哪几项不符合《建筑设计防火规范》的要求?
   (A) 附设在民用建筑中的消防水泵房应采用防火墙与其他部位隔开
   (B) 附设在民用建筑中的消防水泵房不应贴邻人员密集场所
   (C) 消防水泵房内设置水泵的房间,应设排水设施

(D) 消防水泵房应采用乙级防火门

20. 自动喷水灭火系统报警阀器控制喷头数的主要原因是下列哪几项？
(A) 提高系统的可靠性
(B) 控制系统设计流量不致过大
(C) 避免系统维修时的关停部分不致过大
(D) 避免喷头布置时与防火分区面积相差过大

21. 七氟丙烷及 IG541 混合气体灭火系统进行一次灭火的设计灭火剂储存量，应按下列哪几项之和进行确定？
(A) 防护区的灭火设计用量   (B) 储存容器内的灭火剂剩余量
(C) 管网内的灭火剂剩余量   (D) 按系统储存要求设置的备用量

22. 下列高层建筑消防给水系统竖向分区原则及水压的要求中，哪几项是正确的？
(A) 室内消火栓栓口的静水压力不应超过 1.0MPa
(B) 室内消火栓栓口的进水压力不应超过 0.5MPa
(C) 自动喷水灭火系统报警阀出口压力不应超过 1.2MPa
(D) 自动喷水灭火系统轻、中危险级场所配水管道入口压力不应超过 0.4MPa

23. 下图中 4 种中水原水与其处理方案的组合中，哪些选项是合理正确的？（   ）

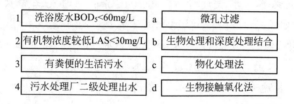

(A) 3+d   (B) 2+c   (C) 1+b   (D) 4+a

24. 下列关于游泳池循环水设计的叙述中，符合《建筑给水排水设计规范》GB 50015—2003 规定的是哪几项？（   ）
(A) 成人公共游泳池的水循环周期为 4~6h
(B) 不同使用功能的游泳池应分别设置各自独立的循环系统
(C) 循环水应经过混凝沉淀、过滤和加热处理
(D) 循环水应根据气候条件和池水水质变化，不定期地间断式投加除藻剂

参考答案

一、单项选择题

1. B。A 项参照《建筑给水排水设计标准》第 3.13.2；B 项参照第 3.6.1 条，室内生活给水管道宜布置成枝状管网，单向供水；C、D 项参照 3.13.20 条。

2. A。参见《建筑给水排水设计标准》3.6.13 条。
给水管道暗设时，不得直接敷设在建筑物结构层内；

敷设在垫层或墙体管槽内的给水支管的外径不宜大于25mm；

敷设在垫层或墙体管槽内的管材，不得有卡套式或卡环式接口，柔性管材宜采用分水器向各卫生器具配水，中途不得有连接配件，两端接口应明露。

3. B。参见《建筑给水排水设计标准》第3.7.5条。

4. A。参见《建筑给水排水设计标准》第3.7.1条：

小区给水设计用水量，应根据下列用水量确定：1 居民生活用水量；2 公共建筑用水量；3 绿化用水量；4 水景、娱乐设施用水量；5 道路、广场用水量；6 公用设施用水量；7 未预见用水量及管网漏失水量；8 消防用水量。

注：消防用水量仅用于校核管网计算，不计入正常用水量。

5. D。参见《建筑给水排水设计标准》第3.8.2条：无调节要求的加压给水系统，可设置吸水井，吸水井的有效容积不应小于水泵3min的设计流量。

6. C。参见秘书处教材《建筑给水排水工程》P1，给水系统的基本分类为三种：生活、生产及消防给水系统。

7. C。参见《建筑给水排水设计标准》第4.5.7条及条文说明，塑料管由于内表面光滑，污水下落速度较快，在立管底部产生较大反压，只有正确处理好底部反压，才能使立管的通水能力有所增加。建议立管底部放大一号管径，可缓解此反压。

8. C。参见《建筑给水排水设计标准》4.7.15条："通气立管长度小于等于50m时，且两根及两根以上排水立管同时与一根通气立管相连，应以最大一根排水立管按本标准表4.7.13确定通气立管管径，且管径不宜小于其余任何一根排水立管管径"。4.7.14条："通气立管长度在50m以上时，其管径应与排水立管管径相同。"

注意以上50m的长度是针对通气立管的长度而言的，如果排水立管是50m，一般认为此时通气立管是大于50m的。

9. B。

A项参照秘书处教材《建筑给水排水工程》相关内容。有清通设备为排水系统的基本组成（此项有异议，极端情况可能没有清通设备，比如一层的一个小卫生间）；

B项参见《建筑给水排水设计标准》第4.3.10条，构造内无存水弯的卫生器具与生活污水管道连接时，必须在排水口以下设存水弯。但如坐便器不需要设置存水弯，如要重复设置，反而会引起压力不稳定而破坏水封；

C项《建筑给水排水设计标准》第4.7.1条；

D项参照秘书处教材建水相关内容。

10. D。参见《建筑给水排水设计标准》4.10.5条及其说明，小区生活排水系统排水定额宜为其相应的生活给水系统用水定额的85%～95%，大城市的小区取高值。

11. B。参见《建筑给水排水设计标准》5.2.34条及其说明。表中数据是排水立管充水率为0.35的水膜重力流理论计算值。考虑到屋面重力流排水的安全因素，表中的最大泄流量修改为原最大泄流量的0.8倍。

12. A。参见《建筑给水排水设计标准》。A项参考第5.2.11条；B项参考第5.2.5条，重要公共建筑时不应小于50年重现期的雨水量；C项参考第5.2.11条，应设溢流设施；D项参考5.2.27条，建筑屋面各汇水范围内，雨水排水立管不宜少于2根，另外溢流量应参考第5.2.5条规定。

13. C。参见《建筑与小区雨水利用工程技术规范》8.1.4条说明：用户对水质有较高的要求时，应增加相应的深度处理措施，这一条主要是针对用户对水质要求较高的场所，其用水水质应满足国家有关标准规定的水质，比如空调循环冷却水补水、生活用水和其他工业用水等，其水处理工艺应根据用水水质进行深度处理，如混凝、沉淀、过滤后加活性炭过滤或膜过滤等处理单元。

14. B。参见《建筑给水排水设计标准》。A项参见第6.3.4条；B项参见第6.3.11条，太阳能热水供应系统应设辅助热源及其加热设施；C项参照第6.3.1条；D项参照第6.3.5条。

15. B。参见《建筑给水排水设计标准》第6.4.1条，具有多个不同使用热水部门的单一建筑或具有多种使用功能的综合性建筑，当其热水由同一热水供应系统供应时，设计小时耗热量，可按同一时间内出现用水高峰的主要用水部门的设计小时耗热量加其他部门的平均小时耗热量计算，即：

$$1400+70+150+100+200+25=1945\text{kW}$$

16. C。热水循环的目的是补偿系统的热损失，以维持正常的热水温度。

17. A。参见《建筑给水排水设计标准》6.2.6条：当洗衣房日用热水量（按60℃计）大于或等于10m^3，且原水总硬度（以碳酸钙计）大于300mg/L时，应进行水质软化处理；原水总硬度（以碳酸钙计）为150~300mg/L时，宜进行水质软化处理。

18. D。参见《建筑给水排水设计标准》。6.5.19条，甲、乙水加热器膨胀管的最小直径分别为32mm、50mm。

19. D。A、D、B项参见《建筑给水排水设计标准》6.9.6条、6.8.2条，其中饮水管首推薄壁不锈钢管；C项见《技术措施》P76表3.4.6对饮水供应的流速规定。

20. D。参见《建筑给水排水设计标准》第4.4.14条注解，饮料用贮水箱的间接排出口最小空气间隙，不得小于150mm。

21. C。参见《管道直饮水系统设计规程》第5.0.11条，管道直饮水系统回水宜回流至净水箱或原水水箱。回流到净水箱时，应加强消毒。而流到原水水箱时可以不设，因深度处理包括对原水进行的进一步处理过程。能去除有机污染物（包括"三致"物质和消毒副产物）、重金属、细菌、病毒、其他病原微生物和病原原虫（术语中2.1.7条）。

22. B。参见《建筑中水设计标准》第3.1.3条，可知盥洗排水、空调循环冷却水系统排水、游泳池排水均可作为建筑物中水原水。

23. A。参见《建筑给水排水设计标准》3.7.1条：

小区给水设计用水量，应根据下列用水量确定：1居民生活用水量；2公共建筑用水量；3绿化用水量；4水景、娱乐设施用水量；5道路、广场用水量；6公用设施用水量；7未预见用水量及管网漏失水量；8消防用水量。

注：消防用水量仅用于校核管网计算，不计入正常用水量。

24. D。参见《游泳池和水上游乐池给水排水设计规程》4.2.1-1条："竞赛池、跳水池、训练池和公共池应分别设置各自独立的池水循环净化给水系统"。

25. C。参见《建筑设计防火规范》第8.3.1-5条，超过7层的住宅应设置室内消火栓系统，当确有困难时，可只设置干式消防竖管和不带消火栓箱的DN65的室内消火栓。消防竖管的直径不应小于DN65。另外，如果此题为其他建筑，应按照第8.4.2.3条；室内消防竖管直径不应小于DN100mm。

26. C。《高层民用建筑设计防火规范》7.4.3条："室内消火栓给水系统应与自动喷水灭火系统分开设置，有困难时，可合用消防泵，但在自动喷水灭火系统的报警阀前（沿水流方向）必须分开设置"。

另外请阅读相应的条文说明，并加以理解。

27. A。A项参见《高层民用建筑设计防火规范》7.4.2条的条文说明："两竖管最小管径的规定是基于利用水泵接合器补充室内消防用水的需要，我国规定消防竖管的最小管径不应小于100mm"。

B项中应强调"同层相邻两个消火栓"；

C项中应强调"当竖管超过4根时，可关闭不相邻的2根"；

D项见7.4.2条，该说法是有条件的：

"以下情况，当设两根消防竖管有困难时，可设一根竖管，但必须采用双阀双出口型消火栓：1. 十八层及十八层以下的单元式住宅；2. 十八层及十八层以下、每层不超过8户、建筑面积不超过650m^{2}的塔式住宅"。

28. A。参见《水喷雾灭火系统设计规范》术语中第2.1.5条，水雾喷头的有效射程为水雾喷头水平喷射时，水雾达到的最高点与喷口之间的距离。

29. D。A项参见《水喷雾灭火系统设计规范》6.0.1条；

B项参见《水喷雾灭火系统设计规范》第4.0.3.2条；

C项参见《水喷雾灭火系统设计规范》第6.0.3条；

D项参见《水喷雾灭火系统设计规范》术语中的第2.1.1条，水喷雾灭火系统由水源、供水设备、管道、雨淋阀组、过滤器和水雾喷头等组成，向保护对象喷射水雾灭火或防护冷却的灭火系统。

30. D。参见秘书处教材《建筑给水排水工程》P97、P99。湿式系统内的延迟器的用途是延迟报警时间，克服水压波动引起的误报警。干式系统在组成上与湿式系统基本一致，只是没有延迟器。另外，干式系统安装普通喷头时只能向上安装，安装专用干式喷头时可向下安装，早期抑制快速响应喷头（ESFR）和快速响应喷头不能用于干式系统。

31. D。参见秘书处教材《建筑给水排水工程》P168、P169。按应用方式划分，气体灭火系统分为全淹没灭火系统、局部应用灭火系统。而二氧化碳可以应用于局部应用灭火系统。

32. B。

A项参照《建筑设计防火规范》第3.1.1条；

B项参照此题叙述为高层建筑的做法，见《高层民用建筑设计防火规范》第3.0.1条；

C项参照《自动喷水灭火系统设计规范》第3.0.1条；

D项参照《建筑灭火器配置设计规范》第3.2.1条。

二、多项选择题

1. BD。参见《建筑给水排水设计标准》表3.2.1，可知此住宅属于普通住宅Ⅱ类，用水定额为130~300L/（人·d）；A、C项均不在此范围内。

2. BCD。

A 项在题中注明不考虑减压阀的安装方式的前提下，可调式与比例式的区别仅在于出口的压力是否允许波动，并且可调式能更好地达到效果；

B 项参见《技术措施》，2.5.11-4 条，可调式减压阀的阀前与阀后的最大压差不应大于 0.4MPa；要求环境安静的场所不应大于 0.3MPa；阀前最低压力应大于阀后动压力 0.2MPa；

C 项参见《建筑给水排水设计标准》第 3.5.10 条，可调式减压阀的阀前与阀后的最大压差不应大于 0.4MPa；要求环境安静的场所不应大于 0.3MPa，五星级酒店属于要求环境安静的场所；

D 项根据《建筑给水排水设计标准》第 3.4.3 条，各分区最低卫生器具配水点处的静水压不宜大于 0.45MPa。

3. BC。参见《建筑给水排水设计标准》3.7.15 条。管件内径与管道内径一致时，如采用三通分水，局部水损取沿程水损的 25%～30%；采用分水器分水时，取 15%～20%。

4. AB。参见《建筑给水排水设计标准》表 4.5.5，DN50 的铸铁排水管最小坡度为 0.025，可知，A、B 项的坡度均不满足要求。另外见《技术措施》P90，铸铁排水管横管水力计算表（$n=0.013$），DN50 管道在最大充满度 $h/D=0.5$，$i=0.25$ 时最大排水能力为 0.64L/s>0.4L/s，满足要求。

5. BCD。参见《建筑给水排水设计标准》4.7.9 条、4.7.10 条，以及各自的条文说明。

6. ABD。

A 项正确，防倒流地漏适用于标高较低的地下室、电梯井、和地下通道排水；

B 项正确，参见《建筑给水排水设计标准》4.3.5 条；

C 项不正确，不经常排水的场所应设置密闭地漏；

D 项是《建筑给水排水设计标准》4.3.6 条。

7. ACD。A、C 项参见《建筑给水排水设计标准》第 4.4.13 条；

B 项见《建筑给水排水设计标准》4.2.4 条，"水温超过 40℃ 的锅炉排水"不等于"锅炉房地面排水"；

D 项，阳台排水系统应单独设置。阳台雨水立管底部应间接排水；

8. AC。参见《建筑给水排水设计标准》3.7.8 条。冲洗水箱大便器的同时给水与同时排水百分数是不同的。

9. BCD。

A 项就不允许有任何形式的连接，这是一般常识，也可以参阅现行《建筑与小区雨水利用工程技术规范》第 7.3.1 条："雨水供水管道应与生活饮用水管道分开设置。"

B、C 项见规范 7.3.2 条："雨水供水系统应设自动补水，并应满足如下要求：1 补水的水质应满足雨水供水系统的水质要求；2 补水应在净化雨水供量不足时进行；3 补水能力应满足雨水中断时系统的用水量要求。"

D 项见规范 7.3.9 条："供水管道上不得装设取水龙头。并应采取下列防止误接、误用、误饮的措施。"

10. ACD。

A项是常识，竖向如不分区，不宜用于过高的建筑中，否则能量浪费过大；

B项见《建筑给水排水设计标准》6.3.14条，当采用减压阀分区时应保证各分区热水的循环；

C项见《建筑给水排水设计标准》6.3.11条，要求随时取得不低于规定温度的热水的建筑物，应保证支管中的热水循环，或有保证支管中热水温度的措施；

D项见《建筑给水排水设计标准》6.13.14条，与给水系统的分区应一致，各区水加热器、贮水罐的进水均应由同区的给水系统专管供应；当不能满足时，应采取保证系统冷热水压力平衡的措施。

11. BC。

A项参见《建筑给水排水设计标准》第6.5.1条条文解释，建议水加热设备被加热水侧的阻力损失宜≤0.01MPa；

B项参见《建筑给水排水设计标准》第6.5.3条条文解释，其余各台的总供应能力不得小于设计时耗热量的50%；

C项参见《建筑给水排水设计标准》第6.5.5条，需同时供给多个卫生器具或设备热水时，宜选用带贮热容积的加热设备；

D项参见《建筑给水排水设计标准》第6.5.2条条文说明第三款因素：用水较均匀，热媒供应能力充足，一般可选用贮热容积较小的半容积式水加热器，此项为正确项。

12. AD。

A项见《建筑给水排水设计标准》6.3.9条。

B项见《建筑给水排水设计标准》6.3.15条："成组淋浴器的配水管不宜变径，且其最小管径不得小于25mm"。

C项见《建筑给水排水设计标准》6.3.13条及其相应说明，减压稳压阀取代高位热水箱应用于集中热水供应系统中，将大大简化热水系统。

D项见《建筑给水排水设计标准》6.3.15条。

13. AD

A项见《建筑给水排水设计标准》6.7.6条："定时热水供应系统的热水循环流量可按循环管网中的水每小时循环2次~4次计算"。循环的目的是保证非高峰供水时段内系统内必要的水温。

B项见《建筑给水排水设计标准》6.7.1条。

C项见《建筑给水排水设计标准》6.7.10条的注解。

D项见《建筑给水排水设计标准》6.6.10条。

14. BD。A项明显错误。B项明显正确，也可见《建筑给水排水设计规范》；C项应是《饮用净水水质标准》。D项参见秘书处教材《建筑给水排水工程》相关内容。另参《技术措施》P81："3.10.2供应开水系统水温按100℃计；闭式开水系统水温按105℃计"。

15. ABD。参见《建筑中水设计标准》。

A、C项参见第6.1.1条的条文说明："中水处理工艺按组成段可分为预处理、主处理及后处理部分。也有将其处理工艺方法分为以物理化学处理方法为主的物化工艺，以生物化学处理为主的生化处理工艺，生化处理与物化处理相结合的处理工艺以及土地处理四类。由于中水回用对有机物、洗涤剂支除要求较高，而去除有机物、洗涤剂有效的方法是生物处理，因而中水的处理常用生物处理作为主体工艺"。

B 项见第 6.2.17 条："中水处理必须设有消毒设施"。

D 项见第 6.2.5 条："初次沉淀池的设置应根据原水水质和处理工艺等因素确定，当原水为优质杂排水或杂排水时，设置调节池后可不再设置初次沉淀池"。

16. ABD。《建筑中水设计标准》。

A 项见 4.2 条，各种用途水质标准不同；

B 项见 4.2.1 条，冲厕与洗车水质标准相同；

C 项见 3.1.6 条，综合医院经过处理消毒等不可作为中水水源；

D 项，建筑屋面雨水可作为中水水源或其补充。

17. BC。A 项见《建筑给水排水设计标准》第 4.2.1 条，新建居住小区应采用生活排水与雨水分流排水系统。B 项室外暂时无市政管道时，小区内、建筑物内还是宜设分流排水，此时对设置局部处理构筑物也较有利，日后待市政排水管道完善后，可方便接入。另外，也可查阅《给水排水设计手册》第二册 P407："2) 当城市无污水处理厂时，粪便污水一般与生活废水采用分流制排出，粪便污水应经化粪池处理"。C 项不正确，室内外分流制与合流制的概念并不相同。D 项参照《建筑给水排水设计标准》第 4.2.1 条。

18. AB。参见《游泳池和水上游乐池给水排水设计规程》第 4.1.3、第 5.1.3 条。

19. ABD。A 项见《建筑设计防火规范》第 8.6.4 条、第 7.2.5 条及表 5.1.1，表中防火墙的耐火等级为 3h，而 7.2.5 条要求为 2h；也就是说"耐火极限不低于 2.00h 的隔墙"与"防火墙"是两个概念；

B 项见第 8.6.4 条，消防水泵房设置在首层时，其疏散门宜直通室外；设置在地下层或楼层上时，其疏散门应靠近安全出口。安全出口属于人员密集场所。也就是说，本身并没有 B 项这样的说法；

C 项实际上是一般常识，也可见秘书处教材建水 P84，消防泵房应设计排水、采暖、起重、通风、照明、通信等设施；

D 项见第 8.6.4 条，消防水泵房的门应采用甲级防火门。

20. AC。参见《自动喷水灭火系统设计规范》第 6.2.3 条文及其条文说明，一个报警阀组控制的喷头数。一是为了保证维修时，系统的关停部分不致过大；二是为了提高系统的可靠性。

21. ABC。参见《气体灭火系统设计规范》第 3.1.6 条："灭火系统的灭火剂储存量，应为防护区的灭火设计用量、储存容器内的灭火剂剩余量和管网内的灭火剂剩余量之和"。

22. AC。

A、B 项参见《高层建筑设计防火规范》第 7.4.6.5 条，消火栓栓口的静水压力不应大于 1.00MPa；消火栓栓口的出水压力大于 0.50MPa 时；

C 项参见《自动喷水灭火系统设计规范》第 8.0.1 条，配水管道（参见术语中的 2.1.16，配水管为配水干管、配水管、配水支管的总称）的工作压力不应大于 1.20MPa；

D 项参照《自动喷水灭火系统设计规范》第 8.0.5 条，轻危险级、中危险级场所中各配水管入口的压力均不宜大于 0.40MPa，此处为配水管而非配水管道。

23. BD。选项 A 参见《建筑中水设计标准》第 6.1.3 条，当利用生活污水一类的浓度较高的排水作为中水水源时，可采用的处理工艺有生物处理和深度处理相结合的工艺流程、生物处理和土地处理、曝气生物滤池处理工艺流程和膜生物反应器处理工艺流程，故选项 A 错误。选项 B 参见《建筑中水设计标准》第 6.1.2 条，原水中有机物浓度较低和阴离子表面活性剂（LAS）较低时可采用物化方法。选项 C 参见《建筑中水设计标准》第 6.1.3 条，当洗浴废水含有较低的有机污染浓度（BOD_5 在 60mg/L 以下），宜采用生物接触氧化法，故选项 C 错误。选项 D 参见《建筑中水设计标准》第 6.1.3 条，当利用城市污水处理厂出水作中水水源时，可采用的处理工艺有：物化法深度处理工艺流程、物化与生化结合的深度处理流程和微孔过滤处理工艺流程。

24. ABD。选项 A 符合《建筑给水排水设计标准》第 3.10.5 条规定。选项 B 符合《建筑给水排水设计标准》第 3.10.6 条规定。选项 C 不符合《建筑给水排水设计标准》第 3.10.7 条规定，循环水应经过滤、加药和消毒等净化处理，必要时还应进行加热，故选项 C 不符合规定。选项 D 符合《建筑给水排水设计标准》第 3.10.12 条规定。

第 11 章 模拟题及参考答案（三）

一、**单项选择题**（共 32 题，每题 1 分。每题的备选项中只有一个符合题意）

1. 下列关于生活用水贮水设备设置要求的叙述中，哪个选项是不正确的？（   ）
   (A) 低位贮水池不宜毗邻电气用房和居住用房或在其下方
   (B) 水箱进、出水管宜同侧设置，并应采取防止短路的措施
   (C) 当水箱采用水泵加压进水时，应设置水箱水位自动控制水泵开、停的装置
   (D) 水箱溢流管宜采用水平喇叭口集水，喇叭口下的垂直管段不宜小于 4 倍溢流管管径

2. 下列关于生活用水高位（屋顶）水箱调节容积的方法，哪项是正确的？（   ）
   (A) 由城市给水管网夜间直接进水的高位水箱，宜按用水人数和最高日用水定额确定
   (B) 由城市给水管网夜间直接进水的高位水箱，宜按最大小时用水量的 1.5 倍确定
   (C) 由水泵联动提升进水的高位水箱，不宜小于最大用水时水量的 70%
   (D) 由水泵联动提升进水的高位水箱，不宜小于平均小时用水量的 50%

3. 下列关于计算居住小区室外给水管道设计流量的论述，哪项是错误的？（   ）
   (A) 小区的给水引入管的设计流量计算应考虑未预见水量和漏失水量
   (B) 居住小区内配套的文体、餐饮娱乐、商铺等设施均以其生活用水量按照相应方法计算节点流量
   (C) 居住小区内配套的文教、医疗保健、社区管理等设施均以其最大时用水量计算节点流量
   (D) 当建筑设有水箱（池）时，应以建筑引入管设计流量作为小区室外计算给水管道节点流量

4. 某写字楼建筑高度为 46.3m，设临时高压消火栓给水系统。在建筑屋顶设有消防水箱和增压设备，下面关于增压水泵的叙述中正确的是哪一项？（   ）
   (A) 出水量不应大于 1L/s
   (B) 出水量不应大于 5L/s
   (C) 出水量不应小于 5L/s
   (D) 出水量应根据系统消防用水量确定

5. 某建筑内部设有自动喷水灭火系统，系统共有喷头 860 只，则该建筑的备用喷头应有多少个？（   ）
   (A) 9
   (B) 10
   (C) 12
   (D) 15

6. 某电子计算机房分成 3 个防护区，采用七氟丙烷气体组合分配灭火系统，下列关于该灭火系统的灭火剂设计用量及灭火剂储存量的说明中，哪项是错误的？（   ）
   (A) 灭火剂设计用量应根据防护区内可燃物相应的灭火设计浓度或惰化设计浓度经计算确定
   (B) 灭火剂储存量按 3 个防护区中储存量最大的一个防护区所需量计算
   (C) 灭火剂储存量应为防护区设计用量与储存容器的剩余量及管网内的剩余量之和

(D) 灭火剂储存量应按系统原储存量的100%设置备用量

7.《建筑设计防火规范》规定室内消防竖管直径不应小于DN100，下述哪一项作为特殊情况，其消防竖管直径可以小于DN100？（　　）

(A) 设置DN65消火栓的多层住宅的湿式消防竖管
(B) 设置DN65消火栓的多层住宅的干式消防竖管
(C) 室内消火栓用水量为5L/s的多层厂房的消防竖管
(D) 室内消火栓用水量为5L/s的多层仓库的消防竖管

8. 下列关于室外消防水量的叙述中，哪一项不符合《建筑设计防火规范》GB 50016—2006的规定？（　　）

(A) 民用建筑物室外消火栓用水量应按消防用水量最大的一座建筑物计算
(B) 国家级文物保护单位的重点砖木或木结构的建筑物室外消防用水量，按三级民用建筑物消防用水量确定
(C) 仓库、民用建筑同一时间内的火灾次数不论基地面积大小均按2次火灾计算灭火用水量
(D) 铁路车站、码头和机场的中转仓库其室外消火栓用水量可按丙类仓库确定

9. 随着流量的不断增加，排水立管中的水流状态主要经过3个阶段，依次是：（　　）

(A) 附壁螺旋流，水膜流，水塞流
(B) 附壁螺旋流，水塞流，水膜流
(C) 水塞流，附壁螺旋流，水膜流
(D) 水膜流，水塞流，附壁螺旋流

10. 下列哪种污废水能直接排入市政排水管道？（　　）

(A) 实验室有毒有害废水
(B) 住宅厨房洗涤废水
(C) 水温为45℃的锅炉排水
(D) 用作回用水水源的生活排水

11. 采用化粪池作为医院污水消毒前的预处理，化粪池的容积宜按污水在池内停留时间为下列何值时进行计算？（　　）

(A) 20～32h
(B) 22～30h
(C) 22～34h
(D) 24～36h

12. 下列关于热水供应系统的叙述中，哪一项不符合《建筑给水排水设计标准》GB 50015—2019的规定？（　　）

(A) 集中热水供应系统的循环系统应设循环泵，并应采取机械循环
(B) 公共浴室淋浴器出水水温应稳定，并宜采用开式热水供应系统
(C) 高层建筑热水系统的分区，应与给水系统的分区一致
(D) 设有集中热水供应系统的建筑物中，浴室用水宜与其他用水共用热水管网

13. 某旅馆设有餐饮、桑拿等设施，采用集中热水供应系统，各用水部门的平均小时耗热量、设计小时耗热量及相应最大用热水量时段如下表，该旅馆集中热水供应系统设计小时耗热量应为以下何值？（　　）

用水部门	平均小时耗热量（kW）	设计小时耗热量（kW）	最大用热水量时段（h）
客人	45	300	20：00～23：00
职工	10	60	17：00～19：00
餐厅	0	60	17：00～20：00
桑拿间	0	30	21：00～24：00

(A) 300kW
(B) 450kW
(C) 340kW
(D) 330kW

14. 管道直饮水系统循环管网内水的停留时间最长不应超过下列何值?（ ）
(A) 16h　　　(B) 12h　　　(C) 8h　　　(D) 4h

15. 根据《建筑中水设计标准》GB 50336—2018，中水原水量的计算相当于按照中水水源的何种水量确定?（ ）
(A) 最高日排水量　　　　　　　　(B) 最高日给水量
(C) 平均日排水量　　　　　　　　(D) 平均日给水量

16. 以生活污水为原水的中水处理工程，应在建筑物粪便排水系统中设置化粪池，化粪池容积按污水在池内停留时间不小于下列何值计算?（ ）
(A) 10h　　　(B) 12h　　　(C) 15h　　　(D) 20h

17. 建筑物内的生活用水低位贮水池的有效容积，应按进水量与用水量变化曲线经计算确定，资料不足时宜按下列何项确定?（ ）
(A) 最高日最大小时用水量确定
(B) 最高日平均小时用水量的1.5倍确定
(C) 最高日用水量的15%～20%确定
(D) 最高日用水量的20%～25%确定

18. 某高层住宅采用房顶水箱供水，其屋顶水箱最高水位至底层最低卫生器具配水点的静水压力为0.98MPa，若支管不再设减压阀，且按安静环境要求对待，则竖向至少应分成几个区供水?（ ）
(A) 2个　　　(B) 3个　　　(C) 4个　　　(D) 5个

19. 某旅馆生活给水系统设计流量为19m³/h，冷却塔补水系统设计流量为13m³/h，DN40、DN50水表的流量参数见下表，则各系统选择的水表直径及相应流量值应为下列何项?（ ）

水表	过载流量（m³·h⁻¹）	常用流量（m³·h⁻¹）	最小流量（m³·h⁻¹）	分界流量（m³·h⁻¹）
DN40	20	10	0.30	1.00
DN50	30	15	0.45	1.50

(A) 生活给水：DN50，$Q=30\sim0.45m^3/h$；冷却塔补水 DN40，$Q=20\sim0.30m^3/h$
(B) 生活给水：DN40，$Q=20\sim0.30m^3/h$；冷却塔补水 DN50，$Q=30\sim0.45m^3/h$
(C) 生活给水：DN40，$Q=20\sim1.00m^3/h$；冷却塔补水 DN40，$Q=20\sim1.00m^3/h$
(D) 生活给水：DN50，$Q=30\sim1.50m^3/h$；冷却塔补水 DN50，$Q=30\sim1.50m^3/h$

20. 室内消火栓栓口处的出水压力大于下列何值时，应设置减压设施?（ ）
(A) 0.35MPa　　　(B) 0.45MPa　　　(C) 0.5MPa　　　(D) 1.0MPa

21. 下列关于消防管网及附件设置要求的叙述中，哪个选项是错误的?（ ）
(A) 室外消防给水管网应布置成环状，当室外消防用水量小于15L/s时，可布置成枝状
(B) 向环状室外消防给水管网输水的进水管不应少于2条，当其中一条进水管发生故障时，其余进水管应能保证不小于70%的消防用水量
(C) 当室内消火栓数不超过10个且室外消防用水量不大于15L/s时可采用枝状管网

(D) 高层民用建筑中室内每根竖管上下均应设阀门，应保证检修管道时关闭的竖管不超过 1 根

22. 下列关于高层民用建筑的防火设计叙述中，哪个选项不符合《高层民用建筑设计防火规范》GB 50045—95 的规定？（　　）

(A) 一类建筑的电信楼，其防火分区允许最大建筑面积可按规定增加 50%
(B) 商住楼中住宅的疏散楼梯应独立设置
(C) 室外楼梯可作为辅助的防烟楼梯，其最小净宽不应小于 0.8m
(D) 当市政给水管道为枝状时应设消防水池

23. 下列关于建筑物内消防用水量的影响因素的叙述中，哪个选项是错误的？（　　）

(A) 采用双干线并联供水方式的消防车可作为高层建筑灭火的主要力量
(B) 建筑物体积越大，所需水枪的数量越多、充实水柱长度越长
(C) 高层建筑消防给水系统和底层建筑消防给水系统的划分高度为 24m
(D) 消防用水量与建筑物高度、建筑体积、建筑物耐火等级等因素有关

24. 下列有关室外消火栓的布置图中，哪项是正确的？（　　）

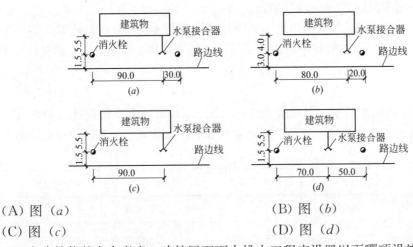

(A) 图 (a)
(B) 图 (b)
(C) 图 (c)
(D) 图 (d)

25. 为建筑物的安全考虑，建筑屋面雨水排水工程应设置以下哪项设施？（　　）

(A) 泄流设施
(B) 溢流设施
(C) 防超压设施
(D) 提升设施

26. 重要公共建筑、高层建筑的屋面雨水排水工程与溢流设施的总排水能力不应小于其多少年重现期的雨水量？（　　）

(A) 50 年
(B) 30 年
(C) 20 年
(D) 10 年

27. 热水系统中，经软化处理后的洗衣房用水的水质总硬度宜为下列何值？（　　）

(A) 75～150mg/L
(B) 50～100mg/L
(C) 150～300mg/L
(D) 50～75mg/L

28. 某高级宾馆要求集中热水供应系统各配水点随时取得不低于规定温度的热水，下列热水供水及循环管路布置图中，哪一种是正确合理的方案？（　　）

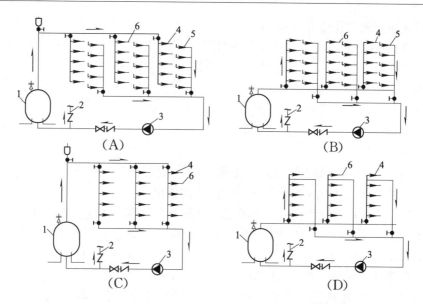

注：图中 1—水加热器；2—冷水管；3—循环泵；4—进水水表；5—回水水表；6—给水支管

29. 下列关于热水配水管网水力计算的叙述中，哪一选项是正确的？（   ）
(A) 热水管网单位长度的水头损失，应按海澄-威廉公式确定，同时应考虑结垢、腐蚀等因素对管道计算内径的影响
(B) 热水配水管网的设计秒流量公式与冷水系统不同
(C) 计算热水管道中的设计流量时，其上设置的浴盆混合水嘴的热水用水定额应取 0.24L/s
(D) 与冷水管道系统相比，热水管道应选用较大的水流速度

30. 某建筑热水供应系统采用 PB 热水管，当直线管段的长度大于下列何值时应设置伸缩器？（   ）
(A) 3m　　　　　(B) 4m　　　　　(C) 5m　　　　　(D) 6m

31. 下列关于中水系统储存设施的叙述中，哪项是正确的？（   ）
(A) 当中水供水系统采用水泵-水箱联合供水时，其供水箱的调节容积不得小于中水系统最大小时用水量的 50%
(B) 当以雨水作为中水水源时，不需设置溢流排放设施
(C) 连续运行时，原水调节池的调节容积可按中水系统日处理水量的 25%～35% 计算
(D) 中水贮存池需解决池水的沉淀和厌氧腐败等问题

32. 下列哪种排水不适合作为建筑小区的中水水源？（   ）
(A) 经过消毒处理的结核病医院污水　　　(B) 建筑屋面雨水
(C) 城市污水处理厂出水　　　　　　　　(D) 相对洁净的工业排水

二、多项选择题（共 24 题，每题 2 分。每题的备选项中有两个或两个以上符合题意，错选、少选、多选、不选均不得分）

1. 下列叙述中，哪几项符合《建筑给水排水设计标准》GB 50015—2019 的规定？（   ）
(A) 高层建筑生活给水系统各分区最低卫生器具配水点处的静水压不宜大于 0.35MPa
(B) 高层建筑生活给水系统静水压大于 0.35MPa 的入户管，宜设减压或调压设施

(C) 居住建筑入户管给水压力不应大于 0.35MPa

(D) 建筑高度超过 100m 的建筑，宜采用垂直串联供水方式

2. 给水管段的下列部位中应设置止回阀的是：（   ）

(A) 装有倒流防止器的管段上

(B) 直接从城镇给水管网接入小区的引入管上

(C) 进出水管合用一条管道的水箱的出水管段上

(D) 水泵出水管上

3. 下列消防用水水源的叙述中，不正确的是哪几项？（   ）

(A) 消防用水只能由城市给水管网、消防水池供给

(B) 消防用水可由保证率≥97%，且设有可靠取水设施的天然水源供给

(C) 消防用水采用季节性天然水源供给时，其保证率不得小于 90%，且天然水源处设可靠取水设施

(D) 消防用水不能由天然水源供给

4. 以下关于高层建筑消防用水量的叙述中，哪些选项符合《高层民用建筑设计防火规范》GB 50045—95（2005 年版）的规定？（   ）

(A) 高层建筑内设有消火栓灭火系统时，其室内消防用水量应按需要同时开启的灭火系统用水量之和计算

(B) 高层建筑的消防用水总量应按室内、外消防用水量之和计算

(C) 建筑高度不超过 50m，室内消火栓用水量超过 20L/s，且设有自动喷水灭火系统的建筑物，其室内、外消防用水量可按规范规定的用水量减少 10L/s

(D) 消防卷盘的用水量可不计入消防用水总量

5. 在同一灭火器配置场所，当选用两种或两种以上的灭火器时，应按规范选用灭火剂相容的灭火器，下列陈述哪几项是错误的？（   ）

(A) 磷酸铵盐干粉灭火剂与碳酸氢钾干粉灭火剂不相容

(B) 碳酸氢钾干粉灭火剂与蛋白泡沫灭火剂不相容

(C) 碳酸氢钠干粉灭火剂与蛋白泡沫灭火剂相容

(D) 磷酸铵盐干粉灭火剂与碳酸氢钠干粉灭火剂相容

6. 下列有关器具通气管的叙述中，哪些选项是错误的？（   ）

(A) 器具通气管应在卫生器具上边缘以上不小于 0.1m 处按不小于 0.01 的上升坡度与通气立管相连

(B) 对安静要求较高的建筑内，生活排水管道宜设置器具通气管

(C) 在多个卫生器具的排水横支管上，从最开始段卫生器具的下游端接至主通气立管或副通气立管的通气管段称为器具通气管

(D) 器具通气管一般安装在卫生和防噪要求较高的建筑物的卫生间内

7. 下列排水管间接排水口的最小空气间隙中，哪些选项是正确的？（   ）

(A) 热水器排水管管径为 25mm，最小空气间隙为 50mm

(B) 热水器排水管管径为 50mm，最小空气间隙为 100mm

(C) 饮料用水储水箱泄水管管径为 50mm，最小空气间隙为 125mm

(D) 生活饮用水储水箱泄水管管径为 80mm，最小空气间隙为 150mm

8. 下列关于雨水系统中清通设施的设置中，哪些选项不符合《建筑给水排水设计标准》GB 50015—2019 的规定？（　　）
(A) 长度为 18m 的重力流雨水排水悬吊管上设置检查口，间距为 30m
(B) 埋地排出管的重力流屋面雨水系统，立管底部宜设检查口
(C) 管径为 200mm 的管段上，雨水检查井的间距为 50m
(D) 管径为 150mm 的管段上，雨水检查井的间距为 30m

9. 下列关于热水供应系统中膨胀管、膨胀罐的设置要求，哪几项是正确的？（　　）
(A) 设有膨胀管的开式热水供应系统中，膨胀管的最小管径应满足规范要求
(B) 当膨胀管有冻结可能时，应采取保温措施
(C) 当热水供应系统中有多台锅炉或水加热器时，宜分设膨胀罐
(D) 闭式热水供应系统中，膨胀罐宜设置在加热设备的热水循环回水管上

10. 选择半即热式水加热器时，需要注意以下哪些条件？（　　）
(A) 有灵敏、可靠的温度压力控制装置，保证安全供水
(B) 热媒供应能满足热水设计秒流量供热量的要求
(C) 有足够的热水储存容积，保证用水高峰时系统能够正常使用
(D) 被加热水侧的阻力损失不影响系统的冷热水压力平衡和稳定

11. 下列关于饮用净水的设计要求中，哪几项是错误的？（　　）
(A) 从配水立管接至配水龙头的管道长度不宜超过 3m
(B) 高层建筑饮用供水系统采用减压阀分区时，阀前应设置截污器
(C) 为避免饮水的浪费，宜采用额定流量为 0.08L/s 左右的专用水嘴
(D) 必须设循环管道，并应保证干管和立管中饮水的有效循环

12. 中水消毒应符合下列哪些要求？（　　）
(A) 消毒剂宜采用次氯酸钠、二氧化氯、二氯异氰尿酸钠或其他消毒剂
(B) 投加消毒剂宜采用自动定比投加，与被消毒水充分混合接触
(C) 采用氯化消毒时，消毒接触时间应大于 20min
(D) 当中水水源为生活污水时，应适当增加加氯量

13. 以下哪些选项属于建筑内部生活给水系统的组成部分？（　　）
(A) 引入管　　　　　　　　　　(B) 压力表
(C) 气压罐　　　　　　　　　　(D) 给水控制附件

14. 下列哪几项做法可能导致倒流污染？（　　）
(A) 水加热器中的热水进入生活饮用水冷水给水系统
(B) 消防试压水回流至消防水池中
(C) 饮用水管道与非饮用水管道间接连接
(D) 配水龙头出水口低于卫生器具溢流水位

15. 下列关于水池（箱）配管的叙述中，哪些选项是正确的？（　　）
(A) 溢流管管径应按排泄池（箱）的最大入流量确定，应与进水管管径相同
(B) 当一组水泵供给多个水箱进水时，在进水管上宜装设电讯号控制阀
(C) 当水池（箱）中的水不能以重力自流泄空时，应设置移动或固定的提升装置
(D) 当水箱利用城市给水管网压力直接进水时，应设置自动水位控制阀

16. 下列建筑消防灭火机理中，属于物理过程的有哪几项？（   ）
   (A) 冷却灭火
   (B) 窒息灭火
   (C) 隔离灭火
   (D) 化学抑制灭火

17. 自动喷水灭火系统的设计原则应符合下列规定，其中哪些选项是正确的？（   ）
   (A) 闭式喷头或启动系统的火灾探测器，应能有效探测初期火灾
   (B) 作用面积内开放的喷头，应在规定时间内按设计选定的强度持续喷水
   (C) 喷头洒水时，应均匀分布，且不应受阻挡
   (D) 湿式系统、预作用系统应在开放一只喷头后自动启动，干式系统、雨淋系统应在火灾自动报警系统报警后自动启动

18. 下列关于消防水泵房的做法中，哪些选项不符合《建筑设计防火规范》GB 50016—2006 的规定？（   ）
   (A) 独立建造的消防水泵房的耐火等级为二级
   (B) 附设在建筑物内的消防水泵房，隔墙和楼板的耐火极限均为 1.5h
   (C) 消防水泵房应有不少于两条的出水管直接与消防给水管网连接
   (D) 消防水泵应采用自灌式吸水，并应在压水管上设置检修阀门

19. 下图为排水系统通气管的设计示意图，图（a）为广东省某工程伸顶通气管；图（b）为东北某工程伸顶通气管；图（c）为结合通气管与专用通气立管和排水立管的连接图；图（d）为器具通气管和环形通气管、主通气立管的接管图，其中设计不当和错误的图示为下列哪些选项？（   ）

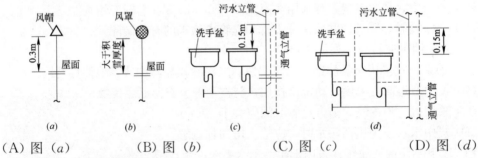

   (A) 图（a）
   (B) 图（b）
   (C) 图（c）
   (D) 图（d）

20. 下列有关地漏设置的叙述中，哪些选项是正确的？（   ）
   (A) 洁净车间地面设置地漏时可采用密闭性地漏
   (B) 多通道地漏可将同一卫生间浴盆和洗脸盆的排水一并接入
   (C) 住宅卫生间内，如不需要经常从地面排水时可不设地漏
   (D) 住宅阳台上放置洗衣机时，允许只设雨水地漏与洗衣机排水合并排放雨水系统

21. 下图所示为化粪池构造简图，总容积为 V，第 1 格容积为 V_1，第 2 格容积为 V_2。下列关于图中错误的描述中，哪些选项是正确的？（   ）

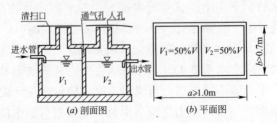

(A) 双格化粪池的两格的容积比例不对，不满足化粪池宽度要求
(B) 化粪池均应设置通气管与大气相通
(C) 出水口处应设置拦截污泥浮渣的设施
(D) 化粪池不需要设置人孔

22. 以下关于热水供应系统加热设备的叙述中，哪几项是不正确的？（   ）
(A) 医院热水供应系统的锅炉或水加热器不得少于 2 台
(B) 一台加热设备检修时，其余各台的总供热能力不得小于设计小时耗热量的 70%
(C) 医院建筑不得采用有滞水区的容积式水加热器
(D) 建筑热水供应系统的水加热设备不宜少于 2 台

23. 下列关于居住小区管道直饮水系统设计的叙述中，哪些选项是错误的？（   ）
(A) 居住小区集中设置管道直饮水系统时可与市政或建筑供水系统直接相连
(B) 净水机房应设在距用水点较近的地点或小区居中位置
(C) 小区集中管道直饮水供水应优先选用高位水箱的供水系统
(D) 小区直饮水系统的供、回水管网应采用全循环同程系统

24. 在计算中水原水量时，下表中哪几类建筑物用水分项给水百分率（%）的统计是错误的？（   ）

各类建筑分项给水百分率　　　　　　　　　　　　　%

项目	住宅	公寓	宾馆	办公楼
冲厕	21	23	10	45
沐浴	32	34	40	30
厨房	19	—	14	—
洗衣	22	25	18	—
盥洗	6	12	12	25

(A) 住宅　　　　　(B) 公寓　　　　　(C) 宾馆　　　　　(D) 办公楼

参考答案

一、单项选择题

1. B。参见秘书处教材《建筑给水排水工程》P16。水箱进、出水管宜分侧设置，并应采取防止短路的措施，故选项 B 错误。

2. A。参见《建筑给水排水设计标准》第 3.8.5 条。由城镇给水管网夜间直接进水的高位水箱的生活用水调节容积，宜按用水人数和最高日用水定额确定；由水泵联动提升进水的水箱的生活用水调节容积，不宜小于最大用水时水量的 50%。

3. C。选项 A 参见《建筑给水排水设计标准》第 3.13.4 条。选项 B 参见《建筑给水排水设计标准》第 3.13.4 条。选项 C 参见《建筑给水排水设计标准》第 3.13.4 条，居住小区内配套的文教、医疗保健、社区管理等设施，以及绿化和景观用水、道路及广场洒

水、公共设施用水等，均以平均时用水量计算节点流量，故选项 C 错误。选项 D 参见《建筑给水排水设计标准》第 3.13.4 条。

4. B。参见《高层民用建筑设计防火规范》第 7.4.8.1 条。设有高位消防水箱的消防给水系统，增压水泵的出水量，对消火栓给水系统不应大于 5L/s；对自动喷水灭火系统不应大于 1L/s。

5. B。参见《自动喷水灭火系统设计规范》第 6.1.10 条。自动喷水灭火系统应有备用喷头，其数量不应少于总数的 1‰，且每种型号均不得少于 10 只。该题目中系统共有喷头 860 只，其 1‰为 9 只，少于 10 只，故选项 B 正确。

6. D。选项 A 参见《气体灭火系统设计规范》第 3.1.1 条。选项 B 参见《气体灭火系统设计规范》第 3.1.5 条，组合分配系统的灭火剂储存量，应按储存量最大的防护区确定。选项 C 参见《气体灭火系统设计规范》第 3.1.6 条。选项 D 参见《气体灭火系统设计规范》第 3.1.7 条，灭火系统的储存装置 72 小时内不能重新充装恢复工作的，应按系统原储存量的 100%设置备用量，故选项 D 错误。

7. B。参见《建筑设计防火规范》第 8.3.1-5 条。超过 7 层的住宅应设置室内消火栓系统，当确有困难时，可只设置干式消防竖管和不带消火栓箱的 DN65 的室内消火栓。消防竖管的直径不应小于 DN65。

8. C。选项 A 符合《建筑设计防火规范》表 8.2.2-2 中"注 1"的规定。选项 B 符合《建筑设计防火规范》表 8.2.2-2 中"注 2"的规定。选项 C 不符合《建筑设计防火规范》第 8.2.2-1 条表 8.2.2-1 的规定，仓库、民用建筑同一时间内的火灾次数不论基地面积大小均按 1 次火灾计算灭火用水量。选项 D 符合《建筑设计防火规范》表 8.2.2-2 中"注 3"的规定。

9. A。参见秘书处教材《建筑给水排水工程》P177。随着流量的不断增加，排水立管中的水流状态主要经过 3 个阶段，依次是附壁螺旋流、水膜流和水塞流。

10. B。参见《建筑给水排水设计标准》第 4.2.4 条。其中住宅厨房洗涤废水虽然含有一定油脂，但含量远小于职工食堂、营业餐厅的厨房洗涤废水中的油脂含量，不易造成管道堵塞，故可以直接排入市政排水管道。

11. D。参见《建筑给水排水设计标准》第 4.10.15 条。化粪池作为医院污水消毒前的预处理时，化粪池的容积宜按污水在池内停留时间 24～36h 计算。

12. D。选项 A 符合《建筑给水排水设计标准》第 6.3.9 条规定。选项 B 符合《建筑给水排水设计标准》第 6.3.15 条规定。选项 C 符合《建筑给水排水设计标准》第 6.3.14 条规定。选项 D 不符合《建筑给水排水设计标准》第 6.3.11 条规定，设有集中热水供应系统的建筑物中，用水量较大的浴室、洗衣房、厨房等，宜设单独的热水管网。

13. C。参见秘书处教材《建筑给水排水工程》P243。当同一热水供应系统供给具有多个不同使用热水部门的单一建筑或多种使用功能的综合性建筑时，该系统的设计小时耗热量可按同一时间内出现用水高峰的主要用水部门的设计小时耗热量加其他用水部门的平均小时耗热量计算。这里的其他用水部门也强调"同一时间内"。

14. B。参见《建筑给水排水设计标准》第 5.9.3 条。管道直饮水应设循环管道，其供、回水管网应同程布置，循环管网内水的停留时间不应超过 12h。

15. D。参见《建筑中水设计标准》第 3.1.4 条。中水原水量应按式 $Q_Y=\sum \beta \cdot Q_{pj} \cdot b$

计算，式中 Q_Y 为中水原水量；$β$ 为建筑物按给水量计算排水量的折减系数；Q_{pj} 为建筑物平均日生活给水量；b 为建筑物分项给水百分率。故选项 D 正确。

16. B。参见秘书处教材《建筑给水排水工程》P301 或《建筑中水设计标准》第 6.2.2 条。生活污水作为中水水源时应在建筑物排水系统中设化粪池进行预处理，化粪池容积按粪便污水在池内停留时间不小于 12h 计算。

17. D。参见《建筑给水排水设计标准》第 3.9.3 条。

18. C。参见《建筑给水排水设计标准》第 3.4.3 条。由于支管不减压，所以按支管最大 0.35MPa 分区。第一区：水箱最高水位以下 35m，此时分区后距离地面 98－35＝63m。第二区及以后区，本区内最高一层的进水支管压力以 0.1MPa 计，最下一层的进水支管压力以 0.35MPa 计，则压力增加了 0.25MPa，对应高度为向下走了 25m。而 63/25＝2.52，取 3 区。即与第二区相同的分区是 3 个，假设均分，则每个区的对应高度为 63/3＝21m。所以一共分为 4 个区。表达为：35×1＋［(10＋21)－10］×3＝98m。

19. B。参见《建筑给水排水设计标准》第 3.5.19 条。水表口径的确定应符合：用水量均匀的生活给水系统的水表应以给水设计流量选定水表的常用流量；用水量不均匀的生活给水系统的水表应以给水设计流量选定水表的过载流量。该题中的旅馆生活给水量属于用水不均匀的，冷却塔补水量属于用水均匀的。此外，水表的流量范围是指过载流量和最小流量之间的范围。

20. C。参见《建筑设计防火规范》第 8.4.3-9 条。室内消火栓栓口处的出水压力大于 0.5MPa 时，应设置减压设施；静水压力大于 1.0MPa 时，应采用分区给水系统。

21. B。参见秘书处教材《建筑给水排水工程》P68～P70。向环状室外消防给水管网输水的进水管不应少于 2 条，当其中一条进水管发生故障时，其余进水管应能保证全部消防用水量，故选项 B 错误。

22. C。选项 A 符合《高层民用建筑设计防火规范》表 5.1.1 "注" 的规定。选项 B 符合《高层民用建筑设计防火规范》第 6.1.3A 条规定。选项 C 不符合《高层民用建筑设计防火规范》第 6.2.10 条规定，室外楼梯可作为辅助的防烟楼梯，其最小净宽不应小于 0.90m。选项 D 符合《高层民用建筑设计防火规范》第 7.3.2.2 条规定。

23. A。参见《建筑设计防火规范》第 8.4.1 条条文说明。在 50m 高度内，消防车还能协助高层建筑灭火，但不能作为主要灭火力量，故选项 A 错误。

24. A。选项 B 参见《建筑设计防火规范》第 8.2.8-7 条，消火栓距路边不应大于 2.0m，距房屋外墙不宜小于 5.0m，故选项 B 错误。选项 C、D 参见秘书处教材《建筑给水排水工程》P70，水泵接合器应设在室外便于消防车使用和接近的地点，距人防工程出入口不宜小于 5m，距室外消火栓或消防水池的距离宜为 15～40m，而选项 C、D 中的消火栓与水泵接合器的距离均大于 40m，故选项 C、D 错误。

25. B。参见《建筑给水排水设计标准》第 5.2.11 条。建筑屋面雨水排水工程应设置溢流口、溢流堰、溢流管系等溢流设施。溢流排水不得危害建筑设施和行人安全。

26. A。参见《建筑给水排水设计标准》第 5.2.11 条。一般建筑的重力流屋面雨水排水工程与溢流设施的总排水能力不应小于 10 年重现期的雨水量。重要公共建筑、高层建筑的屋面雨水排水工程与溢流设施的总排水能力不应小于其 50 年重现期的雨水量，故选项 A 正确。

27. B。参见秘书处教材《建筑给水排水工程》P234。热水系统中，经软化处理后的洗衣房用水的水质总硬度宜为50~100mg/L，其他用水的水质总硬度宜为75~150mg/L。

28. A。参见《建筑给水排水设计标准》第6.3.10条和第6.3.11条。根据该建筑物的要求，此处应保证支管中的热水循环。此外，选项B的每个单元的不同楼层之间不能满足同程循环。

29. A。选项A参见《建筑给水排水设计标准》第6.7.4条。选项B参见《建筑给水排水设计标准》第6.7.2条或秘书处教材《建筑给水排水工程》P254，热水配水管网的设计秒流量公式与冷水系统相同，故选项B错误。选项C参见《建筑给水排水设计标准》第3.2.12条，浴盆混合水嘴的热水用水定额在单独计算热水时应取0.20L/s，故选项C错误。选项D参见《建筑给水排水设计标准》第6.7.8条和第3.7.13条，热水管道的流程长，水头损失大，为平衡冷、热水系统压力，稳定出水水温，热水管道的水流速度应小于冷水管道，故选项D错误。

30. D。参见秘书处教材《建筑给水排水工程》P230中的表4-7。当塑料热水管直线管段的长度大于表4-7中的数据（PB热水管为6m），铜管、不锈钢管与衬塑钢管的直线管段长度大于20m时，应设伸缩器解决管道的伸缩量。

31. A。选项A参见《建筑中水设计标准》第5.5.8-2条。选项B参见《建筑中水设计标准》GB 50336—2018第5.2.4条，原水系统应设分流和溢流排放设施，故选项B错误。选项C参见《建筑中水设计标准》第5.5.8-1条，连续运行时，调节池的调节容积可按日处理水量的35%~50%计算，故选项C错误。选项D参见秘书处教材《建筑给水排水工程》P301，中水贮存池储存的是中水，水质较好，不容易发生沉淀和厌氧腐败的问题；调节池存的是污水和废水，需解决其中污染物的沉淀和厌氧腐败的问题，故选项D错误。

32. A。参见《建筑中水设计标准》第3.1.6条。医疗污水和放射性废水，不得作为中水水源，选项A为正确答案。

二、多项选择题

1. BCD。选项A不符合《建筑给水排水设计标准》第3.4.3条规定，高层建筑生活给水系统各分区最低卫生器具配水点处的静水压不宜大于0.45MPa。选项B符合《建筑给水排水设计标准》第3.4.3条规定。选项C符合《建筑给水排水设计标准》第3.4.3条规定。选项D符合《建筑给水排水设计标准》第3.4.4条规定。

2. BCD。参见《建筑给水排水设计标准》第3.5.6条。装有倒流防止器的管段，不需再装止回阀，故选项A错误。

3. ACD。选项A参见《建筑设计防火规范》第8.1.2条，消防用水可由城市给水管网、天然水源或消防水池供给，故A项不正确。选项B参见《建筑设计防火规范》第8.1.2条。选项C参见《建筑设计防火规范》第8.1.2条条文说明，采用季节性天然水源作为消防水源时，必须保证常年有足够的消防水量，故选项C不正确。选项D参见《建筑设计防火规范》第8.1.2条，消防用水可由天然水源供给，故选项D不正确。

4. ABD。选项A符合《高层民用建筑设计防火规范》中的第7.2.1条规定。选项B

符合《高层民用建筑设计防火规范》GB 50045—95（2005年版）中的第7.2.1条规定。选项C不符合《高层民用建筑设计防火规范》GB 50045—95（2005年版）中的表7.2.2"注"的规定，建筑高度不超过50m，室内消火栓用水量超过20L/s，且设有自动喷水灭火系统的建筑物，其室内、外消防用水量可按表7.2.2减少5L/s。选项D符合《高层民用建筑设计防火规范》GB 50045—95（2005年版）中的第7.2.4条规定。

5. CD。参见《建筑灭火器配置设计规范》GB 50140—2005附录E。

6. AC。选项A参见《建筑给水排水设计标准》第4.7.7条，器具通气管应在卫生器具上边缘以上不小于0.15m处按不小于0.01的上升坡度与通气立管相连，故选项A错误。选项B参见《建筑给水排水设计标准》第4.7.4条。选项C参见《建筑给水排水设计标准》第2章 术语，器具通气管应为卫生器具存水弯出口端接至主通气管的管段，故选项C错误。选项D参见《建筑给水排水设计标准》第4.7.4条。

7. ABD。参见《建筑给水排水设计标准》第4.4.14条。

8. AC。选项A不符合《建筑给水排水设计标准》第5.2.30条规定，重力流雨水排水系统中长度大于15m的雨水悬吊管，应设检查口，其间距不宜大于20m。选项B符合《建筑给水排水设计标准》第5.3.9条规定。选项C不符合《建筑给水排水设计标准》第5.3.8条规定，管径为200~300mm的管段上，雨水检查井的最大间距为40m。选项D符合《建筑给水排水设计规范》第5.3.8条规定。

9. ABCD。选项A、C参见《建筑给水排水设计标准》第6.5.19条。选项B参见《建筑给水排水设计标准》第6.5.19条。选项D参见《建筑给水排水设计标准》第6.5.21条。

10. ABD。参见《建筑给水排水设计标准》第6.5.2条条文说明。

11. BC。选项A参见《建筑给水排水设计标准》第5.9.3条条文说明第6款，由于循环系统很难实现支管循环，因此，从立管接至配水龙头的支管管段长度应尽量短，一般不宜超过3m。选项B参见《建筑给水排水设计标准》第5.9.3条条文说明第5款，高层建筑管道直饮水系统竖向分区，基本同生活给水分区；分区的方法可采用减压阀，因饮水水质好，减压阀前可不加截污器，故选项B错误。选项C参见《建筑给水排水设计标准》第5.9.3条条文说明第2款，为了尽量避免饮水的浪费，直饮水不能采用一般额定流量大的水嘴，而宜采用额定流量为0.04L/s左右的专用水嘴，故选项C错误。选项D参见《建筑给水排水设计标准》第5.9.3条条文说明第6款。

12. ABD。参见《建筑中水设计标准》GB 50336—2018第6.2.18条。

13. ABCD。参见秘书处教材《建筑给水排水工程》P5。建筑内部生活给水系统一般由引入管、水表节点、给水管道、给水控制附件、配水设施、增压和贮水设备、计量仪表等组成。其中增压和贮水设备包括升压设备和贮水设备，如水泵、气压罐、水箱、贮水池和吸水井等；计量仪表指用于计量水量、压力、温度和水位等的专用仪表。

14. AD。参见《建筑给水排水设计标准》第3.3.6条。生活给水管道中的水只允许向前流动，一旦因某种原因倒流时，不论其是否已被污染，都称为"倒流污染"。选项A、D的连接皆可能导致其他用水进入生活给水管道。

15. BCD。选项A参见《建筑给水排水设计标准》第3.8.6条，溢流管的管径，应按能排泄水塔（池、箱）的最大入流量确定，并宜比进水管管径大一级，故选项A错误。

16. ABC。参见秘书处教材《建筑给水排水工程》P49。灭火的基本原理有冷却灭火、窒息灭火、隔离灭火和化学抑制灭火，前3种主要是物理过程，后一种为化学过程。

17. ABC。选项A、B、C分别符合《自动喷水灭火系统设计规范》GB 50084—2017第4.1.3-1条、第4.1.3-3条和第4.1.3-4条规定。选项D不符合《自动喷水灭火系统设计规范》GB 50084—2017第4.1.3-2条规定，湿式系统、干式系统应在开放一只喷头后自动启动，预作用系统、雨淋系统应在火灾自动报警系统报警后自动启动。

18. BD。选项A符合《建筑设计防火规范》GB 50016—2006第8.6.4条规定。选项B不符合《建筑设计防火规范》GB 50016—2006第7.2.5条规定，附设在建筑物内的消防水泵房，应采用耐火极限不低于2h的隔墙和1.5h的楼板与其他部位隔开。选项C符合《建筑设计防火规范》GB 50016—2006第8.6.5条规定。选项D不符合《建筑设计防火规范》GB 50016—2006第8.6.6条规定，消防水泵应采用自灌式吸水，并应在吸水管上设置检修阀门。

19. BCD。选项A符合《建筑给水排水设计标准》第4.7.12条规定，通气管高出屋面不得小于0.3m，且应大于最大积雪厚度，通气管顶端应装设风帽或网罩。选项B不符合《建筑给水排水设计标准》第4.7.2条规定，考虑了积雪厚度，但没有与0.3m进行比较。选项C不符合《建筑给水排水设计标准》第4.7.7条规定，结合通气管下端宜在排水横支管以下与排水立管以斜三通连接。选项D不符合《建筑给水排水设计标准》第4.7.7条规定，器具通气管应设在存水弯出口端。

20. AC。选项A参见秘书处教材《建筑给水排水工程》P156，在需要地面排水的洁净车间、手术室等卫生标准高及不经常使用地漏的场所可采用密闭性地漏。选项B参见秘书处教材《建筑给水排水工程》P156，在无安静要求和无需设置环形通气管、器具通气管的场所，可采用多通道地漏，以便利用浴盆、洗脸盆等其他卫生器具的排水来补水，防止水封干涸，故选项B错误。选项C参见秘书处教材《建筑给水排水工程》P155，住宅和公共建筑卫生间内，如不需要经常从地面排水时，可不设地漏。

选项D参见《建筑给水排水设计标准》第5.2.24条：高层建筑阳台排水系统应单独设置，多层建筑阳台雨水宜单独设置，阳台雨水立管底部应间接排水。第4.3.5条：住宅套内应按洗衣机位置设置洗衣机排水专用地漏或洗衣机排水存水弯，排水管道不得接入室内雨水管道。第4.3.5条条文说明：洗衣机排水地漏（包括洗衣机给水栓）设置位置的依据是建筑设计平面图，其排水应排入生活排水管道系统，而不应排入雨水管道系统，否则含磷的洗涤剂废水污染水体。为避免在工作阳台设置过多的地漏和排水立管，允许工作阳台洗衣机排水地漏接纳工作阳台雨水。

21. ABC。选项A参见《建筑给水排水设计标准》第4.10.17条，双格化粪池第一格的容量宜为计算总容量的75%。选项B，化粪池格与格、池与连接井之间应设通气孔洞。选项C，化粪池进水管口应设导流装置，出水口处及格与格之间应设拦截污泥浮渣的设施。选项D，化粪池顶板上应设有人孔和盖板，故选项D错误。

22. BD。参见《建筑给水排水设计标准》第6.5.3条。选项B应为一台加热设备检修时，其余各台的总供热能力不得小于设计小时耗热量的50%。选项D应为除医院外其他建筑的热水供应系统的水加热设备不宜少于2台。

23. AC。选项A参见秘书处教材《建筑给水排水工程》P285，居住小区集中设置管道直饮水系统时，系统必须独立设置，不得与市政或建筑供水系统直接相连，故选项 A 错误。选项 B 参见秘书处教材《建筑给水排水工程》P286。选项 C 参见秘书处教材《建筑给水排水工程》P286，小区集中管道直饮水供水，为有利于保持水质卫生，应优先选用无高位水罐（箱）的供水系统，系统供水宜采用变频调速泵供水系统，故选项 C 错误。选项 D 参见秘书处教材《建筑给水排水工程》P286。

24. BCD。参见《建筑中水设计标准》GB 50336—2018 表 3.1.4。各类建筑分项给水百分率总计应为 100%。办公楼中一般没有沐浴用水。

附录1 2010～2019年专业知识真题知识点分析

附表1-1

《给水工程》单项选择题

考试时间	题1	题2	题3	题4	题5	题6	题7	题8	题9	题10	题11	题12
2010上午	给水系统	给水系统	输配水	管道附件	给水处理	地下取水	沉淀	混凝	过滤	沉淀	水的软化	循环冷却水
2010下午	给水系统	给水系统	输配水	输配水	水泵性能	地下取水	地表取水	混凝	沉淀	过滤	水的软化	循环冷却水
2011上午	给水系统	给水系统	输配水	管网附件	地表取水	过滤	地下取水	取水构筑物	混凝	沉淀	过滤	循环冷却水
2011下午	给水系统	给水系统	输配水	输配水	水泵性能	地下取水	混凝	混凝	沉淀	过滤	深度处理	循环冷却水
2012上午	输配水	输配水	工业给水	二级泵站	地表取水	循环冷却水	混凝	沉淀	过滤	除铁除锰	水厂设计	循环冷却水
2012下午	输配水	地下取水	二级泵站	取水工程	二级泵站	水库取水	地下取水	消毒	沉淀	沉淀	离子交换	循环冷却水
2013上午	输配水	输配水	输配水	输配水	水泵性能	地下取水	取水工程	混凝	混凝	过滤	离子交换	水处理概论
2013下午	输配水	输配水	给水系统	输配水	取水工程	地表取水	混凝	沉淀	过滤	除铁除锰	循环冷却水	循环冷却水
2014上午	系统布置	水力计算	水力计算	管道与管材	泵站	地下取水	水处理概论	水处理概论	特殊水处理	循环冷却水	循环冷却水	循环冷却水
2014下午	系统布置	管道与管材	水力计算	管道与管材	地表取水	沉淀与澄清	水处理概论	沉淀与澄清	除铁除锰	特殊水处理	循环冷却水	深度处理
2016上午	管道管材	水力计算	泵站	给水系统	地下取水	地表取水	沉淀	过滤	离子交换	电渗析	循环冷却水	特殊水处理
2016下午	水力计算	水力计算	水泵性能	地下取水	地表取水	取水构筑物	取水构筑物	水处理概论	混凝	膜处理	膜处理	循环冷却水
2017上午	输配水	输配水	输配水	给水系统	二级泵站	取水构筑物	混凝	沉淀	过滤	给水处理	除铁除锰	循环冷却水
2017下午	给水给水	给水系统	输配水	输配水	泵站	地表取水	混凝	除铁除锰	混凝	沉淀	除铁除锰	循环冷却水
2018上午	循环给水	给水系统	输配水	输配水	取水泵站	取水泵房	取水泵房	除铁除锰	软化	沉淀	过滤	循环冷却水
2018下午	给水系统	给水系统	输配水	输配水	取水泵站	取水泵房	消毒	除铁除锰	输配水	水中杂质	混凝	循环冷却水
2019上午	输配水	给水系统	输配水	输配水	输配水	取水水源	江河取水	沉淀	输配水	除铁除锰	水处理	水的冷却
2019下午	给水系统	输配水	输配水	给水泵房	江河取水	水库取水	取水工程	给水系统	澄清	活性炭	软化	给水系统

附录1 2010～2019年专业知识真题知识点分析

附表 1-2

《给水工程》多项选择题

考试时间	题 1	题 2	题 3	题 4	题 5	题 6	题 7	题 8	题 9
2010 上午	输配水	输配水	地表取水	地下取水	沉淀	混凝	消毒	循环冷却水	循环冷却水
2010 下午	输配水	输配水	水库取水	输配水	混凝	沉淀	过滤	除铁除锰	循环冷却水
2011 上午	给水系统流量	输配水	分区给水	地表取水	地下取水	过滤	混凝	混凝	循环冷却水
2011 下午	水量	输配水	取水工程	取水工程	沉淀	过滤	过滤	循环冷却水	循环冷却水
2012 上午	过滤	给水系统组成	地表取水	输配水	输配水	管网附件	给水处理概论	除铁除锰	循环冷却水
2012 下午	给水处理概述	地表取水	输配水	输配水	水泵性能	沉淀	沉淀	过滤	循环冷却水
2013 上午	给水系统概述	输配水	二级泵站	水泵性能	地下取水	过滤	过滤	膜处理	循环冷却水
2013 下午	给水系统概述	输配水	给水处理概述	输配水	地表取水	沉淀	消毒	沉淀	循环冷却水
2014 上午	给水系统流量	输配水	泵站	地表取水	特殊水处理	除铁除锰	过滤	除铁除锰	水的软化
2014 下午	水力计算	泵站	地下取水	过滤	消毒	特殊水处理	特殊水处理	混凝	循环冷却水
2016 上午	泵站	水力计算	给水系统	地下取水	地下取水	水处理概论	除铁除锰	过滤	深度处理
2016 下午	给水系统	输配水	分区供水	地表取水	地表取水	沉淀	电渗析	消毒	膜处理
2017 上午	泵站	输配水	泵站	地表取水	混凝	过滤	除铁除锰	消毒	循环冷却水
2017 下午	给水系统概述	水力计算	管道与管材	泵站	取水泵房	沉淀	深度处理	水厂设计	循环冷却水
2018 上午	泵站	输配水	取水泵房	取水泵房	除铁除锰	软化	混凝	沉淀	循环冷却水
2018 下午	给水系统	输配水	输配水	取水泵房	取水泵房	软化	除铁除锰	过滤	循环冷却水
2019 上午	取水工程	输配水	输配水	取水工程	给水系统	水处理概论	除铁除锰	软化	江河取水
2019 下午	给水系统	输配水	输配水	给水水源	取水工程	纳滤	软化	水源水处理	输配水

423

附表 1-3 《排水工程》单项选择题

考试时间	题 1	题 2	题 3	题 4	题 5	题 6	题 7	题 8	题 9	题 10	题 11	题 12
2010 上午	排水概述	雨水管渠	合流制管渠	排水管渠及其附属构筑物	污水处理概述	活性污泥法	厌氧生物处理	活性污泥法	污泥处理处置与利用	污泥处理处置与利用	工业废水	气浮
2010 下午	排水概述	污水管道	雨水管渠	排水管渠及其附属构筑物	排水泵站	活性污泥法	生物膜法	厌氧生物处理	污水自然处理	污泥处理处置与利用	污泥处理处置与利用	工业废水处理
2011 上午	排水制度及其选择	排水管渠	合流制管渠	污水管道	活性污泥法	污水消毒	污水物理处理	生物膜法	污泥处理处置与利用	污泥处理处置与利用	工业废水	工业废水处理
2011 下午	排水制度及其选择	雨水管渠	排水管渠及其附属构筑物	合流制管渠	污水的自然处理	污水再生利用	污水厂	活性污泥法	污水处理概述	污泥处理处置与利用	工业废水	气浮
2012 上午	排水工程规划	污水管道	雨水管渠	合流制管渠	排水泵站	污水厂	活性污泥法	生物膜法	污水的深度处理与回用	污泥处理处置与利用	污泥处理处置与利用	工业废水
2012 下午	排水概论	系统组成与布置形式	污水管道	雨水管渠	排水管渠及其附属构筑物	污水处理概论	活性污泥法	污水厂	污水厂	污泥处理处置与利用	工业废水	化学沉淀
2013 上午	系统组成与布置形式	污水管道	雨水管渠	排水管渠及其附属构筑物	雨水泵站	活性污泥法	生物膜法	厌氧生物处理	污水厂	污泥处理处置与利用	污泥处理处置与利用	气浮
2013 下午	污水厂	雨水管渠	合流制管渠	污水管道	污水处理概论	活性污泥法	生物膜法	中和	污水消毒	污泥处理处置与利用	污泥处理处置与利用	工业废水处理概论

附录 1　2010~2019 年专业知识真题知识点分析　425

续表

考试时间	题 1	题 2	题 3	题 4	题 5	题 6	题 7	题 8	题 9	题 10	题 11	题 12
2014 上午	排水系统	污水厂及物理处理	合流制管道	污水厂及物理处理	传统活性污泥法	污水厂及物理处理	传统活性污泥法	厌氧生物处理	污泥处理	污泥处理	工业水处理	工业水处理
2014 下午	排水系统	雨水管道	合流制管道	污水厂及物理处理	传统活性污泥法及物理处理	传统活性污泥法	消防	生物膜法	污泥处理	污泥处理	工业水处理	工业水处理
2016 上午	工业废水	污水管道	雨水管渠	排水工程规划	排水泵站	污水的物理沉淀	活性污泥法	活性污泥法	生物膜法	污水的深度处理回用	气浮	污泥处理处置与利用
2016 下午	污水管道	雨水管渠	合流制管渠	排水管道	污水处理概论	活性污泥法	活性污泥法	厌氧生物处理	污水的深度处理	吸附	污水厂	污泥处理处置与利用
2017 上午	排水概述	排水概述	污水管道	及其附属构筑物	雨水泵站	污水厂	污水厂	活性污泥法	生物膜法	污泥处理处置与利用	污泥处置与处理利用	中和
2017 下午	排水制度及其选择	污水管道	雨水管渠	合流制管渠	排水管渠	污水的深度处理与回用	活性污泥法	污水回收与利用	厌氧生物处理	污泥处理处置与利用	工业废水处理	活性碳吸附
2018 上午	排水管渠	污水管道	排水管道	雨水管渠	脱氮除磷	合流制管渠	厌氧生物处理	生物膜法	好氧生物处理	脱氮除磷	污泥消化	工业废水处理
2018 下午	排水管渠	排水泵站	雨水管渠	排水管道	转盘滤池	初沉池	曝气生物反应池	生物转盘	污泥处理处置	污泥处理处置与利用	氧化剂	活性碳吸附
2019 上午	排水体制	排水管渠	雨水管渠	合流制管渠	污水处理	厌氧处理	活性污泥法	深度处理	污泥处置	污泥焚烧	污泥排放标准	工业废水处理
2019 下午	污水排放标准	污水管渠	管渠附属构筑物	雨水管渠系统	污水处理	厌氧处理	活性污泥法	SBR	消毒工艺	污泥浓缩	污泥土地处理	工业废水处理

附表 1-4 《排水工程》多项选择题

考试时间	题 1	题 2	题 3	题 4	题 5	题 6	题 7	题 8	题 9
2010 上午	污水再生利用	合流制管渠	排水概述	污水处理概述	生物膜法	厌氧生物处理	污泥处理处置与利用	污泥处理处置与利用	气浮
2010 下午	排水概述	合流制管渠	排水管渠及其附属构筑物	活性污泥法	污泥处理处置与利用	污水处理概述	污泥处理处置与利用	工业废水处理	吸附
2011 上午	污水物理处理	污水深度处理	雨水管渠设计	排水管渠及其附属构筑物	排水管渠及其附属构筑物	厌氧生物处理	污水厂	污泥处理处置与利用	化学沉淀
2011 下午	排水概述	污水管渠	排水泵站	污水处理概述	污水处理概述	活性污泥法	生物膜法	污泥处理处置与利用	工业废水处理
2012 上午	排水工程规划	雨水管渠	排水管渠及其附属构筑物	雨水泵站	厌氧生物处理	活性污泥法	生物膜法	污水消毒	工业废水处理
2012 下午	排水概论	合流制管渠	排水管渠及其附属构筑物	污水厂	污泥处理处置与利用	工业废水处理	活性污泥法	污水自然处理	工业废水处理
2013 上午	排水概述	雨水管渠	排水管渠及其附属构筑物	合流制管渠	活性污泥法	生物膜法	活性污泥法	污泥处理处置与利用	工业废水处理
2013 下午	排水制度及其选择	排水管渠及其附属构筑物	排水工程规划	污泥处理处置与利用	活性污泥法	气浮	污水物理处理	生物膜法	排水概述

续表

考试时间	题 1	题 2	题 3	题 4	题 5	题 6	题 7	题 8	题 9
2014 上午	排水系统	污泥处理	排水系统	排水体制	生物膜法处理	污水深度处理	污泥处理	污泥处理	工业水处理
2014 下午	合流制管道	污水管道	传统活性污泥法	排水管渠及其附属构筑物	生物膜法处理	排水系统	污泥处理	工业水处理	工业水处理
2016 上午	排水概述	合流制管渠	排水管渠及其附属构筑物	排水泵站	排水管渠及其附属构筑物	生物膜法	污泥处理处置与利用	污泥处理处置与利用	工业废水处理
2016 下午	雨水管渠设计	雨水管渠	排水管渠及其附属构筑物	排水泵站	污水厂	生物膜法	生物膜法	生物膜法	污水深度处理
2017 上午	排水体制	雨水管渠设计	合流制管渠	排水泵站	污泥处理处置与利用	活性污泥法	活性污泥法	污水处理处置与利用	污水深度处理
2017 下午	合流制管渠	排水管渠及其附属构筑物	污水物理处理	污水厂	厌氧生物处理	污泥处理处置与利用	污泥处理处置与利用	工业废水处理	工业水处理
2018 上午	排水体制	排水管道	污水流量	好氧生物处理	污水厂	污水厂	污泥处理处置与利用	污水处理概述	污水处理概述
2018 下午	雨水管渠	污水管道	雨水管渠	污水管道	污水管道	氯消毒	活性污泥法	工业废水处理	气浮
2019 上午	排水系统	排水管渠	雨水管渠	曝气生物滤池	MBR	消毒工艺	污泥处置	污泥处理处置与利用	工业废水处理
2019 下午	排水系统	倒虹管	排水系统	雨水泵站	深度处理	人工湿地	污水厂设计	污泥干化	工业废水处理

附表 1-5

《建筑给水排水工程》单项选择题

考试时间	题1	题2	题3	题4	题5	题6	题7	题8	题9	题10	题11	题12	题13	题14	题15	题16
2010 上午	建筑给水	建筑给水	建筑给水	给水管道	建筑排水	通气管	其他	建筑中水	热水	热水	热水	热水	消火栓	喷水灭火	喷水灭火	灭火器
2010 下午	建筑给水	其他	其他	游泳池	建筑排水	建筑雨水	其他	建筑雨水	热水	热水	热水	消防	消防	自动灭火	自动灭火	气体灭火
2011 上午	给水管道	其他	其他	其他	自动灭火	消火栓	其他	喷水灭火	热水	热水	热水	热水	小区排水	其他	通气管	建筑中水
2011 下午	给水系统	建筑给水	游泳池	建筑给水	消防	热水	灭火器	喷水灭火	消防	热水	热水	热水	其他	排水系统	建筑雨水	建筑中水
2012 上午	给水系统	建筑给水	其他	游泳池	热水	热水	热水	消防	消火栓	消防	喷水灭火	建筑排水	建筑排水	建筑雨水	建筑中水	建筑雨水
2012 下午	给水系统	给水量	热水	给水管道	消火栓	消防	灭火器	消防	消防	喷水灭火	灭火器	气体灭火	建筑排水	通气管	其他	建筑中水
2013 上午	给水系统	给水量	给水系统	游泳池	消火栓	消防	热水	自动灭火	灭火器	热水	饮水	通气管	建筑排水	排水系统	建筑排水	建筑中水
2013 下午	给水系统	其他	其他	游泳池	游泳池	自动灭火	喷水灭火	灭火器	气体灭火	热水	热水	饮水	建筑雨水	排水系统	排水系统	建筑中水
2014 上午	给水系统	给水量	建筑给水	给水管道	热水	热水	热水	消防	消火栓	热水	饮水	其他	建筑排水	其他	排水管道	建筑雨水
2014 下午	给水管道	给水量	游泳池	给水量	建筑排水	排水管道	排水管道	热水	自动灭火	消防	消防	建筑排水	排水管道	小区排水	小区排水	建筑雨水
2016 上午	小区给水	建筑给水	其他	小区给水	建筑排水	通气管	建筑雨水	热水	消火栓	热水	消防	消防	建筑排水	其他	气体灭火	其他
2016 下午	建筑给水	建筑给水	建筑给水	建筑给水	建筑排水	建筑雨水	建筑雨水	热水	热水	热水	喷水灭火	消防	自动灭火	消防	建筑给水	建筑中水
2017 上午	建筑给水	建筑节水	建筑给水	游泳池	建筑节水	建筑排水	建筑雨水	热水	热水	直饮水	消防	饮水	消防	消防	污水回用	其他
2017 下午	建筑给水	给水管道	游泳池	游泳池	建筑排水	消火栓	建筑雨水	热水	热水	热水	自动喷水	消防	消防	消防	雨水回用	其他
2018 上午	建筑给水	给水量	建筑给水	游泳池	消火栓	消火栓	喷淋	喷淋	热水	热水	热水	饮水	建筑排水	建筑排水	建筑雨水	建筑中水
2018 下午	建筑给水	小区给水	建筑给水	游泳池	建筑消防	建筑消防	喷淋	水喷雾	热水	饮水	太阳能热水	小区排水	建筑排水	建筑排水	建筑排水	雨水回用

附录1 2010～2019年专业知识真题知识点分析 429

附表1-6

《建筑给水排水工程》多项选择题

考试时间	题1	题2	题3	题4	题5	题6	题7	题8	题9	题10	题11	题12
2010 上午	其他	给水管道	建筑给水	建筑排水	通气管	排水管道	建筑雨水	热水	热水	消火栓	自动灭火	气体灭火
2010 下午	建筑给水	小区给水	游泳池	建筑排水	建筑排水	建筑中水	其他	热水	饮水	自动灭火	灭火器	消火栓
2011 上午	给水管道	给水管道	建筑给水	热水	热水	消防	消防	喷水灭火	建筑中水	排水管道	排水管道	热水
2011 下午	其他	建筑给水	游泳池	灭火器	喷水灭火	气体灭火	其他	热水	建筑中水	建筑排水	排水管道	建筑雨水
2012 上午	给水系统	游泳池	给水系统	热水	热水	饮水	消防	建筑中水	其他	灭火器	建筑雨水	其他
2012 下午	给水系统	其他	建筑给水	热水	热水	消防	消防	气体灭火	喷水灭火	通气管	建筑雨水	排水管道
2013 上午	给水系统	其他	游泳池	消防	气体灭火	灭火器	热水	建筑中水	排水系统	排水系统	通气管	排水管道
2013 下午	其他	给水系统	游泳池	消火栓	喷水灭火	热水	喷水灭火	热水	饮水	通气管	建筑雨水	建筑中水
2014 上午	饮水	其他	其他	其他	自动灭火	热水	灭火器	热水	建筑排水	通气管	排水管道	建筑中水
2014 下午	给水系统	给水量	给水管道	热水	排水系统	热水	热水	消火栓	消防	建筑雨水	其他	建筑中水
2016 上午	给水系统	建筑给水	游泳池	建筑排水	建筑排水	饮水	直饮水	气体灭火	建筑排水	消火栓	排水管道	建筑雨水
2016 下午	给水系统	建筑给水	游泳池	建筑排水	建筑排水	饮水	消防	自动灭火	消防	消防	消防	建筑雨水
2017 上午	小区给水	给水系统	其他	排水系统	其他	热水	热水	自动灭火	消防	消防	喷淋灭火	建筑雨水
2017 下午	建筑给水	建筑给水	建筑节水	建筑排水	建筑排水	饮水	直饮水	自动灭火	消防	气体灭火	消防	建筑雨水
2018 上午	建筑给水	建筑给水	建筑给水	建筑排水	建筑消防	热水	消防	自动灭火	自动喷水	消防	消防	建筑雨水
2018 下午	建筑给水	给水管道	建筑给水	建筑排水	建筑消防	热水	喷淋	建筑热水	水喷雾	气体灭火	排水管道	建筑中水
2019 上午	建筑给水	给水管道	建筑给水	建筑消防	水喷雾	气体消防	热水	热水管网	建筑饮水	建筑排水	建筑排水	建筑中水
2019 下午	建筑给水	给水管道	给水管道	消火栓	水喷雾	气体灭火	热水	热水管网	建筑排水	建筑排水	建筑排水	建筑中水

附录2 注册公用设备工程师（给水排水）执业资格考试专业考试大纲

1 给水工程

1.1 给水系统

了解给水系统分类、组成和布置
掌握设计供水量计算
掌握给水系统的流量关系
水压关系

1.2 输配水

掌握输水管渠、配水管网布置及流量计算
掌握输水管渠、配水管网水力计算
了解管网技术经济比较
熟悉给水管管材、管网附件和附属构筑物选择
熟悉给水泵站设计

1.3 取水

了解水资源状况及水源选择
熟悉地下水取水构筑物构造和设计要求
掌握江河特征及取水构筑物选择和设计

1.4 给水处理

了解水源水质指标和给水处理方法
掌握混凝及混合、絮凝设备设计
掌握沉淀、澄清处理构筑物设计
掌握过滤处理构筑物设计
熟悉氯消毒工艺及其他消毒方法
熟悉地下水除铁除锰工艺设计
了解饮用水深度处理技术
掌握水的软化与除盐工艺设计
熟悉自来水厂设计

1.5 循环水的冷却和处理

了解冷却构筑物的类型及工艺构造
熟悉冷却塔热力计算方法
掌握循环冷却水水质特点、处理方法及补充水量计算
掌握循环冷却水系统设计

2 排水工程

2.1 排水系统

了解污水的分类及排水工程任务
掌握排水体制、系统组成及布置形式
熟悉排水系统规划设计

2.2 排水管渠

掌握污水管渠设计流量计算与系统设计
掌握雨水管渠设计流量计算与系统设计
掌握合流制管渠设计流量计算与系统设计及旧系统改造
熟悉排水管渠材质、敷设方式和附属构筑物选择
了解排水管渠系统的管理和养护
熟悉排水泵站设计

2.3 城镇污水处理

了解污水的污染指标和处理方法
掌握污水的物理处理法处理设备选择和设计
掌握污水的活性污泥法处理系统工艺设计
掌握污水的生物膜法处理工艺设计
熟悉污水的厌氧生物处理工艺设计
掌握污水的生物除磷脱氮工艺设计
熟悉污水的深度处理和利用技术
熟悉城镇污水处理厂设计

2.4 污泥处理

了解污泥的分类、性质和处理方法
掌握污泥的浓缩及脱水方法
熟悉污泥的稳定与消化池设计
熟悉污泥的最终处置方法

2.5 工业废水处理

了解工业废水的水质特点和处理方法

熟悉工业废水的物理、化学和物理化学法处理设计计算

3 建筑给水排水工程

3.1 建筑给水

了解给水系统分类、组成及给水方式

掌握给水设计流量计算与给水系统设计

掌握给水系统升压、贮水设备选择计算

掌握节水和防止水质污染措施

熟悉给水管道布置、敷设及管材、附件选用

熟悉游泳池水给水系统设计

熟悉游泳池循环水净化处理工艺设计

3.2 建筑消防

了解灭火设施设置场所火灾危险等级及灭火系统选择

掌握消防用水量计算

掌握消火栓系统设计

掌握自动喷水灭火系统设计

熟悉水喷雾灭火系统设计

了解建筑灭火器及其他非水消防系统设计

3.3 建筑排水

了解排水系统分类、组成及排水体制选择

掌握污水排水管道设计流量计算与系统设计

掌握屋面雨水排水工程设计流量计算与系统设计

了解排水管道系统中水气流动规律

熟悉污水、废水局部处理设施选择计算

熟悉排水管道布置、敷设及管材、附件选用

3.4 建筑热水

掌握热水供应系统的分类、组成及供水方式

掌握热水用量、耗热量和热媒耗量计算

掌握热水加热、贮热设备及安全设施的选择计算

掌握热水供应系统管网水力计算
熟悉饮水制备方法及饮水系统设置要求
了解热水、饮水管道布置、敷设及管材、附件选用

3.5 建筑中水和雨水利用

掌握中水的水质要求、水量平衡及处理工艺设计
熟悉雨水收集、储存及水质处理技术

附录3 现行规范、规程及设计手册

一、规范、规程

1. 《室外给水设计规范》GB 50013—2018
2. 《室外排水设计规范》GB 50014—2006（2016年版）
3. 《建筑给水排水设计标准》GB 50015—2019
4. 《建筑设计防火规范》GB 50016—2014（2018年版）
5. 《消防给水及消火栓系统技术规范》GB 50974—2014
6. 《自动喷水灭火系统设计规范》GB 50084—2017
7. 《建筑中水设计标准》GB 50336—2018
8. 《游泳池和水上游乐池给水排水设计规程》CECS 14：2002
9. 《泵站设计规范》GB/T 50265—97
10. 《工业循环水冷却设计规范》GB/T 50102—2003
11. 《工业循环冷却水处理设计规范》GB 50050—95
12. 《工业用水软化除盐设计规范》GB/T 50109—2006
13. 《水喷雾灭火系统技术规范》GB 50219—2014
14. 《汽车库、修车库、停车场设计防火规范》GB 50067—2014
15. 《建筑灭火器配置设计规范》GB 50140—2005
16. 《气体灭火系统设计规范》GB 50370—2005
17. 《二氧化碳灭火系统设计规范》GB 50193—93（1997年版）
18. 《住宅设计规范》GB 50096—1999（2003年版）
19. 《住宅建筑规范》GB 50368—2005
20. 《自动喷水灭火系统施工及验收规范》GB 50261—2005
21. 《建筑与小区管道直饮水系统技术规程》CJJ/T 110—2017
22. 《生活饮用水水源水质标准》CJ 3020—93
23. 《生活饮用水卫生标准》GB 5749—2006
24. 《饮用净水水质标准》CJ 94—2005
25. 《地表水环境质量标准》GB 3838—2002
26. 《污水综合排放标准》GB 8978—1996
27. 《污水排入城镇下水道水质标准》GB/T 31962—2015
28. 《城市污水再生利用 分类》GB/T 18919—2002
29. 《城市污水再生利用 城市杂用水水质》GB/T 18920—2002
30. 《城市污水再生利用 景观环境用水水质》GB/T 18921—2002
31. 《污水再生利用工程设计规范》GB 50335—2016

32. 《城镇污水处理厂污染物排放标准》GB 18918—2002
33. 《建筑与小区雨水控制及利用工程技术规范》GB 50400—2016

二、设计手册

1. 严煦世等主编《给水工程》(第四版). 中国建筑工业出版社，1999
2. 孙慧修主编《排水工程（上册）》(第四版). 中国建筑工业出版社，1999
3. 张自杰主编《排水工程（下册）》(第四版). 中国建筑工业出版社，2000
4. 王增长主编《建筑给水排水工程》(第五版). 中国建筑工业出版社，2005
5. 核工业第二研究设计院主编《给水排水设计手册（第 2 册）建筑给水排水》(第二版). 中国建筑工业出版社，2001
6. 上海市政工程设计研究院主编《给水排水设计手册（第 3 册）城镇给水》(第二版). 中国建筑工业出版社，2004
7. 华东建筑设计研究院有限公司主编《给水排水设计手册（第 4 册）工业给水处理》(第二版). 中国建筑工业出版社，2002
8. 北京市市政工程设计研究总院主编《给水排水设计手册（第 5 册）城镇排水》(第二版). 中国建筑工业出版社，2004
9. 北京市市政工程设计研究总院主编《给水排水设计手册（第 6 册）工业排水》(第二版). 中国建筑工业出版社，2002
10. 中国市政工程东北设计研究院主编《给水排水设计手册（第 7 册）城镇防洪》(第二版). 中国建筑工业出版社，2000
11. 中国建筑标准设计研究所等编《全国民用建筑工程设计技术措施 给水排水》. 中国计划出版社，2003
12. 黄晓家等主编《自动喷水灭火系统设计手册》. 中国建筑工业出版社，2002